JN434931

교회건물관리론

김일효 · 양준석 공저

남두도서

추 천 사

교회건물은 하나님을 구주로 고백하고 영접한 신앙공동체를 담고 있는 그릇이며 만민이 기도하는 아버지의 집이므로 하나님을 믿고 따르는 우리 모두에게 매우 소중한 시설이자 재산이다.

그러므로 교회시설은 안전하고 편리하며 쾌적하게 사용될 수 있도록 유지관리되어야 한다. 뿐만 아니라, 교회건물은 성도의 헌금으로 건축된 하나님의 재산이므로 더욱 귀중하게 쓰임 받도록 체계적이고 전문적인 관리가 접목되어야 한다.

그러나 유감스럽게도 우리 교계는 하나님의 영적 사역에만 치중한 나머지 교회건물관리의 물적 관리에는 다소 소홀하여 화재와 안전사고가 자주 발생함으로써, 인적·물적 피해는 물론 재산상의 손실과 함께 하나님의 영광을 가리우고 있다.

또한 교회건물의 관리제도나 시스템 측면의 비전문화로 인하여 교회건물관리비용이나 자원이 낭비되고 있는 현실을 볼 때 조속한 개혁이 요청되고 있어 보인다.

이와 같은 때에 우리 교단의 중앙신학을 졸업하고 극동대학교 건물자산관리학 교수로 재직하고 있는 김일효 교수가 교회건물관리의 경제화와 안전화 및 효율화를 위한 《교회건물관리론》의 저술로 하나님께 영광을 드리고자 교회건물자산관리 이론과 실무지침용도의 책을 저술하였기로 이를 살펴본 바, 우리 교회건물의 시설관리와 재산관리에 크게 도움될 것으로 확신되어 감히 교계의 선후배 목회자와 교회건물관리 제직자 여러분에게 추천하는바, 이 책을 통하여 교회건물관리에 다소나마 도움되기를 진심으로 소망하여 마지 않는다.

끝으로 이 책의 저술에 수고한 김일효 박사에게 다시 한 번 노고를 치하하면서 이 책을 대하는 교계 목회자와 성도 여러분 모두에게 하나님의 은총이 함께 하시기를 예수님 이름으로 축원드린다.

2007. 3. 26

한국기독교총연합회 공동회장
대한예수교장로회총회(중앙) 총회장
중앙신학대학원대학교 총장
신학박사 백 기 환 목사

머 리 말

건물에 있어서 건물의 시설과 재산의 관리는 사람에 있어서 건강관리만큼이나 중요하다. 왜냐하면 건물의 관리가 부실하거나 부재한 경우, 조기노후화와 수명단축, 화재나 안전사고로 인한 인적·물적 피해는 물론 최유효 사용 수익이 불능하게 되고 건물의 사회성과 공공성이 저하 또는 상실되어 도시기능이 급격히 후퇴할 뿐만 아니라 사람의 사회생활이나 경제생활이 불편해지고 삶의 질이 떨어지며 생산다운 생산 활동은 중단되기 때문이다. 그러므로 건물의 일생 중 건물의 관리는 건물의 설계나 건물의 건축 못지않게 중요하다.

특히 교회건물의 경우, 건물의 용도 자체가 종교시설인데다가 하나님의 전으로서, 그리고 만인이 기도하는 집으로서, 그리고 성도가 하나님을 경배하는 성전인 관계로 쾌적하고 안전하며 편리한 건물의 사용이 보장되어야 할 뿐만 아니라 1년 365일 언제나 안전이 확보되어 단 한건의 화재나 안전사고의 발생이 나지 않도록 철저하고도 전문적인 관리가 요구된다. 왜냐하면, 하나님의 성전 건물에 화재나 안전사고의 발생은 하나님의 영광을 가리는 사건이 되기 때문이다.

교회건물의 관리현황과 실태를 서울시내 소재 8개 대형교회를 중심으로 조사하고 분석해 본 결과 관리시스템, 기술수준, 관리환경이나 조직체계 등 관리체계 전분야에 개선의 필요성이 요구되고 있어 교회건물의 효율적 관리와 관리비용 및 관리자원의 손실방지, 그리고 교회건물 관리체계의 선진화를 유도하기 위하여 국내 최초로 교회건물관리론이 세상에 빛을 보게 되었다.

이 책은 교회건물을 관리함에 있어서 경제적 측면의 재산 성격과 공학적 측면의 시설 성격을 관리대상으로 상정하고 건물의 재산관리와 시설관리를 효율적으로 그리고 체계적으로 관리할 수 있도록 이론과 실무를 함께 소개함으로써 교회 목회자나 시설 및 재산관리 관계자로 하여금 교회시설과 재산의 효율적 관리에 대응토록 안내하고 있다.

이 책의 내용은 전 4장으로 구성하고, 제1장의 교회건물관리 총설편을 통하여 교회건물관리의 중요성과 필요성을 강조하였으며, 서울시내 8개 교회를 중심으로 교회의 현황과 관리 실태를 조사·분석한 내용을 소개하고 교회관리 방식과 관리원칙 및 교회건물의 특성을 조명하였다.

또한 제2장의 건물자산관리활동의 기초 이론을 통하여 건물자산관리의 2대 측면인 건물의 시설관리활동과 건물의 재산관리활동에 대하여 이론적으로 뒷받침하고 있다.

그리고 제3장에서 이 책의 핵심 내용의 하나인 건물의 시설관리활동 전반을 소개하였으며, 마지막 제4장에서 가장 핵심 내용인 건물의 재산관리활동을 설명하였다.

그러나 원고를 탈고하면서 이 책을 통하여 교회건물관리에 다소나마 도움되기를 소망하면서도 부족한 참고자료와 문헌 및 통계자료 등으로 미진한 부분이 발견되기에 독자 제현의 이해와 지도편달만을 부탁드릴 따름이다.

끝으로 이 책의 출판을 허락해준 남두도서 남승우 사장님께 진심으로 감사드리고, 이 책의 원고를 정리할 수 있도록 집필 장소를 제공해준 오갑산교회 김시택 목사님에게 감사드린다. 또한 이 책의 출판을 위하여 묵묵히 인내하고 도와준 가족들 모두에게 감사한다.

또한, 이 책을 교재로 채택하고 중앙신학대학원대학교에서 '교회건물관리론' 강좌 개설을 허락하신 백기환 총장님께 진심으로 감사드린다.

특히 국내 초유로 《교회건물관리론》의 책명으로 이 책의 출판을 예비하시고 교회발전의 도구로 사용하도록 도와주신 하나님께 감사드리고, 이 책에 작은 영광이 있다면 이 모든 영광을 하나님께 바치고자 한다.

2007. 3.
오갑산 기슭 학교연구실에서
대표 저자 김 일 효 씀

차 례

제1장 ● 교회건물관리 총설

제2장 ● 교회건물관리활동의 이론적 기초

제4장 ● 교회건물의 재산관리활동

제1장
교회건물관리 총설

본 장의 교회건물관리 총설에서는 교회건물의 관리에 있어서 기본적 개념에 해당되는 관리의 중요성과 필요성에 대한 관리인식과 우리나라 교회의 현황과 관리실태를 기초로 교회건물의 특징을 소개하고 관리방식과 관리원칙 등의 교회건물관리 기본개념을 소개함으로써 교회건물관리의 문제와 개선 방향을 제시하고 있다.

제1절　교회건물관리의 중요성과 필요성
제2절　교회의 현황과 관리실태
제3절　교회건물의 성격과 관리개념
제4절　교회건물의 관리영역과 관리항목
제5절　교회건물의 관리방식
제6절　교회건물의 관리원칙

제1절
교회건물관리의 중요성과 필요성

1. 교회건물관리의 중요성

우주만물의 영장인 사람의 경우에도 하나님께서 창조하신 생명을 유지·보존하기 위해서는 건강관리와 안전관리가 필요하고 생존기간 동안 성공적인 삶과 생활과 일을 영위하기 위해서는 양육은 물론 인간관계관리나 능력관리가 필요하다.

건물 역시 건물 본래의 기능과 성능을 발휘하기 위해서는 체계적인 관리가 필요하다.

왜냐하면, 완성된 건물이라 할지라도 체계적인 관리가 접목되지 않는 한 건물의 타율성의 특성에 따라 건물의 정상적 기능과 성능이 나타나지 않음으로써 건물의 용도대로 최유효 사용·수익을 할 수 없기 때문이다.

특히 교회건물은 하나님께 예배하는 성전이고 만인이 기도하는 집이며 예배하는 성전이므로 기도하는 집으로서 그리고 성전으로서 요구되는 교회건물의 기능과 성능 및 용도가 나타나도록 관리되지 않으면 안 된다.

왜냐하면, 관리부재나 관리부실로 성전다운 성전이나 기도하는 집다운 기도의 집이 아닐 때 하나님의 영광은 고사하고 성도가 떠나가기 때문이다.

뿐만 아니라, 건물의 관리가 부실화되면 교회건물의 유지·보존은 고사하고 운용할 수 없는 건물이 되거나 조기노후화되고 건물의 수명(물리적 내용연수)이 단축되어 자연회귀(자연붕괴) 속도가 빨라질 뿐 아니라 화재, 폭발, 감전 등 안전사고가 속출하여 인적·물적 피해를 유발하게 된다.

그러므로 교회건물의 관리는 인간에 있어서 건강관리만큼이나 중요하다.

이와 같은 건물관리 중요성의 가설은 인간이 출생 이후 정상적인 양육이나 교육이 이루어지지 않아 방치되는 경우, 인도의 늑대소녀가 될 수밖에 없듯이 건물관리의 부재나 건물관리의 부실은 최첨단 최신 IBS건물[1]이라 할지라도 최유효 사용·수익은 고사하고

1) IBS건물이란 Intelligent Building System(인공지능건물)의 건물을 의미하며 첨단건물을 의미한다. 첨단건물의 조건에는 설비의 자동화, 사무자동화, 정보통신자동화, 보안자동화 조건 등이 있다.

무용지물이 되거나 조기 노후화되어 조기 자연회귀하게 된다.

따라서 건물의 관리는 아무리 강조해도 지나치지 않으며 특히 하나님께 예배드리는 성전 건물의 관리는 인간에 대한 하나님의 원대한 꿈의 실현과 함께 성공적인 예배와 경건한 기도, 변화받는 중생의 삶을 위한 아름다운 성전 유지를 위해 대단히 중요하다.

2. 교회건물관리의 필요성

인간이 세상에 태어나서 사람다운 사람으로 인격이 형성되고 사람답게 살아가려면 적어도 부모나 교사에 의하여 최소한의 양육과 교육이 이루어져야 하듯이 건물에 있어서도 아무리 첨단건물이라 할지라도 건물로서 주어진 용도나 기능 및 역할을 하기 위해서는 최소한의 체계적 관리가 접목되어야 함은 전술한 바와 같다.

특히 하나님을 모시고 예배하고 찬양, 기도하는 성전으로서의 교회건물 경우에는 더욱더 교회건물로서 기능과 역할을 다하기 위해서는 보다 체계적이고 과학적 관리가 필요하다.

우리나라 교회의 경우, 소수의 예외는 있으나 대부분의 교회건물들의 관리 실태를 현장중심으로 조사 분석한 결과 과학적 관리와는 거리가 먼 전통적이고 일상적인 관리수준에 머물고 있어 교회건물이 성전으로서 기능과 역할에 충분한 건물의 유익과 서비스를 제공하지 못하고 있음을 알 수 있다.

이와 같은 교회건물 부실관리 현상은 목회자나 관리관계자들이 우선 교회건물관리의 중요성과 필요성에 대한 의식부족에다 건물관리의 기술이나 제도 및 관리지식이나 정보, 데이터의 부족상태에서 교회건물관리를 주요 목회사역이나 교회관리에서 제외시켜 등한시하거나 경시한 결과라 판단된다.

교회건물은 하나님이 임재하시는 처소이고 믿음의 성도가 교회건물을 사용하여 예배드리는 성전이며 만민이 예배하는 하나님의 집이므로 하나님의 처소로서, 성전으로서 또한 기도하는 집으로서 갖추어야 할 시설과 환경은 물론 그 시설들이 정상적으로 작동되고 유지 보존되어서 교회건물의 정상적인 기능과 역할이 이루어지도록 해야 하며 교회환경이 교회건물로서 문제가 없는 거룩하고 성스러운 환경으로서 유지될 때 비로소 교회건물은 교회건물의 기능과 역할을 할 수 있게 된다.

또한 정상적인 유지관리가 체계적으로 이루어질 때 교회건물은 하나님이 기뻐하시는 최소가 되며 성도들의 예배와 기도가 은혜롭게 이루어지고 부흥의 장(場)으로서 사람을 모이게 하는 건물로 쓰임을 받게 된다.

그러므로 교회건물의 관리는 일반건물의 관리 못지 않게 더욱 중요하며 필요하다.

이상에서 언급한 교회건물관리의 필요성에 기초하여 보다 구체적인 교회건물의 시설관리와 재산관리의 필요성에 대한 내용을 소개하면 다음과 같다.

1) 교회건물의 시설관리 필요성

(1) 교회건물의 정상적 기능과 역할

교회건물은 일반건물과는 용도와 성격면에서 큰 차이가 있다.

따라서 건물의 기능이나 역할이 일반건물의 기능이나 역할과는 매우 상이한 점을 가지고 있다.

교회건물의 용도는 하나님을 경배하고 예배하는데 주된 용도가 있으며 성격적으로도 수익에 목적을 두지 아니하는 비수익성 건물에다 종교시설의 성격을 가지고 있다.

그러므로 교회건물은 성전으로서 또한 기도하는 집으로서 기능과 역할을 할 수 있도록 보존되고 유지되어야 한다.

특히 교회건물은 성전이고 기도하는 집이므로 거룩하고 경건한 환경과 교회분위기가 항상 유지되도록 관리되지 않으면 안 된다.

그러므로 교회건물이 교회건물답게 정상적으로 기능하고 유지되도록 하기 위해서는 체계적인 관리가 반드시 필요하다.

따라서 교회건물의 정상적 기능과 역할을 위하여 건물의 기술관리[2)]가 필요하다.

(2) 교회건물 사용의 안전화

교회건물 역시 일반건물과 같이 위험이 상존하는 장소이다.

일반적으로 건물마다 고압전류의 수전과 난방을 위한 가스사용으로 화재, 폭발 사고 및 하중에 기인한 건물붕괴 사고위험 등이 상존하고 있다.

특히 대형교회의 경우 대예배 시간대에 수천, 수만의 성도가 동시에 입출입하며 머물고 있어 붕괴의 위험이 어느 건물보다 크게 잠재하고 있다.

---

2) 건물의 기술관리란 공학적, 물리적 건축물(건축대지, 건축설비 포함)의 기능과 성능을 유지하기 위하여 필요한 설비관리, 보수, 정비 등의 기술작업관리, 시설안전관리, 에너지관리 등을 의미한다.

뿐만 아니라, 관리시스템이나 관리조직 및 관리체계가 소수 교회건물의 경우 예외는 있으나 대부분의 경우, 비과학적이고 비효율적으로 구성되고 운영되고 있어 이와 같은 위험관리에 허점으로 작용하고 있다.

따라서 교회건물은 일반건물에 비하여 안전성의 문제를 안고 있는 위험건물들로 평가된다.

그러므로 교회건물 역시 일반건물과 같이 건물의 주된 용도대로 사용하기 위해서는 무엇보다 건물의 안전이 확보되어야 한다.

건물에 있어서 안전이 확보되기 위해서는 건물 내 · 외부에 상존하고 있는 잠재 위험요소를 예방하고 방지하는 예방안전관리가 무엇보다 필요하다.

교회가 세상의 변화를 위하여 하나님의 전지전능을 자랑하고 세상을 향하여 출발하는 교회건물에서 만에 하나 대형 안전사고가 발생하여 성도의 생명과 교회재산에 치명적인 손실이 발생한다면 일반건물의 안전사고보다 더 큰 사회적 문제가 될 것이 분명하다.

그러므로 교회건물을 안전하게 유지하고 사용하기 위해서는 교회건물의 안전관리는 절대적으로 필요하다.

(3) 교회건물사용의 쾌적화

건물의 쾌적성은 일반적으로 사람이 건물사용에 있어서 주관적 느낌으로 만족하는 상태를 의미한다.

이와 같은 건물사용의 쾌적성이 확보, 유지되려면 온도, 습도, 기류, 청정도, 부유분진, 조도, 소음, 냄새(악취), 수질, 진동 등에 문제가 없어야 한다.

교회건물을 사용하는 성도가 예배, 기도 목적으로 사용 또는 이용하는 경우에 교회건물을 쾌적하게 사용할 수 없는 실내상태인 경우에는 예배나 기도의 목적을 효과적으로 달성할 수 없게 된다.

다시 말하면, 실내 온도가 너무 덥거나 추운 경우 또는 습도가 너무 높거나 낮은 경우나 실내의 공기이동(기류)이 심하거나 전혀 바람이 없는 경우, 먼지나 부유분진이 많은 경우, 실내의 성도 모두는 불쾌감을 가지게 되고 심지어는 교회건물을 떠나게 된다.

뿐만 아니라, 교회건물에 악취, 소음 또는 진동이 심한 경우에는 아무리 믿음이 충만한 성도라 할지라도 교회건물을 사용할 수 없게 된다.

그러므로 예배나 기도의 목적으로 교회건물을 사용하기 위해서는 쾌적성이 확보되어야 한다.

교회건물의 쾌적성의 확보는 교회건물을 체계적으로 관리할 때 비로소 확보, 유지됨으로써 교회건물의 실내공기 질 관리와 환경관리는 반드시 필요하다.

(4) 교회건물의 사용편리화

E/L의 고장, 출입문의 고장, 전기단전이나 수도단수 그리고 배수설비의 고장으로 인한 배수불편 등이 성도들의 건물 사용에 불편으로 작용하는 경우, 교회건물의 정상적 기능과 역할을 방해하게 되고 목회사역에 지장을 초래하게 된다.

따라서 점검, 보수 등 건물의 기술관리가 필요하다.

(5) 건물시설의 법적 안정화

건물은 수익성 또는 비수익성 건물을 막론하고 부동산이므로 소유권이나 임차권이 존재하고 소유권과 관련한 제한물권 및 임차권과 기타 관리관계법령 등이 존재한다.

그러므로 부동산 위에 존재하는 소유권을 완전히 관리하여 허유권화[3]되지 않도록 관리되어야 하고 임차권과 건물관리 관계법령 등을 관리하여 건물 사용에 지장이 없도록 관리해야 한다.

왜냐하면, 교회건물에 소유권이 완전한 상태가 아니거나 임차권과 관리관계법령의 이행에 문제가 있는 경우 건물의 사용에 치명적인 지장을 초래하기 때문이다.

따라서 교회건물의 법적 안정화를 위하여 건물 법률관리가 필요하다.

(6) 건물유지관리 비용의 경제화

건물의 관리에는 에너지 사용료, 일반관리비, 각종 용역 대금이나 물건의 구매비, 제세공과금, 유지관리비, 수선비 등 여러 가지 비용이 발생하는데 이와 같은 비용은 반드시 경제적 관리비 모델[4]을 사용하여 경제화 되도록 체계적으로 관리해야 한다.

왜냐하면, 건물의 관리는 가장 경제적 방법으로 관리해야 하기 때문이다.

따라서 교회건물관리에 있어서도 경제관리가 필요하다.

---

3) 건물 소유권의 허유권화란 건물 소유권 위에 설정 등기된 제한물권이나 기타 권리(가압류, 압류, 재판, 경매 등)로 인하여 소유권의 사용권능, 수익권능, 처분권능 일부가 제한받는 불완전 소유권 상태를 의미한다.

4) 경제적 관리비 모델이란 연간 건물 유지관리 예산을 고효율, 저비용 모델에 맞게 설계하여 최소의 관리비용으로 최대의 관리효과를 창출하는 관리비 모델을 말한다.

(7) 건물시설과 설비의 내구화

철근콘크리트구조로 건축된 교회건물의 물리적 내용연수는 80년이고 법정 내용연수는 50년이며 교회건물 내에 장착되어 있는 주요 전기기계설비의 내구연한은 통상 15년 정도이므로 건물의 경제적 사용·수익을 위하여 물리적 내용연수나 법정 내용연수 모두 연장될 필요가 있다.

왜냐하면, 교회건물은 성도의 헌금으로 건축된 하나님의 성전이므로 한번 건축된 성전은 보다 오래 하나님의 영광을 위하여 사용되어야 하기 때문이다.

건물의 시설과 설비의 내구화는 건물 유지관리비의 경제화와 효율화에 크게 기여하게 된다.

따라서 건물 시설과 설비의 내구화를 위하여 건물의 관리가 필요하다.

(8) 건물관리수단 최적화

관리주체가 정상적으로 교회건물을 유지 보존하기 위해서는 관리활동에 반드시 필요로 하는 인적 자원, 물적 자원, 재무적 자원, 기술적 자원, 그리고 정보자원 등의 관리수단을 효과적으로 활용하여 관리객체인 건물에 체계적인 관리활동을 접목함으로써 마침내 건물의 재화적 유익과 양질의 건물관리 서비스가 생산, 공급되어 건물의 정상기능과 역할을 하게 되고 결과적으로 건물의 소유자나 사용자 모두가 건물 사용이나 수익에 만족을 얻게 된다.

따라서 양질의 건물관리 서비스나 건물유익을 생산, 공급하기 위해서는 건물관리수단[5]의 최적화가 필요하고 관리수단의 최적화를 위하여 건물관리는 반드시 필요하다.

(9) 건물환경의 보건화

건물의 내·외부에는 각종 병균, 박테리아, 곰팡이들이 산재하고 내실자는 물론 입출입자들에 의하여 이동되는 먼지와 병균의 침투는 건물환경을 악화시키는 요인이 되고 있다.

특히 병원균을 보균한 환자나 호흡기 등 질병감염자가 출입하는 경우에는 건물의 보건성 확보에 치명적인 지장을 주게 된다.

---

5) 건물관리수단이란 건물자산관리 방도를 의미하는 것으로 이에는 직접관리 방도인 직접관리수단(인적 자원과 물적 자원)과 간접관리 방도인 간접관리수단(기술적 자원, 재무적 자원, 정보자원) 등이 있다.

뿐만 아니라 쥐, 바퀴벌레, 개미 등의 위해 동물, 해충, 벌레 등에 의한 병균 인입이 매일 같이 발생하고 있으므로 건물의 보건화는 건물의 청결화와 함께 건물환경관리의 필요성을 크게 고조시키고 있다.

따라서 교회건물에도 보건성의 확보를 위하여 건물환경관리가 필요하다.

(10) 건물환경의 청결화

먼지나 오물 및 쓰레기의 방치는 건물환경을 악화시키는 취약요인이 되고 있다.

불결한 건물환경의 개선 없이는 건물의 완전한 사용은 불가하며 정상적인 사역이나 행정 업무 그리고 예배 등은 할 수 없게 될 뿐 아니라 보건성을 후퇴시키는 직접 원인이 된다.

따라서 건물환경관리는 절대적으로 필요하다.

(11) 건물행정관리업무의 효율화

건물은 기술과 자본 및 노동력의 결합에 의하여 생산된 내구성 소비재이다. 다시 말하면, 건물은 건축허가, 사용승인(준공) 등 문서사무행정의 산물이기도 하다.

따라서 건물의 복합개념에는 기술성, 경제성, 법률성, 환경성, 위험성 외에 행정성 등이 존재한다.

따라서 건물관리행정업무 효율화의 필요성이 크게 강조되고 있다.

그러므로 건물관리행정업무의 효율화를 위하여 건물관리가 필요하다.

(12) 교회건물의 사회성 유지

교회건물은 지역사회의 구성단위이고, 가난한 자와 약한 자 그리고 병자들의 정신적 피난처이며, 봉사 성격의 사회성 건물이다.

그러므로 교회는 지역주민과의 사회성 관계 유지가 필요하다.

따라서 교회건물은 사회성 유지에 적합하게 관리할 필요가 있다.

2) 교회건물의 재산관리 필요성

(1) 교회건물 경제가치의 유지와 제고

교회건물의 용도는 종교시설의 용도이고 서비스건물의 성격이나 부동산 재산이므로 경제적, 재산적 가치가 유지되고 제고될 필요가 있다.

왜냐하면, 교회건물은 성도 전체의 재산인 동시에 하나님의 재산이기 때문이다.

교회건물의 경제적 가치의 하락이나 교환가치가 없어지는 경우도 종종 있을 수 있으므로 부동산 재산측면의 경제관리가 필요하다.

(2) 교회건물의 재산권 보존

건물은 부동산의 일종이므로 독립된 소유권 등 재산권이 존재하고 법령의 제한이나 교회재단의 정관이나 특별한 제한규정이 없는 한 사용·수익·처분이 자유로운 재산이다. 또한 소유권은 사용가치와 교환가치를 함께 가지고 있는 기본물권이다.

그러나 소유권이 과도한 제한물권의 설정, 물상담보행위, 재판의 계류, 경매의 원인으로 소유권 본래의 권능인 사용권능, 수익권능, 처분권능에 지장을 초래하는 경우, 불완전 소유권인 허유권으로 변질하게 된다.

따라서 교회건물의 소유권 및 재산권의 보존관리가 필요하다.

이상에서 교회건물관리의 필요성을 사례별로 살펴본 결과 교회건물의 정상적 기능과 역할 및 최유효사용[6]을 위하여 건물의 기술관리, 행정관리, 경제관리, 법률관리, 위험관리(안전관리) 및 환경관리가 필요함을 인식할 수 있다.

다시 말하면, 이상의 설명에서 교회건물 역시 최광의 관리개념[7]에 따라 최유효 관리법[8]에 의하여 관리되어야 할 필요성이 있음을 알 수 있다.

---

6) 건물의 최유효사용이란 건물의 사용자가 건물 사용 목적에 맞게 가장 유리한 조건으로 사용하는 것을 의미한다.

7) 최광의 관리개념이란 현대적 건물자산 관리개념으로서 건물의 복합성인 건물의 기술성, 경제성, 행정성, 법률성, 위험성, 환경성 모두를 관리대상으로 상정하고, 전체 복합성을 종합 관리하는 관리개념을 의미한다. 즉 최광의 건물자산관리란 건물의 기술관리, 경제관리, 행정관리, 법률관리, 위험관리 그리고 환경관리 등을 의미한다.

8) 최유효 관리법이란 건물관리효과 창출(생산)에 있어서 가장 경제적인 방법으로, 안전하게 그리고 효율적으로 생산하는 관리방법을 의미한다.

제2절
교회의 현황과 관리실태

1. 교회의 현황

우리나라 교회와 성도 수에 대한 개신교 교단 통계에 의하면 52,354개 교회와 15,666,188명의 성도 수가 출석하고 있는 것으로 집계되고 있으나, 2006년 통계청 자료에 의하면 전국 교회 수는 45,704개 교회와 교인 수 8,616,438명으로 집계되고 있어 큰 차이를 보이고 있다.[9)]

지역별 교회분포현황을 보면, 2005년 기준 경기도가 11,263개 교회로 가장 많은 교회 수가 분포되어 있으며 다음은 서울특별시로서 7,601개 교회, 충청남도가 3,149개 교회로서 그 뒤를 잇고 있다.

개신교 교단 소속 교회 수를 살펴보면 장로교가 35,582개로 전체 52,354개 교회(교단 집계) 대비 68%를 점하고 있으며, 다음이 성결교로 5,450개 교회로 전체 대비 10.5%를 점하고 있고 그 다음이 감리교로 5,345개 교회로 전체 대비 10.3%를 점하고 있으며, 기독교한국침례회소속교회가 2,545개 교회로 전체 대비 4.9%를 차지하고 있으며 나머지가 기하성교단의 순으로 2,298개 교회로 전체 대비 4.4%를 차지하고 있다.

교회 규모 역시 80~90%가 100명 이하의 소형교회이고 자립이 가능한 중대형교회는 약 10%에 머물고 있다.[10)]

또한 매년 3,000여 교회가 문을 닫거나 다른 지역으로 이전하는 등 부침이 반복되고 있다.

그러나 서울, 부산, 경기도 등에 이른바 대형교회의 경우에는 연건평 10,000평을 초과하는 교회가 상당수 분포하고 있어 소형교회와 큰 대비를 이루고 있다.

---

9) 한국컴퓨터선교회, 대한민국복음화지도 복음화현황2판, 2006.

10) 기독교신문(문영환 기자) 2006. 6. 22.

2. 교회건물 관리실태

대형교회건물의 관리체계를 살펴보면 교회건물의 재산관리는 당회와 유지재단에 의하여 주로 관리되고 있으며, 교회건물의 시설관리는 당회 소속 위원회나 관리부서에서 유지관리하고 있어 교회건물의 재산관리와 시설관리의 관리체계 이원화 구조를 보이고 있다.

그러나 중소형교회는 건물의 재산관리보다 건물의 시설관리에 중점을 두고 있으며 대부분의 임차교회는 시설관리나 재산관리보다 임대차유지 차원의 관리를 하고 있다.

교회건물시설의 관리방법을 살펴보면 대형교회의 경우, 하나 같이 직영관리방식을 활용하고 있다. 그러나 소형교회는 사찰 한사람에 의하여 겨우 유지 관리되고 있는 실정이다.

대형교회 중심으로 교회건물의 관리비 현황을 살펴보면 전체 헌금대비 12.7% 정도로 집계되고 있으나 교역자급여 27.88%, 교회운영비 13.33%, 건축비 13.16%, 교인교육비 7.41%, 선교비 5.34%, 예배비 4.02%, 사회봉사비 3.38%로 집계되고 있다.[11)]

건물시설 관리 조직 형태와 건물 관리자 현황을 현장답사와 면담을 통하여 조사한 바에 의하면 일반건물의 관리시스템이나 기술수준, 관리체계, 관리매뉴얼, 자동화시스템 면에서 상당한 차이를 보이고 있다.

교회건물의 사용형태는 임대차계약을 통한 임차건물이 대부분을 차지하고 있는 가운데 소유형태의 건물은 소수에 지나지 않고 있다.

이상의 자료에서 교회건물의 현황과 관리 실태를 간략하게 살펴본 결과 교회건물관리 현황은 다음과 같이 요약할 수 있다.

첫째, 우리나라 교회의 수는 2006년 12월 31일 현재 45,704개 교회가 경기도, 서울, 충청남도 순으로 분포되어 있다.

둘째, 전체 교회 중 소형교회가 80~90%인데 비해 자립교회 수준의 중대형교회는 약 10%에 불과하다.

셋째, 대형교회의 경우 건물자산관리를 건물재산관리와 건물시설관리로 나누고 건물재산관리는 당회 또는 유지재단이나 교단이 직접 관리하고 건물시설관리는 당회소속 관리부서나 재직회 소속의 관리부서에서 별도 관리하는 이른바 이원화 관리구조 체계를 유지하고 있다.

넷째, 관리방식은 직영관리방법을 주로 사용하고 있다.

다섯째, 대부분의 소형교회는 임대차 형태로 교회건물을 사용하고 있으며 소유형태의

11) 상계기독교신문, 2006. 6. 22.

중소형교회의 관리는 사찰이나 담임목사 한사람에 의해서 상식수준에서 관리하고 있다.

여섯째, 교회건물의 관리예산은 전체 대비 12.7%이므로 종교개혁당시 재정사용지침서가 규정하고 있는 목회자 25%, 목회운영비와 관리비 25%, 전도와 사업 선교비 25%, 자선사업비와 구제 봉사비 25%에 비교하면 교회건물의 관리비가 턱없이 부족하여 교회건물의 전문 관리는 예산측면에서 어려운 상태에 있다.

일곱째, 전문관리시스템의 도입 없이 기술관리매뉴얼이나 비상상황대처매뉴얼 등 갖추어야 할 관리수단이 확보되지 못한 상태에서 일상적으로 관리에 임하고 있어 가장 경제적 방법으로 안전하게 그리고 효율적 관리에 문제가 있는 것으로 추정된다.

여덟째, 〈표 1-1〉과 같이 건물의 시설관리를 담당하는 시설관리부서 명칭을 살펴보면 시설관리부(금란교회), 사무처(명성교회), 총무부(할렐루야교회), 행정실(광림교회), 재단사무국(온누리교회), 시설관리과(지구촌교회), 재산관리분과위원회(여의도 순복음교회), 총무부(사랑의 교회) 등 각양각색의 부서 명칭에서 알 수 있듯이 교회건물의 관리체계가 표준화되지 못하여 교회 상호간 정보교류와 상호협조가 어려워 보인다.

아홉째, 이와 같은 비효율적 관리구조, 관리시스템의 비표준화, 전문적 관리를 위한 기술수준의 문제, 관리예산의 부족, 관리전문화교육제도 결여 등으로 자원의 낭비, 관리예산의 누수, 교회건물시설 관리효과의 부실, 안전상의 문제점 등 악현상이 계속 나타나고 있다.

따라서 교회건물의 재산관리와 시설관리에 있어서 전문적이고 체계적인 관리가 요구되며, 이를 위한 시급한 개선이 필요한 것으로 인식된다.

〈표 1-1〉 일부대형교회건물의 현황과 시설관리실태

(무순)

교회 명칭	연면적	관리부서	관리방법
할렐루야교회	62,076.89㎡	총무부	직영관리
금란교회	41,295.56㎡	시설관리부	직영관리
여의도 순복음교회	38,893.51㎡	재산관리분과위원회	직영관리
지구촌교회	37,943.05㎡	시설관리과	직영관리
온누리교회	37,257.85㎡	재단사무국	직영관리
광림교회	11,182.89㎡	행정실	직영관리
영락교회	10,720.42㎡	관리팀	직영관리
명성교회	7,771.01㎡	사무처	직영관리
사랑의교회	6,197.7㎡	총무부	직영관리
새문안교회	2,575㎡	시설관리부	직영관리

(자료출처 : 해당교회 건축물관리대장, 교회홈페이지)

제3절 교회건물의 성격과 관리개념

1. 교회건물의 일반적 성격

교회건물은 일반건물과는 달리 하나님께 예배드리는 성전 또는 교회성도가 기도드리는 아버지의 집이라는 종교적 교리 측면에서 종교시설로 분류되며, 사용가치와 교환가치 중 교환가치가 크게 작용하지 않는 등 일반건물과는 매우 상이한 성질을 가지고 있다.

이와 같은 교회건물로서의 성격을 이해해야 하는 이유는 교회건물은 교회건물의 용도와 기능에 맞게 교회건물다운 교회건물로 관리해야 하기 때문이다.

주요 교회건물의 성격을 소개하면 다음과 같다.

1) 종교시설의 성격

교회건물은 성전, 예배당, 성당 등 명칭에 관계없이 건축법 시행령의 규정에 따라 건물용도 분류 중 여섯 번째에 해당하는 종교시설용도로 분류되는 건축물이다.

종교의 사전적 의미는 신이나 절대자를 인정하여 일정한 양식 아래 그것을 믿고 숭배하고 받드므로써 마음의 평안과 행복을 얻고자 하는 정신문화의 한 체계를 의미한다.

따라서 교회건물은 기독교의 크리스찬으로서 하나님을 믿고 숭배하고 받드는 성도들이 하나님께 예배드리는 처소나 기도하는 아버지의 집으로서의 성전을 의미하는 것이므로 종교시설로서의 특성을 가지고 있다.

2) 부동산재산의 성격

교회건물은 그 소유형태나 규모, 시설의 종류에 관계없이 토지에 정착한 것으로 주물로서 종된 물건을 일체로 하는 하나의 부동산으로 분류된다.

즉 물건의 분류 방법 중 부동산과 동산으로 분류하는 방법에 의하면 건물을 토지와 함께 주요 부동산으로 분류된다.

따라서 건물은 부동산의 일종으로서 부동산의 성격을 가지고 있다.

그러므로 향후 교회건물을 관리할 때 부동산의 특성과 성격에 맞게 관리되지 않으면 안 된다.

현실적으로 교회건물은 부동산관리에 관계되는 법령이나 제도, 세제 등의 영향을 크게 받을 뿐 아니라 소유권이나 제한물권 또는 기타 권리에 관계되는 등기부나 지적상의 문제도 부동산관리와 관련하여 함께 관리되지 않으면 안 된다. 특히 교회건물 역시 부동산의 일종이므로 부동산재산의 특성도 함께 가지고 있다.

3) 비수익성건물의 성격

원칙적으로 교회건물은 비수익성건물에 해당된다.

왜냐하면 사용 · 수익 · 처분이 일반수익성 건물과 달리 자유롭지 않거나 제한받기 때문이다.

경제적 가치 측면에서 교환가치와 사용가치 중 교환가치가 극도로 미미한 건물이기 때문이다.

수익성건물의 의미는 목적 건물을 임대하거나 매매함으로써 일정한 금전적 수입이 발생되는 건물을 의미하며 반대로 비수익성 건물은 매매나 임대의 대상이 되지 않고 오로지 종교, 교육, 연구 등의 서비스를 생산, 분배, 소비함으로써 비로소 사용의 만족을 얻는 건물을 의미한다.

따라서 교회건물은 원칙적으로 매매나 임대차의 목적물이 아닌 비수익성건물이다. 예외적으로 개인명의의 소유권 등기가 된 건물은 매매나 임대차의 목적물이 될 수 있다.

그러나 원칙적으로 교회건물은 비수익성 건물에 해당된다.

4) 복합건물의 성격

일반적으로 건물을 단일한 주된 용도로 사용 · 수익하기 위하여 설계, 건축, 관리되나 교회건물은 전술한 바와 같이 규모있는 교회의 경우 본당건물을 중심으로 목회관, 교육관, 기도실, 사무실, 수양관, 기도원 등으로 종된 용도를 달리하는 건물들이 모여 주된 용도인 종교시설로서의 기능을 하고 있으므로 교회건물은 복합용도 건물의 특성을 가지고 있다.

따라서 교회건물은 주된 용도를 위한 다양한 종된 용도의 건물들로 구성되어 있는 복합용도 건물의 특성이 있다.

2. 교회건물의 성서적 성격

교회건물은 종교적으로 하나님을 모시고 예배드리는 성전 성격의 건물이고 만민이 기도하는 집(사 56:7)으로서 비수익성 서비스 용도의 건물이고 수익보다 사용상의 건물의 가치에 무게의 중심을 두는 건물이므로 교회건물의 사용용도에 적합하게 관리해야 한다.

이와 같은 교회건물의 특수성으로 인하여 성서를 중심으로 구약시대와 신약시대의 교회건물의 역사적 배경과 현재 교회건물의 실태와 현황을 비교 검토하여 두루 살펴볼 필요가 있다.

교회와 교회건물의 개념에는 상이성과 유사성이 있다.

교회의 성서적 개념에는 불가견적 교회인 무형교회와 가견적 교회인 유형교회가 있다.

전자는 이 땅에서 하나님을 구주로 모시고 절대 순종하고 예배드리는 한무리 뜻의 교회로서 구약시대에서는 카알(qahal)과 에다(edah)로 호칭되었으며, 이스라엘 백성의 집회나 그들 회중 자체를 의미하여 무형교회로 인식하였다.

건물의 사전적 의미는 사람이 들어가 살거나 일을 하거나 물건을 넣어두기 위하여 지은 집을 의미한다.

교회건물은 교회건물관리의 객체가 되므로 교회건물의 관리에 앞서 구체적 이해가 필요하다.

왜냐하면 교회건물은 일반건물과 다른 사용상의 용도와 재산상의 성격이 매우 상이하기 때문이다.

건축법상의 건물이라 함은 협의의 건물 개념의 건축물을 의미하는 것으로서 토지의 정착물중 지붕과 기둥 또는 벽이 있는 것과 이에 부수되는 시설물의 지하 또는 고가 공작물에 설치되는 사무소, 공연장, 창고, 기타 대통령령이 정하는 것을 의미한다.[12)]

그러나 교회건물은 건축법 시행령에 규정하고 있는 건축물 용도 분류 중 여섯 번째의 용도 분류에 해당하는 종교시설로서 사용상의 용도와 재산상의 성격들이 일반건물의

12) 건축법 제2조 제2항.

용도와 성격과는 매우 상이한 특징의 건물이라 할 수 있다.

즉 교회건물이란 하나님을 모시고 예배와 찬양을 드리는 만민이 기도하는 집을 의미한다.

또한 사전적 의미의 교회의 건물이란 기독교의 교의(敎義)를 가르치고 펴며 또 예배나 미사를 드리는 건물을 의미한다.

교회건물의 개념을 보다 구체적으로 이해하기 위해서는 성서속의 교회개념과 현재 우리나라 교회건물의 실태와 현황을 살펴볼 필요가 있다.

교회건물의 관리를 연구함에 있어서 관리의 대상이 되는 교회건물을 보다 구체적으로 이해하기 위하여 성서속의 교회개념을 구체적으로 이해할 필요는 전술한 바와 같다.

이와 같은 관점에서 교회 호칭부터 살펴보면 다음과 같다.

신약시대의 교회 명칭은 수나고게(sunagoge)와 에클레시아(ekklesia)로 호칭되었다.[13]

수나고게는 유대인의 종교집회나 회당(교회건물)을 일컬어 사용되었고, 에클레시아는 신약교회에 적용되었으므로 무형교회와 유형교회 모두를 지칭하는 용어로 사용되었다.[14]

성경에서 사용되고 있는 교회의 개념은 하나님으로부터 부름받은 피택자들로 구성됨을 가리키는 용어로 일반적으로 해석되어 왔으며, 그리스도는 친히 그리스도를 주로 고백하고 하나님의 나라와 원리들을 시인하고 하나님 나라 원리를 받아들이는 무리에게 교회라 불렀으며 에클레시아 용어는 무형교회 의미로 최초로 사용하였다.[15]

그러나 교회가 부흥되고 확장되어 생성된 지교회[16]와 개인가정교회, 전세계 보편적 유형교회 그리고 천상과 지상에서 그리스도와 영적으로 연합된 단체인 무형교회에 교회의 의미로 에클레시아가 두루 사용되었다.

구약시대의 교회 명칭은 주로 성전(oikos)으로 불리워졌으며 성전은 주로 하나님께 예배하는 집으로 인식되었다.

히브리어의 표현을 빌리면 성전을 궁전(hekhal), 성소(godesh), 집(bayith) 등으로 호칭되었으며, 그리스어로는 성전범위의 전부(heiron) 또는 성전(oikos), 내전(naos) 등으

13) 유동근, 「성경적인 교회의 모습과 건축의 청사진」, (서울 : 빌라델비아, 2001), p.38.

14) 대한예수교장로회총회(중앙), 「신학특강」, p.33.

15) 마. 16:18, 18:7

16) 지교회란 일정한 지역에 있는 신자들의 무리라는 의미로 지역교회를 말한다.

로 불리워졌다.[17)]

모세시대에 접어들면서 교회의 명칭은 회막(민 11:16), 장막(출 26:9~11), 여호와의 장막(왕상 2:28~30) 또는 성막으로 호칭되었다.

성막은 여호와 하나님께서 이스라엘 백성으로 하여금 하나님께 법도대로 나아갈 수 있음을 가리키는 용어로 인식하였으며 성막은 성소와 지성소, 성막의 뜰 등으로 구성되었다.[18)]

따라서 모세시대의 교회는 주로 성막으로 호칭되었다.

예루살렘시대에 와서 교회건물을 성전으로 호칭하였으며 성전을 모세의 성막을 참고하여 성막을 확장한 것이었으며, 다음과 같이 구약시대의 솔로몬성전, 에스겔의 성전, 스룹바벨의 성전, 그리고 헤롯의 성전과 신약시대의 교회로 분류된다.

1) 구약시대 교회

(1) 솔로몬성전

솔로몬성전은 선친왕인 다윗의 준비에 의하여 그의 아들 솔로몬이 주전 1012년에 착공하여 11년 8개월 경과시에 완공한 유형적 교회건물로서 헌당 후 이스라엘 국민의 예배 중심으로 사용되다가 국가의 분열, 우상종교 성행, 외적의 침범으로 416년 지속 후 바벨론왕 느부갓네살에게 훼파당했다.

규모는 장방형으로서 길이가 60규빗, 넓이가 20규빗, 높이가 30규빗 규모로 건축되었다.[19)]

(2) 에스겔의 성전

예언자 에스겔이 환상 중에 본 성전으로서 솔로몬의 성전과 비슷하며 실제로 건축되지 않았으나 이스라엘이 포로귀환 후 스룹바벨 성전 재건에 큰 영향을 미쳤다.

(3) 스룹바벨의 성전

주전 536년 고레스왕의 허락에 의하여 이스라엘 포로귀환 후 재건하여 주전 516년

---

17) 대한예수교장로회총회(중앙), 상게서, p.30.

18) 대한예수교장로회총회(중앙), 상게서, p.30.

19) 1규빗은 이스라엘 규빗이 약 45cm이므로 솔로몬성전은 길이가 34m, 넓이가 14m, 높이가 20m 규모의 성전이었다.

다리오왕 6년에 완공하였다.

성전 높이는 60규빗, 넓이는 60규빗으로 솔로몬성전보다 다소 큰 규모였으나 그 영광은 솔로몬성전 같지 않았다.

(4) 헤롯성전

BC 20~21년 헤롯대왕 즉위 18년에 기공하여 본전은 1년 8개월에 완공하였으나 부수 건축물은 64년까지도 완공하지 못하였다.

이 성전은 헤롯의 정치적 야망을 위하여 주로 사용되었다고 전해지고 있다.

2) 신약시대의 교회

예수그리스도의 초림과 더불어 신약시대의 교회는 하나님을 믿는 신앙공동체를 의미하며, 다음과 같은 성전개념을 확립하였다.

① 예수그리스도의 몸은 하나님의 성전이다.
② 그리스도인의 몸도 하나님의 성전이다.
③ 그리스도의 교회는 그리스도와 더불어 하나님의 성전이요 영원한 하나님의 성전이다.

또한 신약성경에 나타나고 있는 교회는 그리스도의 몸이요 거처이며 사역의 중심, 수막집, 아버지의 집, 신부, 포도나무, 밀알, 성전으로 하나님께 절대적으로 복종하는 한무리 등으로 나타나고 있으며, 구약시대의 교회가 주로 가견적 유형교회 건물인 성전으로 인식한 것에 비해서 신약시대의 교회는 불가견적 무형교회의 의미로 사용되고 있는 것으로 보여진다.

3. 교회건물의 관리개념

교회건물의 재산관리 목표와 시설관리 목표를 가장 효과적으로 달성하기 위하여 교회건물의 관리활동을 시작함에 있어서 교회건물의 관리개념을 정확히 이해하는 것은 매우 중요하다.

왜냐하면, 무릇 사물에 있어서 그 사물의 개념을 알지 못하는 경우에는 그 사물을 만들어가는 방법이나 절차를 알지 못하게 되며 그 방법이나 절차를 알지 못하면 실제적으로 그 사물을 만드는 행위를 할 수 없기 때문이다.

다시 말하면, 어떤 사물의 완성에 필요한 완전한 지식[20]은 사실지(事實知)에서 출발하기 때문이다.

그러므로 교회건물의 효과적인 관리를 위하여 교회건물의 관리개념에 대한 이해는 무엇보다 중요하다.

교회건물의 관리는 전술한 바와 같이 매우 중요하고 필요한 과제이나 관리활동의 전제가 되는 관리개념을 한마디로 정의화하기란 쉽지 아니하다.

왜냐하면, 교회건물의 용도가 일반건물과 같지 아니하고 교회건물의 성격 역시 원칙적으로 비수익성 서비스 종교시설이나 예외적으로 몇몇 대형교회 건물의 경우, 비수익성 서비스 용도의 건물시설과 함께 수익성 형태의 건물자산을 함께 보유하고 있기 때문이다.

그러나 교회건물 역시 건축법의 적용을 받는 건물일 뿐 아니라 건물관리 관계법령[21]의 규제를 직접 받는 건물이고 건축법 시행령에 따라 28개 건축시설 용도 중 여섯번째의 종교시설에 해당되는 건물이므로 일반건물의 관리개념을 유추하면 다음과 같은 교회건물 관리개념의 개념화가 가능하다.

교회건물관리란 교회건물 관리주체가 관리객체인 교회건물에 대하여 적합한 관리계획을 수립하고 조직화하여 관리목표를 확정하고 자원의 효율적 배분과 활용 및 외부환경과 여건을 능동적으로 극복하여 교회건물의 관리목표를 가장 경제적 방법으로 안전하게 그리고 효율적으로 달성하는데 필요한 건물의 시설관리활동과 재산관리활동을 의미한다.

건물의 시설관리활동이란 취득 후 처분 전까지의 보유기간 동안 교회건물의 시설에 대한 보존, 유지, 기술적 개량을 중심으로 교회건물 이용자의 안전과 편의를 위하여 일상적으로 점검(inspection), 정비(maintenance)하고 손상된 부분을 원상복구하며 경과연수, 자연재해 등으로 원상회복에 요구되는 보수 · 개량 · 보강 등의 활동을 의미한다.

건물의 재산관리란 교회건물 역시 부동산[22]의 일종이므로 소유권이 존재하며 사용가

---

20) 완전한 지식이란 어떤 사물의 개념을 하는 사실지(事實知), 사물을 만드는 방법이나 절차에 대한 지식의 방법지(方法知), 그리고 그 사실을 완성하는데 필요한 행동지(行動知) 등 3가지 지식을 합하여 완전지(完全知)라 하며 어떤 사물에 대하여 공부가 된 상태의 지식을 의미한다.

21) 건물관리 관계법령이란 현행 법적으로 효력을 가지고 있는 것으로서 건물의 안전, 소방, 환경, 설비 관리 등에 직접 관계되는 법률, 명령, 규칙, 조례 등을 의미한다.

22) 부동산(Real Estate)이란 법제도 측면에서 토지 및 그 정착물을 의미하며 그 정착물에는 건물과 토지에 경작된 공작물, 임목법에 의하여 등기된 수목과 명인 방법에 의하여 거래의 객체가 된 미분리 과실 등이 있다.

치와 교환가치로 표상되는 경제가치가 함께 존재하고 있고 이에 대한 취득·보유·양도(처분)에 따른 각종 조세와 건물의 유지관리에 필요한 각종 공과금 등은 건물재산관리의 대상이 되므로 결국 교회건물의 재산관리란 교회건물의 취득시부터 양도까지의 취득, 보유 및 양도 전 과정에 걸쳐 소유권 보존관리, 경제가치의 보존, 유지, 개량 관리와 각종 조세와 공과금의 관리 등에 필요한 활동을 의미한다.

교회건물의 관리개념의 설명에 있어서 요소적 개념으로 등장하는 교회건물 관리주체라 함은 교회건물의 관리권을 가지고 있거나 위임받은 자로서 관리목적으로 교회건물을 전면 지배하는 자(개인, 단체, 법인)를 의미하는 것으로 교회의 당회장이나 관리권을 위임받은 관리 담당 장로나 관리용역계약에 의하여 관리권을 넘겨받은 건물관리회사 등이 이 범주에 해당된다.

또한 교회건물 관리개념의 요소적 개념의 하나인 교회건물 관리객체란 관리대상을 의미하며 교회건물을 구성하고 있는 건축대지와 건축물 그리고 건축설비 및 부대시설 등을 의미하는 것으로서 본당과 부속시설인 식당, 회의실, 교육관, 기도실, 서점, 목회관, 기타 건축물과 건축대지 및 전기설비, 기계설비 등의 건축설비 등이 기술적 관리대상으로서 시설관리의 객체가 되며 건물토지의 소유권, 건물토지의 사용가치와 교환가치(경제가치), 제세공과금 등은 교회건물재산관리의 객체가 된다.

또한 요소적 개념으로 등장하고 있는 건물관리의 내부자원[23]과 외부환경[24]의 개념은 교회건물관리에 지대한 영향을 미치는 요소적 성격을 가지고 있다.

왜냐하면, 건물관리의 내부자원과 외부환경은 건물관리활동에 직접 영향을 미치는 내부적 자원요소이고 외부적 환경요소이기 때문이다.

교회건물관리의 목적을 달성하는 최종 과정은 관리활동이고 관리활동의 궁극의 목적은 교회건물 관리주체가 수립한 교회건물관리 목표달성을 통하여 시설관리측면에서 편리하고 안전하며 쾌적한 교회건물의 최유효 이용과 부동산재산관리 측면의 소유권 보존관리와 제세공과금 등의 합리적 처리로 건물재산의 경제적 가치의 유지와 제고 목표를 달성하는데 필요한 건물재산관리활동이므로 건물관리활동에 직접 영향을 미치는 내부자원의 효율적 배분과 외부환경의 영향을 받게 된다.

---

23) 건물관리의 내부자원이란 건물관리에 소요되는 관리수단으로서 인적 자원, 물적 자원, 재무적 자원, 기술 자원 그리고 정보 자원 등을 의미한다.

24) 건물관리의 외부환경이란 건물관리에 직접 또는 간접적으로 영향을 미치는 자연 또는 사회의 조건이나 형편으로서 이에는 경제 환경, 법제도 환경, 정치, 사회환경 등이 있다.

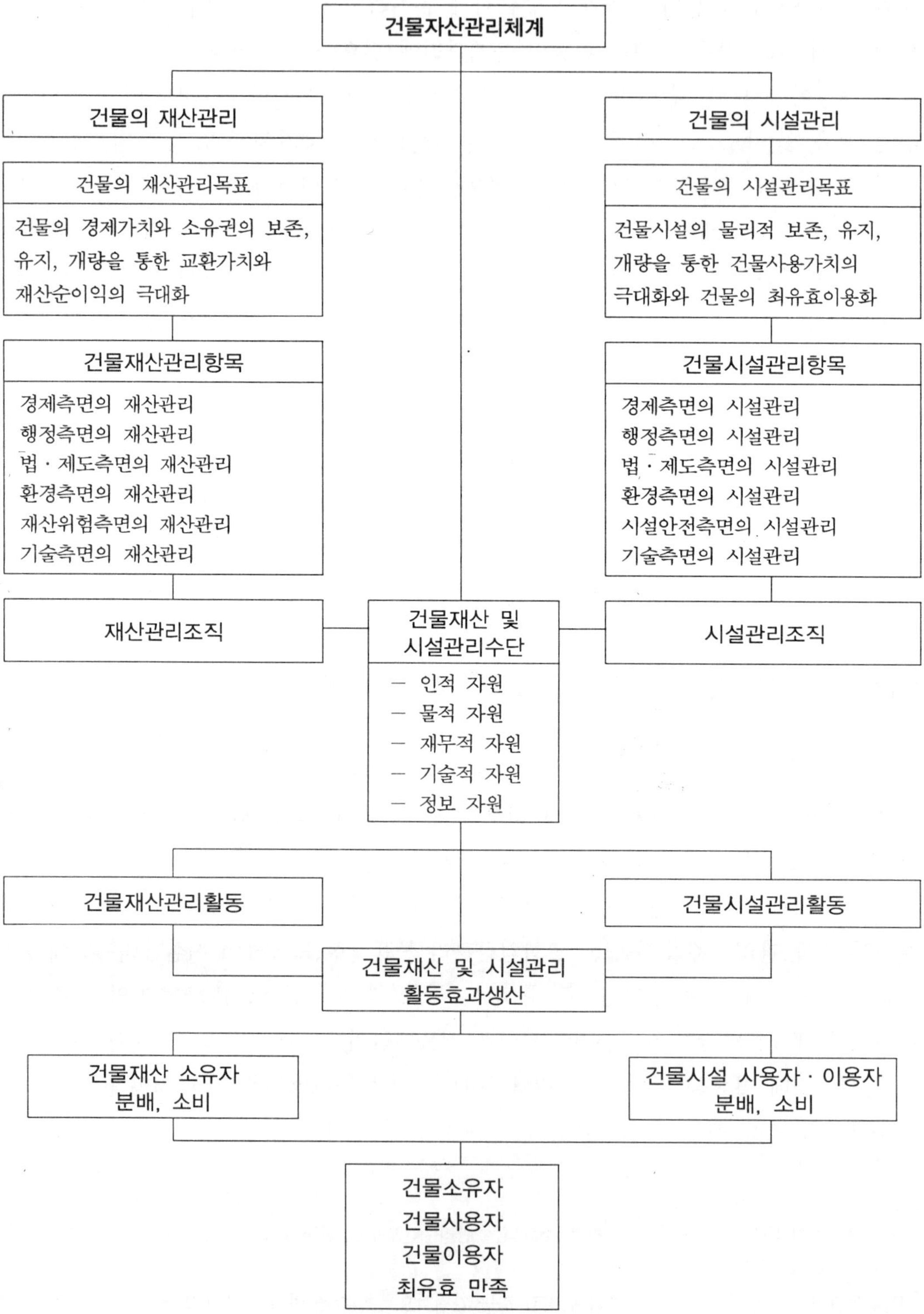

[그림 1-1] 건물자산관리체계도

또한 건물관리 개념의 설명에서 간과할 수 없는 중요한 요소적 개념에는 건물자산관리 활동 3대 성립요소와 최유효 관리법의 개념이다.

전자는 어떤 사물의 성립이나 효력 따위에 없어서는 안될 근본 조건으로서 건물자산관리활동을 함에 있어서 반드시 필요로 하는 근본 조건들을 의미한다.

이에는 건물자산관리주체, 건물자산관리객체, 그리고 건물자산관리수단 등이 있다.

후자인 최유효 관리법은 관리활동의 목표인 건물시설의 유지관리 성과와 건물재산의 부동산관리 성과는 반드시 가장 경제적 방법으로 안전하게 그리고 효율적으로 생산(창출)해야 한다는 관리활동효과의 생산관리법을 의미한다.

가장 경제적 방법이란 최소 비용으로 최대 성과의 생산을 의미하며 가장 안전하게는 1년 365일 무재해 실현을 통한 건물관리활동성과의 생산을 의미한다.

그리고 가장 효율적 방법은 건물관리활동에 투입(in-put)되는 시간, 노력, 비용보다 산출(out-put)되는 관리 성과가 크게 나타나도록 관리성과의 생산관리방법을 의미한다.

이상에서 설명한 교회건물의 관리개념을 보다 구체적으로 이해하기 위하여 일반 업무용 대형건물을 대상으로 적용되고 있는 건물자산관리체계를 소개하면 [그림 1-1]과 같다.

제4절 교회건물의 관리영역과 관리항목

1. 관리영역과 관리항목의 의의

교회건물의 용도에 맞게 효과적으로 관리하기 위해서는 교회건물관리개념의 이해와 함께 교회건물관리의 내용인 관리영역과 관리항목에 대한 이해가 필요하다.

교회건물의 관리영역과 관리항목은 해당 교회의 규모와 재산의 성격 그리고 시설의 종류에 따라 다를 수 있으나 원칙적으로 관리영역과 관리항목 모두 상존하고 있다.

교회건물의 관리는 교회건물자산관리(Assets management of church building)로서 교회건물의 재산관리영역(Property management field of church building)과 시설관리영역(Facilities management field of church building)으로 분류된다.

또한 교회건물자산관리의 두 관리영역에는 각각 해당되는 관리항목(management items)들이 있다.

교회건물의 관리항목이란 교회건물관리에 관계되는 범위나 전문적으로 그리고 체계적으로 관리해야 하는 범위를 의미하며 관리항목은 관리영역의 기준에 따라 관리범위의 관리조목이나 일의 가락으로 구분지은 것을 의미한다.

관리항목은 관리항목의 성격과 내용에 따라 관리세목으로 분류된다.

교회건물의 관리영역에는 전술한 바와 같이 교회건물의 재산관리영역과 교회건물의 시설관리영역이 있고 각각 관리 영역에 해당되는 관리항목이 있다.

교회건물관리영역의 하나인 교회건물의 재산관리영역은 건물의 일생(life cycle of building) 전 생애기간에 걸쳐 적용되는 관리영역으로서 교회건물의 취득, 보유, 그리고 양도에 이르기까지 건물재산의 경제가치 중 교환가치에 무게를 두고 이에 필요한 재산가치의 보존 · 유지 · 개량 중심으로 관리하는 법적 경제관리 영역이다.

교회건물의 재산관리 주요 항목에는

① 경제측면의 재산관리
② 행정측면의 재산관리
③ 법 · 제도측면의 재산관리
④ 환경측면의 재산관리
⑤ 위험측면의 재산관리
⑥ 기술측면의 재산관리

등이 있다.

또한 교회건물관리의 다른 하나의 관리영역은 교회건물의 시설관리영역으로서 건물의 일생 중 교회건물의 취득 후부터 양도 전까지의 보유기간 동안 건물시설의 물리적 기능유지, 보존, 개량 중심의 공학적 기술관리영역을 의미한다.

건물의 초기 성능과 기능의 유지 및 건축물의 내 · 외부 마감재의 기능 장기화에 무게를 두고 있는 공학적 기술관리영역이라 할 수 있다.

교회건물의 시설관리 항목에는

① 경제측면의 시설관리
② 행정측면의 시설관리

③ 법 · 제도측면의 시설관리
④ 환경측면의 시설관리
⑤ 안전측면의 시설관리
⑥ 기술측면의 시설관리

등이 있다.

교회건물의 관리에 있어서 중요한 점은 관리영역과 관리항목의 상호관계이다.

왜냐하면, 관리항목의 관리는 관리영역의 관리이고, 관리영역의 관리는 교회건물의 자산관리이며 건물의 자산관리는 결국 교회건물의 관리로 귀결되기 때문이다.

다시 말하면, 교회건물의 관리와 관리영역 및 관리항목은 별개의 독립된 것이 아니며 전체속의 하나이고 하나속의 전체로서 밀접한 상호관계 속에 유기적으로 작용하고 있기 때문이다.

이상에서 설명한 교회건물관리의 관리영역과 관리항목을 그림으로 구성하면 [그림 1-2]와 같다.

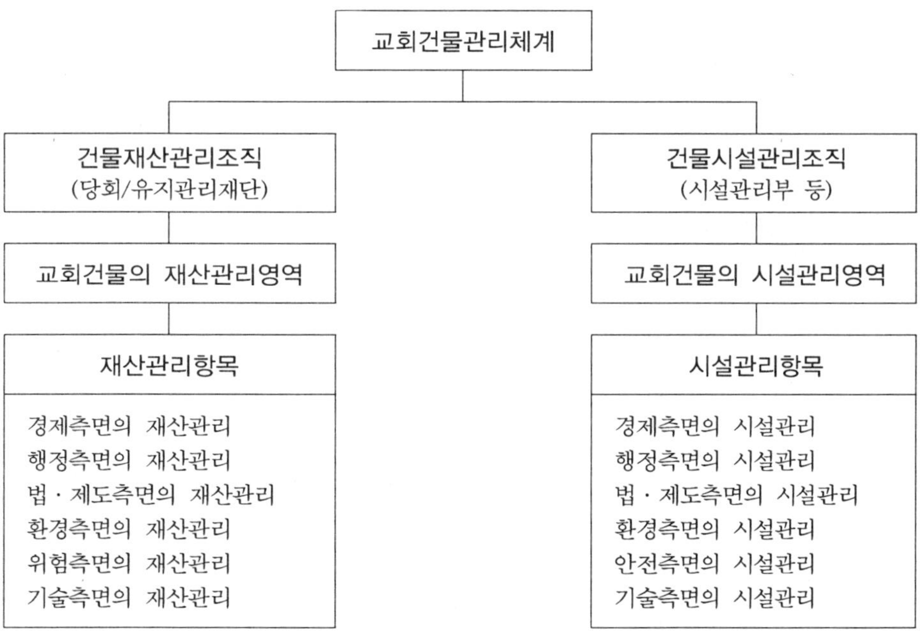

[그림 1-2] 교회건물관리체계의 관리영역과 관리항목

2. 교회건물 관리항목의 내용

1) 교회건물의 재산관리항목

(1) 경제측면의 재산관리

교회건물관리의 접근방법은 여러 가지 있을 수 있으나 교회건물도 건물의 일종이고 건물 또한 부동산의 일종이므로 결국 교회건물의 관리 역시 일반적으로 인정되는 부동산관리개념인 건물의 재산관리개념에서부터 접근되어야 한다.

건물관리는 건물의 성격상 복합성이 존재하므로 해당되는 복합성에 따라 관리가 진행되어야 한다.

건물의 복합성에서 가장 중요한 것으로 경제성이 있다.

따라서 건물의 재산관리에 있어서 경제측면의 재산관리부터 접근되어야 한다.

건물의 재산관리에 있어서 경제측면의 재산관리란 건물재산의 경제적 가치의 유지·보존·개량 및 제고를 위하여 최소의 비용과 시간과 노력으로 최대의 경제적 효과(이익)를 창출하는 관리활동을 의미한다.

즉 투입되는 in-put보다 산출되는 out-put이 크게 나타나 경제적 이익이 합리적으로 산출되고 있는가에 대한 관리활동을 의미한다.

다시 말하면, 경제 측면의 재산관리 핵심은 건물재산의 경제적 가치 극대화에 있으므로 건물재산을 이용하여 발생되는 총수익에서 제비용을 차감한 순이익이 합리적으로 극대화되고 있는가에 대한 관리활동을 의미한다.

건물의 재산관리에 있어서 경제측면의 재산관리는 여러 가지 재산관리항목 중 가장 중요한 관리항목이나 건물의 시설관리를 토대로 달성될 수 있으므로 성공적인 건물의 재산관리를 위해서는 건물의 시설관리항목의 관리 역시 중요하게 취급되어야 한다.

건물의 재산관리에 있어서 경제측면의 재산관리는 건물재산 취득목적 달성의 핵심 관리항목이므로 건물재산의 취득에서부터 보유 및 양도에 이르기까지 체계적이고 전문적으로 관리해야 한다.

(2) 행정측면의 재산관리

건물재산의 행정측면의 교회건물관리란 건물의 재산관리에 있어서 건물재산관리에 관계되는 행정적 이익의 최대 확보를 통하여 건물재산의 이익을 더욱 창출하고자 하는 행정측면의 재산관리활동을 의미한다.

건물의 재산관리에 있어서 행정성에 관계되는 것에는 건물의 사용승인(건물의 준공필), 용도변경, 각종 인 · 허가 및 신고, 행정명령, 행정과태료, 이행강제금, 안전점검 및 정밀안전진단 등이 있으며 이들에 대한 관리부실의 경우 건물재산상의 경제적 가치인 사용가치와 교환가치에 악영향을 초래하여 경제적 손실을 가져오게 된다.

그러므로 건물재산의 관리에 있어서 건물재산의 행정성에 대한 적정한 대응과 관리가 필요하다.

(3) 법 · 제도측면의 재산관리

건물의 재산관리에 있어서 법제도를 통하여 법적 안정성과 유용성을 확보하거나 확대하여 건물재산의 경제적 교환가치를 제고하는 활동을 법 · 제도측면의 재산관리라 한다.

건물재산의 관리에 관계되는 법령에는 토지관리공법 및 건물관리공법 외에 토지관리사법과 건물관리사법 그리고 관리관계 명령 및 지방의회 조례 등이 있다.

이와 같은 법령 등은 사용 · 수익 · 처분의 소유권을 공적으로 제한하거나 규제함으로 건물재산관리관계 공 · 사법의 관리가 필요하다.

특히 건물재산의 관리와 관계되는 건물재산관리사법 역시 건물재산의 경제적 가치를 훼손하지 않도록 건물의 소유권 관리와 함께 계약관리에 신중히 대처해야 한다.

또한 관계법에 의하여 만들어진 조세제도, 환경관리제도, 토지제도 등의 체계적인 관리를 통하여 제도에 의하여 물적 피해가 발생하거나 경제적 손실을 방지하도록 해야 한다.

다시 말하면, 법 · 제도측면의 재산관리는 법적 안정성의 확보와 법적 유용성의 증대로 건물재산의 법적 이익을 확보하여 관리대상 건물재산의 경제적 가치를 높이는 활동이라 할 수 있다.

(4) 환경측면의 재산관리

건물의 환경이라 함은 건물재산의 경제적 가치의 보존, 유지, 개량 등의 관리에 직접 또는 간접으로 영향을 미치는 자연 또는 사회의 조건이나 형편을 말하는 것으로서 경제환경, 기술환경, 자연환경, 인문환경 등이 이 범주에 해당된다.

경제환경은 경기순환에 관계되는 환경으로서 경기의 회복기, 확장기, 후퇴기, 침체기 등에 따라 건물재산의 경제적 가치에 영향을 미치게 된다.

기술환경 역시 외부의 기술이 발전하여 건물에 장착된 건축설비가 최첨단화되거나 사용상의 방법이 난해하여 미처 따라가기가 쉽지 아니하거나 기술수준의 저하 등으로 건물재산의 관리 상태가 불량하게 될 때 건물재산의 경제적 가치에 악영향을 미치게 된다.

그러므로 기술환경 역시 중요하게 취급되어야 한다.

자연환경 또한 건물재산의 경제적 가치에 악영향을 줄 수 있으므로 지진, 폭풍, 태풍, 해일, 폭우, 폭설 등에 철저한 대비로 자연재해 피해를 최소화해야 한다.

사람에 의하여 만들어진 조세제도, 토지공급제도, 건물분양제도 등과 같은 인문환경 역시 건물재산의 경제적 가치에 악영향을 미칠 수 있으므로 건물재산관리에 있어서도 매우 유의해야 한다.

(5) 위험측면의 재산관리

건물재산의 위험에는 기술적 위험, 경제적 위험, 환경적 위험, 법률적 위험, 행정적 위험 그리고 보안위험 등이 있다.

이와 같은 건물재산의 위험을 방치하는 경우에는 인적·물적 결함이나 환경적 결함과 결합되어 재산사고로 이어지고 결국 재산사고는 건물재산의 손실로 나타나므로 건물재산의 위험은 예방관리로 철저히 관리되어야 한다.

(6) 기술측면의 재산관리

기술이라 함은 어떤 일을 정확하고 능률적으로 해내는 솜씨를 의미하는 것으로서 건물의 재산관리에 있어서 기술상의 문제를 야기하는 경우 건물재산의 경제적 손실로 나타난다.

예컨대, 가스설비의 기술상의 문제로 폭발하거나 화재로 이어지는 경우 건물재산의 사용가치와 교환가치가 치명적인 손실을 잃게 된다.

그러므로 건물재산의 관리에 있어서 기술측면의 재산관리에 문제점이 없도록 체계적으로 관리해야 한다.

다시 말하면, 건물의 재산관리에 있어서 건물재산상에 존재할 수도 있는 물리적 하자나 기능상의 문제점에 대한 예방관리로 건물재산의 경제적 손실을 최소화해야 한다.

2) 교회건물의 시설관리항목

(1) 경제측면의 시설관리

시설관리는 건물재산의 취득 후부터 양도 전까지의 유지관리개념으로서 건물시설에 대한 보존 · 유지 · 개량과 관계되는 관리소요비용을 반드시 경제원칙에 따라 집행되어야 한다.

경제측면의 시설관리는 가장 경제적 방법으로 건물시설의 정상적 기능유지와 보존 및 개량을 위한 기술적 작업이 이루어져야 한다는 관리개념이다.

건물의 시설관리에는 원료, 재료, 에너지 등의 물적 자원의 구입비용과 일반관리비, 용역비, 보수공사비, 제세공과금, 사용료 등 건물유지관리비용이 건물생애총비용(LCC, Life Cycle Cost)의 약 80% 정도 이상이 소요되거나 필요함으로 가장 적은 비용으로 최대의 건물기능유지와 보존 및 기술적 개량이 이루어지도록 관리해야 한다.

그러므로 건물시설의 경제관리의 요령은 반드시 예산제도에 의하여 실시하되 수립된 관리예산 역시 흑자상태로 관리행위가 종료되도록 해야 한다.

이와 같은 경제측면의 시설관리를 통하여 건물의 사용가치극대화와 건물의 최유효이용화에 이바지해야 한다.

(2) 행정측면의 시설관리

법정관리제도를 채택하고 있는 경우, 공동주택의 관리방법이나 관리소장(주택관리사(보))의 선임 등에 대하여 일정한 절차에 따라 시 · 군 · 구에 보고하도록 되어 있으며 관리대상 건물시설이 1종 시설물 또는 2종 시설물에 해당되는 경우 매3년마다 일정한 안전점검과 그 결과에 따라 정밀안전진단을 실시하도록 「시설물의 안전관리특별법」에 규정하고 있는바 이에 관한 관계기관의 보고는 행정측면의 시설관리에 관계되는 관리항목이다.

뿐만 아니라, 용도변경, 증 · 개축, 설비의 교체, 소방시설의 검사, 방화관리자 선임 및 보고 기타 기술인력의 선임 및 배치보고, 대수선 허가 등 행정측면의 시설관리항목의 관리는 철저하게 이행하여 행정명령을 받거나 행정벌인 과태료나 사용중지, 사용제한 또는 철거 등의 불미스러운 사태가 오지 않도록 해야 한다.

이와 같은 행정측면의 시설관리를 통하여 건물사용의 극대화와 건물 최유효 이용화 목표가 달성되도록 관리해야 한다.

(3) 법 · 제도측면의 시설관리

건물의 시설에는 건축물, 건축대지, 건축설비 등으로 구성되어 있으며 이들에 대한 관리기준의 설정, 규제 등 건물시설의 관리공법이나 부동산공법의 규제내용이 다양하다.

또한 법정시설관리제도에 의한 규제나 이행사항이 한두 가지가 아니다.

따라서 건물의 시설관리 관계법령에 규정되어 있는 법 · 제도상의 이행사항이나 법적 강제 준수사항을 철저히 이행함으로써 시설관리상의 문제가 나타나지 않도록 해야 한다.

이와 같은 법 · 제도적 측면의 시설관리는 건물시설의 정상적인 보존이나 유지 및 개량에 도움을 주어 건물의 최유효 이용화와 건물사용가치를 증대시키게 된다.

(4) 환경측면의 시설관리

건물환경 측면의 시설관리에 있어서 주요 관리항목에는 환경미화관리(청소관리), 위생관리, 소독관리, 조경시설물관리, 실내공기질관리 등이 있다.

이와 같은 환경측면의 관리는 건물의 내구성, 쾌적성, 미관성, 보건성, 청결성을 증대시켜 건물의 사용가치 극대화와 건물이용의 최유효화에 결정적으로 기여하게 된다.

(5) 안전측면의 시설관리

건물의 시설과 설비에는 크고 작은 기술적 위험이 산재되어 있다.

이와 같은 기술적 위험은 인적 · 물적 결함이나 환경적 결함과 결합되면 안전사고로 이어지고 인적 · 물적 피해를 일으키는 재해로 귀결된다.

또한 화재의 3대요소인 발화원, 인화물질 및 산소 등이 건물 내부에 산재되어 있어 화재 발생의 빈도가 매우 높은 장소이기 때문에 건물 화재에 각별한 주의가 요망된다. 특히, 교회건물은 다중이용시설이므로 소방관계법의 규정에 따라 적합하게 관리되어야 한다.

시설위험으로 인한 안전사고나 화재는 건물시설의 폭발이나 건물의 멸실을 가져와 건물의 내구성, 편리성, 안전성 등을 일시에 앗아가므로 건물의 사용가치의 극대화와 건물이용의 최유효화에 결정적으로 악영향을 미치게 된다.

그러므로 위험시설물의 안전과 편의를 확보하기 위하여 일상점검 정비하고 위험을 사전에 조기 발견하여 예방관리해야 한다.

(6) 기술측면의 시설관리

기술측면의 시설관리 항목은 건물시설의 보존, 유지 및 개량에 있어서 가장 기본이 되는 관리항목이다.

기술측면의 시설관리항목에는 건축물의 유지관리, 건축설비의 운전과 정비관리, 기술적 작업관리, 건축시설의 보전관리 등이 있으며, 이와 같은 관리항목의 체계적인 기술관리를 통하여 건물의 정상적 보존과 유지는 물론 건물의 정상적 기능과 성능이 장기화하게 되며 건물의 물리적 내용연수(내구성)가 늘어나게 되며 쾌적성과 편리성이 증가되어 건물사용 가치의 극대화와 건물이용의 최유효화에 결정적으로 기여하게 된다.

제5절
교회건물의 관리방식

1. 관리방식의 의의

건물관리방식이란 일정한 관리방법이나 관리활동의 형식을 의미한다.

교회건물은 성격상 재산의 성격과 시설의 성격이 함께 병존하고 있으므로 건물의 재산관리와 건물의 시설관리활동을 함께 하고 있다.

따라서 교회건물의 관리방식에는 건물의 재산관리방식과 건물의 시설관리방식으로 구분된다.

건물의 재산관리방식에는 직접관리방식과 간접관리방식이 있으며 간접관리방식에는 다시 위탁관리방식과 신탁관리방식 등이 있다.

그리고 건물의 시설관리방식에는 직영관리방식, 위탁관리방식 그리고 혼합관리방식 등이 있다.

이를 그림으로 정리하면 [그림 1-3]과 같다.

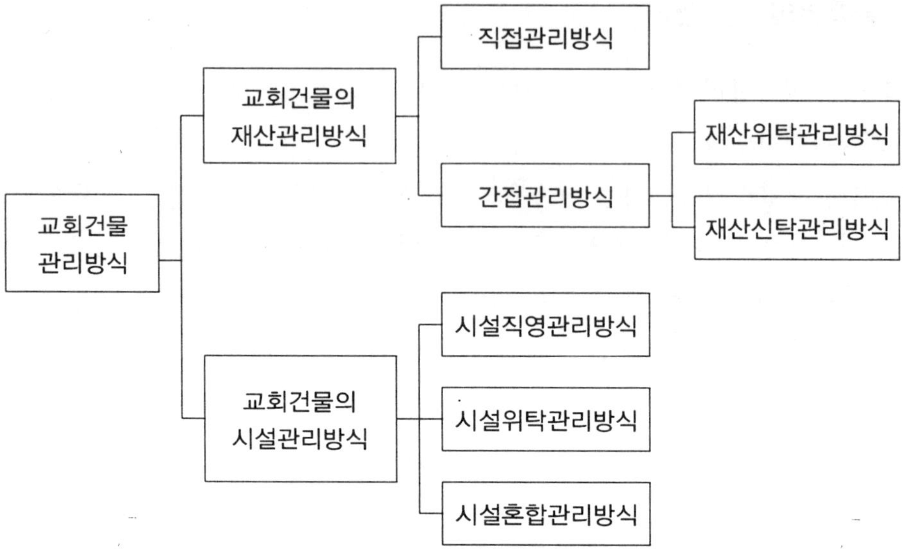

[그림 1-3] 교회건물의 관리방식

2. 관리방식의 내용

전기한 [그림 1-3]에서 알 수 있는 바와 같이 교회건물의 관리는 교회건물의 재산적 성격과 시설의 성격으로 인하여 재산관리와 시설관리를 동시에 관리해야 하므로 관리방식 역시 재산관리방식과 시설관리방식으로 구분하여 관리해야 한다.

교회건물의 관리방식 중 직접재산관리방식은 교회의 당회에서 재산관리주체가 되어 자체 조직으로 재산관리를 스스로 관리하는 방식이고 건물관리전문회사나 신탁회사 또는 유지관리재단에게 관리권이나 소유권 또는 경영권을 넘겨주어 소유주체를 대리하여 관리하는 재산위탁관리방식, 재산신탁관리방식 등은 간접재산관리방식이라 한다.

건물의 관리방식에는 시설관리방식에는 전술한 바와 같이 시설직영관리방식, 시설위탁관리방식 그리고 시설혼합관리방식 등이 있으며 이들의 장·단점과 함께 그 내용을 설명하면 다음과 같다.

1) 시설관리방식

(1) 시설직영관리방식

가. 시설직영관리방식의 의의

시설직영관리방식이란 비수익성 건물이나 수익성 임대용건물 또는 업무용도로 사용하고 있는 건물 중 사옥용도로 사용하고 남는 평수를 임대의 목적물로 정하는 경우 건물소유 회사법인, 단체 또는 소유자 개인이 관리주체의 지위에서 관리주체의 책임과 비용으로 자체 관리조직을 구성하고 관리종사자들을 모집 · 선발 · 훈련 · 배치하여 직접 관리하는 방식을 말한다.

이와 같은 직영관리방식은 자체관리방식, 직접관리방식, 자치관리방식, 자가관리방식, 자영관리방식 등과 유사하나 아직도 용어자체가 정형화되지 못하고 있다.

구분소유건물의 자치관리방식과 임대 공동주택의 관리방식인 자체관리방식과는 관리주체의 성격 등에서 다소 차이가 있다.

나. 시설직영관리방식의 장 · 단점

시설직영관리방식의 장 · 단점은 다음과 같다.

① 장 점

- 비밀유지 및 보안관리에 용이하다.
- 직접 관리함으로써 관리대상건물에 애착을 가지고 관리에 최선을 다한다.
- 고장 등의 수리나 보수 · 건의 · 불만사항 · 민원 등이 신속하게 접수되고 신속히 처리 또는 해결된다.
- 소유자가 관리비를 절약하므로 관리비의 낭비를 막을 수 있고 경제적으로 관리할 수 있다.
- 건물 입주자 · 사용자에 대한 봉사를 최우선적으로 한다.
- 건물 하자 발생의 예방과 효율적인 관리가 가능하다.
- 관리의사 결정이 신속히 이루어진다.
- 관리자의 협동과 정보교환이 잘 이루어진다.
- 책임한계가 분명하다.

② 단 점

- 인건비가 불합리하게 상승될 수 있다.
- 변화나 개혁에 비탄력적이다.
- 관리업무가 무사안일하게 진행될 수 있다.
- 관리의 전문성이 결여되기 싶다.
- 건물소유자가 본인의 본업에 전념할 수 없다.
- 건물소유자가 관리비 절약을 지나치게 강조하게 되면 부실관리가 될 수 있으며 만족스러운 관리서비스를 제공할 수 없게 된다.

(2) 시설위탁관리방식

가. 시설위탁관리방식의 의의

시설위탁관리방식이란 건물의 소유자 또는 관리권한자가 전체 관리업무를 관리전문회사에 위탁하여 관리하는 방식을 의미한다.

위탁하는 방법은 입찰, 계약, 위임, 법령 등에 의하여 이루어지며, 외주관리방식 또는 아웃소싱관리방식이라고도 한다. 위탁관리 대상건물의 유형에는 기술성과 전문성을 필요로 하는 IBS건물이나 특수용도의 건물(극장 · 학교 · 병원 · 공공청사 · 백화점 · 체육시설 등)에 적합한 관리방식이다. 신탁회사에 관리대상자산과 그 자산의 소유권까지 이전하여 신탁의 자산을 관리하게 하고 일정한 수익과 재산보존을 꾀하는 신탁관리방법도 넓은 의미의 위탁관리방식에 포함된다. 다만 관리대상건물의 소유권까지 이전하는 점에서 위탁관리방식과는 차이가 있다.

나. 시설위탁관리방식의 장 · 단점

위탁관리방식의 장 · 단점은 다음과 같다.

① 장 점

- 합리적이고 효율적인 관리가 가능하다.
- 기술성과 전문성을 가지고 체계적으로 관리하므로 관리비 등의 제비용이 경제적이다.
- 건물소유자는 본인의 업무에 전념할 수 있다.
- 관리종사자의 노무 · 인사 문제가 단순화되고 신경쓰지 않아도 된다.

- 건물소유자는 수익성과 안전성을 얻을 수 있다.
- IBS건물이나 대형건물의 관리에 적합한 관리방식이다.

② 단 점

- 건물관리회사가 재정적으로 문제가 될 경우 곧바로 관리현장에 관리부실을 초래할 수 있는 위험이 있다.
- 관리회사가 전문성 · 기술성에 신뢰성이 결여될 경우 복잡한 문제가 생길 수 있다.
- 관리회사가 불성실한 관리활동을 할 경우 건물소유자가 오히려 신경쓰게 된다.
- 관리전문회사의 기술성 · 전문성의 검증이 어렵다.
- 보안유지나 기밀유지가 어렵다.
- 관리회사가 도산하는 경우 관리의 계속성 유지가 어렵다.
- 관리회사 경영의 문제가 곧바로 관리현장에 영향을 가져온다.
- 관리에 문제가 발생할 경우 책임에 문제가 발생하고 불분명해진다.
- 파견 관리종사자들에 대한 잦은 인사이동은 건물관리 계속성에 문제를 초래한다.

(3) 시설혼합관리방식

가. 시설혼합관리방식의 의의

시설혼합관리방식이란 전체 관리업무 중 일부는 직영관리방식 또는 자치관리방식으로 관리하고, 기타 관리업무(예 청소, 경비, 주차관리, 시설관리, 소독관리 등)는 전문관리회사에 위탁하여 관리하는 방식이다. 즉, 직영관리 또는 자치관리 방식과 위탁관리방식의 장점을 함께 살리는 관리방식이라고 할 수 있다.

혼합관리방식은 절충식 관리방식이라도 하며, 대형건물, 콘도미니엄, 오피스텔 등에도 이 방식을 사용하고 있다.

나. 시설혼합관리방식의 장 · 단점

혼합관리의 장 · 단점은 다음과 같다.

① 장 점

- 관리통제가 용이하다.

- 관리업무 중 인사, 노무, 회계, 세무 등의 관리는 직영 또는 자치관리 방식에 의하므로 기밀유지가 가능하다.
- 전문성, 기술성을 요하는 부분만 관리전문회사에 위탁하므로 관리전문회사의 기술성과 전문성을 제공받을 수 있으며, 이를 활용할 수 있고, 효율적 관리운영이 가능하고 관리비가 경제적이 된다.

② 단 점

- 책임소재가 불분명하다.
- 관리회사의 관리활동이 부실해지는 경우에는 직영관리와 위탁관리의 단점(결함)만 노출된다.
- 자치관리, 직영관리 소속 관리종사자와 관리회사의 직원 간에 화합과 협조가 쉽지 않다.

2) 재산관리방식의 내용

건물의 재산관리방식에는 직접관리방식과 간접관리방식이 있으며, 간접관리방식에는 다시 재산신탁관리방식과 재산위탁관리방식 등이 있다.

(1) 재산신탁관리방식

가. 재산신탁관리방식의 의의

재산신탁관리방식이란 건물자산소유자가 건물자산신탁회사와 건물자산관리신탁계약을 체결하고 건물시설일체와 건물의 소유권까지 신탁회사에 이전하여 신탁회사가 일정 기간 수익을 관리하게 하는 관리방식을 말한다.

나. 재산신탁관리방식의 장·단점

① 장 점

- 신탁회사의 책임과 비용으로 장기간 관리하므로 건물소유자는 장기간 안심하고 본인의 업무에 전념할 수 있다.
- 신탁회사가 관리일체를 법적으로 보장하고 있으므로 자산에 관한 법률적 문제나 세금, 공과금 등 일체의 관리문제가 위탁자에게는 발생하지 않는다.
- 위탁자의 개인의 사정상 문제가 발생하더라도 시설관리에 전혀 영향을 미치

지 않는다.

- 시설관리를 위한 별도의 조직이 필요 없다. 따라서 인사노무문제가 전혀 없다.
- 건물자산 소유자의 자산관리능력이나 경험이 없는 경우 자산관리에 가장 좋은 방법이 될 수 있다.

② 단 점

- 신탁회사가 부실되거나 부도가 나는 경우 자산관리에 치명적으로 영향을 미친다.
- 신탁회사가 시설관리를 또다시 관리회사에 위탁 관리하므로 자산보존에 여러 가지 문제가 노출될 수 있다.
- 신탁회사의 시설관리에 소홀해지는 경우 시설관리에 관한 비밀유지가 어렵다.

(2) 재산위탁관리방식

교회건물재산의 위탁관리방식은 소유주체인 교회가 그 소속교단이나 유지재단에게 소유권과 함께 재산관리권을 맡겨 관리하는 재산관리방식이다.

4. 건물시설관리방식의 변화경향

이상에서 열거한 건물시설관리방식은 시대적 상황에 따라 초기에는 시설직영관리(자치관리방식 포함)방식에서 출발하여 시설혼합관리방식(직영 및 위탁관리)으로 점차 변화 발전되어 오다가 다시 시설위탁관리방식으로 빠른 속도로 변화되어 왔으며 최근에는 자산의 성격에 따라 시설신탁관리방식과 시설운영위탁관리방식으로 점차 변화되어 가는 추세에 있다.

최근 부동산개발 방식의 변화에 따라 건설회사가 개발비용을 선투자하고 임대나 운용 등을 통하여 건설 투자금을 회수하는 BTL방식[25]과 BLT방식[26] 등이 등장하고 있다.

그러나 대형교회의 시설관리 경우에는 아직도 직영관리방식을 주로 사용하고 있다.

---

25) BTL방식이란 Build Transfer Lease를 의미하는 것으로 건축사가 건축물을 시공하고 건축물을 건축주에게 인도 후 건설사가 직접 임대하여 임대소득을 통하여 건축공사비를 회수하는 건축공사비 회수관리법을 말한다.

26) BLT방식이란 Build Lease Transfer를 의미하는 것으로 시공사가 시공 후 공사비 회수목적의 임대 후 건축주에게 인도하는 공사비 회수관리방식을 말한다.

5. 교회건물의 시설관리방식 선택

대부분의 대형교회의 경우에는 주로 직영관리방식을 사용하여 시설관리를 하고 있으나, 위탁관리방식으로서의 전환이 필요한 것으로 판단된다.

왜냐하면, 대부분의 경우 건물관리의 요소가 되는 관리시스템이나 기술인력, 기술관리매뉴얼, 관리체계, 관리기술 등에 있어서 여러 가지 비전문성과 비체계성이 나타나고 있어 기술 인력과 장비 및 고도의 관리 경험을 갖추고 있는 전문관리회사로 하여금 관리하게 하는 것이 건물의 안전성이나 편리성, 경제성 그리고 효율성 측면에서 매우 유리하기 때문이다.

그러나 교회건물의 관리방식은 위탁관리만이 최선의 방법이라 말할 수 없다.

왜냐하면, 건물의 관리방식은 매우 다양하고 관리대상 건물의 규모나 성격 또는 적용되는 관리영역과 관리항목에 따라 관리방법이 달라질 수 있으며 특히 건물의 여건과 환경에 따라 관리방식을 달리해야 하기 때문이다.

따라서 관리대상 교회에서는 관리대상 교회건물의 규모나 성격 또는 적용되는 관리영역과 관리항목 및 형편과 환경에 따라 직영관리방식, 위탁관리방식 또는 혼합관리방식 중 하나의 관리방식을 선택하여 관리하는 것이 현명하다고 판단된다.

제6절 교회건물의 관리원칙

1. 관리원칙의 의의

원칙의 사전적 의미는 근본이 되는 법칙 또는 여러 사물이나 일반현상에 두루 적용되는 법칙이나 원리 등을 의미한다.

교회건물의 관리에 있어서도 이와 같이 교회관리에 반드시 적용되는 근본 법칙이나 원리 등이 있는 바 이를 교회건물관리의 원칙이라 한다.

교회건물관리의 원칙에는 다음과 같은 원칙들이 있으며 교회건물을 관리함에 있어서 반드시 적용하거나 참고해야 한다.

2. 관리원칙의 내용

1) 교회건물용도 적합화의 원칙

교회건물은 하나님이 임재하시는 처소이고 하나님께 예배드리는 성전이며 만민이 기도하는 집이므로 하나님 처소답게 그리고 예배의 성전이나 만민의 기도하는 집의 용도로 사용되도록 관리되어야 한다.

교회건물 역시 최광의 관리개념에 따라 관리되어야 하므로 기술관리, 경제관리, 법률관리, 행정관리, 안전관리 그리고 환경관리 등을 함에 있어서도 하나님의 영광과 교인의 기쁨, 신앙의 경건과 거룩과 은혜가 충만하고 사랑이 숨쉬는 교회건물, 즉 성전의 용도가 살아 숨쉬도록 교회건물용도에 적합하게 관리되어야 한다.

2) 경제화의 원칙

교회건물을 관리함에 있어서 최소의 비용으로 최대의 효과를 얻을 수 있도록 관리활동비용이 경제화되어야 한다.

유지관리비용의 경제화는 물론 화재예방을 통한 인적 · 물적 피해방지를 통한 경제화, 일상적 점검 보수를 통하여 대수선이나 조기교체 등을 미연에 방지함으로써 큰 비용 발생 방지를 통한 경제화 등은 건물관리 경제화에 있어서 대단히 중요하다.

다시 말하면, 저비용으로 큰 이익을 창출할 수 있도록 경제화의 원칙이 최광의 관리활동 전반에 적용되어야 한다는 원칙이다.

즉 기술관리활동의 경제화, 경제관리활동의 경제화, 행정관리활동의 경제화, 법률관리활동의 경제화, 환경관리활동의 경제화, 그리고 안전관리활동의 경제화가 반드시 지켜져야 한다는 원칙이다.

경제화의 원칙이 지켜지지 않은 건물관리는 이미 관리가 아니므로 모름지기 건물의 관리에는 경제화의 원칙이 철저히 이행되어야 한다.

3) 안전화의 원칙

건물의 관리는 최유효 수익 목적과 함께 최유효 사용하기 위하여 전개되는 최광의 관리활동을 의미한다.

건물의 최유효 수익과 최유효 사용을 위해서는 건물의 시설의 기술적 안전은 물론이거니와 경제적 안전, 법적 안전, 환경적 안전, 보안 안전, 행정적 안전 등 건물의 전체 안전이 확보되어야 한다.

따라서 안전화의 원칙은 반드시 건물관리활동에 지켜져야 할 원칙이다.

4) 효율화의 원칙

효율화의 의미는 적은 투입(in-put)으로 많은 산출(out-put)의 결과를 의미한다.

즉 작은 노력이나 시간 · 비용의 투입으로 보다 많은 생산이나 서비스, 건물의 유익의 창출을 의미한다.

이와 같은 법칙을 효율화의 원칙이라 하고 최광의 관리활동 전반에 적용되고 지켜져야 할 원칙이다.

제2장
교회건물관리활동의 이론적 기초

기독교적으로 교회건물은 성전이고 하나님의 처소이나 현실적으로 건축관련법과 재산법의 적용을 받는 건축물이므로 교회건물의 시설관리와 재산관리는 건축관련법과 재산관계법의 기준에 따라 체계적이고 전문적인 관리가 요구된다.

그러므로 이 분야의 학문으로부터 과학적 관리와 효율적 관리 이론의 지원이 불가피하다.

따라서, 교회건물의 과학적 시설관리와 효율적 재산관리를 위하여 건물관리분야의 신학문인 건물자산관리학으로부터 교회건물관리에 필요한 관리이론과 원리 및 법칙 등을 이 장을 통하여 소개함으로써 이를 응용하고 적용하여 교회건물관리의 체계화와 전문화에 기여하고자 한다.

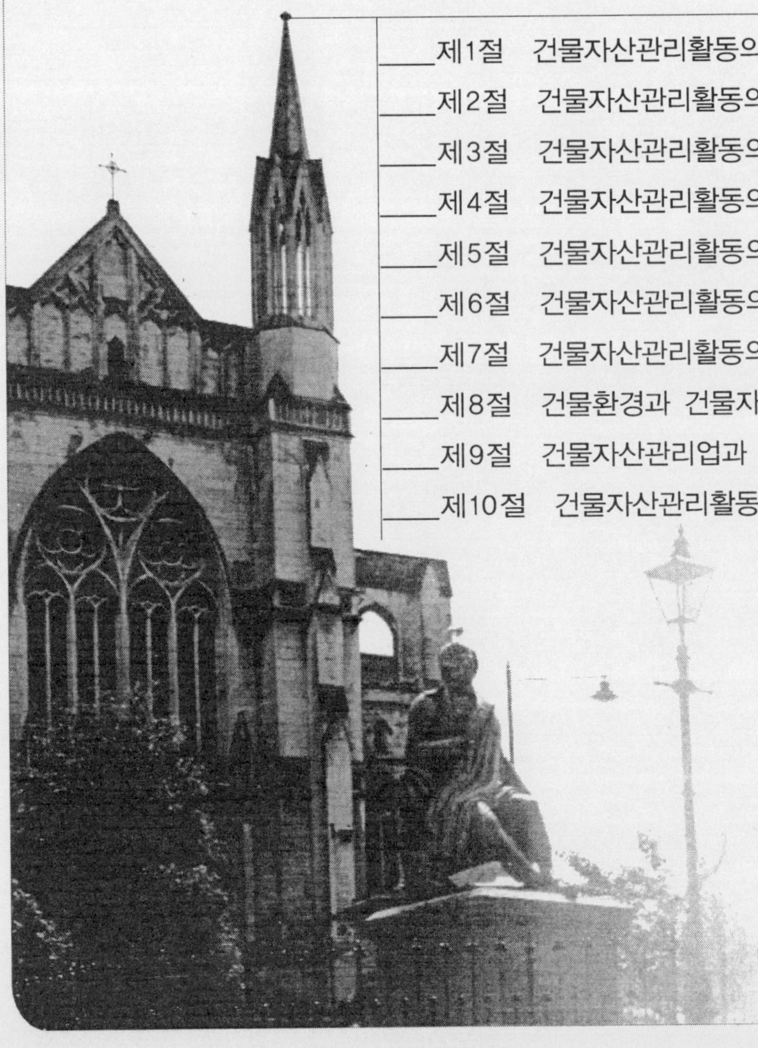

제1절
건물자산관리활동의 개념

1. 건물자산관리활동의 의의

건물자산관리활동이란 건물자산관리주체와 관리조직 및 그 구성원이 건물자산관리자원을 효율적으로 배분하고 관리수단을 효과적으로 활용하며 외부건물자산관리 환경을 능동적으로 극복하여 건물자산관리의 목표를 가장 경제적인 방법으로, 안전하게, 효율적으로 달성하기 위하여 힘쓰고 애쓰는 실천행위를 의미한다.

다시 말하면, 건물자산관리의 목표인 건물의 재산관리 목표와 건물의 시설관리 목표달성에 필요한 건물의 유익과 양질의 관리 효과(service)를 효과적으로 창출하기 위한 노력이나 작업 또는 행위를 건물자산관리활동이라 한다.

건물자산관리활동을 통하여 얻어지는 건물자산관리효과는 제2장 제7절에서 후술하는 건물자산관리활동의 성립요소들이 복합적으로 서로 결합하고 상호작용하여 마침내 얻어지는 결과물로서 건물관리활동의 성립 요소는 관리활동을 중심으로 상호작용하는 특징이 있다.

그러므로 건물자산관리활동이란 건물자산관리활동 요소들을 효과적으로 결합하고 조합하며 상호작용하게 하여 관리효과를 최종적으로 창출하는 과정이라 할 수 있다.

결론적으로 건물자산관리활동이라 함은 건물자산관리주체와 관리조직이 관리대상건물에 대하여 주어진 관리수단을 효과적으로 활용하고 외부 건물관리환경을 능동적으로 극복하여 관리계획상의 관리목표를 가장 경제적인 방법으로, 안전하게 그리고 효율적으로 달성해가는 관리행위를 의미한다.

건물자산관리활동의 목표인 건물재산관리 목표와 건물시설관리 목표 달성에 필요한 양질의 관리효과(service)와 건물의 재화적 유익은 결국 건물자산관리활동에 의하여 창출되므로 건물자산의 관리활동이야말로 건물자산관리에 있어서 대단히 중요한 역할임이 분명하다.

그러나 건물자산관리활동의 개념은 일반적으로 말하는 건물자산관리개념과는 차이가 있다.

왜냐하면, 건물자산 관리개념의 일반적 의미는 건물자산관리의 총체적이고 거시적이며 추상적 개념인데 반하여 건물자산관리활동은 지엽적이고 구체적이며 미시적, 실천적 행위이기 때문이다.

2. 건물자산관리활동의 내용

건물자산관리활동의 내용은 관리개념이나 관리목표, 관리방법, 관리성격 등에 따라 여러 가지 형태로 관리활동의 내용이 달라진다.

예컨대, 부동산 자산관리개념에 의하면 부동산자산의 취득활동(AM활동), 투자 부동산 자산의 보유기간 동안의 경영관리활동(PM활동)과 시설관리활동(FM활동) 그리고 취득자산의 양도관리활동 등을 자산관리의 주요내용으로 인식하고 있다. 그러나 최광의 관리개념에 바탕을 둔 건물자산관리활동의 내용에는 건물기술관리활동, 건물경제관리활동, 건물행정관리활동, 건물법률관리활동, 건물환경관리활동, 건물위험관리활동 등이 있다.

또한 건물자산관리업무의 성격에 바탕을 두는 경우에는 건물의 재산관리활동과 건물의 시설관리활동이 주된 자산관리활동의 내용이 된다.

교회건물의 자산관리 내용 역시 건물의 재산관리활동과 건물의 시설관리활동을 교회건물의 자산관리 내용으로 인식하고 있다.

제2절 건물자산관리활동의 분류

건물자산관리활동은 건물자산관리라는 추상적 관리개념에 근거하여 관리목표를 구체적이고 실천적으로 달성해가는 관리 행위를 말하는 것으로서 분류기준에 따라 다음과 같이 분류할 수 있다.

1. 관리전문성 수준에 의한 분류

건물자산관리의 전문성 수준에 따라 분류하면 1차수준의 관리활동, 2차수준의 관리활동, 3차수준의 관리활동 등으로 분류할 수 있다.

(1) 1차수준의 관리활동

1차수준의 건물관리활동은 전문성의 수준이 매우 낮은 정도의 관리활동을 말한다.

예컨대, 관리활동을 함에 있어서 전문적 지식이나 경험 없이 상식에 의존하여 소규모 건물(단독주택, 2층 이하의 건물)을 관리대상으로 한명의 관리인이 일상적인 점검·보수·수선·청소·소액의 관리비를 징수처리하는 정도의 관리활동을 의미한다. 관리활동상의 주의의무도 크게 요하지 아니하는 관리활동이다. 그러나 규모있는 집합건물의 관리의 경우나 관리단이 선임하는 관리인에 의한 관리활동은 2차수준의 관리활동에 해당된다. 그러므로 1차수준의 관리활동이란 대상건물의 보존이나 유지보수 등을 위한 협의의 기술관리업무 중 일부 기술관리활동을 말한다.

(2) 2차수준의 관리활동

1차수준의 관리활동보다 수준이 높고 3차수준의 관리활동보다 수준이 낮은 관리활동을 말한다. 주로 5층 정도의 건물에 대한 관리활동이 이 범주에 해당되는바 전문관리수준이 아니면서 시설점검·정비·보수·보안·경비·임대·사무·청소관리 등을 관리인의 책임 하에 개인 또는 소규모 관리전문회사의 용역기술을 통하여 또는 고용된 소수의 직원에 의하여 실시되는 관리활동을 의미한다. 2차수준의 관리활동 역시 기술관리에 중점을 두고 보존·유지에 중심을 둔 관리활동을 말한다.

(3) 3차수준의 관리활동

고도의 기술성과 전문성을 요하는 전문관리활동을 의미한다. 대형건물의 관리가 이에 해당되는 것으로 기술관리활동, 경제관리활동, 행정관리활동, 법률관리활동, 위험관리활동(안전관리활동), 환경관리활동 등 체계적이고 종합적인 전문관리수준의 관리활동을 의미한다.

관리상 주의의무도 크게 요구되며(선량한 관리자 주의의무 수준), 기술성과 전문성이

고도로 요구되는 관리활동이다.

전문관리회사에 의한 위탁관리활동이 이 범주에 해당된다.

보존은 물론 이용·개량 모두를 위한 관리활동이다.

2. 건물시설관리업 업종에 의한 분류

건물자산관리업의 기준에 따라 관리활동을 분류하면 다음과 같다.

(1) 시설유지관리활동

관리대상건물의 시설과 설비의 점검·운전·감시·기록·정비·보수·제어 등 주로 기술을 요하는 관리활동이 이 범주에 해당된다.

이를 세분하면 전기설비관리활동, 기계설비관리활동, 가스설비관리활동 및 건축물 영선작업활동 등이 이 범주에 해당된다.

(2) 경비보안관리활동

방범관리, 위험시설물관리, 보안관리, 주차관리, 출입자관리 등이 이 범주에 해당된다.

(3) 환경미화관리활동

먼지·오물·때 등의 제거 및 쓰레기 수거 등을 통한 건물의 청결성과 미관성을 위한 관리활동을 의미한다.

(4) 위생소독관리활동

관리대상건물 내외의 구서·구충·전염병 예방을 위한 소독관리활동을 통한 건물의 보건성 관리활동을 의미한다.

(5) 이동설비유지보수 관리활동

빌딩에 설치된 E/L, Auto Side Walk, 에스컬레이터와 카리프트 등 이동설비에 대하여 자체관리담당자나 E/L 안전관리원 등 전문관리회사가 용역계약에 의하여 정기적으로 수행되는 안전점검 및 보수관리활동을 말한다.

(6) 전기설비운영대행 활동

전기설비의 관리를 용역계약에 의하여 전기전문관리회사가 운전 · 점검 · 보고 · 기록 · 보수 · 안전 등의 전기설비 관리를 대행하는 활동을 말한다.

(7) 조경시설물 관리활동

건물 내외에 설치된 나무나 화초, 잔디 등 수목과 조경시설물을 용역계약에 의하여 조경업자가 건물의 미관성을 전문적으로 관리하는 활동을 말한다.

(8) 주차시설관리활동

용역계약에 의하여 건물 내외의 주차관리를 주차장 전문관리회사가 수탁 관리하는 활동을 말한다.

(9) 건물하자보수관리활동

건물의 법적하자나 물건(건물구조체 또는 주요 부재 기타 마감 부재)의 하자에 대하여 개선하는 전문업자의 활동을 말한다. 전문적인 하자보수활동을 의미한다.

(10) 건물경영관리개선 컨설팅 활동

현재까지 우리나라에 정착되지 아니한 전문업종이나 향후 미국 등 선진국과 같이 의뢰자의 요청에 따라 일정한 금원을 받는 조건으로 건물경영관리 업무 전반에 대하여 관리상의 문제점을 점검하고 조사분석하여 이에 대한 개선대책을 의뢰자에게 보고서 형식으로 제출함으로써 하나의 전문업으로 이루어지는 건물경영관리개선 컨설팅 활동을 말한다.

(11) 건물임대관리활동

의뢰자(건물의 소유자 등)의 의뢰에 의하여 임대관리업자가 건물의 공간을 임대하고 사후 관리해주는 전문관리활동이다.

(12) 건물 설치미술품관리활동

관계법에 의하여 신축건물에 설치된 고가의 예술품들의 보존관리를 용역계약에 의하여 전문관리업자가 관리하는 활동을 말한다.

(13) 건물 내외 광고물관리활동

건물 내외의 광고물의 설치·보존·변경·철거 등에 대하여 의뢰자의 계약에 따라 광고전문업자에 의하여 의뢰자로부터 일정한 수수료를 받고 체계적으로 관리하는 활동을 말한다.

이밖에도 전문업자에 의한 소방시설검사활동, 시설 안전점검 및 정밀안전진단활동, 기계정비활동, 관리자교육훈련활동 등이 있으며, 향후 건물의 규모, 성격, 건물환경의 변화 등에 의하여 관리활동의 종류가 늘어날 것으로 전망된다.

3. 최광의 관리개념에 의한 분류

건물 복합성에 의한 최광의 관리개념에 따라 건물자산관리활동을 분류하면 기술관리활동, 경제관리활동, 행정관리활동, 법률관리활동, 위험관리활동, 환경관리활동 등으로 분류된다.

(1) 기술관리활동

건물자산관리에 있어서 기술관리활동이란 건물의 기술성을 관리하는 활동으로서 기술관리대상인 건축대지, 건축물, 건축설비 및 부대시설에 대한 기술적 관리활동을 의미하는바 주로 건축물의 보전, 건축설비의 운전과 정비, 기술작업과 기술위험의 관리 및 중앙통제실 설비의 감시와 통제제어와 긴급비상대응업무 등의 기술관리활동을 말한다.

기술관리자는 고도의 기술성을 요하며, 관계법령에 따라 일정한 기술 자격을 요구하고 있다.

(2) 경제관리활동

건물자산관리에 있어서 경제관리활동이란 건물의 경제성 목표를 달성하기 위한 관리활동을 말한다. 종전의 건물경영관리활동에서 세분된 건물 복합개념 중 하나로서 건물소유자의 목적(최유효 사용 · 수익 · 처분 목적)을 경제적인 방법으로 달성하기 위한 활동이다.

건물소유자는 관리대상건물에 대하여 투자비의 조기회수와 수익극대화에 대한 요구와 목적이 있다. 따라서 건물관리자는 건물소유자의 요구 또는 목적을 잘 이해하고 인근지역 특성이나 나라 전체의 경제사정 등을 고려하여, 수익극대화와 투자비 조기회수에 관리역량을 집중해야 한다. 건물의 정상적인 유지와 보존은 경제활동의 기초이므로 건물유지관리업무 역시 철저하게 수행해야 한다. 또한 관리비의 흑자 유지와 인적 · 물적 피해에 대한 최소화 대책에도 유의해야 한다.[1)]

관리활동항목 중 종전에 경영관리활동으로 분류된 경제목표관리 · 구매관리 · 보험관리 · 회계관리 · 세무관리 · 마케팅과 광고관리 · 자산운용 · 임대관리 등이 경제관리활동에 해당된다.

(3) 행정관리활동

건물관리대상의 복합개념 중 행정성을 효율적으로 관리하기 위한 활동이다. 건물관리활동성격을 크게 대별하면 기술관리성격과 행정관리성격의 업무로 분류된다.

관리업무의 효율화를 목적으로 계획기능 · 조직기능 · 통제기능 · 조정기능 · 명령기능 등에 해당되는 일체의 관리업무가 이에 해당된다. 조직관리, 문서관리, 사무관리, 인사노무관리, 서무관리 등이 행정관리활동에 해당된다.

(4) 법률관리활동

건물관리대상의 법률성을 관리하는 활동으로서 건물의 권리(소유권, 제한물권의 재산권 등), 관리관계계약, 자체규정(자치법규), 관리관계법령, 대외기관 · 입주자의 민원 등이 주된 관리대상이 되며, 이에 관한 관리활동이 법률관리활동이다. 고도의 전문성을 요하는 행정적 성격의 관리활동이다. 건물관리활동에 있어서 법적 안정성을 유지하는

---

1) 건물자산관리에 있어서 인적 · 물적 피해의 최소화는 전적으로 건물재해방지와 철저한 보험가입과 사후관리 및 적극적인 사고수습관리에 달려 있다.

활동이다.

(5) 위험관리활동

건물자산의 위험, 즉 기술위험 · 경영위험 · 법률위험 · 환경위험 · 보안위험 등을 과학적 방법으로 관리하여 위험요인을 사전에 제거 또는 최소화하여 사고를 방지하거나 부득이한 경우의 사고발생시, 이를 조속히 그리고 경제적 방법으로 수습하여 조기에 관리현장을 정상화하고 원상회복하는 관리활동을 의미한다.

다시 말하면, 위험관리활동이란 건물의 위험성을 관리하는 활동으로서 건물의 안전관리활동을 의미한다.[2)]

(6) 환경관리활동

건물의 청소 · 위생 · 소독 · 생활환경 · 수질 · 소음 · 공기진동 · 공해 조경시설물 등을 관리하여 건물의 청결성과 보건성 쾌적성 및 미관성을 적절히 확보하는 관리활동을 말한다.

4. 건물관리활동 대상범위에 의한 분류

관리대상건물의 관리활동 대상범위에 따라 관리활동을 분류하면 최협의 관리활동, 협의 관리활동, 광의 관리활동, 최광의 관리활동 등으로 분류된다.

(1) 최협의 관리활동

기술성의 관리대상인 건물 전체를 관리대상으로 보지 아니하고 건물기술관리대상의 일부만을 관리대상으로 상정하여 부정기적인 점검이나 전등교체 · 도색 · 손질 등의 작업과 정기적인 공과잡비의 수납 등만을 행하는 비전문적 관리활동을 의미한다.

---

2) 건물자산관리 위험관리활동에는 Safety-management기법과 Risk-control기법 모두를 사용해야 한다. 왜냐하면, 건물자산개념에는 재산개념과 시설개념이 병존하고 있기 때문이다.
재산위험관리는 Risk-control기법을 사용해야 하며, 시설안전관리는 Safety-management기법을 사용해야만 피해(인적 · 물적 피해)를 최소화 또는 방지하는데 유효하다.

(2) 협의 관리활동

협의의 관리활동이란 건물관리를 기술관리 또는 FM(Facilities Management, 시설관리)으로 보고 건물에 존재하는 기술성(기술관리대상)의 관리만을 건물관리 전체의 관리대상으로 인식하는 관리활동을 말한다.

또한 협의의 관리활동이란 건축물의 기능을 보전하고 이용자의 편의와 안전을 높이기 위하여 일상적으로 점검 · 정비하고 손상된 부분은 원상복구하며 경과시간에 따라 요구되는 개량 · 보수 · 보강에 필요한 활동(건물의 유지관리개념)을 건물관리의 전부로 인식하는 관리활동을 의미한다.

종전에 일반적으로 인식되었던 건물관리개념이며, 이는 단순한 시설관리로서 건물의 기술성을 주로 관리하는 관리활동개념이다. 아직도 건물전문직종에 종사하는 사람들 중에는 기술관리(시설관리)를 건물관리의 전부로 오해하는 사람들이 많이 있다.

(3) 광의 관리활동

부동산학에서 말하는 토지 중심의 부동산 관리개념으로 주로 토지에 내재하고 있는 기술성 · 경제성 · 법률성 등 3개 복합성을 관리대상으로 전개하는 관리활동을 말한다.

다시 말하면, 광의 관리활동이란 토지 중심의 부동산 관리개념이다. 이와 같은 활동개념은 고 김영진 교수에 의하여 개발된 부동산 관리개념에 기초한 관리활동을 의미한다.

(4) 최광의 관리활동

저자에 의하여 새로 개발된 건물자산관리개념으로 건물 중심의 자산관리개념에 기초한 관리활동이다.[3] 즉 FM자산관리개념과 PM자산관리개념을 합한 건물 중심의 건물자산관리개념이다.

건물의 복합성에는 기술성 외에 경제성 · 행정성 · 법률성 · 위험성 · 환경성 등이 있으며, 이와 같은 6개 복합성을 통합관리하는 종합관리활동을 최광의 관리활동이라 한다.

---

3) 건물자산관리학에 기초한 건물자산관리활동은 건물자산(Building Asset Management)에 대한 재산관리(Property Management)와 시설관리(Facilities Management) 등을 대상으로 한다. 재산관리활동은 건물자산의 취득 · 보유 · 양도까지의 법적 경제관리활동을 의미하고, 시설관리활동은 건물자산 보유기간 동안의 보존 · 유지 중심의 공학적 기술관리활동을 의미한다.

가장 넓은 의미의 관리활동이며, 현대 건물자산관리에는 최광의 관리개념이 채택되어 활용하는 것이 바람직한 건물자산관리방법이라 판단된다. 건물자산관리학 역시 최광의 관리개념에 기초하고 있다.

5. 건물자산관리업무의 성격에 의한 분류

건물자산관리업무의 성격을 기준으로 분류하면 건물시설관리활동, 건물재산관리활동으로 분류된다.

(1) 건물의 시설관리활동

건물관리활동에 있어서 시설관리조직에 의한 기술성 관리활동을 의미한다. FM관리, 유지관리, 협의 관리활동이 이 범주에 해당된다.

기술관리(설비관리, 시설영선관리, 정비보수작업관리, 중앙관제센터의 운전·감시·조정·통제·제어·기록 등의 기술관련 업무 등)와 환경관리(청소, 위생, 소독, 조경시설물 관리) 및 위험관리 중 보안관리(경비보안관리) 등이 이 범주에 해당된다.

부동산자산관리개념 중 FM(Facilities Management)활동이 이 범주에 해당된다.

건물시설관리활동은 최광의 관리개념을 의미하는 것으로 기술관리활동과 환경관리활동이 이에 해당되며 이 책의 제3장에서 구체적으로 설명하고 있다.

(2) 건물의 재산관리활동

건물관리활동에 있어서 경영조직에 의한 경제성·행정성·법률성·위험성 등에 대한 관리활동을 의미한다.

경제관리, 행정관리, 법률관리, 위험관리(경비보안 제외) 업무가 재산관리활동에 해당된다.

부동산자산관리개념인 AM과 PM 모두가 이 범주에 해당된다. 이 책의 중심내용인 건물자산관리활동을 건물자산관리 업무의 성격에 의한 관리활동 분류기준에 따라 건물의 재산관리활동과 건물의 시설관리활동으로 분류하고 설명하고 있다.

6. 건물자산관리방법에 의한 분류

관리대상건물을 관리주체와 관리조직이 관리하는 방법에 따라 관리활동을 분류하면 자치관리활동, 직영관리활동, 신탁관리활동, 위탁관리활동, 혼합관리활동, 시설운영위탁관리활동 등으로 분류된다.

(1) 자치관리활동

공동주택(특히, 아파트)의 자치관리조직인 입주자 대표회의에 의하여 조직된 자치관리기구나 연립주택, 오피스텔 등의 집합건물 구분소유자에 의하여 구성된 관리단 등 자치관리조직의 책임과 비용으로 관리하는 관리활동을 말한다.

(2) 직영관리활동

건물소유자 또는 관리권한자의 책임과 비용으로 조직한 직영관리조직에 의하여 직접 관리하는 형태의 관리활동을 말한다.

(3) 신탁관리활동

관리대상건물이 위탁자의 사정으로 소유권과 자산을 함께 신탁회사에 신탁하고 이를 신탁회사의 책임과 비용으로 관리하는 것을 의미한다. 신탁에는 명의신탁, 관리신탁과 개발신탁 등이 있는바 관리신탁의 경우 수탁된 관리자산을 관리하는 활동이 신탁관리활동에 해당된다.

(4) 위탁관리활동

소유권을 제외한 관리자산만을 수탁받은 관리전문회사가 관리주체가 되어 위탁관리회사의 비용과 수탁회사의 책임으로 관리하는 형태의 관리활동을 의미한다.

(5) 혼합관리활동

건물관리활동 중 일부는 건물 소유자 또는 경영자, 즉 위탁자가 직접 관리하고 나머지 일부는 수탁관리회사가 관리하는 이른바 혼합관리조직이 관리주체가 되어 진행하는 관리활동을 의미한다.

(6) 시설운영위탁관리활동

위탁자산(시설)과 위탁자산의 운영을 수탁자의 책임과 비용으로 시설의 운영과 관리를 함께하는 관리활동을 말한다.

7. 건물관리항목에 의한 분류

건물자산관리활동에 있어서 최광의 관리영역에 해당되면서 구체적 관리대상이 되는 관리항목에 따라 관리활동을 분류하면 다음과 같다.

① 건축물유지관리활동
② 건축설비운전정비활동
③ 기술작업활동
④ 기술위험물관리활동
⑤ 중앙관제활동
⑥ 경영관리조직(관리사무소 등) 관리활동
⑦ 경영목표관리활동
⑧ 인사노무관리활동
⑨ 회계관리활동
⑩ 세무관리활동
⑪ 사무문서관리활동
⑫ 건물보험관리활동
⑬ 임대관리활동
⑭ 구매관리활동
⑮ 마케팅관리활동
⑯ 건물자산운용활동
⑰ 서무관리활동
⑱ 권리(소유권) 보존활동
⑲ 계약관리활동
⑳ 관리관계법령 관리활동

㉑ 유관기관업무관리활동
㉒ 기술위험관리활동
㉓ 경영위험관리활동
㉔ 법률위험관리활동
㉕ 환경위험관리활동
㉖ 보안위험관리활동(경비보안관리활동)
㉗ 청소관리활동
㉘ 위생소독관리활동
㉙ 생활환경관리활동
㉚ 조경시설물관리활동
㉛ 주차시설관리활동
㉜ 입주자관리활동 등

8. 부동산(건물)자산관리기법에 의한 분류

부동산(건물)을 투자자산으로 보고 부동산자산관리기법에 따라 관리활동을 분류하면 AM활동, PM활동, FM활동 등으로 분류된다.

(1) AM활동

AM이란 Asset Management를 의미하는 것으로 건물자산관리방법 중 하나이다. AM은 투자자산의 소유와 경영 활동 중에서 주로 투자건물자산의 소유에 관계되는 투자 건물자산의 소유적 관리를 행하는 부동산관리개념으로 부동산투자 전략을 수립하여 건물자산의 매입이나 신축을 통한 신규투자와 물건의 처분을 집행함으로써 투자자산의 수익을 극대화하는 부동산자산의 포괄적 관리개념이다.

AM활동은 투자부동산의 소유자 입장에서 부동산리스크를 관리하기 위해서 부동산포트폴리오를 관리하고 투자부동산의 성장전략을 세워 투자자산의 자산가치를 증대시키는 책임을 지며, 소유자 입장에서 PM업무를 총괄하여 투자자산을 개별관리하거나 PM사를 선정하여 위탁관리하여 투자자산의 수익을 극대화하게 한다.

또한 AM은 종국적으로 출구전략을 세워 최유효매각을 단행하여 양도차익을 발생시켜 투자수익을 극대화시키는 이른바 신개념의 부동산투자관리기법이다.

즉 AM은 부동산투자의 흐름인 취득(또는 신축), 보유 · 양도 과정 중 매입과 매각에 중심을 둔 부동산투자관리 개념이라 할 수 있다. 또는 건물자산의 재무적 투자관리라고도 할 수 있다.

(2) PM활동개념

가. PM의 의의

PM이란 Property Management를 의미하는 것으로 건물의 소유자나 AM사 등으로부터 PM계약을 체결하고 일정한 PM Fee를 받는 조건으로 건물자산 AM사와 소유자를 대리하여 대상 건물자산을 위탁받아 보존 · 운영 · 관리하는 이른바 신부동산 관리개념으로 건물자산관리기법 중 하나이다.

PM은 PM대상 건물자산의 수익관리를 중심으로 임대수익을 극대화하고 관리 Cost를 경감시켜 부동산관리의 경제성을 높이고 부동산관리를 위한 기획운영을 통하여 건축주 또는 건물의 소유자(경영자)에게는 임대소득과 양도차익의 극대화를 지원하고 건물의 입주자에게는 양질의 건물서비스를 제공하여 양자 모두를 만족하게 하는 건물자산경영 업무를 수행한다.

PM은 신부동산관리개념의 하나로서 투자부동산의 운영이익을 극대화하는 경영중심의 건물자산관리기법이라 할 수 있다.

PM의 개념에는 협의의 PM개념과 광의의 PM개념이 있는바 전자는 협의의 PM으로서 관리대상 건물자산에 대하여 청소 · 보안 · 일상점검 · 운전과 정비, 조경시설물관리, 유지 보수 등 일종의 시설관리개념으로서 관리대상 건물에 속하는 각종 시설에 대하여 주로 operation & maintenance, 즉 B/D Maintenance(유지관리)를 담당하는 건물시설관리를 의미하고 후자에 해당하는 광의의 PM이란 PM대상 건물자산에 대하여 소유자를 대리하여 건물 경영을 전담하여 협의의 PM업무를 포함 현금흐름(cash flow)을 증대시키고 경영위험과 시설위험을 함께 통제, 억제하며 계획을 세워 중장기적으로 PM대상 건물자산의 재산가치를 제고시키는 경영업무를 의미한다.

나. PM의 주요업무

광의 PM의 주요업무를 기술하면 대체로 다음과 같다.

- 건물시설유지관리 업무(B/D maintenance)
- PM대상 건물자산의 개량을 위한 공사작업업무(construction management)
- PM대상 건물자산의 임대관리업무(leasing management)
- AM 목표를 달성하기 위한 건물자산경영관리업무
- 매각출구전략업무와 PM의 일상업무

다. PM의 일상업무

PM의 일상업무를 기술하면 대체로 다음과 같다.

- 임대계약과 임대료 수납관리
- 임차인 사후관리 및 관계유지
- 운영비의 통제 및 절감
- 기록유지 및 재무보고
- 대상 건물시설의 유지보수관리
- 위기관리
- 보안관리
- 대관업무처리 및 관리개선 홍보
- 시설협력업체의 관리자 관리 및 평가와 용역사관리

라. PM의 5대 기능과 역할

PM기법은 PM활동을 통하여 건물자산소유자와 사용자(입주자/임차인) 모두에게 다음과 같은 기능과 역할을 하게 된다.

첫째, 건물소유자의 목적을 가장 경제적인 방법으로 가장 안전하게 그리고 효율적으로 달성하는 기능과 역할
둘째, 건물소유자의 이익 극대화를 창출하는 기능과 역할
셋째, 투자 건물자산의 재산가치를 보존하고 증대시키는 기능과 역할
넷째, 건물사용자의 사용수익에 대한 최유효만족 제공기능과 역할
다섯째, 건물이용자 최유효 이용만족제공 기능과 역할

바. PM의 성공전략

PM 건물자산관리기법을 성공적으로 수행하여 건물소유자의 목적 달성 및 최대

만족, 소유자 이익도모, 투자부동산의 재산가치 보존 또는 제고 등을 위해서는 다음과 같은 PM의 성공전략이 필요하다.

- PM대상 건물자산 인수 및 조기정상화 전략
- PM대상 건물 시설의 최정상 상태 장기유지 전략
- 임대수입극대화 전략
- 관리 Cost 절감 전략
- 정보화대응전산시스템 활용전략
- 자산관리 전문화 전략
- 대상 부동산(건물) 자산가치 제고 전략
- PM대상 부동산(건물) 최유효 매각을 위한 출구전략(최유효 매각 전략)

사. PM의 현황과 전망

미국 등 선진국에서는 오래 전부터 부동산(건물)관리를 PM기법을 활용하여 경영관리하고 있으며 다수의 PM회사들이 대형 PM사로 성장하여 발전해오고 있다.

뿐만 아니라, 외국 PM사인 C&W, JLL 등 수십개 PM사가 국내에 이미 진출하여 PM기법으로 대한빌딩, 명동센트럴 빌딩, 거양빌딩 등 수많은 대형빌딩들을 관리하고 있다.

또한 우리나라 용역관리회사나 FM사 등이 PM으로의 변신을 이미 시작하였으며 그 영역을 넓혀가고 있다.

최근의 국내 PM사들은 건물자산 소유자나 AM사의 아웃소싱 확대로 그들이 소유한 건물자산을 전국적으로 일괄관리하게 되어 PM사의 업무영역이 전국 규모로 크게 확대되어 가고 있는 경향을 보이고 있다.

뿐만 아니라, PM사는 점차 건물자산관리 컨설팅 분야로의 진출을 다각도 모색하고 있어 건물자산관리 컨설팅업의 출현이 조만간 예견되고 있으며 국내 건물시설용역업체에서도 PM영역으로 발빠르게 변신하고 있다.

결론적으로 건물자산관리에 있어서 PM기법이 대종을 이루어 크게 발전하게 될 것으로 전망된다.

그러나 국내 PM사가 외국 PM사를 능가하기 위해서는 외국 PM사의 경영관리기법을 벤치마킹하는 외에 유능한 건물자산관리자나 PM컨설턴트 양성을 중요하게 다루어야 할 것으로 판단된다.

(3) FM활동개념

FM이란 Facilities Management를 의미하는 것으로 건물시설의 물리적, 공학적 기술관리를 의미한다.

다시 말하면, 건물의 시설에 대하여 정상적으로 기능하도록 성능을 유지시켜 쾌적성·편리성·보건성·미관성·안전성 등을 도모하는 시설관리개념을 의미한다.

시설관리(FM)개념은 용어개념이 정형화되어 있지 아니하나 기업·단체 등의 각각 시설 및 시설의 환경을 경영적 관점에서 종합적으로 기획·관리·활용하는 경영관리활동이다(일본FM추진협의회 견해)라고 정의하고 있으나 이 정의 역시 정확한 개념의 정의라고는 볼 수 없다. 왜냐하면, 대상 부동산의 성격·규모·용도 등이 다르고 나라마다 부동산 관리기법과 내용이 다르기 때문이다.

FM업무는 전술한 협의의 PM업무가 주로 대상이 되며 건물을 시설로 보고 시설의 물리적 관리를 전담하고 있는 건물자산관리기법 중 하나이다. 다시 말하면, FM은 건축물의 보전, 설비의 운전과 정비, 청소·위생소독, 경비, 주차관리, 조경시설물관리, 경미한 보수·정비작업 등의 관리업무가 FM의 주요업무이다.

이상에서 설명한 건물관리활동의 분류내용을 정리하면 〈표 2-1〉과 같다.

〈표 2-1〉 건물자산관리활동의 분류

<table>
<tr><td>관리전문성
수준기준</td><td>① 1차수준의 관리활동
② 2차수준의 관리활동
③ 3차수준의 관리활동</td><td rowspan="2">최광의
관리개념기준</td><td rowspan="2">① 기술관리활동
② 행정관리활동
③ 경제관리활동
④ 법률관리활동
⑤ 위험관리활동
⑥ 환경관리활동</td></tr>
<tr><td rowspan="3">건물시설
관리업
업종기준</td><td rowspan="3">① 건물시설유지 관리활동
② 경비보안관리활동
③ 청소관리활동
④ 위생소독관리활동
⑤ 주차시설관리활동
⑥ 건물경영관리개선컨설팅활동
⑦ 건물임대관리활동
⑧ 조경시설물관리활동
⑨ 이동설비유지보수관리활동
⑩ 전기설비운영대행활동
⑪ 건물내외 광고물관리활동
⑫ 건물내외 미술품관리활동
⑬ 건물하자보수관리활동</td></tr>
<tr><td>건물자산관리
활동대상범위
기준</td><td>① 최협의 관리활동
② 협의 관리활동
③ 광의 관리활동
④ 최광의 관리활동</td></tr>
<tr><td>건물자산
관리의
업무성격기준</td><td>① 건물의 시설관리활동
② 건물의 재산관리활동</td></tr>
</table>

건물자산관리 방법기준	① 자치관리활동 ② 직영관리활동 ③ 신탁관리활동 ④ 위탁관리활동 ⑤ 혼합관리활동 ⑥ 건물시설운영관리활동	건물자산관리 항목기준	⑰ 건물자산운용활동 ⑱ 서무관리활동 ⑲ 주차시설관리활동 ⑳ 권리(소유권)보존활동 ㉑ 계약관리활동 ㉒ 관계법령관리활동 ㉓ 유관기관업무관리활동 ㉔ 기술위험관리활동 ㉕ 경영위험관리활동 ㉖ 법률위험관리활동 ㉗ 환경위험관리활동 ㉘ 보안위험관리활동 ㉙ 청소관리활동 ㉚ 위생소독관리활동 ㉛ 생활환경관리활동 ㉜ 조경시설물관리활동
건물자산관리 항목기준	① 건축물유지관리활동 ② 건축설비운전정비활동 ③ 기술작업활동 ④ 중앙관제활동 ⑤ 기술위험물관리활동 ⑥ 경영관리조직관리활동 ⑦ 경영목표관리활동 ⑧ 임대관리활동 ⑨ 입주자관리활동 ⑩ 인사노무관리활동 ⑪ 회계관리활동 ⑫ 세무관리활동 ⑬ 사무문서관리활동 ⑭ 건물보험관리활동 ⑮ 구매관리활동 ⑯ 마케팅 광고관리활동	부동산(건물) 자산 관리기법기준	① AM활동 (부동산(건물) 투자관리활동) ② PM활동 (건물투자자산의 경영관리활동) ③ FM활동 (건물투자자산의 시설관리활동)

제3절 건물자산관리활동의 특성

1. 의 의

건물자산관리활동의 특성이라 함은 건물자산관리활동의 본질을 이루는 고유한 특징이나 성질을 의미한다. 건물자산관리활동 역시 다른 활동과 같이 고유한 특징과 성질이 있는바 건물자산관리활동을 효과적으로 달성하기 위하여 이를 이해해 둘 필요가 있다.

2. 건물자산관리활동 특성의 내용

건물자산관리활동 특성의 내용을 살펴보면 다음과 같은 특별한 성질이 있음을 알 수 있다.

(1) 계속성과 수시성

건물자산관리활동에는 여러 가지가 있으나 기술관리활동이나 환경미화(청소관리)관리활동 등 매일같이 계속해서 규칙적으로 전개되는 관리업무가 대종을 이루고 있으며, 중단 없이 계속해야 하는 업무가 허다하다. 따라서 건물자산관리활동에는 계속성의 특성이 있다.

또한 건물자산관리활동의 실무 중에는 갑작스럽게 불규칙적으로 수시로 나타나는 업무가 있으므로 수시성의 특성도 함께 병존하고 있다.

(2) 기술성과 전문성

건물자산관리활동은 기술성과 전문성의 성질을 가지고 있다. 관리업무 중 체계적인 지식을 요하는 관리활동과 실무적 관리활동에 적용하는 기능이나 숙련측면의 관리업무에는 기술성의 특성이 있다.

또한 회계 · 세무 · 인사 · 구매 · 임대와 같은 고도의 전문적 경험을 요하는 관리활동에는 전문성의 특성이 있다. 따라서 건물자산관리활동에는 기술성과 전문성의 특성이 있다.

(3) 현장중심의 활동성

건물자산관리활동은 관리대상 건물 중심의 현장관리활동이다. 건물자산관리 업무 중 대부분의 관리업무는 현장에서 주로 일어나고 처리되는 업무이다. 따라서 현장중심의 관리활동의 특성이 있다.

(4) 대물활동성과 대인활동성

건물자산관리는 원칙적으로 대물관리활동이나 관리대상건물의 특성상 관리를 담당해야 할 사람이 필요하고, 건물 내에는 입주자를 포함해서 수많은 사용자 및 이용자가 활동 또는 재실하고 있다.

따라서 건물자산관리활동은 대물관리활동 외에 대인활동이 대단히 필요하다. 그러므로 건물자산관리활동은 대물활동성과 대인활동성의 성질이 있다.

(5) 경험 중시성

건물자산관리활동 역시 부동산활동과 같이 경험을 중시하는 성질이 있다. 건물관리현상은 건물관리활동의 결과로서 문제와 현상을 설명하는 이론을 세우고 세워진 이론에 따라 다시 건물관리활동을 하게 되는 것은 건물관리활동의 행위, 즉 인간의 관리활동 경험을 중요시하기 때문이다. 즉 건물관리활동에도 경험법칙이 지배하고 있는 경우가 허다하다. 이론과 활동(행위)은 상호 밀접한 관계에 있으며, 건물자산관리를 더욱 효과적으로 수행하는 요령은 경험에 바탕을 둔 실행(행위)에 더 무게를 두고 있다.

따라서 건물자산관리활동의 현장에는 관리활동의 경험을 대단히 중요시하고 이를 존중해야 한다. 건물자산관리자의 채용에도 관리경험이 최우선적으로 고려되어야 한다.

(6) 윤리성

건물자산관리는 주로 타인의 자산관리이므로 고도의 윤리성이 지배하는 성질이 있다. 윤리성은 건물의 소유자는 물론 관리활동에 종사하는자 모두에게 적용되는 특성이 있다. 건물자산관리자가 준수해야 할 규범이나 도리를 건물관리자 윤리라 한다. 건물자산관리에 대한 윤리성을 강조한 말에는 재산정용행인(財産正用行人)[4)]이 있다.

(7) 공간 활동성

건물자산관리는 3차원의 공간에서 주로 이루어진다. 이를 공간 활동이라 한다. 따라서 건물관리활동은 공간 활동성의 특성이 있다.

(8) 사회성과 공공성

건물에는 개인 소유의 개인재산(건물) 외에 국가가 소유하는 국유재산, 지방자치단체가 소유하는 공공재산, 기업재산 등이 있다. 개인재산과 기업재산 건물에는 사회성이,

---

4) 財産正用行人이란 말은 공자의 제자들이 저술한 論語에 나오는 말로서 나의 재산도 바르게 사용하고 남의 재산 역시 바르게 관리해야 한다는 의미를 담고 있다.

국유재산과 공공재산에는 공공성이 지배한다.

그러므로 여러 종류의 법령에 의하여 규제 · 지도 · 감독을 받고 있다.

따라서 건물자산관리활동에는 사회성과 공공성의 특성이 있다.

(9) 관리효과의 기술과 전문성 수준 비례성

건물자산관리활동의 목적은 양질의 관리효과와 건물 유익의 창출에 있다. 관리활동은 건물의 타율성의 특성으로 인하여 관리자인 사람에 의해 관리되므로 관리효과와 건물유익 창출은 전적으로 관리자의 기술수준과 전문성 수준에 달려 있다. 관리자가 유능하면 100%의 관리효과와 건물유익이 나타나며, 무능한 경우에는 정반대로 나타나게 된다. 따라서 건물자산관리활동은 관리자의 기술수준과 전문성 수준에 비례하여 관리효과가 나타나는 특성이 있다.

(10) 타율성과 관리자 의존성

건물은 타율성의 특성에 의하여 아무리 첨단 IBS건물이라 할지라도 스스로 작동하지 못하고 관리자의 손에 의하여 관리되어야 하는 특성이 있다.

따라서 건물자산관리활동에는 타율성과 관리자 의존성의 특성이 함께 존재한다.

(11) 유형적 활동성과 무형적 활동성

건물자산관리활동의 성질 중에는 시설관리활동과 같이 눈에 보이는 관리활동과 수익관리활동과 같이 눈에 보이지 않는 관리활동이 있다.

즉 건물자산관리활동에는 유형적 활동성과 무형적 활동성의 특성이 있다.

(12) 관리방법의 다양성

건물자산관리활동은 관리방법에 따라 진행되는 실무상의 행위이므로 관리방법에 의하여 관리효과가 다르게 나타난다. 관리활동에는 여러 가지 방법이 사용될 수 있으므로 관리방법 다양성의 성질이 있다.

관리대상건물의 규모 · 용도 · 성격과 설비의 종류와 기능 등이 건물마다 모두 다르기 때문에 관리활동의 관리방법 역시 다양한 형태로 적용된다.

따라서 건물자산관리활동에는 관리방법의 다양성의 특성이 있으므로 최선의 관리 방법의 선택과 활용이 중요하다.

(13) 건물환경의 지배성

건물자산관리활동은 건물관리대상을 둘러싸고 있는 내 · 외부의 건물환경에 절대적인 지배를 받는 특성이 있다. 건물자산관리가 여건을 뛰어넘는 관리활동이나 관리사정을 무시한 관리활동은 무리한 관리활동이 되기 쉽다. 뿐만 아니라, 정치환경 · 경제환경 및 사회적 환경이나 기술환경 또는 주변환경을 무시하거나 경시한 관리활동 역시 양질의 관리효과를 효과적으로 달성하기 어렵다.

따라서 건물자산관리활동은 건물관리대상의 내 · 외부의 환경에 절대적으로 지배를 받는 특성이 있다. 그러므로 건물자산관리활동을 함에 있어서 내외의 건물환경과 잘 조화되어야 한다.

(14) 건물관리관계법령의 강제성

건물자산관리활동을 함에 있어서 건축법 · 소방관계법 등에서 법적 특정사항의 이행을 요구하고 있는 규정을 준수해야 하는 강제성이 있다.

따라서 건물자산관리활동에는 건물관리관계법령에 의한 강제성의 특성이 있다.

제4절 건물자산관리활동의 원칙

1. 의 의

건물자산관리활동에 있어서도 지켜야 할 행동지침이나 준칙이 있다. 이와 같은 행동지침이나 준칙을 총칭해서 건물자산관리활동의 원칙이라 한다.

건물자산관리활동에 적용되는 원칙에는 상위개념의 원칙과 하위개념의 원칙이 있다.

상위개념의 원칙에는 건물자산관리학의 지도원리가 있고, 하위개념의 관리원칙에는 관리활동 전반에 적용되는 관리활동 일반원칙과 특정 관리항목에만 적용되는 관리활동

특별원칙이 있다.

이와 같은 원칙들은 정상적 건물자산관리활동을 위해서 반드시 지켜져야 하고 준수되어야 한다. 왜냐하면, 관리활동의 궁극 목적은 양질의 건물관리효과와 건물의 유익을 효과적으로 창출하는 데 있으며, 이와 같은 효과와 유익 창출에는 관리기술 · 관리이론 · 관리기법 등과 함께 관리원칙이 반드시 지켜져야만 가능하기 때문이다.

계속해서 건물자산관리활동 일반원칙과 특별원칙에 대하여 설명하면 다음과 같다.

2. 건물자산관리활동의 일반원칙

건물자산관리활동(최광의 관리활동) 전반에 걸쳐 적용되는 일반원칙의 종류와 내용은 다음과 같다.

(1) 안전성 우선의 원칙

모든 건물관리활동에 있어서 안전성이 우선되어야 한다는 원칙이다. 안전성 확보를 위한 안전관리는 어떤 관리업무나 원칙보다 우선 적용되어야 한다는 원칙을 안전성 우선의 원칙이라 한다.

(2) 경제성 고려의 원칙

경제성원칙이란 최소의 비용으로 최대의 이익을 얻고자 하는 경제원칙으로서 경제목적을 합리적으로 달성하고자 추구하는 것으로 관리활동을 할 때 언제나 경제적 이익이 고려되고, 또 높여나가야 한다는 원칙을 경제성 고려의 원칙이라 한다.

또한 경제성 고려의 원칙이란 건물관리활동을 함에 있어서 반드시 경제성을 고려하여 손실을 방지하고 경제적 이익을 높이거나 극대화되도록 해야 한다는 원칙을 말한다.

따라서 관리활동에는 언제나 경제성이 고려되어야 한다.

(3) 효율성 제고의 원칙

효율성이란 투입에 비하여 산출이 높은 것을 의미한다.

효율성 제고의 원칙이란 관리활동의 비용(예산)이나 시간과 노력(관리활동)의 in-put

(투입)보다 결과인 관리효과, 즉 out-put(산출)이 언제나 높게 나타나도록 관리해야 한다는 원칙을 말한다.

(4) 작업능률화의 원칙

능률이란 단위시간에 대한 작업량의 비율을 말한다. 건물관리활동에 있어서도 단위시간에 양적이나 질적으로 보다 많은 작업량 또는 서비스를 생산해서 고객(입주자 등)을 만족시켜야 된다는 원칙을 작업능률화의 원칙이라 한다.

(5) 기술성과 전문성 적용의 원칙

기술성이란 어떤 일을 정확하고 능률적으로 처리하는 솜씨를 말하며, 과학과 지식을 생산·가공이나 일에 응용하는 방법이나 기술을 의미한다. 전문성이란 어떤 특정분야에 몰두 연구하여 그 분야의 지식과 경험 및 정보를 가지고 그 분야의 일을 쉽게 그리고 정확히 처리하는 능력을 의미한다.

기술성과 전문성 적용의 원칙이란 관리활동을 함에 있어서 기술관리활동에는 기술성을, 행정·경제·법률 등의 경영관리활동에는 전문성을 반드시 적용하여 관리해야 한다는 원칙을 말한다.

건물자산관리는 자기방식과 자기상식 및 자기경험만을 가지고 주먹구구식으로 관리해서는 안된다는 원칙이다.

(6) 내구성 지향의 원칙

건물의 경제적·물리적 수명이 법정 내용연수보다 연장 또는 오래 지속되어야 한다는 원칙이다. 내구성이 오래 지속되고 연장되도록 관리활동을 해야 한다는 원칙을 내구성 지향의 원칙이라 한다.

(7) 선 계획, 후 관리의 원칙

관리활동을 함에 있어서 먼저 계획·준비한 후 관리업무를 집행해야 한다는 원칙이다.

(8) 예방관리의 원칙

문제가 발생되기 전에 사전에 문제의 원인을 제거하여 피해나 사고를 방지해야 한다는 원칙이다.

건물자산관리에는 사후수습보다 예방관리가 우선되어야 한다는 원칙이다.

(9) 과학적 관리의 원칙

과학이란 어떤 특정영역을 객관적 방법으로 체계적이고 계통적으로 연구하거나 활동하는 것으로 그 활동의 성과를 의미한다. 즉 타당성과 정확성이 있는 활동의 결과를 의미한다.

건물자산관리활동을 함에 있어서 주관적 · 비체계적 · 부정확성의 관리를 해서는 안된다는 원칙이다. 관리종사자가 자기방식 · 자기경험만으로 관리해서는 안된다는 원칙을 과학적 관리의 원칙이라 한다. 즉, 타당하고 정확성이 있는 방법으로 관리해야 한다는 원칙이다.

(10) 신뢰성 확보의 원칙

건물자산관리는 사람과 시설, 사람과 장소, 사람과 사람의 관계 속에서 이루어진다. 이와 같은 관계에서 신뢰가 무너지면 사고가 생기거나 관리효과는 저감되거나 상실된다. 따라서 건물자산관리활동에는 반드시 신뢰가 있어야 하고, 상호 믿음이 있어야 한다.

특히 조직의 상 · 하, 사람과 기계, 기술성 · 회계 · 구매 · 전문성 · 안전 · 환경 등 건물관리활동의 관계요소마다 신뢰가 있어야 한다는 원칙을 신뢰성 확보의 원칙이라 한다.

(11) 책임 관리의 원칙

건물관리종사자는 자기가 시작하는 업무는 반드시 그 결과에 대하여 자신이 책임져야 한다는 원칙이다.

(12) 법정기준 적합성의 원칙

건물자산관리는 관계법령 관리기준 · 관리규정 · 관리계약 과업지시서 등의 기준에 적합하게 관리되어야 한다. 이를 법정기준 적합성의 원칙이라 한다.

(13) 경영사고 적용의 원칙

경영사고(經營思考)란 조직의 목표를 달성하기 위하여 변화하는 환경에 능동적으로 대처하면서 계획수립 · 조직화 · 지휘 · 통제 등의 경영순환과정을 통하여 일을 진행하는 지적 체계와 행동의식을 가지고 대응하는 의식이나 태도를 의미한다. 건물자산을 관리함에 있어서 어떤 종류의 관리업무를 진행함에 있어서도 관리자는 이와 같은 경영사고를 가지고 관리해야 한다는 원칙을 경영사고 적용의 원칙이라 한다.

(14) 관리업무 표준화의 원칙

건물자산관리업무를 수행할 때 표준화 작업이 가능한 업무나 작업은 그 내용과 절차를 매뉴얼화하고 표준화하여 효율적으로 관리해야 한다는 원칙이다.

(15) 최유효 관리의 원칙

최유효 관리의 원칙이란 최유효 관리법에 따라 관리효과를 창출해야 한다는 원칙이다. 즉 관리효과의 창출은 가장 경제적 방법으로 안전하게 그리고 효율적 방법으로 생산해야 한다는 원칙이다.

관리활동의 목적은 최고의 관리효과를 얻기 위하여 실시된다. 즉 최유효한 관리결과(관리효과)를 얻기 위하여 관리활동이 행해지는 것이다. 따라서 관리활동시 최고의 관리효과를 얻기 위하여 반드시 적용되어야 할 원칙이다.

(16) 현장 중심 관리의 원칙

건물관리는 현장을 중심으로 시작되고 종결되는 관리업무이다. 따라서 현장을 중심으로 관리되어야 한다는 원칙이다.

(17) 고품질 생산의 원칙

건물관리는 눈에 보이지 않는 서비스(용역)를 주로 창출하는 활동이므로 그 서비스의 품질을 최고의 것으로 창출해야 한다. 이와 같은 원칙을 고품질 생산의 원칙이라 한다.

(18) 관리활동 순기능의 원칙

관리활동을 할 때 관리목적에 맞는 기능이 나타나도록 관리해야 한다는 원칙이다. 즉 관리활동이 의도하는 기능이 나타나도록 관리해야 한다는 원칙이다. 이와 같은 순기능이 나타나지 아니하고 반대로 역기능이 나타날 경우 관리상에 여러 가지 문제점이 발생하게 된다.

(19) 계속 관리의 원칙

건물관리시 관리대상 항목을 관리할 때 일시적 일회용으로 처리하지 아니하고 중단 없이 관리해야 한다는 원칙이다. 점검보수 일상화 원칙과 맥을 함께 하는 관리원칙이다.

(20) 사회공공성의 원칙

완성된 건물은 소유의 대상을 떠나 사회의 기반시설이 되거나 마을과 도시의 구성단위가 된다. 따라서 사회적 또는 공공적인 기능을 갖거나 나타내게 된다.

따라서 건물자산관리활동시에 이와 같은 사회성과 공공성의 기능을 유지하거나 고려하여 관리해야 한다는 원칙을 사회공공성의 원칙이라 한다.

(21) 윤리성의 원칙

모든 건물자산관리 종사자는 건물자산관리활동에 있어서 사람과 사람, 사람과 물건, 사람과 장소에 필요한 도덕과 규범을 지켜 손해를 끼치지 않도록 해야 한다는 원칙이다.

이와 같은 윤리성의 원칙은 관리활동 전후 또는 활동 중에도 반드시 지켜져야 할 원칙이다.

(22) 점검보수 일상화의 원칙

건물자산관리활동에 있어서 점검과 보수는 사소한 업무로 보이나 모든 안전사고와 관리상의 실수 및 시행착오 등은 점검·보수가 일상적으로 실시되지 않음으로써 시작된다.

따라서 모든 관리항목의 관리활동에 있어서 점검과 보수는 일상적으로 실시되어야 한다. 이와 같은 원칙을 점검보수 일상화의 원칙이라 한다.

3. 건물자산관리활동의 특별원칙

건물자산관리활동의 특별원칙이란 관리영역에 해당되는 구체적 관리대상인 특정 관리항목에만 적용되는 원칙을 말한다. 즉 특정 관리항목에만 개별적으로 적용되는 원칙을 의미한다.

건물자산관리활동 특별원칙의 종류와 내용은 대체로 다음과 같다.

1) 행정관리활동의 특별원칙

건물자산관리에 있어서 행정성에 관계되는 인사노무 · 문서사무 등에 관한 원칙을 말한다.

(1) 인사노무관리특별원칙

가. 채용배치

① 능력본위 채용원칙
② 정실인사 배제원칙
③ 자격우선 고려원칙
④ 적재적소 배치원칙
⑤ 채용인력 사후관리원칙

나. 임금지불

① 직접불의 원칙
② 통화불의 원칙
③ 전액불의 원칙
④ 일정기일불의 원칙
⑤ 매월지급불의 원칙

다. 인사후생복지

① 합리성의 원칙
② 협력성의 원칙
③ 적법성의 원칙

라. 인간관계 커뮤니케이션

① 명확성의 원칙
② 일관성의 원칙
③ 적절성의 원칙
④ 적기적시성의 원칙
⑤ 분포성의 원칙
⑥ 적응성과 통일성의 원칙
⑦ 관심과 수용의 원칙

(2) 문서관리특별원칙

가. 문서작성

① 하나로 원칙
② 정확성의 원칙
③ 간결성의 원칙
④ 신속성의 원칙
⑤ 경제성의 원칙문서처리

나. 문서처리

① 즉일처리원칙
② 책임처리원칙
③ 집중처리원칙
④ 정확성의 원칙
⑤ 비용절감원칙
⑥ 표준화의 원칙
⑦ 전담처리원칙
⑧ 신속처리원칙
⑨ 능률처리원칙
⑩ 점진처리원칙

다. 문서분류

① 문서종합원칙
② 문서일관성의 원칙
③ 문서점검의 원칙
④ 문서상호배제의 원칙
⑤ 문서병치의 원칙

라. 문서설계

① 신속성의 원칙
② 정확성의 원칙
③ 경제성의 원칙

마. 문서관리

① 전원참가의 원칙
② 문서관리지침 준수의 원칙
③ 자료축적의 원칙
④ 사물화 방지의 원칙
⑤ 폐기습관화의 원칙
⑥ 부수의 제한 원칙
⑦ 1건1매주의 원칙
⑧ 정위치 원칙
⑨ 서류주변 청결화의 원칙

바. 문서수발

① 행정계통 발신원칙
② 행정기관 직접발신원칙
③ 상부기관 경유원칙
④ 결재 후 발신원칙
⑤ 문서수발 기록원칙
⑥ 문서수발 사후관리원칙

(3) 사무관리특별원칙

① 능률화의 원칙
② 경제화의 원칙
③ 정확화의 원칙
④ 신속화의 원칙

2) 경제관리활동의 특별원칙

건물관리에 있어서 경제성에 관계되는 특별원칙으로서 회계 · 경영 · 광고 · 부동산가격관리 · 세무 · 보험 · 구매 등에 관한 원칙이다.

(1) 회계관리 특별원칙

가. 기업회계

① 진실성의 원칙
② 정규부기의 원칙
③ 확실성의 원칙
④ 계속성의 원칙
⑤ 잉여금 구분의 원칙
⑥ 안전성의 원칙
⑦ 명료성의 원칙
⑧ 단일성의 원칙
⑨ 중요성의 원칙
⑩ 비교성의 원칙
⑪ 연속성의 원칙
⑫ 확실성의 원칙
⑬ 신뢰성의 원칙
⑭ 충분성의 원칙
⑮ 실질성의 원칙

나. 손익계산서작성

① 손익구분 표시원칙
② 총액기준원칙
③ 발생주의원칙
④ 실현주의원칙
⑤ 수익비용대응의 원칙

(2) 세무관리특별원칙

가. 세무회계

① 권리의무확정의 원칙
② 손익측정의 원칙

나. 세금납부

① 기일 내 납부원칙
② 납부세금 사후관리원칙
③ 확인원칙
④ 보고원칙

(3) 광고관리활동 특별원칙

① 광고계획수립 원칙
② 광고효과 설정원칙
③ 최소비용원칙
④ 유력광고매체 선택 원칙
⑤ 최유효 광고주목일 선택 원칙
⑥ 예산광고 일치의 원칙
⑦ 저매출 광고촉진의 원칙
⑧ 고매출 광고감소의 원칙

(4) 부동산 가격관리 특별원칙

① 수요공급의 원칙
② 변동의 원칙
③ 대체의 원칙
④ 최유효이용의 원칙
⑤ 수익 체증체감의 원칙
⑥ 수익분배의 원칙
⑦ 기여의 원칙
⑧ 적합의 원칙
⑨ 경쟁의 원칙
⑩ 예측의 원칙

(5) 구매관리 특별원칙

가. 자재와 에너지구매

① 최유효구매의 원칙
② 구매업무의 계획화원칙
③ 구매업무의 전문화원칙
④ 구매업무의 단순화원칙

나. 용역구매

① 정실선정 배제원칙
② 평가검정원칙
③ 적격판단원칙

(6) 건물임대관리

① 적격판단원칙
② 임대계약 사후관리원칙
③ 경쟁조건유지원칙
④ 계약업무 전문화원칙

⑤ 공실 제로베이스 유지원칙

(7) 보험관리

① 보험범위 확대 원칙
② 경제손실 최소화원칙
③ 가입보험 사후관리원칙

3) 기술관리활동 특별원칙

건물기술관리항목 관리활동시에 특별히 적용되어야 할 원칙을 말한다.

① 경제성의 원칙
② 내구성의 원칙
③ 안전성의 원칙
④ 거주성의 원칙

4) 법률관리활동 특별원칙

법률관리항목을 관리할 때 적용되는 원칙을 의미하는 것으로 다음과 같은 특별원칙이 있다.

① 법령사고 예방 원칙
② 법적 안정성 확보 원칙
③ 계약 사후관리원칙
④ 비밀유지원칙(비밀누설금지원칙)

5) 위험관리활동 특별원칙

건물안전관리활동 항목에 적용되는 원칙으로서 다음과 같은 특별원칙이 있다.

① 365일 무재해원칙
② 안전제일원칙
③ 안전수칙 생활화원칙

④ 선 구호 후 수습 원칙

6) 환경관리활동 특별원칙

청소 · 위생 · 소독 · 조경시설물 관리활동시에 적용되는 원칙을 말한다. 이에는 다음과 같은 특별원칙이 있다.

① 보건성 확보원칙
② 청결성 확보원칙
③ 청소작업 계속성의 원칙
④ 미관성 유지원칙
⑤ 건강중심 관리원칙
⑥ 실내쾌적화 원칙

제5절 건물자산관리활동의 목적

1. 의 의

건물자산관리활동의 목적이라 함은 관리활동을 통하여 궁극적으로 얻고자 하거나 달성하고자 하는 것을 말한다. 뿐만 아니라, 관리활동을 통하여 바라는 것을 최종적으로 얻는 것을 의미한다.

2. 건물자산관리활동 목적의 내용

건물관리활동을 통하여 달성하고자 하는 것과 얻고자 하는 관리활동의 목적에는 미시적 목적과 거시적 목적이 있다.

1) 미시적 목적

미시적 목적이라 함은 건물자산관리활동을 통하여 얻고자 하는 관리활동의 목적으로서 1차적 목적이라고도 한다. 건물자산관리활동을 통하여 바로 나타나는 결과로서의 목적을 의미한다.

건물자산관리의 미시적 목적은 양질의 관리효과를 통하여 건물이해관계자로 하여금 만족하게 하는 데 있다. 양질의 관리효과란 고품질의 관리서비스를 의미하는 것으로, 소유자 · 사용자 · 이용자, 즉 건물이해관계자 모두의 요구 또는 목적을 달성하게 하여 만족하게 하는 것을 의미한다.

건물이해관계자의 목적 내용은 서로 상이하므로 이를 분설하면 다음과 같다.

(1) 건물소유자 목적

① 최유효 사용(사용가치 극대화)
② 최유효 수익(임대수입 극대화 및 경제가치 유지 및 제고)
③ 최유효 처분(교환가치 극대화 및 투자이익의 극대화)

(2) 건물사용자 목적

① 최유효 사용(사용 서비스 극대화)
② 최유효 수익(업무 및 영업이익 극대화)

(3) 건물이용자 목적

최유효 이용(최유효 이용효과 극대화)

2) 거시적 목적

거시적 목적이란 건물자산관리활동을 통하여 창출된 건물의 유익을 통하여 주(住) 문제를 해결 또는 개선하여 궁극적으로 주(住) 측면에서 인간의 생존을 지원하는 목적과 이를 통한 국가경제 발전에 이바지하는 목적으로서 2차적 목적이라 한다. 인간이 현대생활을 영위하려면 생활환경조건 중 제일먼저 식(食)의 문제(식의 조건)를 해결해야 한다. 음식과 물과 공기를 일정하게 먹고 마셔야만 생물학적 생존이 가능하다. 뿐만 아니라, 의(衣)의 문제를 해결해야 한다. 일정한 옷이나 이불 등을 통하여 몸을 보호하고 일정한 온도를 유지할 수 있어야 한다.

최종적인 생활환경 조건은 주(住)의 환경조건이다. 주의 문제는 건물의 설계, 건축(설계와 시공)과 건물의 관리활동을 통하여 해결된다. 특히 완성된 건물의 관리활동을 통하여 얻어진 건물의 유익에 의하여 주(住)의 문제가 해결되고, 이를 통하여 생존지원이 가능하게 된다. 여기서 설명하는 생존지원의 요소인 건물의 유익이란 인간생존에 필요한 주(住)의 조건을 해결하는 요소로서 건물의 공간 · 기능 · 질서 · 조화 · 미 등을 의미한다.

거시적 목적은 건물의 유익을 통하여 인간의 구체적으로 삶과 생활과 일을 도와 행복한 삶, 건강한 생활, 성공적이고 생산적인 일이 되도록 염원하는 바가 달성되고 이를 통하여 국가경제 발전에 이바지하는 목적을 의미한다.

3. 건물자산관리활동 목적의 특징

건물자산관리목적에는 고유한 성질이 있는 바 이를 건물자산관리목적의 특징이라 한다. 건물자산관리목적의 속성의 내용은 대체로 다음과 같다.

① 건물자산관리의 목적에는 크게는 거시적 목적과 작게는 미시적 목적이 있다. 거시적 목적은 미시적 목적의 달성을 통하여 부차적으로 얻게 되는 특징이 있다.

② 하나의 건물을 통하여 얻고자 하는 목적은 건물의 소유자 · 사용자 · 이용자마다 각각 상이한 특징을 가지고 있다.

③ 건물의 목적달성은 관리종사자의 관리(기술 · 전문성)수준에 비례하여 나타나고 달성속도가 각각 다른 특징이 있다.

④ 관리목적은 소유자나 사용자가 상호요구하거나 바라는 것이 언제나 일치되지 않고 상충되는 특징이 있다. 왜냐하면, 소유자와 사용자의 이해가 언제나 일치되지 않기 때문이다.

⑤ 건물이해관계자의 만족은 해당자의 주관적 판단에 근거하므로 언제나 만족스럽게 생각하지 않는다. 소유자나 사용자는 언제나 더 높은 만족을 바라는 경향과 특징이 있기 때문이다.

⑥ 관리목적 중 소유자는 경제성의 원칙이 우선하나 사용자의 목적은 편리성, 안전성과 쾌적성의 원칙이 더 우선하는 특징이 있다.

⑦ 관리목적 중 사용자의 목적은 투입(in-put)되는 관리비에 비하여 얻어지는 것(out-put)이 눈에 보이지 않는 서비스로 나타나므로 언제나 손해 보는 느낌을 가지고 있는 특징이 있다.

⑧ 소유자의 목적이 사용자의 목적보다 최우선적으로 취급되는 경향이 있으므로 관리자의 관리활동에 여러 가지 형태로 소유자에 의한 제약이 따르게 되는 특징이 있다.

제6절 건물자산관리활동의 방식

1. 의 의

건물자산관리활동방식이란 일정한 관리방법이나 관리활동의 형식을 의미한다.

건물자산관리활동방식에는 건물자산관리업을 중심으로 건물재산경영관리방식과 건물시설관리방식이 있다.

또한 건물재산경영관리방식에는 건물투자를 하나의 사업으로 상정하고 투자계획, 조사, 분석, 금융 조달, 투자대상건물의 취득(매입 또는 신축) 및 양도에 관한 AM(Assets Management)방식과 이를 임대를 통한 수익관리의 경영관리의 PM(Property Management)방식이 있다. 그리고 투자자산건물의 시설관리 방식에는 FM(Facilities Management)방식이 있다. 건물자산경영관리는 AM과 PM방식만을 사용하는 경우도 있으나 대개는 AM, PM, FM을 동시에 활용하고 있다.

그리고 시설관리 FM방식에는

① 건물소유자의 책임과 비용으로 직접관리 형태인 직영관리방식

② 구분소유자, 전원으로 구성된 단체적 성격의 자치관리기구(집합건물의 관리단,

아파트의 입주자 대표회의)가 관계법령에 따라 관리하는 자치관리방식

③ 건물의 소유자가 소유건물의 시설관리업무 전체를 관리전문회사에 맡겨 관리하는 위탁관리방식

④ 건물의 소유자가 자치관리단체나 시설관리업무 중 일부는 소유자 또는 자치관리기구가 직영관리 또는 자치관리하고 기타관리 업무를 관리전문회사에 맡겨 위탁관리하는 이른바 직영관리(자치관리 포함)와 위탁관리가 통합하여 이루어지는 혼합관리방식

⑤ 또 하나의 시설관리방식에는 시설운영관리방식이 있다. 소유건물이나 시설을 위탁운영업자에게 맡겨 시설관리와 운영을 함께 맡겨 관리하는 방식이다. 위탁관리방법과 다른 점은 위탁관리는 시설관리만을 위탁하고 있으나 시설운영관리방식은 건물자산의 시설은 물론 그 시설의 영업에 대한 운영까지 맡겨 관리하는 방식이다.

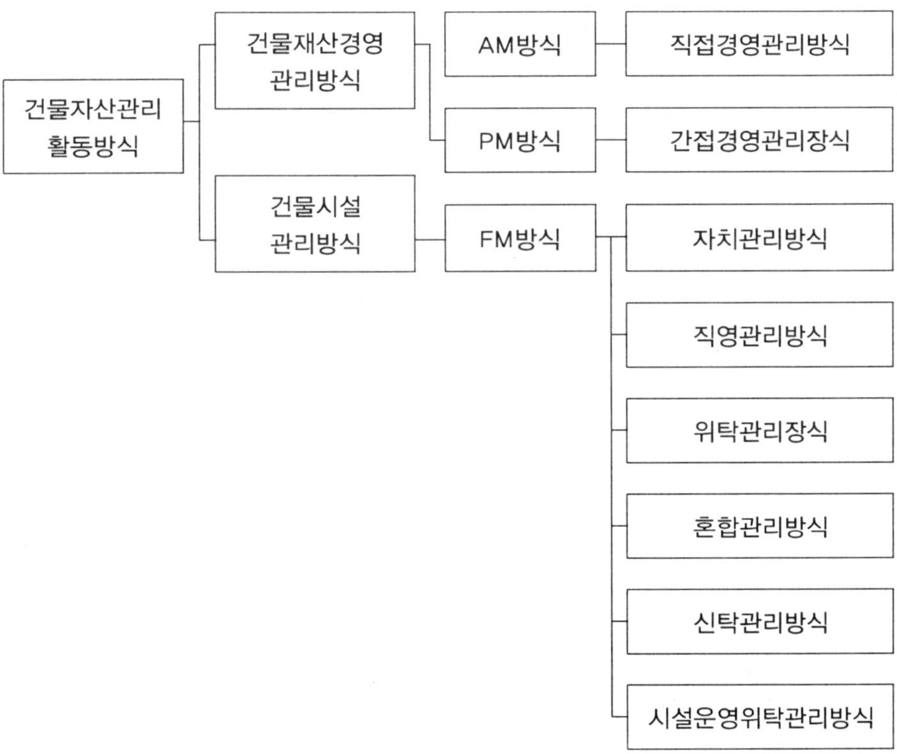

[그림 2-1] 건물자산관리활동방식

⑥ 또한 건물시설관리방법에는 신탁관리방법이 있다. 신탁관리방법이란 신탁회사가 신탁관리계약에 의하여 위탁자의 재산과 소유권을 넘겨받아 시설물 관리를 대행하고 그 수익금을 일정한 조건에 따라 위탁자에게 제공하는 관리 형태이다.

이상에서 설명한 건물자산관리활동을 이해를 돕기 위하여 그림으로 정리하면 [그림 2-1]과 같다.

2. 건물시설관리방식의 종류와 장단점

1) 직영관리방식

(1) 의 의

직영관리방식이 적용되는 건물에는 수익성 임대건물이나 업무용도로 사용하고 있는 건물 중 사옥용으로 사용하고 남은 평수를 임대의 목적물로 정하는 경우 건물소유 회사법인 또는 소유자 개인이 관리주체의 지위에서 관리주체의 책임과 비용으로 관리조직을 구성하고 관리종사자들을 모집 · 선발 · 훈련 · 배치하여 직접 관리하는 방식을 말한다.

이와 같은 직영관리방식은 자체관리방식, 직접관리방식, 자가관리방식, 자영관리방식과 유사하다. 구분소유건물의 자치관리방식과 임대 공동주택의 관리방식인 자체관리방식과는 관리주체의 성격 등에서 다소 차이가 있다.

(2) 직영관리방식의 장 · 단점

가. 장 점

① 비밀 유지 및 보안 관리에 유리하다.

② 직접 관리함으로써 관리대상건물에 애착을 가지고 관리에 최선을 다한다.

③ 고장 등의 수리나 보수 · 건의 · 불만사항 · 민원 등이 신속히 접수되고 해결된다.

④ 소유자가 관리비를 절약하므로 관리비의 낭비를 막을 수 있고 절약할 수 있다.

⑤ 건물 입주자 · 사용자에 대한 봉사를 최우선적으로 한다.
⑥ 건물 하자 발생의 예방과 효율적인 관리가 가능하다.
⑦ 관리의사 결정이 신속히 이루어진다.
⑧ 관리자의 협동과 정보교환이 잘 이루어진다.
⑨ 책임한계가 분명하다.

나. 단 점

① 인건비가 불합리하게 상승될 수 있다.
② 변화나 개혁에 비탄력적이다.
③ 관리업무가 무사안일하게 진행될 수 있다.
④ 관리의 전문성이 결여되기 쉽다.
⑤ 건물소유자가 본인의 본업에 전념할 수 없다.
⑥ 건물소유자가 관리비 절약을 지나치게 강조하게 되면 부실관리가 될 수 있고, 또한 만족스러운 관리서비스를 제공할 수 없게 된다.

2) 자치관리방식

(1) 의 의

자치관리방식이란 집합건물 중 구분소유건물인 아파트 · 복합건물 · 오피스텔 등에 주로 적용되는 관리방식으로 구분소유자에 의하여 선임된 대표기관(입주자 대표회의, 관리단 등)이 자치관리기구를 구성하고, 자치관리기구 관리소장이나, 관리단이 선임한 관리인으로 하여금 관리대상건물의 관리를 전담하게 하는 관리방식이다. 자치관리방식은 직영관리방식과 유사한 관리방식이나 관리주체의 구성이 여러 명의 구분소유자들에 의하여 구성된다는 점과 「주택법」과 「집합건물소유 및 관리에 관한 법률」 등에서 규정하고 있는 관리의 결정방법 등에서 직영관리방식과 차이가 있다.

다시 말하면, 관리과정에서 관리의사의 결정이나 감독, 사업자등록, 감사 등을 입주자대표회의나 관리단에 의해서 행해지므로 직영관리방식의 건물소유자나 경영자에 의한 관리의사 결정이나 감독 등의 방법과는 차이가 있다.

(2) 자치관리방식의 장 · 단점

자치관리방식의 장 · 단점은 직영관리방식의 장단점과 매우 유사하다.

다만 관리의사 결정이 사정에 따라 신속히 이루어지지 아니하는 경우가 있으며, 관리활동이 지나치게 관리규정에 의하여 관리되는 관계로 관리활동의 융통성이 없다는 점이 자치관리방식의 단점으로 지적되고 있다.

3) 위탁관리방식

(1) 의 의

위탁관리방식이란 건물의 소유자 또는 관리권한자가 전체 관리업무를 관리전문회사에 위탁하여 관리하는 방식을 의미한다.

위탁하는 방법은 입찰 · 계약 · 위임 · 법령 등에 의하여 이루어지며, 외주관리방식 또는 아웃소싱 관리방식이라고도 한다. 위탁관리 대상건물의 유형에는 기술성과 전문성을 필요로 하는 IBS건물이나 특수건물(극장 · 학교 · 병원 · 공공청사 · 백화점 · 체육시설 등)에 적합한 관리방식이다. 신탁회사에 관리대상 자산과 그 자산의 소유권까지 이전하여 신탁자산을 관리하게 하고 일정한 수익과 재산보존을 꾀하는 신탁관리방법도 넓은 의미의 위탁관리방식에 포함된다.

(2) 위탁관리방식의 장 · 단점

가. 장 점

① 합리적이고 효율적인 관리가 가능하다.
② 기술성과 전문성을 가지고 체계적으로 관리하므로 관리비 등의 제비용이 경제적이다.
③ 건물소유자는 본인의 업무에 전념할 수 있다.
④ 관리종사자의 노무 · 인사 문제가 단순화되고 신경 쓰지 않아도 된다.
⑤ 건물소유자는 수익성과 안정성을 얻을 수 있다.
⑥ IBS건물이나 대형 건물의 관리에 적합한 관리방식이다.

나. 단 점

① 건물관리회사가 재정적으로 문제가 될 경우 곧바로 관리현장에 관리 부실을

초래하는 위험이 있다.

② 관리회사가 전문성 · 기술성에 신뢰성이 결여될 경우 복잡한 문제가 생길 수 있다.

③ 관리회사가 불성실한 관리활동을 할 경우 건물소유자가 오히려 신경 쓰게 된다.

④ 관리전문회사의 기술성 · 전문성의 검증이 어렵다.

⑤ 보안유지나 기밀유지가 어렵다.

⑥ 관리회사가 도산되는 경우 관리의 계속성 유지가 어렵다.

⑦ 관리회사 경영의 문제가 곧바로 관리현장에 영향을 가져온다.

⑧ 관리에 문제가 발생할 경우 책임에 문제가 발생하고 불분명해진다.

⑨ 파견 관리종사자들에 대한 잦은 인사이동은 건물관리 계속성에 문제를 초래한다.

4) 혼합관리방식

(1) 의 의

혼합관리방식이란 전체 관리업무 중 일부는 직영관리방식 또는 자치관리방식으로 관리하고, 기타 관리업무(예 청소 · 경비 · 주차관리 · 시설관리 · 소독관리 등)는 전문관리회사에 의뢰하여 관리하는 방식이다. 즉 직영관리 또는 자치관리방식과 위탁관리방식의 장점을 함께 살리는 관리방식이라고 할 수 있다.

혼합관리방식은 절충식 관리방식이라고도 하며, 대형건물 · 콘도미니엄 · 오피스텔 등에도 이 방식을 사용하고 있다.

(2) 혼합관리방식의 장 · 단점

가. 장 점

① 관리통제가 용이하다.

② 관리업무 중 인사 · 노무 · 회계 · 세무 등의 관리는 직영 또는 자치관리방식에 의하므로 기밀 유지가 가능하다.

③ 전문성 · 기술성을 요하는 부분만 관리전문회사에 의뢰하므로 관리전문회사의 기술성과 전문성을 제공받을 수 있으며, 이를 활용할 수 있고, 효율적 관

리운영이 가능하고 관리비가 경제적이 된다.

나. 단 점

① 책임소재가 불분명하다.
② 관리회사의 관리활동이 부실할 시에는 직영관리와 위탁관리의 단점(결함)만 노출된다.
③ 자치관리 · 직영관리 소속 관리종사자와 관리회사의 직원간에 화합과 협조가 쉽지 않다.

5) 신탁관리방식

(1) 의 의

신탁관리방식이란 건물자산의 소유자가 건물자산 신탁회사와 건물자산 관리신탁계약을 체결하고 건물시설일체와 건물의 소유권까지 신탁회사에 이전하여 신탁회사가 일정기간 수익을 관리하게 하는 관리방식을 말한다.

(2) 신탁관리방식의 장 · 단점

가. 장 점

① 신탁회사의 책임과 비용으로 장기간 관리하므로 건물소유자는 장기간 안심하고 본인의 업무에 전념할 수 있다.
② 신탁회사가 관리일체를 법적으로 보장하고 있으므로 자산에 관한 법률적 문제나 세금, 공과금 등 일체의 관리문제가 위탁자에는 발생하지 않는다.
③ 위탁자의 개인의 사정상문제가 발생하더라도 시설관리에 전혀 영향을 미치지 않는다.
④ 시설관리를 위한 별도의 조직이 필요 없다. 따라서 인사노무문제가 전혀 없다.
⑤ 건물자산 소유자의 자산관리능력이나 경험이 없는 경우 자산관리에 가장 좋은 방법이 될 수 있다.

나. 단 점

① 신탁회사가 부실되거나 부도가 나는 경우 자산관리에 치명적으로 영향을 미

친다.

② 신탁회사가 시설관리를 또다시 관리회사에 위탁 관리하므로 자산보존에 여러 가지 문제가 노출될 수 있다.

③ 신탁회사의 시설관리에 소홀해지는 경우 시설관리에 관한 비밀유지가 어렵다.

6) 시설운영관리방식

시설운영관리방식은 최근에 이르러 시설관리의 신관리 개념으로 등장하여 부분적으로 사용되어오는 시설관리방식으로서 건물자산(시설)의 소유주가 시설운영관리업자에게 시설의 관리와 함께 영업권을 주어 운영관리업무까지 위탁하여 일정한 조건하에 관리하게 하고 계약기간 만료시에 위탁시설과 운영권을 다시 반환받는 관리 형태를 시설위탁운영관리방식이라 한다.

시설운영관리방식은 건물(시설)임대차와 유사하나 상이한 개념이다.

임대차는 임차인이 차임을 제공하는 대가로 임차목적물을 사용 수익만하고 임차목적물(시설) 관리를 책임지지 아니하나 위탁운영 관리방식은 위탁받은 관리시설의 관리는 물론 운영에 대해서 책임지는 관리개념이기 때문이다.

또한 시설운영관리방식은 위탁관리방식과도 상이하다. 왜냐하면, 위탁관리방식은 용역형태로 용역계약에 의하여 관리업무를 수탁 받아 시설관리에 대해서만 일정기간 관리하는 형태이기 때문이다. 결국 시설운영관리방식은 시설을 임대 목적물의 용도대로 사용수익하게 임대하는 개념과 시설관리를 함께 책임지도록 하고 있는 복합관리 개념이라 할 수 있다.

3. 건물시설관리방식의 변화

이상에서 열거한 건물시설관리방식은 시대적 상황에 따라 초기에는 직영관리(자치관리 포함) 방식에서 혼합관리방식(직영 및 위탁관리)으로 변화 발전되어 사용되어오다가 다시 위탁관리방식으로 변화되어 왔으며 최근에는 신탁관리방식 및 시설운영위탁관리방식으로 점차 변화되어가는 추세에 있다.

제7절 건물자산관리활동의 성립요소

1. 의 의

건물의 자산관리에 건물관리효과 생산을 위한 건물자산관리활동이 이루어지려면 적어도 건물관리주체와 관리조직, 관리객체 그리고 관리수단 등 3가지 조건을 충족해야 하는바 이를 건물자산관리활동의 성립요소라 한다. 건물자산관리활동의 성립요소에 대한 중요성을 강조하는 것은 건물자산관리활동의 효과는 건물자산관리활동 성립요소의 상호결합이나 상호작용에 의하여 생산되기 때문이다.

건물자산관리의 목적은 건물소유자나 사용자가 건물의 관리를 통하여 요구하거나 목적하는 양질의 건물관리효과를 가장 경제적 방법으로 안전하게 그리고 효율적으로 창출(생산)하고 이를 건물의 소유자와 사용자들에게 적절히 분배(제공)하고 소비하도록 하여 최유효 만족하도록 하는데 있으므로 이와 같은 만족을 제공하는 건물자산관리효과의 생산을 위해서는 건물자산관리활동의 접목이 필요하고 건물자산관리활동이 성립되려면 관리활동에 없어서는 안 될 3가지 근본 조건이 필요한바 이를 건물자산관리활동의 성립요소라 한다.

2. 건물자산관리활동 성립요소의 내용

건물자산관리활동의 성립요소에는 전술한 바와 같이 건물관리주체와 관리조직, 관리객체 그리고 관리수단이 있는바 이를 설명하면 다음과 같다.

1) 건물자산 관리주체와 관리조직

건물의 관리주체라 함은 관리대상 건물의 관리권을 보유하고 관리대상건물을 관리목적으로 전면 지배할 수 있는 개인, 단체, 법인 등을 의미한다.

관리조직은 관리주체의 하부 관리기구로서 실제 관리업무는 관리조직의 구성원에 의해서 처리된다.

건물자산관리조직이란 건물자산관리목표를 효과적으로 달성하기 위한 목적으로 의도적으로 구성된 두 사람 이상의 힘의 구조나 여러 힘의 체계를 의미한다.

건물자산관리조직의 구성요소에는 건물자산관리 목표, 건물자산관리조직 틀(체계), 건물자산관리 구성원, 건물자산관리 기술, 건물자산관리 환경, 건물자산관리 자원 등이 있다.

교회건물재산의 관리주체는 일반적으로 해당 교회의 당회가 되며, 교회건물의 시설관리 주체는 시설관리기구의 책임자가 이 범주에 해당된다.

교회건물의 시설관리조직은 사무처, 시설관리부, 총무부, 행정실, 재단사무국, 시설관리과 등 명칭과 관계없이 시설관리 책임기구가 교회건물의 시설관리조직이 된다. 문제는 대부분의 대형교회의 경우 교회건물의 재산관리조직과 시설관리조직이 각각 존재하여 교회건물관리상에 요구되는 관리업무의 효율화와 경제화 등에 다소 문제가 있어 보인다.

2) 건물자산 관리객체

건물자산 관리객체란 건물관리 대상을 의미하고 교회건물의 재산관리 객체는 교회건물의 재산이며, 교회건물의 시설관리 객체는 교회건물의 시설이다.

3) 건물자산 관리수단

건물의 관리활동에 있어서 건물자산관리수단의 존재가 대단히 중요하다.

왜냐하면, 건물의 관리는 관리주체와 관리객체만으로 성립되지 아니하고 반드시 관리수단이 관리주체와 관리객체를 매개함으로서 성립되기 때문이다.

건물자산관리수단이라 함은 건물자산관리활동의 방도가 되는 인적 자원, 물적 자원, 재무적 자원, 그리고 기술 자원 및 기타 필요한 자원 등을 의미한다.

건물자산관리는 건물자산관리수단의 질과 기술수준 및 장비의 성능이나 재료의 양부 등에 따라 건물관리효과가 다르게 나타나므로 관리수단의 최적화가 필요하다.

건물자산관리의 궁극 목적은 최유효 관리방법에 의한 양질의 관리효과 생산에 있으며 관리효과 생산은 정상적 관리활동에 의하여 이루어지며, 정상적 관리활동이 성립되려면 적어도 관리주체와 관리조직, 관리객체 그리고 관리수단 등 3가지 근본적 요건이 충족되어야 한다.

건물자산관리활동의 3가지 성립요소에 대한 구체적 내용은 다음 절에서 설명하기로 한다.

3. 건물자산관리주체

1) 건물자산관리주체의 의의

건물자산관리주체(建物資産管理主體)라 함은 관리대상인 관리객체에 대하여 관리할 수 있는 권리나 권한 있는 자로서 개인 · 단체 · 법인(공법인 국가 포함)을 의미한다.

즉 관리대상 건물의 관리권을 가지고 관리객체를 법적으로 관리가 가능하고, 현실적으로 관리대상을 전면 지배하는 자를 말한다. 다시 말하면, 관리객체 전반에 걸쳐 건물자산관리를 위한 관리의사를 결정 · 지휘 · 감독 · 조정 · 통제 · 위임 · 계약 등 관리권이나 권한을 행사할 수 있는 자를 의미한다.

건물자산관리 주체와 관리조직은 건물자산관리활동의 3대 요소 중 첫 번째에 해당하는 요소로서 인적조직 중심으로 관리행위나 관리 작용을 지휘 감독하는 자를 말한다.

2) 건물자산관리주체의 법적 근거

건물자산관리주체가 관리객체를 관리할 수 있는 법률적 바탕이나 권원을 법적 근거라 하는데 이와 같은 관리주체 법적 근거에는 다음과 같은 것이 있다.

① 소유권(민법)
② 법률의 규정(국유재산법, 임대주택법, 건축법, 집합건물소유 및 관리에 관한 법률, 주택법 등)
③ 용역관리계약(민법, 채권법, 국가를 당사자로 하는 계약에 관한 법률)
④ 관리위임(민법, 국유재산법)
⑤ 대리권 수여(민법)
⑥ 고용(근로기준법, 노동법)
⑦ 법원의 선임(민법)

⑧ 행정기관의 위탁(국유재산법)
⑨ 행정기관(총괄청 또는 관리청)의 지정(국유재산법, 시설물의안전관리에관한특별법)
⑩ 자산신탁계약 또는 유언(신탁법, 민법)
⑪ 교회의 규약, 교단 헌법 또는 법인 정관

3) 건물자산관리주체의 의무와 권한

관리주체는 건물 소유자 · 사용자 · 이용자 등에 대하여 다음과 같은 법적 또는 도의적 의무를 지며, 바람직한 건물자산관리활동을 위하여 다음의 권한을 행사하게 된다.

(1) 건물자산관리주체의 의무

건물자산관리주체의 의무란 관리대상 건물자산을 관리하고 있는 관리주체가 건물 소유자 · 사용자 · 이용자에 대한 법적 또는 도의적 구속을 의미하며 의무내용은 대체로 다음과 같다.

① 양질의 관리서비스 창출 및 제공의무
② 건물유익 창출의무(안전성, 쾌적성, 편리성, 경제성, 보편성, 청결성 등의 기능과 질서, 조화, 미 그리고 유용한 공간)
③ 건물자산의 보존 · 유지 및 경제가치 제고와 수익극대화의무
④ 화재방지 등 안전사고 방지의무
⑤ 입주자 생명 · 건강 · 재산 보호의무
⑥ 선량한 관리자 주의의무
⑦ 건물자산 사용 · 수익 · 이용에 관한 협조의무
⑧ 임차인 보호 및 방해 배제의무
⑨ 수선의무
⑩ 비밀유지의무
⑪ 업무상비밀 도용금지의무

(2) 건물자산관리주체의 권한

건물자산관리주체는 다음과 같은 3가지 관리 권한을 가지고 있다.

① 건물의 보존권한(무한정 행사 가능)
② 건물의 이용권한(이용의 권한은 관리대상의 모양이나 권리의 성질을 변형하지 않는 범위 내에서 행사 가능)
③ 건물의 개량권한(이용권한과 동일)

4) 건물자산관리주체의 종류와 특성

(1) 건물자산관리주체의 종류

건물자산관리의 중심이 되는 것으로 건물자산관리에 중요한 행위나 작용하는 건물자산관리주체는 관리대상 건물의 종류·성격·소유권 및 법률의 규정 등에 의하여 다음 같이 분류된다.

가. 공동주택 관리주체

의무관리대상 공동주택의 관리관계법인 주택법에 의한 관리주체의 종류는 다음과 같다.

① 자치관리기구의 대표자인 공동주택 관리소장
② 관리업무를 인계하기 전의 사업주체
③ 주택법 제43조 제1항에 의한 주택관리업체
④ 임대주택법 제2조 제4호에 의한 임대사업자

나. 국유재산 관리주체

국유재산의 관리관계법인 국유재산법에 의한 국유재산 건물의 관리주체는 다음과 같다.

① 총괄청(재경부 장관)
② 고유관리청(중앙관서의 장) 또는 지정관리청(총괄청에 의하여 지정된 관리청)
③ 재산관리관 : 총괄청에 의해 재산관리를 위탁받은 관리청의 소속공무원
④ 관리청으로부터 관리를 위탁받은 지방자치단체의 장 또는 소속공무원(분임재산관리관)
⑤ 관리청에 의한 국유재산(보존재산, 행정재산)을 관리위탁받은 국가기관외의

자(위탁관리계약에 의한 한국자산관리공사 또는 건물자산관리전문회사)

다. 1종 시설물과 2종 시설물의 관리주체

시설물의 안전에 관한특별법에 의한 1종 시설물과 2종 시설물의 관리주체는 다음과 같다.5)

1종 시설물과 2종 시설물의 관리주체라 함은 관계법령에 의하여 해당 시설물의 관리자로 지정된 자 또는 시설물의 소유자를 의미한다. 또한 해당 시설물의 소유자와 관리계약을 체결하고 관리책임을 진 자도 관리주체로 본다. 관리주체에는 공공관리주체와 민간관리주체가 있다.

가) 공공관리주체

① 국가
② 지방자치단체
③ 정부투자기관
④ 지방공기업
⑤ 한국공항공단
⑥ 부산교통공단
⑦ 한국콘테이너부두공단
⑧ 농지개량조합(건설교통부령에 의거)

나) 민간관리주체

① 소유자(개인 · 단체 · 법인)
② 상기 ①항 소유자로부터 관리권을 위임받았거나 관리계약을 체결한 관리 책임자(개인 · 단체 · 법인 · 조합)
③ 공공관리주체로부터 관리위탁계약을 체결한 관리책임자(개인 · 단체 · 법인 · 조합)

라. 집합건물 관리주체

집합건물의 소유 및 관리에 관한 법률에 의한 집합건물의 관리주체는 다음과 같다.6)

---

5) 「시설물의 안전에 관한 특별법」 제2조 제4항, 제5항, 제6항.

6) 「집합건물의 소유 및 관리에 관한 법률」 제23조 및 제24조.

① 관리단
② 관리인
③ 상기 ①항과 ②항으로부터 관리계약 또는 관리위탁받은 자(개인 · 단체 · 법인)

마. 임대주택 관리주체

임대주택법에 따르면 임대주택법 적용 대상 임대주택의 관리주체는 다음과 같다.[7)]

① 임대주택사업자
② 상기 ①항으로부터 관리권을 계약 또는 위탁받은 주택관리업자

바. 일반건물 관리주체

건축법과 민법의 적용을 받는 일반건물의 관리주체는 다음과 같다.[8)]

① 소유자
② 소유자로부터 관리권을 수여받은 자(관리자, 경영자 대리인 등)
③ 상기 ①항과 ②항으로부터 관리 계약한 법인, 단체, 개인 또는 조합

사. 교회건물 관리주체

① 유지관리재단
② 교회당회
③ 제직자회의, 시설관리부서

(2) 건물자산관리주체의 특성

건물관리주체의 특성이란 건물관리주체가 고유하고 특별한 성질을 가지고 있는바 이를 건물자산관리주체의 특성이라 하고 이에는 다음과 같은 특성이 있다.

① 관리주체가 되는 법적 근거에는 소유권, 위임, 법률의 규정, 관리계약, 위탁, 지정, 법원의 선임, 고용, 대리권 수여 등 관리권원의 다양성의 특성이 있다.
② 관리주체는 건물의 용도분류(28종류의 용도)에 의한 건물의 성질이나 법률

7) 「임대주택법」 제17조.
8) 「건축법」 제26조, 「건축법 시행령」 제23조.

의 규정에 의하여 관리주체 종류 상이성의 특성이 존재한다.

③ 관리주체는 단체적 성격과 개인적 성격이 병존하고 있는 특성이 있다.

④ 관리주체의 종류에는 개인 · 조직 · 법인 · 회사 · 조합 · 단체 · 국가 등 관리주체의 다양성의 특성이 있다.

⑤ 법률의 규정이나 소유권 · 권한 · 능력 등이 없는 자는 관리의 주체가 될수 없는 권리능력 필요성의 특성이 있다.

⑥ 관리주체의 법적 지위의 취득은 소유권의 취득, 관리계약의 체결, 위임의 시기, 법률의 공포와 발효, 근로계약해결, 대리권 수여 등의 원인에 의하고 소유권의 이전, 관리계약기간 만료, 위임의 종기, 법률의 개정 또는 지위의 변동, 해고, 대리권 소멸 등으로 관리주체의 지위 변동 의존성의 특성이 있다.

⑦ 관리의 지위 취득은 권리와 권한으로 성립되고 권리는 소유권에 근거하나 권한은 법률의 규정, 위임, 계약, 고용, 대리권 지정, 위탁, 선임 등 권리 양면성의 특성이 있다.

⑧ 관리주체의 지위는 항구적이 아니며 언제든지 변동될 수 있는 관리지위 한시성의 특성이 있다.

⑨ 의사능력(개인은 민법상 의사능력, 법인은 정관의 규정)과 행위능력 없는 자(개인 · 단체 · 법인)는 관리주체가 될 수 없는 의사능력이나 행위능력 필요성의 특성이 있다.

⑩ 관리규정, 관리법규, 관리계약 등에 의한 관리권 및 관리권한 한계성의 특성이 있다.

4. 건물자산관리조직

1) 건물자산관리조직의 의의

건물자산관리는 관리주체와 관리조직에 의해서 관리된다.

전술한 자산관리주체는 소유권이나 관계법령, 위임, 대리권의 수여, 고용규약 등에 의하여 그 지위가 결정되고 관리권한이 주어진다. 건물자산관리는 이와 같은 관리주체에 의하여 관리되나 실제적으로는 관리주체에 의하여 위임 또는 위탁관리계약 등에 의하여 구성된 하부조직, 이른바 관리조직에 의하여 직접 집행 또는 수행된다. 예컨대, 집합건물의 경우 관리주체는 관리단이나 실제로는 관리단에 의하여 선임된 관리인이나 관리계약을 체결한 관리회사가 관리활동을 수행하게 된다.

이와 같이 건물자산관리는 법령이나 소유권 · 계약 · 위임 등에 의하여 그 지위가 결정되는 관리주체와 그 관리주체에 의하여 구성되었거나 조직된 관리조직이 어떤 경우에는 동일조직의 성격으로 또는 다른 경우에는 별개의 조직 성격으로 건물관리를 실제 수행하게 된다.

전자가 자산관리에 있어서 자산경영조직이라면, 후자는 시설관리조직에 해당된다.

일반적으로 건물자산관리조직이라 함은 일반적으로 건물자산의 수익관리를 위한 경영조직과 시설의 기능을 유지 보전을 위한 시설관리조직을 합한 조직을 의미한다.

건물자산관리조직이란 건물자산의 경영주체나 관리주체 또는 소유자 등에 의하여 조직이거나 구성된 인위적 · 인적 결합체를 의미하다. 다시 말하면, 관리주체가 관리대상 건물에 관한 자산관리를 효율적으로 경영 · 관리하기 위하여 자산관리 목표를 정하고 그 목표를 경제적이며 안전하고 효율적으로 달성하기 위한 의도된 복수의 인간 통합체를 말한다.

본래 조직의 의미를 한마디로 정의하기란 어려운 문제이나 관련 학설에 따라 조직의 개념을 정의하면 다음과 같다.

관리체계이론의 견해에 의하면 조직이란 의식적으로 조정된 2인 이상의 행동이나 여러 힘의 체계를 의미한다.

즉 조직이란 일정한 환경 하에서 일정한(특정한)목표를 추구하며 이를 위하여 일정한 구조를 지닌 사회단위이다.

따라서 조직은 조직의 목표와 조직의 구조(틀), 그리고 조직의 구성원이 함께 존재할 때 성립된다.

또한 조직이 조직다운 조직이 되려면 적어도 기술기능 · 영업기능 · 회계기능 · 재무기능 · 보존기능 · 안전기능 등이 있어야 한다.

건물자산관리에 있어서 관리조직은 그 명칭이 아직은 공식적으로 정형화되지 못하고 있는 실정이다. 따라서 관리조직의 명칭은 자산관리회사, 용역관리회사, 관리사무소, 관리실, 관재팀, 시설관리부 시설과 관리단, 관리팀, 관리인, 자치관리기구 등으로 호칭되고 있다.

결론적으로 건물자산관리조직이란 소유권, 관계법령, 위임, 대리권수여, 고용, 도급계약 등에 의하여 관리권을 수여받은 자가 관리대상건물자산의 경영관리목표를 효과적으로 달성하기 위하여 의도적으로 구성된 복수 이상의 힘의 구조를 의미한다.

2) 건물자산관리조직의 원칙

자산관리조직에는 다음과 같은 원칙들이 있으며, 이와 같은 건물자산관리조직의 원칙은 자산관리조직 운용에 반드시 적용되어야 한다.

(1) 권한위양의 원칙

자산관리조직의 목표달성은 관리업무(직무)를 나타나며 관리업무는 3면 등가의 원칙(권한 · 책임 · 의무와 직무가 동일해야 한다는 원칙)이 적용되어야 한다. 그러므로 하부조직구성원에게 관리상의 직무를 부여할 때는 반드시 이를 책임과 의무, 권한(authority)을 함께 부여해야 한다.

이와 같은 원칙을 권한 위양의 원칙이라 한다.

(2) 명령 일원화의 원칙

조직은 지휘나 명령이 일원화될 때 업무의 효율성과 경제성이 확보된다. 따라서 하나의 단위 조직이나 전체 조직의 구성원은 권한 있는 한 사람으로부터 지휘나 명령을 수령해야 한다.

이와 같은 원칙을 명령 일원화의 원칙 또는 지휘 일원화의 원칙이라 한다.

(3) 감독한계 적정화 원칙

사람의 지휘감독 능력에는 한계가 있으므로 감독한계를 벗어난 감독범위는 생산성이나 효율성이 떨어진다. 따라서 조직의 생산성이나 효율성에 적합한 범위를 정하고 그 범위 내에서 감독권이 행사되어야 한다.

이와 같은 원칙을 감독한계 적정화의 원칙이라 한다.

(4) 전문화 원칙

조직의 목표는 전문성을 가진 조직구성원에 의하여 수행되어야 한다. 따라서 관리조직은 반드시 전문성을 가진 구성원을 선발 배치하여 조직 자체를 전문조직화해야 한다.

(5) 기능화 원칙

관리조직은 각 단위조직 구성원이 기능적으로 활동해야 생산성이나 효율성이 증대된다. 따라서 관리조직은 기능화해야 한다.

3) 건물자산관리조직의 분류

건물자산관리조직은 분류기준에 따라 다음과 같이 분류된다.

(1) 업무 성격에 의한 분류

관리대상 자산관리에 있어서 담당업무의 성격이 거시적 · 미시적 또는 정책결정이나 의사결정 및 집행 · 실행 등의 업무상의 성격에 의하여 건물자산경영관리조직과 건물시설관리조직으로 분류된다.

가. 건물재산경영관리조직

건물재산경영관리조직은 자산관리를 위한 의사결정 · 경영정책 결정 · 예산승인 · 인사배치 등을 담당하는 조직 상층부(경영층, Top Management ; 부동산 투자관리) 조직을 의미한다.

자산관리개념에서 주로 AM(Asset Management, 부동산 투자관리)와 PM(Property Management, 투자자산 경영관리) 자산관리개념에서 투자부동산(건물)의 수익관리업무를 담당하는 조직을 의미한다. 건물의 경영조직인 Top Management는 주로 소유자나 소유자에 의하여 경영권을 위임받은 자나 자산경영의사를 직접 결정하는 이사회가 이 범주에 해당된다. 경영조직은 거시적이고 포괄적이며 정책적 결정을 담당하며 투자, 자산가치의 보존, 제고나 처분 등 수익 극대화를 위한 의사결정을 하는 조직을 의미한다.

건물자산경영조직은 국내 부동산투자자산관리 시장을 중심으로 살펴보면 개인건물자산경영조직과 법인건물자산경영조직 및 외국 부동산투자회사 경영조직으로 세분된다.

건물자산경영조직은 건물자산을 경영하기 위한 조직을 의미한다. 건물자산 중 국유재산에 속하는 건물이나 특수건물(군사시설 등) 등은 법률의 규정에 의하여 경영조직이 편성되고 운영되나 일반건물 중 수익성 건물에 한하여 다음과 같이 건물자산경영조직이 편성 운영된다.

가) 개인건물재산경영관리조직

개인건물재산경영관리조직이란 개인(자연인)이 1인소유 또는 개인다수의 공유지분 소유형태의 건물자산의 경영과 시설을 관리하기 위한 직영조직을 말한다. 개인건물재산경영관리조직은 건물의 규모와 용도 및 성격, 시설과 설비의 종류 등에 따라 다소 경영조직의 규모와 편제가 달라질 수 있으나 대형건물(20층 이상의 건물)을 기준으로 경영관리조직을 살펴보면 대체로 [그림 2-2]와 같이 조직되고 운영된다.

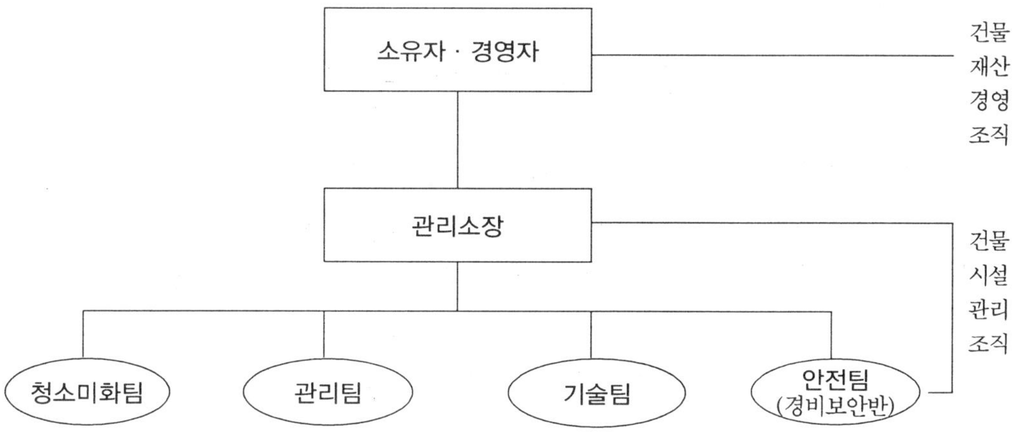

[그림 2-2] 개인건물재산경영 및 시설관리조직(예)

나) 법인건물재산경영관리조직

법인건물재산경영관리조직이란 건물소유자가 법인인 경우 법인의 이름으로, 그리고 법인조직으로 경영대상건물 자산에 대하여 경영하고 시설을 관리하는 직영형태의 조직을 말한다. 법인의 형태가 비영리이든 영리법인이든 그 해당법인의 재산관리 편제(재산관리시스템)에 의하여 경영관리되므로 반드시 동일한 경영관리조직은 아니나 대체로 [그림 2-3]과 같은 법인건물재산경영관리조직을 유지하고 운영하고 있다.

다) 외국 부동산투자회사의 건물재산경영관리조직

외국 부동산투자회사의 건물(부동산)경영관리조직이란 외국 부동산투자회사(투자모집기관)가 투자계획에 따라 투자대상국에 명의사(투자대상 부동산의 매입,

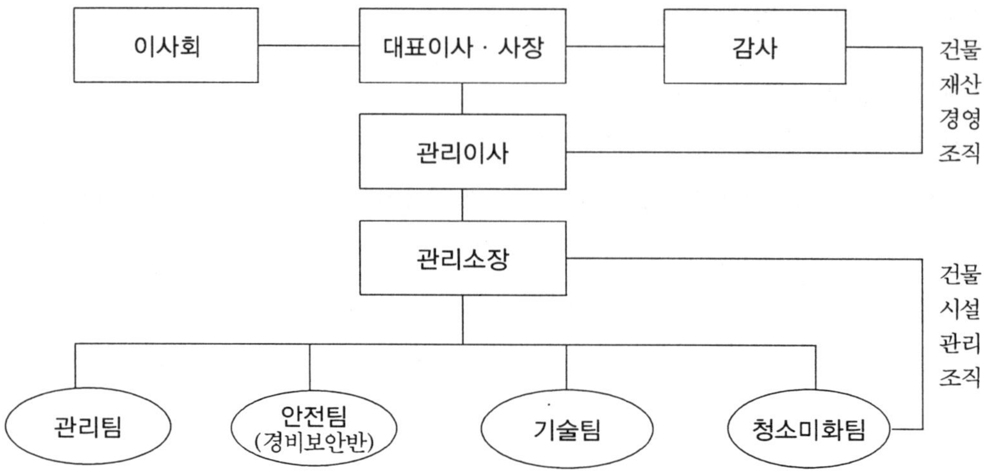

[그림 2-3] 법인건물재산경영관리조직(예)

또는 건축 및 운영관리를 위한 현지법인)를 설립하고 투자대상물을 조사, 타당성 검토 후 매입(또는 건축)하고 이를 명의사(현지법인) 또는 AMC사를 선임하여 PM사로 하여금 자산경영과 시설관리를 동시에 하는 위탁관리조직을 말한다.

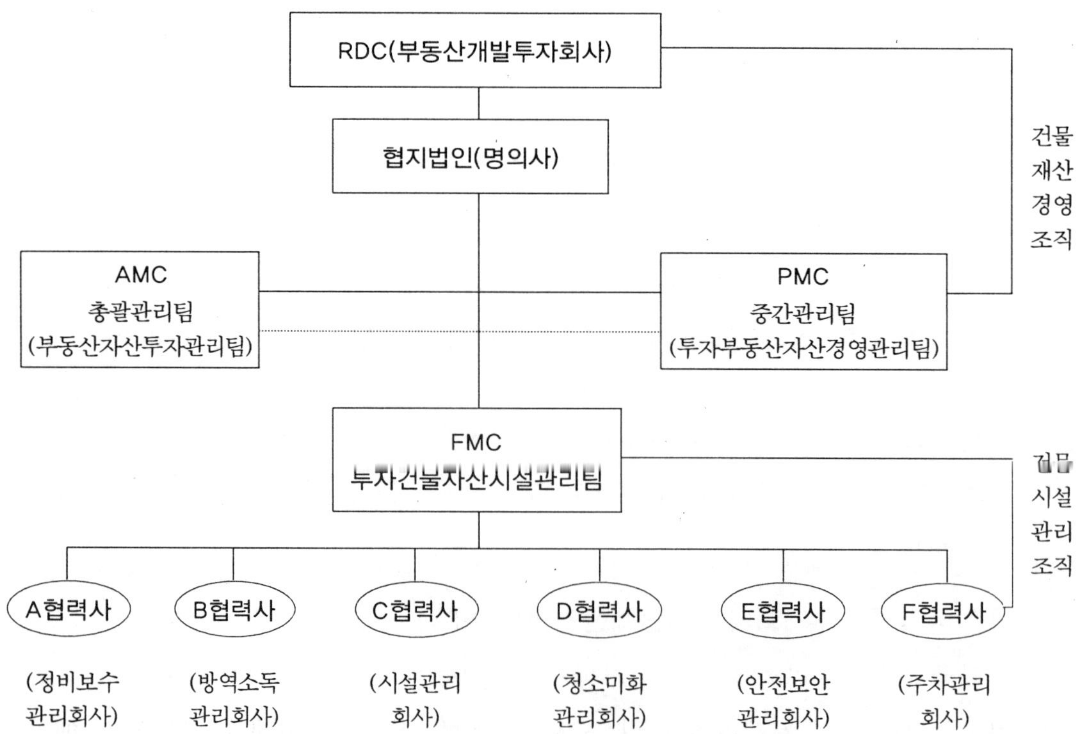

[그림 2-4] 외국부동산개발투자회사의 재산경영 및 시설관리조직(예)

나. 건물시설관리조직

건물시설관리조직은 자산경영조직에 의하여 결정된 건물자산경영정책을 실무적으로 미시적으로 집행하는 하부 관리조직을 말한다. 시설관리조직은 경영조직에 의하여 구성되거나 계약 등에 의하여 위임되어 주로 탄생하게 된다.

자산관리개념에서 볼 때 FM(Facilities Management)의 수행을 위한 조직이 이 범주에 해당된다.

앞에 나타난 관리조직 그림 중 시설관리조직으로 표기된 부분이 이 범주에 해당된다.

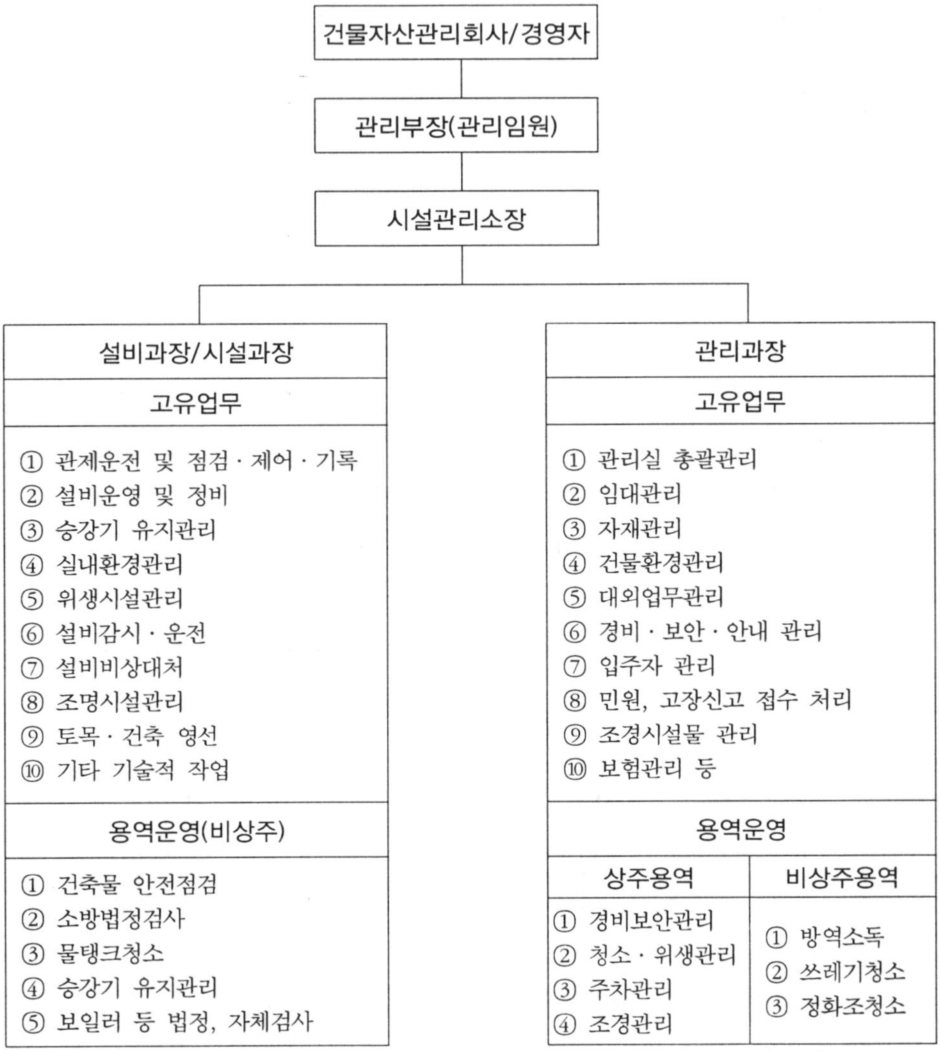

[그림 2-5] 중 · 대형건물시설관리조직과 업무분장(예)

건물시설관리현장에서 사용되고 있는 시설관리조직은 학문상의 조직에 바탕을 두고 있기는 하나 관리대상건물의 관리현장의 실정과 여건에 따라 다음과 같은 시설관리조직 형태와 업무분장을 하고 있다.

다시 말하면, 중 · 대형건물관리 현장의 관리조직 편제를 분석해보면 설비과(또는 시설과)와 관리과로 대별하고 해당과(팀)에 고유업무를 보유하고 있으면서 해당 업무 중 일부를 용역(상주 · 비상주)을 통하여 보완하고 있는 혼합관리조직을 주로 선호하고 있다. 건물관리현장에서 주로 사용하고 있는 관리조직과 업무를 분장하면 [그림 2-5]와 같다.

(2) 시설관리방식에 의한 분류

건물시설을 관리하는 방식에 따라 관리조직은 다음과 같이 분류된다.

가. 자치관리조직과 직영관리조직

자치관리조직과 직영관리조직이란 건물 직영관리방식이나 건물 자치관리방식에 따라서 소유자나 관리주체가 스스로의 책임과 비용으로 관리조직을 편성하고 관리자를 선임(임명)하여 관리자로 하여금 관리권을 행사하는 관리조직을 말한다. 이에는 소유자가 건물관리의 경영자나 관리주체의 대표가 되어 경영권과 관리권을 함께 가지고 필요한 인원을 선발 · 배치하여 직접관리활동을 하는 관리조직을 말한다.

예컨대, 공동주택관리에 있어서 구분소유자로 구성된 입주자대표회의에서 편성한 자치관리기구가 관리주체가 되어 관리직원을 선발하여 관리를 직접 행하는 경우의 관리조직을 자치관리조직이라 하고, 건물소유자가 직접 책임과 비용으로 관리조직(관리사무소)를 편성하고 관리직원을 선발 · 배치 · 관리하는 경우 이를 직영관리조직이라 한다.

다시 말하면, 관리부서를 두거나 소유자가 단독으로 지휘 가능한 타부서에 맡겨 관리주체나 경영자 · 소유자의 권한과 책임 및 비용으로 관리권을 행사하는 관리조직을 말한다. 관리조직은 자치관리조직(직영관리조직 포함), 위탁관리조직, 혼합관리조직 모두 관리대상건물의 규모 · 성격 · 용도 · 관리 내용에 따라 언제나 달라질 수 있으므로 같은 조직이라도 항상 동일하지 않을 수 있음을 참고하기 바란다.

자치(직영)관리조직은 [그림 2-6]과 같다.

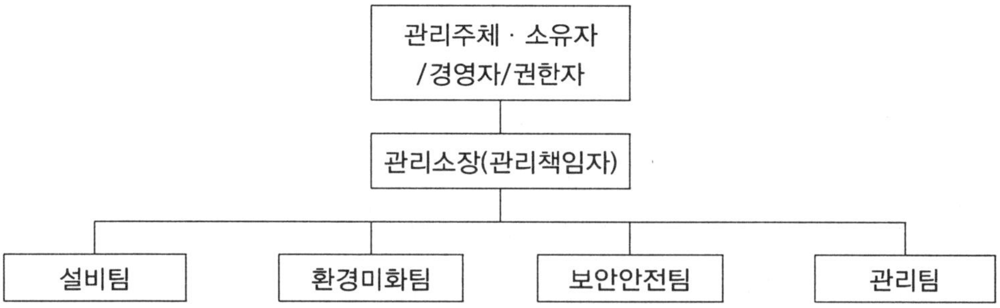

[그림 2-6] 자치(직영)관리조직(예)

나. 위탁관리조직

건물관리에 있어서 위탁관리조직이란 건물소유자 또는 법률의 규정 또는 위임이나 계약에 의하여 관리권을 행사하는 자가 관리업무 전체를 계약 또는 위임에 의하여 관리전문회사가 관리권을 수탁하여 관리하는 경우의 조직을 말한다. 위탁관리조직은 [그림 2-7]과 같다.

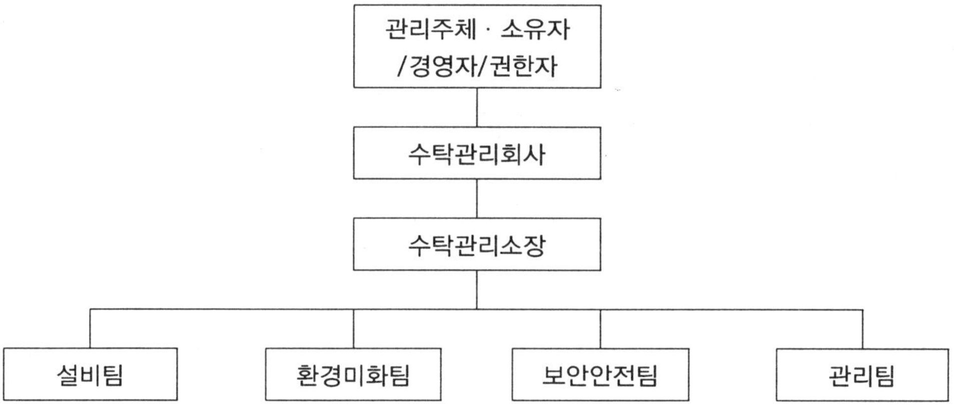

[그림 2-7] 위탁관리조직(예)

다. 혼합관리조직

혼합관리조직이란 관리주체의 직영 또는 자치관리 조직과 일부 용역관리회사의 직원 또는 관리조직이 결합하여 성립된 조직을 말한다. 즉 자치관리조직(직영관리조직)과 위탁관리조직이 혼합된 관리조직을 혼합관리조직이라 한다.

즉 관리주체 갑측의 관리소장 밑에 타 관리회사의 직원 또는 단위조직(예 시설관리소장, 청소관리소장, 경비관리소장[반장, 대장]) 또는 팀장 등 2개의 관리조직 단위가 결합하여 성립된 하나의 관리조직을 혼합관리조직이라 한다.

혼합관리조직은 [그림 2-8]과 같다.

건물시설관리조직은 관리주체, 관리회사, 관리대상 빌딩의 성격 · 용도 · 규모 · 내용 · 설비의 종류 등에 따라 다소 차이가 있으므로 반드시 동일한 건물관리조직(B/D Management Organization)을 유지할 필요는 없다.

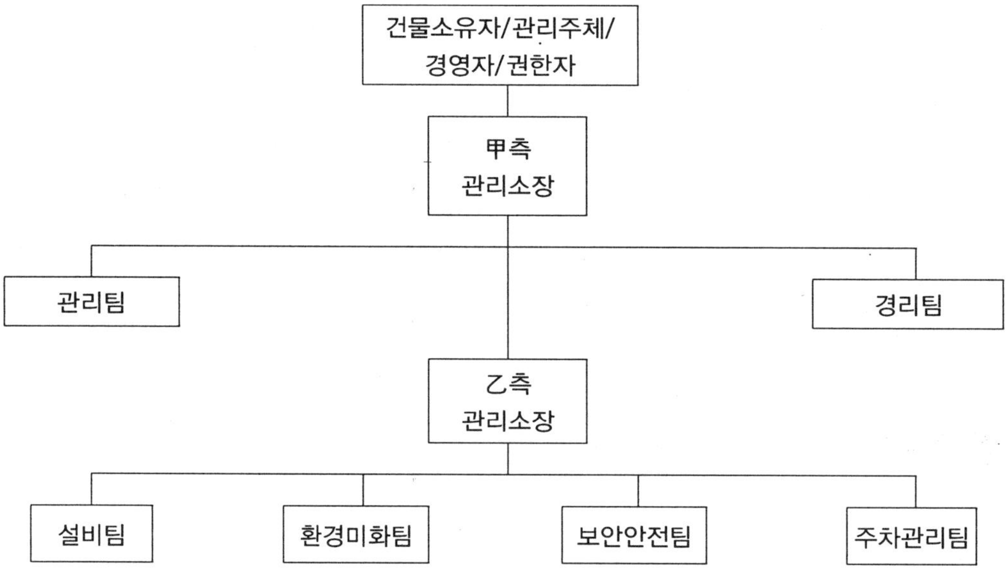

[그림 2-8] 혼합관리조직(예)

4) 건물자산관리조직의 법적 성질

건물관리업무를 담당하는 관리조직의 법률적 성질은 관리주체로부터 그 권한을 위임받은 대리제도와 유사한 성질을 갖는다. 민법에서 말하는 대리제도의 대리행위는 특정 법률관계를 처리할 수 있는 권한을 특별히 수권하지 않는 경우, 그 대리인은 본인(건물소유자)을 위하여 관리행위만 할 수 있는 자이므로 건물을 보존하고 개량 · 이용하는 관리활동밖에 할 수 없다.

관리조직은 건물소유자나 법률의 규정에 의하여 권한을 수여받은 자로부터 관리업무를 위임한 경우이므로 민법에서 말하는 대리제도와 유사한 성격을 가지고 있다. 특히 위임받은 자가 집행한 업무가 적법한 것인 경우에는 관리주체가 책임지지 아니하고 행위자가 책임을 져야 하므로 이런 점에서도 민법의 대리제도와 유사한 성질을 가지고 있다.

그러나 법인제도에 있어서 법인과 그 기관인 이사간의 위임사항과는 다르다. 왜냐하면, 법인의 이사는 그의 고유권한으로 대외적으로 그 법인을 대표하고, 대내적으로는 업무진행 권한이 있으며, 법인의 업무에 관하여 적법이나 불법한 행위를 하여도 법인과 이사가 불순정 연대로 책임져야 하는 관계이므로 건물관리조직의 성격과는 다른 점이 있다. 한마디로 관리조직의 법적 성격은 위임과 유사한 대리의 성격을 갖고 있다고 하겠다.

5) 건물자산관리조직의 목표

건물관리 업무를 수행하기 위하여 제일 먼저 선행되어야 할 업무는 관리주체에 의한, 관리조직을 위한 관리조직의 관리목표 설정 문제이다.

관리조직의 1차적 관리목표는 완공된 건물을 경제적이고 안전하게, 그리고 가장 효율적인 방법으로 관리하여 양질의 관리효과를 창출, 건물이해관계자를 만족케 하는 데 있다. 즉 관리행위를 통하여 건물소유자에게 적정한 투자비의 회수와 투자이익을, 즉 최유효 사용 · 수익 · 처분의 목적 달성을, 건물사용자에게는 최유효 사용과 수익의 목적을 달성할 수 있도록 편리성과 안전성 · 쾌적성 등을 제공하여 만족하도록 건물의 정상적인 기능을 제공하는 데 있다.

또한 일시적으로 건물을 이용하는 건물이용자에게는 건물의 편리성, 안전성, 쾌적성 등을 제공하여 최유효 이용이 되도록 해야 한다.

관리조직의 2차적 목표(궁극적 목표)는 건물의 유익을 인간에게 제공하여 그들의 삶과 생활과 일이 성공적으로 수행되도록 주(住)의 문제를 해결하거나 개선하여 그들의 생존을 주(住)측면에서 지원하는 데 있다.

6) 건물자산관리조직 구성체계

건물에 있어서 관리에 관한 조직의 체계는 관리업무 역할의 담당과 지휘체계에 따라 필요인원이 선발되고 배치되는 조직의 틀 또는 조직시스템을 건물관리 구성체계라 한다. 건물관리 구성체계의 종류에는 협의 관리조직 구성체계와 광의 관리조직 구성체계로 대별된다.

(1) 협의 관리조직 구성체계

전술한 바와 같이 건물자산관리조직은 협의 관리조직 구성체계(직계관리 조직체계)와 광의 관리조직 구성체계(방계관리 조직체계)로 분류된다.

협의관리조직 체계는 수익성 임대건물의 경우 건물경영자, 건물관리자(관리소장), 관리감독자 및 관리근무자 등으로 구성된다. 즉 직계관리 조직체계(라인형 조직체계)를 의미한다.

이를 그림으로 나타내면 [그림 2-9]와 같다.

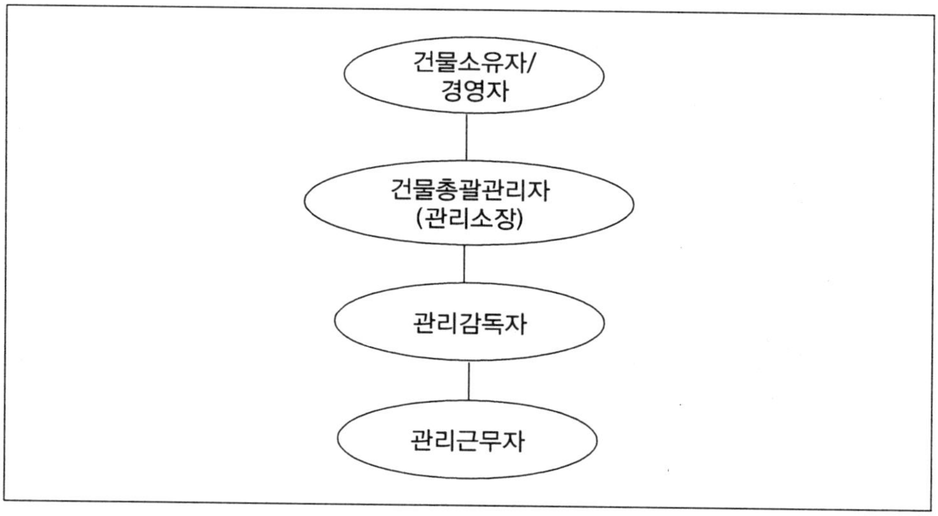

[그림 2-9] 협의 관리조직 구성체계

(2) 광의 관리조직 구성체계

광의 관리조직 구성체계란 협의의 관리조직 구성체계의 구성원을 포함하여 관리관계자와 관리협력자를 포함한 방계관리 조직체계를 의미한다(방계관리조직의 구성원은 공식 조직이 아니면서 스태프 조직과 유사하나 지휘관계가 아닌 협력 · 협조 관계조직에 불과하다. 그러나 건물자산관리에 있어서 없어서는 안 될 중요한 역할과 기능을 담당하고 있다).

이를 그림으로 표시하면 [그림 2-10]과 같다.

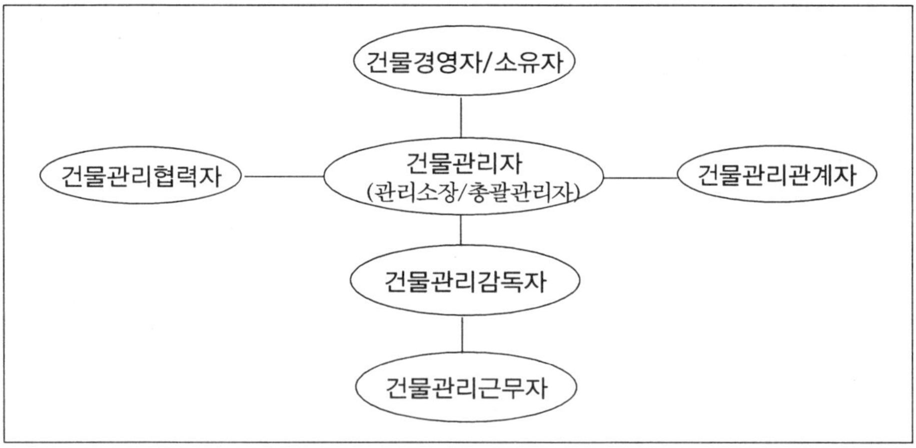

[그림 2-10] 광의 관리조직 구성체계

7) 건물자산관리조직 구성원

형식적 관리조직의 구성원이란 원칙적으로 직계관리조직 구성체계(협의 관리조직 체계)에 소속되는 자만을 의미한다. 그러나 실질적 관리조직은 그 기능상 그리고 현대건물의 특성상 건물관리에 필요한 공적 서비스와 사적 서비스를 제공하는 자를 포함하여 구성되어야 한다. 관리조직 건물관리에 필요한 공적 서비스 제공자를 건물관리관계자라 하고, 사적 서비스 제공자를 건물관리협력자라 한다.

구성원들에 대하여 개별적으로 설명하면 다음과 같다.

(1) 건물자산경영자

건물자산경영자(建物資産經營者)란 건물의 소유권, 위임, 계약, 관계법령 등에 의하여 해당 건물의 경영권을 행사하는 자(개인 · 단체 · 법인)를 말한다.

다시 말하면, 당해 건물의 경영관리에 관한 정책결정 · 의사결정, 관리예산의 승인, 인사권의 행사 등 경영의 정책을 거시적 · 포괄적으로 행사하는 자로서 경영조직의 Top Management를 담당하며, 사용 · 수익 · 처분의 권능을 행사하는 자를 의미한다.

(2) 건물자산관리자(건물총괄 관리자, 관리사무소 소장)

건물관리에 있어서 건물자산관리자(建物資産管理者)라 함은 관리권을 행사할 수 있는 자, 즉 관리권한을 갖는 자를 의미한다. 즉 총괄관리 책임자로서 관리사무소의 소장이 여기에 해당된다. 다시 말하면 경영자에 의하여 위임된 관리권을 행사하는 자를 의미하며, 경영자의 권리 정책을 계획 · 집행 · 지휘 · 감독 · 통제 · 조정 · 평가할 수 있는 자를 건물자산관리자라 한다.

건물자산관리자는 건물경영자의 위임에 의하거나 계약 또는 법령에 의하여 관리권한이 있는 자로 규정된 자를 의미한다. 관리자는 일반건물 관리체계 조직상 건물경영자의 하부조직의 책임자로서 그 하부조직으로 편성 · 조직된 관리감독자와 관리근무자를 지휘 · 감독하는 자를 의미한다. 협의의 관리자라 함은 관리권을 행사하는 건물자산관리자만을 지칭한다.

건물자산관리자는 대외적으로 관리조직을 대표하고 대내적으로 관리업무를 총괄 집행하며, 건물경영자를 직접 보좌하는 위치에 있는 자를 의미한다. 영 · 미에서는 건물자산관리자를 PM manager라 하고 시설관리책임자를 일반적으로 B/D manager로 호칭한다.

(3) 건물자산관리감독자

건물자산관리감독자(建物資産管理監督者)란 건물총괄관리자의 지휘를 받아 관리근무자(경비원, 미화원, 기계전기실 근무자, 영선담당자, 주차관리담당자 등)를 감독하는 자로서 관리과장, 기술과장, 경비반장(경비대장), 청소반장, 을(乙)측 청소관리소장, 주차관리반장, 영선관리팀장, 방재실장, 안전과장, 보안과장 등이 이 범주에 해당된다. 영국과 미국에서는 건물자산관리감독자를 Foreman 또는 B/D supervisor라 호칭한다.

(4) 건물자산관리근무자

건물자산관리조직 편제상 최하위 조직의 구성원으로서 직접관리업무에 직접 종사하는 자를 말한다. 예컨대, 경비원, 미화원, 기계전기실 근무자(기사 · 기능사), 방화관리자, 영선담당자, 주차관리자, 경리 · 회계담당, 행정업무담당 등이 건물자산관리근무자(建物資産管理勤務者)에 해당된다. 영국과 미국에서는 근무자를 Field man이라 호칭하고 있다.

(5) 건물자산관리관계자

건물관리조직 편제상 공식적으로 직계관리조직에 편성되지 않은 자이나 건물의 운영관리상 절대적으로 필요한 전기 · 수도 · 가스 · 전화 등 공적 서비스 공급자의 담당자와 청소, 쓰레기 수거담당 공무원, 소방 등의 관계자 등이 이 범주에 해당되는 자로서 건물관리에 공식적으로 직접 종사하는 협의 관리조직 구성원의 역할과 기능 못지않게 매우 중요한 자이다. 따라서 건물자산관리관계자(建物資産管理關係者)와의 원만한 관계유지는 매우 중요하게 다루어져야 한다.

(6) 건물자산관리협력자

건물자산관리에 공식적으로 종사하지 않으면서 또한 전기 · 가스 · 수도 · 통신 등의 에너지 및 기능을 제공하는 공적 서비스 관계자가 아니면서 관물관리에 간접적으로 사적 서비스를 통하여 조력하는 자를 건물자산관리협력자(建物資産管理協力者)라 한다. 예컨대, 설계 · 시공 · 감리 및 안전진단, 소방감사 대행, E/L안전검사, 전기설비 관리대행, 관리자재 납품, 용역의 제공(청소 · 경비 등)등에 종사하면서 사적 서비스를 통하여 건물자산관리에 조력하는 자가 이 범주에 해당된다.

전술한 구성원 중 건물경영자, 건물관리자, 건물관리감독자 및 건물관리근무자를 직계관리 조직체계의 구성원이라 하고, 건물자산관리관계자와 건물자산관리협력자를 포함하는 구성원은 방계관리 조직체계 구성원이라고도 한다.

8) 건물시설관리조직의 필요기능

건물시설관리조직이 자치관리조직이나 직영관리조직, 위탁관리조직 또는 혼합관리조직이든 간에 건물의 관리업무를 담당하는 관리조직이라면 반드시 다음과 같은 기능을 가지고 있어야 한다. 이를 건물시설관리조직의 필요기능이라 한다.

① 조직목표를 달성하기 위한 권한 · 지휘 · 책임 기능이 있어야 한다.
② 경영자에 의하여 결정된 관리 정책결정에 따라 그 업무를 집행하기 위하여 계획 · 조직 · 명령 · 조정 · 통제 기능이 있어야 한다.
③ 전기설비, 기계설비, 통신설비, 방제설비, 공기급기배기설비, 급수배수설비 및 영선에 필요한 기술 분야를 담당한 기술관리 기능이 존재해야 한다.
④ 법률 · 세무 · 노무 · 회계 · 임대 관리 등 행정사무를 담당할 수 있는 전문 행정관리 기능이 있어야 한다.
⑤ 청소 · 경비 · 주차관리 · 안내 · 순찰 등 전문성과 서비스 성질의 복합된 노

무관리 기능이 있어야 한다.

⑥ 각 직종의 구성원들을 정기·부정기적으로 교육과 훈련시킬 수 있는 교육훈련 기능이 있어야 한다.

⑦ 화재·안전사고·재해·절도나 강도·설비사고 등 안전관리와 안전사고의 예방적 기능과 사고수습 기능이 있어야 한다.

⑧ 입주자, 항시 근무자, 출입인원에 대하여 눈에 보이지 않는 통제를 통하여 질서유지 기능이 있어야 한다.

⑨ 사용자의 민원이나 합리적 요구사항, 그리고 건물관련 행정부서의 대관 업무에 즉각적으로 대응하여 해결해주는 입주자 민원업무 처리기능이 있어야 한다.

⑩ 관리주체와 각 부서간, 관리자와 관리직원간, 관리주체와 용역회사간, 수직과 수평간 등 건물관리에 관계되는 정보나 의사 그리고 결정된 정책이나 인지된 사고요인이나 순찰 중에 발견된 위험시설들의 이상 현상이나 각종 계기에 나타난 이상 징후나 기기작동의 비정상적인 현상이나 입주자의 사후관리 대상의 도산 징후나 기타 급격한 변화, 관리직원의 애로사항 등 어떤 형태든 간에 건물관리에 직접 또는 간접으로 영향을 주는 정보를 전파하고 전파 받는 이른바 커뮤니케이션 기능이 항상 존재하고 있어야 한다.

⑪ 비상시 또는 위급 상황시에 대응하여 조기에 수습하고 정상으로 복귀하는 비상위기 대처기능이 있어야 한다.

⑫ 진행업무나 진행될 관리업무에 대하여 정확하게 보고하고 판단하는 기능, 즉 보고·판단 기능이 있어야 한다.

⑬ 새로운 관리업무를 효율적으로 처리할 수 있는 조사·분석·평가·계획하는 기획기능이 있어야 한다.

5. 건물자산관리객체

1) 건물자산관리객체의 의의

건물자산관리객체라 함은 건물자산관리활동의 대상을 의미한다. 건물자산관리객체는 건물자산관리활동의 3대 요소 중 두번째 요소로서 관리효과 창출에 있어서 매우 중요한 역할을 하는 요소이다. 건물자산관리객체의 체계적 이해는 건물관리활동의 효율성과 경제성 및 안전성 등을 효과적으로 창출하는 데 크게 도움이 된다. 건물자산관리객체의 자산관리 범위는 협의의 건물의 개념에 해당되는 건축물로서 교환가치와 사용가치가 있는 건물자산, 즉 상업용 건물, 업무용 건물(사무실용도건물), 공업용 건물(산업용건물 포함), 주거용 건물, 문교사회용 건물, 기타 수익성 특수용도건물(극장, 호텔, 콘도미니엄, 오피스텔 등) 등이며, 건물자산관리학의 중심 연구 대상인 동시에 건물자산관리에 있어서 경영과 관리의 대상이 된다. 그러나 건물자산관리객체에는 눈에 보이는 유형적 관리대상과 눈에 보이지 않는 무형적 관리대상이 있음을 유의해야 한다.

2) 건물자산관리객체의 종류

건물자산관리객체는 물론 건물자산 그 자체이나 건물도 여러 가지 분류기준에 따라 관리대상의 종류가 달라진다. 다음에서 자산관리활동의 대상을 분류하고 이를 구체적으로 살펴보고자 한다.

(1) 유형적 관리대상과 무형적 관리대상

유형적 관리대상이란 유체적 물건으로서 눈에 보이는 관리대상인 건물 그 자체를 말한다. 즉 유형적 측면의 기술 관리대상을 의미한다. 기술관리대상이란 건축대지와 건축물 · 건축설비 및 부대시설로 구성된 건물을 의미하며, 유형적 관리대상을 실체적 관리대상이라고 하여 주로 기술성과 환경성을 관리하는 유지관리활동, 즉 FM관리(Facilities Management)활동이나 협의 관리활동의 대상들이 이 범주에 해당된다. 무형적 관리대상은 건물 위에 존재하는 복합성 중 경제성 · 행정성 · 법률성 · 위험성 등과 같이 눈에 보이지 아니하는 무형의 관리대상을 말한다. 즉 무형적 측면의 관리대상을 의미한다. 예컨대, 건물의 복합개념의 하나인 경제성을 관리 대상으로 하는 경제관리활동의 관리항목과 법률성은 관리하는 법률관리항목 등이 이 범주에 해당하는 관리대상들이다. 관념적 관리대상이라고도 한다.

유형적 관리대상과 무형적 관리대상을 그림으로 정리하면 [그림 2-11]과 같다.

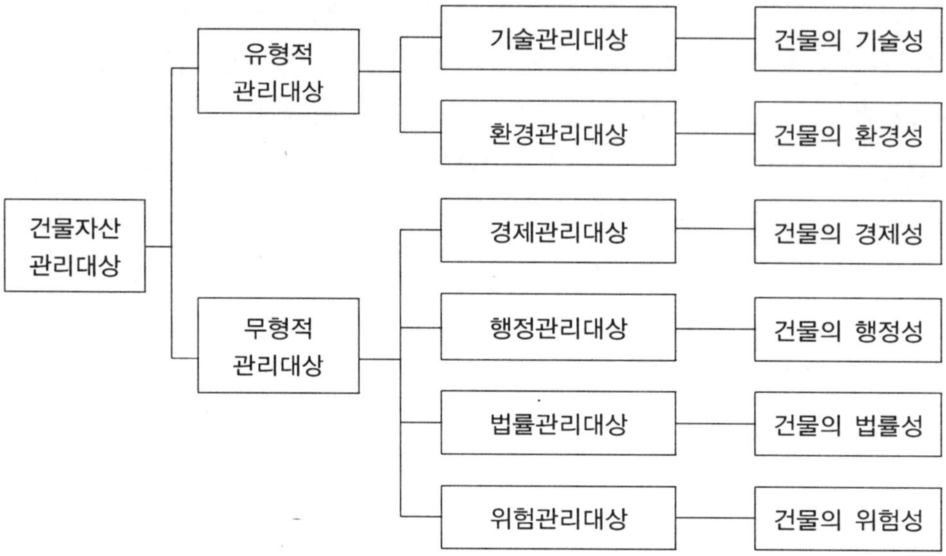

[그림 2-11] 유형적 관리대상과 무형적 관리대상

(2) 종합관리대상과 개별관리대상

관리대상건물에는 관리활동의 대상이 되는 여러 가지 복합적 성질을 가지고 있는데 이를 건물의 복합성이라 하고, 이와 같은 개념을 복합개념이라 한다. 건물의 복합개념는 건물의 규모와 성격 · 용도 등에 따라 기술성 · 경제성 · 법률성 · 행정성 · 위험성 · 환경성 등이 있다. 이와 같은 복합개념은 관리활동의 종류에 따라 건물 복합성 관리대상이 다르게 나타난다.

즉 종합관리대상이란 건물의 복합개념에서 나타나고 있는 기술성 · 행정성 · 경제성 · 법률성 · 위험성 및 환경성 등 6가지 복합대상 모두를 관리대상으로 상정하고 이를 종합관리대상이라 하며, 반대로 개별관리대상은 복합관리대상 중 하나만의 복합개념만을 관리할 때의 관리대상을 개별관리대상이라 한다. 예컨대, 환경성 하나를 관리하는 환경관리활동의 대상을 개별관리대상이라 한다.

건물자산관리는 관리대상건물의 성격 · 규모 · 설비의 종류나 성질 등에 따라 복합성 전체가 관리대상이 되는 경우도 있으나(종합관리) 경우에 따라 단일한 복합성 하나가 관리대상(개별관리)이 되는 경우도 있다. 시설관리 · 청소관리 · 경비관리 등이 개별관리 범주에 해당된다.

그러나 이와 같은 학문적 분류와는 상관없이 건물자산관리현장에서 인식되고 있는 종합관리개념에는 다소 차이를 보이고 있다.

건물자산관리현장에서 일반적으로 시설종합관리 또는 토탈관리라고 할 때의 관리대상은 건물시설관리, 경비보안관리, 청소위생관리, 주차관리, 조경시설물관리, 건물임대관리 등이 이에 해당되고 이 중 청소위생관리와 경비보안관리 하나만을 관리하는 경우 개별관리 또는 개별관리대상이라 한다.

(3) 관리영역별 관리 대상과 관리항목별 관리대상

건물자산관리는 건물복합개념에 따라 각 복합성을 관리대상(객체)으로 상정하고, 각각의 복합성을 관리하기 위한 관리영역이 결정된다. 관리영역이 결정되면 관리대상이 결정되고 관리영역별 관리대상이 결정되면 관리활동을 통하여 구체적으로 관리되는 관리항목이 확정된다.

이와 같이 관리대상(객체)에는 관리영역별 관리대상과 관리항목별 관리대상의 종류가 있다. 이를 도표로 나타내면 〈표 2-2〉와 같다.

〈표 2-2〉 관리영역별 관리대상과 관리항목별 관리대상

관리영역	관리영역별 관리대상	관리항목별 관리대상
1. 건물기술관리 영역	1. 기술관리객체 (1) 건축물(건축시설) 1) 구조체(뼈대)-주요 구성부분 ① 기초 ② 기둥 ③ 보 ④ 내력벽 ⑤ 바닥판 ⑥ 지붕 2) 마감 및 부재 ① 내부칸막이벽 ② 외벽 ③ 천장 ④ 창호 ⑤ 수장 ⑥ 마무리 3) 부대시설 (2) 건축설비(건축법상 설비 및 부대설비) ① 전기설비 ② 전화설비 ③ 가스설비 ④ 급수설비 ⑤ 배수(配水)설비 ⑥ 배수(排水)설비	1. 기술관리항목 ① 건축물 유지관리활동 ② 기술작업관리활동 ③ 건축설비 운전정비 관리활동 ④ 중앙감시통제 관리활동 ⑤ 에너지 위험물 관리활동

관리영역	관리영역별 관리대상	관리항목별 관리대상
	⑦ 환기설비 ⑧ 난방설비 ⑨ 소화설비 ⑩ 배연설비 ⑪ 오물처리설비 ⑫ 굴뚝설비 ⑬ 승강설비 ⑭ 피뢰침설비 ⑮ 국기게양대 ⑯ 공동시청안테나설비 ⑰ 유선방송시설설비 ⑱ 우편물수취함 외 부대설비 (3) 건축대지 ① 지상시설물 ② 지하시설물	⑥ 토목시설물 관리활동
2. 건물경제관리 영역	2. 경제관리객체 (1) 건물경영목표 (2) 수입과 지출(임대료 · 급료 등) (3) 부동산세금 및 기타 공과금 (4) 소요물품 및 용역 (5) 건물관리관계보험 (6) 임대대상(공간과 평수) (7) 마케팅 (8) 광고 (9) 부동산자산	2. 경제관리항목 ① 경영목표관리활동 ② 회계관리활동 ③ 세무관리활동 ④ 구매관리(용역관리 포함)활동 ⑤ 보험관리활동 ⑥ 임대관리활동 ⑦ 마케팅관리활동 ⑧ 광고관리활동 ⑨ 건물자산운용활동
3. 건물행정관리 영역	3. 행정관리객체 (1) 경영 · 관리조직 (2) 인사와 노무 (3) 사무와 문서 (4) 전산사무 (5) 서무업무	3. 행정관리항목 ① 경영관리조직관리활동 ② 인사 · 노무관리활동 ③ 사무 · 문서관리활동 ④ 전산사무관리활동 ⑤ 서무업무관리활동
4. 건물법률관리 영역	4. 법률관리객체 (1) 건물(부동산)권리 (2) 관리관계법령 (3) 관리관련계약 (4) 유관기관업무 (5) 각종 입주자 민원 · 불만 · 고충 건의	4. 법률관리항목 ① 권리보존관리활동 ② 관리관계법령 관리활동 ③ 관리관련계약 관리활동 ④ 유관기관 관리활동 ⑤ 입주자 관리활동

관리영역	관리영역별 관리대상	관리항목별 관리대상
5. 건물위험관리 영역	5. 위험관리객체 (1) 기술위험 (2) 경영위험 (3) 법률위험 (4) 환경위험 (5) 보안위험	5. 위험관리항목 ① 방화관리활동 ② 작업위험관리활동 ③ 방재관리활동 ④ 설비위험관리활동 ⑤ 경영위험관리활동 ⑥ 법률위험관리활동 ⑦ 환경위험관리활동 ⑧ 보안위험관리활동 ⑨ 자연재해위험관리활동
6. 건물환경관리 영역	6. 환경관리객체 (1) 먼지 · 오염 · 때 · 쓰레기 (2) 전염병, 쥐, 해충, 병균 (3) 조경시설물 (4) 상수, 하수, 배수 (5) 실내공기 및 소음, 진동, 냄새	6. 환경관리항목 ① 청소관리활동 ② 소독위생관리활동 ③ 조경시설물 관리활동 ④ 수질관리활동 ⑤ 생활환경관리활동 ⑥ 실내공기관리활동(쾌적성 관리활동)

(4) 재산관리대상과 시설관리대상

건물관리대상에는 재산관리대상과 시설관리대상이 있다. 전자는 수익관리를 위한 자산경영관리(AM과 PM)대상을 의미하는 것으로 수익성 극대화와 재산의 경제가치 보존 및 제고에 관계되는 관리대상이 이 범주에 해당된다.

시설관리대상은 FM관리대상으로서 기술관리대상을 의미한다. 즉 건축대지, 건축시설과 건축설비 그리고 부대시설의 보존, 개량 및 유지관리와 건물시설의 기능과 성능에 관계되는 관리대상을 의미한다.

3) 유형적 관리객체 건물의 개념

(1) 건물의 의의

건물자산관리에 있어서 재산경영과 시설관리활동의 대상이 되는 건물에 관한 정확한 이해는 대단히 중요하다. 건물의 개념은 단순히 한마디로 정의하고 개념화하여 이해하기란 그 내용상 쉬운 작업은 아니다. 왜냐하면, 건물의 개념에는 단순한 사전적 개념

외에 법률이나 기술 · 환경 · 행정 · 경제 등 여러 종류의 성질과 복합성이 함께 존재하기 때문이다.

그러나 건물자산의 경영과 관리활동을 연구하기 위해서는 관리대상건물의 일반적인 의미와 함께 참고문헌 등에 나타나고 있는 건물의 의미에 대하여 다각도로 접근하여 구체적으로 이해해야 한다. 이를 위하여 건물의 일반적 개념부터 접근해보기로 한다.

가. 사전적 건물개념

① 국어사전의 건물개념

사람이 들어 살거나, 일을 하거나, 물건을 넣어두기 위하여 지은 집을 통칭하는 말로서 일반적으로 건축물이라 한다.[9)]

② 건축사전의 건물개념

벽과 지붕으로 공간을 막고 내부를 꾸며 그 안에서 사람이 생활하는 구조물 또는 토지에 정착하는 공작물로서 지붕과 기둥 · 벽 등이 있고, 주로 거주 · 저장 · 작업 등의 용도에 쓰이는 것으로 비 · 바람 · 추위 등을 막아 인간생활을 용이하게 해주는 공작물을 의미한다.[10)]

나. 경제학적 건물개념

경제학에서 말하는 건물의 개념은 움직여 옮길 수 없는 재산을 의미한다.

또한 경제학에서는 건물을 자산, 자본, 생산기반, 내구소비재, 상품(물건)으로 이해하고 있다.

다. 법률적 건물개념

① 민법의 건물개념

부동산은 토지와 그 정착물을 의미하고, 건물은 토지의 정착물로서 독립적으로 소유권의 대상이 되는 부동산(건물)을 의미한다. 즉 건물이란 물건의 하나로 부동산에 해당되는 물건으로서 교환가치와 사용가치를 함께 가지고 있는 부동산을 의미한다.

---

9) 이기문, 「동아새국어사전」, (서울 ; 두산동아, 2002년 간) 4판 p.114.

10) 김평탁 편, 「건축용어대사전」, (서울 ; 기문당, 1996년 간) p.65.

② 건축법의 건물개념

건축법에서 정의하고 있는 건물(건축물)의 개념은 토지에 정착하는 공작물 중 지붕과 기둥 또는 벽이 있는 것과 이에 부수되는 시설물, 지하 또는 고가의 공작물에 설치하는 사무소 · 공연장 · 점포 · 차고 · 창고, 기타 대통령령이 정하는 것을 의미한다.[11)]

라. 물리적 건물개념

부동산의 유형 측면의 개념을 의미하는 것으로 건축대지와 건축물(건축시설) 및 건축 설비 등을 의미한다. 또 다른 물리적 측면의 건물의 개념은 위치 · 공간 · 환경의 의미로 해석하고 있다.

마. 부동산학적 건물개념

부동산학에서는 건물을 물건으로 보고 물건의 분류방법 중 하나인 부동산과 동산으로 나누어 부동산으로는 토지와 그 정착물로 분류하고 건물은 토지의 정착물로서 토지와는 별도의 부동산으로 취급하고 있다. 따라서 별개의 소유권 등기를 해야 한다.

(2) 건물의 복합개념

건물경영관리에 등장하는 건물(자산)은 하나의 측면(예 기술측면)으로 접근하는 경우 그 실체를 완전히 파악하기 어렵다. 왜냐하면, 건물경영관리대상으로서의 건물에는 복수의 무형 · 유형의 건물복합개념이 존재하기 때문이다.

그러므로 경영관리대상의 건물은 정확히 파악하려면 유형측면과 무형측면의 건물개념을 모두 연구하고 이해하는 것이 바람직하다. 건물의 유형측면에는 기술측면과 환경측면이 있고, 무형측면에는 경제측면, 법률측면, 행정측면, 위험측면 등이 있다. 이를 건물의 복합개념이라 하고, 건물의 유형측면과 무형측면을 종합하여 건물자산 6대 측면이라 한다.

이와 같은 복합개념은 건물자산관리 이론 형성에 매우 중요한 개념이다.

건물 6대 측면의 중요요소와 그 구성을 설명하면 다음과 같다.

---

11) 「건축법」 제2조 제5항 제2호 참조

가. 건물의 복합개념의 내용

① 기술측면(기술성)

설계, 기술, 시공, 유지관리, 건축대지, 건축물(시설), 건축설비, 건축설비, 건축구조, 주요 구성부분, 재료, 기초 등

② 환경측면(환경성)

위치, 지질, 토양, 자연조건, 기상조건, 환경조건, 지반 등

③ 경제측면(경제성)

건축설계시공비용, 유지관리비용, 부동산경기, 건물공급과 수요, 수익성, 생산기반, 상품(물건), 자산, 자본, 내구소비재, 경제가치, 재산가치 등

④ 법률측면(법률성)

소유권과 기타 권리, 공사관계, 건물관리관계법령과 규제, 건물토지(부동산) 공법의 제한, 공적 서비스기관(유관기관)

⑤ 행정제도측면(행정성)

건축허가, 사용승인(준공), 건축용도, 설계도서, 행정공부, 용도변경, 증축, 개축, 보강, 보수 신고 허가 등

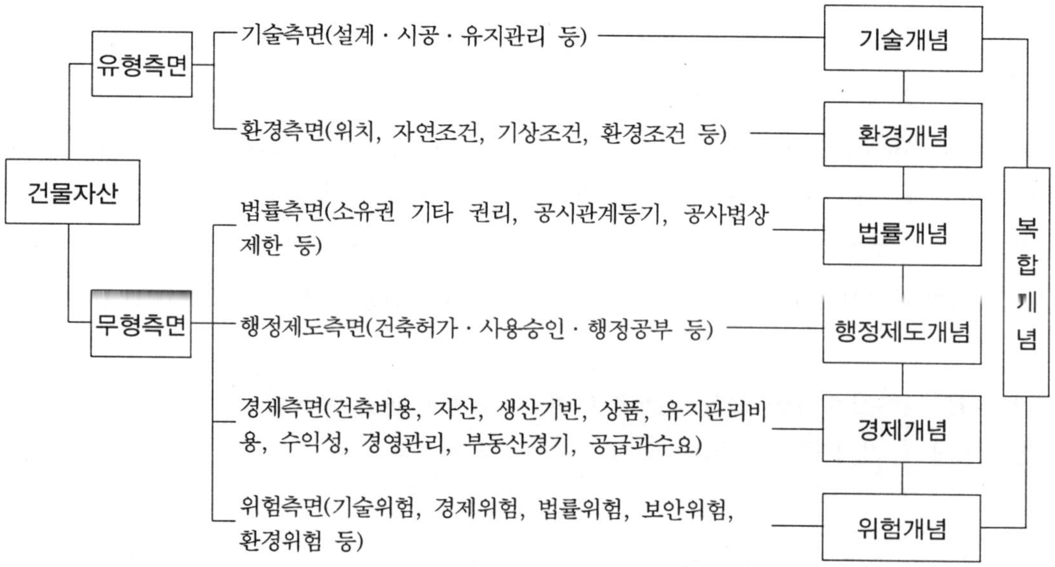

[그림 2-12] 건물복합개념구성도

⑥ 위험 측면(위험성)

기술위험, 경영위험, 환경위험, 법률위험, 보안위험 등

나. 건물복합개념 구성도

전술한 건물의 6대 복합개념을 그림으로 나타내면 [그림 2-12]와 같다.

(3) 협의 건물개념과 광의 건물개념

건물의 개념에는 협의 건물개념과 광의 건물개념이 있다. 협의 건물이란 광의 건물개념 중 건축물만을 의미하는 것으로 토지에 정착되어 기둥과 벽과 지붕이 있는 3차원의 공간을 의미한다. 거주 · 생산 · 업무 등 다양한 기능을 위한 장소로 사용되며, 벽과 지붕과 기둥으로 막고 내부를 치장하여 사람이 삶과 생활과 일을 영위하게 할 수 있도록 건설한 건축물을 협의의 건물이라 한다. 그러나 광의의 건물은 건축물을 포함해서 공작물 · 시설물 · 구축물 · 구조물 등 자본과 노동력과 기술에 의하여 건설된 모든 종류의 건설물을 말한다. 이 책 저술의 기본참고 학문인 건물자산관리학 본래의 연구대상은 광의의 건물이었으나 연구의 역사와 연구자의 부족 등으로 아직까지의 연구대상건물은 협의 건물 중 재산적가치가 있는 상업용 건물, 업무용 건물(사무실 건물), 공업용 건물(산업용 건물 포함), 주거용 건물, 특수용도의 건물로서 수익성선물에 한정하고 있다.

향후 학문적 연구역량을 키워 광의건물 전체를 연구대상으로 상정 하고자 한다.

기술관리대상인 건물의 이해를 돕기 위하여 광의의 건물개념에 포함된 건설물의 종류와 내용은 다음에 기술한 건물의 유사개념을 참고하기 바란다.

(4) 건물의 유사개념

가. 구축물

건축공사를 통하여 축조된 것으로 풀장, 스케이트장, 전망대, 실외스탠드, 수조, 싸이로, 유원지의 옥외 오락시설, 저수조, 저장조 등 저장용 옥외 건축물, 장교, 도크 및 조선대, 송유관(연결시설 포함), 옥외 주유시설, 옥외 가스충전시설, 급배수시설, 복개시설 등을 말한다. 건축물 시설물 등과 중복되는 부분은 해당법률에 따라 상이 · 유사 · 중복하고 있음을 이해하기 바란다.

나. 구조물

지상 · 지중 등 토지에 접착되어 만들어진 공작물로서 협의로는 건축물을 제외한 것을 지칭하나 광의로는 건축물도 포함하는 개념이다. 거대한 공작물이나 제방을 제외하고 벽 · 바닥 · 기둥 · 보 · 지붕 · 계단 등으로 조립된 것과 부재나 판과 조합된 것으로서 구조 역학적 대상을 의미한다.

다. 시설물

건설공사를 통하여 만들어진 구조물 및 그 부대시설로서 1종 시설물과 2종 시설물을 의미한다.[12)]

① 1종시설물

- 도로 · 항만 · 교량 · 댐 · 터널과 상수도 시설, 건축물과 공중의 이용편의와 안전을 도모하기 위하여 특별히 관리할 필요가 있거나 구조상 유지관리에 있어 고도의 기술이 필요하다고 인정하여 대통령령이 정하는 시설물을 말한다.[13)]
- 21층의 공동주택, 공동주택 외의 건축물로서 21층 이상 또는 연면적 5만 제곱미터 이상의 건축물 역시 1종 시설물에 해당된다.

② 2종시설물

- 시설물의 안전관리에 관한특별법에서 규정하고 있는 1종 시설물을 제외한 시설물로서 대통령령이 정하는 시설물을 말한다.
- 16층 이상 20층 이하의 공동주택과 1종 시설물에 해당되지 아니하는 공동주택 외의 건축물로서 16층 이상 연면적 3만 제곱미터 이상의 건축물 및 1종시설물에 해당되지 아니하는 건축물로서 문화 및 판매시설, 영업시설, 의료시설 중 종합병원, 숙박시설, 관광숙박시설의 용도로 바닥면적 합계가 5,000제곱미터 이상인 건축물 역시 2종 시설물에 해당된다.

라. 빌딩(Building)

미국에서의 빌딩개념은 주택을 포함한 완성된 건물을 의미하나 우리나라에서의 빌딩개념은 철근 · 콘크리트 따위로 건축한 건물로서 업무용, 상업용, 공공용도 등

---

12) 「시설물의 안전관리에 관한 특별법」 제2조 제1항 참조.

13) 「시설물의 안전관리에 관한 특별법」 제2조 제2항 참조.

의 규모있는 고층건물을 의미한다.

(5) 건물의 구성요소와 건물의 분류

가. 건물의 구성요소

건물은 토지에 정착된 것으로서 건축물(건축시설)과 건축설비 및 건축대지 등으로 구성되어 있다. 즉 건축대지, 건축물(건축시설), 그리고 건축설비로 구성되어 공간과 기능 등을 제공하고 있다.

건물 주요 구성부분의 내용은 다음과 같다.

① 건축대지

건축대지라 함은 건물의 건축에 사용된 토지를 의미하고, 건물바닥 면적과 수평투영 면적을 포함한다. 건축대지에 건축된 바닥면적 외에 토지 상하에 설치된 옥외주차장 시설, 조경물, 맨홀, 상 · 하수도 배수관, 전기통신 인입배선 등이 관리의 대상이 된다.

② 건축물

건축물(건축시설)이라 함은 기초, 기둥, 벽, 보, 바닥(슬래브), 지붕, 주계단 등 구조체의 뼈대부분과 수장(치장), 마감 등의 중요 구성부분과 부속시설 및 건축부재를 의미한다.

③ 건축설비

건축설비란 건축물에 장착되어 설비기능을 나타내기 위한 전기 · 통신 · 기계 등의 설비로서 다음의 설비들을 의미한다. 즉 건축설비란 건축물에 부착되거나 장착된 것으로 전기설비, 전화설비, 가스설비, 급수(給水) 및 배수(配水)와 배수(配水)설비, 환기설비, 냉난방설비, 소화설비, 배연설비 및 오물처리설비, 굴뚝, 승강기, 피뢰침, 국기게양대, 공청시설 안테나, 유선방송 수신시설, 우편물 수취함 등의 설비를 의미한다.[14]

④ 기타 부대시설

담당, 창고, 옥외주차시설, 유류가스 저장 탱크 등을 말한다.

---

14) 「건축법」 제2조 제1항 제3호.

나. 건물의 분류

건물의 분류라 함은 건물의 공통된 성질에 따라 종류별로 가름하여 묶은 것을 의미한다. 관리대상인 건물을 이해하기 위해서는 건물의 종류별로 이해하는 것이 중요하다. 따라서 다음의 기준에 따라 건물의 종류를 분류하면 다음과 같다.

① 수익성 기준에 의한 분류

㉠ 수익성 건물(임대용 건물, 기업용 건물, 상업용 건물, 공업용 건물, 산업용 건물 등)

㉡ 비수익성 건물(청사 · 학교 · 교회 · 사찰 등 공공 또는 서비스용 건물 등)

② 이용목적에 의한 분류

㉠ 일반건축물(사무실, 점포, 주택 등)

㉡ 특수건축물(백화점 · 학교 · 극장 · 아파트 · 공장 · 창고 · 시장 · 관람장 · 기숙사 등)

③ 이용자에 의한 분류

㉠ 자가건물(자용건물, 소유자가 사용하는 건물)

㉡ 차가건물(임차인이 사용하는 건물)

④ 지역에 의한 분류

㉠ 도시건물

㉡ 농촌건물

⑤ 주자재에 의한 분류

㉠ 철골조 건물

㉡ 철근콘크리트조 건물

㉢ 철골콘크리트조 건물

㉣ 연와조 건물

㉤ 석조건물

㉥ 경량 철골조 건물

㉦ 벽돌조 건물

㉧ pc조 건물

ⓩ 목조건물

ⓐ 흙벽돌조 건물 등

⑥ 층수에 의한 분류

㉠ 저층건물(5층 이하 건물)

㉡ 중층건물(6층 이상~19층 이하 건물)

㉢ 고층건물(20층 이상~29층 이하 건물)

㉣ 초고층건물(30층 이상 건물)

⑦ 지붕에 의한 분류

㉠ 슬래브 지붕 건물

㉡ 함석 지붕 건물

㉢ 슬레이트 지붕 건물

㉣ 시멘트 기와 지붕건물

㉤ 토기와 지붕 건물

⑧ 용도기능에 의한 분류

㉠ 전용건물(사옥, 단독주택 등)

㉡ 겸용건물(복합건물, 주상복합건물 등)

⑨ 집합정도에 의한 분류

㉠ 단독건물(회사사옥, 단독주택 등)

㉡ 집합건물(아파트, 연립주택, 다세대주택, 오피스텔 등)

⑩ 시설정도에 의한 분류

㉠ 일반건물(재래식 건물, 일반시설 건물)

㉡ 첨단건물(인공지능 건물, IBS 건물)

⑪ 건설교통부 도시연감 분류기준에 의한 분류

㉠ 주거용 건물

㉡ 상업용 건물

㉢ 공업용 건물

㉣ 문교사회용 건물
㉤ 기타 특수용도건물

⑫ 소유자 수에 의한 분류

㉠ 단독소유건물(소유자 1인 이후 소유건물)
㉡ 공동소유건물(소유자 2인 이상 소유건물)

⑬ 소유주체성격에 의한 분류

㉠ 민간소유건물(개인 소유건물, 민간단체 소유건물, 민간법인 소유건물)
㉡ 국유건물(정부청사, 지방청사, 공법인 소유건물)

⑭ 건축법 용도기준에 의한 분류

건물을 건축법의 용도기준에 따라 그 종류를 분류하면 다음의 〈표 2-3〉과 같이 분류된다.

〈표 2-3〉 건축물의 용도 분류

1. 단독주택(가정보육시설 · 공동생활가정 및 재가노인복지시설을 포함한다)

가. 단독주택
나. 다중주택 : 다음의 요건 모두를 갖춘 주택을 말한다.
(1) 학생 또는 직장인 등 다수인이 장기간 거주할 수 있는 구조로 되어 있을 것
(2) 독립된 주거의 형태가 아닐 것
(3) 연면적이 330제곱미터 이하이고 층수가 3층 이하일 것
다. 다가구주택 : 다음의 요건 모두를 갖춘 주택으로서 공동주택에 해당하지 아니하는 것을 말한다.
(1) 주택으로 쓰이는 층수(지하층을 제외한다)가 3개층 이하일 것. 다만, 1층 전부를 피로티구조로 하여 주차장으로 사용하는 경우에는 피로티부분을 층수에서 제외한다.
(2) 1개동의 주택으로 쓰이는 바닥면적(지하주차장 면적을 제외한다)의 합계가 660제곱미터 이하일 것
(3) 19세대 이하가 거주할 수 있을 것
라. 공관

2. 공동주택

가정보육시설 · 공동생활가정 및 재가노인복지시설을 포함한다. 다만, 다음 각목의 경우 층수를 산정함에 있어서 1층 전부를 피로티 구조로 하여 주차장으로 사용하는 경우에는 피로티 부분을 층수에서 제외한다.

가. 아파트 : 주택으로 쓰이는 층수가 5개층 이상인 주택

나. 연립주택 : 주택으로 쓰이는 1개동의 연면적(지하주차장 면적을 제외한다)이 660제곱미터를 초과하고, 층수가 4개층 이하인 주택

다. 다세대주택 : 주택으로 쓰이는 1개 동의 연면적(지하주차장 면적을 제외한다)이 660제곱미터 이하이고, 층수가 4개층 이하인 주택

라. 기숙사 : 학교 또는 공장 등의 학생 또는 종업원 등을 위하여 사용되는 것으로서 공동취사 등을 할 수 있는 구조이되, 독립된 주거의 형태를 갖추지 아니한 것

3. 제1종 근린생활시설

가. 수퍼마켓과 일용품(식품 · 잡화 · 의류 · 완구 · 서적 · 건축자재 · 의약품류 등) 등의 소매점으로서 동일한 건축물(하나의 대지 안에 2동 이상의 건축물이 있는 경우에는 이를 동일한 건축물로 본다. 이하 같다)안에서 당해 용도에 쓰이는 바닥면적의 합계가 1천 제곱미터 미만인 것

나. 휴게음식점 · 제과점으로서 동일한 건축물 안에서 당해 용도에 쓰이는 바닥면적의 합계가 300제곱미터 미만인 것

다. 이용원 · 미용원 · 일반목욕장 및 세탁소(공장이 부설된 것을 제외한다)

라. 의원 · 치과의원 · 한의원 · 침술원 · 접골원 및 조산소

마. 탁구장 및 체육도장으로서 동일한 건축물 안에서 당해 용도에 쓰이는 바닥 면적의 합계가 500제곱미터 미만인 것

바. 동사무소 · 경찰관파출소 · 소방서 · 우체국 · 전신전화국 · 방송국 · 보건소 · 공공도서관 · 지역건강보험조합, 그 밖에 이와 유사한 것으로서 동일한 건축물안에서 당해 용도에 쓰이는 바닥면적의 합계가 1천제곱미터 미만인 것

사. 마을회관 · 마을공동작업소 · 마을공동구판장, 그 밖에 이와 유사한 것

아. 변전소 · 양수장 · 정수장 · 대피소 · 공중화장실 기타 이와 유사한 것

자. 지역아동센터

4. 제2종 근린생활시설

가. 일반음식점 · 기원

나. 휴게음식점 · 제과점으로서 제1종 근린생활시설에 해당하지 아니하는 것

다. 서점으로서 제1종 근린생활시설에 해당하지 아니하는 것

라. 테니스장 · 체력단련장 · 에어로빅장 · 볼링장 · 당구장 · 실내낚시터 · 골프연습장 기타 이와 유사한 것으로서 동일한 건축물안에서 당해 용도에 쓰이는 바닥면적의 합계가 500제곱미터 미만인 것

마. 종교집회장 · 공연장이나 비디오물감상실 · 비디오물소극장(「영화 및 비디오물의 진흥에 관한 법률」 제2조제16호 가목 및 나목의 시설을 말한다. 이하 같다)으로서 동일한 건축물안에서 당해 용도에 쓰이는 바닥면적의 합계가 300제곱미터 미만인 것

바. 금융업소, 사무소, 부동산중개업소, 결혼상담소 등 소개업소, 출판사 기타 이와 유사한 것으로서 동일한 건축물안에서 당해 용도에 쓰이는 바닥면적의 합계가 500제곱미터 미만인 것

사. 제조업소 · 수리점 · 세탁소 그 밖에 이와 유사한 것으로서 동일한 건축물안에서 당해 용도에 쓰이는 바닥면적의 합계가 500제곱미터 미만이고, 다음의 요건 중 어느 하나에 해당되는 시설

(1) 「대기환경보전법」, 「수질환경보전법」 또는 「소음 · 진동규제법」에 의한 배출시설의 설치허가 또는 신고를 요하지 아니하는 것

(2) 「대기환경보전법」, 「수질환경보전법」 또는 「소음 · 진동규제법」에 의한 설치허가 또는 신고대상 시설이나, 귀금속 · 장신구 및 관련제품 제조시설로서 발생되는 폐수를 전량 위탁 처리하는 것

아. 게임제공업소, 멀티미디어 문화컨텐츠 설비제공 업소, 복합유통 · 제공업(「음반 · 비디오물 및 게임물에 관한 법률」 제2조제9호 · 제10호 및 제12호의 규정에 의한 시설을 말한다)로서 동일한 건축물안에서 당해 용도에 쓰이는 바닥면적의 합계가 150제곱미터 미만인 것

자. 사진관 · 표구점 · 학원(동일한 건축물 안에서 당해 용도에 쓰이는 바닥면적의 합계가 500제곱미터 미만인 것에 한하며, 자동차학원 및 무도학원을 제외한다) · 직업훈련소(동일한 건축물 안에서 그 용도에 쓰이는 바닥면적의 합계가 500제곱미터 미만인 것을 말하되, 운전 · 정비 관련 직업훈련소를 제외한다) · 장의사 · 동물병원 · 독서실 · 총포판매사, 그 밖에 이와 유사한 것

차. 단란주점으로서 동일한 건축물안에서 당해 용도에 쓰이는 바닥면적의 합계가 150제곱미터 미만인 것

카. 의약품도매점 및 자동차영업소로서 동일한 건축물안에서 당해 용도에 쓰이는 바닥면적의 합계가 1천제곱미터 미만인 것

타. 안마시술소 · 안마원 및 노래연습장

5. 문화 및 집회시설

가. 공연장(극장 · 영화관 · 연예장 · 음악당 · 서어커스장 · 비디오물감상실 · 비디오물

소극장 기타 이와 유사한 것을 말한다)으로서 제2종 근린생활시설에 해당하지 아니 하는 것

나. 집회장(예식장 · 공회당 · 회의장 · 마권장외발매소 · 마권전화투표소 기타 이와 유사한 것을 말한다)으로서 제2종 근린생활시설에 해당하지 아니하는 것

다. 관람장(경마장 · 자동차경기장 기타 이와 유사한 것 및 체육관 · 운동장으로서 관람석의 바닥면적의 합계가 1천제곱미터 이상인 것을 말한다)

라. 전시장(박물관 · 미술관 · 과학관 · 기념관 · 산업전시장 · 박람회장 기타 이와 유사한 것을 말한다)

마. 동 · 식물원(동물원 · 식물원 · 수족관 기타 이와 유사한 것을 말한다)

6. 종교시설

가. 종교집회장(교회 · 성당 · 사찰 · 기도원 · 수도원 · 수녀원 · 제실 · 사당, 그 밖에 이와 유사 한 것으로서 제2종 근린생활시설에 해당하지 아니하는 것을 말한다)

나. 종교집회장 안에 설치하는 납골당으로서 제2종 근린생활시설에 해당하지 아니하는 것

7. 판매시설

가. 도매시장(도매시장에 소재한 근린생활시설을 포함한다)

나. 소매시장(「유통산업발전법」에 의한 시장 · 대형점 · 백화점 및 쇼핑센터 그 밖에 이와 유사한 것을 말하며 그에 소재한 근린생활시설을 포함한다)

다. 상점(상점에 소재한 근린생활시설을 포함한다)

(1) 제3호 가목에 해당하는 용도로서 당해 용도에 쓰이는 바닥면적의 합계가 1천 제곱미터 이상인 것

(2) 제4호 아목에 해당하는 용도로서 당해 용도에 쓰이는 바닥면적의 합계가 150 제곱미터 이상인 것

8. 운수시설

가. 여객자동차터미널 및 화물터미널

나. 철도역사

다. 공항시설

라. 항만시설 및 종합여객시설

마. 집배송시설

9. 의료시설

가. 병원(종합병원 · 병원 · 치과병원 · 한방병원 · 정신병원 및 요양소를 말한다)

나. 격리병원(전염병원 · 마약진료소 기타 이와 유사한 것을 말한다)

다. 장례식장

10. 교육연구시설(제2종 근린생활시설에 해당하는 것을 제외한다)

가. 학교(초등학교 · 중학교 · 고등학교 · 전문대학 · 대학 · 대학교 기타 이에 준하는 각종 학교를 말한다)

나. 교육원(연수원 기타 이와 유사한 것을 포함한다)

다. 직업훈련소(운전 및 정비 관련 직업훈련소를 제외한다)

라. 학원(자동차학원 및 무도학원을 제외한다)

마. 연구소(연구소에 준하는 시험소와 계측계량소를 포함한다)

바. 도서관

11. 노유자시설

가. 아동 관련 시설(영유아보육시설 · 아동복지시설 · 유치원, 그 밖에 이와 유사한 것으로서 제1종 근린생활시설에 해당하지 아니하는 것을 말한다)

나. 노인복지시설

다. 그 밖에 다른 용도로 분류되지 아니한 사회복지시설 및 근로복지시설

12. 수련시설

가. 생활권수련시설(청소년수련관 · 청소년문화의 집 · 유스호스텔, 그 밖에 이와 유사한 것을 말한다)

나. 자연권수련시설(청소년수련원 · 청소년야영장, 그 밖에 이와 유사한 것을 말한다)

13. 운동시설

가. 탁구장 · 체육도장 · 테니스장 · 체력단련장 · 에어로빅장 · 볼링장 · 당구장 · 실내낚시터 · 골프연습장, 그 밖에 이와 유사한 것으로서 제1종 근린생활시설 및 제2종 근린생활시설에 해당하지 아니하는 것

나. 체육관(관람석이 없거나 관람석의 바닥면적이 1천제곱미터 미만인 것)

다. 운동장(육상 · 구기 · 볼링 · 수영 · 스케이트 · 로울러스케이트 · 승마 · 사격 · 궁도 · 골프장 등과 이에 부수되는 건축물로서 관람석이 없거나 관람석의 바닥 면적이 1천제곱 미터 미만인 것)

14. 업무시설

가. 공공업무시설 : 국가 또는 지방자치단체의 청사와 외국공관의 건축물로서 제1종 근린생활시설에 해당하지 아니하는 것

나. 일반업무시설 : 금융업소 · 사무소 · 신문사 · 오피스텔(업무를 주로 하는 건축물이고, 분양 또는 임대하는 구획에서 일부 숙식을 할 수 있도록 한 건축물로서 건설교통부장관이 고시하는 기준에 적합한 것을 말한다) 그 밖에 이와 유사한 것으로서 제2종 근린생활시설에 해당하지 아니하는 것

15. 숙박시설

가. 일반숙박시설(호텔 · 여관 및 여인숙)
나. 관광숙박시설(관광호텔 · 수상관광호텔 · 한국전통호텔 · 가족호텔 및 휴양콘도미니엄)
다. 기타 가목 및 나목의 시설과 유사한 것

16. 위락시설

가. 단란주점으로서 제2종 근린생활시설에 해당하지 아니하는 것
나. 주점영업(유흥주점과 이와 유사한 것을 포함한다)
다. 「관광진흥법」에 의한 유원시설업의 시설 기타 이와 유사한 것(제2종 근린생활시설에 해당하는 것을 제외한다)
라. 투전기업소 및 카지노업소
마. 무도장과 무도학원

17. 공장

물품의 제조 · 가공(염색 · 도장 · 표백 · 재봉 · 건조 · 인쇄 등을 포함한다) 또는 수리에 계속적으로 이용되는 건축물로서 제2종 근린생활시설, 위험물저장 및 처리시설, 동차관련시설, 분뇨 및 쓰레기처리시설 등으로 따로 분류되지 아니한 것

18. 창고시설(위험물저장 및 처리시설 또는 그 부속용도에 해당하는 것을 제외한다)

가. 창고(물품저장시설로서 냉장 · 냉동창고를 포함한다)
나. 하역장

19. 위험물저장 및 처리시설

「위험물안전관리법」, 「석유 및 석유대체연료 사업법」, 「도시가스사업법」, 「고압가스 안전관리법」, 「액화석유가스의 안전관리 및 사업관리법」, 「총포 · 도검 · 화약류 등 단속법」, 「유해화학물질 관리법」에 의하여 설치 또는 영업의 허가를 받아야 하는 건축물로서 다음 각 목의 어느 하나에 해당하는 것. 다만, 자가난방 · 자가발전과 이와 유사한 목적에 쓰이는 저장시설을 제외한다.
가. 주유소(기계식 세차설비를 포함한다) 및 석유판매소
나. 액화석유가스충전소(기계식 세차설비를 포함한다)

다. 위험물제조소
라. 위험물저장소
마. 위험물취급소
바. 액화가스취급소
사. 액화가스판매소
아. 유독물보관 · 저장시설
자. 고압가스충전 · 저장소
차. 도료류 판매소
카. 기타 가목 내지 아목의 시설과 유사한 것

20. 자동차관련시설(건설기계관련시설을 포함한다)

가. 주차장
나. 세차장
다. 폐차장
라. 검사장
마. 매매장
바. 정비공장
사. 운전학원 및 정비학원(운전 및 정비 관련 직업훈련소를 포함한다)
아. 「여객자동차 운수사업법」 · 「화물자동차 운수사업법」 및 「건설기계관리법」에 의한 차고 및 주기장

21. 동물 및 식물관련시설

가. 축사(양잠 · 양봉 · 양어시설 및 부화장 등을 포함한다)
나. 가축시설(가축용운동시설, 인공수정센터, 관리사, 가축용창고, 가축시장, 동물검역소, 실험동물사육시설 기타 이와 유사한 것을 말한다)
다. 도축장
라. 도계장
마. 버섯재배사
바. 종묘배양시설
사. 화초 및 분재 등의 온실
아. 식물과 관련된 마목 내지 사목의 시설과 유사한 것(동 · 식물원을 제외한다)

22. 분뇨 및 쓰레기처리시설

가. 분뇨 · 폐기물처리시설
나. 고물상

다. 폐기물재활용시설

23. 교정 및 군사시설(제1종 근린생활시설에 해당하는 것을 제외한다)

가. 교도소(구치소 · 소년원 및 소년분류심사원을 포함한다)
나. 감화원 기타 범죄자의 갱생 · 보육 · 교육 · 보건 등의 용도에 쓰이는 시설
다. 군사시설

24. 방송통신시설(제1종 근린생활시설에 해당하는 것을 제외한다)

가. 방송국(방송프로그램 제작시설 및 송신 · 수신 · 중계시설을 포함한다)
나. 전신전화국
다. 촬영소, 그 밖에 이와 유사한 것
라. 통신용시설

25. 발전시설

발전소(집단에너지 공급시설을 포함한다)로 사용되는 건축물로서 제1종 근린생활시설로 분류되지 아니한 것

26. 묘지관련시설

가. 화장장
나. 납골당(종교시설에 해당하는 것을 제외한다)
다. 묘지에 부수되는 건축물

27. 관광휴게시설

가. 야외음악당
나. 야외극장
다. 어린이회관
라. 관망탑
마. 휴게소
바. 공원 · 유원지 또는 관광지에 부수되는 시설

28. 그 밖에 대통령령이 정하는 시설

(6) 건물의 주요 구조부와 하자담보책임 및 건축공학적 기능 요건

가. 건물의 주요 구조부

건축물(건축시설)을 형성하는 주요 구조부에는 구조체와 구성부분이 있다. 뼈대를 구조체라 하는데 구조체란 ① 벽(내력벽), ② 기둥, ③ 보, ④ 바닥, ⑤ 지붕, ⑥ 주계단을 말한다. 구조체를 통상 골조라 부르기도 한다. 구조체의 하자보수는 원칙적으로 소유자(임대인)의 책임과 비용으로 처리해야 한다. 건축물 구조체는 뼈대와 외피 및 실내공간으로 구성되어 있다.

관리대상건물의 구조체는 어떤 형태와 내용인지, 설계와 시공상의 차이점은 없는지 확인해두어야 한다.

건축물의 주요 구성부분의 종류와 역할은 대체로 다음과 같다.

관리대상건물(실체관리대상)의 주요 구성부분을 준공도면을 보고 현황을 확인하고 연구해두는 것이 실체건물관리에 도움이 된다.

① 기초(foundation, footing)

건물 상부하중을 지방에 전달하여 안전하게 지지할 수 있게 지정을 포함한 하부구조를 의미한다.

② 기둥(column)

바닥판 · 지붕 등의 하중을 부담하는 수직재를 말한다.

③ 벽체(wall)

수직공간을 차단시킨 구조를 말한다. 외벽과 내벽이 있으며, 상부의 하중을 지지하는 벽체를 내력벽(bearing wall)이라 한다.

④ 바닥(slab, floor)

건물의 수평체 부분으로서 사람이나 물건을 적재하는 공간으로 적재하중을 기둥 또는 내력벽에 전달한다.

⑤ 지붕(roof)

건물의 최상부를 덮어씌운 부분으로 비나 눈을 막는 구체를 말한다. 경사진 지붕과 수평지붕이 있다.

⑥ 천장(ceiling)

지붕이나 상층부의 밑을 막아 열 차단, 음향방지 및 장식을 겸한 것을 말한다. 일반적으로 천정과 같은 의미로 사용되나 천정은 보통 반자널이 없는 상층부의 바닥을 말한다.

⑦ 계단(stairs)

계단이란 고저 차이가 있는 상부와 하부를 연결시키는 통로를 말한다.

⑧ 수장(fixture)

바닥이나 벽면 천장에 방음 · 단열 등의 차단효과와 장식을 목적으로 본 구체에 붙여진 부재를 말한다.

⑨ 창호(door and window)

물건과 사람의 출입, 통풍, 채광, 기타 목적으로 벽채 · 지붕 · 천장 등에 개구부를 설치한 것을 말한다. 창은 채광 통풍의 통로이고, 문은 사람이나 물품의 통로이다. 창과 문을 합하여 창호 또는 문틀이라 한다.

⑩ 마무리(finishing)

건축물의 마감재로서 건축물의 본 구조체를 덮어씌운 건물의 내구성을 증대시키고, 장식을 목적으로 시행하는 것을 말한다. 수장공사보다 나중에 하거나 같이 작업한다.

나. 건물의 하자담보책임

건축물 구조의 하자담보책임기간은 다음과 같다. 벽돌쌓기 구조, 철골 구조, 철근콘크리트 구조, 철골철근콘크리트 구조, 이와 유사한 구조 및 기둥, 내력벽의 하자담보 기간은 완공일로부터 10년, 기타 보 · 바닥 · 지붕 구조는 완공일로부터 5년으로 정해져 있다.

건축물의 완공 후 건물 공종별 하자범위와 하자담보책임기간은 〈표 2-4〉와 같다.[15)]

---

15) 「건설산업기본법」 제28조, 「건설산업기본법 시행령」 제30조 별표 4, 「주택법 시행령」 제59조 제1항 별표 6.

〈표 2-4〉 하자범위와 하자책임기간

구 분		하자의 범위	하자보수책임기간			주요 시설 여부
			1년	2년	3년	
대지조성공사	가. 토공사	공사장의 잘못으로 인한 균열·처짐·비틀림·들뜸·침하·파손·붕괴·누수·누출, 작동 또는 기능불량, 부착 또는 접지불량 및 결선불량, 고사 및 입상불량 등으로 건축물 또는 시설물 등의 기능상·미관상 또는 안전상 지장을 초래할 정도의 하자	○			
	나. 석출공사			○		○
	다. 옹벽공사			○		○
	라. 배수공사			○		○
	마. 포장공사			○		○
옥외급수위생 관련공사	가. 공동구공사			○		○
	나. 지하저수조공사			○		○
	다. 옥외위생(정화조) 관련공사		○			
	라. 옥외급수 관련 공사		○			
지정 및 기초					○	○
철근 콘크리트공사					○	○
철골공사	가. 구조용철골공사				○	○
	나. 경량철골공사			○		○
	다. 철골부대공사			○		○
조적공사				○		○
목공사	가. 구조체 또는 바탕재공사			○		○
	나. 수장목공사		○			
창호공사	가. 창문틀 및 문짝공사					
	나. 창호철물공사					
지붕 및 수공사					○	○
마감공사	가. 미장공사		○			
	나. 수장공사		○			
	다. 칠공사		○			
	라. 도배공사		○			
	마. 타일공사		○			
조경공사	가. 식재공사			○		○
	나. 잔디심기공사		○			
	다. 조경시설물공사		○			

구 분		하자의 범위	하자보수책임기간			주요 시설 여부
			1년	2년	3년	
잡공사	가. 온돌공사			○		○
	나. 주방기구공사		○			
	다. 옥내 및 옥외설비 공사			○		○
난방 · 환기, 공기조화 설비공사	가. 열원기기설비공사			○		○
	나. 공기조화기기설비공사			○		○
	다. 닥트설비공사			○		○
	라. 배관설비공사			○		○
	마. 보온공사		○			
	바. 자동제어설비공사			○		○
급 · 배수, 위생설비 공사	가. 급수설비공사			○		○
	나. 온수공급설비공사			○		○
	다. 배수 · 통기설비공사			○		○
	라. 위생기구설비공사		○			
	마. 철 및 보온공사		○			
가스 및 소화설비공사	가. 가스설비공사			○		○
	나. 소화설비공사			○		○
	다. 배연설비공사			○		○
전기 및 전력설비공사	가. 배관 · 배선공사			○		○
	나. 피뢰침공사			○		○
	다. 조명설비공사		○			
	라. 동력설비공사			○		○
	마. 수 · 변전설비공사			○		○
	바. 수 · 배전공사			○		○
	사. 전기기기공사			○		○
	아. 발전설비공사			○		○
	자. 승강기 및 인양기 설비 공사				○	○
통신 · 신호 및 방재설비공사	가. 통신 · 신호설비공사			○		○
	나. TV공청설비공사			○		○
	다. 방재설비공사			○		○

(7) 건물의 건축공학적 기능요건

건물에 요구되는 기능요건에는 건축공학적으로 ① 안전성, ② 내구성, ③ 경제성, ④ 거주성 등이 있다. 따라서 건물관리활동을 진행할 때 이와 같은 기능요건이 최대로 발휘되도록 관리되어야 한다.

4) 건물의 특성

건물은 토지 위에 정착한 재구소비재이므로 토지와 함께 부동산의 특성을 살리도록 관리되어야 한다. 우리나라 토지의 연면적은 4,000만 필지에 99,528㎢이며, 이 중 대지는 전체국토 면적의 2%인 2,337㎢이다.[16] 건물은 건축대지(토지)와 건축물로 구성되어 있으므로 건축대지와 건축물로 나누어 그 특성을 살펴보아야 한다.

(1) 건축대지(토지)의 특성

건축대지인 토지의 특성에는 다음과 같은 자연적 특성과 인문적 특성이 있다.[17]

가. 자연적 특성

토지의 자연적 특성에는 부동성 · 영속성 · 부증성 · 개별성 등이 있다.

① 부동성

토지의 대표적 특성으로서 지리적 위치의 고정성을 의미한다. 토지는 인위적으로 이동할 수 없는데 이를 부동성이라 한다.

- 동산과 부동산의 구별기준 기능
- 부동산 활동과 부동산 현상의 국지화 기능
- 부동산 시장의 추상적 시장화 기능
- 동산과 다른 공시방법(등기) 기능
- 부동산 활동의 현장 중심의 입장활동화 및 정보활동화 기능

---

16) 건설교통부, 「건설교통 · 통계연보」, 2002, p.3.

17) 김원규, 「부동산학개론」, (서울 ; 남두도서, 2004), pp.24~27.

② 영속성

영속성이란 토지를 사용함에 있어서 마모되거나 소모 또는 훼손되지 아니하고 영구적으로 존속하는 이른바 불변성을 의미한다.

토지의 영속성의 특성은 다음과 같은 기능을 한다.

- 건물은 감가상각하나 토지는 감가상각 배제기능
- 토지이용의 유용성 영속화 기능
- 토지소유 이익과 용익이익 분리 및 타인 사용수익 가능기능
- 부동산 활동의 장기적 배려 기능

③ 부증성

토지는 다른 요소의 결합으로 물리적 양이 증가되지 않는데 이를 부증성이라 한다. 매립 등으로 토지의 일부가 증가하는 것은 토지이용의 전환이란 개념에서 이해해야 한다.

토지부증성의 특성은 다음과 같은 기능을 한다.

- 희소성 지속기능
- 생산비의 법칙, 원칙적 적용 배제 기능
- 토지의 부족현상 초래 및 시가 상승 원인 제공 기능
- 토지 균형가격 형성의 불허용 기능
- 토지정책 문제 야기 기능

④ 개별성

토지는 위치의 고정성으로 비대체성을 지니고 있는데 이를 개별성이라 한다.

토지는 물리적으로 동일한 복수의 토지는 없으며, 개별성의 특성은 다음과 같은 기능을 한다.

- 일물일가의 가격원칙 배제 기능
- 개개 부동산 구별 기능
- 수익가격 개별화 기능
- 부동산 비교의 난이성 기능
- 부동산 이론 도출의 곤란성 기능

나. 인문적 특성

인위적인 특성을 의미한다. 사람이 토지를 이용하는 측면에서 나타나는 특성으로서 용도의 다양성, 합병 · 분할의 가능성, 경제적 · 사회적 · 행정적 위치의 가변성, 토지 이용의 공공성과 사회성 등이 있다.

① 용도의 다양성

토지는 다양한 용도성을 가지고 있는데 이와 같은 성질을 용도의 다양성이라 한다. 토지의 지목 용도는 28종류로 분류하고 있다.[18]

② 합병 · 분할의 가능성

토지는 이용주체의 목적에 따라 합병 · 분할이 가능하다.

③ 경제적 · 사회적 · 행정적 위치의 가변성

토지는 원래 자연적 위치는 불변이지만 경제적 · 사회적 · 행정적 위치는 인간의 활동이나 이용 정도에 따라 변경될 수 있다.

④ 토지 이용의 공공성과 사회성

토지는 이용 특면에서 다른 재화의 이용시보다 사회성과 공공성이 강조되는 특성이 있다.

(2) 건물의 특성

가. 건물의 일반 특성

건물이 토지의 정착물이긴 하나 토지와는 독립적인 부동산의 하나로서 건물만의 특성이 있다. 다만 토지는 자연적 창조물이고 건물은 인위적 생산물이므로 건물에는 자연적 특성은 없다.

건물의 일반 특성을 소개하면 다음과 같다.

① 비영속성

건물은 토지와는 달리 내구성을 가진 소비재이므로 일정할 수명이 있다.[19] 뿐

---

18) 「지적법」 제5조.

19) 건물의 수명을 내용연수라 하고 내용연수 개념에는 물리적 내용연수, 경제적 내용연수, 기능적 내용연수 그리고 법정내용연수 등이 있다. 우리나라 성문법에 의하여 인정되고 있는 연수개념에는 지방세법상의 법정

만 아니라, 건물은 화재, 홍수, 바람, 인위적 철거, 전쟁 등에 따라 멸실될 수 있으며, 경과연수에 따라 감가상각되며, 물리적 내용연수를 가지고 있다. 따라서 건물은 비영속성을 가지고 있다.

② 생산 가능성

토지는 하나님의 생산물이나 건물은 인간에 의하여 건축된 것이므로 언제든지 생산 또는 재생산이 가능하다. 따라서 생산 가능성의 특성이 있다.

③ 동질성

건물은 인간에 의한 생산물이기 때문에 동일한 도면의 설계에 따라 동일모양이나 용도의 건축이 가능하다. 즉 용도 · 규격 · 규모 · 모양 등의 동질성을 가질 수 있다.

④ 사용토지의 종속성

전술한 바와 같이 건물은 토지의 정착물이므로 사용대지 용도에 영향을 받게 된다. 즉 건물은 토지 용도의 종속의 특성이 있다.

⑤ 토지의 정착성

최근 건축기술의 발달로 건축물의 이동에 관한 가능성이 점차 나타나고는 있으나 토지에 고정되고 정착되어 있는 특성이 아직은 매우 강하다.

나. 부동산 측면의 건물 특성

건물은 토지의 정착물이므로 부동산의 일종이다. 따라서 건물은 부동산으로서 다음과 같은 특성을 가지고 있다.

① 건물은 토지와 별도로 등기해야 한다.
② 무주물선점의 대상이 되지 않는다.
③ 취득시효에 걸린다.[20]

연수개념이 있다.

20) 건물이 국유재산인 경우 잡종재산에 해당되는 것만 취득시효의 대상이 된다(국유재산법 제5조 제2항). 부동산취득시효에는 점유취득시효와 등기취득시효가 있다. 전자는 타인의 부동산을 20년간 평온, 공연하게 자주 점유와 20년 경과시 등기가 성립요건이고 후자는 타인의 부동산을 등기하고 10년간 평온, 공연, 선의, 무과실로 점유해야 취득시효가 완성된다.

④ 건물은 인위적인 창조물이며 공간이고 환경이며, 위치와 물건, 상품, 도시기반 시설, 시설기반 자산 등의 개념을 가지고 있다.

⑤ 토지용도는 지적법상 28용도이고, 건물의 용도 역시 건축법상 28종이다.

다. 경제개념 측면의 건물 특성

금전적 교환가치가 있는 것을 자산이라 한다. 자산에는 적극자산과 소극자산, 고정자산과 유동자산 등의 종류가 있는데 건물은 적극·고정 자산에 해당된다.

건물은 사용·수익·처분함으로써 수익이 발생하고 경제적 만족을 얻을 수 있는 자산이다. 그러나 건물의 경제적 자산가치는 건물 생애주기에서 나타나는 각 단계마다 다르게 나타난다.

건축 초기단계인 성장단계에서 가장 높은 자산가치를 보유하게 되며, 마지막 생애단계인 폐물단계에 진입하면 최소의 자산가치 밖에 없다. 철근콘크리트조 업무용 건물의 물리적 내용연수는 80년이나 경제적 내용연수(경제적 이익을 얻을 수 있는 내용연수)는 60년 정도이므로 이 기간 안에 건물의 투자비를 회수하고 경영목표에 반영된 투자이익을 확보하여야 한다. 따라서 관리활동을 통하여 물리적 내용연수는 물론이고, 경제적 내용연수 연장에도 최선을 다해야 한다.

경제적 내용연수를 설비시설의 유지보수 관리와 함께 경영목표 달성에 관련되는 입주자 사후관리·임대관리·경영관리 등을 체계적이고 전문적으로 관리해야 한다. 뿐만 아니라, 경영목표 달성을 위한 관리의 내용에는 관리비의 절감에 관한 연구와 실천도 매우 중요한 하나의 방법이다. 건물은 법정 내용연수 동안 매년 감가상각의 대상이 되는 자산이다. 따라서 감가상각이 진행되므로 일정기간 안에 투자비가 회수되도록 경영계획을 수립해야 한다.

건물의 경제적 가치는 위치로 인해서 결정되므로 건물의 현재 위치에서 사람이 많이 모이는 위치로 변화되도록 마케팅활동을 강화해야 한다. 건물은 많은 사람이 모여드는 위치일 때, 그리고 이용자가 많은 때, 즉 공급보다 수요자가 많은 때 비로소 경제적 가치가 높은 자산이 된다.

건물을 경제개념으로 살펴볼 때 다음과 같은 특성이 있다.

① 자산의 특성이 있다.

② 생산, 주거업무 등 삶과 생활과 일의 기반시설의 특성이 있다.

③ 내구소비재의 특성이 있다.

④ 상품(물건)의 특성이 있다.

⑤ 자본 또는 자본증식수단 또는 담보가치의 특성이 있다.

라. 건물복합개념 측면의 건물특성

건물은 경제개념의 특성과 부동산으로서의 특성 외에 복합개념의 특성이 있다. 건물을 관리대상으로 볼 때 관리대상건물의 성격이나 용도 · 규모 등에 따라 단순한 하나의 기술성 개념으로 파악하고 접근하는 경우 시설관리 FM은 가능하나 건물자산경영관리 PM은 불가능하며 전체적이고 성공적인 관리가 불가능하다.

따라서 건물자산관리의 대상으로서의 건물에는 6대 복합 개념, 즉 기술성 외에 경제성 · 법률성 · 행정성 · 환경성 · 위험성 등이 있다. 그러므로 건물자산관리를 위해서는 6대 복합개념 각도에서 접근해야 한다. 이를 건물의 복합성이라 한다. 또한 건물의 복합성을 유형적 측면의 복합성과 무형적 측면의 복합성이 있다. 전자에는 기술성 · 환경성 등이 있고, 후자에는 경제성 · 법률성 · 행정성 · 위험성 등이 있다.

마. 건물기능성 측면의 건물특성

인간에게 건물이 필요한 것은 그 건물이 가지고 있는 미와 조화, 질서와 공간 외에 기능이 있기 때문이다. 이와 같은 건물기능은 건물의 특성상 건물 스스로 나타낼 수 없는 관계로 반드시 관리자라는 사람이 필요하고, 관리자의 관리활동에 의하여 나타나게 된다. 이와 같이 나타난 건물의 기능은 건물의 관리활동에 의하여 얻어지는 건물의 유익에 해당되는 것으로서 건물을 소유하거나 사용하는 자 또는 이용하는 자에게 삶과 생활과 일에 대하여 직접 또는 간접적으로 도움을 주게 된다.

건물의 기능(function of B/D)이라 함은 건물의 시스템이나 설비 및 시설 등이 소유자와 사용자 등의 요구나 목적에 상응하는 것을 관리활동을 통하여 결과적으로 나타난 상태를 의미한다. 이와 같이 건물의 기능은 건물이 건축대지와 건축물(시설) 및 장착된 설비로 구성되어 있어 용도대로 관리하여 얻어진 기능을 가지고 건물의 사용가치 · 수익가치 · 처분가치를 나타내게 된다. 다시 말하면 건물은 기능성을 나타낼 수 없는 상태가 되면 건물로서 사용가치를 잃고 폐물단계로 진입하게 되어 사용 · 수익 · 처분에 대한 경제성이 현저히 떨어지고 건물로서 일생을 마감하고 철거된다.

건물은 기능성이 단순하거나 건물의 일반적인 기초기능성만을 나타내는 건물은 현대화되지 않은 재래식 건물로 평가하여야 한다. 건물의 기능은 일반건물에 있어서 규모와 시설·설비 및 사용목적이나 용도에 따라 당해 건물이 나타내는 기능성이 다양하고 특이하여 일반적으로 동일하지 아니하다.

건물의 기능에는 추상적인 일반기능과 설비의 운전과 정비 등의 활동으로 나타나는 구체적인 설비기능으로 구분된다. 이러한 기능분류의 목적은 시설이 현대화되고 설비가 첨단화된 대단위 고층건물일수록 일반적으로 기능성이 다양하고 종류가 많아지며 양질의 설비 기능성을 나타낸다. 소규모 재래식 건물들은 대부분 기능이 단순하고 기능성 종류 역시 단조롭다. 그러나 대단지 고층이나 첨단설비를 갖춘 건물이 아닌 소규모 건물이라 할지라도 당해 건물의 사용용도나 사용목적이 특별한 경우에는 그 건물만이 보유하고 있는 특별한 기능이 존재한다.

일반 기능성은 저층보다는 고층의 건물에서, 소규모 건물보다는 대규모 건물에서, 그리고 건물의 시설과 설비가 현대화된 건물일수록 그 기능성이 다양하게 나타나며 사용자에게 편리성과 쾌적성·안전성 등을 함께 제공하여 소유자·사용자·이용자 모두를 만족시켜 준다. 이와 같은 건물 기능은 설계에 반영되고 시공에 의하여 장착된 시설과 관리자에 의해 관리되지 않으면 외부로 나타나지 않아 사용자에게 만족을 제공할 수 없는 특성이 있다. 이러한 기능성은 관리의 수준과 전문성·기술성과 관리종사자의 정신자세와 밀접한 관련성을 가지고 있으므로 기능성 확보를 위하여 관리자는 관리의 수준과 기술성·전문성 및 관리자의 사명감이나 태도와 정신자세를 갖추어야 한다. 다시 말하면 양질의 관리 없이 양질의 건물기능은 얻을 수 없다.

건물기능성의 종류에는 다음과 같은 일반기능과 설비기능이 있으며, 설비기능에는 일반설비기능과 특수설비기능이 있다.

건물의 일반기능이란 건물에 존재하는 각 관리대상을 체계적이고 과학적으로 관리하는 경우 일반적·추상적으로 나타나는 기능으로서 소유자 및 사용자의 요구 또는 목적에 부응하는 것이 결과적으로 나타나는 상태의 일반기능은 경제성, 안전성, 쾌적성, 내구성, 편리성, 보건성, 청결성, 미관성, 거주성, 용도성 등으로 나타난다.

설비기능이란 건물에 장착된 각종 설비가 관리를 통하여 요구하거나 목적하는 설비 기능이 결과적으로 나타난 상태를 의미한다. 건물에 장착되어 있는 각종 설비에 대하여 기술적 관리자의 관리활동에 의하여 나타나는 설비의 기능은 다음과 같이 일반성비기능과 특수설비기능으로 분류되며, 그 내용은 다음과 같다.

일반설비기능이라 함은 건물이라면 공통적으로 건물에 장착되어 있는 일반설비에서 나타나는 설비기능으로 소유자 또는 사용자의 요구나 목적이 기술적 관리활동을 통하여 결과적으로 나타난 상태를 의미한다. 일반설비기능에는 다음과 같은 것이 있다.

여기서 언급하는 일반설비기능은 업무용 · 수익성 · 대형건물을 기준으로 분류하고 있음을 참고하기 바란다. 또한 건물의 용도 · 시설의 종류나 규모 · 성격 등에 의하여 설비기능은 가감된다.

- 전원공급기능
- 조도조절기능
- 위생처리기능
- 배기기능
- 하수기능
- 통신기능
- 방범기능
- 가스공급기능
- 출입기능
- 소화(消火)기능
- 경보기능
- 우편물 수취기능
- 방수기능
- 트랩기능
- 방출기능
- 주차기능
- 방송기능
- 자동소화기능
- 보관기능
- 조명차단기능
- 통제기능

- 전원차단기능
- 위험표시기능
- 조명기능
- 적정온도 유지기능
- 급기기능
- 상수공급기능
- 이동기능
- 급수(給水) 및 배수(排水) 기능
- 안전기능
- 가스공급 차단기능
- 출입차단기능(시건기능)
- 감지기능
- 제어기능
- 낙뢰처리기능
- 통풍기능
- 정화기능
- 방음기능
- 수승기능
- 비상발전기능
- 방품기능
- 저장기능
- 전압조절기능
- 안내유도기능
- 배연기능
- 공기조화기능 등

건물의 특수설비기능이란 등에 해당 건물의 특수한 용도에 맞게 사용하기 위하여 특별히 설치되었거나 사용되는 특수설비의 기능을 의미한다. 특별한 용도나 목적 또는 요구에 의하여 결과적으로 나타나는 기능을 특수설비기능이라 하는데 이에는 다음과 같은 것이 있다.

- 은행건물의 특수금고 보관기능
- 방송국 건물의 전파송수신 기능
- 증권거래소 건물의 전자정보 표시 및 매수 · 매도 결제기능
- 발전소 건물의 발전 · 송전기능
- 병원건물의 치료기능
- 호텔건물의 숙박기능
- 음식점 건물의 조리기능
- 신문사 건물의 편집 · 인쇄기능
- 학교건물의 강의 · 연구기능
- 공장건물의 생산 · 제작기능
- 시장 · 백화점 건물의 판매기능
- 창고건물의 저장기능
- 냉동창고 건물의 저온보관기능
- 수영장 건물의 수영레저기능
- 운동장의 야간전기조명기능 등

바. 인간건물유사성 측면의 건물특성

건물은 인간과 여러 가지 측면에서 유사점이 있는데 이를 인간 건물 유사성이라 한다. 유사성의 내용은 대체로 〈표 2-5〉와 같다.

〈표 2-5〉 인간건물유사성

구 분	인 간	건 물
상(相)	인상(人相)	가상(家相)
출생기간	10개월(일반적으로)	1일~100년 이상(건축물마다 상이함)
출생공식절차	출생신고	사용승인 · 보존등기
결합관계	정신과 육체	자본 · 기술 · 노동력
기능	① 개인적 기능 ② 가족적 기능 ③ 사회적 기능 ④ 국민적 기능 ⑤ 인류적 기능	1) 일반기능 ① 경제성 ② 안전성 ③ 쾌적성 ④ 편리성 ⑤ 보건성 ⑥ 내구성 ⑦ 청결성 ⑧ 미관성 ⑨ 거주성 ⑩ 용도성 2) 일반설비기능(설비기능성의 특성참조) 3) 특수설비기능(건물기능성의 특성참조)

구 분	인 간	건 물
목적	① 생존목적 ② 종족보존목적	① 사용목적 ② 수익목적 ③ 처분목적
이상현상표현	질병, 부상, 피로 등	고장, 동파, 크랙, 누수, 중성화, 변위, 변형, 부동침하, 기능저하 등
이상현상치유	치료, 수술, 휴식, 요양	보수, 보강, 수리, 수선, 개수, 갱신 정비 · 원상 복구 등
보양방법	요양, 영양공급, 휴식	원료부품 교체, stand by time 적용, 보강, 보수
공급물	음식물, 물, 산소(공기)	연료공급, 재료공급, 전원공급, 상수도공급, 가스공급, 기타공급(약품 관리용품 등)
이상확인 · 측정방법	종합건강진단, 검진진찰	확인, 조사, 점검, 순찰, 정밀안전진단, 테스트
통제기관	두뇌	중앙통제실 · 중앙관제실 · 관리사무소
전달조직	신경(선), 혈액	전화, 전파, 팩스, TV, 케이블(cable), 컴퓨터시스템, 전기, 방송, 표시등, 유도등
온도조절방법	땀으로 조절, 피부경련으로 조절	냉난방서리 가동, 환기, 자연통풍
호흡	숨, 허파기능	공기조화설비기능, 환기기능, 배기, 급기설비기능, 배연기능
폐기물처리방법	배설, 구토	오물배출, 오수 · 배수, 하수처리
출생과 사망기간	일반적으로 생존기간 120년 이하)	물리적 내용연수 (건물구조에 따라 차이 있음) ① 철근콘크리트 구조 사무소 건물 80년 ② 목구조 사무소 건물 50년
서류상 최후처리방법	사망신고	멸실신고 · 멸실등기
권리	① 생명권 ② 정조권 ③ 명예권 ④ 사원권 ⑤ 성명권 ⑥ 초상권	① 사용권 ② 수익권 ③ 처분권 ④ 이용권
중심	두뇌	전기기계통제실(중앙통제실)
식별수단	눈, 코, 귀, 입, 손 느낌	① 감시카메라 ② 화재감지기 ③ 모니터 ④ 각종 계기

구 분	인 간	건 물
		⑤ 경보기 ⑥ 각종 자동차단기 등
치료담당자명	의사	건물관리자
생산방법	성의 결합으로 새로운 성의 탄생	법정과실, 생산의 수단
고장의 신호	① 질병의 초기증세 ② 피로 ③ 구토 ④ 수화불량 ⑤ 체중의 급격한 감량 ⑥ 체중의 급격한 증가	① 누전차단기 차단 ② 계기고장 신호 ③ 과부화 표시 ④ 작동정지(단수, 단전, 가스공급 중단 등) ⑤ 급격한 성능 저하 ⑥ 이상음 ⑦ 경보음 ⑧ 냄새 ⑨ 변색 ⑩ 진동 기타
최후처리	① 화장 ② 매장	① 철거
청결방법	목욕, 샤워, 세수	청소, 정리, 소독, 정돈, 정수, 정화, 하수처리 도장, 치장, 교체 등
상품성	① 지식 ② 기술 ③ 노동력 ④ 정보 ⑤ 건강	① 사용가치 ② 수익가치 ③ 처분가치
건물과 인간관계	① 소유주체 ② 관리주체 ③ 사용자 ④ 관리자 ⑤ 이용자	① 관리객체 ② 사용물 ③ 관리대상 ④ 소유대상 ⑤ 이용대상
수명연장방법	① 건강진단 ② 치료 ③ 보양 ④ 휴식 ⑤ 운동 ⑥ 안정 ⑦ 수면 ⑧ 영양공급 등 건강관리	① 보수 ② 정비 ③ stand by time 적용 ④ 부품교체 ⑤ 설비세척(설비 · 청소) 조율, 양질의 원료제공 ⑥ 약품처리 ⑦ 보강 (대수선 포함) ⑧ 갱신 ⑨ 청소 ⑩ 소독

구 분	인 간	건 물
		⑪ 정상적 사용(무리한 사용금지) ⑫ 적재하중 초과금지 ⑬ 과학적 유지관리 ⑭ 화재 등 안전사고방지 ⑮ 침수 등 재해방지
이미지	(유)관리가능	(유)관리가능
성격	친화적 성격, 비친화적성격	비친화적 성격
차별기준	외모, 능력의 유·무 배경, 경력, 학력 등	① 사용가치대소 ② 교환가치
추락내용	명예, 지휘, 경제, 건강생명	건물 자체 붕괴, 멸실, 사용제한, 사용중지, 강제 철거
배설장애	변비증상, 설사	집수정퇴적, 분해기능 상실, 퇴적층 증가 자동·수동배출설비고장, 장제배수 기계고장
배수방법	자연배수·인위적 배수	기계배수•자연배수
필요비용성격	① 생활비 ② 교육비 ③ 복리후생비 ④ 문화비 등의 성격	① 유지관리비 ② 수선비 ③ 재료·연료 구입비 ④ 전원·수도 등 사용료 ⑤ 일반관리비 성격
생애주기	① 배아기 ② 태아기 ③ 유아기 ④ 소년기 ⑤ 청년기 ⑥ 장년기 ⑦ 노년기	① 신축준비단계 ② 시공단계 ③ 유지관리단계 ④ 철거단계
사망성격	① 자연사 ② 사고사 ③ 병사	① 사고붕괴 ② 자연붕괴 ③ 인위적 철거 ④ 재해멸실
보호성질	인적 보호(생명·신체)	물적 보호(재산)
이동수단	다리	① 엘리베이터 ② 에스컬레이터 ③ 곤도라 ④ 크레인 ⑤ 계단 ⑥ 리프트·카리프트 ⑦ 덤웨이터

구 분	인 간	건 물
		⑧ 자동보도
하중처리수단	다리, 허리, 척추	지반, 지정, 기초, 기둥, 벽(내력벽), 보, 바닥, 지붕
출생관계법	호적법	등기법
자유의 제한	징역, 금고, 구류, 구속, 구치	사용제한명령, 철거명령, 사용중지명령
자연재해노출성	일부 노출 또는 전부 노출	전부노출
진단	진찰, 종합진단	① 정기진단 ② 수시진단 ③ 특별진단
출생일	생일	보존등기일 · 준공일
성	남성, 여성	여성
표현수단	① 말 ② 글씨 ③ 타이핑 ④ 컴퓨터 ⑤ 표정 ⑥ 몸짓 ⑦ 마음 ⑧ 눈빛 ⑨ 침묵 등	① 이상 방송 ② 표시등 ③ 안내등 이상 ④ 감지기 작동 ⑤ 안내자막 표시 ⑥ 전원 단전 ⑦ 신호 ⑧ 경고음 ⑨ 경고등 ⑩ 계기 이상음 ⑪ 상수 단수, 하수 배수 이상 ⑫ 기능저하 ⑬ 진동, 소음 ⑭ 변색 ⑮ 누전기 차단 ⑯ 고장, 압력 차이 등
의사전달성격	전달자, 수령자	전달장소, 수령장소, 전달수단, 수령수단
사회적 기능시기	생후 20년 전후 (사람에 따라 차이)	건물완공 후 사용승인시부터
분류기준	직업에 의한 분류 · 성에 의한 분류	용도에 의한 분류(건축법 시행령 28종 시설용도 분류)와 기타 기준에 의한 분류
절단기능 상실, 원상회복	절단부분 원상회복 불가능 (원칙적으로)	수리가능 원상회복 설비 · 부품 교체 원상회복가능
영양공급주기	1일×1 1일×2 1일×3 (일반적)	사용 전 공급 또는 사용시 공급
유한성	유(有)	유(有)

구 분	인 간	건 물
사망시기	불확실	불확실
기능상실시기	평균 70~90세 (건강관리에 따라 변수)	물리적으로 80년(철골조 일반 업무용 건물의 경우)(관리 상태에 따라 변수)
용도변경	불가능	가능
통제방법	자율적·타율적 통제	타율적 통제
증개축	불가(不可)	가(可)
위험성	유(有)	유(有)
위험종류	생명손실위험, 신체상해부상위험, 질병감염위험, 음식물중독위험, 신체자유상실위험, 경제성상실위험, 명예상실위험, 신용상실위험, 안전사고위험 등	기술위험, 경영위험, 법률위험, 환경위험, 보안위험
면수(面數)	(2면) 전면, 뒷면	(4면) 전면, 배면, 좌측면, 우측면
신분기록방법	(이력서) 성명, 주소, 주민등록번호, 경력, 학력, 병력 출생 연, 월, 일, 호주관계, 혼인관계, 상벌, 저서	(건축물관리대장) 소유자 성명, 소유자 주소, 소유자 주민등록번호 평수, 층수, 연면적, 용도, 호수 건물의 주소 사용승인일자(준공일), 보수, 보강, 사고 등의 이력
관계설정 및 변경	출생신고, 결혼신고 이혼신고, 사망신고 부재자신고, 실종신고	보존등기, 소유권 이전등기, 양도, 매매, 교환, 경매, 판결, 상속, 증여, 유증, 사인증여, 멸실등기
탄생과 유지관계	결혼, 재혼, 이성의 만남으로 상호협력	설계자 설계, 시공자시공, 관리자관리
기능의 일부 중단	사고, 부상으로 인한 지체 절단	전기누전장치 고장, 급수 배수시설 고장 등

사. 인간건물상이성 측면의 건물특성

건물은 인간과 여러 측면에서 차이점이 있는데 이를 인간건물상이성이라 한다. 상이성의 내용은 대체로 〈표 2-6〉와 같다.

아. 내용연수 측면의 건물특성

건물의 내용연수의 의미는 인간에 있어서 수명에 해당된다. 건물이 신축되어 철거에 이르는 과정은 건축설계능력, 시공기술, 사용조건, 관리상태 등에 따라 다소 다르지만 일반적으로 그 본래의 용도나 용법에 따라 예정한 이용효과를 올릴 수 있는 연수, 즉 유용성 지속연수를 건물의 내용연수라 한다.

〈표 2-6〉 인간건물상이성

구 분	인 간	건 물
생명	유(有)	무(無)
활동상태	자율활동	타율활동
학문연구대상	형이상학 연구대상	형이하학 연구대상
면역성	유(有)	무(無)
기동성	유(有)	무(無)
행위성격	자율행위	타율행위
처분성	무(無)	유(有)
물건성	무(無)	유(有)
상속성	불가(不可)	가(可)
구분소유	불가(不可)	가(可)
유언능력	유(有)	무(無)
권리의무	주체	객체
운용방법	직접운용(본인 스스로)	간접운용(관리자에 의해)
탄생허가	불필요	필요
행위능력	유(有)(원칙적으로)	무(無)
의사능력	유(有)	무(無)
권리능력	유(有)	무(無)

내용연수에는 ① 물리적 내용연수, ② 기능적 내용연수, ③ 경제적 내용연수, ④ 행정적 내용연수, ⑤ 법정 내용연수 등 5가지 종류의 연수 개념이 있다. 이를 설명하면 다음과 같다.

① 물리적 내용연수

건물을 구성하는 주요 설비나 부재가 물리적으로 그 수명을 다하여 기술적으로 그 이상 사용이 불가능하게 되어 폐기할 때까지의 연수를 물리적 내용연수라고 한다. 건물의 사용으로 생기는 마멸, 경과연수, 파손과 훼손시간의 경과, 온도나 습도의 변화, 풍우 등의 자연현상으로 생기는 노후화 · 지진 · 화재 등 우발적 사고로 생기는 손상의 원인으로 사용이 불가능하게 될 때까지 견디는 연수를 의미한다. 건물은 사무실 용도의 건물을 기준하여 철근콘크리트조의 경우에는 80년, 연와조의 경우 60년, 시멘트 벽돌 PC조 경우 50년, 시멘트 블록조의 경우 50년, 목조인 경우 역시 50년의 물리적 내용연수(physical life)를 가지고 있다.

〈표 2-7〉 건물의 구조, 용도별 내용연수

구조 \ 지붕 \ 용도		사무실	주거시설	숙박시설	점포	농어가주택	공장 · 창고	농업생산시설
철근콘크리트조	슬래브(slab) 토기와 시멘트기와 슬레이트 함 석	80	80	80	80	80	70	–
연와조	슬래브(slab) 토기와 시멘트기와 슬레이트 함 석	60	60	60	60	60	50	–
시멘트 벽돌조 PC조	슬래브(slab) 토기와 시멘트기와 슬레이트 함 석	50	50	50	50	50	40	50
시멘트 블럭조	슬래브(slab) 토기와 시멘트기와 슬레이트 함 석	50	50	50	50	50	40	50
목조	슬래브(slab) 토기와 시멘트기와 슬레이트 함 석	50	50	50	50	50	40	50
석회 및 흙혼합 벽돌조	슬래브(slab) 토기와 시멘트기와 슬레이트 함 석	40	40	40	40	40	30	40
흙벽돌조	슬래브(slab) 토기와 시멘트기와 슬레이트 함 석	30	30	30	30	30	20	30
돌담 및 토담조	슬래브(slab)토기와 시멘트기와 슬레이트 함 석	–	30	–	–	30	20	30

㉠ 구조별 · 용도별 물리적 내용연수

건축물의 구조별 · 용도별 내용연수 〈표 2-7〉과 같다.[21]

㉡ 건축물 주요 시설의 수선주기

건축물의 주요 시설의 범위와 수선주기는 〈표 2-8〉과 같다.[22]

〈표 2-8〉 주요 시설의 범위 및 내용연수

구 분	주요시설	수선주기	수선방법
전 기	변압기	20년	교체
	수전반	20년	교체
	발전기(배연기관)	30년	교체
	승강기 및 인양기	15년	교체
기 계	보일러	15년	교체
	급수탱크	15년	교체
	보일러수관	9년	교체
	순환 펌프	10년	교체
	가스 배관	15년	교체
	유류 탱크	20년	교체
	난방관	15년	교체

② 기능적 내용연수

건물이 기능적으로 유효한 기간을 기능적 내용연수(functional life)라 한다. 부지와 건물의 부적응, 설계의 부실, 그리고 부실시공설비의 불량과 용량의 부족, 건물 외관의 부적절한 자재선택과 시공 등이 기능연수와 상관관계를 가진다. 즉 건물의 기능이 한계점에 도달하여 더 이상 건물로서 사용할 수 없게 될 때 기능적 내용연수가 도래하게 된다.

③ 경제적 내용연수

경제적 내용연수(economic life)라 함은 경제적 수명이 다하기까지의 한계연수를 말한다. 동일생활권의 변화, 인근 환경과 건물의 부적합, 동일생활권의 다른 건물과 비교한 시장성의 감퇴 등에 의하여 나타난다. 동일생활권은 사회적 · 경제

21) 방경식, 「부동산학개론」, (서울 ; 범론사, 1997), p.541.

22) 「주택법 시행규칙」 제26조 제1항 별표 5.

적 · 행정적 요인에 의하여 항상 변화한다. 상업용 건물은 상업권의 중심이 타지역으로 이동함으로써, 업무용 건물은 업무지구가 이동함으로써 수요가 감퇴하고, 임대조건이 나빠지는 것이 일반적 현상이다.

④ 행정적 내용연수

행정적 내용연수(administrative life)는 법 제도나 행정조건에 의해 건물의 수명이 다하기까지의 기간을 말한다.

⑤ 법정 내용연수

법정내용연수(法定耐用年數)란 평가 · 감정 · 과제 또는 감가상각을 목적으로 우리나라 법인세법에서 규정하고 있는 내용연수를 의미한다. 우리나라 관계법에 의하여 규정하고 있는 연수는 법정 내용연수밖에 없다. 법정내용연수는 주로 감가상각, 건물의 잔존가 평가, 감정평가 등에 활용된다. 법정내용연수는 건물의 구조 · 재료 등에 따라 상이하다.

우리나라 법인 세법에서 규정하고 있는 건물의 법정연수는 〈표 2-9〉와 같다.[23]

〈표 2-9〉 건물의 법정내용연수

구 분	내용연수
연와조, 블록조, 콘크리트, 토조, 토벽조, 목조, 목골 몰타르조, 기타 조의 모든 건물(부속설비 포함)과 구축물	20년 (최소 15년~최대 25년)
철골, 콘크리트조, 석조, 연와석조, 철골조의 모든 건물(부속설비 포함)과 구축물	40년 (최소 30년~최대 50년)

아. 건물생애 관계자 측면의 건물 특성

건물은 인간의 자본과 기술과 노동력이 결합에 의하여 생산된 것으로서 인간과의 관계는 동반관계에 있다. 또한 건물은 토지 위에 정착된 물건으로서 토지와는 별개의 독립된 부동산의 지위를 가지고 있다. 그러나 토지와 건물은 상관관계를 가지고 있으며, 토지 없는 건물은 원칙적으로 존재하지 아니한다.[24]

또한 인간과 건물은 관리주체와 관리객체의 관계에 있으며, 건물은 그 특성인

23) 「법인세법 시행규칙」 제15조 제3항 별표 5.

24) 상관관계(相關關係)란 서로 영향을 줄 수 있거나 또는 주고받는 연관된 관계를 의미한다.

타율성에 근거하여 건물 스스로 기능하지 못하며 여러 사람의 손에 의하여 설계, 시공 관리될 때 비로소 작동하는 유체물이고, 반영구적 내구소비재가 된다.

이처럼 건물은 그 일생을 통하여 많은 부류의 사람과 관계를 가지면서 그 생애를 시작하고 종식을 맞게 되는 미와 기능이 조화된 설계 창작물이다. 다시 말하면 건물의 생애 주기인 신축준비단계, 시공단계, 유지관리단계, 철거단계를 거치는 동안 수많은 사람과 관계를 가지면서 건물로서 기능성을 보이다가 마침내 내용연수 전후에 건물로서의 사용가치나 교환가치가 없을 때에 철거됨으로써 그 일생을 마감하게 된다.

인간의 출생과 사망 사이의 시간을 생존기간이라 하는데 건물에 있어서도 이와 유사한 연수개념이 있다. 물리적으로 지탱할 수 있으면서 건물로서 사용가치가 다할 때까지를 물리적 내용연수라 하는 이를 건물의 생애기간이라 말할 수 있다.

건물은 생애기간 동안 이미 언급한 바와 같이 수많은 관계자가 상호작용하여 건물의 출생이 시작되며, 또한 관계를 유지하다가 그 일생을 마치게 되는 마지막 단계를 보내게 된다. 이러한 건물의 일생에 가장 중요한 관계자에는 소유자 · 설계자 · 시공자 · 관리자 그리고 사용자들이 있다.

건물은 소유자의 요구와 목적에 따라 설계자에 의하여 설계되고, 설계내용대로 시공자의 손에 의하여 시공되며, 관리자의 손으로 넘어와 관리됨으로써 건물로서 기능성을 갖게 되고, 마침내 건물의 사용자에 의하여 그 건물의 사용 가치를 인정받게 되고 인간의 일과 생활과 삶에 활용된다. 시공 전 단계에서부터 기존 건물의 멸실등기 단계까지 크고 작은 관계를 유지하고 영향을 미치는 사람들, 즉 건물생애와 관계있는 관계자를 소개하면 대체로 다음과 같다. 이러한 건물 관계자와의 관계특성을 이해하는 것이 실체대상건물을 이해하는 데 도움이 될 것으로 판단된다.

① 토지소유자와 건물소유자

토지소유자가 그 지상에 건축하는 경우 건축주가 되며, 건축된 건물을 보존등기하는 경우 건물의 소유자가 된다. 즉 건물의 사용 · 수익 · 처분의 권능을 가지고 있는 소유자가 된다. 일반적으로 토지소유자와 건물의 소유자는 동일인이나 특별한 경우에는 토지 소유자와 건물소유자는 상이할 수도 있다.[25)]

---

25) 토지소유자와 건물의 소유자는 일반적으로 동일인이나 토지상에 지상권 설정, 건물만의 경매 또는 타인 명

② 토지권리자

건축할 수 있는 토지 위에 계획하고 있는 건물을 신축할 수 있는 자, 즉 일정한 토지를 사용할 수 있는 권리가 있는 자를 의미하며, 이에는 토지 소유자를 포함해서 토지소유자로부터 일정기간 사용을 허락받은 토지사용권자, 토지지상권자, 임차인, 토지경매경락자로서 경락잔금을 지불한 자, 재판을 통하여 소유권 있음을 확정판결 받은 자, 타인의 토지를 등기하고 10년간 평온 · 공연 · 선의 · 무과실로 점유하고 사용하는 자, 타인의 토지를 등기하지 아니하고 평온 · 공연하게 20년간 토지를 점유하고 사용한 자로서 등기한 자, 상속, 유증, 사인증여된 토지로서 피상속자나 유증자가 사망하였을 경우의 상속자 · 수증자 등이 토지권리자이다. 이러한 권리자는 건물을 신축하는 경우 건물의 소유권자이기도 하지만 다를 경우도 있다.

③ 건축설계자

건물의 설계란 계획된 방향과 목표를 달성하기 위한 기본적인 정신과 개념을 건축주 또는 권한자로부터 제시받아 어떤 구체적인 자료를 가지고 목적에 알맞게 기술적으로 처리하는 수단을 의미한다. 또한 설계의 의미는 계획에 의해서 결정된 공간의 성질과 규모 그리고 형태를 시각적인 형태로 구성해주며, 형태적인 공간구성, 입면적이 아닌 3차원적 공간, 부분적인 처리수단, 입면구성을 어느 정도 구체적이고 세부적으로 강조하며 문제를 풀어주는 것으로 자료를 받아 형태를 구성하는 작업이라 할 수 있다.

이러한 건축설계자는 계획하는 설계계획자(설계기획자), 설계를 주변환경과 연관지어 설계 전에 설계하는 도시설계자, 건축설계자 등이 있다. 이들은 설계담당 구성원 또는 설계조직의 팀이라 하며, 하나의 구성원 성격을 가지고 있다. 설계는 완성된 것이 아니므로 완성되도록 하는 관점에서 볼 때 설계자는 계획팀 · 설계팀 · 건설팀으로 대별할 수 있다. 이상 각 구성원들이 건축설계자의 범주에 해당되는 관계자들이다.

④ 건축 허가권자

건축허가 신청 행정관청의 시장 · 군수 · 구청장이 원칙적으로 허가권자이다. 이

의 건축을 위한 토지사용 승낙, 건물만의 상속시 토지소유자와 건물소유자가 달라질 수 있다.

러한 건축 허가권자는 건물의 완공시에 사용승인권을 가지고 있으며, 사용승인을 받음으로써 당해 건물을 사용할 수 있고 보존등기가 가능해진다. 그러나 21층 이상의 건축물 등을 서울특별시·광역시에 건축할 경우 시군구의 허가권자는 서울특별시장, 광역시장의 허가를 받아야 한다.

또한 대통령령으로 정하는 용도 규모의 건축이나 대수선시 서울특별시장 또는 광역시장으로부터 건축허가를 받아야 한다.

⑤ 시공업자

건물은 시공업자에 의하여 완성된다. 시공업자는 건설업자, 건설업기술자, 건설기능공 등을 포함한 개념이며, 자본·노동·기술의 결합으로 건물이 탄생되므로 넓은 의미의 시공업자의 개념에는 건설기술자가 자본가와 노무를 제공하는 자도 이에 포함된다고 할 수 있다.

⑥ 감리자

건물의 시공과정에서 시공상태가 설계나 시방서 내용대로 안전하게 그리고 공법대로 시공되는지를 감독하는 자를 감리자라 한다. 건축현장의 감리자에는 토목·건축·전기·기계설비·시험기사 등 여러 기술직종의 기술인력이 감리자로 참여하게 된다.

⑦ 건물사용 승인권자

완공된 건물의 사용 여부를 결정하는 자이다. 허가권자와 동일하며, 사용승인에 따라 보존등기가 가능해지고, 보존등기에 의하여 건물 소유권을 원시취득하게 된다.

⑧ 건물관리자와 관리종사자

건물은 타율성의 특성으로 건물 스스로 성능이나 기능성을 나타낼 수 없다. 따라서 이를 운전하고 정비하는 유지 관리자가 필요하다. 건물의 관리자는 기술·경영·안전·환경·법률 관리 등의 종합관리를 통하여 건물의 기능저하 방지, 조기노후화 방지와 내용연수 연장, 정상적인 기능성 확보, 경제가치의 제고, 안전관리를 통한 인명과 재산보호 등의 관리목표를 달성하는 자이므로 건물생애를 통하여 설계자와 시공자 못지않게 매우 중요한 관계자이다.[26)]

관리종사자의 범주에는 기술직근무자, 행정직근무자, 경비직근무자, 환경미화직

근무자, 위생관리직근무자, 조경관리근무자, 주차관리근무자, 안전관리자 등이 포함되며, 협의의 관리구성원, 즉 관리자(관리소장), 관리감독자, 관리근무자로 구성되는 협의의 관리조직의 구성원만을 의미한다. 그러나 건물관리자란 관리권을 가지고 관리업무를 총괄하는 건물관리소장(총괄관리책임자)을 의미한다.

⑨ 건물관리관계자

건물관리업무를 수행함에 있어서 간접적으로 영향을 미치거나 관계되는 자를 의미한다. 전기 · 수돗물 · 가스 · 전화 등의 공급자, 건물관리 관계법령에 의하여 관계되는 유관기관, 즉 공적 서비스를 제공하는 공무원과 담당자 등이 이 범주에 해당된다.

⑩ 건물관리협력자

건물관리용역업자, 보수공사도급업자, 검사업자, 관리용품납품업자, 건물관리관련보험사업자 등 사적 서비스를 제공하여 간접적으로 건물관리에 협력하는 자를 의미한다.

⑪ 건물사용자

건물을 여러 가지 사용목적에 따라 권원에 의하여 장기간 사용하고 수익하는 자를 말한다. 사용자는 정당한 권원에 의하여 사용권이 있는 자이거나 계약에 의하여 그 권리가 주어진 자이다. 이 범주에는 소유자, 입주자, 구분소유자, 공유지분자, 계약자, 임차인, 임차인의 전차인, 양수인, 전세권자, 전세권자의 전차인 또는 양수인, 관계법에 의하여 사용에 권한 있는 자로 명시된 자, 사용 위임받은 자, 사용 승낙받은 자 등이 이에 해당된다.

⑫ 건물이용자

건물의 이용자란 일시적으로 업무나 쇼핑 또는 교통 · 교육 등 생활과 일을 위하여 단기간 또는 짧은 시간 동안 당해 건물에 출입하는 자이다. 이러한 건물이용자의 범주에는 특정장소의 건물이나 점포를 이용하는 고객 · 손님 · 방문자 · 관람객 · 방청인 · 입장객 · 청중 · 교육생 · 민원인 · 투숙객 등이 있다.

---

26) 여기서 말하는 건물의 경영관리란 최광의 관리개념인 경제관리와 행정관리를 합한 관리개념이다.

⑬ 건물등기관계자

사용승인을 득하고 취득신고를 필한 후 신축건물소유권 보존등기를 하게 되는데 이에 관계되는 자는 법무사와 관할등기소의 등기공무원, 시 · 군 · 구와 관할세무서의 등록세 · 취득세 · 등록세 · 양도세(양도시) 담당공무원 등이 있는바 이를 건물등기관계자라 한다.

⑭ 건물이해관계자

건물이해관계자의 개념에는 광의의 이해관계자와 협의의 이해관계자가 있다. 건물관리 목적 중 미시적 목적과 관계되는 건물이해관계자는 협의의 이해관계자만을 지칭하고 있다. 이에는 건물소유자, 건물사용자, 건물이용자를 의미한다.

또한 건물의 내용연수 동안 당해 건물에 대하여 소유권과 기타 권리나 채권을 갖는 자를 광의의 건물이해관계자라 한다. 이에는 소유권자와 사용권자인 전세권자, 임차인과 기타 권리자인 저당권자, 근저당권자, 압류권자, 가압류권자, 가처분권자, 가등기권자, 당해 건물에 대한 재판을 신청한 자(원고), 임차권 등기권자, 채권적 주택전세권자, 임차인, 구분소유권자, 경매에서 경락자로 확정된 자, 지상권자, 지역권자, 채권자, 상린관계자 및 건물관리자 등이 모두 이해관계자에 해당된다. 당해 건물에 대한 채권이나 기타권리에 대하여 수용권자, 공증조서, 화해조서, 인낙조서, 이행확정 판결 정본 등 채무명의에 해당되는 권리자도 넓은 의미의 건물이해관계자이다. 협의의 이해관계자랑 소유자 · 사용자 · 이용자를 의미한다.

⑮ 권리승계자

당해 건물에 대하여 매매계약이나 경매 · 재판 · 강제집행 · 상속 · 증여 등에 의하여 전 소유자로부터 새로운 소유자에게 사용 · 수익 · 처분권을 이전하는 것을 이전승계라 하는데 이러한 승계를 받는 자를 권리승계자라 한다. 이에는 매수자, 경락자, 소유권 이전 재판승소 판결을 받은 자 상속자, 수증자 등이 이에 해당된다.

자. 타율성 측면의 건물특성

건물은 스스로 기능과 성능을 나타내지 못하며 사람의 손(관리자)에 의하여 관리될 때 비로소 기능과 성능을 나타내는 타율성의 특성이 있다.

차. 건물생애주기 측면의 건물특성

건물의 생애주기(life cycle)는 일반적으로 건물의 생애단계로 표현하고 있는 것으로 종래에는 부동산학에서 그 진행단계를 인간 생태학적 측면에서 신생단계 · 안정단계 · 노후단계 · 폐물단계 등 4단계로 인식해왔으나 건물자산관리의 성질상 건물 진행단계를 정확히 할 필요가 있다. 따라서 저자는 다음과 같이 건물의 생애주기를 건물의 일생을 건축공학측면에서 4단계로 분류하고자 한다.

① 제1단계 : 건물신축 준비단계

건물소유자가 신축하고자 하는 건물의 기획, 경제성, 기술성, 타당성 검토를 거쳐 신축계획안을 확정하고 부지의 구입 또는 준비, 설계, 건축허가, 시공자 선정, 자재, 장비, 자금의 준비, 착공계 제출 등 착공 전까지의 모든 준비단계를 건물신축준비단계라 한다.

② 제2단계 : 시공단계

착공하여 완공한 건물은 사용승인을 받은 후 보존등기하고, 설비의 작동시험(커미셔닝)과 시설의 운전점검 및 안전점검 후 건축주에게 인계하기까지를 시공단계로 본다. 소유자에 의한 관리 준비는 건물의 종류에 따라 다소 차이는 있으나 건물완공 6개월 전에 착수하지 않으면 안된다. 건물이 대형이고, 고층건물이거나 건물의 설비 위험 정도가 클수록 완공 6개월 전에 관리조직을 구성하고 관리자를 사전에 선발하여 교육 및 훈련을 실시하는 등 관리를 시작할 만반의 준비를 진행하지 않으면 안된다. 따라서 시공단계부터 관리의 사전준비 작업을 시작하는 것이 현명하다.

③ 제3단계 : 유지관리단계

완공 후부터 철거될 때까지의 단계를 말한다. 건물 총생애비용(LCC : Life Cycle Cost) 중 약 80% 이상이 소요되는 단계이며, 건물의 일생 중 가장 긴 단계이다. 이 단계에 건축주는 건물 투자비의 회수와 투자이익 극대화 및 사용수익목적을 달성하게 된다. 즉 사용수익을 최대로 하게 된다. 유지관리단계 중에는 건물이 성장하고(성장단계), 노후되며(노후화단계), 폐물되는(폐물단계) 내부적 단계를 거치게 된다.

④ 제4단계 : 철거단계

건물의 생애 중 최종단계로서 인위적으로 토지의 재사용을 위하여 또는 물리적으로 수명이 다하여 철거하게 된다. 철거단계에서 반드시 검토해야 할 사항은 토지 재사용을 위한 철거의 경우, 철거하여 재건축하였을 때 소요되는 비용과 기존 건물을 리모델링하는 경우의 비용을 각각 산출하여 경제성 검토를 해보아야 한다. 또한 이 단계에서는 유지관리비 지출을 최대한 억제해야 한다.

5) 건물기술관리객체 건물의 관리정보

건물자산관리자는 기술관리대상으로서의 건물에 대하여 구체적으로 이해하려면 건물관리에 필요한 건축대지, 건축물, 건축설비 등에 대하여 건물관리정보를 알고 있어야 한다. 왜냐하면, 건물관리는 보이는 것 외에 보이지 않는 관리대상이 많으며, 기술관리대상 건물은 자산관리의 주된 대상이고 실체이기 때문에 보다 구체적으로 주요 확인정보를 일일이 체크하여 사전에 확인해두어야 한다.

건물자산관리객체 건물관리정보는 기술관리대상 건물을 구성하고 있는 건축대지, 건축물(건축시설), 건축설비 순으로 살펴보아야 한다.

(1) 건축대지 관리정보

건축대지란 건축의 신축에 사용된 토지를 말한다. 다시 말하면, 건축대지란 건축에 사용된 수평토지를 의미한다. 건물은 토지에 정착된 것으로서 토지지반 위에 기초를 두고 기초와 기둥, 보와 슬래브 그리고 벽체와 지붕으로 뼈대를 이루는 구조체와 부재 및 마감재로 구성되어 있다.

따라서 건물관리종사자는 건물의 관리에 있어서 반드시 알아야 할 건축대지에 대한 주요 관리정보를 사전에 연구해두고 이를 건물관리에 활용하는 것이 현명하다.

다음에서 건물관리에서 필요한 건축대지에 관한 주요 건물관리 정보를 살펴보기로 한다.

① 대지지목

지목이라 함은 지적법상 토지의 용도분류로서 연속적인 상태로 존재하는 토지지상에 인위적으로 일정한 선을 그어서 경계를 확정하고, 확정된 토지의 용도에 따라 토지종류를 구분하여 지적공부인 임야대장 또는 토지대장 등에 등록한 것을

의미한다.[27)]

토지는 28개 지목으로 분류되며, 일필일목원칙(一筆一目原則)과 주지목추종원칙(主地目追從原則)의 적용을 받는다. 관리대상건물의 건축대지의 용도는 무엇이고, 지목은 무엇인지, 경계는 어디까지인지 확인해두어야 한다. 지목에 따라 건축물의 건축이 가능하거나 용적률과 건폐율이 각각 상이하기 때문이다. 참고로 우리나라 토지의 총면적은 99,538㎢로서 그 중 임야가 66%인 65,100㎢, 답이 13%인 12,325㎢, 전이 8% 8,098㎢, 그리고 대지는 전체 토지면적 중 2%인 2,387㎢, 도로가 약 2%인 2,337㎢, 기타가 전체 토지의 9%인 9,289㎢를 점하고 있다.[28)]

토지지목의 종류는 다음과 같다.[29)]

- 전(田)
- 답(畓)
- 과수원(果樹園)
- 목장용지(牧場用地)
- 임야(林野)
- 광천지(鑛泉地)
- 염전(鹽田)
- 대(垈)
- 공장용지(工場用地)
- 학교용지(學校用地)
- 도로(道路)
- 철도용지(鐵道用地)
- 하천(河川)
- 제방(堤防)
- 구거(溝渠)
- 유지(溜地)
- 수도용지(水道用地)

27) 지적공부에는 토지대장, 임야대장, 공유지연명부, 대지권-등록부, 지적도, 임야도 및 경계점 좌표 등록부가 있다.

28) 건설교통부, 「건설통계연보」, 2002. p.3.

29) 「시적법 시행령」 제5조.

- 공원(公園)
- 체육용지(體育用地)
- 유원지(遊園地)
- 종교용지(宗敎用地)
- 사적지(史蹟地)
- 묘지(墓地)
- 잡종지(雜種地)
- 주차장(駐車場)
- 창고용지(倉庫用地)
- 양어장(養魚場)
- 주유소용지(注油所用地)

각 지목의 내용은 다음과 같다.

► 전(田)

물을 상시적으로 이용하지 아니하고 곡물 · 원예작물(과수류를 제외한다) · 약초 · 뽕나무 · 닥나무 · 묘목 · 관상수 등의 식물을 주로 재배하는 토지와 식용을 위하여 죽순을 재배하는 토지를 말한다. 전은 전술한 바와 같이 토지 전체면적의 8%인 8,098㎢이다.

► 답(畓)

물을 상시적으로 직접 이용하여 벼 · 연 · 미나리 · 왕골 등의 식물을 주로 재배하는 토지를 말한다. 답은 전체면적의 13%인 12,325㎢이다.

► 과수원(果樹園)

사과 · 배 · 밤 · 호두 · 귤나무 등 과수류를 집단적으로 재배하는 토지와 이에 접속된 저장고 등 부속시설물의 부지를 말한다. 다만, 주거용 건축물의 부지는 대지로 본다.

► 목장용지(牧場用地)

다음 각목의 토지는 '목장용지'로 한다. 다만 주거용 건축물의 부지는 '대'로 한다.

- 축산업 및 낙농업을 하기 위하여 초지를 조성한 토지
- 축산법 제2조 제1호의 규정에 의한 가축을 사육하는 축사 등의 부지
- 가목 및 나목의 토지와 접속된 부속시설물의 부지

► 임야(林野)

산림 및 원야(原野)를 이루고 있는 수림지 · 죽림지 · 암석지 · 자갈땅 · 모래땅 · 습지 · 황무지 등의 토지를 말한다. 임야는 전체 토지 면적 중 가장 큰 토지지목으로서 전체 면적의 66%인 65,100㎢에 해당된다.

► 광천지(鑛泉地)

지하에서 온수 · 약수 · 석유류 등이 용출되는 용출구와 그 유지(維持)에 사용되는 부지를 말한다. 다만, 온수 · 약수 · 석유류 등을 일정한 장소로 운송하는 송수관 · 송유관 및 저장시설의 부지는 제외한다.

► 염전(鹽田)

바닷물을 끌어들여 소금을 채취하기 위하여 조성된 토지와 이에 접속된 제염장 등 부속시설물의 부지를 말한다. 다만, 천일제염방식에 의하지 아니하고 동력에 의하여 바닷물을 끌어들여 소금을 제조하는 공장시설물의 부지는 제외된다.

► 대(垈)

다음 각목의 토지는 대지로 본다.

- 영구적 건축물 중 주거, 사무실, 점포와 박물관, 극장, 미술관 등 문화시설과 이에 접속된 정원 및 부속시설물의 부지
- 도시계획법 등 관계법령에 의해 택지조성공사가 준공된 토지

대지의 면적은 전체토지면적의 2%인 2,387㎢에 불과하다.

► 공장용지(工場用地)

다음 각목의 토지는 '공장용지'로 한다.

- 제조업을 하고 있는 공장시설물의 부지
- 공업배치 및 공장설립에 관한 법률 등 관계법령에 의한 공장부지 조성공사가 준공된 토지다. 각목 및 나목의 토지와 같은 구역 안에 있는 의료시설 등 부

속시설물의 부지

► 학교용지(學校用地)

학교의 교사와 이에 접속된 체육장 등 부속시설물의 부지를 말한다.

► 주차장(駐車場)

자동차 등의 주차에 필요한 독립적인 시설을 갖춘 부지와 주차전용 건축물 및 이에 접속된 부속시설물의 부지를 말한다. 다만, 다음 각 호의 1에 해당하는 시설의 부지를 제외한다.

- 주차장법 제2조 제1호 가목 및 다목의 규정에 의한 노상주차장 및 부설주차장
- 자동차 등의 판매목적으로 설치된 물류장 및 야외전시장

► 주유소용지(注油所用地)

다음 각목의 토지는 '주유소용지'로 한다. 다만, 자동차·선박·기차 등의 제작 또는 정비공장 안에 설치된 급유·송유시설 등의 부지를 제외한다.

- 석유·석유제품 또는 액화석유가스 등의 판매를 위하여 일정한 설비를 갖춘 시설물의 부지
- 저유소 및 원유저장소의 부지와 이에 접속된 부속시설물의 부지

► 창고용지(倉庫用地)

물건 등을 보관 또는 저장하기 위하여 독립적으로 설치된 보관 시설물의 부지와 이에 접속된 부속시설물의 부지를 말한다.

► 도로(道路)

다음 각목의 토지는 '도로'로 한다. 다만, 아파트·공장 등 단일 용도의 일정한 단지 안에 설치된 통로 등을 제외한다. 도로의 전체 면적은 전체 토지의 2%인 2,337㎢이다.

- 일반 공중의 교통운수를 위하여 보행 또는 차량운행에 필요한 일정한 설비 또는 형태를 갖추어 이용되는 토지
- 도로법 등 관계법령에 의하여 도로로 개설된 토지

- 고속도로 안의 휴게소 부지
- 2필지 이상에 진입하는 통로로 이용되는 토지

► 철도용지(鐵道用地)

교통운수를 위하여 일정한 궤도 등의 설비와 형태를 갖추어 이용되는 토지와 이에 접속된 역사·차고·발전시설 및 공작창 등 부속시설물의 부지를 말한다.

► 제방(堤防)

조수·자연유수·모래·바람 등을 막기 위하여 설치된 방조제·방수제·방사제·방파제 등의 부지를 말한다.

► 하천(河川)

자연의 유수(流水)가 있거나 있을 것으로 예상되는 토지를 말한다.

► 구거(溝渠)

용수 또는 배수를 위하여 일정한 형태를 갖춘 인공적인 수로·둑 및 그 부속시설물의 부지와 자연의 유수(流水)가 있거나 있을 것으로 예상되는 소규모 수로부지를 말한다.

► 유지(溜地)

물이 고이거나 상시적으로 물을 저장하고 있는 댐·저수지·소류지·호수·연못 등의 토지와 연·왕골 등이 자생하는 배수가 잘 되지 아니하는 토지를 말한다.

► 양어장(養魚場)

육상에 인공으로 조성된 수산생물의 번식 또는 양식을 위한 시설을 갖춘 부지와 이에 접속된 부속시설물의 부지를 말한다.

► 수도용지(水道用地)

물을 정수하여 공급하기 위한 취수·저수·도수(導水)·정수·송수 및 배수시설의 부지 및 이에 접속된 부속시설물의 부지를 말한다.

► 공원(公園)

일반 공중의 보건·휴양 및 정서 생활에 이용하기 위한 시설을 갖춘 토지로서

도시계획법에 의하여 공원 또는 녹지로 결정 · 고시된 토지를 말한다.

► 체육용지(體育用地)

국민의 건강증진 등을 위한 체육활동에 적합한 시설과 형태를 갖춘 종합운동장 · 실내체육관 · 야구장 · 골프장 · 스키장 · 승마장 · 경륜장 등 체육시설의 토지와 이에 접속된 부속시설물의 부지를 말한다. 다만, 체육시설로서의 영속성과 독립성이 미흡한 정구장 · 골프연습장 · 실내수영장 및 체육도장, 유수(流水)를 이용한 요트장 및 카누장, 산림안의 야영장 등의 토지를 제외한다.

► 유원지(遊園地)

일반 공중의 위락 · 휴양 등에 적합한 시설물을 종합적으로 갖춘 수영장 · 유선장 · 낚시터 · 어린이놀이터 · 동물원 · 식물원 · 민속촌 · 경마장 등의 토지와 이에 접속된 부속 시설물의 부지를 말한다. 다만, 이들 시설과의 거리 등으로 보아 독립적인 것으로 인정되는 숙식시설 및 유기장의 부지와 하천 · 구거 또는 유지(공유(公有)의 것에 한한다)로 분류되는 것을 제외한다.

► 종교용지(宗敎用地)

일반 공중의 종교의식을 위하여 예배 · 법요 · 설교 · 제사 등을 하기 위한 교회 · 사찰 · 향교 등 건축물의 부지와 이에 접속된 부속시설물의 부지를 말한다.

► 사적지(史蹟地)

문화재로 지정된 역사적인 유적 · 고적 · 기념물 등을 보존하기 위하여 구획된 토지를 말한다. 다만, 학교용지 · 공원 · 종교용지 등 다른 지목으로 된 토지 안에 있는 유적 · 고적 · 기념물 등을 보호하기 위하여 구획된 토지를 제외한다.

► 묘지(墓地)

사람의 시체나 유골이 매장된 토지, 도시공원법에 의한 묘지공원으로 결정 · 고시된 토지 및 장사 등에 관한 법률 제2조 제8호의 규정에 의한 납골 시설과 이에 접속된 부속시설물의 부지는 '토지'로 한다. 다만, 묘지의 관리를 위한 건축물의 부지를 말한다.

► **잡종지(雜種地)**

다음 각목의 토지는 '잡종지'로 한다. 다만, 원상회복을 조건으로 돌을 캐내는 곳 또는 흙을 파내는 곳으로 허가된 토지를 제외한다.

- 갈대밭, 실외에 물건을 쌓아두는 곳, 돌을 캐내는 곳, 흙을 파내는 곳, 야외시장, 비행장, 공동우물
- 영구적 건축물 중 변전소, 송신소, 수신소, 송유시설, 도축장, 자동차운전학원, 쓰레기 및 오물처리장 등의 부지
- 다른 지목에 속하지 아니하는 토지

② 대지평수

대지평수란 가로 세로 수평 투영면적을 의미하는 것으로 등기부나 지적법상 ㎡로 표시하고 있다.

이를 평수로 환산하려면 ㎡면적에 3.025를 나누어 주면 평수로 계산된다.

대지평수 중 건축물의 지하면적이 차지하는 평수와 바닥 면적이 차지하는 평수를 구체적으로 파악해두어야 한다. 그리고 세법상 재산세 등의 과세표준이 되므로 대지평수 파악은 중요한 건물관리정보가 된다.

③ 필지수

토지의 단위를 필이라 하고 대통령령이 정하는 바에 의하여 구획되는 토지의 등록단위를 필지라 한다.

관리대상건물의 건축대지는 단일 필지인지 아니면 소유자가 다른 복수 필지인지 확인해두어야 한다. 건축대지가 복수 필지인 경우 합필되었는지 아닌지도 확인해두는 것이 관리상 도움이 된다.

건물 재개발시에 필지수는 유용한 건물관리 참고정보가 된다.

④ 경계점 및 경계

경계점이란 지적공부에 등록하는 필지를 구획하는 선의 굴곡점과 경계점 좌표등록부에 등록하는 평면 직각 종횡선 수치의 교차점을 말한다. 한편 경계란 필지별로 경계점간을 직선으로 연결하여 지적공부에 등록한 선을 말한다.[30)]

---

30) 「지적법」 제2조 제9항 및 제10항.

인접 건물의 사용대지인 건축대지의 경계점과 경계를 사전에 파악해두는 것은 건물의 토지관리나 건축물과의 상린관계에서 활용되어야 할 토지관리참고 정보이다. 따라서 관리자는 공부상과 사실상의 경계점과 경계를 파악해두어야 한다.

⑤ 건축대지 소유자

대지소유자란 소유권을 가진 자로 등기부상 등재된 자를 말한다.

문제는 소유자가 개인인지 아니면 단체나 법인인지, 법인이면 공익법인인지 아닌지를 확인해야 세무관리 실무에 유용한 정보가 된다. 건물에는 토지소유자와 건물(건축물) 소유자가 대부분 동일하나 서로 상이한 경우도 있으므로 관리상 유의해야 한다.

⑥ 건축대지 주소 및 지번

건축대지의 주소는 토지대장과 토지등기부 등 지적공부에 등재된 필지의 주소를 말한다. 토지대장과 등기부상의 기재된 주소가 다른 경우는 일치시켜야 하며, 상이할 경우에는 토지등기부 상의 주소를 기준으로 해야 한다. 지번은 토지필지에 붙하여 지적공부에 등록한 번호를 말한다.[31]

⑦ 권리현황

건축대지는 부동산이므로 소유권이 존재하고 소유자의 사정에 따라 저당권·전세권·지역권·지상권 등의 제한물권이 설정될 수 있는가 하면 가압류·가처분·가등기 등의 기타 권리와 임의경매와 같은 예고등기가 등기되는 경우도 있다. 문제는 소유권이 온전한 권리 형태로 존재해야만 관리상 또는 법률적으로 문제가 없으므로 관리자는 언제나 소유권이 온전한 상태로 유지되도록 최선의 소유권보존 관리활동을 해야 한다.

제한물권의 설정과 기타 권리의 설정은 금액의 범위나 설정권리의 내용에 따라 임대관리에 크게 악영향을 미치게 되며, 건물자산경영활동을 제한적으로 하게 하거나 아예 중단시키는 사태까지 발전하게 된다. 따라서 토지공부상 설정된 권리를 확인하고 소유권이 온전한 상태로 유지되도록 항상 주의하여 관리해야 한다.

---

31) 「지적법」 제2조 제5항.

⑧ 건폐율

건폐율이란 대지면적에 대한 건축면적(바닥면적)의 비율을 말한다. 건축면적은 건축대지의 용도에 따라 건축법과 국토의 계획 및 이용에 관한 법률 등에 의하여 결정되나 지방의 회의 조례에 의해서 제한받으므로 관리자는 국토의 계획 및 이용에 관한 법률의 건폐율과 건물이 위치한 지역의 지방의회 조례를 확인하여 당해 건축물의 건축대지의 건폐율을 확인하고 향후 필요에 따라 건물의 증축 또는 개축시에 활용해야 한다. 국토의 계획 및 이용에 관한 법률에 규정하고 있는 용도지역 안에서의 건폐율의 내용은 다음과 같다.[32)]

법 제77조 제1항 및 제2항의 규정에 의한 건폐율은 다음 각 호의 범위 안에서 특별시·광역시 또는 군의 도시계획조례가 정하는 비율을 초과하여서는 안된다.

- 제1종전용 주거지역 : 50퍼센트 이하
- 제2종전용 주거지역 : 50퍼센트 이하
- 제1종일반 주거지역 : 60퍼센트 이하
- 제2종일반 주거지역 : 60퍼센트 이하
- 제3종합일반 주거지역 : 50퍼센트 이하
- 준주거지역 : 70퍼센트 이하
- 중심상업지역 : 90퍼센트 이하
- 일반상업지역 : 80퍼센트 이하
- 근린상업지역 : 70퍼센트 이하
- 유통상업지역 : 80퍼센트 이하
- 전용공업지역 : 70퍼센트 이하
- 일반공업지역 : 70퍼센트 이하
- 준공업지역 : 70퍼센트 이하
- 보전녹지지역 : 20퍼센트 이하
- 생산녹지지역 : 20퍼센트 이하
- 자연녹지지역 : 20퍼센트 이하
- 보전관리지역 : 20퍼센트 이하
- 생산관리지역 : 20퍼센트 이하

---

32) 「국토의 계획 및 이용에 관한 법률」 제77조 및 [동시행령] 제84조.

- 계획관리지역 : 40퍼센트 이하
- 농림지역 : 20퍼센트 이하
- 자연환경보전지역 : 20퍼센트 이하

제1항의 규정에 의하여 도시계획조례로 용도지역별 건폐율을 정함에 있어서 필요한 경우에는 당해 지방자치단체의 관할구역을 세분하여 건폐율을 달리 정할 수 있다.

법 제77조 제3항의 규정에 의하여 다음 각 호의 지역 안에서의 건폐율은 각 호에서 정한 범위 안에서 특별시, 광역시 또는 군의 도시계획조례가 정하는 비율을 초과하여서는 안된다.

- 취락지구 : 60퍼센트 이하(집단취락지구에 대하여는 개발제한구역의지정및관리에관한특별조치법령이 정하는 바에 의한다.)
- 도시지역 외의 지역에 지정된 개발진흥지구 : 40퍼센트 이하
- 수산자원보호구역 : 40퍼센트 이하
- 자연공원법에 의한 자연공원 및 공원보호구역 : 60퍼센트 이하
- 산업입지및 개발에 관한 법률 제2조 제5호 다목의 규정에 의한 농공단지 : 60퍼센트 이하
- 공업지역 안에 있는 산업입지및 개발에 관한 법률 제2조 제5호 가목 및 나목의 규정에 의한 국가산업단지 및 지방산업단지 : 80퍼센트 이하

특별시장 · 광역시장 또는 군수가 법 제77조 제4항 제1호의 규정에 의하여 도시지역에서 토지이용의 과밀화를 방지하기 위하여 건폐율을 맞추어야 할 필요가 있다고 인정하여 당해 지방자치단체에 설치된 도시계획위원회의 심의를 거쳐 정한 구역 안에서의 건축물의 경우에는 그 건폐율은 그 구역에 적용할 건폐율의 최대한도의 40퍼센트 이상의 범위 안에서 특별시 · 광역시 또는 군의 도시계획조례가 정하는 비율을 초과하여서는 아니된다.

법 제77조 제4항 제2호의 규정에 의하여 준주거지역, 일반상업지역, 근린상업지역의 방화지구 안의 건축물로서 다음 각 호의 1에 해당하는 건축물의 경우에는 제1항의 규정에 불구하고 그 건폐율은 80퍼센트 이상 90퍼센트 이하의 범위 안에서 특별시 · 광역시 또는 군의 도시계획조례가 정하는 비율을 초과하여서는 아니된다.

- 당해 건축물의 주요구조부가 내화구조인 것
- 당해 건축물의 대지가 가로의 모퉁이에 있는 대지로서 다음 각 목의 1에 해당하는 것

- 서로 교차하는 2개의 도로에 접한 대지로서 그 도로 너비의 합계가 15미터이상이고, 도로에 접한 대지의 내각이 120도 이하이며, 그 대지둘레길이의 3분의 1 이상이 도로에 접한 대지
- 서로 교차하지 아니하는 2개의 도로에 접한 대지로서 그 도로너비가 각각 8미터 이상이고, 그 도로경계선 상호간의 간격이 35미터이며, 그 대지 둘레 길이의 3분의 1이상이 도로에 접한 대지

법 제77조 제4항 제3호의 규정에 의하여 보전관리지역, 생산관리지역 농림지역 또는 자연환경보전지역 안에서 농지법 제34조의 규정에 의하여 건축할 수 있는 건축물의 경우에는 제1항의 규정에 불구하고 그 건폐율은 60퍼센트 이하의 범위 안에서 특별시·광역시 또는 군의 도시계획조례가 정하는 비율을 초과하여서는 아니된다.

제1항의 규정에 불구하고 도시계획시설 중 유원지 및 공원의 건폐율에 관하여는 건설교통부령으로 따로 정할 수 있다.

⑨ 용적률

건축물의 지상층의 연면적이 대지면적에 대한 비율이다. 단 지하층(지하실)은 용적률(容積率) 계산에서 제외된다. 용적률이 높을수록 토지이용 효율이 극대화된다. 관계법에 규정된 용도지역 안에서의 용적률 내용은 다음과 같다.[33]

법 제78조 제1항 및 제2항의 규정에 의한 용적률은 다음 각 호의 범위 안에서 관할구역의 면적, 인구규모 및 용도 지역의 특성 등을 감안하여 특별시·광역시 또는 군의 도시계획조례가 정하는 비율을 초과하여서는 아니된다.

- 제1종전용주거지역 : 50퍼센트 이상 100퍼센트 이하
- 제2종전용주거지역 : 100퍼센트 이상 150퍼센트 이하
- 제1종일반주거지역 : 100퍼센트 이상 200퍼센트 이하

33) 「국토의 계획 및 이용에 관한 법률」 제78조 [동시행령] 제85조.

- 제2종일반주거지역 : 150퍼센트 이상 250퍼센트 이하
- 제3종일반주거지역 : 200퍼센트 이상 300퍼센트 이하
- 준주거지역 : 200퍼센트 이상 500퍼센트 이하
- 중심상업지역 : 400퍼센트 이상 1천500퍼센트 이하
- 일반상업지역 : 300퍼센트 이상 1천300퍼센트 이하
- 근린상업지역 : 200퍼센트 이상 900퍼센트 이하
- 유통상업지역 : 200퍼센트 이상 1천100퍼센트 이하
- 전용공업지역 : 150퍼센트 이상 300퍼센트 이하
- 일반공업지역 : 200퍼센트 이상 350퍼센트 이하
- 준공업지역 : 200퍼센트 이상 400퍼센트 이하
- 보전녹지지역 : 50퍼센트 이상 80퍼센트 이하
- 생산녹지지역 : 50퍼센트 이상 100퍼센트 이하
- 자연녹지지역 : 50퍼센트 이상 100퍼센트 이하
- 보전관리지역 : 50퍼센트 이상 80퍼센트 이하
- 생산관리지역 : 50퍼센트 이상 80퍼센트 이하
- 계획관리지역 : 50퍼센트 이상 100퍼센트 이하
- 농림지역 : 50퍼센트 이상 80퍼센트 이하
- 자연환경보전지역 : 50퍼센트 이상 80퍼센트 이하

제1항의 규정에 의하여 도시계획조례로 용도지역별 용적률을 정함에 있어서 필요한 경우에는 당해 지방자치단체의 관할 구역을 세분하여 용적률을 달리 정할 수 있다.

법 제78조 제3항의 규정에 의하여 다음 각 호의 지역 안에서의 용적률은 각 호에서 정한 범위 안에서 특별시·광역시 또는 군의 도시계획조례가 정하는 비율을 초과하여서는 아니된다.

- 도시지역 외의 지역에 지정된 개발진흥지구 : 100퍼센트 이하
- 수산자원보호구역 : 80퍼센트 이하
- 자연공원법에 의한 자연공원 및 공원보호구역 : 100퍼센트 이하. 다만, 자연공 원법에 의한 집단시설지구 및 밀집취락지구의 경우에는 150퍼센트 이하로 한다.

• 산업입지 및 개발에 관한 법률 제2조 제5호 다목의 규정에 의한 농공단지(도시지역 외의 지역에 지정된 농공단지에 한한다) : 150퍼센트 이하

법 제78조 제4항의 규정에 의하여 준주거지역, 중심상업지역, 일반상업지역, 근린상업지역, 전용공업지역, 일반공업지역 또는 준공업지역 안의 건축물로서 다음 각 호의 1에 해당하는 건축물에 대한 용적률은 경관교통방화 및 위생상 지장이 없다고 인정되는 경우에는 제1항 각 호의 규정에 의한 해당용적률의 120퍼센트 이하의 범위 안에서 특별시 · 광역시 또는 군의 도시계획조례가 정하는 비율로 할 수 있다.

• 공원광장(교통광장을 제외한다. 이하 이 조에서 같다)하천 그 밖에 건축이 금지된 공지에 접한 도로를 전면도로로 하는 대지 안의 건축물이나 공원광장하천 그 밖에 건축이 금지된 공지에 20미터 이상 접한 대지 안의 건축물
• 너비 25미터 이상인 도로에 20미터 이상 접한 대지 안의 건축면적이 1천제곱미터 이상인 건축물

법 제78조 제4항의 규정에 의하여 다음 각 호의 지역지구 또는 구역 안에서 건축물을 건축하고자 하는 자가 그 대지의 일부를 공공시설 부지로 제공하는 경우에는 당해 건축물에 대한 용적률은 제1항 각 호의 규정에 의한 해당 용적률의 200퍼센트 이하의 범위 안에서 대지면적의 제공비율에 따라 특별시 · 광역시 또는 군의 도시계획 조례가 정하는 비율로 할 수 있다.

• 상업지역
• 아파트지구
• 도시 및 주거환경 정비법에 의한 조택개발사업 및 도시환경정비사업을 시행하기 위한 정비구역

제1항의 규정에 불구하고 도시계획시설 중 유원지 및 공원의 용적률에 관하여는 건설교통부령으로 따로 정할 수 있다.

⑩ 토지관리관계법령과 용도지역 · 용도지구 · 용도구역

자산관리자는 건물관리관계 법령 외에 건물이 정착하고 있는 토지에 대하여 토지관리공법의 규제나 제한법령의 내용을 알고 있어야 한다. 토지관리공법에는 다

음과 같은 것이 있다.

- 토지의 계획 및 이용에 관한 법률
- 도시개발법
- 개발제한구역의 지정 및 관리에 관한 특별조치법
- 도시 및 주거환경 정비법
- 건축법
- 주택법(종전의주택건설촉진법)
- 농지법
- 산림법

특히 토지의 계획 및 이용에 관한 법률에서 규정하고 있는 용도지역·용도지구·용도구역에 대하여 체계적으로 이해하고 있어야 한다. 국토의계획 및 이용에 관한 법률이 규정하고 있는 용도지역·용도지구·용도구역의 내용은 다음과 같다.[34]

가) 용도지역

도시지역		인구와 산업이 밀집되어 있거나 밀집이 예상되어 그 지역에 대하여 체계적인 개발·정비·관리·보전 등이 필요한 지역
전용주거지역	제1종	단독주택중심의 양호한 주거환경의 보호
	제2종	공동주택중심의 양호한 주거환경의 보호
일반주거지역	제1종	저층주택을 중심으로 편리한 주거환경의 조성
	제2종	중층주택을 중심으로 편리한 주거환경의 조성
	제3종	중고층주택을 중심으로 편리한 주거환경의 조성
준주거지역		주거기능을 위주로 이를 지원하는 일부 상업·업무기능의 보완
상업지역	중심	도심·부도심의 업무 및 상업기능의 확충
	일반	일반적인 상업 및 업무기능 담당
	근린	근린지역에서의 일용품 및 서비스의 공급
	유통	도시 내 및 지역간 유통기능의 증진
공업지역	전용	주로 중화학공업·공해성공업 등의 수용
	일반	환경을 저해하지 아니하는 공업의 배치
	준	경공업 그 밖의 공업을 수용하되, 주거·상업·업무기능의 보완

34) 「국토의 계획 및 이용에 관한 법률」, 제36조, 제37조, 제38조.

녹지지역	보전	도시의 자연환경 · 경관 · 산림 및 녹지공간의 보전
	생산	주로 농업적 생산을 위한 개발의 유보
	자연	녹지공간의 보전을 해하지 아니하는 범위 안에서 불가피한 경우의 제한적인 개발
관리지역		도시지역의 인구와 산업을 수용하기 위하여 도시지역에 준하여 체계적으로 관리하거나 농림업의 진흥, 자연환경 또는 산림의 보전을 위하여 농림지역 또는 자연환경보전지역에 준하여 관리가 필요한 지역
보전관리지역		자연환경보호, 산림보호, 수질오염방지, 녹지공간 확보 및 생태계 보전 등을 위하여 보전이 필요하나, 주변의 용도지역과의 관계 등을 고려할 때 자연환경 보전지역으로 지정하여 관리하기가 곤란한 지역
생산관리지역		농업 · 임업 · 어업생산 등을 위하여 관리가 필요하나, 주변의 용도지역과의 관계 등을 고려할 때 농림지역으로 지정하여 관리하기가 곤란한 지역
계획관리지역		도시지역으로의 편입이 예상되는 지역 또는 자연환경을 고려하여 제한적인 이용 · 개발을 하려는 지역으로서 계획적 · 체계적인 관리가 필요한 지역
농림지역		도시지역에 속하지 아니하는 농업진흥지역 · 보전산지 등으로서 농림업의 진흥과 산림의 보전을 위하여 필요한 지역
자연환경보전지역		자연환경 · 수자원 · 해안 · 생태계 · 상수원 및 문화재의 보전과 수산자원의 보호 · 육성 등을 위하여 필요한 지역
경관지구		경관을 보호 · 형성하기 위하여 필요한 지구
자연경관지구		산지 · 구릉지 등 자연경관의 보호 또는 도시의 자연풍치를 유지하기 위하여 필요한 지구
수변경관지구		지역 내 주요 수계(水系)의 주변자연경관을 보호 · 유지하기 위하여 필요한 지구
시가지경관지구		주거지역의 양호한 환경조성과 시가지의 도시경관을 보호하기 위하여 필요한 지구
미관지구		미관을 유지하기 위하여 필요한 지구
중심지미관지구		토지의 이용도가 높은 지역의 미관을 유지 · 관리하기 위하여 필요한 지구
역사문화미관지구		문화재와 문학적으로 보존가치가 큰 건축물 등의 미관을 유지 · 관리하기 위하여 필요한 지구
일반미관지구		중심지미관지구 및 역사문화미관지구와의 지역으로서 미관을 유지 · 관리하기 위하여 필요한 지구
고도지구		쾌적한 환경조성 및 토지의 고도이용과 그 증진을 위하여 건축물의 높이의 최저한도 또는 최고한도를 규제할 필요가 있는 지구
최고고도지구		토지이용을 고도화하고 경관을 보호하기 위하여 건축물 높이의 최저한도를 정할 필요가 있는 지구

방화지구	화재의 위험을 예방하기 위하여 필요한 지구
방재지구	풍수해, 산사태, 지반의 붕괴 그밖에 재해를 예방하기 위하여 필요한 지구
보존지구	문화재, 중요 시설물 및 문화적·생태적으로 보존가치가 큰 지역의 보호와 보존을 위하여 필요한 지구
문화지원보존지구	문화재와 문학적으로 보존가치가 큰 지역의 보호 및 보존을 위하여 필요한 지구
중요시설물보존지구	국방상 또는 안보상 중요한 시설물의 보호와 보존을 위하여 필요한 지구
생태계보존지구	야생동식물의 서식처 등 생태적으로 보존가치가 큰 지역의 보호와 보존을 위하여 필요한 지구
시설보호지구	학교시설·공용시설·항만 또는 공항의 보호, 업무기능의 효율화, 항공기의 안전운항 등을 위하여 필요한 지구
학교시설보호지구	학교의 교육환경을 보호·유지하기 위하여 필요한 지구
공용시설보호지구	공용시설을 보호하고 공공업무기능을 효율화하기 위하여 필요한 지구
항만시설보호지구	항만기능을 효율화하고 항만시설의 관리·운영을 위하여 필요한 지구
공항시설보호지구	공항시설의 보호와 항공기의 안전운항을 위하여 필요한 지구
취락지구	녹지지역·관리지역·농림지역·자연환경보전지역 또는 개발제한구역안의 추락을 정비하기 위한 지구
자연취락지구	녹지지역·관리지역·농림지역 또는 자연환경보전지역안의 취락을 정비하기 위하여 필요한 지구
집단취락지구	개발제한구역 안의 취락을 정비하기 위하여 필요한 지구
개발진흥지구	주거기능·상업기능·공업기능·유통물류기능·관광기능·휴양기능 등을 집중적으로 개발·정비할 필요가 있는 지구
주거개발진흥지구	주거기능을 중심으로 개발·정비할 필요가 있는 지구
산업개발진흥지구	공업기능을 중심으로 개발·정비할 필요가 있는 지구
유통개발진흥지구	유통·물류기능을 중심으로 개발·정비할 필요가 있는 지구
관광·휴양개발진흥지구	관광·휴양기능을 중심으로 개발·정비할 필요가 있는 지구
복합개발진흥지구	주거기능, 농업기능, 유통·물류기능 및 관광·휴양기능 중 두가지 이상의 기능을 중심으로 개발·정비할 필요가 있는 지구
특정용도제한지구	주거기능보호·청소년보호 등의 목적으로 청소년유해시설 등 특정시설의 입지를 제한할 필요가 있는 지구
아파트지구	아파트지구개발사업에 의한 아파트의 집단적인 건설·관리를 위하여 필요한 지구
위락지구	위락시설을 집단화하여 다른 지역의 환경을 보호하기 위하여 필요한 지구
리모델링지구	노후된 공동주택 등 건축물이 밀집된 지역으로서 새로운 개발보다는 현재의 환경을 유지하면서 이를 정비할 필요가 있는 지구

나) 용도구역

용도구역은 도시의 무분별한 개발이나 확산을 방지하고 무질서한 개발을 억제하기 위한 것으로 다음과 같은 3개 구역이 있다.

- 개발제한구역
- 시가화조정구역
- 수자원보호구역

⑪ 공시지가와 시가표준액

건축토지의 토지등급과 공시지가를 확인해두어야 한다. 재산세의 과표로 활용되기 때문이다. 표준공시지가는 지가공시 및 토지 등의 평가에 관한 법률에 의하여 건설교통부 장관이 조사 평가하여 공시한 표준지의 단위면적당 가격을 의미하는 것으로 전국의 필지 중 대표적인 땅 45만 필지를 표준지로 선정해서 감정평가법인에 의뢰하여 평가한 가격이고 개별공시지가는 표준공시지가에 지가비준표를 표준으로 시·군·구에서 매긴 가격이다. 건설교통부가 매년 1월 1일을 기하여 발표하는 토지의 각㎡당 공식적인 지가이다.

⑫ 상린관계

상린관계란 토지·건물과 인접토지 건물과의 법률적 관계를 의미하는 것으로 공동담장의 설치, 경계, 구거나 자연적 유수, 인공적인 물 사용, 인근 토지의 심굴(토지를 파냄), 건축물의 인동거리, 차양시설 의무 등 토지·건물의 상린관계를 미리 파악하여 상호 불편하지 않도록 해야 하고, 법률적 충돌이 발생하지 않도록 사전에 파악해두고 사전 관리해야 한다.

⑬ 토지 지하매설물

토지 지하에는 보통 하우배관, 맨홀, 전기선, 케이블(cable) TV선, 전화선, 상수도배관, 가스배관 등이 매설 또는 설치되어 있는바 이들의 매설 위치에 표지(특히, 전기고압선)를 하고 관리해야 한다. 보관중인 준공도면에도 지하매설물 위치와 종류 및 내용을 일치시켜 표시해 두어야 한다.

⑭ 토지등기부와 지적공부

토지등기부와 토지대장, 공시지가확인원, 도시계획확인원, 국토이용관리확인원,

지적도 등의 공부를 정기적으로 열람하여 등기부와 행정공부상 각 정보를 발췌하여 정리해두고, 향후 부동산 자산관리에 활용해야 한다. 불일치가 있는 경우 일치시켜야 한다.

⑮ 토지공법상 제한

토지공법이라 함은 건축법, 국토의 계획 및 이용에 관한 법률 등을 의미하는 것으로 토지 공법상 제한내용이 관리대상건물 및 토지에 관계되는 것이 있는지 살펴보고 파악해두는 것이 건물자산관리에 도움이 된다. 토지공법에는 전술한 바와 같이 국토의 계획 및 이용에 관한 법률, 도시개발법, 제한구역의지정및관리에도시주거환경정비법, 건축법, 주택법, 산림법 등이 있다.

⑯ 인접토지 이용관계

인접토지와의 이용관계란 지역권, 토지사용승낙 등에서 요역지인지, 승역지인지와 타인의 토지사용 여부에 따라서 이용 관계가 발생한다. 진입로 관계 역시 타인의 토지를 이용하고 있는지 등도 함께 파악해두어야 한다.

⑰ 침수 위험성

홍수·해일 또는 강의 범람시 건축대지의 침수 가능성이 있어 위험도가 있는지와 인근지역 역시 홍수시 침수지역 여부를 파악하여 자연재해 위험관리에 대비하는 것이 현명한 관리자의 관리태도이다. 침수 위험지역에 해당되는 경우 침수 방지턱이나 침수 대비훈련 등이 필요하다. 또한 관리대상건물이 종전에 침수경력이 있는지도 확인해두어야 하고, 피해 정도의 어떤 범위가 어느 정도였는지도 살펴두어야 한다.

물로 인한 침수는 건물의 설비와 시설의 기능을 마비시키므로 특별한 관리상의 주의를 요하는 부분이다.

⑱ 공해지역

건축대지가 공해지역 해당 여부를 확인하여, 만약 해당되는 경우 공해에 대비하는 관리상의 필요한 조치를 취해야 한다.

⑲ 상수원보호구역

건축대지가 상수원보호구역에 위치하는 경우 오수처리 등 관계법에 맞게 관리해야 한다.

⑳ 개발제한구역

건축대지가 개발제한구역에 위치하는 경우 제한구역의 지정 및 관리에 관한 특별조치법에 따라 증축 또는 개축이 극도로 제한되므로 관계법의 기준에 맞게 관리해야 한다.

㉑ 군사보호지역

건축대지가 군사보호지역에 위치하는 경우에도 관계법에 따라 관리해야 한다.

㉒ 토지관리관계법령

건축법 · 국토의 계획 및 이용에 관한 법률 및 토지(대지)관리관계법을 조사하여 관리준수사항을 표로 만들어두고 토지관리에 활용해야 한다. 토지관리관계공법에는 앞에서 언급한 법률 외에 개발제한구역의 지정 및 관리에 관한 특별조치법, 도시개발법, 도시주거환경정비법, 주택법, 산림법, 농지법 등이 있다.

2) 건축물(건축시설) 관리정보

① 건축물의 시설개요와 기능요건

관리대상건축물의 시설개요는 무엇이며 각 시설은 어떤 역할과 기능을 하는지 조사검토해야 한다. 건축물의 구성은 구조체와 부재 및 마감재로 구성되어 있다. 건축물에 요구되는 기본기능요건에는 다음과 같은 것이 있다.

- 안전성
- 내구성
- 경제성
- 거주성

따라서 건물관리자는 건축물의 구성요소를 이해하고 기능 요건을 최대로 살리는 방향으로 관리해야 한다.

② 건축물의 용도

관리대상건물의 용도라 함은 건축물의 종류를 유사한 구조, 이용목적 및 형태별로 묶어 분류한 것을 말하며 각 층의 용도를 확인해두고, 용도대로 건물을 사용해야 하며 또한 용도변경 필요시 활용해야 한다. 건축물의 용도는 전술한 바와 같이 건축법에 다음과 같이 28종으로 규정되고 있다.

- 단독주택
- 공동주택
- 제1종 근린생활시설
- 제2종 근린생활시설
- 문화 및 집회시설
- 종교시설
- 판매시설
- 운수시설
- 의료시설
- 교육연구시설
- 노유자(老幼者)시설
- 수련시설
- 운동시설
- 업무시설
- 숙박시설
- 위락(慰樂)시설
- 공장
- 창고시설
- 위험물저장 및 처리시설
- 자동차관련시설
- 동물 및 식물관련시설
- 분뇨 및 쓰레기처리시설
- 교정 및 군사시설
- 방송통신시설
- 발전시설
- 묘지관련시설
- 관광휴게시설
- 그 밖에 대통령령이 정하는 시설

③ 건물의 5대 유익

건물은 5대 유익 건물의 실체와 건물실체에 대한 관리활동을 통하여 얻어지는 건물의 도움이나 이로움을 의미하는 것으로서 인간의 생존조건 중 주(住)의 문제를 해결하고 인간의 삶·생활·일을 성공적으로 영위하도록 도와주고 있다. 건물이 관리자의 관리활동을 통하여 제공하는 5대 건물 유익은 다음과 같다.

- 공간
- 기능
- 조화
- 질서
- 미(美)

따라서 건물관리자는 인간의 생존과 인간의 삶·생활·일을 위하여 양질의 건물 5대 유익을 창출하도록 관리해야 한다.

④ 건축연도

건축연도에는 착공연도와 준공연도가 있다. 따라서 관리자는 착공연도와 준공연도를 함께 확인해두어야 한다. 또한 등기 연원일 역시 확인해두어야 한다. 이와 같은 정보는 감가상각, 관리계획에 활용된다.

⑤ 건축물의 주소

건축물의 주소는 등기공부상 또는 건축물대장 등 행정공부상 모두 확인해두어야 한다. 틀리는 경우 일치시켜야 하며, 임대차·관리계약 등에는 건축물의 등기공부 주소대로 기재해야 한다. 틀리는 경우 후일에 법적 책임문제가 발생한다.

⑥ 소유자

소유자는 소유권이 있는 실제 소유자와 명의상 소유자를 구별하고 확인해두어야 한다.

건축대지와 다른 경우도 있으므로 구별·확인해두어야 한다.

소유형태가 공유인지 아닌지도 확인해야 한다. 구분소유자 역시 확인해두어야 한다.

⑦ 건축구조

철근콘크리트조인지, 다른 구조인지를 준공도면, 건축물대장을 통하여 확인해야 한다.

⑧ 연건평

각층 바닥면적의 합계를 확인하고 건축물공부와 대조 확인하여 차이가 없는지 점검해야 한다. 실제로 공부상의 면적과 완공건물의 면적에는 다소 차이가 있을 수 있다.

⑨ 층수

층수는 지하 몇 층, 지상 몇 층, 합계 몇 층으로 확인하고 층의 높이도 확인해두어야 하며, 옥탑층은 층수에서 제외해야 한다. 관할소방서 보유장비 중 고가사다리의 최고 접근 높이도 확인해야 하고, 상호 비교해두어야 한다. 참고로 일반적으로 지하층은 층수에 반영하지 않는다.

⑩ 전용비율

연면적에 대한 전용면적(아파트의 경우 전유면적)의 비율을 말한다. 반드시 준공도서를 통해 확인해두고, 건물임대시 정확히 이를 활용해야 한다.

⑪ 공용비율

전용면적에 대한 공용면적의 비율을 의미한다. 반드시 확인해두어야 한다.[35] 현대적 건물일수록 공용비율이 높다. 임대차시 공용률을 고의적으로 속이거나 과실로 잘못 기재하는 경우 민원 · 손해배상 또는 형사상의 문제가 발생할 수 있음을 유의해야 한다.

⑫ 적재하중 능력

적재하중이란 건축을 내부에 적재되는 모든 물체에 의한 하중을 의미하는 것으로 설계구조상 관리대상건물의 설계도서를 보고 적재하중을 확인하여 입주자 수와 적재물건의 무게를 감안, 입주자 등을 관리해야 한다.

---

35) 전용면적과 공용면적 산출은 반드시 준공도면을 참고해야 하며 차이가 있을 경우 공부상에 수정해 두어야 한다.

⑬ 법정 주차능력

건축법 및 주차장법 등에 정한 법정 주차능력과 현실적으로 주차가능 능력을 확인해 두고 주차관리에 활용해야 한다.

⑭ 저수용량

고층인 경우 고가수조, 일반건물의 저수조 저수용량을 확인해두고, 사용용수를 조정하거나 관리해야 한다.

⑮ 엘리베이터 탑승용량

엘리베이터 탐승, 적재화물 용량 역시 확인하여 화물의 이동 등의 관리에 활용해야 한다.

⑯ 정화조 정화능력

정화조의 실제 오배수 정화능력을 객관적으로 점검 확인해두고, 정화조 관리에 활용해야 한다.

⑰ 주유탱크 · 가스탱크 저장충진능력

상기 설비의 저장탱크의 저장능력을 사전에 확인해두고 관리에 활용해야 한다.

⑱ 지붕구조

지붕구조를 확인하여 적설량이나 우기시 폭우관리에 대처해야 한다.

⑲ 권리설정 내용

건물의 소유권 위에 설정된 제한물권, 기타 권리 등을 확인하여 소유권 등 기타 권리관리에 활용해야 한다.

⑳ 위법건축물 존재여부

건축법 · 소방관계법 등에 위반된 건축물이나 시설 · 설비 등을 확인해두고, 특별관리에 적절히 대처해야 한다.

㉑ 건축준공도서

건축준공도면, 지질검사서, 설계변경도면, 시방서, 내역서, 준공검사서 건물사용승인서 등을 확보 · 보관해두고 관리에 활용해야 한다. 수리 · 보수 · 보강 또는 구조변경 · 갱신의 경우 변경내용을 도면상에 표시해두어야 한다.

㉒ 건축물관리대장(건축물관리이력서)

건축물관리이력서를 작성 비치해두고 보수공사, 기타 정비 · 개조 · 증축 등의 작업시 변경시마다 기록 유지하여 관리 정보로 활용해야 한다. 건축물관리대장은 관리사무소에서 자체 작성 비치하는 것으로 시 · 군 · 구의 건축물대장과 다르다.

㉓ 건물등기부등본과 건축물대장

건축물 등기부등본, 토지 등기부등본 등을 열람하여 비치하고 매6개월마다 정기적으로 열람하여 권리 상태나 권리 등의 변동사항이 있는지 확인해야 한다. 건축물대장 역시 정기적으로 열람 확인해야 한다.

㉔ 건물 기준가

행정자치부나 국세청의 건물 기준가를 확인하여 조세, 감가상각 · 세무회계 관리 등에 활용해야 한다.

㉕ 거래사례가격

인근 · 동일 또는 유사건물의 매매 · 임대사례가격을 조사 확인해두고, 관리대상 건물의 평가나 매각 · 임대시 활용해야 한다.

㉖ 내용연수

물리적 내용연수, 법정 내용연수 등을 조사 확인하여 기술관리 · 경제관리 · 회계관리 등에 참고해야 한다.

㉗ 감가상각

건축물의 회계관리상 감가상각 방법 및 현재의 감가상각 상태를 확인해두고 자산관리 · 회계관리에 활용해야 한다. 감가상각 방법이 정률법 · 정액법 중 어떤 방법을 사용하고 있는지도 확인해야 한다.

㉘ 건축물 하자

건축물 중 현재 상태에서 완공 후의 하자를 조사하여 리스트 업(list-up)하고, 위험도에 따라 순차적으로 보수 · 보강해야 한다. 하자는 권리와 물건(건물) 모두 조사 확인해두어야 한다.

㉙ 위생상태

건축물의 위생상태를 점검하여 필요시 법정 소독·방역 외에 수시로 보독 방역을 실시하여 건물의 보건성을 확보해야 한다. 위생 취약지점과 취약상태도 확인해두어야 한다.

㉚ 위험시설물

위험시설물을 총점검 확인하여 리스트 업(list-up)하고, 위험물을 통합적으로 특별안전 관리하여 건물의 안전성 확보에 노력해야 한다.

㉛ 불법 설치기기나 시설

입주자 등이 자의로 설치한 전기기기나 장비기구 등을 수시로 일제히 점검 확인하여 철수·철거하여 안전이나 경영관리상에 문제점이 나타나지 않도록 관리해야 한다.

㉜ 위험부착물

외부 외벽이나 옥상 등에 설치 또는 부착한 광고물 등을 수시로 일제히 점검 확인하고 고정시키거나 철거하여 미관 또는 안전관리상에 문제가 발생하지 않도록 해야 한다.

㉝ 보수시설

건축물 기능을 위하여 보수보강해야 할 시설물을 확인하여 정기적으로 일제히 점검 보수보강 처리해야 한다.

㉞ 건물관리관계법령

건축법·등기법·소방법 등 건축물 관리관계법령을 확인하고 그 내용을 요약하여 표를 만들어주고 관리에 활용해야 한다. 건축물 관리관계법상 정기적으로 이행해야 할 보고, 신고 등이 여러 가지가 있으므로 반드시 이행되도록 사전확인이 필요하다.

㉟ 건축물의 적재하중 및 유체동산 하중

구조설계상 관리대상건물의 고정하중, 적재하중을 확인하여 하중을 초과하는 입주자의 유체동산·장비·인원 출입자 등 적재하중을 관리하는 데 활용해야 한다.

㊱ 지하실

습기가 많으므로 결로나 보관물건의 부패 등 문제가 발생할 수 있다. 그러므로 문은 정기적으로 개방하고 자주 환기해야 하며, 최하층의 기초보가 이중 슬래브로 되어 있는 경우 2년에 1번 정도는 이중 슬래브의 내부를 확인, 청소해야 한다.

㊲ 계단실

계단실은 평상시는 이동통로이나 비상시는 대피 피난통로가 된다. 따라서 피난에 장애가 되지 않도록 항상 장애물을 쌓아두지 않도록 항상 확인해야 한다.

㊳ 화장실

화장실 바닥은 물로 청소해야 하나 방수마감이 안 되어 있는 경우, 바닥 배수구가 없는 경우 물청소를 하지 말아야 한다. 또한 배수상태, 위생상태, 청소상태, 비치물상태, 유지방치상태와 담뱃불(담배꽁초) 처리상태 등을 철저히 정기적으로 점검, 확인해야 한다.

㊴ 옥내 주차장

차량 배출가스가 신속하게 배출되도록 충분히 환기시켜야 한다. 환기와 함께 금연구역으로 지정하고 방화 관리해야 한다.

㊵ 청소 부위

바닥 청소시는 염산 사용을 금해야 하고(방수층 파괴로 누수됨), 외벽 청소시 조경시설물의 고사를 가져오는 약품 사용을 금해야 한다.

㊶ 급탕실

수증기로 결로가 생기고 녹이 발생하여 환기가 충분치 않은 경우 일산화탄소의 농도가 상승하게 된다. 탕비실 사용시는 반드시 환기팬을 가동시켜야 한다. 따라서 환기팬 작동상태, 환기시설이나 기타 상태를 수시로 점검, 확인해야 한다.

㊷ 대기실

청소미화원, 경비원, 숙직자, 입주자의 운전기사 등 휴식·대기 등의 목적으로 머무는 장소를 일반적으로 대기실이라 하는데 다음 사항을 점검·확인·관리해야 한다.

- 매연 · 습기 등의 제거를 위하여 자주 환기한다.
- 풍속 저해행위를 철저히 관리해야 한다.
- 정리정돈 및 청결을 유지해야 한다.
- 담배꽁초, 난로 사용 등 화기단속을 철저히 해야 한다.

㊸ 협의사항 및 통지사항

건물자산관리사는 관리대상건물에 다음과 같은 사항이 발생하거나 용도를 변경하거나 시설 · 설비 등을 새로 설치하는 경우 반드시 관리대상건물을 시공한 시공회사와 설계 회사에 사전 통지하고 협의해야 하며, 도움을 요청해야 한다.

- 건물 구조체에 이상 균열이 발생하는 경우
- 새로운 중량물이 구조체에 설치되는 경우
- 바닥 하중에 증가되는 경우
- 증개축이나 모양 변경(형태 변경이나 용도를 변경)을 하는 경우
- 기초의 바닥, 벽체를 철거하거나 부분적으로 개구부를 설치하는 경우
- 인근 대지에서 관리건물보다 깊게 심굴하는 경우
- 지반이 침하하는 경우

㊹ 물탱크실 · 고가수조 · 저수조 상태

물탱크 또는 고가수조 · 저수조 등에 저수된 물이 오버플로(overflow)되지 않도록 각종 기기를 사전점검 확인하여 정상 작동되도록 관리해야 한다.

(3) 건축설비 관리정보

① 건축전기설비 종류와 기능확인

전기설비란 건축물의 공간을 안전하고 쾌적한 거주공간으로 만들기 위한 설비의 한분야로서 발전소의 생산전력을 공급하는 배선선로, 건축물의 전기설비 및 인터폰, 통신전화와 같은 정보설비, 방재설비 등, 전기 · 조명 · 통신기계 · 공조위생 · 방재 등 각 공학의 기술을 이용 및 응용하는 광범위한 기술분야이다.

건축물의 전기설비에는 다음과 같은 것이 있다.

- 동력설비

- 전등 · 전열 설비
- 약전설비
- 방재설비

관리대상건물에는 어떤 종류의 전기설비가 설치 장착되어 있으며 그 기능의 정도와 역할 및 용량, 사용 가능 횟수, 설치연도, 주요 부품 교체일시 · 정비이력, 사고 · 고장 등에 대하여 사전 점검, 확인해두어야 한다.

② 건축기계설비의 종류와 기능

건축물의 일반적인 기계설비의 종류와 이를 구성하고 있는 주요 장비의 종류는 다음의 〈표 2-10〉과 같다. 관리대상건물(실체관리대상)에는 어떤 종류의 기계설비가 설치 · 정착되어 있으며, 그 기능과 역할 및 용량, 설치연도, 내용연수, 고장, 사고내용, 정비이력, 주요 부품 교체 등에 대해 사전 점검, 확인해두어야 한다.

〈표 2-10〉 건축기계설비 및 장비 종류

설비명칭	장 비 종 류
공기조화설비	① 보일러 ② 냉동기 ③ 냉각탑 ④ 펌프류 ⑤ 송풍기 ⑥ 공기조화기 ⑦ 방열기 ⑧ 팬코일 유닉
급배수설비	① 급수설비 ② 배수설비 ③ 급탕설비 ④ 정화설비 ⑤ 중수(도)설비 ⑥ 위생기구 ⑦ 위생설비의 유닛
급배수설비	① 소화설비 • 소화전(옥내 소화전, 옥외 소화전) • 스프링클러 설비 • 연결 송수관설비 • 트랜처 설비 • 소화기 • 유도등 • 특수소화설비 ② 화재설비 • 화재경보설비 • 전기화재경보기 • 유도등
소방설비	③ 피난설비 ④ 소화용수설비 ⑤ 소화활동 필요설비
가스설비	① 가스관 ② 버너 ③ 가스미터기
승강설비	① 엘리베이터 ② 에스컬레이터

③ 전기계약용량

관리대상건물의 사용전기에 대하여 한전과 계약한 계약용량이 얼마이며, 실제 부하가 가장 클 때(보통 여름) 사용 전기용량이 얼마인지 확인해두고 전기설비 관리에 활용해야 한다.

④ 전기 인입점

한국전력공사는 발전소에 발전된 전기를 송전탑을 통하여 송전하고 각 사용건물의 인입점까지만 책임지게 된다. 따라서 건물 인입점에서 부터 수변전시설 배전-분전-부하까지는 관리소장(관리자)의 관리책임이므로 인입점 위치와 관련 전기시설과 배전통로를 알아두어야 한다.

⑤ 전기계량기

전기계량기는 한전의 자산이나 관리는 건물관리자의 책임이다. 위치와 계량기 표시 및 상태를 점검하여 항상 보존상태를 양호하게 관리해야 한다.

⑥ 전기료 납입사용고지서

전기료 납입고지서의 기재사항을 사전확인하고, 고지서 발급시마다 전기 사용량과 대조하고 확인해야 한다.

⑦ 전기공급계약서

한전 지점과의 전기용량 계약내용을 확인하고 관리상 참고해야 한다.

⑧ 보일러 용량

보일러의 용량 ·성능을 확인하여 관리상에 참고해야 한다.

⑨ 냉방기 용량

냉방기의 용량·성능을 확인하여 관리상에 활용해야 한다.

⑩ 각종 펌프류의 종류와 기능

각종 펌프류 대수·종류·기능·성능·용량을 확인하고, 부품 등을 사전조사하고 준비하여 고장시 참고해야 한다.

⑪ 기계전기 스페어파트

재고용 스페어파트를 확인하여 부족분은 미리 구매해두고, 주요 장비 · 기기 고장시 보수정비에 활용해야 한다.

⑫ 전기기계설비 보수정비용 공구 · 장비

보수정비용 공구나 장비를 확인하여 부족공구를 미리 구매하고, 고장난 기계는 수리하여야 한다.

⑬ 원료 · 에너지 등

설비사용 또는 소요예정인 원료 · 재료 · 약품 · 물 · 에너지 등을 소요판단하고, 미리 구매하여 확보해두어야 한다.

⑭ 전기 · 기계설비 법령

전기 · 기계 관리관련법인 전기사업법 · 가스안전법 등 전기 · 기계설비 관계법령을 확인하여 하나의 관계법령 관리 리스트를 만들어두고 관리에 활용해야 한다.

⑮ 설비작동 매뉴얼 및 장비사용 설명서

전기설비 · 기계설비 등 각각 장비의 운전 · 작동 매뉴얼과 장비사용 설명서 등을 확보하고, 사전교육을 해야 하며(필요시 Maker 교육), 비치하여 관리에 활용해야 한다.

⑯ 성능부족 장비

성능이 저하되거나 부족한 장비를 확인하여 교체 · 보강해야 한다.

⑰ 위험 전기기계설비

위험 전기기계설비를 확인하여 리스트업하고 특별 안전관리해야 한다.

⑱ 각 설비의 물리적 내용연수와 법정내용연수

각 설비의 물리적 내용연수 파악, 성능저하 전에 교체해야 한다. 또한 각 설비의 법정내용 모두를 확인 회계관리에 참고해야 한다.

⑲ 운전일지 · 점검일지

종전의 관리기간 동안 작성된 각 설비의 운전과 점검일자를 면밀히 검토 확인하여 관리에 참고해야 하고, 계속하여 운전일지 및 점검일지를 작성 보관해야 한다.

⑳ 설비관리 주의사항

각 설비의 사용상 또는 운전 · 점검 · 정비상 주의해야 할 사항을 작성하여 관리에 활용해야 한다. 기계설비 제조회사의 사용법을 사용설명서 등을 참고하여 조사 확인하고 운전정비시 활용해야 한다.

㉑ 안전수칙

각 설비의 운전 · 정비 또는 보수공사시 지켜야 할 안전수칙을 작성하고, 해당 장소에 부착 및 담당자에게 사전 또는 수시 교육하여 이를 반드시 지키도록 해야 한다.

㉒ 보관상태

장비 · 부품 · 원료 · 재료 · 약품 등의 보관상태를 점검하여 정리정돈해 두어야 한다.

㉓ 위험물질

가스 · 석유류 · 화학약품 · 고전압 등 위험물질이나 고전압 전기 등을 확인하여 안전조치하고 관리에 대비해야 한다.

㉔ 중앙감시실(중앙관제실, 중앙통제실)

전기기계 운전 및 작동상태를 감시하는 중앙감시실 상태를 점검하고, 잘못된 점을 확인하여 시정 보완해야 한다. 근무자는 반드시 정위치해야 한다.

㉕ 전기실 · 기계실의 숙직실

전기 · 기계실 교대근무자와 숙직실(근무실 포함)의 상태를 점검하여 부족시설 보완 및 환기 등을 개선해야 한다.

㉖ 전기실 · 기계실 기술직 근무자 기술자격 수칙 및 기술능력

전기실 · 기계실 근무자, 감독자 등의 자격과 근무능력을 점검하여 부족시 기술능력자 · 자격자를 보충해야 하고, 법정기술 보수교육을 반드시 받도록 조치해야 한다.

㉗ 전기실 · 기계실 근무일지

전기실 · 기계실 근무일지는 매일 점검 확인하고 서명하되 근무 사실과 상이점을 확인하고, 일지에 기재된 지시사항이 다음날 실천되었는지 확인해야 한다. 기계운전 이상 유무를 반드시 일지를 통하여 확인해야 한다.

㉘ 공조기 등 청소

보일러 · 공조기 · 닥터 · 근무장 · 창고 등의 청결을 유지하고 정리정돈하여 위생관리 및 안전관리에 문제가 없도록 해야 한다.

㉙ 점검대상

전기기계설비나 장비 중 일일점검 · 주간점검 · 월간점검 · 분기점검 · 연간점검 대상표를 작성하여 점검이행과 조치 여부를 확인해야 한다.

㉚ 설비관리관련 보고 · 신고

전기 · 기계설비 관리관련 보고 · 신고사항 표를 작성하여 정기적으로 보고 · 신고되도록 해야 한다.

㉛ 에너지 보관상태

가스 · 유류탱크 등에 대하여 에너지 보관상태를 매일 점검하여 안전사고가 발생되지 않도록 해야 한다. 필요한 경우 보관시설을 보강 설치해야 한다.

㉜ 수중모터

저수조에 저수된 오수를 강제배수하기 위한 배수용 모터 중 자동수중모터와 수동모터에 대하여 이상유무를 매일 점검하여 저수탱크가 넘치지 않도록 해야 한다.

㉝ 양수기

저수조의 오버플로나 누수 또는 침수에 대비하여 충분한 양수용량을 가진 고성능의 양수기를 충분히 확보해두고 항상 정비해두어야 한다.

㉞ 비상발전기

한전 전기가 단전될 때, 즉시 비상발전기가 작동될 수 있도록 축전지나 비상발전기 상태를 점검하여 필요시 보수 정비해두어야 한다. 이를 대비하여 사전실내 안내 방송 후 월 1회 정도 단전 조치 후 점검해야 한다.[36)]

㉟ 전기실

전기실은 한국전력에서 고압으로 공급받은 전력을 220V 또는 100V의 사용전압으로 다운하는 수변전설비와 자가발전설비로 설치되어 있어 매우 위험하므로 관리상의 특별한 주의를 요하는 전기설비관리실이다. 따라서 다음 사항을 숙지하고 반드시 이행해야 한다.

- 해당 전기기술자 외는 출입을 삼가야 한다.
- 위험 표시, 출입금지 표시를 반드시 부착해둔다.
- 입구에는 언제나 자물쇠를 채워두어야 한다.
- 실내를 자주 환기하여 40℃ 이하로 유지해야 한다.

누수에 대비하여 철저하게 점검해야 한다. 왜냐하면 전기기기는 누수되었을 때 전기사고를 유발하기 때문이다.

㊱ 축전지실 · CVCF실

수소가 발생되므로 방치하면 인화나 폭발 가능성이 높으므로 환기시에 주의해야 한다. 축전지 전해액은 콘크리트를 손상시키는 산성이다. 따라서 바닥에 닿거나 떨어뜨리는 일이 없도록 해야 한다.

세척수는 별도의 배수계통을 통해 단독 배수하도록 해야 한다.

㊲ 물탱크실

물이 물탱크 기기의 고장 또는 오작동으로 물이 오버플로하지 않도록 매일 점검해야 한다. 법정 소독 외에 자주 자체소독하여 보건성, 청결성을 유지해야 한다.

㊳ 기계실

기계실에는 냉동기 · 보일러와 여러 종류의 펌프와 오일탱크 등의 주요 설비나 기기가 설치되어 있는 곳이다. 또한 위험한 장소이므로 취급 자격이 있는 기술자나 취급자 이외의 일반인은 출입을 철저히 통제해야 한다.

---

36) 비상발전기 정기점검 또는 작동시 한전 통고 및 입주자에게 한두 번의 안내 방송 후 실시해야 한다.

㊴ 전기 · 기계공기구

가스조정기, 고속절단기, 각종 테스트기, 구리스건, 전기드릴, 공구함 등 현장에 필요한 공기구들을 리스트업하고 구매하여 평상시 정리 정돈을 잘하고 보관상태를 양호하게 하여 사용시 불편하지 않도록 관리해야 한다.

6. 건물자산관리수단

1) 관리수단의 의의

건물자산관리수단(建物資産管理手段)이라 함은 건물자산관리활동 3대 요소 중 세 번째에 해당하는 요소로서 관리효과를 창출하는데 결정적으로 기여하는 인적 자원, 물적자원, 재무적자원, 기술적자원 그리고 기타 자원 등을 의미한다. 관리주체가 건물관리활동을 함께 있어서 직접 또는 간접으로 소요되거나 필요한 관리방도를 건물자산관리수단이라 한다. 건물자산관리에 직접 사용 또는 소요되는 수단을 직접관리수단이라 하고, 간접적으로 사용 또는 소요되는 수단을 간접관리수단이라 한다.

직접관리수단에는 인적 자원과 물적자원으로 구성되며, 인적 자원은 건물관리활동을 직접 담당하는 관리자, 관리감독자, 그리고 관리근무자 등의 관리종사자, 즉 건물자산관리조직의 공식 인적구성원을 의미한다. 물적자원이란 관리활동에 직접 소요되는 원료, 에너지, 부품, 자재, 공구와 도구, 장비, 설비, 시스템, 소모비품, 사무용품 등을 말한다.

간접관리수단이란 간접적으로 관리에 필요한 수단으로서 재무적자원과 기술자원 및 기타자원으로서 이에는 관리방침, 과업지시서, 관리계획(관리예산), 관리관계법령, 관리관계계약, 관리규정, 관리기준, 관리지침, 기술관리매뉴얼, 관리서식, 장비사용설명서 그리고 장표 등이 있다.

2) 관리수단의 중요성

건물자산의 관리효과는 관리활동을 통화여 양질의 관리 서비스와 건물의 유익 등으로 나타나며, 관리활동은 관리주체가 인적 자원과 물적 자원, 기술자원, 재무적 자원 및 기타 자원 등 내부자원을 효과적으로 배분하거나 사용하여 관리효과를 창출하게 된다. 또한 양질의 관리 서비스나 건물의 유익을 얻으려면 유능한 인적 자원과 편리하고 용법에 맞는 물적 자원이 필요하여, 관리방침, 과업지시서, 관리관계법령, 관리계획, 관리예산, 관리기준과 규정 등 물적 자원과 기술자원 등이 필요하다.

결론적으로 인적 자원이 잘 준비되고 훈련되어 전문성과 기술성이 확보되고 나아가 각종 물적 자원이 양호한 상태로 준비되고 확보되어 있을 때 비로소 관리효과는 최상의 상태로 나타나게 된다. 다시 말하면, 건물자산관리효과는 관리수단의 양과 질에 비례하여 나타난다.

그러므로 관리활동에 있어서 관리수단은 매우 중요하고 필요한 필수적 건물자산관리 요소라 할 수 있다.

3) 관리수단의 종류와 내용

건물자산관리수단에는 전술한 바와 같이 직접관리수단과 간접관리수단으로 분류된다. 직접관리수단은 다시 인적 자원과 물적 자원으로 구성된다. 이를 분설하면 다음과 같다.

(1) 직접관리수단

건물자산관리에 직접 소요되는 수단을 의미하며, 직접관리수단에는 인적 자원과 물적 자원 등이 있다.

가. 인적 자원

인적 자원이란 관리조직의 구성원을 의미하며, 관리수단 중 가장 중요한 수단이 된다. 인적 자원은 다음과 같은 직책의 관리종사자로 구성된다.

① 관리자책임(관리자 · 총괄관리자 · 관리사무소 소장 등)
② 관리감독자(관리과장 · 시설과장 · 기술과장 · 설비과장 · 업무과장 · 지원팀장 · 방재실장 · 중앙관재실장 · 을측소장 · 경비반장 · 청소반장 등)
③ 관리근무자(환경미화원 · 경비원 · 방화관리자 · 주차관리자 · 기술직기사 · 임대담당자 · 경리담당자 · 행정업무담당자 등)

나. 물적 자원

물적 자원이란 직접관리수단에 해당되는 것으로 관리활동에 직접 소요되는 물건이나 원료 · 자재 · 장비나 도구 등을 의미한다. 주요 물적자원의 종류에는 다음과 같은 것이 있다.

① 에너지
② 원료
③ 재료
④ 부품
⑤ 공구
⑥ 기기
⑦ 장비
⑧ 설비 · 시스템
⑨ 사무용품(소모비품 포함) 등

(2) 간접관리수단

간접관리수단이란 건물자산관리활동에 간접적으로 소요되는 수단으로서 재무적 자원, 기술적 자원, 정보자원 등을 의미하며 건물자산관리에 있어서 간접관리수단 역시 대단히 중요한 수단이라 할 수 있다. 간접관리수단의 종류인 재무적 자원, 기술적 자원 및 정보자원에 해당되는 간접적관리수단 항목에는 다음과 같은 것이 있다.

가. 재무적 자원

① 시설관리예산
② 장기수선충당금
③ 관리선수보증금 등

나. 기술적 자원

① 기술관리매뉴얼
② 장비사용설명서
③ 기술관리기준
④ 준공도서 및 시설보수이력서 등

다. 정보자원

① 건물시설관리방침
② 작업지시서
③ 관리지침

④ 관리서식
⑤ 관리관계법령 등

4) 직접관리수단의 인적 자원

(1) 인적 자원의 의의

인적 자원이란 전술한 바와 같이 공식 건물자산관리조직의 구성원을 의미하며, 직접관리수단의 하나로서 가장 중요한 관리수단을 의미한다. 건물자산은 건물특성 중의 하나인 타율성에 의하여 반드시 관리종사자로 구성된 인적 자원에 의하여 관리될 때 비로소 건물의 기능을 얻을 수 있다.

따라서 건물자산관리는 반드시 관리종사자에 의해서 관리되어야 하므로 인적 자원은 대단히 중요한 직접관리수단이 된다. 뿐만 아니라 인적 자원의 능력을 판단하는 유능과 무능의 차이는 관리활동에 있어서 100% 관리효과 창출과 50%의 관리효과 창출 같은 큰 차이를 나타나게 된다. 그러므로 총괄 관리자와 관리종사자 모두는 반드시 건물관리자 유능 조건을 충족한 후 관리활동에 임해야 한다.

(2) 인적 자원 구성체계

건물자산관리에 있어서 인적 자원 구성체계란 관리활동을 하기 위한 관리조직을 구성하고 있는 관리구성원의 체계를 의미한다. 인적 자원의 체계는 협의 인적 자원 구성체계와 광의 인적 자원 구성체계로 분류된다.

가. 협의 인적 자원 구성체계

협의 인적 자원 구성체계는 좁은 의미의 인적 자원 구성체계로서 다음과 같이 구성된다. 협의 인적 자원 구성체계는 협의 관리조직의 조직체계와 유사하나 상이하다. 왜냐하면, 협의 관리조직의 조직체계는 인적 자원을 담고 있는 조직의 틀이기 때문이다.

협의 인적 자원 구성체계는 공식적인 인적 자원 구성체계로서 라인체계이며 노동법의 적용을 직접 받는 근로자의 구성체계이다. 협의 인적 자원 구성체계는 [그림 2-12]와 같다.

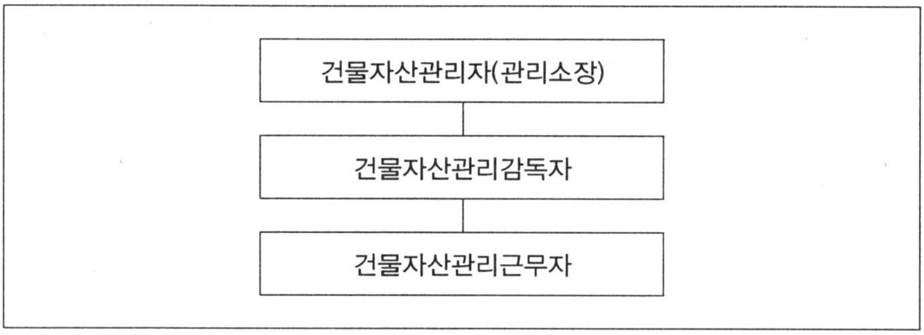

[그림 2-12] 협의 인적 자원 구성체계

나. 광의 인적 자원 구성체계

광의 인적 자원 구성체계는 협의 인적 자원 구성체계에 건물자산관리 관계자와 건물 자산관리 협력자를 포함한 넓은 의미의 인적 자원 구성체계를 의미한다. 광의 인적 자원 구성체계 역시 광의 관리조직 조직체계와 유사하나 상이하다. 왜냐하면 광의 인적 구성체계는 인적 자원 중심의 구성체계이기 때문이다. 광의 관리조직 조직체계는 조직 그 자체에 비중을 두고 있는 조직의 틀이기 때문이다.

관리관계자와 관리협력자는 광의 관리조직 구성체계에 속하나 노동법의 직접 적용을 받지 않는 공식조직구성 외에 건물자산관리 관계자와 협력자들이다.

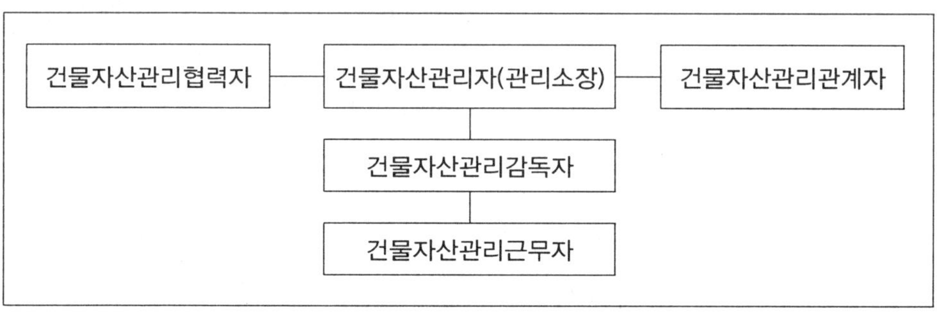

[그림 2-13] 광의 인적 자원 구성체계

(3) 건물시설관리 인적 자원의 조건

건물자산관리 인적 자원의 조건이란 관리종사자가 관리활동을 함에 있어 필요한 조건(필요조건)과 충분히 갖추어야 할 조건(충분조건)을 의미한다.

관리자의 조건에 해당되는 필요한 조건과 충분한 조건을 두루 갖추는 경우 관리활동의 관리효과는 +100%로 나타나게 되나 조건을 갖추지 못하는 경우 100% 이하의 관리효과를 나타나게 되어 인적 · 물적 피해를 유발하게 된다.

따라서 관리종사자는 건물자산을 관리함에 있어서 반드시 필요하고 충분한 능력을 갖춘 후에 관리활동에 임해야 한다.

건물관리 종사자의 조건은 대체로 다음과 같다.

가. 필요조건

필요조건이란 건물자산을 관리하는 경우(특히, 고층 대형건물) 반드시 갖추어야 할 조건을 의미한다. 관계법령 등에 의하여 갖추어야 할 법정 기술자격조건이나 기타 자격조건(주택관리사(보))과 건물관리에 반드시 필요한 지식, 정보 그리고 다년간의 건물자산관리 경험 등은 건물관리종사자들의 필수적인 필요조건에 해당된다.

필요조건을 정리하면 대체로 다음과 같다.

① 건물시설관리 법정 자격조건
② 건물시설관리 지식조건
③ 건물시설관리 정보조건
④ 건물시설관리 경험조건

나. 충분조건

충분조건이라 함은 특정 관리업무를 수행하여 효율적인 관리효과를 얻고자 하는 경우에 이와 같은 조건이 더해지는 경우 보다 양질의 관리서비스와 품격 높은 건물 유익을 더 얻을 수 있는 조건을 의미한다. 이를 정리하면 다음과 같다.

① 건물시설관리종사자 품성조건
② 건물시설관리종사자 건강조건
③ 건물시설종사자 정신자세조건

(4) 건물시설관리 인적 자원 조건의 내용

가. 건물시설관리 인적 자원의 법정 자격 및 법정면허 선임기준

자격이란 어떤 업무 또는 활동을 하는 데 있어서 행위자에게 반드시 필요한 조건을 의미한다. 건물관리활동에 있어서는 일정 부분의 관리업무를 담당하는 자는

반드시 건물자산 관리관계법령에 따라 갖추어야 할 자격(법정자격)이 규정되고 있는바 해당 직종의 관리종사자는 원칙적으로 법정자격을 반드시 갖추어야만 취업이 가능하고, 관리종사자가 될 수 있다.

우리나라 건물관리관계법령에서 규정하고 있는 건물시설관리 인적 자원의 법정자격과 법정면허선임 기준은 〈표 2-11〉과 같다.

건물시설관리(빌딩관리)에 관한 민간자격은 건물종합관리사, 시설관리사 등 여러 가지가 있으나 아직은 법적으로 또는 관련산업계에서 인정받지 못하고 있다. 향후 건물자산관리에 관한 민간자격 역시 국가 또는 관련업계에 의하여 인정될 것으로 전망된다.

건물자산관리 인적 기술자격에 관하여 건설기술관리법, 소방법관계법 등에서 규정하고 있는 법정자격은 기술관리분야와 안전, 위생, 보건, 환경 등에 관해서 주로 규정하고 있으며, 예외적으로 의무관리대상 공동주택 관리소장의 주택관리사(보)와 경비원 지도 감독을 위한 경비지도사 정도를 규정하고 있을 뿐이다.

〈표 2-11〉 건물시설관리 인적 자원의 법정자격 및 법정면허선임기준

관리 영역	선임 직종	관련 분야	자격증	관련 법규	관리처	법정면허, 선임기준
공동주택 관리분야	관리책임자 (소장)	공동주택 총괄관리	주택관리사(보)	주택법 시행령 제72조	건설교통부	500세대 이상~주택관리사 1인 500세대 미만~주택관리사 또는 주택관리사보 1인
시설경비 분야	경비지도사	경비지도 및 감독	경비지도사	경비업법 제12조	경찰청	경비원 200명까지 경비지도사 1인, 초과 100인당 1인씩 추가배치, 경비원배치 근무하고 있는 지방경찰청 관할구역별 1인
산업안전 보건분야	안전관리자	산업안전	산업안전 지도사 산업안전기사 산업안전산업기사 2급 이상 건설안전산업기사 이상 등	산업안전 보건법 제15조 동 시행령 제12, 14조	노동부	상시근로자 1,000인 이상 : 2인 상시근로자 50~1000인 미만 : 1인 상시근로자 50~500인 미만 : 2인
	보건관리자	보건위생	의사, 간호사 산업위생관리산업기사 이상 환경기사, 환경산업기사 산업보건환경위생관리학과를 졸업한 자 등	산업안전 보건법 제16조 동 시행령 제16조	노동부	상시근로자 1,000인 이상 : 3명(의사 1인 포함) 상시근로자 300~1,000인 미만 : 2명(의사, 간호사 중 1인 포함)

관리 영역	선임 직종	관련 분야	자격증	관련 법규	관리처	법정면허, 선임기준
소방안전 가스분야	방화관리자	소방 시설물	- 1급방화관리대상 소방시설관리사, 소방시설산업기사 이상, 산업안전기사	소방시설설치 유지 및 안전관리에 관한 법률 제20호	소방서	1급대상 : 연면적 10,000㎡ 이상 1인
			-2급방화관리대상 1급대상 자격자, 건축기사, 전기기사, 방화관리자 강습과정 수료자			2급대상 : 연면적 2,000㎡ 이상 판매시설 : 1,000㎡ 이상 자탐시설 설치 대상 1인
	위험물안전 관리자	유류설비 (탱크) 위험물 소비	위험물취급기능장 위험물취급기능사 2급 이상 위험물취급자	위험물안전 관리법 제15조	소방서	- 위험물 취급주임 : 지정수량의 10배 이상 - 위험물 취급자 : 지정수량의 10배 미만 난방용으로 사용시 수량에 관계없이 취급자로 선임가능(호텔 제외) 각각의 지정수량을 더하여 지정수량 결정 1인
소방안전 가스분야	안전관리자	LPG사용 신고시설	· 가스산업기사 이상 · 고압가스급기능사 이상 · 고압가스기계기능사 이상 · 고압가스화학기능사 이상 · 안전관리원 양성교육자 이수자	액화석유 가스의 안전관리및 사업법 제14조 동법시행령 제7조	구청 산업과	- 저장량 250kg 이상 안전관리 총괄자 1인, 안전관리책임자 1인 - 저장량 250kg 미만, 안전관리 총괄자 1인 · 총괄자 : 당해 사업운영의 최고 상급책임자 · 책임자 : 해당 중 1인 선임
소방안전 가스분야	안전관리자	도시가스 (LNG) (특정가스 사용시설)	· 가스산업기사 이상 · 고압가스취급기능사 이상 · 고압가스화학기능사 이상 · 고압가스기계기능사 이상 · 안전관리원 양성교육 이수자	도시가스 사업법 제29조 동법시행령 제5조, 제6조	구청 산업과	- 단일건물 4,000m/원 초과 안전관리총괄자 1인 안전관리책임자 1인 - 단일건물 4,000m/원 이하 안전관리총괄자 1인 · 총괄자 : 당해 사업운영의 최고 상급책임자 · 책임자 : 해당기술자격자 중 1인 선임
에너지 분야	에너지 관리자	열분야	열관리기능사 이상 보일러기능사 이상	에너지용 합리화법 제2조 제4항	에너지 관리공단 각 지부	열관리사 : 석유환산 250톤/년 이상 (사용량) 1인 선임 전기관리자 : 1백만 kW/년 이상(사용량) 1인 선임
		전기분야	전기산업기사			
	검색대상	보일러	열관리기능사 이상	에너지이용	에너지	검사대상기기 : 강철 및 주철제 보일러 1,

관리영역	선임직종	관련분야	자격증	관련법규	관리처	법정면허, 선임기준
	기기조종자	열교환기 압력용기 취급	원동기취급기능사 안전검사기기조종자	합리화법 제59조	관리공단 각 지부	2종 압력기기, 안전검사대상기기 조장자로 선임 가능범위 - 관류보일러 : 전열면적 10㎡이하 - 증기보일러 : 7kg/㎠, 5㎡ 이하 - 보일러출력 : 50만kcal/h 미만 가스버너 부착시는 고압가스자격 포함한 동일인이어야 함 · 안전검사 : 연 1회 · 성능검사 : 3년 경과 후 1년에 1회(난방용 5톤 이상) 해당기술자격증 1인 선임
냉동공조 분야	안전관리자	냉동제조 산업 고압가스 왕복동 냉동기	공기조화 및 냉동기계 기사 이상 고압가스 냉동기계기능사이상 안전관리원 양성교육이수자(프레온 100톤 이하 해당)	고압가스 안전관리법 제15조 동법시행령 제12조, 제13조	구청 산업과	냉동능력 50톤 이하 (프레온 100톤 이하) 안전관리책임자 : 1명 냉동능력 50~100톤 (프레온 100~250톤) 안전관리총괄자 : 1명 안전관리책임자 : 1명 안전관리원 : 1명 냉동능력 100~300톤 (프레온 100~600톤) 안전관리총괄자 : 1인 안전관리책임자 : 1인 안전관리원 : 1인 자체검사 : 1회/6개월 정기검사 : 1회/2년
환경위생 분야	환경기술인	대기분야	1종 : 환경기사 2종 : 환경산업기사 (실무 5년) 4,5종 : 업무종사자	대기환경 보전법 제24조	환경 지청, 구청 산업과	· 1종사업장 : 고체환산연료 10,000톤/1년 · 2종사업장 : 고체환산연료 2000~10,000톤/1년 · 3종사업장 : 고체환산연료1,000~3,000톤/1년 · 4종사업장 : 고체환산연료 200~1,000톤/1년
		수질분야 (폐수)	1,2종 : 환경기사 1급 3종 : 환경기사 2급 이상 4,5종 : 업무종사자	수질환경 보전법 제23조	구청 청소과	· 1종사업장 : 폐수배출량 3,000톤/일 이상 · 2종사업장 : 폐수매출량 1,000톤~

관리 영역	선임 직종	관련 분야	자격증	관련 법규	관리처	법정면허, 선임기준
						3,000톤/일 · 3종사업장 : 폐수배출량 500~1,000톤/일 · 4종사업장 : 폐수배출량 50~500톤/일 1인
		소음진동 분야	환경기사 2급 이상 업무종사자	소음, 진동 규제법 제21조	구청 산업과	국토계획 및 이용관리에 관한 법률상 공업지역 업무종사자, 도시계획법 규정의 일반 및 전용 공업지역 : 업무종사자 상기내용 이외의 5,000HP 미만인 사업장 : 업무종사자 상기내용 이외의 5,000HP 이상인 사업장 : 환경기사산업 이상 1인
	공중위생 감시원 명예공중 위생감시원	공중이용 시설	위생사, 위생시험사, 환경산업기사 이상, 화공산업기사이상, 수의학, 약학, 화학, 위생학 전공(대졸 및 전문대졸 경력 1년)	공중위생 관리법 제15조 동법시행령 제8조	구성 청소 행정과 건축 지도과	· 연면적 3,000㎡이상의 사무용 건물 · 연면적 2,000㎡이상의 복합동건물 · 연면적 3,000㎡이상의 지하상가 ※ 해당 기술자격증 1인 선임
전기통신 분야	전기안전 관리자 (전기안전 관리사) 전기 안전관리 보조원 (전기안전 관리원)	수변전 설비	수전용량 2,000kW 이상(안전관리사) -기사 취득 후 실무3년 이상 -산업기사 취득 후 실무 5년 이상(안전관리원) -전기기능사 이상 수전용량 2,000kW미만(안전관리사) -기사 취득 후 실무 2년 이상(안전관리원) 기사 이상	전기사업법 제73조	전기기사 협회 경유 구청 산업과 시 · 도 산업과	· 수전용량 50kW~2,000kW 미만 : 안전관리사 1인 2,000kW~1,000kW : 안전관리사 1인, 안전관리원 2인 10,000kW 이상 : 안전관리사 1인, 안전관리원 1인 * 수전 1,000kW 이상(발전기 포함) : 법정 선임자 상주 * 수전 1,000kW 미만 (반전 포함) : 선임대행 가능
	무선 종사자	무선설비	무선설비산업기사 이상 전파통신기능사 이상	전파법 제71조	정통부 무선국	무선설비의 통신조작 : 전파통신산업기사 이상 1인

나. 건물시설관리 지식조건

건물자산관리 지식이란 관리자 등이 관리대상인 건물자산을 관리함에 있어서 반드시 알고 있거나 알아야 할 직무상의 범위를 말한다.

또한 지식이란 사물에 대한 명료한 의식과 그것에 대한 판단을 의미하며, 배우거나 연구해서 알고 있는 내용 또는 범위를 의미한다. 따라서 건물자산관리의 지식이란 건물자산을 관리함에 있어서 필요한 것을 학습하고 공부해서 알고 있는 내용과 그 범위를 의미한다. 다시 말하면, 건물자산관리 실무에 대하여 명료하게 알고 판단할 수 있는 힘을 의미한다.

그러므로 건물자산관리자는 건물자산관리를 하기 위하여 적어도 관리대상건물을 명료하게 이해하고, 건물자산관리 6개 관리영역에 해당하는 관리대상의 범위와 구체적인 관리항목에 대하여 관리이론과 관리방법 및 실무절차를 알고 있어야 한다. 즉 건물자산 관리업무의 지식개념은 완전지식 개념으로서 건물자산관리의 개념을 아는 지식의 사실지(事實知)와 그 관리업무를 어떻게 수행하는지의 지식인 방법지(方法知) 그리고 관리업무를 직접 수행할 수 있는 지식, 즉 행동지(行動知)까지 알고 있어야 한다. 건물자산관리자가 알아야 할 직무상의 지식범위는 관리소장의 직무범위에 해당하는 지식을 체계적으로 알고 있어야 한다.

다. 건물시설관리 정보조건

정보는 사물의 내용이나 형편에 관한 소식이나 자료를 의미하는 것, 또는 어떤 정황이나 그것에 대한 지식이나 보고 등을 의미한다(안보 군사면). 건물자산관리 정보는 관리대상건물의 실체를 세세히 알고 건물을 관리하기 위한 자료 등을 의미한다. 예컨대, 콘크리트 부분을 보수하는 데 필요한 보수방법이나 재료 등을 아는 지식을 뜻한다.

건물자산관리를 위해서는 수많은 종류의 관리정보가 필요하다. 따라서 건물자산관리종사자 특히 건물자산관리자(관리소장)는 반드시 건물자산관리에 필요한 정보를 충분히 확보하고 있어야 한다. 예컨대, 건물자산기술관리객체의 건물관리 정보가 이 범주에 해당된다.

라. 건물시설관리 경험조건

경험이란 실제로 보고 듣고 겪은 일을 의미하는 것 외에 겪은 과정에서 얻은 기능이나 지식을 의미한다. 경험에는 직접경험과 간접경험이 있으나 건물자산관리에는 전자가 후자보다 훨씬 더 유용하다. 건물자산관리소장(책임관리자)은 적어도 일정규모 이상의 건물에 대해 5년 이상의 종합 관리경험(관리경력)이 필요하다.

건물자산관리 경험조건은 〈표 2-12〉와 같다.

〈표 2-12〉 건물자산관리 인적 자원의 직책별 업무내용과 요구경력

직 책	업무내용	요구경력
총괄관리자 (관리소장)	① 대외적 관리사무소 대표 ② 대내적 관리업무의 총괄과 지원 ③ 건물자산 소유자 및 경영자 보좌 ④ 안전관리업무 총괄	① 건물자산종합관리 : 5년 이상의 근무경력 ② 건물자산관리 장기교육(1년 이상) 이수자나 대학에서 건물자산관리학 전공자로서 3년 이상의 건물자산관리분야 경력 ③ 공동주택의 경우 : 주택관리사(보)의 자격소지자로서 5년 이상의 공동주택관리 근무경력
시설과장 기술과장 설비과장 (기술관리책임자)	① 관리소장 기술관리분야 보좌 ② 전기설비, 냉난방설비, 이동설비, 위생설비, 소방설비, 통신설비의 운전과 유지관리 및 정비보수와 시설의 영선 ③ 위험설비 안전관리 ④ 기술작업감독 ⑤ 시설설비 중앙관제 등	① 기술관련분야 : 해당시설 5년 이상 근무경력자 ② 기술관리분야 : 대학에서 기술관리 분야 전공자로서 3년 이상 유경험
지원팀장 업무과장 관리과장 (행정관리업무책임자)	① 행정관리분야 소장 보좌 ② 회계, 세무, 임대, 구매, 보험, 인사, 노무, 사무문서, 입주자 관리 및 용역관리 등	① 경영(행정)관리분야 : 해당업무5년 이상 근무경력 유경험자 ② 건물행정관리분야 : 대학에서 법률, 행정, 경영 또는 건물자산관리학 전공 또는 교육 이수자 또는 전공자로 3년 이상 유사분야 경력자
경리 책임자 및 행정담당근무자	① 관리과장과 관리소장 보좌 ② 문서수발, 회계, 행정지원, 전산업무, 기타 서무업무 등	① 관련분야 1년 이상 근무경력자 ② PC 및 경리실무 자격소지자
기계설비관리근무자 기술적 근무자	각종 기계 운전관리, 점검보수, 자동제어, 고압가스, 환경관리, 방화관제 업무수행, 정비 보수 등	① 해당시설관리분야 유자격자 ②실무경력 1년 이상
전기설비관리분야	전기시설 운전감시, 방송설비, 통신설비, 승강설비관리 전기관리 업무수행, 정비, 보수 등	① 해당시설관리분야 유자격자 ② 실무경력 1년 이상

직 책	업무내용	요구경력
경비관리분야 (주차분야 포함)	출입자 차량 통제, 건물 내 보안, 경비관리, 순찰업무, 차량정리 및 주차장 안내 업무 등	① 운전면허소지자 ② 만 25~60세 ③ 경비보안관리분야 1년 이상 경력자 ④ 정신적, 육체적으로 건강한 자 ⑤ 신원이 확실한 자
환경미화관리분야	내외부 일반청소, 대청소 및 왁스 등 세척작업, 특별 청소 쓰레기 배출, 정리정돈 등	① 환경미화분야 1년 이상 경력자 ② 신체 건강한 자 ③ 만 20세~60세 ④ 용모단정한 자 ⑤ 신원이 확실한 자

마. 건물시설 관리종사자 품성조건

품성이란 사람됨의 바탕이나 성격을 의미하는 것으로 충분조건에 해당된다. 건물자산관리종사자는 대물관리와 대인관리를 담당하는 자이므로 성격이 원만해야 할 뿐 아니라 사람다운 사람의 바탕을 가지고 있는 자이어야 한다. 사람다운 사람의 조건에 관한 판단기준은 여러 가지 기준이 있을 수 있으나 본서에서는 공자의 제자들이 스승인 공자에 관하여 저술한 〈논어〉에 제시하고 있는 사람다운 사람의 조건기준을 원용하고자 한다. 이를 인용하면 사람다운 사람의 조건기준은 다음과 같다.

① 약속행인(約束行人) : 약속하면 반드시 지키는 사람
② 은혜행인(恩惠行人) : 은혜를 입으면 반드시 갚는 사람
③ 의리행인(義理行人) : 불의하지 아니하고 의리를 지키는 사람
④ 축하행인(祝賀行人) : 남이 잘되면 축하할 줄 아는 사람
⑤ 문상행인(問喪行人) : 남이 슬픔을 당하면 애도하고 위로할 줄 아는 사람
⑥ 재신정용행인(財産正用行人) : 타인의 재산을 잘 관리해주고 자기 재산 역시 바르게 사용할 줄 아는 사람

또한 관리종사자는 건물자산관리를 위하여 많은 사람을 상대해야 하므로 사람다운 사람의 조건 외에 다음과 같은 마음의 바탕과 덕목을 겸비해야 한다.

관리종사자가 갖추어야 할 마음의 바탕과 덕목에는 ① 신뢰성, ② 정직성, ③ 책임성, ④ 성실성, ⑤ 인내성 등이 요구된다.

바. 건물시설 관리종사자 건강조건

관리종사자는 관리활동을 함께 있어서 다음과 같은 육체적 건강·정신적 건강 및 사회적 건강조건을 유지하고 있는 자라야 한다.

① 육체적 건강

육체적으로 질병이 없고 아무 탈 없이 튼튼해야 한다. 육체의 건강이 유지되지 아니하면 정신적 건강도 나빠지게 되어 관리상의 여러 가지 문제를 야기시킬 수 있기 때문이다.

② 정신적 건강

정신적 건강이란 정신적 의식이나 사상이 바르고 건실함을 의미한다.

사물을 바르게 보고 사람과 일을 긍정적으로 보며, 종사자에게 적극적 사고와 옳고 그름을 바르게 판단하고 처리하는 정신적 건강은 건물관리종사자에게 매우 중요한 건강조건에 해당된다.

③ 사회적 건강

사회적 건강이란 가정이나 사회적 관계에서 순리적이며 사람과의 원만한 관계를 의미한다. 특히 사회적 건강은 대인관리에 있어서 매우 중요한 건강조건이 된다. 건물자산관리와 관계되는 사람과의 관계가 원만하지 않거나 불편하게 되면 건물자산관리는 실패하기 마련이다.

따라서 건물자산관리종사자는 육체적 건강과 정신적 건강 및 사회적 건강조건을 모두 충족해야 한다.

사. 건물자산 관리종사자의 정신자세 조건

건물관리자, 관리감독자, 관리근무자 등은 건물관리의 중요성과 필요성을 인식하고 바람직한 건물자산관리가 되도록 그에 합당한 행동을 스스로 하는 정신적 자세와 태도를 견지해야 한다.

뿐만 아니라 관리조직의 구성원으로서 해당 직분에 맞는 정신적 자세가 갖추어져야 한다. 또한 건물자산관리자는 수행하고 있는 건물자산관리업무가 크게는 인간의 생존을 돕는 일이며, 인간에게 건물의 유익을 창출·제공하여 그들의 삶과 생활과 일을 돕고, 소유자 목적, 사용자 목적, 이용자 목적을 달성하게 하여 그들 모두를 만족시키는 봉사자임을 확신하고 자부심을 느끼며, 건물자산관리학의 숭고한 학문적 이념을 실천하는 높은 정신적 자세와 태도를 확립하고 견지해야 한다.

5) 인적 자원의 직책별 업무체계

인적 자원에 해당되는 각급 관리종사자에 대한 직책별 담당 업무체계를 살펴 인적 자원의 준비와 함께 이를 효과적으로 활용해야 한다.

다음에서 관리종사의 업무체계에 대하여 직책별로 ① 관리자(관리소장, 총괄관리자, 책임관리자), ② 관리감독자, ③ 관리근무자 순으로 설명하고자 한다.

가. 관리소장(관리자 · 관리총괄책임자)

건물자산관리의 직접관리수단에 해당하는 인적 자원의 구성체계 속에 가장 책임있는 직책에 위치하고 있는 자를 일반적으로 건물자산관리자 또는 건물자산관리사무소 소장이라 한다. 또한 건물자산관리자의 직책 명칭은 총괄관리자 또는 관리사무소 소장 등과 같은 의미로 사용된다. 직영관리방식의 관리소장은 관리이사, 관리부장, 총무부장, 관리팀장 등으로 호칭되기도 한다.

본서에서는 관리자의 호칭을 빌딩관리조직체계에 맞추어 관리소장으로 호칭하기도 한다.

관리소장의 업무체계를 구체적으로 이해해야 하는 이유는 관리소장은 관리조직의 최고 책임자이며, 건물자산 관리업무의 중심이고, 대외적으로 관리조직을 대표할 뿐 아니라 대내적으로 관리업무를 총괄하고 지원하며, 건물자산경영자를 직접 보좌하면서 때로는 건물자산경영자를 대리하기 때문에 관리종사자 중 가장 중요한 위치를 점하는 자이기 때문이다. 건물자산관리소장을 영 · 미에서는 OM 매니저, 빌딩 매니저 또는 프러퍼티 매니저(Property manager)라 호칭하고 있다.

다음에서 관리소장의 업무와 직책의 개념, 권한과 의무, 위치와 조건, 능력, 역할, 업무 스케줄 등에 대하여 차례대로 기술하고자 한다.

① 관리소장 직책 개념

소장이라 함은 연구소 · 사무소 등과 같이 소(所)자가 붙은 기관 또는 직장의 사무를 총괄하는 책임자를 의미한다. 본래 소(所)란 연구소 · 영업소 등과 같이 연락이나 영업 등의 용어 뒤에 붙어서 연락하는 곳, 영업하는 곳, 즉 연락이나 영업을 하는 곳을 의미한다.

이와 비슷한 원(院)은 명사 뒤에 붙어서 그것을 위해 일하는 관청이나 시설(건물)을 나타내는 의미를 가지고 있다. 즉 학술원 · 연구원 · 고아원 등과 같이 사용되어 학술 · 연구, 고아의 건물이나 기관 · 시설 등을 의미한다.

일반적으로 사용되는 소장 호칭의 예는 대리점 · 물류창고 · 운송 · 구매 · 하역과 같은 유통사업의 경우 관리소장이라 하고, 건설현장의 경우 현장소장이라 호칭하며, 시설관리 개념에서 볼 때 오피스 · 공장 · 아파트 · 빌딩 등의 경우에는 시설관리소장이라 통용하여 사용된다. 그러나 기업경영, 정부조직 산하의 보건지소, 보건소, 산림지소, 영업소 등에서는 보건소장, 영업소장 등으로 호칭하고 있다.

본래 소장의 의미는 자기분야의 재능이나 가장 능한 재주를 나타내는 말이나 이 책에서 소장이라 함은 일반적으로 사용되는 호칭의 의미와 건물관리 단위사업장의 현장사무소, 시설관리사무소, 청소, 경비 등의 관리현장 등의 의미를 함께 가지고 있는 기업경영상 현장단위 조직의 대표를 의미한다. 그러므로 관리소장이란 경영자로부터 관리권을 넘겨받아 대내적으로 관리업무를 총괄하고, 대외적으로 단위사업장을 대표는 직책을 의미한다.

결론적으로, 관리소장이란 관리대상건물을 경영자(관리주체 · 소유자 등)로부터 넘겨받은 관리권을 가지고 단위사업장(관리사무소)을 대외적으로 관리조직을 대표하고, 대내적으로 관리업무를 총괄 또는 지원하는 관리책임자를 말한다.

이와 같이 소장이라는 직책은 단위사업장 관리조직의 책임자로서 기능과 역할이 주어지고 책임지는 자를 의미한다.

즉 관리소장은 건물관리 단위사업장인 관리사무소의 관리책임자로서 대리인은 아니나 대리인과 유사한 법적 지위를 가지며, 관리대상건물에 대하여 관리권을 행사하는 자이다. 건물자산관리현장의 관리소장에는 이른바 갑(甲)측 소장과 을(乙)측 소장의 부류가 있다.

전자는 건물소유자나 경영자로부터 임명된 관리소장을 의미하고, 후자는 건물소유자나 경영자로부터 관리용역계약에 의하여 관리권을 위임받은 관리용역회사로부터 임명된 관리소장을 의미한다.

이와 같은 소장의 직책에 대한 본래의 개념으로 볼 때 갑(甲)측 소장은 본래 의미의 관리소장의 법적 지위를 갖게 되나 을(乙)측 소장은 일반적으로 담당관리업무를 총괄 수행하며 갑(甲)측 소장을 보좌하는 지위, 즉 담당관리 부분의 관리감독자의 지위에 있기 때문에 일반적으로 관리권이 없을 뿐 아니라 관리대상건물 전체의 관리권을 행사할 수 없는 위치에 있다(소속 용역회사가 법적으로 관리주체의 지위에 있고 소속회사의 대표로부터 관리권을 위임받을 경우 예외적으로 관리권이 있는 경우도 있다).

그러므로 갑(甲)측의 관리소장만이 법적 지위의 관리소장이고, 을(乙)측 소장은 호칭상의 소장에 불과하다. 즉 감독자의 지위에 있다. 그러나 관리업무 처리에 있어서 책임과 의무는 거의 동일한 선상에 있다.

다시 말하면 관리소장의 직책이란 관리대상건물의 관리활동에 대한 방향과 목표를 정하고 관리조직과 인적 · 물적 설비를 적절히 배분, 활용 · 감독하여 적정한 관리효과를 창출하며 입주자와 건물 이용자 · 소유자 등에 만족을 제공하며, 성실히 봉사하고, 환경 · 안전 · 인력 등에 대하여 고용회사에 책임을 지는 자이기 때문이다.

② 관리소장의 법적 지위와 위치

관리소장에는 권리자로부터 특정 법률행위의 대리권을 수여받아 관리하는 자와 대리권을 수여받지 아니하고 고용 · 위임 · 계약 · 법령 등에 의한 일반 관리권을 행사하여 관리하는 자로 구분된다.

전자는 대리권을 넘겨받은 자이므로 수권한 대리권에 속하는 특정 법류행위(예컨대, 자산처분)와 일반관리권을 동시에 행사할 수 있는 포괄적 관리자의 법적 지위를 가지고 있는 자이다. 그러므로 대리권을 수권한 관리소장은 건물자산경영관리의 경영자 대리인의 지위에 서게 된다. 그러나 특정 법률행위에 대한 대리권을 수권하지 아니한 일반관리소장은 관리대상건물에 대하여 관리대상건물의 보존행위 · 이용행위 · 개량행위만 가능하고 처분행위나 경영행위는 할 수 없다. 이때의 관리행위의 내용은 관리대상건물의 보존활동은 무제한적으로 활동이 가능하나 이용 · 개량 활동은 관리대상건물의 모양이나 성질을 변형하지 아니한 범위 내에서만 관리행위를 할 수 있다.

일반건물의 자치관리조직에 있어서 관리소장의 위치는 수직적으로는 위에는 건물경영자(소유자)가 있고 아래로는 건물관리감독자(을측 소장 포함)와 관리근무자 등이 있다. 그리고 수평적으로는 좌우로 관리협력자와 관리관계자 등이 있다. 따라서 관리소장의 위치는 그들의 중심에 있다. 관리소장의 위치는 관리권을 행사하는 관리총괄책임자(예외적으로 경영자대리인의 지위를 겸하는 경우도 있음)로서 위로는 건물소유자(건물경영자)를 보좌하고 아래로 건물관리감독자와 관리근무자 등을 지휘 · 감독 · 통제 · 평가 · 지원하는 위치에 있는 자이다. 관리를 총지휘하는 관리중심의 위치에 있는 자이기도 하다.

따라서 건물관리현장의 관리소장(갑측 소장)은 건물시설관리직급으로서 볼 때 관리조직의 꽃이며, 정상의 자리에 있는 자이다.

그러므로 관리소장은 법적 지위와 위치 및 업무의 범위로 볼 때 건물자산관리 조직상 가장 중요한 직분을 수행하는 자라 할 수 있다. 따라서 관리효과 역시 관리소장의 능력과 자세에 따라 천차만별로 나타난다.

이와 같은 연유로 유능한 관리자(관리소장)의 양성과 배출은 시급한 건물자산관리산업의 발전과 건물관리의 문제점을 개선하는 데 가장 중요한 당면실천과제라 판단된다.

③ 관리소장의 관리 권한과 관리의무

관리소장은 관리대상건물을 관리함에 있어서 권한과 함께 관리권을 적법하고 공정하게 사용해야 하는 의무를 부담하는 자이다.

권한이란 권리가 아닌 것으로 어떤 행위를 할 수 있는 자격 또는 법적 지위를 의미한다. 관리소장이 가지는 관리권은 엄격한 의미에서 권리가 아닌 권한으로서 일정한 관리행위를 할 수 있는 법적 지위나 자격을 의미한다.

관리소장의 권한의 내용에는 대체로 다음과 같은 것이 있다.

- 대외적으로 관리사무소를 대표하는 대표권한
- 대내적으로 관리업무를 총괄 지휘 감독하는 총괄지휘감독권한

관리소장은 관리에 관하여 관리권의 행사와 관리업무 등에 대하여 법적 의무와 취업규칙, 인사규정 등의 의무를 부담하는 것이다. 의무란 법적 구속을 의미하며, 관리소장의 의무에는 작위의무와 부작위의무로 분류된다.

관리소장은 건물관리의 작위의무와 부작위의무를 동시에 가지는 자이며, 의무를 해태하거나 이행하지 않을 경우 법적 또는 도의적으로 책임을 지게 된다. 손해가 발생되면 손해를 배상해야 함은 물론이다.

관리소장의 작위의무와 부작위의무는 〈표 2-13〉과 같다.

〈표 2-13〉 관리소장의 관리의무

관리소장의 작위의무	관리소장의 부작위의무
• 선량한 관리자의 주의의무 • 공정관리의무 • 성실관리의무 • 인명과 재산보호의무 • 재난방지 의무 • 주(住)측면의 생존지원의무 • 관리자 품위유지 의무 • 건물이해관계자 만족 제공의무 • 시설설비의 정상기능 유지관리의무 • 입주자 사용수익 협조의무 • 방해배제의무 • 재정보증의무 • 회사기밀 엄수의무 • 경영목표 달성의무 • 관리목표 달성의무 • 관리대상건물 보존의무 • 건물경영자 보좌의무 • 관리관계법령 준수의무 • 회계의무 • 복종의무 • 경영자에 대한 보고의무 • 고지의무 등	• 자기 관리행위 금지의무 • 사익우선 금지의무 • 부당 관리 금지의무 • 불공정 관리비 징수집행 금지의무 • 부적절한 보수공사 발주 및 구매행위 금지의무 • 불공정 용역관리 금지의무 • 관리 비밀누설 금지의무 • 불법행위 금지의무 • 금품 향응 금지의무 • 입주자 비밀문서 · 정보 · 기밀 · 외부유출 금지 의무 • 쌍방 대리 금지의무 등

④ 관리소장의 구비조건과 요구능력

관리소장은 건물경영자나 건물소유자로부터 막대한 건물자산의 관리를 위임받아 관리하는 자이고, 건물 내의 수많은 입주자들의 귀중한 생명과 재산을 보호해야 하는 자이므로 타 직종의 책임자보다 고도의 관리능력과 경영능력을 함께 구비해야 한다.

건물관리는 매우 위험하고 복잡하며, 사람과 장소, 사람과 물건, 사람과 사람의 관계를 원만하고 효율적으로 관리해야 하므로 우선 인격적으로 원만한 성격과 품성을 지녀야 하고, 신뢰와 성실성을 갖추고 정신적으로나 육체적으로 그리고 사회적으로 건강해야 한다. 뿐만 아니라, 관리업무에 대한 체계적인 지식과 정보 및 충분한 관리경험 등을 가지고 있어야 하며, 전문성과 기술성을 함께 확보한 자이어야 한다.

관리소장이 특히 구비해야 하는 구비조건과 요구능력에 대하여 정리하면 다음과 같다.

가) 관리소장의 구비조건

건물자산관리현장의 책임자인 관리소장은 적어도 다음과 같은 조건을 구비해야 한다.

- 관리업무에 대한 체계적인 지식과 정보를 확보한 자일 것
- 관리자 자격(법정자격 필요시 법정자격)의 자격을 갖추고 있는 자일 것
- 충분한 관리경험을 가진 자일 것
- 관리자다운 품성을 가질 것
- 관리자의 건강상태가 육체적 · 정신적 · 사회적으로 건강할 것
- 관리자 정신자세가 확립된 자일 것

나) 관리소장의 요구능력

건물관리소장이 성공적인 관리현장을 영위하려면 다음과 같은 능력이 요구된다.

- 관리업무 통합조정능력
- 대인관리능력
- 대물관리능력
- 건물경영 관리능력
- 관리업무 추진능력
- 상황변화 능동적 대처능력
- 대관업무 처리능력
- 조직관리 및 장악능력
- 설득능력(커뮤니케이션 능력, 대화능력)
- 리더능력(리더십)
- 기술관리능력
- 행정관리능력
- 관리업무 총괄능력
- 지원능력
- 대외적 대표능력

- 기획관리능력
- 의사결정능력
- 위기상황 수습능력
- 통솔지휘능력
- 경영자 보좌능력 등

⑤ 관리소장 업무범위와 역할

가) 관리소장의 업무범위

관리소장의 업무범위는 대외적으로 관리사무소를 대표하는 대외업무와 대내적으로 관리업무를 총괄하고 지원하는 대내업무 및 건물경영자 보좌업무로 국한된다. 관리소장의 업무는 다음과 같다.

- 대외적으로 관리사무소를 대표하는 대외업무
- 대내적으로 관리업무를 총괄하고 지원하는 대내업무
- 건물자산소유자나 경영자를 직접 보좌하는 경영자 보좌업무

그러므로 건물관리소장의 직분을 현재 수행하고 있거나 관리소장이 되고자 하는 자는 반드시 대외적 대표로서의 품성과 조건에 손색이 없어야 하고, 대내적으로는 관리업무를 총괄하고 지원하는 자로서 충분한 기술성과 전문성을 가지고 있어야 하며, 건물경영자를 보좌하고 대리하는 경영능력도 함께 가지고 있어야 한다.

관리소장의 대외업무와 대내업무 및 경영 보좌업무 등을 개괄적으로 기술하면 다음과 같다.

나) 관리소장 대외업무

관리소장은 건물의 소유자(경영자 포함), 관리주체, 법령상 관리권한이 있는 자 등으로부터 관리권을 수여·위임·계약·법령 등에 의하여 넘겨받은 자이므로 이들을 대신함은 물론 관리사무소를 대표하는 자격과 권한이 주어진다. 따라서 관리소장은 대외적으로 관리사무소를 대표하여 관리에 관한 의사표시를 하거나 수령하는 위치에 있다.

그러나 관리소장은 건물소유자(권리자·권한자 포함)로부터 대리권을 수여받거나 위임·계약·법령 등에 의하여 대리권을 행사할 수 있는 자이므로 관리권을

넘겨준 권리자 · 소유자 · 권한자 등을 위하여 관리권을 적법하고 타당성이 있으며, 권한범위 내에서 권리자를 위하여 관리권을 행사하여야 한다.

다시 말하면 건물의 소유자 · 권리자 등의 이익을 보호하고 고의적으로 손실을 초래하거나 관리자 스스로의 이익을 위하여 관리권을 행사하지 말아야 한다. 즉 건물의 소유자 · 권리자를 해하는 불법한 행위는 할 수 없으며, 오직 적법하고 유익한 관리행위만 할 수 있다.

만일의 경우 관리자 스스로의 이익을 위하여 관리하거나 건물소유자에게 손해를 가져오는 불법한 관리행위는 전적으로 관리자(관리소장) 스스로 책임져야 한다. 건물관리소장이 대외적으로 관리사무소를 대표하기 위해서는 관리소장으로서의 품성조건을 충족해야 함은 전술한 바와 같다.

관리소장의 대외적 대표와 관련한 바람직한 행동과 태도에 대하여 구체적으로 살펴보면 다음과 같다.

- 건물관리 업무에 대하여 중요성과 필요성을 깊이 인식하고 건물자산관리에 대한 확실한 신념과 사명감을 가져야 하며 이를 위하여 체계적인 관리이론으로 무장되어야 한다.
- 품위를 유지해야 한다.
- 신뢰성 있는 언어 사용과 예의바른 행동을 해야 한다.
- 사소한 일에 흥분하거나 화를 내는 것을 삼가고, 참고 인내하는 성격을 가져야 한다.
- 대인관계가 유연하고 모나지 않아야 한다.
- 작업시를 제외하고는 언제나 단정한 복장과 정중한 몸가짐을 유지해야 한다.
- 관리소장의 직분을 천직으로 알고 일찍 출근하고 늦게 퇴근하며 근무시간 동안에는 언제나 정위치하는 근무태도를 견지해야 한다.
- 건물자산관리 이해관계자의 전폭적인 신뢰와 지지를 받아야 한다.
- 건물관리관계자 등과 인간적 유대관계를 유지해야 한다.
- 관리관계 업무에 대한 다방면의 경험과 전문성을 갖추고, 관리현안에 대하여 언제나 능동적이고 적극적으로 대처해야 한다.
- 조직 장악능력이 있어야 하고, 근무자 등으로부터 신뢰를 확보해야 하며 항상 모범을 보여야 한다.

관리소장이 관리사무소를 대표하기 위해서는 위와 같은 관리소장으로서의 자세, 행동, 태도를 갖추는 외에 사회적으로 신뢰받는 외모 · 연령 · 경험 · 학력 · 자격 · 기술 · 전문성 등의 조건을 갖추는 것이 매우 바람직하고 유리하다.

관리소장의 직책은 현실적 입장에서 살펴볼 때 사회적으로 크게 인정받지 못하고 있는 직업이나 향후 사회적으로 크게 평가받는 전문직업으로 발전될 것으로 확실히 전망되며 관리소장이 담당하고 있는 관리업무는 건물 내의 귀중한 인명과 재산을 보호하는 자이므로 사회적으로나 국가적으로 어떤 직업보다 훌륭한 일을 담당하고 있는 자라 할 수 있다.

뿐만 아니라, 건물관리소장(관리자)은 향후 영국의 OM 매니저, 미국의 CPM(공인 건물자산관리자), 일본의 빌딩경영관리자와 같은 사회적 인정과 높은 대우를 받게 될 것이 확실시되므로 관리소장 스스로 자부심을 가지고 자기개발과 발전에 스스로 노력해야 하는 것은 물론이거니와 관리소장(관리자)들이 직업상의 문제가 있다면 전국적인 규모로 합심연합하여 현재 당면하고 있는 관리소장의 애로와 문제들을 이성적이고 합법적으로, 그리고 서로 도와서 해결하는 것이 바람직한 문제 해결의 한 방법이라 판단된다.

다) 관리소장 대내업무

관리소장은 대외적으로 관리사무소를 대표하면서 한편으로는 대내적으로는 관리대상건물의 관리업무를 총괄하고 지원하는 직분도 함께 가지고 있다.

왜냐하면 관리권을 위임 · 수여 · 계약 · 법령 등에 의하여 행사할 수 있는 자이기 때문이다. 관리소장이 관리업무를 총괄 및 지원하기 위해서는 다음과 같은 건물관리 업무 전체에 대하여 소상하고 철저하게 파악하고 이를 이해하고 있어야 한다. 관리소장이 관리책임자로서 처리해야 할 관리업무의 종류와 내용은 대체로 다음과 같다.

- 건물자산경영관리 업무(건물행정관리업무와 경제관리업무)
  - 건물경영목표
  - 경영조직과 경영조직의 각종 운영규정과 방침 및 정책
  - 인사업무(노무업무 포함)
  - 회계업무(경리업무 포함)
  - 세무업무

- 임대관리업무
- 구매관리업무(물품 및 용역구매관리업무)
- 건물관리관련 보험업무
- 자산운용관리업무(수익관리업무, 경제가치 보존 및 제고업무)
- 문서사무업무
- 기타 건물경영과 관련된 업무 등

• 건물자산기술관리 업무
- 관리대상 건축물의 시설과 설비의 유지와 보전
- 주요설비의 운전과 점검, 정비보수
- 기술관리조직 내의 기술 인력의 기술의 정도와 자격과 기술수준 유지관리
- 위험시설물의 종류와 성능유지 및 안전관리
- 기술관리를 위한 설계도서, 건축물관리대장, 기술 스팩, 기술 매뉴얼, 운전관리 또는 사용설명서(설비,장비)등의 보존관리
- 기술관리를 위한 준공도서, 건축물 이력서, 장비 · 공구 · 기기 · 부품 · 원료 · 재료 · 에너지 등의 현황 파악 및 보관, 사전준비와 유지관리
- 기술관리대상(건축물 · 건축대지 · 건축설비)의 주요 관리와 정보 파악과 활용

• 건물자산법률관리 업무
- 계약 및 계약 사후관리업무
- 관리관계법령의 법적조치사항 파악과 준수
- 권리보존관련 업무
- 유관기관관련 업무(대관업무, 관계기관업무, 대외기관업무)
- 관리관련 규정 · 지침 · 계약 · 약정 · 세칙 · 행정명령 · 규약 · 방침 · 계획 · 수칙 등의 관련 업무
- 입주자 민원 · 진정 · 소송 및 채권보전 등에 관한 업무 등

• 건물안전관리 업무(건물위험관리 업무)
- 위험시설물 파악 및 특별안전관리대상의 안전관리
- 관리업무별 위험관리대상 파악 및 위험관리
- 예방안전관리
- 안전관리 관계법령관리
- 안전조직 운영과 활동
- 재해발생시 대처, 수습, 조기정상 복구

- 화재방지
- 경비보안
- 야간휴무 안전관리
- 재난방지
- 자연재해 방지업무
- 비상연락망 파악 및 비상대처 등

• 건물환경관리 업무

- 청소관리
- 위생관리
- 소독방역관리
- 조경시설물관리
- 수질오염방지
- 실내 공기질 관리업무
- 건물 이미지 관리업무
- 건물환경미화 관리업무
- 건물환경 개선업무 등

결론적으로 관리소장의 바람직한 역할은 대외적으로 관리사무소를 대표하는 것과 대내적으로 관리업무를 총괄 및 지원하기 위해서는 복합적인 관리대상을 종합 오케스트라 지휘자 같이 지휘하고 조정하며 변화하는 관리현장 환경에 맞게 능동적으로 대처하며 입주자와 사용자들에 대한 끊임없는 봉사와 공동사회에 책임지는 역할을 감당해야 한다.

라) 경영자 보좌업무

경영자 보좌업무는 수익성 건물의 경우 건물 소유자 · 경영자와 비수익성 건물의 관리주체나 관리권한 있는 자를 보좌하는 업무로서 가장 중요한 관리소장의 업무이다. 건물경영자나 관리주체를 보좌하기 위해서는 그들의 의도와 경영 및 관리정책이나 방침을 완전히 이해해야 한다. 뿐만 아니라, 매일 또는 정기적으로 업무현황을 보고하고 경영자가 의사결정을 바르게 할 수 있도록 보좌해야 한다.

또한 경영자가 결정한 경영목표 달성에 최선을 다해야 한다. 경영보좌 업무는 관리소장의 업무 중 가장 비중이 큰 업무로서 경영자 보좌업무의 실패는 곧 바로 관리소장의 직책을 쉬게 하는 직접요인이 된다.

⑥ 관리소장의 역할

관리소장의 역할이라 함은 건물자산관리를 함에 있어서 관리소장이 해야 할 구실과 기능을 의미한다. 관리소장은 대내외로 매우 중요한 위치에 있는 자이므로 그 역할 역시 매우 중요하다.

관리소장의 주요 역할은 대체로 다음과 같다.

- 관리사무소 대표자 역할
- 건물경영자 대리역할 · 보좌역할
- 건물관리 업무 총괄 지원자 역할
- 건물관리감독자, 관리근무자, 종사자 등의 업무조정자 역할
- 관리직원의 직무에 관한 교육자 역할
- 관리문제 해결을 위한 해결자 역할
- 관리업무 총괄관리자 역할
- 관리직원을 내외부로부터 보호하는 보호자 역할
- 관리의 공정과 적절한 관리를 위한 감독자 역할
- 경영자로부터 관리행위 승인을 위한 결재승인, 의사결정 정보제공 역할
- 관리협력자 · 관계자로부터 적정한 지원과 공적 서비스와 사적 서비스 확보를 위한 인간관계 유지자 역할
- 관리상 분쟁을 설득 · 조정 · 해결하기 위한 분쟁 조정자 역할
- 관리상황 변화에 대처하기 위한 기획조사자 역할
- 건물자산관리 오케스트라 지휘자 역할
- 관리업무 추진결과 취종 책임자 역할
- 관리현장 비상시 진압 및 수습자 역할

⑦ 관리소장의 정신자세

건물자산관리를 성공적으로 완벽하게 수행하기 위해서는 관리자는 우선 먼저 정신이 투철해야 하고 사명감과 책임감이 있어야 한다.

유능의 정도는 교육과 훈련으로 가능하나 관리자 정신은 관리자 스스로 관리의 필요성을 느끼고 관리의 중요성을 인식하여 사명감을 가지고 관리활동에 임할 때 마침내 해결될 수 있는 정신영역의 문제이다. 본래 사람은 정신과 육체로 결합되

어 있는 사회적 동물로서 육체는 정신세계의 지배를 받아 행동하도록 예정되어 있다.

정신세계는 오묘한 것이 많아 이를 한마디로 설명하고 해석하기는 매우 어려우나 적어도 건물자산관리에 있어서 관리자에 국한된 정신세계는 건물자산관리를 성공적으로 완벽하게 하고자 하는 인식과 신념이 바탕이 되어 건물 소유자 및 사용자에게 만족을 주고 서비스하며, 그들의 생명과 재산을 관리자의 생명과 재산같이 보호하는 정신자세가 무엇보다 필요하고 중요하다. 그러기 위해서는 건물 주인의 입장에서 그들을 바라보며 관리대상을 사랑함으로써 얻어지는 유익을 그들에게 되돌려주는 그런 정신이 관리자의 마음 곳곳에 자리해야 한다.

“세상만사가 성사되고 안 되는 이치는 오직 마음에 의하여 이루어진다는 사상(一切唯心造思想)”이나 “오로지 일의 성사는 사람 마음에 있다는 사상(都只在人心思想)”은 건물자산을 책임관리하는 관리자에게는 무엇보다 중요한 정신세계의 교훈으로 삼아야 할 것으로 판단된다.

건물자산관리자의 정신자세를 크게 강조해야 하는 가장 큰 이유는 건물 내에는 삶과 생활과 일을 위하여 수십, 수백, 수천의 사람들이 거주하고 있거나 활동하거나 살거나 일을 하고 있기 때문에 건물에 안전상의 문제가 발생하는 경우 귀중한 인명이 크게 손실당할 수 있는 위험 때문이며, 막대한 재산이 순식간에 잿더미로 변할 수 있는 화재사고와 같은 안전사고의 위험성이 항상 존재하고 있기 때문이다.

건물자산관리자는 이와 같은 건물 내의 사람의 생명과 재산을 보호하고 책임지는 자이므로 이들의 관리활동이 얼마나 중요하고 필요한 것인지에 대해서는 재론할 필요조차 없다.

이와 같이 귀중한 사람의 생명과 막대한 재산의 보호는 전적으로 관리자에 의하여 지켜지므로 건물자산관리에 있어서 관리자는 참으로 중요하고 귀중한 존재라 할 수 있다. 그러나 관리자도 사람이므로 언제나 실수를 할 수 있는 개연성을 항상 가지고 있다.

사람의 육체는 정신에 의하여 지배받는 사람으로 하여금 어떤 특정된 일을 완벽하게 수행하기 위해서는 관리자의 정신이 깨어 살아 있어야 하고 정신자세가 갖추어져 있어야 한다. 즉 관리의 중요성을 의식하고 이를 실천하고자 하는 의지와 그 의지가 행동으로 실천되어야 한다.

특히 건물자산관리자는 건물자산관리의 목적을 달성하고 인명과 재산을 보호하려면 어떤 직종의 관리자보다 관리자로서의 정신자세가 확립되고 갖추어져 있어야 한다.

다음에서 건물자산관리의 목적달성과 인적 · 물적 손실 방지를 위한 인명과 재산을 보호하기 위하여 건물관리자의 정신자세는 어떤 것이어야 하는지에 대하여 살펴보고자 한다.

가) 서비스 정신자세

서비스 정신이란 상대방을 만족시키는 정신을 말한다. 상대방이 기대하지 않는 것을 관리자가 스스로 충족시켜줌으로써 상대방이 만족을 느끼도록 하는 것을 서비스라 한다.

건물자산관리에 있어서 관리란 결국 눈에 보이지 아니하는 고품질의 서비스를 창출하여 소유자 · 사용자 · 이용자 등에 제공하여 그들을 만족시키는 활동이므로 관리자의 서비스정신은 어느 직종의 관리자보다 더욱 필요하다.

나) 인명 재산 보호 정신자세

건물 내의 귀중한 인명과 재산을 관리자 스스로 보호하겠다는 인명재산 보호 정신은 건물관리활동에 있어서 무엇보다 중요하다. 왜냐하면, 건물자산관리학의 지도원리 중 안전성의 원칙과 건물자산관리활동의 기준이 되는 안전성 고려의 원칙이 최우선적으로 지켜져야 할 원칙들이기 때문이다. 건물관리는 인명과 재산을 보호하는 업무로 최종 귀결되므로 관리자는 건물 내의 인명과 재산을 지키기 위한 보호정신의 자세를 견지해야 한다.

다) 관리대상건물을 사랑하는 정신자세

관리대상에 대한 사랑이란 건물자산관리자가 관리대상에 대한 관심으로 나타남으로 관리대상건물에 있어서 문제점이 전혀 노출되지 않도록 항상 관심을 가지고 최선을 다하는 정신이다.

관리대상을 사랑하지 아니하면 자연적으로 건물자산관리가 부실하게 되며, 관리대상건물의 상태가 악화되고 있음에도 불구하고 관심을 갖지 아니함으로써 결국 건물의 노후화가 촉진되고, 기능이 저하되며 내용연수가 단축되면서 안전사고가 발생하게 된다. 그러므로 건물자산관리자는 관리대상건물을 최선을 다하여 사랑함으로써 관리상의 문제점을 사전에 해결할 수 있게 된다.

다시 말하면, 관리대상건물에 어떠한 관리상 문제가 발생되지 않게 된다.

라) 주인 정신자세

건물자산관리자는 대부분 건물 주인을 대신하여 관리하게 되므로 주인의 입장에서 관리하는 마음을 가져야 한다.

건물자산관리자가 관리대상을 관리함에 있어서 선량한 관리자의 주의의무를 가지고 건물주인 입장에서 관리할 때 입주자·사용자 등의 인명과 재산보호에 문제가 없게 된다.

마) 건물이해관계자 최유효 만족 및 주(住)측면의 생존지원 정신자세

관리자는 건물소유자의 계약·위임 등에 의하여 관리하나 상대적으로 관리비를 납부하는 건물사용자와 거주자, 이용자 등이 존재하므로 관리자는 관리활동을 통하여 얻어진 양질의 서비스를 통하여 건물소유자와 사용자·이용자 모두를 최유효 만족시키고자 하는 마음을 함께 가져야 한다.

왜냐하면, 만족시키고자 하는 마음이 없는 곳에 서비스는 나타나지 않기 때문이다. 또한 건물자산관리자는 건물의 유익을 보다 많이 창출하여 주(住)측면의 인간생존을 지원하는 정신자세를 견지해야 한다.

바) 긍정적 사고와 적극적 정신자세

관리소장은 관리업무나 관리업무와 관련된 사람들에 대하여 하면 된다는 긍정적 사고로 임하는 것이 관리소장의 직무를 수행하는 데 반드시 필요하다. 관리업무의 성격상 부정적 사고는 언제나 부정적인 결과만 나타내기 때문에 관리소장의 직무를 수행하는데 오히려 장애요인만 생기기 쉽다.

따라서 긍정적 사고와 적극적 정신자세로 활동하는 모습이 필요하다.

사) 책임의식과 책임지는 정신자세

관리소장은 관리의 문제점에 대한 해결과 최종 책임을 진다는 의식이 절대적으로 필요하다. 왜냐하면, 책임지지 않는 관리소장은 관리소장이 이미 아니기 때문이다.

아) 사회와 국가에 대한 봉사 정신자세

관리소장은 현재 관리하고 있는 관리대상건물을 건물소유자의 개인재산 이전에 사회적·국가적 기반시설임을 명심하고 관리대상건물이 사회적 기능을 다 할 수 있도록 관리해야 하며, 사회와 국가에 봉사하는 마음과 자세를 가져야 한다.

자) 신뢰하는 정신자세

건물경영자와 부하직원 모두에게 신뢰하고 신뢰받도록 노력하는 자세가 필요하다. 건물관리소장이 상하로 신뢰를 잃으면 그날부터 관리효과는 기대할 수 없게 되며, 빠른 시간 내에 관리소장의 자리가 교체하게 된다.

따라서 신뢰성의 문제는 아주 중요한 관리소장의 품성의 조건이며, 관리직무를 수행하는 데 있어서 필수적인 정신자세가 된다.

⑧ 관리소장의 업무스케줄

관리소장은 대외적으로 관리현장 사무소를 대표하고 대내적으로 관리권을 행사하는 총괄책임자이므로 언제나 관리소장의 일정은 바쁘게 진행되기 마련이다. 그러나 관리소장이 관리 스케줄 계획을 정상적으로 소화하지 못할 경우 건물자산관리업무에 여러 가지 문제점이 발생하여 악성의 관리현상이 나타나게 된다. 따라서 관리소장은 일정 스케줄을 정확하게 계획하고 이를 소화하여 관리업무에 최선을 다해야 한다.

관리소장의 일정 스케줄을 크게 분류하면 ① 일일업무 스케줄 계획, ② 주간업무 스케줄, ③ 연간업무 스케줄 등 3가지 관리소장 업무 스케줄로 나누어진다.

이를 설명하면 다음과 같다.

가) 일일업무 스케줄

관리소장은 관리대상건물의 관리책임자이므로 매일 오전 7시 이전에 출근하고 가장 늦게 퇴근하는 것을 원칙으로 삼아야 한다. 적어도 첫 출근자보다 1시간 정도 일찍 출근하여 야간근무조의 근무현황을 확인하고 관리현장을 순찰하거나 점검·확인한 후에 일과에 임해야 한다. 뿐만 아니라 연중 관리업무에 따라 작성된 세부일정표를 확인하고 관리업무를 일일 업무계획(daily job schedule)에 따라 업무를 시작하고 종결해야 한다.

참고사항으로 관리소장 일일업무 체크리스트와 일일업무 스케줄표 등을 계속해서 살펴보면 〈표 2-14〉, 〈표 2-15〉와 같다.[37)]

---

37) 관리소장의 일일업무 체크리스트와 일일업무 스케줄은 예시에 불과하며 관리대상 건물의 용도, 성격, 규모, 환경, 여건 등에 따라 가감될 수 있다. 그러나 관리소장 일일 스케줄은 관리현장의 여건이나 사정, 업무의 내용에 따라 수정되어야 한다.

〈표 2-14〉 관리소장 일일업무 체크리스트

순번	관리소장 업무 내용	세부확인 및 점검내용
1	주요시설물 현황 및 당직근무자 점검	1시간 전 출근, 야간 당직근무자 이상유무 확인 및 주요시설물 순찰 점검, 보수공사 진척사항 점검
2	조회참석 교육 실시와 업무지시	교육내용(안전 · 경영방침 · 친절서비스 · 근무태도 등) 사전준비 및 교육실시 추진업무 부서별 지시
3	부서업무 결재	담당업무별 점검, 문서 · 장부 · 대장 결재(전자결재 포함), 경영관리 추진사항 점검, 보완조치
4	경영자보고 및 입주자 협조 방문	경영자 방문 업무보고 및 결재 품신 및 경영방침 지시수령, 입주사 대표자 방문 및 관리라인 점검 확인
5	회의 · 교육참석	정기회의 또는 부정기회의 및 교육 참석
6	점심시간 활용 업무확인 및 조정	경영자, 입주사 대표 및 관계자, 관리감독자, 관리근무자, 관리협력사 대표 등과 점심시간을 이용 업무조정 및 협조 및 우호관계 유지
7	부서별 회의, 간담회 참석	청소(미화), 경비(보안), 기술관리(전기기계반), 주차, 안내부서별 미팅 또는 간담회
8	보수공사 현장 방문, 점검 및 지원조치	애로사항 청취, 지원처리, 안전교육 실시, 진척사항 점검, 공사진행 스케줄 점검
9	일일업무진행 점검	조회시 지시사항, 부서별 지시사항, 교육내용 실시여부, 공사 안전진척사항 확인 점검
10	업무기획 및 소장 SD(Self Developing)	경영 · 계약 · 공사 · 관리업무진행 등에 대한 미진한 업무에 대하여 관리효율 재고를 위한 전략수립과 소장 직무능력 개발 및 재충전
11	최종점검 및 퇴근	관리근무자 퇴근 전 현금 입출금 및 정산, 입금처리, 보관상태 점검 및 관리근무자, 관리감독자 퇴근 후 주요시설 최종점검 및 교대 야간 당직 근무자 정위치 확인 및 업무상태 점검 후 퇴근
12	야간순찰 및 근무상태 점검	야간당직자 근무상태 점검 및 주요시설 운전작동상태 점검 이상시 보수 · 보완 지시, 특히 휴일 및 주 · 야간 순찰강화 및 전화확인 병행

〈표 2-15〉 관리소장 일일업무 스케줄(예)

(O표는 해당시간에 적용)

소장업무 \ 시간대	07	08	09	10	11	12	13	14	15	16	17	18	19	20	21	22	23	비고
야간당직자 점검, 주요 시설물 점검	O																	
조회참석 및 교육, 업무지시		O																
부서업무 결재			O															
경영자 보고 및 입주사 방문				O														
회의·교육 참석				O			O											
점심시간 활용						O												
부서별 간담회				O					O									
보수공사현장 점검 및 지원	O										O							
일일업무진행점검	O				O				O			O						
업무기획 소장 SD						O							O					
최종점검 및 퇴근														O				
야간순찰																	O	
휴무일 순찰	O																O	

나) 관리소장 주간업무 스케줄

관리소장의 주간업무 스케줄은 건물경영 관리조직 · 직원 · 관리종사자교육 · 회의 · 순찰점검 · 자기개발(SD) 등에 중점을 둔 한 주간의 관리소장 스케줄을 말한다.

즉 월요일에서 일요일까지 1주일간 관리소장이 관리현장의 관리업무에 대하여 요일별 중점관리사항을 정해두고 일정을 소화함으로써 관리현장의 전체 관리업무의 효율이 제고되고, 위험을 사전에 제거하며, 관리현장의 직장 분위기의 질서와 약간의 긴장감이 있도록 하여 위험사고를 예방하게 된다.

주간업무 스케줄을 표로 표시하면 〈표 2-16〉과 같다.[38]

38) 관리소장 주간업무 스케줄 역시 관리현장의 사정이나 여건 및 관리대상 건물의 성격 · 용도 · 규모 · 시설의 종류 등에 따라 변경될 수 있다.

〈표 2-16〉 관리소장 주간업무 스케줄(예)

관리항목 / 요일	조직관리 및 교육	경영관리	시설관리 (시설점검순찰)	SD
월	전직원 · 관리종사자전체정신 · 안전교육	임대현황, 관리비징수 현황점검	건물 주요시설물 집중 점검	컴퓨터 연구
화	환경미화반 간담회 (환경미화 교육)	회사 경영방침 확인 및 경영자 면담	청소대상 시설물 청소상태 총점검	영어 연구
수	보안요원 간담회 (보안교육)	관리예산점검, 공사현장 문제점 점검	보안대상 시설 총점검, 비상연락망 점검	보안기술 검색 및 보안직무 연구, 비상대처 절차 · 요령 연구
목	기술직원 간담회 (기술교육)	입주사 총무담당미팅	전기 · 기계시설 총점검	전기 · 기계 운전정비 기술연구
금	관리직원 간담회 (관리교육)	인근지역 임대현황 점검	회계장부 · 임대관리 · 사무관리 · 보험관리 점검	건물관리 보험연구
토	안내 리셉션 간담회(친절교육)	건물환경 총점검	건물 외부시설 총점검	친절고객만족 연구
일	휴일근무자 전화격려		불시현장 순찰 점검	경영자, 직원협력사관계자 관련 경조사 참석

다) 관리소장 연간업무 스케줄

관리소장 연간업무 스케줄 계획은 관리대상건물에 대하여 기술관리를 중심으로 하고 경제관리와 행정관리, 안전관리, 환경관리, 법률관리 등 6개 관리영역별로 최대의 관리효과를 창출하기 위한 관리업무 전체 스케줄을 작성해야 한다.

건물기술관리 관리소장 연간업무 스케줄은 〈표 2-17〉과 같다.

〈표 2-17〉 관리소장 연간업무 스케줄

월별 / 관리업무	1	2	3	4	5	6	7	8	9	10	11	12	비고
건축물 법정 정기점검 건축물 자체점검					o	o							
전기시설물 법정점검								o					
전기시설물 자체점검							o						

관리업무 \ 월별	1	2	3	4	5	6	7	8	9	10	11	12	비고
가스시설 법정점검, 수도라인 점검											o		
E/L 법정점검		o											
소방시설물 법정점검, 자체점검			o								o		
냉동기 자체 세관						o							
보일러 자체 세관									o				
청소상태 수시점검	o		o		o		o		o		o		
보일러, 배관, 공조실 수시점검		o		o		o		o		o		o	
하절기 장마대책 자체점검					o								
발전시설 정기점검						o							
조경시설물 약재소독							o						
동절기 시설가동 준비, 항온 항습기 점검								o					
동파지역 점검, 동절기 화재예방 점검, UPS수시 시설점검									o				
변압기 · 온수관 교체, 주차시스템 보수, 건물 주변 광고물 교체수리		o											
노후 보일러 교체, 옥상 방수층 보수공사, 외벽도색 도장공사, 전층 도장공사				o									
통신장비 교체, 승강기 부품교체, 화단 보수, 조형물 교체, 교환전화시설 보수									o				
곤도라 점검 및 보수, 조명등 보수교체, 입주사 자체공사 마무리										o			
예산서 작성 승인 신청											o		
예산서 승인												o	
청소용역 계약	o												
직원급여, 연봉 책정	o												
전직원 직무교육	o												
입주자 수시 유치(수익성 건물의 경우)	o	o	o	o	o	o	o	o	o	o	o	o	
경비용역 계약				o									
조경시설물 관리용역 계약				o									
용역업체 서비스 교육		o											
승강기 관리용역 계약									o				
직원 사기양양 행사	o											o	

관리업무 \ 월별	1	2	3	4	5	6	7	8	9	10	11	12	비고
직원 기술교육			o			o			o			o	
차기년도 관리예산 수립										o			
관리 당해연도 결산												o	
직원연수 교육						o						o	
안전관리영역 위험시설물 안전점검	o	o	o	o	o	o	o	o	o	o	o	o	
직원 안전교육 및 훈련	o			o			o			o		o	

※ 연간스케줄 역시 예시에 불과하며 관리대상건물의 용도 · 규모 · 성격 그리고 관리내용과 관리현황에 따라 가감되고 변경 · 조정 · 확대 또는 축소되어야 함.

나. 관리감독자

① 관리감독자의 직책개념

관리감독자라 함은 위로는 관리자(관리소장)을 보좌하고, 아래로는 관리근무자를 감독하는 자를 말한다. 담당 관리업무를 성공적으로 수행하기 위한 각 부서별 책임자를 의미한다.

관리감독자는 관리조직에 있어서 관리소장의 관리방침과 관리의사를 아래 조직으로 전달하고, 관리근무자의 건의나 의사를 관리자(관리소장)에게 전달 보고하는 자로서 관리소장과 관리근무자의 중간에 위치하면서 감독업무를 주로 수행하는 자이다. 또한 관리근무자의 사기와 의욕 및 관리효율에 지대한 영향을 미치는 위치에 있다.

관리감독자는 권리권이 없으면서 관리근무자의 관리업무를 감독하는 자로서 기술과장, 시설과장, 전기팀장, 기계팀장, 관리과장, 영선과장, 청소반장, 경비반장(대장), 방재실장, 을(乙)측 소장들이 이 범주에 해당된다.

② 관리감독자의 역할

관리감독자의 역할은 대체로 다음과 같다.

- 상하에 의사전달자 역할
- 관리업무의 효율 제고 역할
- 관리근무자 지도 및 감독 역할
- 관리규칙 준수 및 이행 역할

- 동기부여 및 작업의욕을 위한 사기진작 역할
- 상하 조직구성원 커뮤니케이션 업무협조 및 조정 역할

③ 관리감독자의 업무

부서 책임자인 관리감독자의 업무는 대체로 다음과 같다.

- 관리근무자의 근무 감독
- 관리 세부계획 수립 및 교육
- 관리계획 수립 및 감독
- 안전관리 감독
- 위생관리 감독
- 작업감독
- 부서별 업무협조, 커뮤니케이션 및 조정
- 관리근무자 기술, 직무 교육

④ 관리감독자의 태도와 정신자세

건물관리감독자는 관리근무자와 함께 관리업무를 직접 담당하고 있는 중간책임자이므로 관리감독자의 태도와 정신자세는 관리업무의 성패를 결정할 정도로 중요하다.

따라서 관리감독자는 다음과 같은 정신자세와 태도를 견지해야 한다.

- 담당 관리업무의 중요성과 필요성에 대한 인식을 가져야 한다.
- 담당 관리업무에 대한 자부심과 긍지 및 보람을 느껴야 한다.
- 전문적 지식과 경험을 가지고 부하 근무자에게 신뢰를 보이며 행동해야 한다.
- 관리업무 및 기타에 대하여 언행이 일치해야 하며 근무자에게 모범을 보여주어야 한다.
- 부하 근무자를 사랑하고 책임지는 정신자세를 보여주어야 한다.
- 부하직원을 인격적으로 대우하는 정신자세를 견지해야 한다.
- 부하를 칭찬하고 흠은 감추어주되 조용히 개선하는 자세를 보여주어야 한다.
- 끊임없이 관리기술 개발과 함께 자기개발에도 노력하는 자세를 보여주어야 한다.
- 정확하고 공정한 업무판단과 처리로 관리상의 사고를 방지하는 자세를 견지

해야 한다.

- 관리업무를 개인의 감정으로 처리하지 아니하고 합리적으로 처리하는 자세가 필요하다.
- 관리업무를 자기방식이나 편견 · 속단으로 처리하지 말고 관리기준이나 관리지침 · 관리규정에 따라 처리하는 자세가 필요하다.
- 낭비를 없애고 원가의식을 가지고 경제관리하는 자세가 필요하다.

사람의 생명과 건강을 보호하고 자신을 보호하는 자세가 필요하다.

- 관리근무자를 편애하거나 사적 조직을 만들거나 유지하기보다 관리소장을 중심으로 단합하게 하고 진심으로 관리소장을 보좌하는 자세가 필요하다.
- 적극적이고 긍정적인 자세를 유지해야 한다.
- 부하 근무자의 직업 실적이나 업적을 부하의 것으로 보고하는 자세가 필요하다.
- 부하직원의 작업이나 관리활동의 지침이나 판단을 신속하고 정확하게 결정하는 자세가 필요하다.
- 관리활동의 제원칙을 고려하여 근무하는 자세가 필요하다.

다. 관리의무자

① 관리의무자의 직책 개념

관리근무자란 관리활동 중에서 구체적인 관리항목에 대한 관리를 관리현장에서 직접 담당하는 자를 말한다. 관리근무자는 관리감독의 감독을 받아 관리 현장에서 직접관리업무를 수행하는 자이므로 관리효과를 직접 창출하는 자이다.

조경관리 담당자, 환경미화원, 소독 담당자, 쓰레기 수거자, 시설경비원 · 기계경비원, 보안담당자, 안내원, 주차관리자, 기계 · 전기의 기술적 기사나 근무자, 방화관리자, 행정업무 담당자, 경리 · 회계 담당자, 영선기사 등이 이 범주에 속하며, field man을 말한다.

② 관리근무자의 직종과 역할

가) 기술직 근무자

기술직 근무자는 담당 기술관리업무(전기 · 기계 · 가스설비 등)에 대한 기술과 기능을 가지고 체계적이고 과학적으로 직접 기술업무를 담당하는 자이다. 기술직 근무자는 기술성을 가지고 시설의 안정성 · 용도성 · 내구성 · 거주성 · 경제성 · 편리성이 확보되는 관리를 해야 한다.

나) 행정직 근무자

경리, 회계, 전산, 임대, 사무문서, 구매, 건물관리관계 보험, 인사노무, 자산관리 등을 관리하는 행정직 근무자는 담당 업무에 대한 전문성을 가지고 체계적으로 관리업무를 담당해야 한다.

특히, 행정직 근무자는 관리의 경제성, 효율성이 확보되도록 노력해야 한다.

다) 청소위생직 근무자

환경미화원이나 소독 담당자는 담당 업무의 목적이 달성될 수 있도록 작업지침이나 기준을 이해하고 지키도록 최선을 다해야 한다. 특히, 쾌적성 · 청결성 · 보건성 및 미관성이 확보되도록 관리해야 한다.

라) 경비보안 및 안전직 근무자

경비보안 및 안전근무자는 담당 고유 업무의 특성상 건물관리 모든 영역에 안전성이 확보되도록 최선을 다해야 한다.

③ 관리근무자의 정신자세

의심이 나거나 미심쩍은 경우는 즉시 상사 감독자에게 물어보고 확인하여 관리업무를 처리하는 것이 매우 중요한 근무자의 정신자세이다. 또한 건강과 정신상태를 온전하게 유지하는 것도 근무자 스스로가 갖추어야 할 근무자의 자세이다.

또한 근무자는 자기의 직무에 대하여 부단히 공부하고 연구하여 기술수준을 높이는 연구자세가 필요하다. 뿐만 아니라 관리근무자는 스스로 Y인간[39] 유형화하여 감독자의 감독 없이도 스스로 담당업무를 자율적으로 수행해가는 정신자세가 필요하다.

(6) 건물자산관리 관계자 협조체계

가. 의 의

건물자산관리의 직접관리수단의 하나인 인적 자원은 전술한 바와 같이 협의의

---

39) McGregor의 X이론에 근거한 Y인간 유형에 비하여 감독, 통제나 위험이 없어도 조직 목표달성을 스스로의 책임으로 전력을 다하는 인간유형을 말한다. 그러나 X인간 유형은 감독이나 통제 및 위험이 없는 경우 조직목표 달성을 위해 노력하지 않는 인간유형으로서 인간본성에 대한 전통적 인간유형을 의미한다.

인적 자원 구성 체계와 광의의 인적 자원 구성체계로 분류된다.

전자는 건물관리에 직접 종사하는 관리종사자들로서 본래 의미의 인적 자원이다. 그러나 건물은 협의의 인적 자원에 의한 관리활동 그 자체만으로는 관리목표를 달성할 수 없으므로 광의의 인적 자원 구성체계를 이루고 있는 관리관계자와 관리협력자의 도움과 협력이 필요하다. 따라서 건물관리관계자와 관리협력자에 대한 내용을 차례대로 고찰해 보고자 한다.

건물관리관계자란 관리에 직접 종사하지 아니하나 건물에 필요한 에너지를 공급하거나 행정서비스 제공, 지도 · 감독 또는 정책의 수립과 집행 · 조정 · 통제하는 행정기관과 공적 서비스를 제공하는 유관기관을 의미한다.

건물관리 유관기관은 중앙유관기관과 지방유관기관으로 분류된다.

나. 건물자산관리 관계기관의 종류와 관련업무

① 중앙유관기관

건축물 관리업무 중앙유관기관으로는 건설교통부 국토균형발전 본부장 산하 도시환경기획관 소속(종전 도시국) 건축기획팀과 주거복지 본부장 산하의 주거환경팀 등이 있으며, 주거환경팀(종전 주택관리과)의 업무는 다음과 같다.

- 주택관리에 관한 기준정책 및 지도감독
- 주택에 관한 조사 및 통계
- 주택사업 승인 및 분석
- 주택 분양가격 및 임대료의 승인
- 주거환경 정화 연구
- 주택건설 자료에 대한 운영관리
- 부대시설과 복리시설의 기준제정

공동주택을 제외한 일반건축물의 관리를 위한 중앙유관기관으로는 도시국의 건축과 · 도시관리과가 각각 연관을 가지고 있으며, 일반건축물의 관리에 관한 기본법이 없는 관계로 그 역할은 미미한 편이다. 다만 건축법 제26조에 따라 중앙유관기관으로서의 지위와 역할을 하고 있다. 그러나 집합건물의 경우 집합건물의 소유 및 관리에 관한 법률에서 유지관리에 관한 규정을 두고 있으나 완벽한 집합건물의 유지관리법으로서의 여러 가지 미흡한 면이 있다.

② 지방유관기관

지방유관기관에는 시 · 군 · 구가 있으며 건물관리에 있어서 지방유관기관인 시 · 군 · 구가 중앙유관기관보다 지대한 영향을 주고 있는 유관기관이다. 지방유관기관들이 건물 자산관리 업무에 관계되는 업무는 일정하지 아니하나 건물관리 현장과 관계되는 지방유관기관별 업무는 대체로 다음과 같다.

가) 청소행정과

- 소독업무 대행
- 오물수거
- 공동주택의 경우 청소확인
- 정화조 청소 통지 및 단속
- 오수정화조 청소
- 오수처리시설 점검 등

나) 방역과

- 전염병 발생시 입주자 홍보
- 전염병 확산 방지 협력

다) 수도사업소

- 수돗물 공급
- 단수 통지 및 협조
- 하수관 연결작업시 협조
- 상수도관 인입시 협조
- 수돗물 저수압시 통지 및 협력

라) 산업과

- 산업폐기물 관리
- 산업공해 단속

마) 도시과

- 공동주택 수선충당금 사용신고
- 공동주택단지 내 부대시설 용도변경에 대한 조사시 협력

바) 재해대책본부

- 수해나 가타 재해 발생시 신고 및 협조
- 재해발생시 수습 협조

사) 건축과

- 증개축시 신고 · 허가 · 사용승인
- 시설물 안전 및 유지 관리계획 제출(상반기 · 하반기)
- 시설물 정기점검(1종시설물 및 2종시설물)

아) 위생과

- 건축물 위생검사 및 단속
- 위생검사 위반시(위생관계 법령위반시) 과태료 처분

③ 기타 유관기관

가) 소방청, 소방본부, 소방서

- 화재발생시 신고 및 진화 협조
- 소방시설의 정기점검 및 시정조치
- 소방훈련시 자위(자체) 소방대 훈련참여
- 방화관리자 지도감도, 자체 검사 협조

나) 경찰서, 지구대, 파출소

- 방범협력
- 입주자 분쟁시 신고 · 조정
- 단지 내 또는 건물 내 교통사고, 재해발생, 사건발생 등 신고접수 및 처리
- 형사사건 · 도난사고 신고 처리
- 단지 내, 건물 내 인명사고 신고 및 수사협조

다) 보건소

- 단지 내 또는 건물 내 전염병 홍보 및 협조
- 냉방장치(냉각탑 · 저수탱크 · 에어컨) 청소안내 홍보
- 다중이용시설 금연구역 지정 및 단속

라) 화재보험협회 및 손해보험사

- 화재보험 가입 및 관리(해당건물)

• 건물 화재안전 점검 실시

마) 에너지관리공단

• 에너지 검사대상 기기 검사 및 관리
• 에너지 절감 정책 · 기기 · 절약방법 등 협조

바) 승강기안전관리원

• 승강기 정기검사
• 승강기 사고시 조사 및 협조

사) 전력공사

• 전원공급
• 정전 · 누전시 신고수리 접수 및 처리
• 전기계량기 검침 및 협조
• 단전시 협력

아) 통신공사

• 전화 등 통신 서비스 제공
• 통신장애 및 두절시 신고 및 접수

자) 세무서

• 관리직원 갑근세 납부
• 건물관리 관련 부가가치세 납부
• 부동산 제세 납부
• 원천징수 대행

차) 도시가스공사

• 가스공급
• 가스시설 안전점검 및 조치
• 가스누출 등 사고시 협조

④ 인 · 허가 업무 유관기관

• 건축물 용도 외 사용 등 허가 : 시 · 군 · 구를 경우 서울특별시장, 광역시장, 또는 도지사
• 공동주택 관리규약 제정 : 서울특별시장, 광역시장, 도지사

- 공동주택 관리기구 인가 : 해당 시장 · 군수 · 구청장
- 공동주택 관리방법 신고 : 해당 시장 · 군수 · 구청장
- 공동주택 관리소장 회계직원 재정보증서 제출 : 해당 시장 · 군수 · 구청장

(7) 건물자산관리협력자 협조체계

건물관리협력자란 건물관리에 직접 종사하지 아니하면서 관리업무에 협조하는 자를 말한다.

즉 광의의 건물관리 인적 설비를 구성하고 있는 자로서 일정한 급부를 받고 반대급부로 건물자산관리에 필요한 사적 서비스(용역)를 제공하는 자를 말한다.

건물관리협력자의 종류와 관련 업무는 대체로 다음과 같다.

가. 설계사무소

- 건물의 용도변경 접수처리 협력
- 증개축시 협력
- 용도 외의 용도 변경시 협력
- 하자원인 분석 및 협력
- 준공도서의 제출 및 공사 변경사항 통보 및 협력
- 건물 전용률과 공용률 계산 · 확인 협력
- 사용자재 정보제공 및 구입에 대한 협력
- 인근 심굴, 지반침하, 하중 관계 업무 협조

나. 시공사

- 하자책임 및 하자보수 협력
- 관리정보 제공 및 설치 · 설비 · 장비 · 시설 · 사용절차 설명서안내 및 협력

다. 원료 · 자재 · 약품 등 건물관리용품 납품업자

- 건물관리에 소요되는 원료 · 자재 · 약품 · 공구 · 부품 · 소모품 등의 정기 또는 적시 납품 협력
- 사용법 안내 및 교육 협력

라. 안전검사 진단회사

- 안전진단, 정밀안전진단 등의 협력
- 안전진단 · 검사 등의 이상유무 통지 및 처리에 관한 협력

마. 특수시설물 관리용역사

- 조경시설물, 가스시설, 위험시설물, 폐기물 처리 등의 관리 협력
- 특수시설물 처리신고 대행 및 허가 처리 협력

바. 건물관리 용역회사

- 청소 · 경비 · 시설관리 등의 용역 서비스 제공
- 건물관리 대행 · 위탁관리
- 관리인력 파견

사. 관리직원 교육훈련기관

- 관리종사자들에 대한 전문성 · 기술성 보수 교육, 향상교육
- 관리종사자 정신교육

아. 거래은행

- 관리비 수납
- 특별수선충당금 및 보관 관리
- 하자보수보증금 관리
- 관리사무소 직원 봉급, 퇴직금 관리

자. 공인중개사무소

- 임차인 소개
- 임대사업 협력

차. 전문건설업자 · 종합건설사

- 건물장비, 보수보강공사 협력
- 증개축 및 리모델링 협력

카. 세무사 · 회계사 · 법무사 · 변호사

- 세무처리, 신고
- 회계처리, 신고
- 법무대리

- 법무소송대리
- 임대중개
- 등기 · 법무처리

5) 직접관리수단의 물적 자원

(1) 물적 자원와 의의

물적 자원이란 인적 자원과 함께 직접관리수단에 해당되는 것으로써 건물관리활동에 직접 소요되는 물적자원으로서 전기 · 가스 유류 등의 에너지와 수돗물(지하수 포함), 재료 · 원료 · 부품 · 공구 · 장비 및 설비 등의 건물관리용품과 간접으로 소요되는 사무용품 · 관리서식 · 사무장표 · 소모비품 등을 의미한다. 다시 말하면, 건물자산관리의 물적자원이란 인적 관리자원의 상대적 개념으로써 기계 · 전기의 운전과 정비 · 청소 · 경비 · 소독 · 조경 · 보수작업 · 사무 등의 관리를 위하여 사용되거나 준비해두어야 하는 관리용품을 의미한다.

건물자산관리 업무는 인적 관리설비와 함께 적합하고 규격에 맞으며 편리하고 필요한 건물관리의 물적 설비가 준비될 때 비로소 관리효과가 정상적으로 나타나며, 또한 관리의 품질이 양호하게 나타난다. 각 분야별 물적자원은 대체로 다음과 같다. 본 절에서 소개하는 물적 자원의 종류는 최소한의 Sample에 지나지 않으므로 건물자산관리현장의 실정과 여건에 따라 물적 자원을 준비하고 보관 또는 확인해야 한다.

다음에서 청소관리분야, 경비관리분야, 전기설비관리분야, 기계설비관리분야, 사무관리분야 그리고 기타 관리분야 등의 순서를 필요한 물적자원의 종류를 소개하고자 한다.

(2) 청소관리분야 물적자원

청소관리분야의 물적자원에는 청소도구와 청소자재가 있다.

가. 청소도구

빗자루, 자동빗자루, 걸레, 마포걸레, 젖은 마포, 젖은 걸레, 총채, 깃털 총채, 브러시, 덱키브러시, 바닥브러시, 전기브러시, 수세미, 배기 진공청소기, 흡수 진공청소기, 바흐 바트, 스치웰, 샌드 페이프, 가죽 자르는 칼, 다스트 크로스, 자동마루 세척기, 왁스머신기, 펌프카, 초고압세정기, 양수기, 수중모터, 잔수처리기, PH

측정기, 탁도 · 색도 측정기, 잔류염소 측정기, 로프, 물흡진기, 대형송풍기, 걸레짜게, 유리세척기, 소형 청소기, 알루미늄 사다리, 세탁기, 스비스 카트 등

나. 청소자재

물, 세제, 합성세제, 산 · 알칼리 표백제, 비누, 왁스, 톱밥 등

(3) 시설경비분야 물적 자원

CCTV, 연속촬영카메라, 분할영상카메라, 가스분사기, 무전기, 호루라기, 곤봉, 플래쉬, 망원경, 가스총, 무선이어폰, 비상약품

(4) 전기설비관리분야 물적 자원

전기설비관리 물적 자원은 전기재료와 전기공구와 계기 등으로 분류된다. 전기설비관리 물적 자원 역시 관리대상 건물의 용도 · 규모 · 성격, 시설의 종류, 용량 등에 따라 가감됨을 유의하기 바란다.

가. 전기재료

건물관리현장에서 전기설비의 유지나 관리 및 운용 · 정비 등을 위하여 자주 사용되는 재료를 전기재료라 하는데 일반적으로 자주 사용되고 필요한 전기재료의 종류는 다음과 같다.

① 전선

- 평형 비닐 케이블
- 600V 비닐 전연전선

② 퓨즈

- 갈고리 퓨즈
- 관 퓨즈
- 통형 퓨즈
- 실 퓨즈
- 프러그 퓨즈

③ 코드

- 평형비닐코드
- 접질로 묶은 코드

④ 스위치

- 스냅 스위치
- 풀 스위치
- 펜던트 스위치
- 연음파동 스위치
- 노출 텀블러 스위치
- 매입 텀블러 스위치

⑤ 기 타

- 브레이커
- 커버 부착 나이트 스위치
- 새들
- 스템플
- 접지 클램프
- 콘크리트 박스
- 아우틀세박스
- 웨드캡
- 유니버설
- 둥근형 노출박스(4방출용)
- 코드 펜던트
- 파이프 펜던트
- 체인 펜던트
- 다운 라이트
- 스폿 라이트
- 글로램프(40W용/90W 이하)

나. 전기공구와 계기

건물관리에 있어 전기설비의 운전점검 및 보수정비 등을 위하여 소용되는 공구나 계기 등을 전기공구 또는 계기라 한다. 전기실에서 항상 준비해두고 활용하는 전기공구와 계기의 종류는 대체로 다음과 같다.

① 전기계기

- 저압검전기(전류가 통하는 경우 조사용)
- 가변변압기(동전압조정기로 각종 시험용)
- 테스터(약전보수 조사용)
- 테코미터(회전계)
- 메가(수동식)
- 계기용 변압기(PT)(고압반 릴레이, 계기용)
- 변류기(CT)(고압반 릴레이, 계기용)
- 전류계 부착 박스 개폐기
- 클램프미터(활선 전류, 전압 측정용)
- 전류계 배전박스(삼상 전동기 개폐용)
- 플러그식 활선 전류계(전선 끼워 선로전류 측정)
- 매가(전자식, 절연저항 측정)

② 전기공구

- 전공 나이프
- 수타식 못박는 기구
- 절연펀치
- 전동 드라이브
- 컬프러그
- 압착펜치
- 리드래칫형 파이프 나사 절삭기
- 리머
- 리벳 박기총
- 구멍틈
- 파이프 벤더

- 선 삽입기
- 와이어 스트리퍼
- 스리브 비트는 기구

(5) 기계설비관리분야 물적자원

가. 기계공구

건물관리현장 기계실에서 기계설비의 운전과 정비보수를 위하여 항상 준비해두고 사용되는 공구와 재료를 기계공구 및 재료와 부품이라 하는데 그 대체적인 종류는 다음과 같다.

- 소형용접기
- 대저울
- 드릴링머신
- 압력식 파이프 클리너
- 수동식 파이프 클리너
- 코드릴
- 기어 플러
- 수압테스터 펌프
- 윙펌프
- 스크루잭
- 스몰잭
- 체인블록
- 워트 펌프 플라이어
- 플리퍼
- 폰지
- 마이크로미터
- 핸들다이스
- 다이스
- 스페이터
- 벤치

- 사시가네
- 오삽
- 자동 드라이버
- 전동 드라이버
- 수평
- 양수기(대홍 5마력)
- 양수기 호스(자바라 3")
- 용접기 운반차
- 용접기 전원선
- 용접면
- 용접용 홀더
- 용접기 홀더선
- 양날 톱
- 에어타카
- 송곳
- 사다리(-자형 3M, 일자형 4M)
- 삽(한국형)
- 선풍기(대형)
- 빠루
- 몽키
- 콤비네이션 프라이어
- 줄(원, 반원, 각, 삼각, 평줄)
- 판금가위
- 켈리퍼스
- 탭랜치
- 수동탭(1번, 2번, 3번 탭)
- 휠랜치
- 호프셋랜치
- 홈파기정
- 코킹정

- 직각자
- 시크니스 게이지
- 핸드리머
- 평정
- 축
- 켈리퍼스
- 드릴용 슬리브
- 페이퍼 드릴(큰 지름용)
- 스트레이트 드릴(작은 지름용)
- 공구가방
- 각삽
- 가스조정기
- 공구 Box
- 고무망치
- 고속절단기(Ac-12C 2000W 4200RPM)
- 끌(3부, 6부)
- 구리스건
- 가리셋트(1~60번)
- 냉동라체트(10~13mm, 17~19mm)
- 대패(중 · 장 대패)
- 드라이버
- 랜턴
- 드릴
- 로프(소방용 소 · 중)
- 롱로즈(45" 로부스터, 6" 세신)
- 몽키(각종 세신)
- 방독면
- 방진마스크
- 보안경
- 부품 Box

- 소화전밸브 압력계
- 열쇠보관함
- 용접장갑
- 용접면
- 우의
- 운반용 핸드카
- 유리칼
- 인두
- 자동드라이버
- 전기드릴 등

나. 기계설비관리용 재료와 부품

① 기계재료

- 슬루스 밸브
- 체크 밸브
- 프랜지 밸브
- 스톱 밸브
- 그랜드 콕
- 플러그 콕
- 핸들 콕
- 피 콕
- 미터 콕
- 드레인 콕
- 볼베어링
- 유니온 조인트
- 사이펀 파이프
- 오일캡
- 그리스캡
- 오일게이지
- 횡수전

- 동장수전
- 자재수선
- 핸들수전
- 호스클립
- 볼탭
- 오일러
- 아마존 패킹(증기용)
- 석면 패킹(보일러 냉동기용)
- 혼합수전

② 기계부품

- 턴버클
- 나사못
- 나사(사각, 6각, 접시, 둥근, 반둥근, 납작, 6각 구멍붙이 멈춤 나사)
- 할핀
- 둥근 와셔
- 각 와셔
- 스프링 와셔
- 혀붙이 와셔
- 볼트(전나사, 6각 구멍붙이, 토막내기)
- 나비너트
- 와이어 클립
- 섀클
- 목재활차
- 철활차
- 안경밴드
- 턴버클용 밴드
- 매입 다리붙이용 밴드
- v폴리
- 롤러밴드

- 횡형 롤러밴드
- 입형 루프드레인
- 양수기 박스
- 코너형 루프드레인
- 나사식 호스이음
- 호스이음

(6) 사무관리 물적 자원

① 사무용 문구류
② 사무서식과 장표(장부와 전표)
③ 관리용 비품과 소모비품
④ 자동사무기기설비(복사기 등)
⑤ 전산시스템(컴퓨터, 프린트, 스캐너 등)
⑥ 전화통신장비 및 시스템 등(전화, Fax 등)
⑦ 책상 등 집기비품(책상, 의자, 회의탁자, 회의탁자용 의자)
⑧ 음수기, 냉장고
⑨ 키박스
⑩ Shelving(Rack)
⑪ 비상약 상자
⑫ 시계
⑬ 기타 장표서식
⑭ 도면함
⑮ Locker 6인용
⑯ 카메라
⑰ W보드
⑱ 게시판
⑲ 거울
⑳ 무전기
㉑ File Box
㉒ 모니터 등

(7) 기타 관리분야 물적 자원

가. 에너지

① 전기

② 가스

③ 유류 등

나. 운반차량(의무관리대상 공동주택 자치관리의 경우 또는 필요시)

다. 기타 필요 설비

6) 간접관리수단의 재무적 자원

(1) 간접관리수단의 의의

간접관리수단이라 함은 건물의 시설관리에 있어서 간접적으로 필요한 방도를 의미한다.

간접관리수단은 직접관리수단의 상대적 관리수단개념으로서 건물시설관리에 간접적으로 작용하는 재무적 자원, 기술적·기타 자원 등을 의미한다.

(2) 간접관리수단의 재무적 자원

건물시설관리에 소요되거나 지출입되어야 하는 재정의 수단을 재무적 자원이라 한다.

재무적 자원에는 건물시설 관리예산, 장기수선충당금, 하자보증금, 관리비 등이 있다.

건물시설 관리예산이란 건물시설관리를 위하여 미리 필요한 비용을 어림잡아 산출한 숫자로 표시된 건물시설계획을 의미한다.

관리예산은 건물의 규모나 성격, 용도 등에 따라 다소 상이한 입출입 항목이 있으나 관리비 산정에 비교적 표준이 되는 일반 업무용빌딩과 공동주택의 관리예산항목을 중심으로 기술하면 〈표 2-18〉과 〈표 2-19〉와 같다.

장기수선충당금은 공동주택이나 집합건물의 경우 준공 1년 이후부터 장래에 발생할 대수선을 위한 사전준비금으로서 입주자대표회의 또는 관리단의 결의에 의하여 작성된 규약에 의하여 매월 일정액을 납입하고 이를 적합한 대수선비용을 의미한다.

〈표 2-18〉 일반 업무용빌딩 관리예산항목

항 목	구 성 내 역	비 고
일반관리비	직원인건비, 여비교통비, 복리후생비, 접대비, 교육훈련비, 식대, 차량유지비, 소모품비, 지급수수료, 광고선전비, 기타 일반관리비 항목	
수선유지비	각종 기계정비, 보수, 기계수리, 기타 건물유지관리비용	
특별수선충당금	중장기 건물수선 특별적립비용	준공 1년 후부터 발생
건물관리도급비	시설관리, 청소, 경비보안, 주차관리도급비	
외주용역비	통신시설 : 방역, 조경, 승강기, 정화조, 전문 아웃소싱 용역비	
전기료	전기기본료, 전체공용전기료, 층별공용전기료, 개별사용전기료	
가스료	공동가스료, 개별가스사용료(개별검침 후)	
수도료	공용수도료, 개별수도사용료(개별검침 후)	
냉동기(빙축열)	냉동전기 소모비용	

※ 참고사항

- 기타 항목은 회계항목에 의하여 추가할 수 있다.
- 대형 상가 건물 등에서는 주차수익금과 자판기 등의 잡수입을 관리비에서 면적 비율로 공제처리해야 한다.

〈표 2-19〉 공동주택 관리예산항목

항 목	구 성 내 역
1. 일반관리비	• 인건비 : 급여 · 제수당 · 상여금 · 퇴직금 및 산재보험료 · 고용보험료 · 국민연금 · 의료보험료 · 식대 등 복리후생비 • 제사무비 : 일반사무용품비, 도서인쇄비, 교통통신비 등 관리사무에 직접 소요되는 비용 • 제세공과금 : 관리기구가 사용한 전기료 · 전화료 · 우편료 및 관리기구에 부과되는 세금 등 • 피복비 • 교육훈련비 • 차량유지비 : 연료비 · 수리비 및 보험료 등 차량유지에 직접 소요되는 비용 • 그 밖의 부대비용 : 관리용품 구입비, 회계감사비, 그밖에 관리업무에 소요되는 비용
2. 청소비	용역시에는 용역금액, 직영시에는 청소원 인건비 · 피복비 및 청소용품비 등 청소에 직접 소요된 비용
3. 경비비	용역시에는 용역금액, 직영시에는 경비원 인건비 · 피복비 등 경비에 직접 소요된 비용
4. 소독비	용역시에는 용역금액, 직영시에는 소독용품비 등 소독에 직접 소요된 비용

항 목	구 성 내 역
5. 승강기유지비	용역시에는 용역금액, 직영시에는 제부대비 및 자재비 등. 다만, 전기료는 공동으로 사용되는 시설의 전기료에 포함한다.
6. 난방비	난방 및 급탕에 소요된 원가(유류대 · 동력전기료 · 난방 및 급탕용수비)에서 급탕비를 뺀 금액
7. 급탕비	급탕용 유류대 · 동력전기료 및 급탕용수비
8. 수선유지비	• 보수용역시에는 용역금액으로 하고, 직영시에는 자재 및 인건비 • 정화청소비 · 냉난방시설의 창소비 · 소화기충약비 · 옥상방수공사비 · 외부대장비 등 공동으로 이용하는 시설의 보수유지비 및 제반검사비
9. 보험료	
10. 특별수선충당금	
11. 정화조유지비	
12. 전기안전대행료	

※ 참고사항

• 전기, 수도, 가스사용료는 관리예산에서 제외.

하자보증금은 건축사업자가 준공 후 2년간의 하자에 대비하기 위한 하자수리 보증금으로서 공동주택의 경우 관할 시 · 군 · 구에 일반건물의 경우 건축주에게 현금 또는 은행보증서나 보증보험증서로 일정액을 예치하는 하자보증금을 의미한다.

이와 같은 관리예산, 장기수선충당금, 그리고 하자보증금 등이 건물시설관리 간접수단의 재무적 자원이 된다.

또한 간접관리수단의 물적 자원의 하나인 관리비는 관리규약에 의하여 사용자가 사용자부담원칙에 따라 건물시설의 유지관리비용을 조달하는 비용으로서 건물시설관리의 간접수단의 물적 자원으로서 대단히 중요한 자원이 된다.

건물자산을 관리하기 위해서는 관리예산이 절대적으로 필요하다. 관리방식이 위탁관리인 경우나 자치관리 · 혼합관리 방식에 관계없이 건물자산의 관리활동에는 관리예산이 필요하다.

관리소요비용(관리예산)은 직접관리비용과 간접관리비용으로 분류할 수 있는바 전자에는 일반관리비 청소비, 오물수거비, 소독비, 승강기 유지비, 냉난방비, 급탕비, 수선유지비 용역비 등이 있으며, 제세공과금, 보험료, 사무비 등은 간접관리비에 해당된다.

소요비용의 산출과 함께 소요비용의 규모 · 조달방법 · 시기 등은 간접관리비에 해당된다.

소요비용의 산출과 함께 소요비용의 규모 · 조달방법 · 시기 등이 함께 검토되어 관리계획에 포함되어야 한다. 수익성 건물의 경우 확정된 관리예산에 대하여 절감목표를 정하고 절감방안 수립 및 실천도 중요한 경영개선의 요인이 된다.

관리소요비용(관리예산)에 대하여 추가적으로 검토되어야 할 사항은 조달방식과 관리비의 성격이다.

공공건물의 경우 국가예산으로, 일반건물이나 공공주택의 경우 분양 또는 임대 평수에 대한 월정 관리비(정액제) 또는 실비정산 징수방식으로, 건물 전체를 사옥으로 전용하는 경우 단체나 회사 또는 개인의 관리비 조달방식으로 건물관리예산이 이루어지므로 이를 관리계획에 참고하여 조달시기와 방법을 반영하여야 한다. 또한 관리비의 성격에 대해서도 이를 반영하여야 한다.

관리비는 통상 세 가지 성격을 가지고 있다. 정액제와 실비정산제, 정액실비병산제가 그것이다. 정액제라 함은 소요관리비 총액을 미리 정한 다음 임대평수에 일정액을 곱한 합계금액을 관리비로 하고, 이를 매월 징수함으로써 추가 관리비 지불 없이 관리주체의 책임으로 관리가 이루어지는 방식이다.

실비정산제라 함은 건물 전체의 실제 소요비용 합계액을 사용자의 임대평수나 분양평수를 나눈 평당 금액을 합계하여 부과 징수하는 방식의 관리비를 의미한다. 전자는 매월 관리비 합계액이 특별한 일이 없는 한 전월과 같이 변동이 없으나 후자는 여름과 겨울 등 매월의 일기나 온도 등에 따라 관리비의 합계금액이 다르게 부과 징수되는 차이가 있다.

그러나 정액제의 경우 관리비가 잘못 산출되어 관리소요비용이 징수한 금액보다 초과되는 경우에도 관리주체가 전적으로 책임을 져야 하므로 사용자 입장에서 볼 때 유리한 듯 보이나 실제보다 과다 부과징수되는 경우 사용자의 손해도 예상되므로 장 · 단점이 있을 수 있다. 정액실비병산제는 정액제와 실비정산제를 병행하여 사용하는 것을 말한다.

또한 관리비의 종류에는 고정관리비와 유동관리비가 있다. 전자는 일 년 동안 매달 변동 없이 집행되는 관리비로서 인건비 · 관리용역비 등이 이에 해당된다. 후자는 매월 또는 계절적으로 변동 지출되는 관리비로서 에너지(전기 · 가스 등) 사용료, 난방비나 냉방비, 수돗물 사용료, 급탕 사용료 등이 이에 해당된다.

7) 간접관리수단의 기술적 자원

건물의 시설관리는 건축물 유지관리 중심의 기술적 관리이다.

따라서 건물시설관리에 있어서 기술적 자원은 대단히 중요하다.

간접관리수단의 기술적 자원에는 건물시설관리종사자의 기술자력, 기술능력, 기술경험 및 기술관리매뉴얼, 건물시설기술관리기준 등이 있다.

건물시설기술관리기준은 대단히 중요한 기술적 자원이므로 이를 설명하면 다음과 같다.

건물시설관리활동은 건물자산관리관계법령에서 규정하고 있는 법적 관리기준과 자체관리기준에 적합하게 관리해야 한다. 법적 관리기준은 주로 관리관계법령에 규정하고 강제성이 있으므로 반드시 관리활동에 준수되어야 하며, 법적 관리기준을 위반되거나 이행이 안 되는 경우 형사별 또는 행정과태료의 책임을 지게 된다.

따라서 법적 또는 자체 관리기준은 중요한 간접관리수단이 된다. 뿐만 아니라, 관리기준은 원칙적으로 관리관계법령(관리관계 공법)에 의하여 작성되나 관리주체와 경영자(소유자)에 의하여 작성되어 활용되는 자체 관리기준과 같은 예외적 경우도 있다.

관리기준은 관리대상건물의 전체 관리영역에 걸쳐 해당되고 적용되는 것으로 크게는 유지관리기준, 안전관리기준, 환경 · 위생 · 소독관리기준, 소방관리기준, 설비관리기준, 건축물하자보수기준, 기타 관리기준 등으로 대별된다.

이들 관리기준을 관리항목별로 구분하면 다음과 같다.

- 건축물유지관리기준
- 안전관리기준
- 환경 · 위생 · 소독관리기준
- 건축설비관리기준
- 건축물하자보수기준
- 기타 관리기준

건물종합관리활동에 필요한 관리기준의 종류는 대단히 많으나 관리대상건물의 성격 · 종류 · 용도 · 규모 등에 따라 관리기준의 종류와 적용범위도 달라질 수 있다. 건물시설관리에 관계되는 주요 관리기준의 종류는 대체로 다음과 같다.

- 건물 법정검사 대상 및 검사주기 보고기준

- 건축물유지관리기준
- 건축물의 하자담보책임기준
- 건축물 주요시설 내구연한기준
- 하자보수 대상 공사의 구분 및 하자범위와 하자보수기준
- 건축물 장기수선계획수립기준
- 조경시설물 관리기준
- 장기수선계획 수립대상 시설과 그 표준 수선주기 및 수선율기준
- 건축물의 법정 내용연수기준
- 건축물의 에너지 설계기준
- 주택관리업 등록기준
- 수질환경 관리기준
- 건축물 실내환경 관리기준
- 건축물 점검보수기준
- 건축물 안전점검, 정밀안전진단기준
- 냉·난방설비 점검보수기준
- 건축물 대상별 방역소독기준
- 실내조도 유지기준
- 소음관리기준
- 기술직 법정자격기준
- 주택관리업자 과징금부과기준
- 건축물의 용적률 적용기준
- 건축물의 건폐율 적용기준
- 건물용역 원가계산기준
- 공동주택의 관리비 구성내역 및 산정기준
- 공동주택 관리의 기술인력 및 장비기준
- 건축물 부설 주차장 설치기준
- 기타 관리기준 등

8) 간접관리수단의 정보자원

간접관리수단에 해당되면서도 재무적 자원이나 기술적 자원에 해당되지 않는 자원으로서 간접적으로 건물시설관리에 영향을 미치고 작용하는 건물시설관리지침, 건물시설관리계획, 건물시설관리 관계법령과 자치법규, 건물시설관리 관련 계약과 기타계약 등의 정보자원이 있다.

이를 분설하면 다음과 같다.

(1) 건물시설관리지침

건물의 건물시설관리지침이란 건물의 소유자나 권한자가 작성하고 시달하는 것으로 시설관리대상건물에 대하여 관리자가 관리활동을 함에 있어서 최고의 준거가 되는 건물시설관리에 대한 건물경영자 방침을 말한다.

수익성 건물에는 경영방침과 관리방침이, 비수익성 건물에는 관리방침이 각각 건물관리자(관리소장)에게 연초 전 연말에 시달되는데 관리자는 이와 같은 시설관리방침에 따라 관리해야 하므로 관리기간 동안 가장 강력하고 유효한 시설관리의 경영자 지침이라고 할 수 있다.

건물자산경영관리 방침에는 당해연도의 임대수익 목표, 관리예산의 규모와 집행내역 및 범위, 관리대상의 범위, 인적설비의 구성한계, 의사결정 절차, 관리상 예상 문제점의 대처 지침, 관리상 기밀과 관리권의 범위 등이 이에 해당된다.

건물관리 관리자(관리소장)는 건물 경영자와 권한자의 경영관리방침에 따라 관리권의 범위와 집행권한이 주어지므로 직접관리수단과 간접관리수단 중 가장 강력하고 관리소장 권한을 구속하는 수단이라 할 수 있다.

관리계획을 수립하거나 관리지침 · 규정 등의 작성시 반드시 건물시설관리방침이 반영되고 이행되도록 해야 한다.

건물시설관리방침은 관리대상 건물의 규모 · 성격 · 용도 · 시설의 종류나 위치 등에 따라서 서로 상이하며, 내용도 다양하게 규정되고 시달방법 역시 서면 또는 구두로 전달되는 등 일정하지 아니하다. 그럼에도 불구하고 건물시설관리 방침은 관리활동에 있어서 최상위 관리지침이고 정책이므로 반드시 실천되고 달성되어야 하는 것으로 가장 중요한 간접관리수단이다.

(2) 건물시설관리계획

건물시설관리계획이란 관리활동을 체계적이고 과학적으로 관리하기 위한 연중관리업무의 절차와 순서를 기록한 서면을 말한다.

관리계획에 포함되는 관리예산의 의미는 관리활동의 계획과 집행에 소요되는 제경비를 숫자로 표시한 관리계획서를 의미한다. 이와 같이 관리예산을 포함한 관리계획은 관리활동의 대상과 관리항목 및 담당자, 업무절차를 구체적으로 규정하고 있으므로 또 하나의 중요한 간접관리수단이라 할 수 있다.

특히 관리예산은 관리에 소요되는 제경비를 관리 당해연도 시작 전에 작성되고 승인된 것으로서 관리예산에 따라 모든 관리활동이 집행되어야 하는 강제성과 구속성이 있다. 따라서 관리계획서와 관리예산 역시 강력한 간접관리수단에 해당된다.

관리계획은 일반적으로 기술관리 대상을 중심으로 작성되나 경영관리, 법률관리, 안전관리, 환경관리 등을 포함하여 작성하는 것이 종합적 관리효과를 창출하는데 도움이 된다. 관리계획은 매우 중요하므로 다음에서 건물관리계획에 관한 일반적인 관리계획 이론을 제시하고 설명하고자 한다.

가. 건물시설관리계획의 의의

건물시설관리는 경제적인 비용으로 안전하게 효율적으로 관리되어야 하며, 관리효과 역시 사전에 계획된 내용과 일치하거나 초과 효과가 나타나야 한다. 건물자산의 관리계획이라 함은 건물 사업주체나 소유주체의 사업목적에 따라 관리객체에 대하여 관리대상을 확정하고 관리예산서를 편성하며 관리방침을 정하여 관리주체를 조직하고, 인적·물적 설비를 준비하여 관리방식에 따라 기술·경제·행정·안전·환경·법률 관리활동을 통하여 사업주체와 입주자 등 사용자를 위한 관리목표를 달성할 수 있도록 관리절차를 수립하는 관리진행 절차에 대한 기초작업이다.

나. 건물시설관리계획의 목적

건물시설관리계획의 목적은 건물의 용도나 규격에 따라 다소 차이가 있으나 대체로 다음과 같다.

일반 수익성건물의 관리계획 목적은 사업주체의 경영목표에 부합하는 관리효과를 창출하는 데 있다.

그러나 비수익성 건물(예 : 공공건물, 공동주택, 사업으로 사용하려는 건물)의 경우에는 사용자의 주된 사용목적에 부합하는 건물 설비의 기능을 정상적으로 나타냄으로써 효율성 · 편리성 · 쾌적성 · 안정성 · 보건성 · 거주성 · 내구성을 동시에 제공하여 업무성과를 최대로 나타나게 하거나 사용함에 있어 쾌적성 · 편리성 · 안전성 · 보건성을 통하여 사용자의 사용목적(최유효 사용)을 달성시키는 데 있다.

다시 말하면, 건물의 주된 사용용도에 맞게 관리할 수 있도록 계획하는 것이 중요하다. 증권거래소 건물의 주된 사용용도는 증권거래현황의 전시와 거래 당사자의 매매 체결과 결재이다. 학교 건물의 주된 용도는 연구와 강의이다. 병원 건물의 주된 용도는 환자의 치료이다. 이와 같은 주된 건물의 사용용도에 맞게 건물의 제기능이 나타날 수 있도록 관리계획을 작성하지 않으면 안 된다.

종래의 건물관리개념은 단순히 기술관리 영역만을 강조하여 고장난 부분을 보수하거나 제세공과금을 징수하거나 임대목적물을 부동산 광고를 통하여 해결하고자 하는 적극적인 마케팅 개념도 없이 소극적인 방법으로 임대활동에 임함으로써 건물관리 목표를 비과학적 · 비계획적인 방법으로 취급해왔다 해도 과언이 아닐 것이다.

그러나 오늘날 건물의 규모가 고층화 · 대형화 · 첨단화되어가고 있는가 하면, 규모 역시 대형화되어 건물을 관리함에 있어서 사전에 미리 관리 계획의 수립 없이는 도저히 관리객체를 간리하여 경영목표나 사용목적을 달성할 수 없게 되었다.

다. 건물시설관리계획의 내용

앞에서 설명한 바와 같이 관리계획의 목적은 수익성 건물의 경우 경영목표 달성에 있고, 비수익성 건물의 경우 사용목적 달성에 각각 있으므로 이들 두 목적을 달성하기 위하여 작성되는 관리계획은 다음과 같은 내용을 반드시 포함하여 수립하지 않으면 안된다.

① 건물의 주된 용도와 사용목적

관리대상건물의 주된 용도가 사용 · 수익 또는 처분의 용도 중 어느 부분에 있는지를 사전에 확정하고 이를 계획서에 반영하여 용도에 맞게 관리계획서가 작성되어야 한다.

수익성 건물의 주된 용도는 건물경영목표 달성에 있으므로 이를 달성하기 위하여 임대나 분양 등에 관리 주안점을 두어 투자비에 대한 조기회수와 투자비에 대한 적정한 이익을 창출할 수 있도록 관리계획이 작성되어야 한다.

이를 위하여 임대나 분양을 위한 별도의 사업계획서를 작성하고 임대건물을 상품화하여 주어진 여건을 충분히 활용하여 적극적인 광고 및 건물의 셀링 포인트(selling point)를 홍보하여 임대나 분양을 촉진함으로써 일차적인 경영목표를 달성할 수 있다.[40]

관리부분 역시 이러한 경영목표 달성을 위하여 무사고·무재해 상태를 유지할 수 있도록 안전관리에 최선을 다해야 하며, 시설과 설비의 정기적인 점검과 보수를 통하여 내용연수가 연장되도록 해야 함은 물론, 공실 제로베이스 유지목표가 항상 유지될 수 있도록 입주자 사후 관리 및 임대정보의 접수와 관리가 필요하다. 비수익성 건물에 있어서도 주된 용도에 따라 주거·업무·생산·치료·판매·전시 등 사용자의 건물 사용목적에 부합될 수 있도록 주어진 관리시설과 설비의 기능이 충분히 발휘되어 사용용도에 맞는 기능성·효율성·쾌적성과 편리성을 동시에 제공함으로써 사용자의 기대에 부합하는 관리효과 창출에 역점을 두고 관리활동이 진행될 수 있도록 계획되어야 한다.

② 시설과 설비의 규모와 내용

건물이 구성은 사용토지와 건축물의 시설 및 장착된 건축설비 등으로 구성되어 있다. 이러한 각 구성요소는 그 규모나 성질 그리고 운용방법이나 소요에너지, 관리방법이 각각 다르므로 이들 내용을 충분히 파악한 후 시설관리계획을 수립하지 않으면 안 된다. 건물의 주된 용도에 따라 규모나 평수에 따라 그리고 건물이용자의 성질에 따라 건물의 설비 종류는 크게 다를 뿐 아니라, 이를 운영(operation)하여 유지(maintenance)하기 위한 관리자의 수와 직종 및 자격과 기술수준이 각각 다르게 요구되므로 반드시 시설과 설비의 내용을 충분히 검토한 후에 계획서가 적성되어야 한다.

IBS건물(Intelligent Building System)과 비IBS건물의 관리방법에는 차이가 있으며 관리자의 관리능력과 자격조건은 서로 다르므로 건물의 시설과 설비의 내용을 충분히 검토해야 한다. 다시 말하면, 관리객체를 건물의 하드웨어부분(실체적 관

---

40) Selling Point란 원래 물건 등의 판매시 판매에 유리한 강조점을 의미하는 것으로 건물자산관리에 있어서 건물의 임대나 매각시 강조점을 의미한다.

리대상)과 소프트웨어(관념적 관리대상) 부분으로 나누어 이를 체계적으로 효율적으로 그리고 경제적인 방법으로 안전하게 관리될 수 있도록 관리계획서가 작성되어야 한다.

③ 관리예산

건물시설을 관리하기 위해서는 관리예산이 절대적으로 필요하다. 관리방식이 위탁관리인 경우나 자치관리 · 혼합관리 방식에 관계없이 건물자산의 관리활동에는 관리예산이 필요하다.

관리소요비용(관리예산)은 직접관리비용과 간접관리비용으로 분류할 수 있는바 전자에는 일반관리비, 청소비, 오물수거비, 소독비, 승강기유지비, 냉난방비, 급탕비, 수선유지비, 용역비 등이 있으며, 제세공과금, 보험료, 사무비 등은 간접관리비에 해당된다.

소요비용의 산출과 함께 소요비용의 규모 · 조달방법 · 시기 등이 함께 검토되어 관리계획에 포함되어야 한다. 수익성 건물의 경우 확정된 관리예산에 대하여 절감목표를 정하고 절감방안수립 및 실천도 중요한 경영개선의 요인이 된다.

관리소요비용(관리예산)에 대하여 추가적으로 검토되어야 할 사항은 조달방식과 관리비의 성격이다.

공공건물의 경우 국가예산으로, 일반건물이나 공공주택의 경우 분양 또는 임대평수에 대한 월정관리비(정액제) 또는 실비정산 징수방식으로, 건물 전체를 사옥으로 전용하는 경우 단체나 회사 또는 개인의 관리비 조달 방식으로 건물관리예산이 이루어지므로 이를 관리계획에 참고하여 조달시기와 방법을 반영하여야 한다. 또한 관리비의 성격에 대해서도 이를 반영하여야 한다.

관리비는 통상 세 가지 성격을 가지고 있다. 정액제와 실비정산제, 정액실비병산제가 그것이다. 정액제라 함은 소요관리비 총액을 미리 정한 다음 임대평수에 일정액을 곱한 합계금액을 관리비로 하고, 이를 매월 징수함으로써 추가관리비 지불 없이 관리주체의 책임으로 관리가 이루어지는 방식이다.

실비정산제라 함은 건물 전체의 실제소요비용 합계액을 사용자의 임대평수나 분양평수로 나눈 평당 금액을 합계하여 부과징수하는 방식의 관리비를 의미한다. 전자는 매월 관리비 합계액이 특별히 일이 없으면 전월과 같이 변동이 없으나 후자는 여름과 겨울 등 매월의 일기나 온도 등에 따라 관리비의 합계금액이 다르게 부과징수되는 차이가 있다.

그러나 정액제의 경우 관리비가 잘못 산출되어 관리소요비용이 징수한 금액보다 초과되는 경우에도 관리주체가 전적으로 책임을 져야 하므로 사용자의 입장에서 볼 때 유리한 듯 보이나 실제보다 과다부과 징수되는 경우 사용자의 손해도 예상되므로 장 · 단점이 있을 수 있다. 정액실비병산제는 정액제와 실비정산제를 병행하여 사용하는 것을 말한다.

또한 관리비의 종류에는 고정관리비와 유동관리비의 종류가 있다. 전자는 일년 동안 매달 변동 없이 집행되는 관리비로서 인건비 · 관리용역비 등이 이에 해당된다. 후자는 매월 또는 계절적으로 변동지출되는 관리비로서 에너지(전기 · 가스 등) 사용료, 난방비나 냉방비, 수돗물 사용료, 급탕사용료 등이 이에 해당된다.

④ 인적 구성과 물적 설비의 준비

관리대상을 관리목표에 맞게 관리하기 위해서는 관리자의 수와 자격 및 기술의 정도나 수준 등이 정해져야 하고, 관리를 위해서 필요한 에너지공급, 원료나 재료의 공급, 부품이나 공구 · 기기 · 장비 등 물적 설비의 준비는 인적 설비와 함께 매우 중요한 준비항목이다.

건물의 타율성으로 인하여 아무리 첨단건물이라 할지라도 결국 관리자에 의하여 최초 작동되고 운전 · 관리되므로 관리요원의 선발과 배치는 매우 중요한 인적 설비의 준비이다.

⑤ 관리방식 확정

관리방식에 따라 관리계획의 수립의 절차나 내용이 달라지므로 관리방식을 사전에 확정하여 관리계획에 반영하여야 한다.

자치관리방식(직영관리방식 포함)의 경우 관리계획은 복잡한 관리내용 전체를 관리할 수 있는 관리계획이 필요하나 위탁관리의 경우 단순한 관리계획만으로 관리가 가능해진다. 왜냐하면 관리내용 전반을 관리전문회사가 대행하여 관리해주기 때문이다.

라. 건물자산관리계획 5단계 수립절차

① 제1단계(관리객체 인수와 내용파악 · 확인 및 준비단계)

관리대상을 하드웨어 부분과 소프트웨어 부분으로 나누어 관리객체 전체를 인수하고 파악해야 한다. 그리고 관리목표를 정해야 한다. 특히 관리대상 중 하드웨어 부분에 속하는 시설과 설비에 대해서는 준공도면을 확인하여 시설과 설비의 종류와 내용을 상세히 파악하여 관리대상 목록표를 작성한다.

② 제2단계(관리절차, 예산서 작성 및 승인확정단계)

관리객체를 관리목표대로 관리하기 위해서는 관리절차의 수립과 소요비용이 필요하다. 따라서 관리절차, 관리예산서 작성이 필요하다. 왜냐하면 예산의 준비와 집행 없이는 관리활동을 할 수 없기 때문이다. 2단계에서는 관리절차와 예산서를 작성하고 승인을 받은 단계이다. 즉 관리계획을 수립하고 확정하는 단계이다.

관리예산의 성격은 관리대상건물의 종류에 따라 사용자의 성질에 따라 각각 다르므로 사용자의 성질이나 건물의 용도에 맞게 예산서가 작성되고 적정하게 집행되어야 한다.

③ 제3단계(인적 · 물적 설비의 준비단계)

제3단계는 2단계에서 확정된 관리계획을 집행하기 위하여 필요한 관리조직 구성과 관리수단을 준비하여 배분하는 단계이다.

인적설비의 준비란 정해진 관리방식에 따라 관리조직을 확정하고 업무를 분장하여 필요한 관리자의 직종과 수, 자격과 기술 수준을 정하고 모집 · 선발 · 교육 · 배치하여 관리업무를 담당하도록 계획하는 단계이다. 그러나 기존 건물의 관리에 있어서 관리조직과 관리구성원의 인적설비가 준비되어 있는 경우에는 별도 인적설비를 준비할 필요가 없다. 물적 설비의 준비는 관리시설과 설비의 운영과 운전에 필요한 에너지 공급계약, 재료 · 약품원료 등의 공급계약 및 확보 그리고 정비와 보수를 위한 기기 · 공구 · 장비나 재료 준비와 각종 용역의 계획 등 조달계획을 의미한다.

④ 제4단계(집행단계)

기술관리 종사자는 건물의 시설과 설비의 운전과 정비 및 보수와 안전점검 등에 관한 업무를, 행정담당관리자는 임대목적물의 임대 또는 분양을 위한 제반 업무와 사무행정관리, 관리비 · 임대료 등의 부과와 징수 등의 회계 사무에 관한 업무 및 각종 계약의 체결 및 사후관리, 대외업무 등 행정업무에 관하여 계획대로 집행해야 한다.

다시 말하면, 기술직 · 행정직 · 노무기능직의 고유 업무를 확정하고 담당자를 정하여 일일 · 주간 · 월간 · 연간 관리업무로 분류하고 평상업무와 비상 업무를 세분하여 우선순위를 정하여 우선순위부터 업무가 진행되도록 계획되어야 하고 집행되어야 한다.

⑤ 제5단계(사후관리단계)

계획된 관리업무진행과정에 나타난 문제점이나 보완사항 및 안전관리에 관한 사후조치 등 경영목적과 사용목적에 문제점이 노출되는 경우에 이를 보완 · 정비 · 해제 · 수정 · 해지 · 원상복구 · 보강 등의 사후조치를 통하여 관리효과가 관리목표에 부합되도록 제계획하고 통제집행되어야 한다. 다시 말하면 관리계획 집행결과에 따라 피드백해서 시행착오나 편차를 줄여야 한다.

마. 관리계획 원칙

관리계획 수립에 있어서 반드시 적용해야 할 원칙은 다음과 같다.

① 경제성의 원칙

관리계획은 가장 경제적인 방법과 예산으로 수립되어야 하고 집행되어야 하는 원칙이다. 주어진 관리예산의 범위를 벗어난 관리계획을 세우는 일은 결코 관리업무 수행상 허용되지 않는다. 왜냐하면 관리활동은 경제활동이므로 주어진 예산의 범위 내에서만 가능하고, 예산 없는 관리비 지출은 있을 수 없으므로 경제성이 엄격히 지배한다.

최소의 비용으로 가장 합리적이고 빠른 시간 내에 최대의 관리효과 창출은 경제성의 내용에 부합되는 관리활동이라 할 수 있다.

② 안전성의 원칙

관리계획은 관리업무가 안전하게 진행하여 인적 · 물적 손실이 발생하지 않도록 계획되지 않으면 안 된다. 특히 안전성의 원칙이 지켜지지 않는 경우 경영목표 달성이나 사용목적에 역행하는 것이므로 안전성의 원칙이 절대적으로 잘 지켜질 수 있도록 관리계획에 충분히 반영해야 한다.

③ 쾌적성의 원칙

사용자나 이용자가 건물을 이용함에 있어서 정신적으로 만족감을 얻는 상태를 쾌적성이라 한다.

깨끗한 위생처리, 청결 정도, 미적 가치 보존, 양호한 질서, 깨끗한 환경, 정상적인 건물설비의 기능성, 친절한 안내, 적당한 온도와 조도, 채광과 통풍·습도, 맑은 공기 등 인간이 활동과 삶과 일을 위하여 정신적으로 느끼는 안정감, 양호한 기분상태를 유지시키는 제요소들이 쾌적성을 나타내는 요소들이다. 사용자의 건물 사용에 있어서 쾌적성이 확보되어 만족을 줄 수 있도록 관리계획서에 이를 충분히 반영하여야 한다.

④ 효율성의 원칙

건물의 용도에 따라 사용자의 사용목적이 정해지고 사용목적을 위하여 건물의 기능성이 확보되어야 한다. 이러한 기능성은 건물의 시설과 설비에서 비롯되므로 결국 시설과 설비의 정상기능을 나타내려면 효율성이 제고되도록 계획되지 않으면 안 된다.

이를 위해서는 정기적인 점검과 보수 및 정비, 양질의 에너지 원료공급, 무리한 운전의 금지, 적절한 시기에 맞추어 부품의 교환 등을 통하여 각종 설비의 기능이 정상보다 나은 성능을 보일 수 있도록, 즉 효율성이 보장되도록 관리계획에 반영하지 않으면 안된다. 뿐만 아니라, 건물의 경영·법률·안전·환경 등 모든 관리영역의 관리계획에 있어서도 효율성이 나타나도록 계획서에 반영되어야 한다.

⑤ 편리성의 원칙

시설과 설비의 고장 없이 정상적으로 작동되고 운전될 때 이를 사용하는 자의 불편을 해소하게 되는데 이를 건물의 편리성이라 한다.

예를 들면 충분한 이동기능이 보장되는 에스컬레이터·엘리베이터·계단·복도 등이 이동용도에 적합하도록 고장이 나지 않도록 항상 점검과 보수가 필요하며, 비상계단의 이용에 불편함이 없도록 물건을 적재해두는 일은 없어야 하며, 통행 및 이동설비가 완벽하게 유지되도록 조치해야 한다. 출입문의 고장이나 위생시설의 고장, 이동수단의 고장 등이 사용자의 불편요인이 되므로 건물관리자는 건물의 편리성이 보장되도록 관리계획에 반영되어야 한다.

⑥ 관리관계법령 기준 적합성의 원칙

건물의 관리관계법령상 규정하고 있는 검사·진단·청소, 훈련 관계자 선임, 보고 · 허가 · 인가 등을 법령의 규정과 기준에 맞게 집행할 수 있도록 관리계획서상에 반영해야 한다.

⑦ 용도성의 원칙

관리계획서 작성시 건물의 주된 용도가 나타나도록 계획을 수립해야 한다.

⑧ 내구성의 원칙

건물관리계획을 수립할 때 건물의 내구성이 나타나도록 계획되어야 한다.

⑨ 미관성의 원칙

건물자산관리계획을 수립함에 있어서 건물의 미관성이 항상 유지되도록 해야 한다.

바. 건물자산관리계획의 효과

건물을 관리함에 있어 처음부터 관리계획서와 관리목표를 정하고 관리예산을 확정하여 인적 · 물적 설비를 준비하고 관리 전체 업무를 기술직 · 행정직 · 노무직의 고유업무 영역으로 분류하여 담당하게 하고, 업무의 절차와 보고와 지휘 · 감독체계를 세워 집행하는 경우 다음과 같은 관리효과를 창출할 수 있다.

① 경제적 방법의 관리 기능

계획서에 관리업무 전체를 파악하고 분장하고 조직함으로써 이중 · 삼중의 시행착오를 미연에 방지할 수 있고 일사불란하게 지휘 · 통제함으로써 인적 · 물적 손실을 방지할 수 있다. 뿐만 아니라, 위험시설물이 계획대로 관리됨으로써 위험을 사전에 방지하여 안전사고를 미연에 방지함으로써 이로부터 파생되는 재산상의 손해를 방지할 수 있을 뿐 아니라 보험가입을 통한 손실최소화의 효과도 기대할 수 있어 가장 경제적인 방법으로 관리활동이 가능해지는 효과가 있다.

② 관리결과 사전예측 기능

관리계획 수립시에 관리결과를 미리 예측하고 진행함으로써 소요비용, 소요시간과 함께 관리결과의 효과까지도 사전에 예상할 수 있게 된다.

③ 관리체계화 및 일사불란한 진행

업무의 분장과 담당자의 임명으로 책임소재가 분명해지고 관리조직에 의하여 지휘 · 통제 · 조정 · 감독함으로써 기술적 관리업무와 행정적 관리업무가 상호 유기적으로 보완되고 조화되며, 체계적이고 일사불란하게 관리업무가 진행된다.

④ 시행착오 사전 방지

관리업무 전체를 파악하고 관리계획에 따라 사전에 대처하게 됨으로써 관리업무의 시행착오를 사전에 방지할 수 있게 된다.

⑤ 관리업무 사전준비 가능

일일 · 주간 · 월별 · 연간 관리업무가 관리계획표에 명시되어 있으므로 다음 주 · 다음 달의 진행예정 업무에 대비한 사전준비가 가능해진다. 또한 이로 조용하고 차분한 업무분위기가 형성되어 직장 분위기도 좋아지며, 관리업무의 효율성이 증대된다.

(3) 건물자산관리관계법령

관리관계법령이라 함은 간물자산관리에 대하여 직접 또는 간접으로 적용되고 규율하는 법령으로서 관리의 기준이 되거나 강제 이행의 규범이 되는 것을 의미한다. 관리에 관계되는 법령은 법령의 적용대상을 기준으로서 건물자산관리사법과 건물자산관리공법으로 크게 대별된다.

건물자산관리사법은 법률관리 대상의 권리보존과 계약(민법 중 채권법과 물권법, 주택임대차보호법, 집합건물의 소유 및 관리에 관한 법률 등) 등에 적용되며, 건물자산관리공법은 건축물의 유지관리, 기술(시설설비의 운전과 운용), 환경, 안전, 위생, 보건 등에 주로 적용하는 관계 법령으로 이에는 건축법, 시설물의 안전관리에 관한 특별법과 소방기본법, 전기사업법 등 수십 가지 건물자산관리공법이 있다.

건물관리에 관한 법령체계는 공동주택관리에 관련된 법령은 비교적 법적체계를 갖추고 있으나 일반건물의 경우는 법적체계를 아직 갖추지 못하고 있다.

다시 말하면 공동주택의 경우는 관리기본법[41]이 입법화되어 있으나 일반건물의 경우 관리기본법은 아직 미제정 상태에 있다. 향후 일반건물관리기본법도 입법되고 시행되어야 할 것으로 판단된다. 그러나 다행스럽게도 건축법 제26조와 동시행령 제23조에서 건물 유지관리에 관한 유지 · 관리지침에 관한 제정이 필요한 경우 이를 제정하도록 규

41) 공동주택관리기본과 관계 법령에는 주택법과 동시행령, 동시행규칙 및 집합건물의 소유 및 관리에 관한법률 등이 있다.

정하고 있다.

건물은 토지의 정착물이고 그 구성 역시 건축대지 · 건축물(시설) · 건축설비 등으로 구성되어 있어 토지에 관한 법령 역시 효율적인 건물자산관리를 위하여 필요한 연구분야이다.

(4) 건물시설관리 운영규정

건물시설관리 운영규정이나 지침규약 등은 또 하나의 중요한 건물시설관리 간접관리 수단이다. 왜냐하면 관리규약 · 규정 · 지침 등은 관리주체가 관계법령에 근거하여 제정되고 관리 감독청과 소유주체 · 관리주체에 의하여 강제되기 때문이다.

관리자와 관리종사자들은 관리활동을 함에 있어 관계법령 · 관리규정 · 규약 · 지침의 내용에 따라 관리해야 하며, 이를 위반하거나 불이행시 발생되는 문제에 대하여 책임을 지게 된다. 관리의 규약 등에 대해서 공동주택의 경우 감독청인 건설교통부가 제정한 표준공동주택관리 규약이 있으며, 이에 따라 각 아파트 단지별로 규정을 제정 · 비치하여 준수하고 있는 아파트 관리규정 · 취업규칙 · 주차장관리 규정 등이 있다.

이밖에도 관리항목별 관리를 위하여 각각 규정하고 있는 청소관리규정(또는 지침), 경비관리규정, 방화관리규정, 회계관리지침 등 여러 종류가 있다.

명칭에 관계없이 관리규정 등은 전술한 바와 같이 이행에 만전을 기하도록 해야 한다.

다음에서 관리규정의 종류와 유형별 규약규정지침 등의 종류를 수록하여 업무에 참고가 되도록 하였으므로 관리자와 연구자는 참고하기 바란다.[42]

건물시설관리에 주요 간접수단이 되는 관리규정의 종류는 대체로 다음과 같다.

① 표준공동주택관리규약
② 공동주택관리규정
③ 공동주택 주차장관리규정
④ 취업규칙 및 인사관리규정
⑤ 청소관리규정
⑥ 경비보안관리규정

42) 관리규정이나 지침 역시 관리대상 건물의 종류 · 용도 · 성격 · 관리업무의 내용 등에 따라 그 종류와 내용이 달라질 수 있다.

⑦ 회계관리규정
⑧ 안전관리규정
⑨ 물자관리규정
⑩ 구매관리규정
⑪ 방화관리규정
⑫ 문서관리규정
⑬ 방범관리규정
⑭ 설비관리규정
⑮ 일반건물 관리규정(관리세칙)
⑯ 일반건물 주차장관리규정
⑰ 기타 관리규정(용역관리규정, 조경시설물 관리규정) 등

이밖에도 여러 가지 규정이 있으나 구체적인 내용은 건물자산관리학의 각론인《건물자산경영관리론》을 참고하기 바란다.

(5) 건물시설관리관련 계약과 기타 관리계약

건물자산관리와 관련한 계약은 건물자산관리활동에 있어서 또 하나의 중요한 간접관리수단이 된다. 건물자산관리 계약이란 건물자산관리에 관하여 체결된 것으로 입주자계약(임대차계약 · 관리(대행)계약), 주차장사용계약, 관리용역계약, 권리설정계약, 물품구매계약, 보수공사도급계약, 보험계약, 관리종사자 근로계약 등이 이에 해당된다.

관리자는 관리활동에 있어서 각각 체결된 내용 중 중요사항을 계약현황표에 명시하고, 이를 하나의 관리 간접수단으로 활용해야 하며, 이를 기준으로 하여 관리해야 한다.

중요 사안별 계약 종류는 대체로 다음과 같다.

① 임대차계약
② 건물관리계약
③ 주차장사용계약
④ 공동주택 관리업무 위 · 수탁계약
⑤ 청소용역계약
⑥ 경비용역계약
⑦ 근저당 설정계약

⑧ 전세권 설정계약
⑨ 물품공급계약
⑩ 근로계약
⑪ 보수공사도급계약
⑫ 시설용역계약 등

이상의 계약종류 외에 여러 가지의 계약종류가 있으나 각종 관리관계 계약의 종류와 내용은 건물자산관리학의 각론인 《건물자산법률관리론》을 참고하기 바란다.

제8절 건물환경과 건물자산관리활동

1. 건물환경의 의의

관리활동의 대상건물을 둘러싸고 있는 둘레와 주변을 건물환경이라 한다. 다시 말하면, 관리활동의 대상이 되는 건물을 둘러싸고 있으면서 관리활동에 직접 또는 간접으로 영향을 주는 자연이나 사회조건이나 형편 등을 건물자산관리활동의 환경이라 한다.

건물관리활동에 영향을 주는 환경에는 자연환경과 인문환경이 있다. 건물관리활동에 있어서 환경에 대한 이해의 목적은 건물관리활동은 건물환경으로부터 직접 또는 간접으로 영향을 받고 있기 때문에 양질의 관리효과와 건물의 유익 창출을 위해서는 주어진 환경을 극복하거나 환경과 조화하지 않으면 안 되기 때문이다. 뿐만 아니라, 건물을 관리하는 인적 설비 역시 각 개체로서 환경이 있으므로 관리종사자에 대한 환경문제도 극복해주거나 조화시켜야 한다. 왜냐하면 건물자산관리활동의 효과에는 건물환경 영향성 의속성이 있기 때문에 관리대상건물의 환경이 건물자산관리활동이나 건물관리종사자 모두에게 직·간접으로 지대한 영향을 미치기 때문이다.

자연환경에는 관리대상건물 주변의 대기환경, 수질환경, 지리적 환경 등이 있고, 인문환경에는 법·제도환경, 경제환경, 사회정치환경, 기술환경, 근무장환경, 사회·정치환경 등이 있다.

2. 자연환경

자연의 본래 의미는 사람의 손에 의하지 아니하고 존재하는 것으로 비·바람·구름·공기·산·강·바다·동물·식물 등의 현상을 의미한다. 자연환경에 반대 개념은 인위적 환경 또는 인문환경이라 한다.

건물자산관리활동과 관계되는 자연환경에는 건물을 둘러싸고 있는 대기환경, 수질환경, 지리적 환경 등이 있다.

1) 대기환경

대기(大氣)라 함은 지구중력에 의하여 지구둘레를 싸고 있는 기체나 공기를 의미하고, 그 공간을 대기권이라 한다.[43] 대기환경은 건물 둘레를 싸고 있는 공기환경으로서 공기 중에 분포되어 있는 분진·매연·온도·습도·바람 등 건물자산관리활동에 영향을 주는 환경을 말한다.

건물에는 수많은 건물 사용 재실자와 건물 출입자가 수없이 출입함으로써 공기의 쾌적성이 확보되어야만 한다.[44] 그러나 건물 주변의 대기환경이 악화되어 있는 경우 실내 공기의 쾌적성에 문제가 발생되며, 이를 개선하기 위한 공기조화 비용의 상승요인으로 작용한다.

따라서 건물자산관리활동에 있어서 건물 주변의 대기환경을 체계적으로 파악하여 슬기로운 대응과 조화가 필요하다.

2) 수질환경

수질환경이란 수(水)환경을 의미한다. 건물자산관리활동에는 물이 필요하고, 재실자의 건물 사용에도 물은 필수적인 생활 요소이다. 특히 상수(上水)의 경우 수질은 건강에 지장이 없을 정도의 위생보건기준에 맞는 물이어야 하고, 하수(下水) 역시 건물 외부로 배출시 충분히 정화하여 하수처리기준에 맞게 처리한 후 배출해야 한다. 상수의 경우 수질 오염은 보건 건강상의 치명적인 위험이 될 수 있으므로 관리활동 중에 특별한 점

---

43) 지구지표면으로부터 1,000km까지의 공간을 대기권이라 하고 대류권·성층권·중간권 그리고 열권으로 구성되어 있다. 대기권은 위로 올라갈수록 온도가 낮아지나 열권에서는 온도가 다시 상승한다.

44) 쾌적성은 실내 재실자가 주관적으로 느끼는 기분 좋은 상태를 의미하는 것으로 실내 쾌적성 결정 요인에는 온도·습도·기류·청정도 등이 있다.

검과 관리가 필요하다.

3) 지리적 환경

지리적으로 관리대상건물의 인근에 바다와 유황산의 광맥이 있는 경우 건물의 철재 부재의 부식이 예상된다.

따라서 건물자산보존관리에 영향을 주는 어떤 형태의 인근 자연환경의 요인이 있는 경우 적절한 대응과 조화가 필요하다.

3. 인문환경

사람에 의하여 인위적으로 형성된 환경을 말한다. 이와 같은 인문환경은 건물자산관리활동에도 여러 가지 영향을 미치는 것으로 철저한 연구와 대응이 필요하다. 건물자산관리활동과 관계되는 인문환경에는 법 · 제도환경, 경제환경, 기술환경, 근무장환경, 사회 · 정치환경 등을 들 수 있다.

1) 법 · 제도환경

건물관리활동에 영향을 미치는 것으로서 건물관리관계법령, 관리기준, 기술자격요건 등 사람에 의하여 인위적으로 만들어진 법과 행정 제도 등의 환경을 법 · 제도환경이라 한다.

관리활동은 관계법령 또는 각종 계약 등에서 규정하고 있는 기준에 적합하게 관리되어야 하고 관리제도에 따라 시행되어야 하므로, 인문환경 중 법과 제도 환경이 가장 크게 영향을 주는 환경이다.

2) 경제환경

건물의 인문적 환경에는 경제환경이 있다. 경제환경에는 크게는 관리대상건물이 존재하는 국가 전제의 거시경제적 환경이 있고, 작게는 미시경제적 환경이 있다. 이밖에도 국가경제 정책이나 지역사회의 경제환경(경제사정)이 있다. 규모 있는 일정한 건물은 관리대상이면서 경영의 대상이므로 국가경제환경과 지역경제환경 모두 건물경영에 영향을 주게 된다. 따라서 관리활동시에 경제적 환경을 잘 파악하고 적절히 대처해야 한다.

3) 기술환경

건물자산관리현장에서 진행되는 관리활동에는 건축 당시의 각종 설비와 시설 등의 기술적 상태와 관리당시의 기술수준 등이 건물자산관리활동에 여러 가지 영향을 주게 된다. 따라서 기술환경을 개선하여 기술을 혁신하고 신기술을 개발하여 관리활동의 효율성을 높여야 한다.

4) 근무장환경

관리활동의 현장에는 건물마다 각기 다른 근무장환경이 존재한다. 근무장의 시설환경, 사무환경, 관리종사자의 복지나 문화 환경 등이 근무장의 환경을 만드는 요소로 작용하고 있다.

이와 같은 근무장환경은 관리활동에 여러 가지 악영향을 줄 수 있으므로 환경개선에 노력해야 한다.

특히 관리종사자의 복지나 문화 환경이 열악한 경우 갈등구조를 만들거나 상호불신하게 하여 양질의 관리효과 창출에 지장을 주게 된다. 적절한 대응과 개선이 필요하다.

5) 사회 · 정치환경

건물자산은 관리와 경영의 대상이므로 사회가 안정되고 정치가 안정되어야 건물자산의 관리와 경영이 목표대로 진행된다. 따라서 건물자산관리는 사회 · 정치 환경에 크게 영향을 받는다.

제9절
건물자산관리업과 시설관리업의 창업

1. 의 의

건물자산관리업이란 일정한 투자 목적물을 계획에 따라 신축 또는 매입하여 임대·매각하여 수익을 창출하는 업(건물자산경영업)과 타인의 건물자산을 소유자 또는 권리자의 요구나 목적을 가장 경제적 방법으로 안전하게 효율적으로 충족시킬 수 있는 관리효과(양질의 서비스와 건물의 유익)를 창출하여 의뢰자에 제공하므로 일정한 용역대가를 받아 계속적으로 영위하는 건물시설관리업, 건물자산관리서비스업 등을 말한다.

다시 말하면, 건물자산관리업이란 건물자산경영업과 일정한 용역대가를 받는 조건으로 일정한 관리용역을 제공하여 계속하여 경제행위를 영위하는 건물시설관리업, 건물자산관리서비스업 등을 의미한다.

건물자산을 투자대상으로 상정하고 투자자산의 재무적 관리 및 수익관리나 시설관리의 대상으로 상정하고 영리를 목적으로 계획을 세워 조직화하고 지휘·통제하여 능률적으로 서비스를 창출하여 지속적으로 영위하는 경제 활동 및 건물자산관리에 소요되는 각종 전문적 서비스를 제공하여 경제활동을 영위하는 업 등을 건물자산관리업이라 통칭한다.

건물자산관리업은 경영의 특성상 건물자산이 위치한 장소를 중심으로 전개되는 사업으로 경영 3요소(장소, 자금, 사람) 중 장소적 요소가 가장 중요한 역할을 하는 사업활동이라 할 수 있다.

건물자산관리업에 관한 문제와 현상을 설명할 수 있는 이론체계는 아직도 체계화되지 않은 상태이나 조속한 시일 내에 건물자산관리학의 인접과학인 경영학, 경제학 그리고 법학, 부동산학 등의 지원을 받아 이를 연구하여 건물자산관리업에 대한 이론지원을 해야 한다.

2. 건물자산관리업의 분류

건물자산관리업의 역사가 매우 짧은 관계로 이 분야의 업종이 관계법령에 의하여 법제도적으로 확립된 것은 아니나 대형건물의 대거 등장과 건물자산을 투자대상으로 상정하고 투자활동을 지속적으로 수행하여 경제적 이익을 취하고 있는 외국 부동산투자회사를 중심으로 국내 소수의 PM회사들이 합류함으로써 자연스럽게 건물자산관리업은 건물자산경영업과 건물시설관리업 및 건물자산관리서비스업으로 그 영역을 구축하고 자리를 잡아가고 있다.

건물자산경영업의 회사를 PM사라 하고 건물시설관리업을 영위하는 회사를 FM사라 하며 기타 건물자산관리서비스(용역) 제공자를 건물자산관리 서비스사라 한다.

PM사는 자동적으로 투자 관리를 담당하는 AM사의 위임 또는 계약에 따라 AM사나 건물소유자가 투자대상건물을 차입하거나 신축한 건물자산에 대하여 임대활동을 통하여 일정한 목표수익을 확보하는 경영활동을 하고 있으며 이와 같은 경영활동을 원활히 수행하기 위해서 건물시설관리는 여러 업종(경비업, 청소업, 소독업, 설비관리업, 주차관리업 등)의 협력사로 하여금 관리하게 함으로써 PM사 본연의 사업에 전념할 수 있게 하고 있다.

FM사는 전술한 바와 같이 건물자산을 시설로 인식하고 설비유지관리, 영선관리, 정비보수관리, 청소관리, 시설경비관리, 주차관리, 조경시설물관리, 소독관리 등을 전문용역업자와 용역계약을 체결하여 수행케 함으로써 대상 건물의 기능과 성능을 정상적으로 유지하고 편리성 · 쾌적성 · 보건성 청결성 · 기능성 · 안전성 · 미관성 · 경제성 등을 얻게 하고 있다.

결론적으로 건물자산관리업은 크게 건물자산경영업과 건물시설관리업으로 대별되며 두 업종에 바탕을 두고 각각의 전문 업종이 나름대로의 경제활동을 지속적으로 수행하고 있다.

이상에서 설명한 건물자산관리업에 대하여 정리하면 다음의 [그림 2-14]와 같다.

[그림 2-14] 건물자산관리업의 분류

3. 건물시설관리업의 창업

건물시설관리업 중 주요한 시설경비업, 주택관리업, 전기안전관리대행업, 위생관리용역업, 승강기보수업, 시설물유지관리업, 소독업 등을 소개하면 다음과 같다.

1) 시설경비업의 창업

(1) 경비업의 개요

경비업은 경비업법에 따라 소정의 조건을 갖추어 법인의 주된 주소지를 관할하는 경찰청장으로부터 허가를 받아야 창업할 수 있다.[45)]

우리나라 경비업체수는 2002년 11월 30일 현재 전국적으로 2,388개 업체로서 경비원으로 근무하고 있는 경비종사자의 수는 무려 107,963명에 이르고 있다.[46)]

경비업은 경비업에 의한 허가업종으로서 시설경비, 기계경비, 호송경비, 신변보호, 특수경비 등의 업무에 대하여 용역(서비스)을 제공하고 일정한 대가(용역비, 경비료)를 받아 영위하는 시설관리업이라 할 수 있다.

즉 경비업은 경비대상에 대하여 안전과 서비스 등을 제공하는 안전서비스산업이라 할 수 있다.

국내 수요증가로 계속 발전의 여지가 많은 업종이라 할 수 있다.

(2) 시설경비업의 허가조건

경비업의 허가조건은 다음과 같다(경비업 제4조).

경비업을 하고자 하는 자는 업무별 허가 기준을 갖추어 그 법인의 주사무소 소재지를 관할하는 지방경찰청장의 허가를 받아야 한다(경비업 제4조).

경비업의 허가조건은 다음과 같다(경비업법 시행령 제3조제2항).

가. 경비인력

20명 이상

---

45) 「경비업법」 제4조.

46) (사)한국경비협회, 「신임일반경비원 교재」, 2003, p.14.

나. 자본금

시설경비업무 자본금 1억 이상 기계경비업 역시 자본금 1억 이상

다. 시설 및 장비

시설경비, 기계경비 공히 행정 · 자치부령이 정하는 제복 장구

라. 경비업법인 임원 중 결격사유 해당자가 없어야 한다.

결격사유는 다음과 같다.

- 금치산자 또는 한정치산자
- 파산선고를 받고 복권되지 아니한 자
- 금고 이상의 형을 받고 그 형이 실효되지 아니한 자
- 경비업법 또는 대통령 경호실법에 위반하여 벌금형의 선고를 받고 그 형이 실효되지 아니한 자
- 경비업 또는 이 법의 명령에 위반하여 허가가 취소된 법인의 허가취소 당시의 임원이었던 자로서 그 취소 후 3년이 지나지 아니한 자

(3) 허가유효기간

허가유효기간은 허가받은 날로부터 5년간 유효하다. 유효기간이 지난 후 계속적으로 경비업을 하고자 하는 법인은 행정자치부령이 정하는 바에 의하여 갱신허가를 받아야 한다.

(4) 경비지도사 선임(경비업법 제12조)

경비업자는 대통령령이 정하는 바에 따라 경비지도사를 선임해야 한다. 경비원 200명까지 경비지도사 1인, 초과 100인당 1인씩 추가배치하고 경비원이 근무하고 있는 지역의 지방경찰청 관할구역별로 1인씩 선임해야 한다.

2) 주택관리업의 창업

(1) 주택관리업의 개요

2004년 12월 31일 현재 우리나라 건물의 동수는 6,356,890동이며, 이 중 주거용 건물

의 동수는 4,350,228동에 이르고 있다.[47)]

또한 주택건축물의 증가는 매년 증가 추세에 있으므로 주택관리업의 진출은 매우 바람직해 보인다.

특히 공동주택 중 의무관리대상 아파트가 계속 늘어감으로 이 분야의 사업은 크게 발전의 전망을 보이고 있다.

그러므로 주택관리업의 창업연구와 참여는 매우 바람직해 보인다.

주택관리업은 주로 공동주택관리에 편중되어 있으며 의무관리대상 공동주택(아파트)의 경우 사업자의 자체관리, 주택관리기구 자치관리의 경우에도 반드시 전문주택관리업자로하여 전문관리하도록 규정되어 있다.

참고로 의무관리대상 공동주택이란 의무적으로 전문주택관리업자의 전문적 관리를 요하는 공동주택(건축물의 벽, 복도, 계단, 그밖의 설비 등의 전부 또는 일부를 공동으로 사용하는 각 세대가 하나의 건축물 안에서 각각 독립된 주거생활을 영위할 수 있는 구조로 된 주택을 말하며 그 종류는 대통령령으로 규정하고 있다. 아파트, 연립주택, 다세대주택 등이 공동주택에 해당된다)을 의미하는 것으로 의무관리대상 공동주택(아파트)의 종류는 다음과 같다.

① 300세대 이상의 공동주택
② 150세대 이상으로서 승강기가 설치된 공동주택
③ 150세대 이상으로서 중앙집중식 난방방식을 채택하고 있는 공동주택

(2) 주택관리업의 등록조건

주택관리업을 하고자 하는 자는 등록기준을 갖추어 시장, 군수, 구청장에게 등록하여야 한다.

주택관리업의 등록기준은 다음과 같다.[48)]

가. 자본금 : 2억 이상

나. 기술능력

① 전기분야 기술자 : 전기산업기사 이상의 기술자 1인 이상
② 연료기기취급관련기술자 : 열관리 산업기사 이상의 기술자, 보일러 시공 취

47) 건설교통부 건축기획팀, 2004.12.31 자료

48) 「주택법」 제26조.

급 기능사 1인 이상

③ 고압가스 기술자 : 가스기능사 자격을 가진 1인 이상

④ 위험물취급관련기술자 : 위험물관리기능사 이상의 기술자 1인 이상

다. 장비

① 5마력 이상의 양수기 1대 이상

② 누전측정기(절연저항계) : 1대 이상

라. 주택관리사 : 주택관리사 또는 주택관리사(보) 1인 이상

마. 기술인력 보완사항

① 주택관리업자가 등록을 필하고 주택관리현장에 투입되는 경우 또는 공동주택관리기구가 직접관리하는 경우는 다음 기술인력을 보완해야 한다.

- 기계산업기사 1인 이상의 기술자[49]
- 승강기자체검사자격자 1인 이상[50]

② 당해 공동주택의 건축설비의 종류 및 규모에 따라 전기사업법, 고압가스 안전관리법, 액화석유가스의 안전 및 사업관리법, 도시가스사업법, 에너지이용합리화법, 소방법 및 대기환경보전법에 의한 기준 이상의 기술자

③ 비상용급수펌프(수중 펌프) 1대 이상, 누전측정기 1대 이상

3) 시설물 유지관리업의 창업

(1) 시설물유지관리업의 개요

시설물유지관리업이란 1종시설물과 2종시설물에 대하여 안전점검(정기점검, 정밀점검, 긴급점검)을 실시하고 시설물의 안전유지를 목적으로 하는 안전진단업이다.

안전점검을 실시하고 일정한 안전진단 수수료를 받아 영위하는 업종이다. 시설물유지관리업은 건설산업기본법 제9조에 따라 시·도지사에게 등록해야 한다.

시설물유지관리업의 등록업체라야 원칙적으로 건축물 설비관련 및 건축시설의 영선관리가 가능하다.

---

49) 「국가기술자격법 시행령」, 별표 1.

50) 「승강기 제조 및 관리에 관한 법률」 제16조.

(2) 시설물유지관리업 등록기준

시설물의 유지관리업의 등록기준은 다음과 같다.51)

가. 기술능력

건설기술관리법에 의한 토목분야, 건축분야 건설기술자 중 4인 이상

나. 자본금

3억 이상

다. 사업주체

개인 또는 법인

라. 시설 장비

① 육안검사 : 돋보기, 망원경, 카메라, 비디오카메라, 균열측정현미경
② 비파괴시험 : 반발경도측정기, 음파측정장비, 망치, 체인 초음파 측정장비
③ 자기감음검사 : 콘크리트 피복측정장비
④ 전기에 의한 부식검사 : 콘크리트 저항 측정기, 전위차 측정장치
⑤ 사무실 : 전용면적 20㎡ 이상

4) 위생관리용역업의 창업

(1) 위생관리용역업의 개요

위생관리용역업이란 공중이 이용하는 건축을 또는 시설물 등의 청결유지와 실내공기 정화를 위한 청소대행을 하는 업을 말한다.

위생관리용역업은 보건복지부령이 정하는 바에 따라 시장, 군수, 구청장에게 신고해야 하는 업종으로서 공중이용시설의 건축물이나 시설에 대하여 청소 등 위생관리용역을 제공하고 그 대가인 용역비를 받아 업으로 영위하는 건물시설관리업의 일종이다.

공중이용시설로서 대통령령으로 정하는 건축물 또는 시설물의 소유자, 점유자, 관리자는 공중위생법에 따라 반드시 위생관리(청소, 위생관리 등)를 해야 한다.52)

---

51) 「건설산업기본법 시행령」 제13조.

52) 「공중위생법」 제26조.

그러므로 위생관리용역시 전망이 매우 밝은 업종으로 보이며 신고업이므로 창업 역시 간편하다. 전국의 위생관리업종 중 청소관리 용역업체수는 5,352개사이고, 청소, 위생관리종사자의 수는 약 800,000명으로 집계되고 있다.[53)]

(2) 위생관리용역업의 신고기준

시설물 및 건축물에 관한 위생관리용역업의 신고는 영업종류별 시설 및 설비기준에 적합한 시설을 갖춘 후 1호 서식 신고서에 다음 서류를 첨부하여 시장, 군수, 구청장(자치구 구청장)에게 제출해야 한다.

① 영업시설 및 설비개요서
② 교육필증((사)한국위생관리협회 교부)

5) 소독업의 창업

(1) 소독업의 개요

소독업은 전염병 예방법에 따라 공동주택, 숙박업소 등 다수인이 거주 또는 이용하는 시설 중 대통령령이 정하는 시설을 관리, 운영하는 자는 보건복지부령이 정하는 바에 따라 전염병 예방을 위한 소독을 해야 하는 바 청소, 소독과 쥐, 벌레 등의 구서조치를 하고 그 대가인 용역비를 받아 업으로 영위하는 위생관리업의 일종이다.

(2) 소독업의 신고

소독업을 하고자 하는 자는 보건복지부령이 정하는 시설, 장비 및 인력을 갖추고 시·도지사에게 신고해야 한다.[54)]

(3) 소독의 실시

① 소독업자는 보건복지부령이 정하는 기준과 방법에 따라 소독을 실시해야 한다.
② 소독 후 보건복지부령이 정하는 바에 따라서 그 실시사항을 기록하여 보고해야 한다.

---

53) (사)한국위생관리협회 국내위생관리업체내역 2005.
54) 「전염병예방법」 제40조의 3.

6) 승강기 보수업

(1) 승강기 보수업의 개요

승강기 보수업의 등장은 건설기술의 발전과 함께 승강설비 등 건축기자재의 발달로 인하여 탄생되었으며 1920년대 미국에서 시작되었다.

승강기는 6층 이상의 건물에는 의무적으로 설치해야 하는 시설로서 건축물, 기타 공작물에 부착되어 일정한 승강로를 통하여 사람이나 화물을 운반하는 데 사용되는 시설로서 엘리베이터, 에스컬레이터, 휠체어리프트 등 산업자원부령이 정하는 것을 말한다.

승강기 보수업이란 건축물 등에 설치된 승강기에 고장이 발생할 경우 이를 수리하거나 고장을 예방하기 위해서 정비하는 것에 대한 보수를 받고 계속해서 업으로 하는 것을 말한다.

(2) 보수업의 등록

승강기 보수를 업으로 하고자 하는 자는 시 · 도지사에게 등록하여야 한다.[55]

보수업의 등록을 하고자 하는 자는 대통령령이 정하는 기술인력 · 자본금(개인의 경우 자산평가액) 및 보수설비를 갖추어야 한다.

승강기 보수업의 등록 변경이나 폐지 · 휴지하거나 휴지 사업을 재개하는 경우 그 날로부터 30일 이내 시 · 도지사에게 신고해야 한다.

금치산자, 한정치산자, 파산선고를 받고 복권되지 않은 자, 이법에 의한 징역 이상의 선고를 받고 그 집행이 종료되지 않은 자 등은 승강기 보수업의 등록을 할 수 없다.

승강기 보수업자는 고의 과실로 인한 손해를 배상하기 위하여 산업자원부령이 정하는 보험에 가입해야 한다.

7) 전기안전관리 대행업

(1) 전기안전관리대행업의 개요

건축물에 설치된 전기설비에 대한 안전관리를 위하여 소유자 및 점유자는 산업자원부 장관이 고시한 기술기준에 적합하도록 유지해야 한다.[56]

---

55) 「승강기제조 및 관리에 관한 법률」 제11조.

56) 「전기사업법」 제73조 제3항의 2.

또한 전기시설부착 건축물 등의 소유자나 점유자는 대통령령이 정하는 기술인력, 자본금 등 일정한 요건을 보유한 전기안전관리 대행업자에게 안전관리업무를 대행시킬 수 있다.

이와 같이 일정한 요건을 갖춘 전기안전관리 대행업자가 건축물 등의 전기설비에 대한 안전관리를 대행해주고 일정한 용역비를 받는 것을 계속해서 행하는 업을 전기안전관리대행업이라 한다.

(2) 전기안전관리 대행업의 등록 또는 신고

전기안전관리 대행을 업으로 하고자 하는 자는 산업자원부장관이 정하는 요건을 갖추어 다음과 같이 산업부장관 또는 시 · 도지사에게 등록 또는 신고해야 한다.

① 전기안전관리 업무를 위탁받고자 하는 자는 산업자원부장관에게 등록해야 한다.

② 전기안전관리 업무를 대행하고자 하는 자는 시 · 도지사에게 신고해야 한다.

제10절 건물자산관리활동의 효과

1. 의 의

건물자산관리효과란 건물자산관리 주체나 관리조직 또는 건물의 이해관계자가 요구하거나 목적하는 바를 건물자산관리활동을 통하여 얻는 것을 의미하며 결과적으로 얻고자 하는 보람 있는 결과를 의미한다.

건물자산관리의 효과는 일반적으로 무형적으로 나타나는 것으로서 건물의 유익이나 양질의 서비스와 같이 추상적으로 나타난다.

그러나 관리효과 중 화폐단위로 나타낼 수 있는 관리결과나 기계 등에 의한 측정이 가능한 관리효과는 객관적, 유형적으로 나타나기도 한다.

결론적으로 건물자산관리효과란 건물의 소유자나 관리자가 요구하거나 목적하는 바를 건물관리활동(경영관리활동, 시설관리활동)을 통하여 결과적으로 얻게 되는 보람 있는 결과로서 주로 서비스와 건물의 유익(공간, 기능, 질서, 조화미) 등으로 나타난다.

이와 같은 건물자산관리효과는 내용상으로는 양질의 서비스와 건물의 유익으로 호칭하고 있다.

2. 건물자산관리활동 효과의 내용

건물자산관리효과는 전술한 바와 같이 무형적이고 추상적으로 주로 나타난다.

왜냐하면 건물관리 그 자체가 어떤 관리주체나 관리종사자가 무형의 관리활동을 통하여 반대급부로 얻는 것, 도달하는 것, 만족하는 것이므로 다소는 주관적이고, 추상적이며 무형의 형태를 나타나게 된다.

그러나 건물이해관계자가 각각 요구하거나 목적하는 바를 경제적 방법으로 가장 안전하게 그리고 가장 효율적으로 얻게 됨으로써 건물관리활동은 대단히 유익한 활동인 동시에 보람 있는 서비스 활동이라 할 수 있다.

건물자산관리효과는 관리대상에 따라 화폐단위로 나타나기도 하고 계기상의 숫자로 나타나는가 하면 어떤 경우는 만족지수나 이용률 또는 출입자 지수로 나타나기도 한다.

또한 건물관리효과는 추상적으로 건물의 유익과 양질의 서비스로 나타나며 이를 통하여 건물관리의 거시적 목적이나 미시적 목적을 달성하게 된다.

건물관리효과의 내용을 구체적으로 살펴보면 다음과 같다.

1) 건물의 유익

건물을 체계적이고 과학적으로 관리하는 경우 건물의 유익을 가장 경제적인 방법으로 안전하게 그리고 효율적으로 창출할 수 있다.

건물의 유익은 구체적으로 쓸모 있는 건물의 공간, 건물의 기능(일반기능과 설비기능), 건물의 조화, 건물의 질서, 그리고 건물의 미 등으로 나타나게 되며 이를 통해 현대인이 요구 또는 목적하는 품격 높은 주(住)조건 제공과 이를 바탕으로 인간생존을 주(住)측면에서 지원하게 된다.

건물의 유익의 내용을 차례대로 살펴보면 다음과 같다.

(1) 건물의 공간

건물이 건물로서 쓸모 있고 사용이 가능한 것은 거주를 가능하게 하는 공간이 있기 때문이다.

건물은 사용용도에 따라 각각 다르게 신축되나 3차원의 공간이므로 건물의 대부분은 공간을 가지고 있다.

건물의 공간은 인간으로 하여금 거주, 사용함으로써 생산, 주거 업무 등의 삶과 생활과 일의 처리를 가능하게 한다.

그러나 건물의 공간은 인간의 삶과 생활과 일에 유용한 것이 되어야 하고 쓸모 있는 공간이어야 한다.

건물의 공간이란 영어로는 빌딩 스페이스(space)라 하는 것으로 건축물에 있어서 전후·좌우 또는 상하로 일정하게 퍼져 있는 빈 공간을 의미한다. 공간의 개념에는 직선의 1차원 공간과 평면의 2차원 공간, 입체의 3차원 공간 및 3차원 공간과 시간을 합하여 4차원의 공간개념도 있다.

이와 같은 공간은 인간의 삶과 생활과 일을 담는 그릇 역할의 공간, 동작, 활동에 필요한 공간으로 인간생존을 돕는 기능을 담당하고 있다.

건물관리활동에서 얻어진 종합관리효과는 모든 건축물의 공간을 편리한 공간, 안전한 공간, 쾌적한 공간, 아름다운 공간, 즉 쓸모 있는 공간으로 만들어 건물의 공간사용을 통하여 인간 생존을 지원하고 있다. 따라서 개별관리활동을 통하여 건축물의 공간을 인간의 생존조건에 적합하게 관리해야 한다.

(2) 건물의 기능

건물의 기능이라 함은 건물이해관계자가 요구하거나 목적하는 것이 어떤 관리활동을 통하여 결과적으로 나타난 상태를 의미하며 B/D function이라 한다.

건물의 기능을 대단히 중요한 건물유익의 하나로서 인간이 건물을 사용하여 생존을 영위할 수 있게 된 주된 요인이나 할 수 있다.

건물의 기능에는 일반기능과 설비기능이 있는바 이를 기술하면 다음과 같다.

가. 건물의 일반기능

건물관리활동을 통하여 추상적으로 얻게 되는 건물의 일반기능에는 다음과 같은 것들이 있다.

① 경제성
② 안전성
③ 쾌적성
④ 내구성
⑤ 보건성
⑥ 거주성
⑦ 편리성
⑧ 청결성
⑨ 미관성
⑩ 용도성

나. 건물의 건축설비 기능

건물건축설비는 건물에 장착되어 있는 전기, 기계 등의 설비에 대하여 기술관리활동을 통하여 얻게 되는 기능으로 이를 기술하면 다음과 같다. 다만, 참고할 사항은 건물에 설치된 건축설비의 종류에 따라 건축설비기능의 종류와 내용이 가감됨을 유의해야 한다.

① 전원공급기
② 누전차단기
③ 조명기능
④ 비상발전기
⑤ 전원차단기
⑥ 공기조화기
⑦ 급기기능
⑧ 배기기능
⑨ 위생처리기능
⑩ 상수기능
⑪ 하수기능
⑫ 배수기능
⑬ 가스공급기능
⑭ 가스차단기능(누설차단기능)

⑮ 누설경보기능
⑯ 화재경보기능
⑰ 화재방송기능
⑱ 화재소화기능
⑲ 방범기능
⑳ 시건기능
㉑ 출입기능
㉒ 방수기능
㉓ 트랩기능
㉔ 주차기능
㉕ 조명조절기능
㉖ 통제제어기능
㉗ 위험표시기능
㉘ 급수기능
㉙ 이동기능
㉚ 안전기능
㉛ 감지기능
㉜ 낙뢰처리기능
㉝ 감시기능
㉞ 통풍, 환기기능
㉟ 방음기능
㊱ 방수기능
㊲ 전압조절기능
㊳ 배연기능 등

(3) 건물의 조화

건물의 조화란 건축물에 있어서 여러 가지 건물 요소가 상호 긴밀하게 관계를 맺고 협력하여 완전하게 건물의 기능과 성능을 나타내는 것 외에 인간이 건물과의 화합과 조화를 의미한다.

건물의 조화를 이루는 요소에는 다음과 같은 것들이 있다.

① 균형
② 대칭
③ 비례

건물의 조화는 인간이 건축물을 사용할 수 있도록 도와주며 건축물이 토지에 정착하면서 건축물의 균형 · 대칭 · 비례의 조화를 통해 인간에게 유익을 제공한다.

(4) 건물의 질서

건물의 질서란 건축물의 구조를 이루는 각 부재가 건축물의 온전한 상태를 유지하기 위해서 각 부재가 지켜야 할 기능을 나타내거나 유지해야 할 역할을 감당하고 지키는 것을 의미한다. 예컨대, 건축물의 하중처리의 질서는 지붕에서 바닥 · 보 · 기둥 · 기초 · 지정을 거쳐 최종적으로 지반에 전달되어 하중이 질서 있게 처리되므로 인간은 건축물을 사용 · 수익 또는 이용할 수 있게 된다.

(5) 건물의 미(美)

건물의 미는 필수적인 요소이다. 인간이 건물을 사용함에 있어서 미(美)가 없는 건물은 고차원의 삶과 생활 · 일을 방해하거나 불가능하게 한다.

건축물에 미가 없는 것은 곧 인간생활에 있어서 인간다운 삶을 저해하는 하나의 물건뿐이므로 관리활동을 통하여 미가 있는 건축물로 변화시켜야 한다. 미가 있는 건축물을 사용 또는 이용할 때 비로소 인간의 삶과 생활이 아름다운 양질의 삶이 보장된다.

따라서 건물의 미는 인간을 편안하게 살 수 있도록 도와주며 인간의 심리상태를 아름답게 유지하도록 도와준다.

다시 말하면, 건물의 미는 건물유익의 또 다른 모습이다.

2) 양질의 건물 서비스

건물의 관리효과 중 하나는 건물의 서비스이다. 건물의 서비스란 건물관리활동을 얻게 되는 것으로써 건물을 사용함에 있어서 필요한 역할 또는 용역을 의미한다.

다시 말하면, 건물이해관계자가 요구하거나 목적하는 바가 건물관리활동의 결과로 얻게 되는 것, 도달하는 것 등을 말한다.

이와 같은 건물의 서비스는 건물관리활동의 성격에 따라 다음과 같이 나타난다.

(1) 건물시설관리 서비스

건물의 시설에 대하여 체계적으로 관리하는 경우 다음과 같은 관리서비스를 얻을 수 있다.

① 초기기능과 성능 장기적 정상유지
② 건물 물리적 내용연수 증가
③ 조기 노후화 방지
④ 조기 대수선 방지
⑤ 고장률 제로 베이스 유지 및 편리성 확보
⑥ 에너지 비용 절감
⑦ 실내 쾌적성 확보
⑧ 위험시설물 위험방지 및 인적 · 물적 피해 최소화
⑨ 기술적 안전성 확보로 거주성 제고
⑩ 전염병 예방 및 위생보건성 확보
⑪ 청결성 및 미관성 확보
⑫ 도난방지 및 질서유지
⑬ 건물마감재 내구성 증가
⑭ 생산성 제고
⑮ 효율성 증대
⑯ 수명연장
⑰ 건물사용신뢰감
⑱ 건물용도성 증대
⑲ 거주적합성 증대
⑳ 주(住) 환경 및 조건 개선
㉑ 삶, 생활, 일에 대한 유용성 증대
㉒ 기타 생활위치의 정책성 및 생활의 터, 곳의 행복감 증대 등

(2) 건물재산 경영서비스

건물자산의 경영관리활동을 체계적으로 실시하는 경우 얻게 되는 경영관리서비스는 대체로 다음과 같다.

① 건물자산경제가치 제고 및 경제내용연수 연장
② 건물수익 극대화
③ 건물자산경영목표 조기달성
④ 건물자산 법적 안전성 확보
⑤ 건물투자금 조기회수
⑥ 경영위험 최소화로 경제손실 방지
⑦ 합리적 관리로 업무 효율성 · 경제성 제고
⑧ 경제적 관리로 관리예산 절감
⑨ 법률사고 방지 등

3. 건물자산관리활동 효과의 작용

관리효과의 작용이라 함은 관리효과가 어떤 현상을 일으키거나 행동으로 나타나는 다른 사물에 영향을 주는 상태를 의미한다. 건물에는 건물이해관계자가 항상 존재하므로 이들의 필요성(요구 또는 목적)에 의하여 건물이 설계되고 건축되며 그리고 관리된다.

따라서 관리활동의 결과 얻어진 관리효과는 이들에게 어떤 현상을 일으키거나 행동으로 나타나게 될 때 이러한 현상과 행동이 이들의 요구나 목적에 부합 여부에 작용하게 된다. 이와 같은 관리효과의 작용이 그들을 만족하게 하거나 불만족하게 할 수도 있다.

관리효과가 불만족한 상태가 되면 여러 가지 문제가 발생하게 된다. 따라서 건물의 관리효과는 언제나 건물관계자들에게 만족을 제공할 수 있도록 양질의 관리효과를 나타내야 한다.

양질의 건물관리효과가 건물이해관계자 및 인간생존에 대하여 각각 작용하는 현상을 살펴보면 다음과 같다.

1) 건물이해관계자에 대한 작용

(1) 건물소유자에 대한 작용

건물소유자에게는 건물의 최유효 사용 · 수익 · 처분의 만족을 제공한다.

(2) 건물사용자에 대한 작용

건물사용자에게는 최유효 사용·수익의 만족을 제공한다.

(3) 건물이용자에 대한 작용

건물을 단기간 또는 짧은 시간 동안 이용하는 건물이용자에게는 최유효 이용의 만족을 제공한다.

2) 인간생존에 대한 작용

또한 건물은 우리 인간에게 건물의 관리활동의 결과를 통하여 다음과 같이 작용한다. 즉 관리활동을 통하여 건축된 건물을 쓸 수 있도록 관리하여 인간의 생존모습인 삶·생활·일을 가능하게 건물의 공간·기능질서·조화·미 등을 제공하고, 이를 통하여 인간의 생존조건 중의 생활환경 조건의 하나인 주(住)의 조건을 건물의 설계 및 건물의 건축과 함께 건물의 유지관리를 통해 해결 또는 개선하여 궁극적으로 인간의 생존을 돕는 작용을 하게 된다.

건물의 5대 유익(공간 기능·질서·조화·미)은 건축을 통하여 완성된 건물 위에 관리활동을 통하여 얻어지며, 인간에게 유익을 제공하게 된다.

4. 건물자산관리활동 효과의 측정방법

1) 의 의

관리효과를 일정한 기준으로 측정하기란 쉽지 아니하다. 왜냐하면 전술한 바와 같이 관리활동의 결과 나타나는 관리효과는 관리활동에 따라 금액단위로 나타나기도 하고 수치로 나타나며, 주관적인 만족으로 각각 나타나기 때문이다.

그러나 관리효과는 반드시 객관적으로 측정되어야 하고 측정의 결과를 다음의 관리활동에 피드백해야 한다. 관리효과의 측정이라 함은 관리활동의 결과를 어떤 단위를 기준으로 하여 어떤 양이나 크기를 기구·기계·도구·기타를 사용하여 결과치를 얻는 것을 의미한다.

2) 관리효과 측정방법

관리효과 측정은 하나의 측정방법만으로는 불가능하다. 왜냐하면 관리효과는 여러 가지 형태와 성질로 나타나기 때문이다. 따라서 관리효과의 측정은 다음과 같이 여러 가지방법으로 측정해야 한다.

(1) 관리효과가 금액인 경우

경영목표나 관리예산 등에 대해서는 화폐단위로 측정한다. 예컨대 당해연도 건물경영계획목표가 50억일 때 경영관리 결과 55억인 경우 계획목표 50억 달성과 추가되는 5억이 경영관리효과에 대한 측정의 결과이다.

(2) 관리효과를 기계로 측정할 수 있는 경우

실내쾌적성 지수나 전기가스 등의 사용 실적은 계측기로 측정한다. 실내 쾌적성 조건 대비 실제 측정결과의 분석을 통하여 관리효과를 측정하게 된다.

(3) 관리효과가 기능인 경우

관리효과가 보건성 · 편리성 · 안전성 · 쾌적성 등으로 나타나는 경우에는 이용자의 만족도 조사(설문 · 앙케이트 · 전화조사)를 통하여 통계로 측정한다.

(4) 관리효과가 주관적인 경우

① 출입자 이용자 수에 의한 통계치로 측정된다.
② 민원제기, 불만표시 횟수에 의한 통계치로 측정한다.

5. 건물자산관리수단 및 관리방법과 관리효과와의 관계

관리활동과 관리효과와의 관계를 이해해야 하는 이유는 건물관리효과는 관리활동에 따라 전적으로 좌우되기 때문이다. 다시 말하면 관리효과는 관리활동에 최대의 영향을 받기 때문이다.

건물의 관리효과를 통하여 건물 이해관계자는 각각의 만족을 얻어야 하고, 건물을 사용하는 인간에게 주(住)의 문제 해결을 통한 인간생존이 보장되어야 하므로 건물관리효과는 반드시 양질의 관리효과가 되어야 하고, 요구 또는 목적에 부합하는 관리효과가 되어야 한다. 그러므로 관리효과에 절대적으로 영향을 주는 관리활동의 요소에 대하여 고찰할 필요가 있다.

1) 관리수단과 관리효과의 관계

관리활동은 관리주체(관리자와 관리종사자)와 그 종사자가 관리 수단을 가지고 관리활동을 하게 된다. 따라서 건물관리 효과와 관리수단인 인적 자원 및 물적 설비와 관리효과와의 관계를 고찰해볼 필요가 있다.

(1) 인적 자원과 관리효과와의 관계

인적 자원이란 건물자산관리종사자를 의미한다. 건물관리활동은 건물의 특성상 관리종사자가 하게 되므로 관리종사자는 관리효과와 매우 밀접한 관계를 가지고 있다. 특히, 인적 자원의 기술성과 전문성과 관리의 책임감이나 의지·태도 등이 결여된 상태에서 관리활동을 하는 경우 그로부터 나타나는 관리효과는 저수준의 관리효과로 나타나게 마련이다.

또한 그로 인한 관리상의 피해는 계속 발생하게 된다. 따라서 건물관리활동을 통한 양질의 관리효과를 창출하려면 전문성과 기술성 및 의지와 태도를 갖춘 유능한 관리자에 의하여 관리되어야 한다.

인적 자원의 또 하나의 문제는 정신자세이다. 전문성과 기술성을 두루 갖춘 인적 자원이라 하더라도 정신자세가 확립되지 아니하면 관리효과 역시 만족스런 관리효과를 기대할 수 없게 된다. 따라서 양질의 관리효과를 인적 자원을 통하여 창출하려면 전문성과 기술성을 두루 갖춘 유능한 관리자로서 정신자세를 갖춘 자에 의하여 관리되어야 한다.

(2) 물적 자원과 관리효과와의 관계

관리효과는 진술한 바와 같이 인적 자원과 물적 자원(적정관리수단)에 의한 관리활동 통하여 창출된다. 따라서 물적 자원 역시 관리효과의 상관관계를 가지고 있다.

물적 자원이란 인적 자원과 함께 직접관리수단의 하나로서 관리활동에 필요한 에너지, 원료 · 부품 · 재료 · 공구 · 기기기구 · 도구 · 장비 · 약품 등을 의미한다.

물적 설비가 불량하거나 용도에 맞지 않거나 적합하지 아니하면 관리효과 역시 불량하거나 저효율로 나타난다. 따라서 양질의 관리효과를 얻기 위해서는 물적 자원 역시 양질의 에너지와 원료 및 재료, 용도에 맞는 공도구와 부품, 우수한 성능의 사용에 편리한 장비와 기기 등이 필요하다.

2) 관리방법과 관리효과와의 관계

관리방법에 따라 관리효과는 여러 가지 형태로 나타난다.

종래의 전통적인 관리방법인 자기상식 · 자기경험에 의한 전통적 · 재래식 자기관리방식으로 관리할 때 오늘날과 같은 현재의 관리효과밖에 창출할 수 없다. 보다 양질의 관리효과를 창출하려면 관리방법의 개선이 필요하다. 다시 말하면 전통적인 재래식 관리방법에서 과학적 관리법 또는 인간관계 관리법으로 전환이 불가피하다. 과학적 관리법은 계획관리 방법으로서 관리활동을 관리계획에 의하여 체계적으로 전문적으로 관리하는 방법을 말한다.

관리대상 업무의 양과 질을 정하고 몇 명의 관리종사자가 얼마의 관리예산으로 며칠 동안 작업(관리활동)할 것인가에 대한 체계와 절차와 시스템을 세우고 관리계획을 수립하여 관리활동을 체계적으로 진행하는 관리방법이다.

인간관계 관리법은 관리활동에 종사하는 관리종사자가 과학적 관리법으로 관리할 때 나타나는 생산성의 차질이나 관리효과의 질에 문제가 있을 때 관리종사자의 심리적 상태를 좋게 하고 인간관계를 개선하여 관리종사자를 만족하게 하고 동기를 부여하여 관리종사자가 스스로 만족스러운 마음과 자세로 관리활동에 임하도록 하여 관리하는 방법을 말한다.

결론적으로 관리방법이 전통적인 관리방법이나 주먹구구식 관리방법으로 관리할 때의 관리효과는 오늘날 우리나라 건물관리 현장의 현재 관리효과 수준 정도이나 과학적 관리방법이나 인간관계 관리방법으로 관리할 때의 관리효과는 현재보다 비교되지 않을 정도의 양질의 관리효과로 개선될 것이 분명하다.

제3장
교회건물의 시설관리활동

본 장의 교회건물시설관리활동편에서는 교회건물 성격의 하나인 건물의 시설성 유지관리에 무게를 두고 교회건물의 유지관리에 직접 필요한 건축물의 보전관리, 건축설비의 운전정비관리, 환경미화관리, 위생관리, 조경시설물관리 그리고 위험관리를 통한 화재, 보안경비관리 등을 소개하고 있다. 또한 건물의 시설관리활동에 간접적으로 필요로 하는 건물관리종사자의 인사 · 노무관리, 관리용품과 용역의 구매관리, 화재보험 등의 보험관리, 건물시설관리 유관기관의 업무관리와 사무문서관리 등을 소개하고 있다.
제3장에서 소개하는 시설관리활동의 내용들은 규모있는 건물의 관리활동 중심으로 기술된 내용인바 교회건물의 사정에 따라 시설관리활동의 내용을 가감하여 참고하기 바란다.

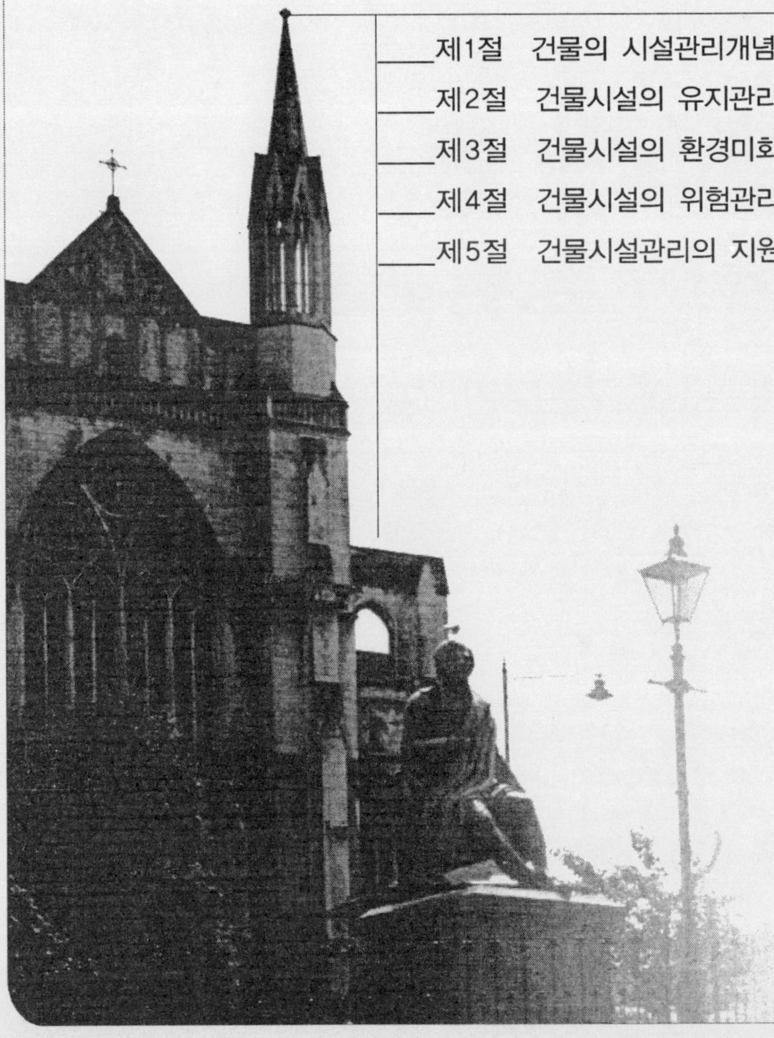

제1절
건물의 시설관리개념

1. 건물시설관리의 필요성

제1장 제1절에서 서술한 바와 같이 완성된 건물은 소유자에 상관없이 한 도시의 구성단위가 되고 사회기반시설이 되는 동시에 국가의 인프라 기능을 담당하는 사회간접자본(Social Overhead Capital)으로서 유기적으로 상호작용하여 인간의 생활에 필요한 편리하고 안전하며 쾌적한 건물환경을 제공해준다. 따라서 건물의 사회적 기능과 인간 생활에 도움을 주기 위해서 건물의 전문적 관리가 필요하다.

뿐만 아니라, 완성된 건물은 경과연수에 의하여 건물을 구성하고 있는 주요 부재나 재료, 부품 등이 노후화되거나 열화되어 성능이 점차 떨어지고 건물 사용에 불편을 초래함으로 건물의 체계적 관리는 더욱 필요하다.

또한 건물 본래의 내구성은 당초의 설계와 시공에 의하여 결정되나 실제로는 완공 후 건물의 잘못된 사용과 부실관리에 의하여 건물 내구성이 급격히 떨어지게 되므로 건물의 수명(물리적 내용연수) 연장과 함께 경제적 내용연수나 기능적 내용연수 연장을 위하여 관리가 필요하다.

완공된 건물에는 전기나 가스, 기계 등 기술적 위험 외에 환경위험, 보안위험 등이 산재되어 있어 화재, 폭발, 도난, 감전 등 크고 작은 화재사고와 안전사고 등에 의한 인적·물적 손실이 자주 발생되므로 경제적 손실 방지를 위하여 건물시설의 관리가 특별히 요구된다.

특별히 건물관리의 필요성이 요구되는 이유는 도시 시설로서 건물의 사회적 기능 때문이다.

완성된 건물은 전술한 바와 같이 도시의 구성단위이고 사회간접자본으로서 인프라이므로 건물시설의 유기적 기능은 국가나 사회의 유지 발전에 필요하다.

그러므로 건물의 시설관리는 대단히 중요하고 필요하다.

특히 교회건물은 성전일 뿐 아니라 가난한 자, 병든 자와 약한 자를 돌보는 종교시설이므로 이에 대한 시설관리는 더욱 중요하다.

2. 건물시설관리의 의의

건물의 시설관리라 함은 건물시설관리 주체와 시설관리조직의 구성원이 건물의 시설을 유지관리 측면에서 내부의 자원을 효율적으로 배분, 활용하고 외부의 건물시설관리 환경과 여건을 능동적으로 극복하여 건물시설관리 성과(시설관리효과)를 가장 경제적 방법으로, 안전하게, 그리고 효율적으로 생산하는데 필요한 공학적 기술관리활동을 의미한다.

건물의 시설관리는 기술관리의 대상인 건물실체를 시설로 상정하고 건물시설의 물리적 보존과 유지 및 기술적 개량과 관리를 통하여 건물 완공 초기의 시설 기능과 성능을 정상적이고 정기적으로 유지하는 것을 목적으로 하는 기술관리활동과 환경미화관리활동 등을 의미한다.

건물의 시설관리는 건물 성격의 하나인 건물의 시설성 측면에서 건물시설의 보존과 유지 및 개량을 관리대상으로 상정하고, 관리하는 건물재산관리의 상대적 개념으로서 건물자산관리활동의 분류상 건물관리업무의 성격에 따라 2원화된 기술관리 개념이나 건물자산관리에 있어서 가장 기초적인 건물유지관리 개념이다.

건물자산관리에 있어서 건물시설관리와 건물재산관리는 양대 축을 형성하고 건물의 하드웨어 관리부분을 건물시설관리를 통하여 기초적으로 해결하고 이를 바탕으로 건물관리의 소프트웨어 부분을 건물의 재산관리를 통하여 종국적으로 해결함으로써 전체 건물자산관리의 통합적 관리 성과를 도출하게 된다.

건물의 시설관리는 건물재산관리와는 달리 건물의 완공 후 또는 취득 단계 이후에서부터 양도 전까지나 철거 또는 멸실 전 단계에 걸쳐 건물 실체의 보존과 유지 및 개량관리에 무게를 두고 주로 건물시설의 기능과 성능의 유지 중심의 유지관리 개념이다.

이상에서 설명한 건물시설관리 개념의 내용을 요약, 정리하면 다음과 같다.

첫째, 건물시설관리는 건물관리업무 성격의 기준에 따라 건물관리활동 분류에 의하여 건물자산관리 영역의 하나로서 건물재산관리와 함께 건물자산관리의 양대축을 구축하고 있는 건물기술관리 개념이다. 건물시설관리는 건물자산관리의 기초관리 부분으로서 FM(Facilities Management)과 유사한 관리개념이다.

둘째, 건물시설관리는 완성된 건물이나 건물완성 후 또는 건물의 취득 후에서부터 철거 또는 양도 전까지의 건물시설에 대한 유지관리 개념이다.

따라서 건물시설관리 개념은 이용자의 편의와 안전을 높이기 위하여 일상 점검·정비하고 손상된 부분을 원상회복하며 경과연수 등에 따라 요구되는 보수·개량·보강 등에 필요한 기술관리활동에 중심을 두고 건물의 청소·위생·보안 관리에 무게를 두고 있는 건물시설에 대한 협의의 관리개념이다.

셋째, 건물시설관리는 건물시설관리 주체와 시설관리 조직 및 그 구성원에 의하여 수행되며 양질의 안전성·쾌적성·편리성·내구성·보건성·미관성·청결성 등을 생산, 공급함으로서 건물의 사용가치를 유지하거나 제고시키는 건물재산관리를 위한 기초관리개념이다.

넷째, 건물시설관리는 건물의 실체인 하드웨어의 건축공학적 관리개념이다.

다섯째, 건물시설관리는 최광의 관리개념에 대한 협의 관리개념으로서 건물관리 전체 중 일부의 관리영역인 건물시설의 유지관리에 중심을 둔 건축공학적 기술관리개념으로서 설비의 운전과 정비, 건축물의 영선, 청소위생관리, 건물시설의 보안·안전관리, 기타 건물시설의 유지를 위한 조경시설물관리, 주차관리, 기타부대시설의 관리개념이다.

그러나 건물자산관리시장이나 건물관리현장의 관계자 대부분은 이와 같은 협의의 건물관리, 건물시설의 유지관리, 건물시설의 기술관리를 건물임대관리와 함께 건물관리의 4대 관리업무라 생각하고 이를 전체 건물관리로 인식하여 건물자산관리의 본질인 건물재산관리 부분을 도외시하는 이른바 건물관리개념의 오류를 범하고 있다.

거듭 강조하거니와 건물의 시설관리는 건물자산관리의 한 축으로서 건물재산관리를 위한 기초관리에 지나지 않는다는 점과 그럼에도 불구하고 건물시설관리는 건물자산관리의 기초관리부분으로서 건물재산관리의 성패를 결정짓는 바로미터(barometer)라는 점을 간과해서는 안된다.

3. 건물시설관리의 최유효화 조건

건물시설을 가장 경제적 방법으로 안전하게 그리고 효율적으로 관리하는 방법을 최유효 관리법이라 하고, 최유효 관리법에 의하여 양질의 관리효과를 생산하도록 관리하는 방법을 건물시설관리 최유효화라 한다.

현대의 건물의 관리개념은 건물자산관리 개념으로서 소유·보존·유지 중심의 건물시설관리를 토대로 건물 수익중심의 건물재산관리를 건물자산관리의 본질적 관리개념으로 인식하고 있다.

이와 같은 건물자산관리는 건물시설관리활동의 성과와 건물재산관리의 성과를 합하여 비로소 완성됨으로 건물재산관리 성과의 생산은 건물자산관리의 핵심이며 목적이라 할 수 있다.

그러나 건물자산관리의 성과는 반드시 경제적 방법에 의하여 생산되어야 하고, 가장 안전하고 효율적인 방법에 의하여 생산·분배·소비되어야 함으로 최유효 관리법은 건물의 시설관리에 있어서도 대단히 중요하다.

그러나 최유효 건물관리법이 적용되고 효과적 건물관리 성과를 도출하려면 적어도 다음과 같은 건물시설관리 최유효화의 조건에 충족되어야 한다.

첫째, 관리종사자 모두는 건물시설관리 개념과 관리관계 법령, 관리규약 및 제도 등을 정확히 이해하고 건물시설관리의 중요성과 필요성을 인식하고 있어야 한다.

둘째, 건물관리종사자 모두는 건물시설의 개요와 성능과 기능 및 역할에 대하여 파악하고 관리 가능한 기술 확보가 되어 있어야 한다.

셋째, 건물관리종사자는 건물 시설과 설비의 작동법과 사용법, 고장 대응법, 긴급상황 대처법 등을 숙지하고 긴급시 필요한 대응능력이 준비되어 있어야 한다.

넷째, 건물시설관리를 효율적으로 실시하기 위한 시설관리 조직체계와 구성원의 업무분장, 직장질서, 우호적 협력 분위기 등이 갖추어져야 한다.

다섯째, 필요한 시설관리의 예산확보와 관리계획의 수립 및 관리계획에 대한 교육이 정기적으로 이루어져야하고 과학적 관리법과 최유효 관리법에 의하여 관리되어야 한다.

여섯째, 특히 건물소유자가 건물관리의 필요성을 깊이 인식한 가운데 건물관리종사자의 중요성을 인식하고 경제적 대우와 사회적 인정을 위하여 우호적으로 노력해야 한다.

일곱째, 건물시설관리에 필요한 준공도면을 포함 준공도서와 시설보수이력서, 장비사용설명서, 시험성적서, 기술관리 매뉴얼, 각종용역계약서 등이 확보되고 유지되어야 하며, 장비·기기·부품·공도구·소모품 등이 사전에 준비되고 현장의 정리정돈과 함께 정돈 되어있어야 한다.

여덟째, 건물관리종사자는 건물관리에 관계되는 대물·대인관리능력을 갖추고 이에 필요한 기술과 전문성을 확보하고 있어야 한다.

아홉째, 건물시설관리수단의 최적화가 이루어져야 한다. 특히 직접관리수단의 인적 자원의 최적화와 물적자원의 최적화가 우선적으로 요구된다.

열 번째, 시설관리방법의 효율화가 시스템에 의하여 수행되어야 한다. 즉 관리종사자 전원이 유기적으로 협력하고 상호작용할 때 최유효 관리화가 달성되기 때문이다.

열한 번째, 건물시설관리가 최유효 관리화 되려면 무엇보다 1년 365일 무재해 안전 확보가 전제되어야 한다.

4. 건물시설관리의 목적

건물시설관리를 통하여 궁극적으로 얻고자 하거나 달성하고자 하는 바를 건물시설관리의 목적이라 하며 다음과 같은 건물시설관리의 목적들이 있다.

1) 조기노후화 방지

건물의 수명은 구조체에 따라 물리적 내용연수는 각각 상이하나(예 철근콘크리트구조 업무용빌딩 80년) 대개 60년 정도로 추정하며, 설비의 경우 설비의 종류에 따라 일정하지 않으나 대개 15년이 경과되면 대부분 성능저하나 노후화 또는 고장 등의 문제가 발생하기 시작한다. 이러한 노후화는 건물의 생애주기 중 노화단계에 해당하는 것으로 시간의 경과나 열화 등에 의하여 건물의 물리적 상태와 기능과 성능이 급격히 악화되는 단계이다. 이러한 현상은 설비의 기능저하, 건물외관의 슬럼화(악화), 고장이나 사고 등을 초래한다.

조기노후화란 신축단계 다음의 안정단계에 있어야 할 건물의 물리적 · 경제적 상태가 관리 잘못이나 사용상의 잘못 등 여러 가지 요인으로 인하여 급격히 기능이 저하되고, 외관이 악화되며, 건물의 경제적 가치가 하락하는 것을 의미한다. 따라서 건물의 조기노후화 방지가 건물시설관리의 첫 번째 목적이 된다.

2) 유지비용의 경제화

건물 전체 생애(life cycle) 중 사용되는 총생애비용을 살펴보면 초기건설 투자비는 약 20% 정도이나 이에 비해 운전 · 보수 등의 유지관리 비용이 약 80% 정도를 상회하게 되므로 이에 대한 경제적 관점에서 유지비용이 최저가 되도록 건물의 설비와 시설에 대한 종합적이며 장기적인 계획을 수립하고 유지비용의 경제화가 달성되도록 관리해야 한다.

그러므로 건물유지관리 비용의 경제화가 건물시설관리의 두 번째 목적이 된다.

3) 내용연수 연장

내용연수란 건물이 본래의 용도대로 사용할 수 없을 때까지의 기간으로 건축물이 물리적으로 지탱할 수 있는 기간을 말한다. 이와 같은 물리적 내용연수를 기술관리활동을 통하여 연장해야 한다.

내용연수에 관한 규정은 유일하게 우리나라 법인세법에서 법정연수만을 규정하고 있다. 이와 같은 건물 내용연수 연장은 건물시설관리의 세 번째 목적이 된다.

4) 정상기능 장기화

건물시설과 설비가 안정단계에 있을 때 그 기능이 장기적으로 정상을 유지하게 되며 효율증가와 수명연장이 이루어져 건물의 가치상승과 경제적 이익을 얻을 수 있다.

기계설비의 기능은 정기적인 점검과 예방점검, 계획적인 보수활동 등 체계적인 기술관리를 통하여 장기적으로 정상기능을 유지할 수 있다.

그러므로 정상기능 장기화는 건물시설관리의 네 번째 목적이 된다.

5) 기술적 안전사고 방지

건물시설에 관련된 위험요소를 사전에 찾아내어 이를 예방함으로써 건물의 안전을 유지하고 편의를 높이기 위하여 기술관리가 필요하다. 건물의 위험에는

- 붕괴위험
- 폭발위험
- 화재위험
- 보안위험
- 감전위험
- 재해위험
- 추락위험
- 누수위험
- 누전위험
- 작업사고위험

등이 있는바 기술관리활동을 통해 이러한 기술관련 안전사고가 발생되지 않도록 사전

예방 · 점검을 철저히 해야 한다. 따라서 기술적 안전사고 방지는 건물시설관리의 다섯 번째 목적이 된다.

6) 건물상태유지 및 보존과 개량

기술관리의 또 하나의 목적은 관리대상건물(시설)의 상태를 온전하게 보존하고 유지하고 개량시키는 데 있다.

건물은 경과시간, 지리적 환경, 기후, 사용 잘못이나 설계 또는 시공 잘못 등으로 노후화는 물론 성능과 기능이 떨어지고 외관이 훼손되어 미관성이 크게 후퇴하게 마련인데 이에 대한 개량은 대단히 중요하다. 따라서 부분적 보수나 수리, 리모델링 등을 통하여 미관성을 높이고 경제적 자산가치가 유지되도록 기술관리를 철저히 해야 한다. 따라서 건물의 상태유지 및 보존과 개량은 건물시설관리의 여섯 번째 목적이 된다.

7) 건물시설의 사회적 기능과 역할유지

건물은 소유자와 상관없이 완성 즉시 사회간접자본으로서 기능과 역할을 수행함으로써 인간의 현대생활과 삶과 일을 가능하게 한다.

그러므로 건물시설의 사회적 기능과 역할의 유지는 건물시설관리의 일곱 번째 목적이 된다.

5. 건물시설관리업무의 내용

건물시설관리는 건물실체의 소유 · 보존 · 유지 중심의 건물관리개념이므로 건물시설과 설비 및 건물 주요부재의 초기성능과 기능유지와 상태보존에 필요한 건물의 유지관리, 건물환경미화관리, 건물시설위험관리, 기타 부대시설 및 주차시설관리 등을 주요 건물시설관리 업무로 상정하고 있다.

건물시설관리에 있어서 건물시설의 유지관리는 가장 중심이 되는 관리업무로서 이에는 건축설비의 운전과 정비관리, 기술적 위험물관리, 시설물보전관리, 기술적 작업관리, 중앙관제센터 자동제어관리 등이 포함된다.

제2절
건물시설의 유지관리활동

1. 건물시설의 유지관리개념

건물시설의 유지관리라 함은 건물이용자의 편의와 안전을 높이기 위하여 일상점검 · 정비하고 손상된 부분은 원상회복하며 경과연수 등에 따라 요구되는 보수 · 개량 · 보강 등에 필요한 활동과 건물실체의 정상적 보존 및 기능과 성능의 유지 · 개량에 중심을 둔 공학적 기술관리 개념이다.

건물시설의 유지관리개념은 건물관리의 기초관리 부분으로서 건물재산관리의 토대를 제공하고 있으므로 건축법, 시설물의 안전관리에 관한 특별법, 주택법 등에서도 건물시설의 유지관리규정을 다음과 같이 두고 있다.

1) 건축법의 유지관리 개념

건축법 제26조에는 건물유지관리규정을 두고 다음과 같이 규정하고 있다. 즉 "건축물의 소유자 또는 관리자는 건축법과 관련법에 규정하고 있는 기준에 맞도록 적합하게 유지관리하여야 한다"라고 명기하고 있다.

(1) 건축법의 유지관리기준항목

건축법이 규정하고 있는 유지관리기준의 항목은 다음과 같다.

- 제30조(대지의 안전)
- 제31조(토지굴착 부분에 대한 조치)
- 제32조(대지의 조경)
- 제33조(대지와 도로 관계)
- 제35조(도로의 지정, 폐지 및 변경)
- 제36조(건축선의 지정)

- 제37조(건축선에 대한 건축제한)
- 제38조(구조내력)
- 제39조(건축물의 피난시설 및 용도제한)
- 제40조(건축물의 내화구조 및 방화벽)
- 제41조(방화구역 안의 건축물)
- 제43조(건축물의 내부 마감재료)
- 제44조(지하층의 설치)
- 제46조(건축물의 대지가 지역, 지구 또는 구역에 걸치는 경우의 조치)
- 제47조(건폐율)
- 제48조(용적률)
- 제49조(대지의 분할제한)
- 제51조(건물의 높이제한)
- 제53조(일조 등의 확보를 위한 건축물의 높이제한)
- 제54조(재해관리 구역)
- 제55조(건축설비기준)
- 제57조(승강기)
- 제59조(건축물의 에너지 이용 및 폐자재 활용)
- 제59조의 2(관계 전문기술자)
- 제59조의 3(기술적 기준)
- 제67조(공개공지의 확보)

(2) 건축법 유지관리기준의 내용

건축법 제26조에서 규정하고 있는 유지관리 26개 관리기준의 내용은 다음과 같다.

가. 대지의 안전

- 대지는 이와 인접하는 도로면보다 낮아서는 안된다. 다만 대지 안의 배수에 지장이 없거나 방습의 필요가 없는 경우는 그러하지 아니하다.[1)]
- 대지에는 빗물 및 오수를 배출하거나 처리하기 위하여 필요한 하수관, 하수구, 저수탱크, 기타 이와 유사한 시설을 하여야 한다(법 제30조③).

---

1) 「건축법」 제30조 제1항.

나. 토지굴착 부분에 대한 조치

- 대지조성, 건축공사에 수반하는 토지굴착시에는 위험발생 방지, 환경보존, 기타 조치를 취하고 공사현장에 이를 게시해야 한다(법 제31조①).
- 시장, 군수, 구청장은 전①항의 의무 위반자에 대하여 필요한 조치를 명할 수 있다(법 제31조②).

다. 대지 안의 조경

건축주는 대통령령이 정하는 범위 안에서 시 · 군 · 구의 조례로 정한 기준에 의하여 대지 안에 조경, 기타 필요한 조치를 취해야 한다(법 제32조).

라. 대지와 도로의 관계

- 건축물의 대지는 2m 이상을 도로에 접하여야 한다(자동차만의 통행에 사용되는 도로를 제외한다). 그러나 대통령령으로 정하는 공지가 있거나 기타 통행에 지장이 없는 경우는 그러하지 아니하다(법 제33조①).
- 접하는 도로의 너비 · 길이 등은 대통령령으로 정하는 바에 따라 시 · 군 · 구 조례로 정한다(법 제33조②).

마. 도로의 지정, 폐지 또는 변경

시장, 군수, 구청장이 지정한 도로를 지정, 폐지 또는 변경하고자 하는 자는 시장, 군수, 구청장의 허가를 받아야 한다(법 제35조).

바. 건축선의 지정

도로와 접한 부분에 있어서 건축물을 건축할 수 있는 선(건축선)은 대지와 도로의 경계선으로 한다(법 제36조).

사. 건축선에 의한 건축 제한

건축물 담장은 건축선의 수직면을 넘어서는 안 된다. 그러나 지표하의 부분은 그러하지 아니하다(법 제37조).

아. 구조내력

- 건축물은 고정하중, 적재하중, 건설하중, 풍압, 지진 기타의 진동 및 충격 등

에 대하여 안전한 구조를 가져야 한다(법 제38조①).

- 건축물을 건축하거나 대수선을 하는 경우 대통령령이 정하는 바에 의하여 그 구조의 안전을 확인해야 한다(법 제38조②).
- 구조내력에 관한 기준 및 구조계산방법은 건설교통부령으로 한다(법 제38조③).

자. 건축물의 피난시설 및 용도제한 등

- 건축물의 복도, 계단, 출입구 기타의 피난시설과 소화전, 저수조, 기타의 소방설비 및 대지 안의 피난과 소방시 필요한 통로의 기준은 대통령령으로 정한다(법 제39조①).
- 건축물의 안전, 위생, 방화 등을 위하여 필요한 건축물의 구조의 제한, 방화구획, 화장실의 구조, 계단, 거실의 반자 높이, 거실의 채광, 환기와 방습 등에 관하여 필요한 사항은 건설교통부령으로 정한다(법 제39조②).

차. 건축물의 내화구조 및 방화벽

- 극장, 병원, 공동주택, 기타 대통령령으로 정하는 용도 및 규모의 건축물은 그 주요 구조부를 내화구조로 해야 한다(법 제40조①).
- 대통령령으로 정하는 용도 및 규모의 건축물은 방화벽으로 구획하여야 한다(법 제40조②).

카. 방화지구 안의건축물

- 도시계획법에 의한 방화지구 안에서는 대통령령이 정하는 것을 제외하고는 건축물의 주요구조 및 외벽은 내화구조로 하여야 한다(법 제41조①).
- 방화지구 안의 공작물로서 간판, 광고탑, 기타 대통령령이 정하는 공작물 중 건축물의 지붕 위해 설치하는 공작물 또는 높이 3m 이상의 공작물은 그 주요부를 불연 재료로 하여야 한다(법 제41조②).
- 방화지구 안의 지붕 및 인접대지에 접하는 외벽은 건설교통부령이 정하는 구조 및 재료로 하여야 한다(법 제41조③).

타. 건축물의 내부 마감재료

대통령령이 정하는 용도 및 규모의 건축물의 내부 마감재료는 방화상 지장이 없는 재료로서 건설교통부령이 정하는 기준에 의한 것이어야 한다(법 제43조).

파. 지하층의 설치

지하층의 구조 및 설비에 대해서는 건설교통부령으로 정한다(법 제44조).

하. 건축물의 대지가 지구, 지역 또는 구역에 걸치는 경우의 조치

대지가 건축법 또는 다른 법률에 의하여 지역, 지구, 구역에 걸치는 경우 대통령령이 정하는 바에 따라 그 건축물 및 대지의 전부에 대하여 과반이 속하는 지역, 지구 또는 구역 안의 건축물 및 대지 등에 관한 규정을 적용한다(법 제46조).

거. 대지의 분할제한

건축물의 대지면적은 대통령령이 정하는 범위 안에서 시 · 군 · 구 조례로 정하는 면적에 미달되게 분할할 수 없다(법 제49조).

너. 건물의 높이제한

건축물의 각 부분의 높이는 그 부분으로부터 전면 도로의 반대쪽 경계선까지의 수평거리의 1.5배를 초과할 수 없다(법 제51조).

더. 일조 등의 확보를 위한 건축물의 높이 제한

공동주택과 전용 주거지역 및 일반 거주 지역 안에서 건축하는 건축물의 높이는 일조 등의 확보를 위하여 필요한 경우에는 대통령령이 정하는 바에 따라 시 · 군 · 구의 조례로 정하는 높이를 초과할 수 없다(법 제53조).

러. 재해관리구역

- 시장, 군수, 구청장은 해일, 만조, 수해, 기타 재해가 생길 우려가 있어 건축물의 건축을 제한할 필요가 있다고 인정하는 일정한 구역을 재해관리구역으로 지정할 수 있다(법 제54조①).
- 지정할 경우 지체 없이 공고해야 한다(법 제54조②).
- 재해관리구역 안에서의 건축물의 건축은 제한할 수 있다(법 제54조③).

머. 건축설비기준

건축설비의 설치 및 구조에 관한 기준과 그 설계 및 공사 감리에 관하여 필요한 사항은 대통령령으로 정한다(법 제55조).

버. 승강기

- 건축주는 6층 이상으로서 연면적 2,000㎡ 이상의 건축물을 건축하고자 하는 경우 승강기를 설치해야 한다.
- 높이 41m를 초과하는 건축물은 승강기 외에 비상용 승강기를 추가로 설치해야 한다(법 제57조).

서. 건축물의 에너지 이용 및 폐자재 활용

건축물을 건축하는 경우에는 건설교통부령이 정하는 바에 의하여 열의 손실을 방지하기 위하여 필요한 조치를 하여야 한다(법 제59조).

어. 관계 전문기술자

- 설계 및 공사감리자는 대지의 안전, 건축물의 구조상 안전 등에 대하여 관계 전문기술자의 협력을 받아야 한다(법 제59조2~①).
- 관계 전문기술자는 안전, 기능, 미관에 지장이 없도록 업무를 수행해야 한다(법 제59조2~②).

저. 기술적 기준

- 대지의 안전, 건축물의 구조상 안전, 건축설비 등에 관한 기술적 기준은 건축법에 특별히 정한 것을 제외하고는 건설교통부장관이 지정하는 연구기관, 학술단체, 기타 관련전문기관 또는 관련단체가 건설교통부 장관의 승인을 얻어 정할 수 있다(법 제59조3~①).
- 건설교통부 장관은 세부기준을 승인한 경우에는 이를 고시해야 한다(법 제59조3~③).

처. 공개공지의 확보

도심지 등의 환경을 쾌적하게 조성하기 위하여 대통령령이 정하는 용도 및 규모의 건축물은 일반이 사용할 수 있도록 대통령령이 정하는 기준에 의하여 소규모 휴식 시설 등의 공개공지 또는 공개공간을 확보해야 한다(법 제67조).

(3) 건축법 유지관리의 내용

건축법은 유지관리의 활동에 대하여 일상점검과 정기점검을 규정하고 있다.

가. 일상점검

건축물의 일상점검의 내용은 건축물을 일상적으로 유지하기 위한 활동으로서 다음의 작업을 의미한다.

- 설비기기의 운전
- 가동부분이나 설비 등의 주유
- 소모품의 조정이나 교환
- 건축물의 청소

나. 정기점검

건축법상 정기점검의 내용은 법정점검에 해당되는 것으로 건축법 제26조에서 규정하고 있는 유지관리 관련 조항과 건축물의 안전 · 위생 · 환경 등에 관한 것은 정기점검에 해당된다. 즉 정기점검은 고도의 전문적 지식을 요하는 유지관리 업무이다.

2) 시설물의 안전관리에 관한 특별법상의 유지관리활동

(1) 유지관리의 의의

시특법에서는 유지관리개념을 다음처럼 정의하고 있다.[2] 즉 유지관리란

- 시설물의 기능을 보전하고
- 이용자의 편의와 안전을 높이기 위하여 일상적으로 점검 · 정비하고
- 손상된 부분은 원상복구하며
- 경과연수에 따라 요구되는 개량 · 보수 · 보강 등에 필요한 활동을 말한다.

(2) 유지관리활동의 종류

시특법상 건축물의 유지관리에 필요한 활동의 종류는 다음과 같다.

- 시설물 보전활동
- 일상적 점검활동
- 일상적 정비활동

---

2) 「시설물의 안전관리에 관한 특별법」 제2조 제9항.

- 원상복구활동
- 개량활동
- 보수활동
- 보강활동
- 안전점검활동
- 정밀안전진단활동

(3) 시특법상 안전점검

가. 안전점검 대상

시특법상 유지관리활동의 대상(건축물)에는 1종시설물과 2종시설물이 있다. 시설물(건축물)의 종류는 〈표 3-1〉과 같다.

〈표 3-1〉 시설물(건축물) 종류

1종시설물의 건축물	2종시설물의 건축물
• 21층 이상의 공동주택 • 공동주택 이외의 건물로서 21층 이상 또는 연면적 50,000㎡ 이상의 건축물	• 16층 이상 20층 이하의 공동주택 • 1종 시설물에 해당하지 아니하는 공동주택 외의 건축물로서 16층 이상 또는 연면적 30,000㎡ 이상의 건축물 • 1종 시설물에 해당하지 아니하는 건축물로서 – 문화 집회시설(전시장, 동식물원 제외) – 판매 및 영업시설 – 의료시설 중 종합병원 – 숙박시설 중 관광숙박시설의 용도 연면적 5,000㎡ 이상인 건축물

나. 안전점검관리 주체

시특법상 안전점검의 관리주체는 다음과 같다.

① 공공관리주체

- 국가
- 지방자치단체
- 정부투자기관
- 지방공기업

- 타 대통령령으로 정한 자

② 민간관리주체

- 공관리주체 이외의 소유권이 있는 자

다. 안전점검의 내용

- 관리주체는 건설교통부 장관이 시설물의 전관리에 한특별법 제13조에 따라 제정되고 관보에 고시한 '안전점검 및 정밀안전진단시설'에 따라 소관 시설물의 안전점검과 정밀안전진단을 실시해야 한다.
- 안전점검은 '일상점검', '정기점검', '긴급점검'으로 구분하여 실시하여야 한다.
- 안전점검 실시시기, 안전점검자의 자격, 안전점검 수수료에 관해서는 대통령령으로 정한다.
- 관리주체가 안전점검을 실시할 경우 '안전진단 전문기관'이나 건설산업 기본법상(제11조)의 '유지관리업자'로 하여금 안전점검을 실시해야 한다. 안전점검의 비용은 관리주체가 부담한다.

라. 시특법상 정밀안전진단

- 시특법상 필요한 안전점검을 실시한 결과 시설물의 피해 및 시설물의 안전성 확보 등을 위하여 필요한 경우 관리주체는 정밀안전진단을 실시해야 한다.
- 한 관리주체는 대통령령으로 정한 시설물(1종시설물과 2종시설물)에 대하여 정기적으로 정밀안전진단을 실시해야 한다.
- 밀안전진단 역시 건설교통부 장관이 작성한 안전점검 및 정밀안전지침에 따라 실시해야 한다.
- 정밀안전진단 실시시기, 실시자의 자격, 정밀안전진단의 대가 등은 대통령령에서 정한다.
- 정밀안전진단의 실시기관에는 '안전진단 전문기관' 또는 '시설안전기술공단' 등이 있다.
- 안전점검이나 정밀안전진단 결과 시설물의 구조상 공중의 안전한 이용에 미치는 영향이 중대하여 긴급한 조치가 필요하다고 인정되는 경우 관리주체는 '사용제한', '사용중지', '철거' 등의 조치를 취하고 시장, 군수, 구청장에 통보해야 한다. 통보받은 행정기관의 장은 이를 관보에 공고해야 한다.

- 정밀안전진단의 실시 소요비용은 관리주체가 부담한다. 다만 하자담보기간 내의 정밀안전진단 비용은 시공자가 부담한다.
- 통보받은 시장, 군수, 구청장은 민간관리주체가 관리하는 시설물 중 1종시설물과 2종시설물 및 대통령령으로 정한 시설물에 대하여 구조상 공중의 안전에 미치는 영향이 중대하여 긴급한 조치가 필요하다고 인정되는 때에는 대통령령이 정하는 바에 따라 시설물(특수건축물)의 사용제한 등의 조치를 명할 수 있다. 명령을 받은 자가 이행하지 않을 경우 행정대집행법에 의하여 대집행할 수 있다.
- 대통령령으로 정한 시설물은 하자담보기간 종료 전에 정밀안전진단을 반드시 실시하고, 하자가 없는 경우 시공자의 하자담보기간이 비로소 종료된다.[3)]

3) 주택법의 유지관리활동

(1) 유지관리활동의 의의

주택법에서는 관리주체의 유지관리업무를 다음과 같이 규정하고 있다.[4)]

- 공동주택의 공용부문에 대하여 입주자의 공동 소유인 부대시설 및 복리시설의 유지보수와 안전관리
- 공동주택단지 안의 경비 · 청소 및 쓰레기 수거
- 관리비 및 사용료의 징수와 공과금의 납부대행
- 특별수선충당금의 징수와 적립
- 제9조의 규정에 의한 공동주택 관리규약으로 정한 사항 및 입주자 대표회의에서 결정한 사항의 집행
- 기타 건설교통부령에서 정한 사항
- 연2회의 안전점검 실시 및 보고(특별시장, 광역시장, 도지사)

---

3) 「시설물의 안전관리에 관한 특별법」 제15조.

4) 「주택법」 제55조.

(2) 관리주체

공동주택의 관리주체는 다음과 같다.

- 자치관리기구의 대표자인 공동주택관리소장
- 관리 사업을 인계하기 전의 사업주체
- 법 제43조에 의한 주택관리업체
- 임대주택법에 의한 임대사업자

(3) 유지관리의 대상

공동주택의 유지관리대상은 다음과 같다.

- 공동주택의 공용부분
- 입주자의 공동 소유인 부대시설 및 복리시설
- 주택 단지 안의 기타 시설

(4) 유지관리계획

- 유지관리업무를 빠르고 효과적으로 수행하기 위해서는 먼저 계획을 수립할 필요가 있다.
- 유지관리계획은 건물의 유지관리에 필요한 업무진행절차이다.
- 계획의 내용에는
  - 일상적인 점검과
  - 정기적인 점검 및 수선 등이 포함되어야 한다.
  - 연간계획 · 월간계획 단위로 수립해야 한다.
  - 수선계획은 어느 부분을 우선순위로 정하고 어떻게 수선할지를 관리예산을 참고하여 정기적으로 수립이 필요하며, 또한 전면 수선의 필요시기와 범위 등을 계획서에 반영해 두어야 한다.

(5) 유지관리계약

- 유지관리조직 인원 확보 경우 : 유지관리계약은 불필요하다.
- 유지관리조직 인원 확보 못한 경우 : 유지관리 용역계약이 필요하다.

유지관리 용역계약의 종류는 다음과 같다.

- 시설관리용역계약
- 청소용역계약
- 경비용역계약
- E/L 유지보수용역계약
- 조경시설물 관리용역계약
- 소독용역계약 등

(6) 유지관리 협력사항

구조체에서 아래와 같은 형상 또는 상황이나 변경이 있을 경우 시공자 · 설계자 등에게 통지하고 협조를 구해야 한다.

- 구조체에 이상 균열이 발생한 경우
- 중량의 시설물을 새로이 구조체에 설치하는 경우
- 바닥에 걸리는 하중이 증가하는 경우
- 증개축 · 형태변경(모양변경)의 경우
- 기존의 벽체 · 바닥을 철거하거나 부분적으로 개구부를 설치하는 경우
- 인근대지 안에서 건물의 기초보다 깊게 굴착하는 공사가 행해지는 경우
- 건물 주변의 지반이 침하하는 경우

2. 건물시설의 유지관리내용

1) 건축설비관리활동

건축법에서 규정하고 있는 건축설비에는 전기설비, 전화설비, 가스설비, 급배수설비, 환기설비, 냉난방설비, 소화설비, 배연설비 및 오물처리설비, 굴뚝, 승강기, 피뢰침, 국기게양대, 공청시설안테나, 유선방송 수신시설, 우편물 수취함 등을 의미한다.[5)]

건축설비관리활동이란 전기설비, 공기조화설비, 소방설비, 급배수설비, 가스설비, 운

---

5) 「건축법」 제2조 제①항의 3.

송설비 등 성능과 기능을 나타내는 기계 · 전기설비 등에 대하여 정상적으로 기능과 성능을 하는데 필요한 활동을 의미한다.

건축설비관리활동을 위한 기술관리항목은 다음과 같다.

① 점검활동(inspection)
② 운전활동(operation)
③ 정비활동(maintenance)
④ 설비보전활동(preservation)

건축설비관리는 건물 내에 설치된 전기 · 기계 · 화학의 성질을 가지고 있는 재설비들을 정상적인 기능과 성능을 나타내도록 유지하고 관리하는 활동을 의미한다.

본래 건축설비는 ① 제작 → ② 설치 → ③ 운전 → ④ 보전 → ⑤ 폐기의 단계를 거쳐 설비의 일생을 마치게 된다.

그러므로 설비관리란 설비의 일생동안 정상기능을 장기간 유지하도록 적절히 관리하는 것을 의미하며, 이를 통하여 건물입주자에게 쾌적성 · 안전성 · 편리성 · 경제성을 제공하고 건축물의 환경보전과 고장 · 사고 등으로 인한 손실을 방지하여 부수적인 설비효과를 얻을 수 있어야 한다.

건축설비관리의 성격을 보면

① 기술적 측면의 기능과 성능을 촉구하는 설비성능 관리 성격
② 경제적 측면의 운용비와 기계설비의 경제적 가치를 유지하거나 보존하는 기술관리성격 등이 있다. 결국 건축물의 설비관리의 범위는

- 점검(inspection)
- 운전(operation)
- 정비(maintenance)
- 보전(maintain & improvement)
- 기록(Data record)
- 통제(Control)

등으로 요약된다.

2) 기술위험물 관리활동

건물에는 수변전설비, 보일러설비, 냉동설비, 가스설비, 이동설비 등의 위험설비와 고가수조, 축대, 담장, 외벽마감재 등의 위험시설이 있으며, 가스 · 유류 · 전기 · 화학약품 등의 인화물질 등 위험물이 항상 존재하므로 기술위험이 상존하고 있다. 따라서 화재 · 폭발 · 붕괴 · 추락 · 감전 · 도괴 등의 위험으로 인하여 안전하고가 언제나 발생할 위험성이 크다. 그러므로 안전사고로 인한 인적 · 물적 피해는 건물기술관리활동에 있어서 또 하나의 중요한 관리항목이다.

위험물관리는 기술관리활동의 대상인 설비나 설비의 운전을 위하여 사용되는 에너지(가스 · 전기 · 유류) 등의 위험물을 기술관리활동과 연관하여 관리하는 것을 말한다(관리영역상 안전관리는 위험관리 영역에 해당된다).

3) 시설물 보전관리활동

시설물의 보전관리활동이라 함은 건축대지 상 · 하의 시설물, 건축물 등을 완공초기의 성능과 기능을 장기적으로 유지할 수 있도록 시설물을 원래의 상태대로 보전하는 활동을 말한다.

시설물을 원래의 상태대로 장기간 보존하려면 일상적인 점검과 정비 · 보수 · 보강이 필요하다.

4) 기술작업관리활동

건축물의 기술적 관리활동에는 시설물의 운전 · 보존 · 보수 · 보강 등의 기술적 작업이 필요하다.

따라서 건축물의 보수 · 보강을 위한 작업관리 역시 기술관리활동에 있어서 중요한 관리항목이 된다. 작업관리활동에는 손상된 부분을 원상 복구하여 경과시간에 따라 요구되는 보수 · 보강 · 교체 · 개량 작업과 일상적인 영선작업이 포함된다.

5) 중앙관제센터 자동제어 감시 활동

대형건물의 경우 반드시 설치되어 있는 전기, 기계(보일러, 냉동기, E/L 등) 보안 등 자동제어 · 기록 · 통제 · 점검 목적의 중앙감시센터 감시 업무의 관리가 필요하다.

3. 건물시설유지관리조직

1) 의 의

건물시설유지관리조직은 행정관리자와 기술관리자가 함께 행정목표와 기술목표를 관리하는 복합조직의 개념을 가지고 있다. 따라서 조직의 목표를 달성하려면 행정조직과 기술조직의 결합과 조화가 필요하다.

기술분야는 기술과 기술기능을 요하는 관리분야로서 해당분야 자격증과 기능을 보유하고 있는 기술직으로 구성되는 부서로서 별도의 조직이 아닌 건물관리의 두 가지 조직 중 하나이며, 기술적 관리를 요하는 시설이나 설비에 대한 유지·보수와 방재업무를 담당하는 부서이다. 따라서 기술관리조직의 기능을 최대화하기 위해서는 행정조직의 지원과 협조가 필요하다.

2) 건물시설유지관리조직 편제

기술관리조직의 편제는 대체로 다음과 같다. 건축설비의 종류와 규모에 따라 기술관리조직의 편제는 여러 가지 형태가 될 수 있다.

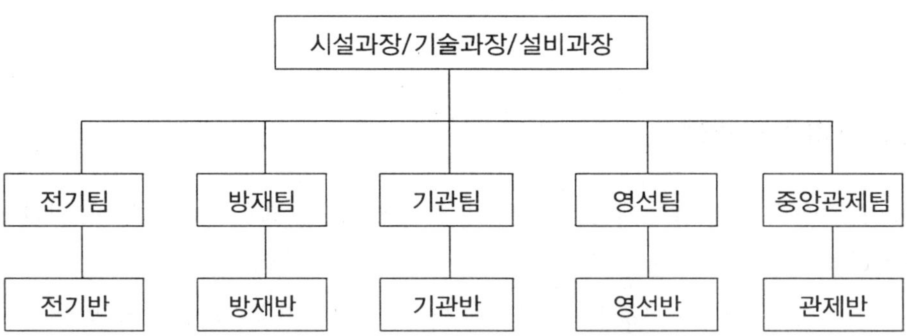

[그림 3-1]기술관리조직의 편제(예)

3) 건물시설유지관리조직의 기능

기술관리조직은 전체건물관리조직에 속하면서 기술관리자의 고유관리영역에 속하는 관리대상에 대한 업무를 담당함으로써 다음과 같은 기능을 나타내는데 이를 기술관리조직의 기능이라 한다.

① 운전기능
② 정비기능
③ 보수기능
④ 영선기능
⑤ 점검기능
⑥ 유지기능
⑦ 안전기능
⑧ 원상복구기능
⑨ 기술적 위급상황 대처기능
⑩ 개량기능
⑪ 보강기능
⑫ 감시기능
⑬ 제어기능
⑭ 통제기능
⑮ 데이터기록기능
⑯ 수리기능 등

4) 건물유지관리기술직 관리자의 업무분장

(1) 전기팀 업무

전기팀의 주요 업무는 대체로 다음과 같다.

① 전기설비, 통신설비, TV공청설비, 방화설비, 방송설비, 기타 피뢰침 등 유지·보수 관리
② 인양기·승강기 유지·보수
③ 화재경보기, 자동화재 탐지설비 감시 유지·보수·통제·기록
④ 방화관리 업무, 기타 전기 부대설비 관리 등

(2) 기관팀 업무

기관팀의 주요 업무는 대체로 다음과 같다.

① 냉·난방 수급업무
② 냉·온수 급수업무
③ 열관리에 관한 사항
④ 유류·가스 등 입·출고, 검수에 관한 사항
⑤ 소화설비의 운용·유지에 관한 사항
⑥ 각종 탱크, 기계설비, 펌프, 위생설비에 관한 사항
⑦ 중앙통제실 관련 업무와 부대시설에 관한 기술업무
⑧ 실내공기질에 관한 사항 등

(3) 영선팀 업무

영선팀의 주요 업무는 대체로 다음과 같다.

① 건물의 공유부분 시설의 유지·보수
② 조경관리
③ 부속설비 유지·보수
④ 하수구·배수구·맨홀 등 토목시설설비 원상복구 수선
⑤ 기타 영선을 요하는 사항 등

(4) 방재팀 업무

방재팀은 대개 기술관리조직 편제 중 전기팀에 소속되나 특별히 안전업무를 강조하는 조직편제에서는 독립하여 조직되는데 방재팀의 업무는 다음과 같다.

① 화재예방에 관한 사항
② 위험시설 안전에 관한 사항
③ 소방시설 유지·관리
④ 소방훈련 계획 및 훈련
⑤ 소방에 관한 홍보업무 등

(5) 관제팀의 업무

관제팀의 주요 업무는 대체로 다음과 같다.

① 운전감시
② 자동제어
③ 점검정비 · 설비보수
④ 데이터 기록
⑤ 중앙통제
⑥ 비상상황대응 등

5) 건물시설유지관리의 특성

행정관리는 전문성을 요하는 관리 분야이나, 기술 관리는 기술성을 요하는 관리 분야이다. 따라서 기술관리 분야는 행정관리 분야와 다른 특징이 존재한다. 이러한 기술 관리의 특성에 대하여 살펴보면 다음과 같다.

(1) 자격성과 기술성

기술관리의 대상은 건물의 시설과 설비관리 분야이다. 이러한 건물의 시설과 설비는 기술의 산물이므로 그 운용에 있어서 기술능력이 없으면 관리 자체가 불가능하게 된다. 따라서 기술관리자는 기술관리 관련자격과 기술성을 보유하여야 한다.

전기설비 관리자는 전기산업안전관리법에 따라 적어도 전기기사 2급 이상의 기술자격을 요한다. 보일러 취급 역시 열관리기능을 인정받은 보일러취급기능사 2급 이상의 자격이 있는 자이어야 하고, 방화관리자나 위험물 안전관리자도 소방안전협의회의 소정의 교육을 이수하고, 자격시험에 합격한 자이어야 한다.

고압가스(도시가스)를 사용하는 건물관리에 있어서는 고압가스기능사 1급 또는 기능사 2급 이상의 자격이 있는 자가 필요하며, 이 또한 국가자격시험에 합격한 지이어야 관리자가 될 수 있다. 이와 같이 기술관리대상에는 기술관리의 특성상 기술성이 요구된다.

(2) 안전성

전기수전설비, 배전설비, 가스설비, 보일러 설비 등 각종 위험시설물이 기술관리의 대상이므로 고도의 위험관리가 요구된다.

건물의 기술위험에는 ① 붕괴위험, ② 화재위험, ③ 추락위험, ④ 폭발위험, ⑤ 감전위험 등이 있다. 이와 같은 기술위험은 대부분 건물의 시설이나 설비에서 발생하므로 기술관리 분야에는 고도의 안전성이 요구된다.

(3) 소모성

각종 설비의 기능성을 얻기 위해서는 전원을 공급해야 하고 일정량의 유류·가스 등 원료를 공급해야 하며, 공급되는 에너지·연료·재료·물 등에 대하여 설비의 운전을 통하여 일정량을 소모하는 것이 필요하다. 따라서 기술관리 분야는 소모성의 특성이 있는 관리 분야이다.

(4) 효율성

기술관리는 입력(in-put)에 대한 출력(out-put)의 산출비율이 높아야 한다. 즉 효율성이 있어야 한다.

(5) 경제성

기술관리 역시 경제적인 방법으로 관리되어야 하므로 경제성의 특성이 있다.

4. 건물시설유지관리 조직구성원의 법정자격

일반건물과 공동주택 관리에 있어서 기술직 관리자는 기술분야 등 자격요건을 갖추어야 하는데, 법적으로 확보해야 할 자격은 다음과 같다. 기술직 관리자의 법정자격과 소요인원은 관리대상 건물에 장착된 건축설비의 규모, 용량, 성격, 용도, 수량 등에 따라 달라진다.

1) 전비설비관리분야

전기기술분야기술사(발송배전·전기기기·전기응용), 전기기사(전기·전기공사), 전기산업기사(전기·전기공사) 중 1인 이상

2) 기계설비관리분야

기술사(기계제작, 산업기계, 공조냉동기계, 건설기계, 차량·기계공정기계, 용접, 금형), 기사 1급(일반기계, 공조냉동기계, 전기기계, 건설기계, 철도차량, 자동차정비, 자동차검사, 중기정비, 공정설계, 차공구설계, 정밀측정용접, 농업기계, 프레스금형설계, 사출금형설계), 기사 2급(일반기계, 공조냉동기계, 계량전기, 용접, 농업기계, 윤활관리, 프레스금형설계, 전산응용설계, 전산응용가공) 산업기사 중 1인 이상

3) 소방설비관리분야

소방설비기술사, 소방설비기사 산업기사 중 1인 이상

4) 연료취급분야

열관리기사 1급, 열관리기능사 2급, 보일러취급기능사 1급 중 1인 이상

5) 위험물 안전관리분야

위험물취급기능장, 위험물취급기능사 1·2급 중 1인 이상

6) 방화관리분야

(1) 방화관리자를 선임하는 특수 장소

가. 1급 방화관리 대상물

아파트, 지하구, 철강 등 불연성 물품을 저장·취급하는 창고 및 동·식물원을 제외한 특수 장소로서 다음에 해당하는 것

- 연면적 15,000㎡ 이상인 것
- 위 사항(연면적 15,000㎡ 이상)에 해당하지 아니하는 소방대상물로서 층수가 11층 이상인 것
- 가연성 가스를 1,000ton 이상 저장·취급하는 시설

② 2급 방화관리 대상물

1급 방화관리 대상물에 해당하지 아니하는 것으로서 다음에 해당하는 것

- 스프링클러 설비 또는 물분무 등 소화설비를 설치하는 소방대상물
- 위 사항에 해당하지 아니하는 소방대상물(통신촬영시설, 관광휴게시설, 일반목욕장, 관람장, 체육관을 제외한다)로서 자동화재 탐지설비를 설치하는 것
- 위 사항에 해당하지 아니하는 아파트로서 공동주택관리령 제7조 제1항 각호의 제1에 해당하는 것
- 가스제조설비를 갖추고 도시가스사업 허가를 받아야 하는 시설 또는 가연성 가스를 100ton 이상 저장 · 취급하는 시설
- 지하구

(2) 방화관리자 선임자격 요건

가. 1급 방화관리 대상물에 두어야 할 방화관리자

- 소방시설관리자 또는 소방설비기사 자격을 가진 사람
- 산업안전기사 1급자격을 가진 사람으로서 2년 이상 방화관리에 관한 실무경력이 있는 사람
- 위험물취급기능장 또는 위험물취급기능사 자격을 가진 사람으로서 위험물 안전관리자로 선임된 사람
- 고압가스안전관리법시행령 제11조 제1항, 액화석유가스의 안전 및 사업관리법시행령 제7조 제1항 또는 도시가스사업법시행령 제24조 제1항의 규정에 의한 안전관리책임자(이하 '가스관계 안전관리 책임자'라 한다)로 선임된 사람(가연성 가스를 1,000ton 이상 저장 · 취급하는 시설에 한한다).
- 소방공무원으로 5년 이상 근무한 경력이 있는 사람
- 전문대학 또는 이와 동등 이상의 교육기관에서 소방안전관리학과를 전공하고 졸업한 사람으로서 2년 이상 방화관리에 관한 실무경력이 있는 사람
- 4년제 대학 이상의 교육기관에서 소방안전 관련 교과목을 12학점 이상 이수하고 졸업하거나 소방안전 관련학과를 전공하고 졸업한 사람으로서 3년 이상 방화관리에 관한 실무경력이 있는 사람
- 소방관계법에서 인정하는 방화관리에 관한 경력이 5년 이상인 사람 중 행정

자치부령이 정하는 강습을 수료하고 그 자격을 인정받은 사람 중 1인 이상

나. 2급 방화관리 대상물에 두어야 할 방화관리자

- 산업안전기사 · 건축기사 또는 전기기사 자격을 가진 사람이나 가스관계 안전책임자로서 선임된 사람(가연성 가스를 100ton 이상 1,000ton 미만 저장 · 취급하는 시설에 한한다.)
- 광산보안기사 자격을 가진 사람으로서 보안감독자로 선임된 사람
- 행정자치부령이 정하는 방화관리업무에 관한 강습과정을 수료한 사람
- 전문대학 또는 이와 동등 이상의 교육기관에서 소방안전관리학과를 전공하고 졸업한 사람
- 4년제 대학 이상의 교육기관에서 소방안전 관련 교과목을 6학점 이상 이수하고 졸업하거나 소방안전 관련학과를 전공하고 졸업한 사람
- 소방공무원으로 1년 이상 근무한 경력이 있는 사람
- 소방본부 또는 소방서에서 화재진압 또는 보조업무에 1년 이상 근무한 경력이 있는 사람
- 의용소방대원 또는 청원소방원으로 5년 이상 근무한 경력이 있는 사람
- 군부대(주한 외국군부대를 포함한다)의 소방대원으로 2년 이상 근무한 경력이 있는 사람
- 대통령 경호원으로 3년 이상 안전검측 업무에 근무한 경력이 있는 사람
- 경찰공무원으로 5년 이상 근무한 경력이 있는 사람
- 1급 방화관리 대상 자격자 중 1인 이상

(3) 기업활동규제완화특별조치법의 방화관리자 선임 의제

기업활동규제완화특별조치법에 의하여 특수 장소의 관계인인 중소기업자 등이 다음에 해당하는 사람을 채용하는 경우에는 방화관리자를 채용한 것으로 본다.

- 산업안전보건법 제15조에 의해 사업주가 선임하여야 하는 안전관리자
- 전기사업법 제45조에 의해 전기사업자 및 자가용 전기설비의 소유자 또는 점유자가 선입하여야 하는 전기안전관리담당자
- 고압가스안전관리법 제15조에 의해 사업자 등과 특정고압가스사용 신고자가 선임하여야 하는 안전관리자

- 액화석유가스의 안전 및 사업관리법 제14조에 의해 사업자 등과 액화석유 가스사용 신고자가 선임하여야 하는 안전관리자
- 도시가스사업법 제29조에 의해 도시가스사업자 및 특정가스사용시설의 사용자가 선임하여야 하는 안전관리자
- 제조소 등의 설치자가 선임하여야 하는 위험물안전관리자

제3절 건물시설의 환경미화관리활동

1. 환경미화관리의 의의

건물시설의 환경미화관리란 건물 위에 존재하는 환경성을 주된 관리대상으로 건물의 청결성, 보건성, 미관성 등을 확보하기 위하여 건물환경요인들을 적절히 조정, 통제 또는 종합하는 일련의 노력과 활동을 의미한다.

건물환경에는 건물을 둘러싸고 있으면서 직접 또는 간접으로 영향을 주는 유형, 무형의 청결, 위생, 공기, 온도, 습도, 오염 등 이화학적 요인과 생활환경적 요인 및 사회적·심리적 환경요일까지 포함된다.

건물의 환경관리의 주요업무에는 청소관리, 위생관리, 생활환경관리, 조경시설물 관리 등이 있다. 건물시설의 환경관리는 최광의 관리개념의 환경관리영역에 해당하는 관리항목을 학습하는 분야로서 건물복합개념의 환경성에 해당하는 보건성, 미관성, 청결성을 연구하는 건물자산관리학의 한 연구분야이다.

건물환경관리는 기술관리 못지않게 매우 중요한 관리분야이다. 왜냐하면 건물자산관리학이 추구하는 자산관리 개념은 사람 중심의 관리개념이기 때문이다.

또한 건물환경관리의 목적은 건물환경을 적절히 조성·통제함으로써 건물의 사용자나 거주자에게 건강하고 쾌적하며 깨끗한 환경과 생활여건을 조성하여 인간의 생존여건을 개선하고 건물의 경제적 가치를 높이는 데 있다.

따라서 건물환경관리의 학습목표는 건물환경관리개념을 정확히 이해하고(事實知) 환경요인을 적절히 통제, 제거, 조성하는 방법을 숙지하여(方法知) 학습자 스스로 환경관

리활동을 직접할 수 있는 것(行動知)에 두어야 한다.

2. 환경미화관리의 관리내용

건물시설환경미화관리에서 교육하고 학습할 내용은 다음과 같으며 구체적인 내용은 다음에서 설명하는 청소관리, 위생관리, 조경시설물관리 등을 참고하기 바란다.

건물시설환경미화관리의 관리항목은 다음과 같다.

① 건물청소관리
② 건물위생관리
③ 조경시설물관리

3. 건물시설의 청소관리

1) 청소관리의 의의

건물청소관리 개념은 현대에 접어들면서 건물환경을 깨끗하게 조성하고 건물의 마감부재 수명을 연장하며 오염 원인을 사전에 파악하여 예방하는 예방청소 등의 개념으로 인식되고 있다. 그러므로 청소개념을 단순 Cleaning 개념이 아닌 Maintenance의 개념으로 이해하여야 한다. 최근 특수건물, 인텔리전트 건물들이 속속 등장하면서 청소의 중요성은 더욱 증대되고 있다.[6] 청소관리는 청소의 대상과 방법에 따른 과학화가 대단히 중요하며, 특히 청소요원의 직업의식을 고취시켜야 한다.

또한 적절한 청소용 기자재의 선택으로 효율적인 작업이 이루어지도록 하는 것이 중요함도 유념하여야 한다.

청소관리란 건물단지와 빌딩에 있어서 입주자의 건강과 쾌적한 공간의 확보(즉 위생적 환경조성)를 위하여 청소계획에 의하여 먼지 · 쓰레기 · 오물 · 더러움 등을 수거 또는 제거하는 작업관리활동을 말한다.[7]

청소작업에 의해 제거되는 청소대상을 살펴보면 다음과 같다.

---

6) 목진호, 「건물환경관리론」, (서울 : 남두도서, 2004), p.15.

7) 상게서, p.15.

(1) 먼 지

먼지란 건물이나 건물 내부에 떠다니는 부유분진이다. 일반적으로 부유분진이라 하면 입자의 직경이 10㎛ 이하인 분진을 말하며, 총 부유분진은 입자의 직경 100㎛ 이하의 입자상 물질을 총칭하며, 미세분진과 조대분진으로 나누어진다.

조대분진은 10~100㎛의 분진을 말하며, 공기 중에서 체류시간이 짧기 때문에 강하분진이라 부르기도 한다. 이것은 호흡에 의해 인체에 흡입되지는 않지만 가시도에 영향을 미친다.

기관지계에 침착한 입자는 섬모운동에 의하여 분비액과 함께 토출되어 기도로부터 배출된다. 섬모가 없는 허파꽈리에 도달한 입자는 폐포 내에 존재하는 대식세포에 흡수된다. 화학적인 중독작용이 강하지 않은 입자는 대식세포에 의하여 폐포로부터 기관지에 운반되고 섬모운동에 의하여 처리되나 작용이 강한 입자는 대식세포를 파괴 또는 변성시킴으로써 폐포부에 입자가 침착하는 원인이 된다.

따라서, 입자상 물질은 미립자가 흡입에 의하여 폐포에 침착하면서 인체에 영향을 미치게 된다.

가. 먼지의 종류

먼지란 지상의 물체가 외계의 힘에 의하여 파쇄되어 1~500μ에 달하는 미세한 입자로 호흡기에 침입하여 폐에 침착하여 진폐증을 일으키고, 인체에 흡수되어 여러 가지 증상을 일으키기도 한다. 특히 폐에 침착률이 가장 높은 먼지의 입자는 0.5~5.0μ로 알려져 있다.

먼지는 그 미치는 영향과 먼지를 흡입했을 때 나타나는 증상에 따라 다음처럼 분류한다.

① 진폐증성 먼지

5μ 이하의 먼지로 폐에 들어가 섬유증식 · 결절성형 등의 증상을 나타내며, 폐의 산소 섭취 능력을 방해하여 폐결핵증을 유발하기도 한다(유리규산 · 석면 · 활석 · 흑연 등 광산지대의 먼지).

② 알레르기성 먼지

알레르기성 천식이나 피부병을 일으키는 먼지(꽃가루 · 나무가루 · 작은 털 등 삼림지대 및 전원도시의 먼지)

③ 중독성 먼지

중추신경계통, 콩팥이나 조혈장기 등에 작용하여 갑자기 급만성 장애를 일으키는 먼지(납 · 수은 · 카드뮴 · 안티몬 · 망간 · 베릴륨 등의 금속성 먼지와 비소 · 인 · 셀레늄 · 유황 등의 혼합물 등으로 산업장에서 일어나는 먼지)

④ 자극성 먼지

눈 · 호흡기 · 소화기 등의 점막과 피부 등을 자극하고 염증 또는 궤양을 형성하고 치아 등을 부식시키는 먼지(산 · 알칼리 · 불화물 · 크롬산 등의 생산 · 사용지역)

⑤ 불활성(不活性) 먼지

다량의 입자를 흡입하지 않는 한 특별한 유해 작용이 일어나지 않는다고 보는 먼지(석탄 · 석회석 · 시멘트 등을 생산하는 광산지대)

나. 먼지의 측정과 허용농도

먼지를 측정할 때는 먼지의 농도뿐만 아니라 입도분포, 물리화학적 성질, 먼지 농도의 시간 · 공간적 분포 등을 체크하며, 측정법으로는 부유측정법 · 표집측정법 등이 있다.

세계 각국은 그 나라의 여러 가지 환경과 여건에 따라 나름대로의 허용농도를 정하고 있으나 미국의 경우는 ACGIH의 TLV(Threshold Limit Value)가 가장 널리 쓰이고 있다. 일반적으로 먼지의 허용농도는 건강한 근로자가 매일 분진을 마시며 30~40년간 일할 때 그 중 1% 정도가 진폐증에 걸리는 기준을 표준량으로 정하고 있다.

오염물질 원인별 인체의 영향은 다음처럼 나타낸다.

우리나라의 주요 먼지 허용농도는 아래와 같다.

- 제1종 먼지 : 2㎎/㎥
- 제2종 먼지 : 5㎎/㎥
- 제3종 먼지 : 10㎎/㎥
- 면 먼지 : 1㎎/㎥
- 석면 먼지 : 2개/㎤

먼지를 완전히 제거할 수는 없다. 외부의 먼지는 막을 수 있다 해도 내부에서 생기는 먼지는 저절로 쌓이기 마련이다. 사람이 생활하고 있는 이상 이것은 피할 수 없는 것이다. 그러므로 실내먼지를 최소화해야 한다.

〈표 3-2〉 오염물질 원인별 인체영향

오염물질	발생원	인체영향
분진	대기 중 분진이 실내로 유입, 실내바닥의 먼지·담뱃재 등	규폐증·진폐증·탄폐증·석면폐증 등
담배연기(각종 가스, HC, PAH, 분진, HCHO, 니코틴 등)	담배·권련·파이프담배 등	두통·피로감·기관지염·폐렴·기관지천식·폐암 등
연소가스(CO, NO2, SO2, RSP 등)	각종 난로(연탄·가스·석유), 벽난로, 연료가스, 가스레인지 등	만성폐질환, 기도저항 증가, 중추신경 영향 등
라돈(라돈가스의 부산물)	흙·바위·물·지하수·화강암·콘크리트 등	폐암 등
포름알데히드	각종 합판·보드·가구·단열재·소취제·담배연기·화장품·옷감 등	눈·코·목 자극 증상, 기침·설사·어지러움·구토·피부질환·비암·정서불안정·기억력상실 등
석면	단열재·절연재·석면타일·석면·브레이크·방열재 등	피부질환·호흡기질환·석면증·폐암·중피종·편평상피 등
미생물성 물질(곰팡이·박테리아·바이러스·꽃가루 등)	가습기·냉방장치·냉장고·애완동물·해충·인간 등	알레르기성질환·호흡기질환 등
유기용제(유스테르, 알데히드, 케톤 등)	페인트·접착제·스프레인·연소과정·세탁소·의복·방향제·건축자재·왁스 등	피로감·정신착란·두통·구역·현기증·중추신경 억제작용 등
악취	외부악취가 실내로 유입, 담배의 흡연 등	식욕감퇴·구토·불면·알레르기증·정신신경증 등

* 자료 : 목진호, 「건물환경관리론」, (서울 : 남두도서, 2004), p.18.

(2) 쓰레기·오물

쓰레기란 폐기물관리법에서 말하는 폐기물을 의미하며, 폐기물이란 일상생활이나 사업활동에 따라 발생되는 물질 중 사용자 또는 소유자에 의해 더 이상 필요하지 않은 것을 간주되는 액상·고상·반고상의 물질을 말한다. 여기에는 쓰레기·재·오물·동물의 사체, 폐유, 폐산, 폐알칼리, 폐고무, 폐합성수지, 기타 사람의 일상생활에 필요하지 않게 된 모든 물질이 포함된다.

1999년 2월에 개정된 폐기물관리법에는 폐기물의 생활폐기물과 사업장폐기물로 분류하고 있다. 생활폐기물은 사업자 이외의 폐기물이라 정의하였고, 사업장폐기물은 대기환경보전법·수질환경보전법 또는 굉음·진동규제법의 규정에 의하여 배출시설을 설치·운영하는 사업장, 기타 대통령령으로 정하는 사업장에서 발생되는 폐기물로 정의하고, 이 중 폐유·폐산 등 주변환경을 오염시킬 수 있거나 감염성 폐기물 등 인체에 위해를 줄 수 있는 유해한 물질을 지정폐기물로 분류하였다. 또한 지정폐기물 중 인체조직 등 적출물, 탈지면, 실험동물의 사체 등 의료기관이나 시험·검사기관 등에서 배출되는 인체에 위해를 줄 수 있는 물질을 감염성 폐기물로 세분하였다.

통상적으로 쓰레기라는 용어는 어떤 물질들에 대한 지칭이라기보다는 모든 물질의 성격에 대한 지칭으로 사용된다. 즉 물질의 생산·유통·소비 등 인간의 활동과 관련되는 물질 중 사용 또는 소유할 가치가 없다고 판단되는 모든 물질을 쓰레기라고 표현한다.

생활쓰레기(domestic waste)의 발생은 다음과 같다. 생활쓰레기의 발생원은 가정·시장·백화점·음식점 등 아주 다양하며, 음식물·채소류·종이류 등 그 발생량이 매년 증가하는 특성이 있다.

쓰레기의 발생은 그 사회의 생활문화, 산업구조, 경제수준 등에 의해 특징지워진다. 쓰레기 수거 및 처리비의 현실화, 과대포장류의 발생억제를 시도하면 쓰레기 발생량의 감소는 물론이고 자원의 소비억제 효과도 얻을 수 있다.

제품의 제조·수입·판매시의 과대포장 제한, 일회용품 사용제한 등을 통하여 생산공정과 배출단계에서 폐기물 발생요인을 제거하고 감량화를 추진해야 한다.

또한 배출단계에서의 감량화와 재활용품의 분기수거 방법이 필요하다. 이를 통하여 쓰레기 배출량의 감소와 재활용품의 증가를 통해 자원의 재활용이 도모될 수 있고, 쓰레기 매립장 사용기간이 장기화되며 처리비용도 감소될 뿐 아니라 쾌적한 환경조성과 자원이용의 효율화에 기여할 수 있다.

(3) 더러움 · 때

더러움은 일반적으로 마감재료 가구 등의 표면에 어떤 원인으로 본래 존재하지 않았던 물질이 부착되는 상태라고 정의내리고 있다. 이러한 더러움을 제거하는 방법이 바로 청소이다. 더러움의 발생범위는 다음과 같다. 더러움의 발생범위는 사람의 행동과 관계가 깊다. 가정의 일상생활에서 발생하는 더러움은 먼지나 곰팡이에 의한 것이 가장 크고, 그 제거방법은 청소작업을 통하여 제거할 수 있으며, 주부의 가사노동의 주요한 부분이다.

주택 내에서 발생하는 먼지의 양은 가족구성 · 건축양식 · 건축재료, 그 외 주거환경조건 등에 따라 차이가 있고 실내에서의 먼지 분포는 생활행동에 의해 좌우된다.

2) 청소관리관계법에 의한 건물청소

(1) 폐기물관리법에 의한 청소

일반건물의 청소에 관한 법률적 근거는 폐기물관리법에 의한다.

가. 국민의 책무

폐기물관리법에서는 청결에 대한 국민책무를 선언하고 있다.[8)]

- 모든 국민은 자연환경 및 생활환경을 청결히 유지하고, 폐기물의 감량화 및 자원화를 위하여 노력하여야 한다.
- 토지 · 건물의 소유자 · 점유자 또는 관리자는 그가 소유 · 점유 또는 관리하고 있는 토지 · 건물의 청결을 유지하도록 노력하여야 하며, 시장 · 군수 · 구청장이 정하는 계획에 따라 대청소를 실시해야 한다.
- 제7조에 규정된 지역 또는 시설을 관리하고 있는 자는 당해 지역 또는 시설의 청결을 유지하도록 노력하여야 한다.

나. 폐기물의 투기금지(폐기물관리법 제7조)

또한 폐기물관리법에서는 폐기물처리를 다음과 같이 규정하고 있다.[9)]

- 누구든지 시장 · 군수 · 구청장이나 공원 · 도로 등 시설의 관리자가 폐기물의 수집을 위하여 마련한 장소 또는 설비 외의 곳에 폐기물을 버려서는 안 된다(99. 2. 8. 개정).
- 시장 · 군수 · 구청장은 토지 · 건물의 소유자 · 점유자 또는 관리자가 제6조 제2항의 규정에 의한 청결을 유지하지 아니하는 경우에는 당해 지방자치단체의

8) 「폐기물관리법」 제6조.
9) 상게법, 제7조.

조례가 정하는 바에 따라 필요한 조치를 명할 수 있다(99. 2. 8. 개정).

(2) 주택법에 의한 청소

주택법의 위임에 의한 공동주택관리 규약에서 단지 안의 청소, 소독, 쓰레기 수거 등을 규정하고 있다.

3) 청소의 목적 및 효과

(1) 청소의 목적

청소의 주요 목적은 다음과 같다.

① 생활환경의 청결성 유지
② 건물의 보건성 확보
③ 건물의 미관성 확보
④ 정리 · 정돈
⑤ 건축물의 노화예방
⑥ 빙판 · 제설작업 등을 통한 안전사고 예방

(2) 청소의 효과

청소의 효과는 첫째, 건물의 미관성을 향상시킨다는 점이다.

깨끗이 청소함으로써 건축물은 그 본래의 아름다움을 발휘하고, 건물의 품격을 높인다. 건물은 아름다운 조형물인 동시에 그 건물의 소유자나 사용자에게는 사무실이며, 영업장소이며, 때로는 영업하는 물건 그 자체이므로 언제나 아름다운 상태로 가꾸고 싶은 것은 당연한 욕망이다. 즉 청소는 미관성을 확보하게 한다.

둘째, 청소는 건물 보전에 좋은 영향을 준다.

건축물은 청소를 게을리 하면 곰팡이가 생기고 녹슬게 되어 노후화를 촉진하기 쉽다. 또 청소기법 중에는 직접 건축자재를 보호하고 마모 · 변색 · 발청을 방지하거나 사전 손실방지로 수명을 연장시키는 작업도 많다.

셋째, 보건성의 확보이다

빌딩은 많은 사람이 출입하고, 이용하는 장소이므로 그 환경을 항상 위생적으로 유지하는 것이 필요하다. 청소는 빌딩 안의 위생을 해치는 먼지 · 쓰레기 · 때 등을 제거하는 작업으로서 빌딩 안의 환경위생 유지에 필수불가결한 업무이다.

빌딩이 도시의 구성요소로서 점차 많은 사람이 이용하는 장소가 되어감에 따라 빌딩 청소의 환경위생적 의의는 앞으로 한층 높이 평가될 것으로 보여진다.

넷째, 건물청소는 청결성을 유지하게 해준다.

청소는 먼지, 오물, 때, 쓰레기 등을 매일 제거함으로써 건물 내의 환경을 항상 깨끗하게 유지하여 청결성을 유지하게 한다.

4) 청소의 분류

건축양식과 건자재 등이 급격히 변화되는 요즈음 예전의 청소방식으로는 신축당시의 건물상태를 유지하기가 어렵다. 공업화 · 산업화의 발전에 따라 오염물질의 형태 · 성분 등이 더욱 복잡해졌고, 식생활 양식 등의 변화에 따라 오염 · 때의 종류도 다양해지고 있다. 이에 대한 사전적 정보지식 그리고 새로운 처리능력이 필요하게 되었다. 건물의 사용형태상 청소는 주로 야간에 이루어지고, 또한 건축구조물의 특성에 따라 보다 고도의 청소계획에 의한 작업진행이 요구되는 바, 이를 시기와 주체에 따라 분류하면 다음과 같다.[10)]

(1) 청소시기에 의한 분류

청소작업은 청소의 시기 및 작업범위에 따라 일상청소 · 정기청소 · 특별청소로 분류하며, 특별청소 대신 임시청소로 분류하기도 한다.

가. 일상청소

일상의 작업가능 범위 및 청소작업표(또는 청소계획표)에 의거, 건물을 사용하는 날에 행해지는 작업이다. 사용되고 있는 건물의 내 · 외부는 매일 여러 가지 원인에 의해 더럽혀지고 쓰레기가 발생한다. 또한 사용하지 않더라고 시간이 흐름에 따라 창문의 유리는 흐려지고 바닥에는 먼지가 쌓인다. 사람이 사용함에 따라 신발의 흙 · 모래가 묻어 들어오고 휴지 · 쓰레기 등이 쌓이게 되는 바, 이는 일상적 청소업무를 통해 제거하여 쾌적한 환경수준을 갖도록 해야 한다.

이러한 일상청소의 청소범위는 현관, 계단, 복도, 화장실, 건물 주위, 단지 내

---

10) 목진호, 상게서, pp.23~26.

도로 등 공용부분에 대한 청소이며, 청소대행 형태에 따라 달라질 수 있지만 전유부분의 청소대행이 함께 이루어질 경우 전유부분의 바닥 · 집기 등의 제진작업이 함께 이루어진다.

일상청소를 작업별로 분류하면 다음과 같다.

- 바닥쓸기, 먼지털기, 바닥 광내기, 필요한 부분에 젖은 마포질
- 진공청소기에 의한 카펫 바닥의 손질
- 벽과 기둥의 아랫부분, 출입구 주변, 출입문 주변, 계단 주변의 청소
- 엘리베이터 내부의 청소
- 화장실 · 세면대의 청소와 휴지 · 세수비누 · 타월 등의 재료공급
- 사무실 · 실내의 바닥청소 및 먼지제거
- 집기의 먼지제거 및 걸레질
- 담배꽁초 · 휴지 · 빈병 등이 처리
- 빌딩 주위의 청소

나. 정기청소

건물 내 · 외의 청결유지는 일상청소에 의해서는 한계가 있다.

청소작업계획에 의하여 주1회, 월1회 등 일정한 주기마다 정기적으로 청소함으로써 일상청소에 의해 배제되는 부분을 조화롭게 진행하여 완벽을 기하는 것으로 작업횟수는 일상청소보다 적으나 중요도 면에서 소홀히 할 수 없는 것이다.

정기청소를 작업별로 분류하면 다음과 같다.

- 바닥의 세척, 바닥의 수지피막(樹脂皮膜) 보수
- 바닥 유지제(維持劑) 의 제거와 재도장(再塗裝)
- 카펫의 부분 또는 전면 클리닝
- 계단 · 창틀 등의 금속 닦기
- 높은 곳의 먼지 털기
- 벽 · 집기의 먼지털기, 걸레질
- 전등 · 환풍기 · 블라인드 먼지털기, 커튼 먼지털기 또는 세탁
- 유리창 클리닝
- 바깥벽의 새시 주변, 유리창 주변의 청소

다. 특별청소

정기적으로 청소작업이 요구되지는 않으나 계절적 요인 및 비노출 지역, 특수청소의 필요에 의해 특별히 시행하는 작업이다.

이를 분류하면 다음과 같다.

- 외벽 · 내벽의 제진 · 세정 · 고소청소
- 제설 · 제빙 · 배수청소 등

라. 임시청소

임시청소란 돌발적으로 청소의 필요성이 발생하여 실시하는 청소작업을 말한다. 빌딩 안의 청소는 일상청소와 정기청소만을 계획적으로 해나가면 청결을 충분히 유지할 수 있으나, 예기치 않은 사정이 일어나서 임시청소를 필요로 하는 경우가 있다. 예를 들면 빌딩 안의 내부적인 이동, 공사규모가 큰 회의, 새로운 기물 · 집기의 구입, 폭풍 · 폭우 · 화재 등 천재지변이나 재해가 있었을 경우 등이다.

이런 임시청소는 처음부터 계획에 포함시킬 수 없으므로 임시청소의 사정이 발생하면 작업계획을 일시 중단하고 임시조치를 취해야 한다.

〈표 3-3〉 빌딩의 청소 분류 및 작업범위

구 분	내 용
일상 청소	① 사무실은 일과시간 전에 출근하여 담당구역 내의 청소상태 등을 점검 · 처리한다. ② 화장실 · 복도 · 계단 · 금속제품 · 재떨이 · 쓰레기통 · 위생기구 · 공유집기 등을 청결히 하여 원상태를 유지한다. ③ 화장실 내 화장지 등의 위생용 소모품을 보충한다. ④ 출입이 빈번하여 오염되기 쉬운 곳은 수시로 점검하여 청결히 한다. ⑤ 쓰레기통 · 재떨이 등을 수시 점검, 오물 분리수거 처리한다.
정기 청소	① 건물 내의 청결유지를 위한 작업으로 업무에 지장을 주지 않는 범위 내에서 정기적으로 이루어지는 대청소, 유리청소, 금속제품 광택작업, 대리석, 석면, 등커버, FCU 커버, 높은 곳 먼지 제거, 특수지역 청결작업 등을 처리한다. ② 대청소 등 합동으로 이루어지는 작업은 효율성 있게 조편성하여 운영한다. ③ 정기청소 및 특수시설물 청결작업에 소요되는 약품 · 재료 등을 관리하여 시설물의 손상이 없도록 유지 관리한다.
임시 청소	① 상황변동에 따라 관리상 필요하다고 인정되는 청소작업으로서 입주사의 사무실 변경에 따른 대청소, 불의의 사고로 인하여 오염이 발생되어 조치할 청소, 계획상 없었던 작업이 긴급 발생되어 처리하여야 할 청소 등을 처리한다.

구 분	내 용
	② 인력은 전문성과 일반성을 구분하여 감독 책임하에 실시한다. ③ 임시청소에 수반되는 모든 사항은 건물 운영부서와 협의 처리한다.
특별 청소	① 외벽과 내벽의 제진, 세정, 고소 작업 등 계절적 요인이나 비노출 지역 청소 ② 제설 · 제빙 · 배수 청소, 정화조 청소 등
야간 청소	① 사무실 내의 카펫 흡진 진공청소작업 ② 작업으로 인하여 근무에 지장을 줄 수 있는 작업 ③ 사무실 내 쓰레기 수거 및 재활용품 등의 분리작업 처리 ④ 수거 쓰레기의 지하 적치장 이동 · 정리 및 컨테이너 적재작업 ⑤ 진공청소 설비 및 컨테이너 설비 운전 · 관리 업무 수행 ⑥ 설비 운전에 필요한 사항은 건물운영부서와 유기적인 업무 협조 처리

(2) 청소목적에 따른 분류

가. 사후청소

일반적 청소개념에 의한 오염물질을 제거하여 청결한 상태로의 복귀를 의미하며, 종국적 청소결과의 산물인 폐기물의 처리까지 일컬어 예방청소와 대비하여 사후청소라 한다.

나. 예방청소

예방의학의 발전에 따라 실내 환경오염 예방의 중요성이 증대되면서 최근 사전 오염원의 차단 및 축소를 위한 다양한 형태의 시도가 이루어지고 있는데, 청소업무에서도 분진의 예방, 더러움 · 때의 예방 등 의식적인 업무형태가 이루어지고 있으며, 이를 일컬어 예방청소라 한다.

(3) 작업주체에 따른 분류

가. 용역회사에 의한 청소

청소전문업체와 용역계약을 체결하여 동업체로 하여금 청소를 전담하게 하는 방법으로 통상 건물관리계약의 일환으로 같이 이루어지는 경우가 많으며, 특히 대규모 청소 또는 정기 · 특별 청소의 경우에 많이 이용된다.

나. 일용직원에 의한 청소

청소전담 직원을 고용하여 청소를 하는 방법으로 건물청소보다는 대규모 아파트에서 일상적으로 청소할 때에 주로 이용된다.

5) 환경미화원

'한국표준직업분류'에 의하면 건물청소원 및 건물관리원은 단순노무직 근로자로 분류되며, 이는 손도구의 사용과 육체노동이 요청되는 단순하고 일상적인 업무로 이루어진다. 이들 직업은 제1교육수준의 직무능력이 요구되는 직업으로 분류하고 있다. 한국표준직업 분류에서는 청소원을 다음과 같이 정의하고 있다.

건물청소원은 공공건물 · 사무실 · 상업건물(호텔 등의 숙박시설 제외) 및 아파트 등의 건물 내부를 청소 · 정돈 · 관리하는 자를 말한다. 경우에 따라서는 세탁 · 다림질 및 기타 활동을 돕기도 하며, 건물관리인의 직무를 수행하기도 한다. 공장청소원, 공공건물청소원, 식당청소원, 사무실청소원이 포함되며, 가사청소원은 제외된다. 청소원에 대한 정의와 관계없이 청소원의 호칭은 환경미화원으로 해야 하며 건물의 환경, 청소, 위생관리에 대한 전문 직종임이 분명하다.

건물관리원은 아파트 · 주택 · 호텔 · 사무실 · 교회 및 기타 건물을 관리하며 청소 · 유지하는 자를 말하며, 그들의 주요업무는 다음과 같다.

- 건물의 내부를 청소하거나 간단한 수선 및 정비를 한다.
- 난방과 온수를 제대로 공급할 수 있도록 난로와 보일러를 손질한다.
- 소음 및 재산의 잘못된 사용과 같은 문제에 있어서 거주자 및 기타 건물사용자의 행위를 규제한다.
- 대신해서 배달물을 접수하거나 방문자에게 필요한 정보를 제공하는 등 부재중인 거주자에게 소규모의 서비스를 제공한다.

즉 건물관리원은 건물관리인, 건물수위, 건물청소관리인, 교회관리인을 포함한다.

이러한 직업적 분류를 차지하고라도 청소업무에 종사하는 환경미화원은 직업에 관한 투철한 사명감이나 긍지도 없이 3D 업종에 종사하게 되어 외부로의 노출을 꺼리고 작업에 임하게 되는데, 청소에 대한 의식전환이 절실히 요구되고 있다. 스스로도 자신이 하는 일이 건물사용자나 입주자 모두에게 청소를 통하여 위생환경의 조성을 통한 청결한 공간 조성과 청소업무를 통하여 위생 사고를 예방하고 건축물의 내용연수를 늘여가는 등 전문성을 가진 전문직업인으로서의 직업의식을 가져야 한다. 또한 외국의 사례처럼 소정의 직업교육 및 관계 법률의 제정을 통하여 직업의식 수준을 높여줘야 할 것이다.

이 분야의 깊은 연구와 노력이 함께 한다면, 환경미화원은 사회적 의식변화로 전문직업인으로서 인정받게 될 것이다.

(1) 환경미화원의 자격

- 환경미화원의 자격은 건강하고 정신적으로 확고한 사람이어야 한다. 빌딩의 각 사무실 특성상 기밀에 속하는 사항이 많으므로 신원이 확실하고 신임할 수 있어야 하며, 청소 상태에 예민한 감각을 가진 사람이어야 한다.
- 건축자재 등의 복잡화로 인한 청소기기 및 기계의 다양화로 이를 충분히 숙지하고 취급할 수 있는 전문기능을 갖추어야 한다. 물론 단순한 청소작업에는 고령자나 중년여성의 활용도 가능할 것이다.

(2) 환경미화원의 자세

- 업무수행에 대하여 충실해야 한다.
- 업무를 지속적으로 수행할 수 있어야 한다.
- 부주의는 사고를 일으킬 수 있으므로 주의력을 길러야 한다.
- 확실한 신원과 신용이 있는 성실한 자질이 필요하다.

(3) 환경미화원의 지도

- 청소작업계획은 주별 · 월별로 계획표를 작성하여 청소요원에게 시달하여 실시하게 한다.
- 매일 일정시간을 정해서 감독자의 의도를 충분히 이해하도록 한다.
- 청소용구와 자재의 준비시간을 정해서, 청소도구와 기계를 수선 · 손질하고 소모품도 보급해야 한다.
- 실제로 작업상황을 관찰하고, 적당한 작업시간을 할당하도록 노력해야 한다.
- 청소요원의 노력과 성과를 평가하고, 잘된 것은 받아들여 응용한다.
- 매월 1~2회 간담회를 열어 청소요원의 노고를 위로하고 의견을 듣는다.
- 건축자재, 각종 세제, 청소기계 등의 최신지식을 전달함으로써 일에 대한 흥미를 지속하게 한다.

- 환경위생의 지식과 청소의 사회적 중요성을 청소요원이 자각하도록 일깨워준다.

(4) 환경미화원의 후생

- 활동적이고 기능적인 제복으로 청결·단정한 복장을 유지해야 한다.
- 작업 중 단시간의 휴식은 청소능률을 향상시키므로 일정한 장소에서 정기적인 휴식을 제공해야 한다.

6) 청소작업계획

청소업무는 건물의 구조·사용용도·건물면적 등에 따라 다양하게 나타나며, 작업조건과 작업사양 등이 달라진다. 이는 구획된 건물 내의 사용현황이나 작업시간의 제한 등으로 청소작업 내용에 직접적 영향을 미치며, 일상청소·정기청소·특별청소·임시청소별로 그 업무는 차이가 상당하며, 세부적 분류기준도 모호하다. 또한 그 작업내용에 있어서도 비교적 간단한 것이 있는가 하면 상당히 복잡하고 고도의 기술이 필요한 것도 있으며, 이러한 일련의 행위가 복합되어 청소업무 관리가 이루어진다.

따라서 청소를 계획적으로 집행하기 위하여는 각종 청소작업을 작업대상·장소·면적·재질·작업방법·사용기자재·작업빈도에 따라 분류하고 그것을 정리하여 작업사양서로서 일련의 청소작업이 조직적이고 체계적으로 이루어지도록 해야 하며, 다음의 기준에 의하여 청소작업계획이 수립되어야 한다.

① 적시적소성을 최대한 고려한다.
② 작업수행이 조직적이고 체계적이 되도록 한다.
③ 업무를 수행하는데 충분한 시간이 할당되도록 한다.
④ 불필요한 시간낭비는 없도록 한다.
⑤ 청소의 경제성을 고려하여 주어진 예산의 범위 내에서 최적화를 이루도록 한다.

이러한 기준 하에 종사인원을 산정하게 되는데 청소업무 계획에 있어서 인원산정은 가장 중요한 요소이다. 이는 건물용도, 건물 입지조건, 건물 규모 및 구조, 건물 주요건자재, 건물 사용현황, 요구되는 청결 정도에 따라 달라지는데, 우선 이에 대한 건물 사전조사를 통하여 당해 건물의 청소에 필요한 작업량을 도출하게 된다.

개략적인 산정방법으로는 청소바닥 면적, 바닥재의 종류, 특수 작업 면적(화장실의 수, 창문유리 면적 등) 등으로 추정할 수 있다.

표준작업량이 정해져 있다면 상기의 업무계획 수립에 중요한 자료로 이용할 수 있다. 이는 청소종사원이 일정시간 내에 수행할 수 있는 평균적 작업량을 의미하며, 표준작업시간으로도 이용될 수 있다. 일반적 기준으로 용인되는 표준작업량과 표준작업시간을 산출할 수 있다면 건물청소의 합리화에 기여할 수 있으나, 이는 작업준비시간, 작업장소의 이동, 대기시간, 공동작업 범위 등에 따라 복잡하다. 따라서 적정인원 배치 또한 어렵게 된다. 통상 유사건물의 작업 배치인원을 참고하여 추후에 수정하는 형태가 일반적으로 통용되고 있다.

향후 이 분야에 대한 보다 체계적 접근과 연구가 수반되어야 할 것으로 판단된다. 청소작업계획은 다음과 같은 효과가 있다.

① 작업을 예정하고, 검토하는데 편리하다.
② 노동력이나 기계 · 기구 · 자재 준비를 빠뜨리지 않게 한다.
③ 종사원에게 업무를 알려주고, 각자의 업무를 스스로 알게 한다.
④ 청소장소 · 청소시간 등을 잊지 않게 한다.

4. 건물시설의 위생관리

1) 위생관리의 의의

건물은 다중이 출입하거나 상주하는 곳이므로 위생상태가 양호해야 하고 전염병으로부터 자유로운 상태라야 한다.

건물의 위생 상태를 유지하려면 살균과 소독이 필요하고 질병을 매개하는 해충이나 바퀴벌레, 쥐의 서식을 차단해야 한다.

건물의 위생관리를 위해서는 소독과 살균을 통해서 오염된 미생물을 제거하거나 감소케 함으로써 전염병 감염을 방지할 수 있다.

관리대상의 건물의 위생상태를 철저히 유지하려면 소독과 살균작용을 해야 하는데 이를 실시하기 위해서는 소독과 멸균작업이 병행되어야 한다.

멸균이란 병원균 또는 비병원균, 아토 등 모든 미생물을 살균 또는 제거시키는 작업을 말하고, 소독이란 병원균을 사멸시키지만 비병원성은 아직 살아있는 것으로 소독제를 사용하거나 자비멸균, 저온살균 등의 방법이 있다.

또한 소독은 전염병이 퍼지는 것을 막기 위해 병원 미생물의 생활력을 파괴 · 멸살시켜 감염 및 증식력을 없애는 살균법을 말한다. 건물의 소독은 구서조치와 함께 전염병 예방법에 따라 의무적으로 실시해야 한다.[11)]

2) 소독약제의 조건 및 구비조건

소독약제의 조건과 구비조건은 다음과 같다.[12)]

(1) 소독약제의 조건

- 살균력이 완전무결할 것
- 인체나 가축에 해가 없을 것
- 경제적이고 구하기 쉬울 것
- 소독제에서 불쾌한 냄새가 나지 말 것
- 소독하는 물질을 침해하지 않아야 할 것
- 사용약제는 보건복지부의 허가품일 것

(2) 소독약제의 구비조건

- 관리약사의 지시에 따라 희석배합된 약품으로 훈련된 소독사가 직접 작업할 것
- 살균력이 있고, 부식성 · 표백성이 없을 것
- 용해성이 높고 안전성이 있을 것
- 경제적이고 사용방법이 용이할 것

3) 소독의 대상

건물시설의 소독대상은 다음과 같다.

---

11) 「전염병 예방법」 제40조.

12) 목진호, 전게서, p.92.

(1) 수목소독

나무를 많이 심는 것도 중요하지만 심은 나무를 잘 가꾸는 것은 더욱 중요하다. 환경개선을 위하여 심은 수목에 송충이나 나방이 서식하여 수목의 고사는 물론 미관상 · 위생상 불결한 상태를 유발케 하며, 이들이 건물에 떼를 지어 침입 · 번식하게 되면 그 피해는 막대하므로 이들 해충의 발생이 예상되는 시기에 철저한 방법으로 구제작업을 실시해야 수목의 보존과 환경개선에 만전을 기할 수 있다. 수목소독에 특히 고려해야 할 사항은 다음과 같다.

- 사용약제는 보건복지부의 허가품이어야 한다.
- 사용약제는 인체 또는 가축에 유해하지 않아야 한다.
- 소독결과 해충구제는 완전해야 하며, 외부에서 재침입하지 않는 한 지속성이 있어야 한다.
- 소독 후 최초 1개월까지 특별한 경우를 제외하고 수목에 해충의 기생이 발생하였을 경우 시공자는 지체 없이 이에 대하여 재소독하여야 한다.
- 소독으로 인하여 발생하는 피해는 구제작업자가 일체의 책임을 져야 한다.

(2) 오물장 소독

건물의 오물장에 집적된 오물이 부패할 때의 악취가 각 세대의 창고, 주방, 다용도실 주위 등에 퍼져 입주자들에게 불쾌감을 줄 뿐 아니라 파리 · 모기 · 개미 · 구더기 등의 번식처로서 보건위생상 취약점이 되고 있어 악취 제거 및 구충 멸균을 위한 소독에 만전을 기해야 한다. 오물장 소독시 특기사항은 다음과 같다.

- 고압컴프레서를 사용하여 내부 구석구석 고루 살포하여 성충구제 및 해충의 알을 구제하고 동시에 살균효과도 겸한다.
- 오물장 통로에 있어 옥상 층까지 비산해충을 구제하기 위하여 가열 증발시키는 특수동력 기재로 연무 소독한다.
- 오물의 부패로 인한 악취 제거를 위하여 소독제를 동력 산분기로 오물장 내부 및 주위에 살포하여 악취를 제거한다. 그리고 소독장비 및 기구로는 분사식 고압분무기, 고압연무기, 동력산분기, 수동식 분무기 등이 있다.

(3) 지하실 및 피트 소독

지하실 및 피트(pit)는 공기유통이 잘 되지 못하고 외부 온도보다 높으며, 습기나 물이 항상 많이 있어 해충의 서식 및 발생의 근원지가 되고, 지하층에서 발생한 해충이 각 세대에 침입하여 피해를 주게 된다. 특히 바퀴와 모기는 지하층의 높은 온도(난방시설지구 심함)로 연중 발생되고 있어 철저한 구제 및 근원지 제거에 각별한 노력이 필요하다. 지하실 및 피트 소독에 있어 특기사항은 다음과 같다.

① 고압도력 분무기로 고루 살포하여 살균과 동시에 악취를 제거하는 이중효과를 얻도록 한다.
② 나는 해충 및 기어 다니는 해충의 구제를 위하여 전동미립분무기로 공간에 직접 분무한다.
③ 분무제가 미치지 못하는 심부에 있는 해충을 구제하기 위하여 가열 증발시키는 특수동력 기계로 연무 소독한다. 그리고 소독장비 및 기구로는 고압동력분무기, 산분용 동력분무기, 다량직접분무기, 다량연무가능 분무기 등이 있다.

(4) 실내소독

도시의 공동주택화에 따른 난방시설의 대량보급과 생활수준의 향상으로 해충(바퀴 · 모기 · 파리 · 빈대 · 벼룩 · 개미 등)의 서식에 호조건이 조성되어 무서운 속도로 번식함으로써 많은 문제점이 대두되고 있다. 각종 법정 전염병균의 매개체인 이들 해충으로 인한 피해를 방지하기 위하여 철저히 박멸해야 할 것이다.

가. 실내소독에 있어서 특기사항

- 가옥 내의 바퀴 · 모기 · 개미 · 지네 등 해충의 서식장소인 구석 또는 빈틈에 수동식 압축분무기를 사용, 약제를 살포하여 성충구제 및 해충의 알구제와 동시에 약효를 잔효시켜야 한다.
- 해충이 실내에 기어 다니는 것을 구제하기 위하여 전동미립자 분무기로 공간에 직접 분무한다.
- 분무제가 미치지 못하는 심부에는 해충 구제를 위하여 가열 증발시키는 특수동력 기계로 연무 소독한다.

- 소독 후의 냄새를 제거하기 위하여 소취제를 사용한다.

나. 실내소독시 주의사항

- 사용약제는 보건복지부의 허가품일 것
- 외부에 사용하는 약제보다 저독성일 것
- 관리약사의 지시에 따라 희석배합된 약품으로, 훈련된 소독사가 직접 작업할 것
- 공가 후 실시를 원칙으로 하여 작업 후 검수자의 확인에 의거 입실토록 할 것
- 소독실시 전에 가축 · 음식물 · 관상어 · 조류 · 화분 등을 외부로 옮기도록 조치할 것
- 인체 · 가축 · 식물, 기타 가구 등에 소독으로 인한 피해가 없도록 할 것

4) 건물소독방법

소독방법에는 물리적 소독법과 화학적 소독법 등이 있다.

(1) 물리적 소독법

물리적 소독법에는 다음과 같은 소독법이 사용된다.

- 여과법
- 일광조사법
- 건조법
- 소각법
- 건열법

(2) 화학적 소독법

화학적 소독법은 석탄산, 크레졸, 알콜류, 포름알데히드와 같은 화학약재를 사용해서 소독하는 방법이다.

자세한 내용은 이 책의 각론인 건물자산환경관리론을 참고하기 바란다.

5. 건물의 조경시설물관리

1) 의 의

녹지는 마음의 안정을 주며 공기정화기능을 나타낸다. 도시녹지율이 30% 이하가 되면, 사람들이 불안을 느끼게 된다. 식물은 공기를 정화시켜줄 뿐만 아니라 여러 가지 유익한 물질(산소·피톤치드 등)을 공급해 줌으로써 인간생존의 절대적 조건이다.

조경관리라 함은 건물 내외의 녹지공간을 체계적으로 유지관리하여 입주자에게 휴식처를 제공해주며, 깨끗한 공기환경을 조성하고, 쾌적하고 아름다운 건물환경을 형성하는데 필요한 활동을 뜻한다. 또한 시각적인 미와 거주환경의 쾌적성을 높여주는 조경의 관리는 전문적이고 체계적으로 이루어져야 한다.

조경관리는 크게 수목관리와 잔디관리로 나누어진다.

조경관리는 건축법 및 지방 자치단체별 조례에 따라 관리해야 한다.

2) 수목관리

(1) 식재

가. 식재시기

수목의 활착(活着)이 어려운 하절기(7~8월)와 동절기(12~2월)를 피하여 봄과 가을에 식재(植栽)한다. 낙엽 활엽수는 3월 및 11월이, 침엽 상록수는 3~4월이 좋다.

나. 식재순서

식재순서는 대체로 다음과 같다.

- 식재 예정 수목의 뿌리분 크기의 2~3배 정도로 넓고 깊게 구덩이를 판다.
- 겉흙과 비료·퇴비를 섞어 1/3정도를 넣는다.
- 다시 겉흙을 10~15cm 정도 넣어서 거름과 뿌리가 직접 접촉하지 않게 한다.
- 수목을 구덩이에 넣는다.
- 흙을 구덩이에 반쯤 채우고 약간 다져주어 나무가 흔들리지 않도록 한다.
- 나머지 흙을 채우고 약간 다져주어 나무가 흔들리지 않도록 한다.
- 지주목을 설치한다(3m 이상인 수목일 때).
- 뿌리 근처에 1/3정도로 10cm 정도의 원형 두둑을 만들어 관수할 때 흘러내리

지 않도록 한다.
- 다시 충분한 관수를 한다.

다. 식재 후의 관리

식재 후에는 다음과 같은 사후관리를 해야 한다.

- 수목이 활착하여 생장할 때까지는 주기적으로 물을 준다.
- 병충해의 발생 유무를 확인하고, 발생시에는 즉시 구제하여 더욱 악화되지 않도록 한다.
- 가을에 식재한 경우는 월동대책을 세워 짚이나 새끼 등으로 보호하고 행인 등으로 하여금 흔들거나 꺾기 등의 행위가 일어나지 않도록 한다.
- 수목의 식재나 하자보수 기간은 2년이며, 식재 후 이식을 할 때에 뿌리가 활동을 시작하기 직전이 좋다.

(2) 전정

가. 전정의 의의

수목을 그대로 방치할 경우 가지가 지나치게 밀생하거나 부자연스러운 수형으로 되어 보기 싫게 된다. 따라서 이를 조절하거나 이용하는 목적에 부합되도록 줄기 · 가지 · 잎 · 열매 · 눈 등의 일부를 잘라주는 작업을 전정이라고 한다.

나. 전정의 목적

전정의 목적은 건전한 생육을 조장하는 한편 경관에 조화된 수형을 만드는 데에 있다.

다. 전정의 일반원칙

전정의 일반원칙에는 다음과 같은 것들이 있다.

- 전정의 목적을 세운다.
- 나무의 상부에서 전정을 시작하여 점차 아래로 내려온다.
- 원 줄기 부근에서부터 전정을 시작한다.
- 가로수는 길이 1.8m 이하의 가지를 나무 아랫부분에서 전정하여 보행자에게 불편을 주지 않도록 한다.

라. 전정의 종류

- 적아 : 나무가 자라기 시작할 때 불필요한 눈을 따서 영양분의 손실을 방지하는 방법
- 적엽 : 나무에 햇빛과 바람이 잘 들게 하고, 수분의 증발을 억제하기 위하여 잎을 솎아주는 방법
- 적과 : 나무의 영양분 손실을 막기 위해 불필요한 열매를 제거하는 방법
- 절지 : 나무의 생육이나 나무의 미관을 위해 가지를 쳐주는 방법

마. 절지의 종류와 시기

절지의 종류와 시기는 〈표 3-4〉와 같다.

〈표 3-4〉 절지의 종류와 시기

종 류	특 성	방 법	시 기
굵은 가지 제거	지상부가 너무 무성하거나 성장속도가 너무 빠를 때 필요 없는 가지를 밑동부터 쳐낸다.	원줄기가 손상되지 않게 톱으로 가지 밑동을 제거한다.	① 침엽수 ·낙엽·활엽수 : 늦가을~이른 봄(혹한기 피함) ② 상록·활엽수 : 4월 상·중순(새싹이 나오기 직전)
가지 솎음	밀생상태가 된 수관내부를 적당히 소개(疏開)하여 통풍과 채광을 용이하게 한다.	전정가위로 밀생한 잔가지·병든 가지 등을 제거한다.	필요시에 하난 혹한기는 피한다.
가지 다듬기	회양목, 사철나무, 향나무, 쥐똥나무, 개나리, 무궁화 등에 적용한다.	전정 가위로 고르게 다듬어 둥근 형태나 모난 형태로 만든다.	늦은 봄부터 6월 중순, 9월

(3) 잠복소(潛伏巢) 설치

① 짚 또는 거적 등을 수간(樹幹)에 감아 월동하기 위하여 수간을 따라 내려오는 유충을 유인하여 그 속에서 고치를 지어 월동하게 한 다음 이를 제거하여 소각하는 것으로 병충해 구제효과가 크다.

② 방한 조치가 필요 없는 수목에 설치하여, 설치시기는 유충의 섭식활동이 중지되는 10월 초에 설치하고 이듬해 2월 중순경에 제거하여 소각한다.

③ 설치방법은 지상 1.5m 되는 곳에 폭을 30~40cm로 하여 짚이나 거적으로

감싼다.

(4) 시 비

시비의 시기, 시비방법, 시비량 및 시비시 유의 사항은 다음과 같다.

가. 시비시기

- 수목의 종류, 토양상태, 사용하는 비료의 종류 등을 고려하여 결정해야 하나 보통 편의상 복합비료를 이용하여 2~3월, 7월에 각 1회씩 실시한다.
- 비가 올 때나 비오기 직전, 또는 강풍시에는 시비(施肥)하지 않는다.
- 이슬이 없는 오전 10시부터 오후 5시 사이에 시비한다.

나. 시비 방법

- 식혈시비 : 뿌리 주위에 환상으로 구덩이를 파서 시비한다. 시비 구덩이의 지름은 수목근원 직경의 3~6배, 폭 20~30cm가 적당하고, 깊이는 10~20cm이면 충분하다.
- 전면시비 : 수관 밑을 가볍게 파고 전면에 시비한다.

다. 시비량

시비량은 다음 〈표 3-5〉와 같다.

〈표 3-5〉 시비량

수고(樹高, m)	1회 1주당 시비량	
	복합비료(g)	퇴비(g)
1	100	1,000
2~4	150	2,000
4~8	200	3,000

라. 시비시 유의사항

- 비료입자가 식물체에 직접 닿지 않도록 한다.
- 인분(人糞), 계분(鷄糞), 퇴비 등은 완전히 부숙(腐熟)된 것을 사용해야 한다.
- 장마기간 · 늦가을은 피하며, 지나치게 많은 양을 주지 말아야 한다.

- 사전지식 없이 화학비료와 유기질비료를 혼합하여 사용하지 말아야 한다.
- 이슬이 없는 오전 10시부터 오후 5시 사이에 시비한다.

(5) 월동대책

내한성이 약한 나무를 추위가 심한 중부지방에 식재하였을 경우 그대로 방치하면 동해를 입기 쉬우므로 겨울동안 새끼감기, 짚싸주기 등의 보호장치를 하여야 한다.

가. 대상수목

중부지방에서의 장미(덩쿨장미 제외), 배롱나무, 목련, 후박, 수국, 히말라야시다, 편백, 청단풍, 오동나무, 모란, 포도나무, 백철쭉, 식재묘목, 어린 묘목 등은 내한성이 약하므로 월동대책이 필요하다.

나. 시기

11월 하순~12월 초순에 설치하고, 3월 초순~3월 중순에 제거하여 반드시 소각한다.

다. 방법

새끼감기, 짚싸주기는 1.5m까지, 그 외 흙다져주기와 지주목손질 등이 있다.

라. 월동조치

① 줄기 싸주기

수분의 증발을 억제하고 태양의 직사광선으로부터 줄기를 보호하며 병충해 침입을 방지하기 위하여 새끼 등으로 가지가 돋아난 부분 이하의 나무줄기를 감싸준다.

② 뿌리덮개

수분이 증발되지 않도록 또는 잡초가 번성하지 않도록 뿌리 주위의 풀을 베어서 뿌리부분을 덮어준다.

③ 방 풍

바람이 심한 지역이나 바람이 심하게 부는 시기에 나무를 심는 경우 수분이 증발하지 않도록 줄기나 가지에 줄기싸주기를 하거나 지주공사를 한다.

④ 방 한

기온이 5℃ 이하로 떨어지면 동해를 방지하기 위하여 뗏밥(흙)으로 나무 주위를 덮어 주는 것을 말한다.

(6) 제초작업

제초는 나무 주위에 잡초가 무성한 경우 나무의 생육에 필요한 수분 및 영양소를 잡초에게 뺏기는 것을 방지하기 위하여 풀을 뽑아주는 것을 말한다. 가급적 잡초가 자라기 전에 땅 속 뿌리까지 완전히 제거하여 나무가 자라는 지역 밖으로 버린다.

(7) 고사목의 보식

① 매월 정기적으로 나무의 성장 여부를 점검하여, 고사목이 생긴 경우 즉시 보식(補植)한다.

② 동절기 및 하절기에 발생한 고사목은 수량을 파악한 후 지상 10cm에서 고사목을 제거하고, 봄과 가을에 일괄적으로 보식한다.

(8) 병충해의 방제

가. 의 의

- 나무가 잘 자라게 하기 위해서 병충해를 예방하거나 구제해야 한다. 먼저 병충해의 예방을 위해서는 나무의 주변 환경을 정비하고 적정한 시비를 하며, 수시로 약제를 살포하여야 한다. 예방조치에도 불구하고 병충해가 발생한 경우에는 즉시 구제조치하여야 하며, 전염성이 강한 병충해의 경우에는 오염부위를 제거한다.
- 병충해의 피해에는 병균에 의한 병해와 해충으로 인한 충해가 있다.

나. 병 해

① 소나무잎 녹병

- 피해수종 : 소나무, 잣나무
- 병징 : 잎에 황색의 작은 주머니가 생기며, 그 부위는 퇴색되어 고사되며, 아래로 늘어지고 봄에 발병한다.

- 방제법 : 5월 하순과 9, 10월에 4-4식 석회보로도액이나 다이센 수화제를 2주 간격으로 살포한다.

② 향나무 녹별

- 피해수종 : 향나무류
- 병징 : 4~5월경 잎 표면 또는 잎과 잎 사이에 혓바닥 모양의 갈색 돌기가 형성된다. 이 돌기는 병원균 덩어리로 수분을 흡수하면 한천과 같은 모양이 된다.
- 방제법 : 4~7월 사이에 4-4식 석회보로도액이나 다이센 수화제 800배액을 여러 차례 살포한다.

③ 가지마름병

- 피해수종 : 삼나무, 편백, 화백, 향나무
- 병징 : 가지가 마르며 고사한다.
- 방제법 : 6~7월에 다이센 수화제 800배액을 살포한다.

④ 흰가루병

- 피해수종 : 사철나무, 배롱나무, 동백나무, 단풍나무 등
- 병징 : 수간 및 가지에 흰 가루가 발생하며 고사한다.
- 방제법 : 톱신 1,000배 또는 벨레이트 1,500배액을 봄과 여름에 여러 차례 살포한다.

⑤ 기타 병해

그을음병, 탄저병, 포플라엽병, 잣나무털 녹병 등이 있다.

다. 충해

① 흰불나방

- 피해수종 : 대부분 활엽수
- 가해상태 : 1년에 2~3회 발생하여 유충이 잎을 갉아먹는다. 초기에는 실을 토하며 잎에 막을 치고 그 속에 모여 살지만 4령기 이후에는 실을 토하지 않고 나무 전체에 흩어져 엽맥만 남기고 잎을 모조리 갉아먹는다.
- 방제법 : 수리사이트 1,000배액을 부화 직후 군서생활에서 분산하기 시작하여

잎을 가해하기 시작할 때 살포한다.

② 회양목 나방

- 가해상태 : 유충 때 실을 토하여 회양목의 잎을 묶어놓고, 그 속에서 잎을 식해한다.
- 방제법 : 유충의 발생 초기에 다이메크론 또는 디프 유제를 살포한다.

③ 진딧물, 응애류의 방제법

다이메크론 1,000배액 또는 테디린 800배액을 발생 초기에 약액이 흐르지 않을 정도로 고루 뿌린다.

④ 기타 충해

송충(솔나방), 깍지벌레, 솔잎혹파리, 텐트나방 등이 있다.

라. 약제 살포시 유의사항

- 약제 살포시에는 고무장갑 · 마스크 · 모자 등을 착용하여 안전을 유지하도록 한다.
- 바람이 없는 오후에 살포함이 좋으나 부득이 바람이 불 때는 약이 몸에 묻지 않도록 한다.
- 약이 몸에 묻으면 비누 등으로 빨리 씻는다.
- 약의 희석비율을 잘 지킨다.
- 작업 중 음식을 먹거나 담배를 피우지 않는다.
- 사용하고 남은 약은 구덩이를 파서 묻고, 원제는 어둡고 서늘한 곳에 보관한다.
- 사용한 기구는 잘 씻어서 보관한다.
- 약을 뿌리다가 중독을 일으켰을 때는 옷을 갈아입히고 단추를 풀어 안정시키며 바람이 잘 통하는 곳에 눕혀놓고 의사의 진찰을 받도록 한다.

3) 잔디 관리

잔디 종자는 발아가 어렵기 때문에 파종하여 번식하는 것보다는 일정한 크기의 뗏장을 붙이는 방법이 주로 행해져 왔는데, 근래에는 종자에 화학처리하여 차종하는 종자번식이 발달되어 실용화되고 있다. 그러나 여기서는 가장 널리 이용되고 있는 재래식 방법에 대하여 설명하기로 한다.

(1) 잔디의 종류

잔디의 종류에는 양잔디와 한국산잔디(금잔디 · 들잔디 · 고려잔디)가 있으나 이 중 들잔디가 가장 생육이 왕성하고 적용지역이 넓어 가장 많이 이용되고 있다.

(2) 식재 시기와 방법

가. 식재 시기

들잔디의 식재는 연중 가능하나 한여름이나 겨울은 피하는 것이 좋으며, 최적기는 봄(3~4월)과 가을(10~11월)이다.

나. 식재법

① 평떼법

뗏장을 지면에 나란히 펴고 롤러로 고른 후 세토를 전면에 균일하게 뿌린 후 다시 전압하고 물을 뿌린다.

② 줄떼법

잔디밭을 조성한 후 즉시 사용할 필요가 없을 경우 이용하는 방법으로 자비 5~100cm의 뗏장을 20~30cm 간격으로 식재한다. 단지 내에서 부분적으로 굴취하여 보식(補植)할 경우에 적합하다.

(3) 조성 후의 관리

가. 시비

잔디밭이 조성된 후에 양호한 상태로 유지시키기 위해서는 비료를 적절히 공급해주어야 하는데, 비료량이 너무 많으면 잘 자라기는 하나 연약해져 답압(踏壓)에 약하고 병해가 많이 발생하므로 연중 적당량을 공급하도록 한다.

① 시비(施肥)량

들잔디가 양호한 생육을 계속하기 위해서는 잔디밭 1㎡당 질소 15~30g, 인산 10~20g, 칼슘 10~20g이 필요하다.

② 시비시기

시비는 봄과 여름에 실시하되 작업상의 번거로움을 고려하여 1년 2회(5월, 7월) 1㎡당 복합비료 20g 정도를 시비해도 된다.

③ 시비 방법

비료입자가 잔디밭에 고르게 떨어지도록 흩어 뿌려야 하며 잔디깎기, 제초작업 등을 실시한 후에 시비하는 것이 좋다. 비가 온 직후 또는 이슬이 마르기 전(이른 아침)에 시비하면 잔디가 타들어가는 비료해(肥料害)를 입을 우려가 있으며, 시비 후에 비가 많이 올 경우에는 비료성분의 유실이 크므로 피하도록 한다.

나. 제초작업

제초작업은 잔디관리에서 가장 중요하고 힘든 작업이다. 잡초는 생육·번식력이 잔디보다 강하기 때문에 그대로 방치하면 잔디가 눌려 생육이 억제된다. 특히, 클로버의 제거는 인력으로 해서는 안되고 필히 제초제를 사용하여 철저히 제거해야 한다.

① 인력에 의한 제초

가장 널리 이용되며, 제초효과가 확실하고 제초제에 의한 약해의 우려가 없어 안전한 방법이나 인력이 많이 소요되는 것이 결점이다. 제초 작업시 잡초의 뿌리 및 지하경을 완전히 제거해야 하며, 최소한 연간 4회 이상 실시해야 한다. 또한 정기적인 작업 외에도 수시로 제거해야 한다.

② 제초제에 의한 제초

제초효과가 좋은 약이 많으며, 인력을 절감할 수 있으나 약해를 입을 우려가 있어 사전지식이 요구된다. 예컨대 2.4D 소다염의 경우 0.2~0.6g을 물 150~200cc에 녹여 잔디밭 1㎡에 살포하면 넓은 잎을 가진 클로버와 같은 잡초의 제거에 유용하다.

다. 잔디깍기

적절한 시비와 물주기를 통해 잔기가 왕성한 생육을 하게 되면 초장이 길어져 미관상 좋지 않고 병충해가 유발되기 쉽다. 잔디깍기를 실시하면 외관상 모양이 아름다울 뿐 아니라 잡초성장의 억제, 지하경의 발생 및 분열을 촉진하여 잔디밭을 치밀하게 하며 통풍의 효과가 있어 병충해의 발생을 간접적으로 막을 수 있다.

① 잔디깍기의 횟수와 시기

잔디깍기의 횟수는 잔디의 생육상태에 따라 달라지는데 시비량이 많은 경우와 여름에 자주 실시해야 한다. 5~9월까지 월 2회 정도가 바람직하며, 최소 월 1회는 실시하여 잔디의 높이가 5cm 내외가 되도록 한다.

② 잔디깍기시 주의사항

- 키가 큰 잔디를 깍아줄 때는 처음에는 높게 하고 서서히 낮추어야 한다.
- 잔디밭이 젖어 있는 비온 직후나 오전 중에는 잔디에 충격을 주게 되므로 삼간다.
- 잔디깍는 빈도와 높이는 규칙적이어야 한다.
- 깍아낸 잔디잎은 잔디밭에 방치할 경우 미관상 좋지 못하고 잔디의 생육에 좋지 않은 영향을 주므로 제거해야 한다.
- 잔디깍는 기계의 방향은 가능한 한 규칙적이어야 깍인 면이 바둑판처럼 되어 미관상 좋다.
- 동력식 제초기를 사용할 경우 잔디밭에 잡석이 방치되어 있으면 칼날이 상하거나 엔진에 충격을 주므로 깍기 전에 잡석 · 벽돌조각 등을 제거해야 한다.
- 잔디밭에 관목류가 식재되어 있는 경우 잔디의 지하경이 수관 내부로 뻗어들어가지 않도록 제거해야 한다.

라. 뗏밥 주기

흙 또는 비료분에 혼합된 흙을 다량 뿌려줌으로써 잔디의 지하경과 토양과의 분리현상이 일어나는 것도 막고 잔디면을 평탄하게 하며 잔디의 질을 좋게 할 뿐 아니라 잔디깍기도 용이하게 할 수 있다.

① 뗏밥주기의 효과

- 잔디밭의 토양구조와 토성을 개량한다.
- 비료성분의 유실을 방지하고 생육을 촉진한다.
- 노화된 지하경을 뗏밭 속에 묻고 뗏밭 위에 새 지하경을 뻗게 하여 잔디의 갱신효과를 도모한다.

② 뗏밥주기의 방법

잡초의 씨가 혼입되지 않은 흙을 사용해야 하며, 2(세사) : 1(양토)의 비율로 약간의 유기물(퇴비)을 혼합하여 5mm 정도의 체로 친 다음 흙 두께를 1.5~4mm가 되도록 하여 이른 봄 새싹이 나오기 전에 잔디밭 전면에 뿌린다.

마. 잔디 보식

고사된 잔디, 병든 잔디, 잡초로 구성된 잔디 등을 없애고 보식지의 돌·잡초를 제거하고 굳은 표토를 잘게 부순 후 세토를 전면에 균일하게 뿌리고 식재한다.

(4) 병·충해의 종류 및 방제법

병·충해의 종류와 방제법은 〈표 3-6〉과 같다.[13]

〈표 3-6〉 병충해의 종류 및 방제법

구분	종류	특징 및 원인	방제법
병해	녹병	① 5~6월과 9~10월에 발생 ② 잎에 황동색 반점이 생김 ③ 황색가루가 바람에 날려 전염 ④ 원인 : 영양불량, 시비의 불균형, 배수 불량, 과도한 답압	다이센 400~800배액 살포
	황화현상	① 이른 봄 잔디의 새싹이 나올 때, 초기에 색이 군데군데 노랗게 되어 미관상 보기 싫으며, 생육이 왕성해지면 없어짐 ② 원인불명	우스플론 800~1,000배액 살포
	후자리움 팻치	① 이른봄 발생 ② 잔디가 죽어 새싹이 나오지 못함 ③ 원인 : 늦여름·가을(지난해)에 질소질비료의 과다시비	① 가을철 비료의 과용금지 ② 우스플론 ③ 다이센
충해	황금충	① 햇볕이 잘 드는 양지의 경사지에서 이른 봄에 많이 발생 ② 잔디싹이 불규칙적으로 나오며 당기면 힘이 없어 빠짐 ③ 13mm 정도의 유충이 잔디의 지하경을 갉아먹어 잔디를 죽게 함	① 봄·가을에 엔드린 유제 400배액 살포 ② 비산염을 10a당 50kg 살포
	야도충	황금충보다 피해가 적으며 밤에만 나와 잔디를 갉아먹음	봄·가을에 햅타제·엔드린유제 살포

13) 목진호, 전게서, p.163.

제4절
건물시설의 위험관리활동

1. 위험관리의 의의

건물시설위험관리는 건물시설을 관리함에 있어서 건물시설 위에 존재하는 위험을 사전에 제거하거나 방지하여 사고를 미연에 방지하므로 인적·물적 피해를 방지 또는 최소화하는데 필요한 이론과 방법과 기법에 관한 이론체계이다.

다시 말하면 건물시설위험관리는 최광의 관리개념에 따라 위험관리영역의 관리항목을 체계적으로 관리하여 건물시설의 안전성을 확보하기 위한 일련의 활동을 의미한다.

건물시설의 위험에는 기술위험, 경영위험, 법률위험, 환경위험, 그리고 보안위험 등이 있다.

따라서 학습의 대상은 건물시설의 5가지 위험에 대하여 학습이 이루어져야 한다.

2. 건물시설위험의 개념

1) 위험의 정의

건물에는 기술안전사고나 법률사고·경영사고·환경사고 등의 직접적인 원인이 되는 위험이 여러 가지 형태로 항상 존재하거나 생성되고 있다. 또한 이와 같은 위험은 각종 결함과 결부되어 사고로 이어지고 사고 즉시 재해를 유발시키고 있다. 따라서 건물의 근원적 안전관리는 곧 위험관리(risk control)이며, 따라서 건물위험관리의 성패는 곧 건물안전관리(B/D Safety Management)의 성패로 귀결된다.

건물에 존재하는 위험(危險)을 한마디로 정의하기란 쉽지 아니하나 건물의 안전관리가 건물시설관리활동에 있어서 최고의 관리활동이고 안전성의 확보는 최고 관리의 목표이기 때문에 이를 위하여 위험의 개념을 정의하고 정확히 이해하는 것이 무엇보다 중요하다.

일반적으로 위험(risk)이라 함은 불확실성으로 인하여 장래에 발생할 수 있는 결과의 변화 가능성을 의미한다. 즉 위험이란 사람의 생명과 건강을 위태롭게 하거나 건물의 재산을 감손시키는 요소와 어떤 업무를 실패케 하는 요인으로서 안전의 저해요소(요인)를 의미한다.[14)]

위험을 표상하는 용어에는 일반적 의미를 의미하는 danger, 상처를 입거나 생명과도 관계되는 긴박한 위험의 peril, 위험의 가능성은 있지만 그것을 알고도 이를 무릅쓰는 위험의 risk, peril 만큼은 긴박성이 없지만 직면하고 있는 사람이 제어할 수 없는 위험인 hazard 등 여러 종류의 위험이 있으나 건물시설관리의 위험은 peril, risk, hazard 모두의 성질을 포함하고 있는 위험이라 할 수 있다.

위험관리를 통하여 결과적으로 얻어지는 안전의 개념은 사람의 생명과 신체에 대한 사망 · 상해 · 부상 · 위해 · 질병 또는 위험에 노출되는 것과 재산의 감손에 노출되는 것으로부터 자유를 의미하며, 이 자유를 보호하는 방호기술, 지식, 정보, 질병 방지 기술, 방어 수단 등을 의미한다.

또한 위험은 안전의 반대개념으로서 위험이 인적 · 물적 결함과 결부되어 결과적으로 사고로 나타나게 되면 안전은 무너지고, 안전이 무너지면 인적 · 물적 피해(재해)가 나타나게 된다. 따라서 위험은 사고의 직접적인 원인이 되는 요소를 뜻한다.

결론적으로 위험이란 불확실성으로 인하 장래 발생할 수도 있는 결과의 변화 가능성으로서 사고의 원인이 되며 인적 · 물적 피해를 가져올 수 있는 위험요소를 뜻한다.

또한 건물위험관리란 건물과 관계되는 모든 종류의 위험(기술위험 · 경영위험 · 법률위험 · 보안위험 · 환경위험 등)을 사전에 제거 또는 방지하여 피해를 막거나 최소화하는 근원적인 안전관리를 의미한다.

2) 위험관리와 유사개념

건물의 위험관리 개념과 유사한 개념에는 다음과 같은 것이 있다.

(1) 안전관리

안전이란 위험을 사전에 방지하고 제거함으로써 결과적으로 얻어지는 것으로서 인적 · 물적 피해가 없는 상태를 의미한다. 즉 사고가 없거나 재난이 없는 상태를 의미한

14) 김일효 외 2인, 「건물위험관리론」 (서울 ; 남두도서,2004), p.10.

다. 또한 안전관리(safety management)란 인위적 요인이나 자연적 요인에 의하여 발생하는 재난과 재해를 사전에 방지(제거)하거나 그 피해를 경감시키는 활동을 의미한다. 그러므로 안전관리란 사람의 생명과 재산을 재해로부터 보호하는 체계적이고 계획적인 제활동(諸活動)을 의미한다.

일반적으로 안전의 사전적 의미는 사람과 물건에 관한 안전개념으로서 전술한 바와 같이 사람의 생명과 건강에 대하여 사망 · 상해 · 부상 · 위해 · 질병 또는 위험에 노출되는 것으로부터의 자유를 의미하며, 또한 재산의 감손으로부터 자유를 의미한다. 즉 안전이란 사람이 사망 · 위해 · 부상 · 상해 또는 위험과 재산의 감손에 노출되는 것으로부터 자유를 의미하며, 이와 같은 자유를 위한 보호, 방호장치, 시건장치, 질병방지기술, 지식 방호수단 등을 안전이라 한다.

버크호프 교수의 견해에 의하면 "안전이란 인간의 에너지 시스템에 관련된 인간의 예측 전망을 뒤엎고 돌발적으로 발생되는 사건을 인간행태학적 측면에서 통제하는 것"이라고 정의하고 있다. 그러나 하인리히 교수는 "안전이란 사고 예방을 의미하며, 사고 예방은 물리적 환경과 기계관계를 통제하는 과학인 동시에 예술이다"라고 정의하고 있다.

결국 건물안전관리(B/D Safety Management) 개념은 사람과 물건의 안전을 관리하는 개념으로서 기술관리(협의의 건물관리, 유지관리)의 개념으로 볼 때 기술관리대상인 시설물의 안전성 확보에는 타당한 안전관리 개념으로 보이나 최광의 관리개념의 관리대상 모두에 적용하기는 문제가 있는 개념이라 할 수 있다. 왜냐하면 경영 · 법률 · 환경 · 보안에는 안전 개념보다 위험통제(risk control) 개념으로 접근하는 것이 안전성 확보에 도움이 되기 때문이다.

또한 안전은 위험관리를 통하여 결과적으로 얻어지는 부산물이기 때문에 건물자산안전관리는 근원적으로 위험관리(통제) 개념으로 접근하는 것이 건물자산 안전성 확보에 타당한 안전관리 이론리라 볼 수 있다.

(2) 산업안전관리

산업안전관리란 산업현장에서 작업(생산 활동 포함)하고 있는 근로자에게 재해요인을 제거하거 생명과 건강을 지키도록 편안하고 안전하며 쾌적한 생산작업 환경을 조성하고 제공하는 것을 의미한다.

(3) 산업재해관리

산업재해관리란 산업현장에서 업무와 관계되는 건축물 · 원료 · 재료 · 가스 · 설비 · 증기나 분진 등에 의하거나 작업 및 기타 업무에 기인하여 사망, 상해, 부상 또는 질병에 감염되는 재해를 방지하는 활동을 의미한다. 즉 재해관리란 사고관리와 유사한 개념으로 사용되나 재해관리는 사고와 피해를 함께 관리하는 넓은 의미의 관리개념이다.

(4) 재난관리

재난이란 인위적 요인에 의한 사고의 결과를 의미하며, 재난관리란 인위적인 위험에 의하여 나타나는 사고를 방지하여 피해를 방지하거나 최소화하는 안전관리활동을 의미한다.

(5) 자연재해관리

재해란 자연적 요인에 의한 사고의 결과를 의미하며, 자연재해관리란 자연적인 요인에 의해 발생되는 폭우 · 태풍 · 지진 등의 자연적 위험을 최소화하여 피해를 방지하거나 최소화하는 안전관리활동을 의미한다.

(6) 사고관리

사고란 예상하지 않은 것이 돌발적으로 나타나 인적 · 물적 재해를 가져오는 사건을 의미한다. 또한 사고란 고의적 의도 없이 발생한 바람직하지 않은 상태나 사건을 의미한다. 이를 방지 또는 통제하는 것을 사고관리라 한다. 사고관리는 좁은 의미의 재해관리이다.

(7) 사건관리

사건이란 고의적인 의도로 인하여 문제가 되거나 관심을 끌 만한 일을 의미하며, 사건관리란 사건의 원인이 되는 문제를 사전에 방지하거나 조기에 수습하여 그 피해를 방지하거나 그 피해를 최소화하는 관리활동을 의미한다.

3) 건물위험의 존재형태와 사고 발전형태

건물의 위험에는 기술위험, 경영위험, 법률위험, 환경위험, 보안위험 등 여러 가지 위험이 존재하고 있다. 협의의 관리(기술관리, 유지관리)개념에는 기술위험, 즉 시설물에 대한 안전저해 요인만이 존재하고 있으나 최광의 관리개념에서 볼 때 기술위험을 비롯하여 경영위험 · 법률위험 · 보안위험 그리고 환경위험 등이 함께 존재하거나 생성되어 가고 있다.

건물의 위험 존재형태는 진행단계별로 살펴보면 ① 시공 전 위험(설계단계위험), ② 시공 중 위험(시공단계위험), ③ 시공 후 위험(유지관리단계위험) 등이 순차적으로 존재하며 이 모두가 건물위험 예방관리의 대상이 된다.

또한 이와 같은 위험의 존재형태는 위험종류별로 개별형태로 존재하고 있는 경우도 있으나 대개는 2개 또는 여러 개의 위험이 복합 형태로 존재하고 서로 작용하여 더 큰 안전상의 문제를 유발시키고 있다.

뿐만 아니라 건물의 위험은 전후 단계의 영향이나 연관 없이 하나의 개체로 독립적으로 성립되고 존재되는 것이 아니라 위험으로 형성되려면 적어도 전 단계에 위험환경의 존재와 위험환경으로 인하여 위험요소가 형성되고 위험요소에 의해서 마침내 위험이 생성되고 있음을 알 수 있다.

즉 적어도 위험으로 인식되려면 위험 앞에 두 단계(위험환경 조성단계, 위험요소 형성단계)를 거친 후에 마침내 위험이 나타나고 있음을 볼 수 있다.

또한 위험은 위험 그 자체만으로 사고로 나타나는 경우는 없으나 적어도 인적 · 물적 피해로 나타나는 안전사고(재해)가 되려면 위험과 어떤 결합이 접목되어야 비로소 사고로 나타나게 된다.[15]

결론적으로 최광의 관리개념의 관리대상에서 나타나는 위험의 모든 종류에서 인식되는 위험은 전후단계에서 상호작용하거나 연관 지어지는 단계와 요소가 있음을 알 수 있다. 이를 그림으로 표시하면 다음과 같다.

15) 사고는 위험과 어떤 결합이 결합될 때 또는 환경 조건이 맞을 때 발생한다. 이와 같은 결합에는 인적 결합, 물적 결합 그리고 환경적 결합이 있다.

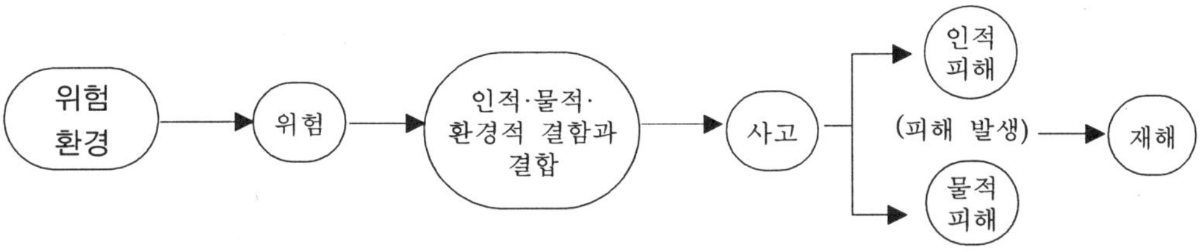

[그림 3-2] 위험의 사고발전형태

4) 건물안전관리와 위험과의 관계

건물자산관리에 있어서 안전관리에 대한 종전의 인식은 기술관리의 대상에 대한 안전관리(B/D safety management)에 편중되어 시설물 안전(facilities safety)이 지켜지고 시설물에 안전성이 확보되면 안전관리의 목표가 달성되는 것으로 인식되어 왔다. 이는 건물자산관리대상 건물을 하나의 시설의 개념으로 보아 기술관리대상으로만 간주한 오류에서 비롯된 잘못된 안전관리의 인식이라 볼 수 있다.

즉 협의의 건물자산관리개념(기술관리, 유지관리개념)에서 비롯된 안전관리사고(安全管理思考)라 판단된다.

그러나 오늘날 현대 건물자산관리개념은 최광의 관리개념으로서 건물관리의 대상을 기술관리대상 외에 경제관리대상, 법률관리대상, 안전관리대상, 환경관리대상, 행정관리대상 등 하나의 건물에 6개의 복합관리대상을 건물관리의 전체관리 대상으로 인식하고 관리하기 때문에 기술관리 대상에 대한 안전관리개념(safety management)만으로는 건물관리대상 전체에 대한 안전성 확보가 어렵게 되었다. 왜냐하면 기술관리대상을 제외한 경제, 법률, 환경, 행정 등의 관리 분야에는 위험통제(risk control)의 접근 없이는 안전성 확보가 어렵기 때문이다.

즉 건물의 관리대상에 존재하는 복합위험을 종합적으로 관리함으로써 결과적으로 안전이 확보되는 관리방법으로 접근하는 것만이 건물의 안전문제를 근본적으로 해결할 수 있는 최선의 안전관리 방법이라 판단된다.

결론적으로 건물의 안전관리는 위험요소의 존재 원리와 함께 복합 관리대항에 기인한 복합위험의 존재로 인하여 건물안전관리(B/D safety management)의 개념보다 건물위험관리(B/D risk control)의 개념으로 접근하는 것이 건물의 안전성 확보와 안전을 높이는 안전관리방법이라 판단된다.

왜냐하면 위험이 없으면 사고도 없으며, 사고가 없으면 재해는 당연히 없고, 재해가 없으면 결과적으로 안전은 확보되기 때문이다. 따라서 건물자산관리에 있어서 완전한 안전을 확보하려면 결국 건물자산의 위험을 관리해야 한다.[16)]

5) 위험의 분류

건물자산관리활동 중에 나타나는 위험에는 여러 가지 종류의 위험이 있다.

이들 위험에 대하여 종류별로 분류하는 목적은 위험을 종류별로 파악하여 사전에 위험을 효과적으로 완화, 대비, 대응 그리고 복구하여 그 피해를 최소화하는 데 목적이 있다.

위험의 종류를 다음의 기준에 따라 분류하면 다음과 같다.

(1) 건물관리대상 영역에 의한 위험 분류

건물의 위험을 관리대상 영역에 따라 분류하면 기술위험 · 경영위험 · 법률위험 · 환경위험 · 안전위험으로 분류되고, 이를 구체적으로 관리하는 관리항목의 종류와 내용은 다음과 같다.

가. 건물기술위험

기술위험이란 기술관리대상에 관계되는 위험, 즉 건축대지 · 건축물(시설) · 건축 설비에 존재하는 위험을 의미한다. 기술위험은 기술관리대상 항목별로 분류하면 다음과 같이 세분된다. 기술위험에는 크게 건축설비위험, 건축시설위험, 위험물위험 그리고 작업위험, 건물(물건)하자위험 등이 있다.

① 건축설비위험

전기설비 · 기계설비 등에 잠재되어 있거나 나타나는 위험을 의미한다.

설비위험에는 주로 폭발위험 · 화재위험 · 감전위험 · 추락위험 · 고장위험 등이 있다.

② 건축시설위험

시설위험이란 건축물의 주요 구조체와 주요 구성부분 및 마감부재에서 나타나는 위험을 의미한다. 붕괴위험 · 화재위험 · 부동침하위험 · 누수위험 · 박락위험 ·

---

16) 김일효 외, 전게서, pp.15~16.

동파위험 · 하중위험 등이 이 범주에 해당된다.

③ 건물위험물위험

위험물 위험이란 건물관리상 존재하는 위험물이나 건물관리에 필요한 에너지, 즉 가스 · 유류 · 전기와 인화물질 자체 또는 취급 부주의나 기타 원인으로 발생되는 위험을 의미한다. 화재 · 폭발 등의 사고위험이 이 범주에 해당된다.

④ 건물작업위험

작업위험이란 건물의 보존 · 개량 관리활동의 하나인 보수 · 정비 · 보강 및 대수선작업 전후 또는 작업 중에 일어나는 안전사고의 원인이 되는 위험을 말한다. 추락위험, 화재위험, 인사사고위험(사망이나 상해부상위험), 직업병위험 등이 이 범주에 해당된다.

⑤ 건물하자위험

건물하자위험이란 완공된 건물은 일정기간 하자담보기간이 적용되는데 이 기간 동안 하자유무를 확인하여 하자가 있는 경우 보수보강을 해야 한다. 관리 소홀로 하자기간이 경과하면 관리주체가 책임져야 하는데 이와 같은 책임을 건물(물건) 하자위험이라 한다.

나. 건물경영위험

경영위험이란 건물경영관리(경제관리+행정관리)에 있어서 수단이 되거나 경영관리의 대상에 관계되는 것으로서 경영관리업무에서 나타나는 사고의 원인을 의미한다. 경영위험관리 항목에는 다음과 같은 것이 있다.

① 인적사고위험

건물자산관리활동을 위하여 모집하여 선발하여 관리현장에 배치한 관리종사자에 의하여 발생하는 제사고의 위험을 인적사고위험이라 한다.

부정한 방법으로 입사하거나 경력과 기술을 속여 입사하거나 제출된 서류에 하자(특히 재정보증, 학력증명서, 이력서 위조 등)가 있어 근무 또는 작업에 기술과 능력이 미달하는 무능한 관리종사자를 선발한 경우이다. 뿐만 아니라 위장 취업하는 경우도 이에 해당되며 전과를 속이거나 자격, 고질병 또는 신분을 속이고 입사하여 회사의 업무를 방해하거나 지장 또는 손해를 끼치는 위험을 통칭하여 인적사고위험이라 한다.

또한 지병이 있거나 음주를 지나치게 하여 알코올에 중독되었거나 마약에 중독된 자의 선발 채용 등도 인적사고위험의 사례이다. 또한 선발된 인원(직원)이 부정구매, 부적절한 공사 발주와 명분 없는 노사문제를 일으키거나 신분상의 하자나 경영에 간섭 · 방해하여 회사운영(경영)에 막대한 지장을 초래하는 위험이 바로 인적위험이다.

② 경영손실위험

건물경영관리 손실의 원인이 되는 위험을 말한다. 도난사고 · 보안사고 · 안전사고 발생으로 인한 보상, 임대계약사고, 마케팅 실패, 시설설비의 고장, 안전사고, 부정 구매사고, 부정 공사발주, 회계부정사고, 과태료나 행정벌, 부과처분, 형사벌과금 등이 건물경영관리에 치명적인 경영손실을 초래하는 위험인 바 이와 같은 위험 등이 경영손실위험에 해당된다.

③ 경영환경 변화위험

건물경영 관리상에 영향을 미치는 요인, 즉 경제사정, 임대시장 여건, 상권의 변화 등 건물경영관리에 악영향을 미치는 경제 환경 변화의 요인을 건물경영환경 변화위험이라 한다.

④ 회계부정위험

회계담당자 또는 경영자가 고의로 분식회계나 금원을 횡령 · 착복 등으로 경영상의 사고를 초래하는 위험을 말한다.

⑤ 피해보상위험

관리주체 또는 관리자들에 의하여 고의 또는 과실로 안전사고 발생, 화재 발생, 계약사고 발생, 건물관리관 재판의 패소 등으로 인적 · 물적 피해가 발생되는 경우 그 피해를 보상하지 않으면 안된다.

이와 같은 보상위험사고를 피해보상위험이라 한다.

⑥ 관리예산누수위험

관리는 정직하게 윤리상의 하자가 없도록 투명하게 관리해야 한다. 그러나 부정직하게 관리할 때, 사적 이익을 위하여 관리할 때 관리예산은 누수되게 된다.

이와 같은 위험이 또 하나의 경영위험이 된다.

⑦ 자산가치 하락위험

경기변동, 사회적 변화, 인근지역의 변화, 관리 잘못 등으로 관리대상 건물의 자산가치가 낮아지는 위험이다.

건물은 부동산이므로 위치에 따라 자산가치가 상승하거나 하락한다. 즉 사람이 많이 모이는 위치의 건물은 자동적으로 자산가치가 상승하나 그 반대인 경우에는 자산가치가 내려간다. 이와 같은 위험을 자산가치 하락위험이라 하고, 건물경영위험이 된다.

⑧ 공실손실보전위험

임대용 건물에 있어서 과다한 공실발생은 건물경영에 치명적인 손실을 초래하고 손실을 보전해야 하는 위험이 따른다. 임대관리를 잘못하거나 임대경쟁력을 상실하면 공실률이 급격히 상승하고 경영의 위험이 된다.

⑨ 관리비적자위험

정액제 성격의 관리비는 갑작스런 온도의 변화나 기후변화, 에너지 가격의 상승 안전사고 등으로 적자가 발생하게 되는데 이와 같은 위험을 관리비적자위험이라 한다.

⑩ 금전사고위험

수익성 임대건물에서 임대관리나 관리시 수납 등에서 입금된 임대료・관리비 등이 관리종사자에 의하거나 타인의 고의 과실에 의하여 입금 관리되지 아니하고 사라지는 위험을 말한다. 건물관리현장에서 매우 조심해야 할 위험 중 하나이다.

왜냐하면 건물관리현장에서금원을 매일같이 빈번히 다르기 때문이며, 실제 금전사고가 종종발생하고 있기 때문이다.

다. 건물법률위험

건물의 법률위험이란 법률관리대상에서 나타나는 위험으로서 이에는 다음과 같은 위험이 있다.

① 계약사고위험

건물관리와 관련한 계약을 체결하거나 이행과정에서 나타나는 위험을 말한다.

중도금 또는 잔금, 임대료나 관리비 등을 이행치 아니하거나 허위 또는 부정계약하여 계약상의 법정 분쟁 또는 손실의 원인이 되는 위험이 계약사고 위험이다.

계약사고위험은 경제적 손실은 물론 시간상으로도 엄청난 고통을 가져오게 된다.

② 건물관리법령사고위험

소방관계법 · 건축법 등 관리관계법령의 준수나 이행을 고의 또는 과실로 이행하지 않아 나타나는 과태료나 형사벌의 위험을 말한다. 건물관리는 건물관리법령에 적합하게 관리될 때 건물관리법령사고 위험은 방지될 수 있다.

건물관리 법령상 강제하거나 이행 또는 준수해야 할 의무규정이 많으며, 이를 이행하지 않거나 준수하지 않을 경우 10년의 징역이나 고액의 벌금형과 과태료 등의 처분을 당하게 되는 경우가 무수히 규정되고 있다.

③ 소유권상실위험 및 허유권화 위험

소유권은 소멸시효에 걸리지 않으나 건물소유권상에 지상권 · 저당권 · 전세권 등 제한물권이 설정되거나 건물을 목적물로 하는 공증조서, 인락조서, 화해조서를 작성하거나 물상보증행위나 가압류 · 가처분의 대상이 되는 경우 건물의 소유권은 허유권이 되고 경매의 대상이 되며, 사용 · 수익 · 처분의 권능을 제한하는 제요소들이 소유권 보존을 상실 또는 허유권화 하는 위험들이다.

④ 공적서비스위험

건물의 유지관리를 위하여 공적서비스를 유관기관으로부터 적절히 제공받아야 할 전기, 가스, 수돗물, 전화, 소방, 119서비스, 청소, 쓰레기 등이 어떤 원인으로 적기에 공급받지 못하여 유지관리에 문제가 되는 위험을 말한다.

⑤ 권리하자위험

건물관리상의 권리(㉠ 저당권, 보험가입채권, 임차권, 전세권, 채권적 주택전세권 등)에 어떤 원인으로 권리상에 흠결이 생겨 법률적으로 문제가 되어 손해배상 또는 형사적으로 책임을 지게 되는 위험을 말한다.

라. 건물환경위험

건물의 환경위험이란 건물환경관리대상과 환경관리활동상에 나타나는 위험을 의미한다. 건물환경위험에는 다음과 같은 환경위험관들이 있다.

① 수질오염위험

건물 내의 먹는 물이 악성의 물질에 노출되거나 오염되어 오염된 수돗물로 인하여 생명과 건강상의 문제를 야기시키는 위험을 말한다.

② 실내공기오염위험

재실자의 건강을 해치는 매연·실마감재의 화학물질, 페인트, 악취, 먼지 등으로 실내가 오염되어 건강상 피해를 주는 위험을 말한다.

③ 생활환경오염위험

건물을 둘러싸고 있는 자연환경, 생활환경을 오염시켜 인간의 삶·생활·일을 방해하는 각종 쓰레기·악취·소음·진동 그리고 자연토양오염 등의 위험을 말한다.

생활환경오염은 청소·소독·정화 등의 방법으로 위험관리가 가능하다.

④ 소독약제중독위험

건물관리상에 사용되는 약품·약제·화학물질 등에 의해서 인체가 중독되거나 질병에 감염 또는 상해·부상당하는 위험을 말한다.

⑤ 공중보건위험

건물사용자가 환경오염이나 위생관리 잘못으로 인하여 전염병에 감염되거나 질병에 걸리는 위험을 말한다.

환경위험에는 전술한 위험 외에 자연재해위험과 조경시설물 고사위험 등이 있다.

마. 건물보안위험

건물보안관리 위험대상은 다음과 같다.

- 건물 내 살인위험
- 건물 내 강도위험

- 건물 내 절도(도난)위험
- 무단침입위험
- 불법점거 및 기물파손위험
- 건물 내 불법파업위험
- 고의적 폭파위험
- 고의적 방화위험
- 수돗물 · 저수조 독극물 투여위험
- 회사기밀 유출 및 건물질서파괴위험
- 기타 풍속사고위험 등

(2) 피해정도에 따른 위험분류

위험의 피해 정도라 함은 피해에 대한 복구 · 보상 · 원상회복 · 수습 등에 소요되는 비용의 정도로서 사고 피해의 경중에 따른 분류이다. 위험의 피해 정도에 따른 위험은 다음과 같이 세분된다.

가. 1종위험

경미한 위험으로서 기본적 재정상태에 전혀 영향을 못 미치는 위험으로 사소한 안전사고나 경미한 금전회계사고 등이 이 범주에 해당된다. 건물관리활동 중에 가장 빈번히 발생되는 위험이다.

나. 2종위험

1종위험보다 크고 3종위험보다 피해의 정도가 적은 위험을 의미한다. 건물소유자가 이를 수습하기 위해서 차입이나 보유 주식 매각이 필요한 정도의 위험을 의미한다.

다. 3종위험

대형위험을 의미한다. 기업이 도산할 정도의 위험으로서 관리대상 건물과 토지를 매각해야만 수습이 가능할 정도의 위험이다. 삼풍백화점 붕괴사고가 3종위험에 해당한다.

(3) 손실발생 유무에 따른 위험분류

사고가 발생하면 손실만 생기거나 손실과 이익이 동시에 발생하는 위험을 기준으로 분류한 위험의 종류이다.

가. 순수위험

위험사고가 발생하면 손해만 발생되는 위험이다. 건물의 화재 · 폭발 · 추락 · 감전사고 등이 이 범주에 해당된다.

나. 투기적 위험

투기적 위험이란 생산 활동이나 거래, 시장 활동 및 건물임대 등에서 나타나는 위험으로서 손실도 발생하지만 동시에 이익도 발생하는 위험이다.

(4) 사회적 변화에 따른 위험분류

사회적 변화 유무의 기준에 따라 발생되는 위험의 분류이다.

가. 동태적위험

사회적 변화가 있을 때 나타나는 위험으로서 경기 변동에 따른 건물 임대수와 감소, 경기 악화로 인한 공실률 상승 등은 동태적 위험에 해당된다.

나. 정태적위험

사회적 변화 없이도 나타나는 위험을 말한다. 감전사고 · 화재사고 등이 이 범주에 해당된다.

(5) 위험대상에 따른 위험분류

위험대상이 사람이냐 아니면 물건이냐에 따른 분류이다.

가. 인적 위험

생명과 건강에 피해를 주는 위험을 의미한다. 사망 · 상해 · 부상 · 질병 등이 이 범주에 속한다.

나. 물적 위험

재산 감손에 영향을 주는 위험을 말한다. 화재 · 폭발 등이 이 범주에 해당된다.

(6) 위험성형 원인에 따른 분류

가. 인위적 사고위험

사람의 고의 또는 과실에 의해 나타나는 위험을 뜻한다. 통상 재난이라 한다.

나. 자연적 위험

자연적 요인에 의해서 나타나는 위험을 말한다. 풍수해 · 지진 · 해일 등에 의한 위험이 이 범주에 해당되며, 통상 자연재해 또는 재해라 한다.

3. 건물시설위험관리의 내용

1) 건물시설위험관리의 의의

건물자산의 위험관리란 최광의 관리개념에 해당되는 6개 관리영역의 관리대상이나 관리활동상에 존재하거나 존재할 위험을 사전에 확인 조사하여 제거 또는 방지하여 건물의 안전성을 확보 또는 안전을 높여 건물사용자가 안심하고 건물을 사용 · 수익할 수 있도록 하며, 인적 · 물적 피해를 방지 또는 최소화시키는 일련의 관리활동을 의미한다. 또한 부득불 발생된 사고를 조속히 경제적 방법으로 구조 · 구난 · 사고를 조사하고 수습하여 조기에 정상화시키는 일련의 관리활동을 의미한다.

즉 건물위험관리는 건물의 위험을 사전에 예방하는 위험예방관리와 구조 · 구난 및 사고를 조사하여 조기에 수습하고 원상회복 또는 정상화하는 재난관리를 안전관리라 한다. 또한 위험관리(안전관리)란 재난의 위험을 완화하고 대비(준비)하며 대응하고 복구하는 일련의 활동을 의미한다.[17)]

건물위험관리는 건물기술위험 · 경영위험 · 법률위험 그리고 환경위험(자연재해위험 · 재해위험), 보안위험 등 건물의 모든 위험을 관리의 대상으로 하는 넓은 의미의 안전관리개념이다.

---

17) 박구병 외 2인 「시설물안전관리」, (서울 : 서울보건대학, 2004), p.3.

2) 건물시설위험관리의 문제점

(1) 위험관리 현황

우리나라 건물관리현장에는 건물관리를 함에 있어서 정도의 차이는 있으나 안전성을 확보하거나 안전을 높이기 위하여 제도적 장치나 안전교육훈련이 부단히 실시되고 추진되고 있다. 그럼에도 불구하고 건물관리현장에는 크고 작은 안전사고가 끊임없이 발생하여 귀중한 인명의 손실과 막대한 재산의 감손이 계속되고 있다.

이는 아직도 우리나라 건물관리현장에는 건물안전관리(위험관리)에 대한 문제점이 산재되어 있음을 의미한다.

따라서 안전사고의 직접적 원인이 되는 안전관리상의 문제점들을 살펴보고 이를 개선하는데 하나의 정보로 활용하고자 한다.

(2) 위험관리 문제점의 종류와 내용

우리나라 건물관리현장의 건물관리 관계자와 건물안전관리에 관한 주무부처나 관계기관, 법령, 안전시스템과 국민의 안전의식 등 사회 전반에 걸쳐 건물의 안전에 대한 문제점을 살펴보면 다음과 같은 문제점을 찾아볼 수 있다.

가. 국민의 안전의식 결여와 무관심

우리나라의 국민기초 교육을 살펴보면 외국 선진국과는 달리 안전교육(안전의식교육)을 찾아볼 수 없는 데다 위험=사고=재해(사망 · 상해 · 부상 · 재산의 감손)라는 위험 등식에 대한 국민의식이 매우 낮은 관계로 건물을 사용하거나 이용함에 있어서 함부로 담뱃불을 던지거나 위험물을 방치하고 있으며, 출입이 금지된 건물 내 위험장소를 허락도 없이 출입하거나 위험시설물을 임의로 만지는 등 안전의식(위험의식)의 결여나 무관심은 국민의 의식 속에 잠재되어 있음을 알 수 있다. 이와 같은 안전의식의 결여와 무관심은 건물의 유지관리단계에서 여러 가지 안전사고 발생에 직접 · 간접으로 작용하고 있다.

건물 작업장의 작업자 역시 안전화 · 안전모, 안전벨트 등 안전장구 착용을 거추장스럽게 생각하거나 귀찮게 여기고 있어 안전사고 발생시 그 피해를 가중시키고 있다. 이와 같은 국민의 안전의식의 결여와 무관심은 건물자산 관리 현장에도 그대로 반영되어 관리상에 안전사고가 계속 발생하게 하고 있다. 하루빨리 개선되어야 할 안전관리상의 문제점이라 생각된다.

나. 안전불감증·위험망각증 상존

건물에 대형사고가 발생하면 전국의 안전관계 공무원과 전 국민이 안전을 소리 높여 외치고 법석을 떨다가 몇 주 또는 몇 달이 지나면 언제 그랬느냐는 식으로 대형 참사나 위험사고를 잊어버리는 위험망각증과 함께 이렇게 행동하는 것이 위험한 행동인지 아닌지, 어제의 위험은 오늘의 위험이 아니며 타인의 위험은 나의 위험이 아닌 것으로 취급하는 등 위험을 위험으로 인식하지 못하고 금방 잊어버리는 안전 불감증은 건물관리상에 안전사고 유발에 크게 일익을 담당하고 있다. 참으로 시급히 개선되어야 할 한심한 안전 불감증과 위험망각증이 아닐 수 없다.

다. 안전관리는 안전관리자만의 업무로 착각

건물안전문제는 건물사용자(입주자 포함) 모두에 해당되는 것으로서 안전관리자만의 담당업무는 아니다. 그러므로 건물소유자나 사용자·이용자 모두는 건물의 안전관리를 안전 관리자(방화관리자 및 경영·법률·환경위험관리자)에게 전담시키되 입주자·사용자·이용자 모두가 건물 안전에 관심을 가지고 사용상 주의하거나 함부로 담뱃불을 던지는 등 위험을 방치하는 사례가 발생되지 않도록 건물사용자 전체가 공동으로 안전관리에 협조하도록 노력해야 한다. 그러나 아직도 건물안전은 안전관리자만의 업무로 인식하고 있는 경향이 있다. 같은 건물관리조직 내의 다른 직종의 관리종사자조차 안전을 소홀히 취급하고 있어 보인다.

관리대상건물을 사용하는 모두에게 건물의 안전을 지키는 데 공동으로 함께 노력할 때 건물 전체의 안전성을 확보될 수 있다.

라. 안전관리활동이나 안전교육 필요성에 대한 인식 결여

안전관리활동이나 교육은 반드시 필요함에도 불구하고 건물 소유자나 경영자 가운데는 이를 낭비나 불요불급한 것으로 잘못 인식하는 경우가 있다.

건물안전은 안전관리활동을 통하여 확보하며 안전교육의 결과임을 인식할 때 안전교육이나 안전관리활동에 대한 잘못된 인식은 건물의 안전을 위하여 개선되어야 할 문제점이라 판단된다.

마. 안전시설과 안전투자 예산 부족

안전을 확보하기 위해서는 안전시설의 설치와 안전을 위한 투자가 선행되어야 한다. 그러나 안전투자비용을 낭비로 인식하는 문제가 건물관리현장에 아직도 존재하고 있어 항상 안전예산이 부족한 상태에 있다. 조속히 개선되어야 할 안전관리상의 문제점이라 판단된다.

바. 안전교육을 근무시간의 낭비로 착각

안전교육에 소요되는 교육훈련시간을 근무시간의 낭비로 착각하는 사례가 있다. 안전은 안전교육의 결과임을 인식할 때 안전교육을 근무시간의 낭비로 잘못 인식하는 사례는 시급히 개선되어야 할 건물의 안전관리상의 문제점이라 판단된다.

사. 형식적 안전관리자 선임

사람의 생명과 재산을 지키고 보호하는 안전관리자(안전담당자)를 선임함에 있어서 자격이 없거나 경험이 없는 자를 형식적으로 선임하는 경우가 있다.

또한 서류상으로 선임하고 관계기관에 보고되는 사례는 안전관리상 개선되어야 할 문제점이 아닐 수 없다.

아. 안전성 확보보다 경제적 이익 우선

수익성 건물관리에 있어서 안전성확보보다 경제성을 우선하는 사례가 많이 있다. 시급히 시정되어야 할 안전관리상의 문제점이라 판단된다. 건물관리에 있어서 안전성은 경제성보다 우선하는 최고의 원칙이며, 건물자산관리의 최고의 실천과제이고 목표가 되어야 한다.

자. 시설의 안전만을 건물관리 전체의 안전으로 생각하는 인식의 오류

건물관리대상이 경영 · 기술 · 법률 · 환경 등 복합 관리대상이므로 건물위험은 기술관리대상인 시설물에만 존재하는 것이 아니라 경영 · 법률 · 환경 등에도 위험이 존재하고 있다. 이와 같은 위험은 기술적 위험 못지않은 심각한 사고(경영사고 · 법률사고 · 환경사고)를 발생케 하고 인적 · 물적 피해를 유발시키게 된다. 그러나 건물자산관리현장에서는 기술상의 안전만을 집중 관리하려는 경향이 있으므로 인하여 건물 전체의 위험관리에 실패하고 있다.

차. 인적 결함의 존재

건물관리현장에서 끊임없이 안전사고가 발생되는 이유 중 하나는 관리조직의 구성원, 즉 관리종사자에게 인적 결함이 존재하고 이와 같은 인적 결함이 개별적으로 또는 복합적으로 작용하여 사고가 나타남을 볼 수 있다.

건물관리현장에 종사하는 관리종사 중 특히 안전관리에 종사하는 사람 중에 인적 결함이 있는 경우 안전성 확보에 여러 가지 문제를 야기할 수 있다. 특히 오늘날 건물의 안전관리는 전체 관리종사자 모두가 참여해야 하므로 구성원 모두에게 인적 결함이 없어야 한다.

인적 결함은 주로 교육결함, 관리종사자의 능력부족, 규율부족, 부주의, 불안전한 동작, 정신적 부적합, 육체적 부적합 등의 원인에서 유발되고 있으며, 이와 같은 원인은 안전사고 유발의 직접적 원인이 된다. 따라서 건물의 안전관리를 위해서는 반드시 관리종사자에게 인적 결함이 생기지 않도록 관리되어야 한다.

인적 결함의 원인과 그로 인해 나타나는 현상을 정리하면 다음과 같다.

① 정신적 부적합

- 신경질
- 다혈질
- 성미가 급함

② 육체적 부적합

- 몸에 장애 있음
- 건강상태 불량
- 몸이 쇠약함

③ 불안전 동작

- 단계별로 동작하지 않고 중간동작 생략함
- 침착하지 않음
- 서두름
- 대충대충함

④ 부주의

- 정신적 해이
- 주의력 산만
- 과노동

⑤ 규율부족

- 규칙 부재
- 작업기준이 없거나 있어도 준수하지 않음
- 근무장 내 질서 · 규율 없음

⑥ 관리자의 능력 부족

- 무경험
- 경험부족
- 문지
- 미숙련
- 판단착오

⑦ 교육결함

- 안전교육 불충분
- 안전교육의 결함
- 표준작업방식 교육 결여

카. 물적 결함의 존재

건물관리현장에서 발생되는 안전사고의 원인에는 물적 결함이 있다.

우리나라 건물관리 현장에도 이와 같은 물적 결함에 의하여 주로 사고가 발생되고 있다. 따라서 물적 결함 역시 건물의 안전성 확보를 위해 반드시 개선되어야 할 관리현장의 문제점이라 판단된다.

물적 결함은 불안전 환경을 의미하며 기계의 결함, 구조물 불안전, 작업환경(관리환경) 불량, 기계시설에 위험성 잠재, 설계불량 등을 의미한다.

타. 관리종사자간 인간관계의 갈등 요인 존재

건물관리종사자는 경영자 · 관리소장 · 관리감독자 · 관리근무자들로서 주로 각

팀별 또는 개별적으로 관리업무(안전업무 포함)를 수행하고 있다.

각 팀 또는 개별적 담당업무를 수행하려면 구성원 간에 우호적이고 협조적인 분위기 속에서 신뢰와 질서, 상호 협조와 협력을 통하여 관리활동을 할 때 비로소 사고 없이 경제적으로 그리고 효율적으로 안전하게 관리효과를 창출할 수 있다. 그러나 만약 건물관리현장에서 관리종사자 상호간, 경영자와 관리소장(관리자)간, 관리자와 감독자간, 감독자와 근무자간, 그리고 근무자 상호간에 질서가 없거나 불신하고 비방하며 비협조적 분위기나 갈등 등의 문제점이 있다면 그 현장의 관리 효과는 만족스럽지 않게 나타날 것이 분명하고 또한 안전사고 방지나 피해의 최소화는 실패할 것이 분명하다.

우리나라의 건물자산관리현장에 신규 채용자가 배치되면 신규 채용자가 현장에 적응하기 위해서는 기존 현장근무자의 협조와 우호적 협력이 있어야 하나 일부의 현장에서는 아직도 배타적이고 비협조적 분위기와 함께 텃세나 기득세력을 과시하고 이에 순응치 아니하면 인위적으로 도태시켜보려는 악습현상이 있어 보인다.

건물의 안전성 확보를 위해서 크게 개선되어야 할 문제점으로 판단된다.

그런 상황은 인간관계를 원만히 유지하지 않음으로써 나타나는 악현상으로서 감독을 통하거나 상호대화를 통한 인간관계 개선의 필요성이 있다.

이상에서 우리나라 건물관리현장에서 안전사고가 근절되지 아니하고 끊임없이 발생되는 원인으로서 위험관리의 문제점을 개별적으로 살펴보았다.

이를 구체적으로 정리하면 다음과 같다.

- 국민안전의식의 결여 및 무관심과 안전 불감증 · 위험 망각증 상존
- 안전관리는 안전관리자만의 관리업무로 착각
- 안전투자를 관리예산의 낭비로 인식
- 안전교육과 안전관리활동 필요성에 대한 인식 결여
- 안전성보다 경제이익 우선주의
- 시설안전(기술안전)을 건물 전체의 안전으로 생각하는 인식의 착오
- 인적 결함의 존재
- 물적 결함의 존재
- 관리종사자간 인간관계의 갈등요인 존재
- 안전교육을 근무시간의 낭비로 착각
- 안전시설과 안전투자예산 부족

이상에서 언급한 건물위험관리의 문제점들은 우리나라 건물관리현장에서 반드시 개선되어야 할 안전관리 연구 과제이자 문제점이라 판단된다.

3) 건물시설위험관리의 필요성

건물관리는 관리의 성격상 소유자나 사용자 · 이용자 모두를 만족시켜야 하는 관계로 소유 또는 사용목적을 방해하는 인적 · 물적 손실을 가져오는 화재나 폭발 등의 위험사고로 인하여 건물의 경제적 가치를 잃거나 사용자에게 제공해야 할 쾌적성 · 편리성 · 안전성 등 건물관리기능을 보장하지 못할 때 건물 소유자나 사용자 모두를 불만족스럽게 하므로 건물관리업무에 있어서 위험사고 예방과 무사고 무재해 목표는 반드시 지켜지지 않으면 안 된다. 그러므로 건물의 위험관리는 절대적으로 필요하고 중요하다. 이와 같은 위험관리의 필요성의 종류와 내용을 설명하면 다음과 같다.

건물위험관리는 ① 인적 손실 방지 및 최소화, ② 물적 손실 방지 및 최소화, ③ 건물의 사회적 기능 유지, ④ 건물자산경영 및 관리목표의 달성, ⑤ 시설물 기능의 정상 유지와 건물 사용 수익보장의 필요성 등을 위하여 반드시 필요하다.

이를 구체적으로 설명하면 다음과 같다.

(1) 인적 손실 방지 및 최소화의 필요성

건물관리현장에서 발생할 수 있는 안전사고에 의한 인적 손실은 사망 · 부상 · 장애 등 귀중한 생명을 잃을 수 있고, 또한 치명적인 부상으로 장기치료를 받아야 할 신체적 장애자가 될 수 있는 것이므로 건물안전문제는 최우선적으로 다루어져야 할 관리항목이다. 1995년 삼풍백화점 붕괴사고는 502명의 사망자 937명의 부상 등의 인적 손실을 가져왔는가 하면, 1994년에 발생된 성수대교 붕괴사고 또한 32명의 많은 인명을 앗아간 안전사고임을 볼 때 건축물의 안전사고는 대형사고로 발전될 성질이 있으므로 사고원인위험을 사전에 찾아내어 이를 근본적으로 해결해줌으로써 인적 손실을 방지해야 한다. 1995년에 최근 2002년까지 8년간 건물붕괴사고만 보더라도 사고발생 건수는 총 1,022건에 사망 697명, 부상 1,802명에 달하고 있다.[18)]

특히 특수건물인 원자력발전소나 수력발전소, 대형 댐, 화학공장이나 무기적재장, 폭탄저장시설, 가스유류 제조공장 등 위험물관련 건축물관리에 있어서는 고의나 과실 등

---

18) 박구병 외, 상게서, p.61.

의 이유로 안전관리를 잘못하는 경우 대형인적사고가 엄청난 규모로 발생할 수 있으므로 특별히 안전관리대책이 요망되는 관리분야이다. 우라늄제조공장이나 원자력발전소 등이 관리 잘못으로 원자로에서 새어나오는 방사능누출로 인한 인명피해는 정부차원에서 다루어야 할 심각한 인명손실이 예상되는 특별 위험관리 대상이다. 따라서 건물위험관리는 무엇보다 중요하고 필요한 관리업무로 판단된다.

그러므로 건물안전은 건물내부의 출입자 · 사용자 또는 관리자에게 국한된 문제 외에 건물 밖의 사람들에게도 심각한 인적 손실을 가져올 수 있는 것이므로 특별히 주의를 요하는 관리분야이다. 결론적으로 건물위험관리는 건물 내 · 외부에 존재하는 인명손실 방지를 위하여 절대적으로 필요하다.

(2) 물적 손실 방지 및 최소화의 필요성

건물위험관리 소홀로 사망 · 부상 등이 발생하면 이에 상응하는 적정한 경제적 보상을 하지 않을 수 없게 되므로 그 규모에 따라 차이는 있겠으나 엄청난 경제적 손실을 가져온다. 뿐만 아니라 대형화재나 붕괴로 인한 안전사고의 경우에는 건물 전체가 잿더미로 변하거나 건물 전체의 기능이 마비됨으로 인하여 완전히 건물을 소유하고 있는 기업의 존립 역시 위태롭게 되어 치명적인 물적 피해를 입게 되기도 한다(3종위험에 해당하는 경우). 1995년부터 2002년간의 8년 동안 건물붕괴사고에 의한 물적 피해(재산피해)액은 무려 285,507,000,000원에 달하여 천문학적인 피해규모를 보여주고 있다.[19)]

이러한 피해를 보상하거나 최소화하기 위하여 화재보험 등 관련보험에 가입하여 안전사고 발생시 이를 활용하는 것도 위험관리방법이 되겠으나 이는 근본적으로 안전사고 문제를 해결함에 있어서 만족할 정도의 방법이 되지 못하므로 안전사고가 절대로 발생하지 않도록 사전예방차원의 철저한 위험관리활동이 요망된다.

이와 같이 건물자산의 위험관리가 잘못되는 경우 물적 손실은 틀림없이 발생하며 건물경영목표 달성을 저해하고 건물기능을 현저히 떨어뜨려 경제적 손실을 크게 가져오게 되므로 물적 손실 방지를 위하여 건물위험관리가 절대적으로 필요하다.

(3) 건물의 사회적 기능 유지의 필요성

건물이 완성되면 건물의 주된 용도에 따라 사용되고 또한 사회적 기능을 담당하게 된

---

19) 박구병 외, 상게서, p.61.

다. 정부청사 건물의 경우 그곳에 위치하는 정부소속 공무원은 법령에 따라 일을 집행하거나 처리하기 위하여 그 용도에 맞는 건물기능을 요구하게 되는데 이러한 기능이 정부건물 내에서만 종료되는 것이 아니라 그 업무와 관계되는 개인 · 가정 · 기업 · 사회 등 각 계에 미치는 영향이 지대하고, 그 용도에 따라 관계자가 그 건물을 사용하거나 출입하게 되며 이용하게 된다. 따라서 모든 종류의 건물은 그 정도의 차이는 있으나 어떤 형태로든 그 건물의 주된 용도와 사용자 업무의 성격에 따라 이와 관계되는 사람의 종류나 수가 다양하고 미치는 영향 또한 지대하므로 그 건물에 해당되는 사회적 기능을 하게 된다.

이러한 건물의 사회적 기능은 일시적인 것이 아니라 건물의 주된 기능이 업무에 나쁜 영향을 미치지 않는 한 그 곳에서 계속해서 유지해야 하는 계속성의 특성이 있다. 이러한 사회적 기능을 건물안전사고로 인하여 중단되거나 방해받지 않도록 안전사고 방지를 위한 위험관리는 적절히 이루어져야 한다.

(4) 건물자산경영 및 시설관리목표 달성의 필요성

수익성 건물의 경우 수익목표를, 비수익성 건물의 경우 사용자가 사용목표를 달성하기 위한 사업주체 또는 관리주체가 각각 작성한 사업계획이나 관리계획에서 추구하는 자산경영목표나 시설관리목표 달성을 위하여 위험관리가 필요하다.

안전관리의 목표는 결국 무재해 · 무사고로 귀결되므로 사고의 재해방지가 필연적으로 요구된다. 왜냐하면 안전사고나 재해가 발생되면 경영목표나 법률 · 환경 · 기술 관리목표가 치명적으로 방해를 받게 되어 목표달성이 불가능하게 되고, 비록 목표가 달성되더라도 그 성과는 미비하게 나타나기 때문이다.

(5) 시설물 기능의 정상유지와 건물사용 수익 보장의 필요성

건물을 사용하는 사용자나 이용자는 상주하거나 출입하면서 이용 또는 사용할 때에 당해 건물의 시설과 설비가 정상적으로 작동하여 기대하는 만큼의 쾌적한 기분을 느낄 수 있는 온도나 습도, 조도, 위생상태의 유지, 고장 없는 설비의 사용에서 오는 편리성, 사용 또는 이용시에 공포심이나 위험성을 느끼지 않도록 점검되고 수리된 완벽한 시설과 설비의 안전성 등을 건물사용자나 이용자가 원하는 바 이를 충족시켜 이들을 만족시킬 수 있는 건물의 기능성 · 쾌적성 · 편리성 · 안전성 등을 정상적으로 유지하고 또한 사용수익을 보장해야 한다. 이와 같은 기능성의 보장은 건물 본래의 이용목적 · 사용목적을 달성하게 된다.

따라서 이용자 · 사용자의 만족스런 사용과 수익 및 이용 보장에 필요한 건물시설, 설비의 기능성의 유지와 보장을 위하여 건물위험관리는 절대적으로 필요하다.

4) 건물시설위험관리의 궁극적 목적

건물자산위험관리의 궁극적인 목적은 ① 인명보호, ② 재산보호에 있다. 건물은 소유자 · 사용자 · 이용자 · 출입자 · 관리자 등 다양한 종류의 사람들이 장기적으로 상주하거나 일시적으로 이용 · 출입하는 곳이므로 건물의 안전성 확보는 필수적이라 할 수 있다. 뿐만 아니라 건물의 화재 · 폭발사고는 귀중한 재산을 일시에 잿더미로 만들어버림으로써 물적 손실 또한 크게 발생할 수 있는 위험사고라 볼 수 있다.

건물의 위험관리는 위에서 이미 언급한 바와 같이 인명과 재산보호라는 안전관리 목표를 가지고 출발하지 않으면 안된다. 안전관리는 관리현장에 속하고 있는 시설과 설비의 일시적 정지나 운전의 중단을 막아줌으로써 건물사용자에게 쾌적성과 편리성 · 안전성을 제공하게 된다. 따라서 사용자의 건물사용에 대한 불평과 불만을 사전에 제거해줌으로써 건물경영목표 달성에도 직접적으로 도움을 주기도 한다.

결론적으로 건물위험관리의 궁극적 목적은 인명과 재산보호에 있고, 이를 통해 국민경제와 산업발전에 이바지하는 역할도 하고 있다. 따라서 이러한 건물의 관리대상 성질에서 나타나는 위험, 즉 화재 · 붕괴 · 추락 · 감전과 같은 기술성에 기인하는 기술위험과 법률성에 기인하는 법률위험 및 경제성과 행정성에 기인하는 경영위험, 환경성에 기인하는 환경위험 등 위험의 종류가 다양하게 존재하고 있다.

따라서 이러한 다양한 종류의 위험에 대하여 그 원인을 규명하고 위험관리대책을 수립하여 해결하지 않는다면 건물자산관리의 완벽한 관리효과를 창출할 수 없게 된다.

4. 건물시설위험관리와 건물재산관리와의 상호관계

위험관리와 건물자산관리와의 관계는 매우 밀접한 상관관계를 가지고 있다. 건물자산관리는 건물 경영활동의 일부이므로 건물경영조직이 의도하는 소유자 만족(최유효 사용 · 수익 · 처분)과 사용자 만족(최유효 사용 · 수익) 등을 모두 달성해야 하므로 어떤 형태의 안전사고라도 발생하지 않도록 하여 손실을 방지하거나 최소화해야 한다.

따라서 인적 · 물적 손실을 유발하는 안전사고는 반드시 예방되어야 하고 억제되어 1년 365일 동안 안전성이 확보되고 무재해 상태가 유지되어야 한다. 왜냐하면 위험사고는 곧바로 건물자산 경영에 치명적인 악영향을 미치기 때문이다.

5. 건물시설위험관리의 대상

1) 위험관리대상의 범위

종전의 건물안전관리 개념은 좁은 의미의 건물관리 개념인 기술관리 분야에만 해당되는 안전관리업무로 기술관리의 대상인 건물의 시설과 설비에 국한된 안전문제로 인식되어 왔다. 그러나 오늘날 건물안전관리의 개념은 협의 관리개념에서 최광의 관리개념으로 변화되어 관리내용이 기술관리분야를 포함한 경제관리, 행정관리, 경영관리, 법률관리 및 환경관리 영역까지 확대되었다.

따라서 위험관리 대상의 범위 역시 기술관리대상, 경제관리대상, 행정관리대상(이상 경영위험), 법률관리대상, 안전관리대상, 환경관리대상으로 확대되었다.

그러므로 안전관리의 내용도 기술관리의 대상인 시설과 설비에 존재하는 안전사고를 유발하는 위험의 원인을 규명하고 이를 제거함으로써 안전사고 예방에 힘쓰는 외에 건물의 경영에 피해를 가져오는 경영손실의 위험이나 건물소유권에 직접 · 간접으로 피해를 가져올 수 있는 법률위험의 유발원인을 규명하고 이를 해결함으로써 건물 경영 사고, 법률 사고와 환경 사고 등을 사전에 차단하는 이른바 건물에 관계되는 기술 · 경영 · 법률 · 안전 · 환경의 사고유발요인 위험 모두를 규명하는 관리활동 외에 위험 원인을 근본적으로 제거하는 관리활동도 병행하여 건물위험으로 인한 안전사고가 절대로 발생하지 않도록 해야 한다.

2) 건물 기술위험관리 대상

건물위험관리대상에는 건축물(시설)위험, 건축설비위험, 건물위험물위험, 작업위험 및 건물(물건)하자위험 등이 있다.

(1) 건축물위험

건물의 구성 중 건축물(시설)에 관련된 위험요소를 찾아내어 이를 제거함으로써 건물의 안전을 유지하고자 하는 것으로 위험시설에는 옥상난간, 옥상고가수조의 도괴위험, 건축외벽 마감재, 외부 돌출간판 등이 있으며 건축물의 위험에는 붕괴위험, 지반침하, 하중 등에 의한 골조붕괴나 부분도괴 · 누수 · 동파 · 박락 등이 있다.

(2) 건축설비위험

건물의 구성에는 건축대지 및 시설과 함께 각종 건축설비가 장착되어 설비의 운전과 작동에 의하여 나타나는 기능에 따라 건물사용자가 쾌적성과 편리성 · 안전성 등을 얻어 건물사용에 만족을 느끼게 된다. 그러나 이러한 기능을 나타내는 설비 중에는 전기설비, 가스설비, 냉난방설비, 이동설비, 각종 펌프 등 안전을 해할 수 있는 각종 전기화재나 폭발 · 감전 · 추락 등의 사고를 유발하여 인명피해와 재산상의 손해를 가져올 수 있으므로 기술관리대상 중에서 위험설비의 관리문제가 가장 중요하게 다루어져야 할 것으로 판단된다.

건물의 위험설비에는 대체로 다음과 같은 설비 등이 있다.

가. 전기설비위험

전기설비안전에 관한 연구는 감전재해 전기설비 · 전기 작업 · 전기화재 및 정전기재해 · 전기설비 방폭 등에 관하여 검토되어야 하며, 전기위험설비에는 수변전설비가 있다.

나. 기계설비위험

건물의 기계설비 중에는 보일러 등 공기조화설비, 가스설비, 각종 펌프, 엘리베이터 등의 이동설비, 소방설비 등이 위험기계설비 범주에 해당된다. 기계설비 중 보일러에는 고압 · 과열에 의한 폭발위험이 있으므로 안전관리대상이 된다. 또한 난방 · 냉방을 위한 연료로 가스를 사용하게 되는 가스설비에서도 가스 누출에 의한 폭발 · 화재 · 질식 등의 위험이 있다.

이동설비 중에 엘리베이터 역시 추락위험이 있는 관계로 운전시 주의를 요하는 위험 기계설비 분야이다. 기계설비의 재해원인이 되는 것으로는 물적 원인인 기계 자체의 결함으로 인하여 안전문제가 발생되는 것과 관리자나 작업자에 의하여 일어나는 인적 원인에 의하여 안전사고가 발생되는 것 등 두 종류로 나눌 수 있다.

다. 가스설비위험

가스설비에는 고압가스설비, LPG설비, LNG설비, 도시가스설비 등으로 분류하며 건물의 안전관리와 관련하여 가장 고려되어야 할 가스설비에는 도시가스설비가 있다. 건물관리와 관련한 가스안전관리 위험에는 다음과 같은 위험이 있다.

- 가스저장에 관한 위험
- 가스사용시설에 관한 위험
- 가스의 일반적인 성질에 관한 위험
- 가스의 운반 취급에 관한 위험

가스사고시 사고의 원인·조사·분석 및 대책에 관한 사항 등이 검토·연구되어야 한다. 가스의 누출은 곧 화재나 폭발·질식 등과 곧바로 연결되므로 건물자산관리에 있어서 또 하나의 위험이 된다.

라. 이동설비위험

건물의 이동설비에는 E/L, 에스컬레이터, 카리프터, 자동도보시스템, 곤도라 등이 있으며 이 중 E/L, 에스컬레이터가 가장 위험하므로 안전을 위한 점검 내용을 소개하면 다음과 같다.

① 엘리베이터의 안전사고 방지를 위하여 정기적으로 점검해야 할 사항

- 전동기 및 전동반전기
- 마그내트 브레이커
- 플로어 컨트롤러
- 수전반, 제어반, 신호반
- 조속기
- 카관련 부분장치
- 도어 개폐기구 및 각 층 도어장치
- 각층 위치표시기 및 승강 버튼
- 카측레인 및 균형추축레인

- 균형추
- 승가로 및 피트 내각장치
- 상하 및 리밋 스위치
- 주요표 및 조속기 로프
- 상기 각 기계부분의 먼지 및 기름제거

② 에스컬레이터의 안전사고 방지를 위하여 정기적으로 확인해야 할 사항

- 구동기
- 전동기
- 마그내트 브레이커
- 수전반, 제어반
- 각 체인 안전장치 및 비상정지장치
- 상하 터미널 레일 및 구동장치
- 스탭 및 롤러
- 핸드레인 및 구동장치
- 각종 조작비트
- 상기 각 기계 부분의 먼지 및 기름 부족

(3) 건물위험물위험

건물을 관리하여 시설설비의 기능을 유지하기 위해서는 전기 · 가스 · 유류 등의 에너지가 위험물로서 기술위험관리의 대상이 된다.

이 밖에도 인화물질, 돌출간판, 외벽마감재, 옥상의 대형 간판, 고가수조 등의 위험이 기술위험관리의 대상이 된다.

(4) 건물작업위험

건물기술관리를 위해서 반드시 수행되어야 하는 점검 · 보수 · 정비 · 교체 · 보강 등의 작업은 위험을 동반하는 위험작업이다.

따라서 건물작업 역시 기술위험관리의 대상이 된다.

(5) 건물(물건)하자위험

완성된 건물에 일정기간 적용되는 하자담보책임 기간 동안 관리 소홀로 인하여 하자 발생에 대한 보수보강이 제대로 실시되지 못할 경우 건물하자위험 관리의 대상이 된다.

3) 건물 경영위험관리 대상

건물관리는 비수익성 건물의 경우에는 경영의 위험문제는 크게 존재하지 않으나 오늘날과 같이 건물이 하나의 경제적 이익을 창출하는 투자수단으로서 수익성 건물에 있어서는 경제적 이익창출에 포커스를 맞추어 운영되고 있다고 해도 과언이 아니다.

그러므로 건물의 경제적 가치보존은 경제내용연수 동안은 물론, 경제적 내용연수 경과 후에도 일정한 수준의 건물 경제가치 보존이 유지되어야 하고 이로 인한 임대료·관리비 등의 경제적 수익이 건물 경영계획의 목표대로 창출되어야만 하는 경제관리 측면이 있다.

따라서 건물 경제가치의 하락을 가져오는 환경적 요인, 행정적 요인, 기술적 요인, 법률적 요인 모두를 찾아내어 이를 제거함으로써 계속해서 건물의 경제적 가치 보존을 유지하고 경제적 이익창출을 통한 투자비 조기 환수 및 투자의 적정 수익을 얻을 수 있도록 경제손실위험(자산가치 손실 위험), 경영손실위험 등을 방지하지 않으면 안 된다.

경영위험관리대상에는 ① 경영손실위험, ② 인적사고위험, ③ 관리예산 누수위험, ④ 관리비 적자 위험, ⑤ 경영환경변화위험, ⑥ 건물(부동산)자산가치 하락 위험, ⑦ 회계부정위험, ⑧ 피해보상위험, ⑨ 공실손실 보전 위험, ⑩ 금전사고위험 등이 있다.

4) 건물 법률위험관리 대상

건물법률위험관리의 첫째 대상으로는 건물이 부동산의 일종인 관계로 그 부동산 소유권 상실에 관한 위험이다. 온전한 소유권 보존은 말로 하면 쉬운 개념으로 생각되나 실제로 소유권 보존을 정상적으로 유지하기란 쉽지 않음은 건물 소유자나 관리자의 관리 경험에서 충분히 경험할 수 있을 것이다.

둘째, 법률위험관리 대상은 계약사고위험이다. 건물관리에는 입주자계약, 용역계약, 납품계약, 도급계약 등 여러 종류의 계약 행위가 비정기적으로 발생하게 되는데 계약체결과정에서는 물론 계약체결 이후에도 법률상 위험이 언제나 나타날 수 있다. 따라서 계약에 관한 위험이 중요한 위험관리의 대상이 된다.

셋째, 법률위험관리 대상에는 건물관리법령에 관한 위험이다. 소방관계법 건축법 등 수십 종류에 달하는 건물관리법령에서 이행을 강제하거나 규제하는 조항이 무수히 많을 뿐 아니라 불이행시 강제적으로 책임을 져야 하는 형사벌과 행정벌 등이 위험요소 등장하고 있다. 이밖에도 가압류 · 가처분 등의 임시보전조치와 물상보증행위 · 민원 등이 또 하나의 법률적 위험대상이 된다.

넷째, 공적 서비스에 관한 위험이 또 하나의 법률위험관리의 대상이 된다. 왜냐하면 건물의 정상적 성능과 기능 유지를 위하여 공적서비스(전기가스 등)를 적기에 적절히 공급받아야 하기 때문이다.

다섯째, 법률위험관리 대상에는 권리하자에 관한 위험이 있다. 권리하자는 관리상에 관계되는 권리상에 흠결이 생겨 피해나 책임이 발생되는 위험을 말한다.

5) 건물 환경위험관리 대상

환경위험관리대상에는 다음과 같은 위험의 종류가 있다.

- 생활환경오염위험
- 위생보건위험(질병감염위험)
- 수질오염위험
- 공기오염위험
- 소독약재중독위험
- 자연재해위험
- 조경시설물고사위험

6) 건물 보안위험관리 대상

건물 보안안전관리 위험 대상은 다음과 같다.

- 건물 내 범죄위험(살인, 강도, 절도)
- 무단침입위험
- 불법점거 및 기물파손위험
- 건물 내 불법파업위험
- 고의적 폭파위험

- 고의적 방화위험
- 수돗물저수조 독극물 투여위험
- 회사기밀 유출 및 건물질서파괴위험
- 기타 풍속사고위험 등

6. 건물시설위험관리방법

1) 위험관리방법의 의의

위험관리방법이라 함은 위험을 제거 또는 최소화하여 위험사고가 발생하지 않도록 취하는 일체의 방도를 말한다.

위험을 그 성질상 완전무결하게 근원적으로 해결할 방법은 없으나 적어도 건물관리에 있어서 인적·물적 손실(재해)을 초래하는 재해사고를 미연에 방지(위험예방)하고 피해를 최소화하며 부득이 사고가 발생했을 때 이를 조기에 수습, 관리활동을 정상화시키는 일련의 방법을 위험관리방법이라 한다.

2) 위험관리방법의 종류와 내용

위험을 사전에 예방하거나 피해의 최소화, 또는 조기 수습 정상화하는데 도움이 되는 위험관리에는 다음과 같은 방법이 있다.

(1) 위험통제방법

위험의 존재형태를 분석해보면 일반적으로 하나의 위험으로 인식되기 이전 단계에 위험요인과 위험환경이 존재하고 있다. 이미 생성된 위험요인과 위험환경은 위험통제라는 체계적인 기법을 통하여 위험의 강도나 발생회수·규모 등을 사전에 줄이거나 예방하는 방법을 위험통제방법이라 한다.

위험통제방법은 위험관리에 있어서 가장 효과적인 방법으로서 건물안전관리활동에 크게 기여하게 될 것이 분명하다. 안전관리자에 의한 위험통제는 매우 효과적인 안전관리방법이 된다.

(2) 위험회피방법

위험회피방법은 위험이 생성되기 전 단계의 위험요인과 위험환경을 피하는 방법이다. 위험과 서로 만나지 않도록 위험성 있는 작업이나 경영관리활동을 미리 착수하지 않음으로써 위험을 피해가는 방법을 말한다. 예컨대 건물 내 담배꽁초에 의한 화재위험을 회피하기 위해서 건물 내 쓰레기를 일과 전에 완전히 제거하는 것이 위험회피방법이 된다.

인적 · 물적 손실 발생의 가능성마저 사전에 차단함으로써 건물위험 사고가 발생되지 않도록 하는 방법이다.

(3) 위험전가방법

위험발생을 인정하고 위험발생에 주의하되 부득이 위험사고가 발생하면 이를 제3자에게 위험을 부담하게 하거나 책임지게 하는 방법이다.

즉 용역업자의 책임으로 발생된 손해(위험)를 용역업자 영업배상보험을 통하여 부담시켜(전가시켜) 해결하거나 건물화재의 피해를 화재보험사에 전가시켜 책임지게 하는 방법이다. 위험전가방법을 위험사고 발생시에 적용하려면 사전에 화재보험계약을 체결해두거나 용역계약 전에 영업손해배상보험에 가입함으로써 위험전가방법을 사용할 수 있다.

(4) 위험보유방법

건물의 보수 보강을 갑자기 실시하기 위해서는 일정한 비용이 들게 되며, 이와 같은 비용은 일시에 조달하기에는 여러 가지 문제가 있으므로 사전에 준비(준비금)하고 충당하는 것이 현명하다. 임대 아파트나 건물의 공실률이 크게 상승하면 임대손실위험이 있을 수 있으므로 미리 이를 대비하여 임대손실보전충당금을 사전에 준비하여 두었다가 실제 임대손실(위험)이 발생하면 이에 충당하여 위험을 보유함으로써 위험을 해결하는 방법이다.

건물의 물리적 내용연수에 의한 감가상각을 대비하여 재건축 준비금을 매월 적립하는 것도 위험보유방법에 해당된다.

(5) 위험예지방법

관리대상에 형성되고 있는 위험환경이나 위험요소를 위험으로 생성되기 전에 위험을 예측하는 방법이다.

위험환경이나 위험요소를 미리 예상하거나 예측하는 방법은 매우 어려운 위험관리방법으로 고도의 훈련(위험예지훈련)과 경험을 필요로 한다. 그러나 위험예지방법은 위험을 근원적으로 예방하고 방지하는 위험관리방법이라 할 수 있다.

위험예지를 하기 위해서 관리대상에 대한 끊임없는 관찰과 점검이 필요하다.

(6) 예방정비보수방법

기계적 결함이 위험을 생성하므로 기계적 결함을 사전에 정비·보수하여 위험을 관리하는 방법이다.

부품이나 장비 등을 내용연수 전에 교체·교환하여 기능저하로 발생되는 위험을 사전에 예방하는 방법이다. 이를 위해서 그 시설과 설비의 내용연수 관리와 함께 예방점검과 정비 및 보수 보강이 적절히 수행되어야 한다.

(7) 위험교육훈련방법

위험을 예방·방지하기 위한 행동요령이나 근무절차 안전수칙 등을 관리종사자 전원에게 교육훈련하여 위험사고를 방지하거나 최소화하는 방법이다.

이를 위해서는 위험시설 안전교육, 방화관리교육과 훈련, 안전수칙의 개시 등이 실천되어야 하고 정기적으로 이루어져야 한다. 위험교육훈련방법은 인적 결함을 제거하거나 위험을 방지하는 방법이다.

(8) 도상훈련방법

안전사고가 발생하였을 때를 대비하여 행동요령과 역할을 도상훈련을 실제와 같이 실시하여 피해를 최소화하고 관리대상 건물의 사고를 조기에 수습하고 정상화시켜 원상회복시키는 방법이다.

(9) 안전점검 및 정밀안전진단 방법

정기적으로 안전점검을 실시하고 중대한 위험이 예상되는 경우 정밀안전진단을 실시하여 위험을 방지 또는 최소화하는 방법이다.

(10) 안전책임제 방법

안전관리자, 방화관리자, 방제실장, 방화책임자(정 · 부), 숙직자, 안전당직자 등의 명칭으로 일일안전당번제, 성격의 안전당번책임제를 실시함으로써 건물위험을 예방 또는 방지하는 방법이다.

(11) 무재해운동방법

전체 건물관리 구성원이 1년 365일 동안 내내 담당업무에 있어 인적 · 물적 피해가 발생하지 않도록 무재해운동 계획에 의해 위험을 관리하는 방법이다.

무재해운동 실시의 성과에 따라 표창, 포상, 휴가, 상금, 인사고과 반영, 승진 등을 실시하고 잘못된 점을 분석하여 다시 유사사고가 재발하지 않도록 제도적으로 보완해나간다면 무재해운동이야말로 위험관리에 크게 기여할 수 있는 방법이 될 것으로 판단된다.

7. 건물시설경비보안관리

1) 의 의

사람이 상주하거나 보이는 곳에는 크고 작은 위험이 상존하고 있다. 그러한 위험이 사람에 의하여 이루어질 때 우리는 그것을 저지하거나 법에 의하여 치리하여 거주하거나 입주자의 안전을 도모해야 한다. 일반건물이나 공동주택에 있어서 방범 등 보안관리는 매우 중요하다.

다시 말하면 보안관리는 타인의 불법 침입이나 재물의 탈취 또는 불법적인 행위에 대하여 적절히 대처하고 위난으로부터 신변과 재물의 안전을 도모하는 일련의 업무를 의미한다. 이러한 업무를 담당하는 근무자를 보안관리자 또는 경비원, 경비근무자라 한다.

2) 보안관리 대상

건물거주나 입주자의 안전을 해치는 사람의 행위나 물건, 또는 시설 등이 보안관리의 대상이 된다. 보안 업무는 외부로부터 사람의 침입이나 차량의 진입 등으로 물건의 훼손을 방지하거나 절도, 강도 등으로 인한 재물상의 불법적인 이탈을 방지하거나, 위험시설의 감시와 순찰로 시설물의 사고로부터 이주자나 사용자의 안전을 도모하는 업무이다.

결국 보안관리업무는 건물관리현장 최일선에서 직접 몸으로 사용자의 생명과 재산을 보호하는 역할을 담당하게 된다. 즉 보안관리의 건물업무내용은 사용자의 생명과 재산을 안전하게 지키고 보호하는 관리 업무이다.

3) 보안근무 내용

앞에서 언급한 보안업무를 담당하는 자를 경비원 또는 보안관리자 하고, 그 근무자가 자기 직분을 감당하는 행위를 보안근무라 한다. 보안근무의 종류에는 평상근무, 비상근무, 기타의 근무로 나누어지며 그 내용은 각각 다음과 같다.

(1) 평상근무

평상근무는 일상근무라고도 하며 비상근무 상태가 아닌 평소의 근무를 말한다. 평상근무의 종류에는 정위치 감시, 순회검사, 경보설비 감시, 대기근무, 야간근무, 비상사태 대비 훈련, 기타 근무 등으로 나누어진다. 관리현장에 특별한 상황이나 사고가 없는 일상근무를 평상근무라고 한다.

가. 정위치 감시

공동주택이나 일반건물의 현관과 출입구 등에 위치한 초소나 경비실에 배치되어 수상한 사람, 불량자, 물품의 강매자, 위험물 진입, 불법적인 물품의 반출, 불법주차 등에 관하여 감시하고, 각 경우마다 안전이나 질서유지에 문제점이 발생하지 않도록 적절히 대처해야 한다. 대처할 때 상대방의 물리적 힘이 우세할 경우 호루라기나 전화, 또는 무전기로 관리사무소에 긴급지원요청을 하고 인근 관할경찰관서에 신고한다.

나. 순회점검과 순찰

건물의 주위나 위험요소가 있는 시설 부근이나 방범이 취약한 곳, 위험 가능한 건물주변을 정기 또는 비정기로 순찰하고 점검한 뒤 위험시 경보의 작동이나 상태를 점검하고 범죄예방 기능을 하도록 한다. 특히 순찰 근무시에는 야간인 경우

전등이나 호루라기, 법으로 허용된 가스총, 무전기나 전화기를 휴대하고 순찰하는 것이 보안근무에 도움이 된다.

다. 경보시설 감시와 대기근무

화재경보 설비, 방범경보 CCTV, 중앙통제실 감시 시스템 등 경비업무를 보조하는 감시경보 시설에 대하여 항상 감시하여야 하며, 경보기가 작동될 때를 대비하는 근무를 대기근무라 한다.

라. 야간 근무

주간이 아닌 야간 근무조에 해당하는 보안근무자가 건물내외부의 순찰활동을 통하여 타인의 출입통제, 차량의 출입상황을 점검하고 통제하며 차량의 도난 등 방범활동을 하는 것이다. 야간에 근무를 해야 하므로 수면 등 근무제약요소가 많은 근무이기도 하다.

마. 비상사태 대비훈련

건물에 화재나 비상사태가 발생할 것으로 대비하여 방화 대피로 및 제설비를 점검하고 응급사태에 대응하는 훈련을 말한다.

(2) 비상근무

건물관리를 함에 있어서 경비요원의 비상근무는 비상대응 활동, 응급활동, 통보활동을 위해서 대비해야 한다.

(3) 기타 근무

가. 내방객 안내

경비원 또는 보안관리자 등은 정위치 감시 근무시 내방객의 안내 업무를 담당하게 된다. 단정한 복장, 예의바른 언어, 절도 있는 행동이 요망되는 업무이다. 그러면서 신속한 상황판단으로 적절한 대응이 요망된다.

나. 우편물 취급

공동주택의 경우 각 가정에 배달되는 우편물의 양은 많지 않으나 일반 임대용 건물인 경우, 회사의 업무 성격이나 규모에 따라 우편물의 양이 크므로 일반 임대용 건물의 경우에는 우편함의 크기를 대, 중, 소로 나누어 우편물의 물량에 따라 우편함을 배정하는 것이 편리하다.

대부분의 경우 우편함의 크기가 일정하여 어떤 입주자의 경우에는 한두 통의 우편물이 배달되는 것에 그치나 어떤 입주자의 경우에는 매일 배달되는 우편물의 양이 엄청나므로 반드시 우편함을 구분제작하고 우편함의 위치도 고정하지 말고 이동할 수 있도록 제작하여 비치하는 것이 우편물 관리에 편리할 것이다.

우편물의 기록관리는 공동주택의 경우 소수의 입주자(예 인기연예인)를 제외하고는 가능하겠으나 특별히 배달되는 우편물(예 배달증명을 요하는 우편물)을 제외하고는 기록 · 유지가 불필요한 등기우편물은 본인에게 직접 전달되도록 해야 한다.

다. 출입자 관리

공동주택의 경우 출입자는 특별한 경우를 제외하고는 소수이다. 그러나 방범을 위해 출입자 관리는 중요한 업무이다. 반드시 어느 층 어느 집을 방문하는지에 대하여 본인과 인터폰을 통해 확인이 필요하고, 불분명할 경우 주민등록번호나 차량번호를 필히 기록하여 문제발생에 대비하여야 한다.

일반건물의 경우 공무 외의 상행위를 위하여 출입하는 출입자의 통제는 입주자 사후관리차원에서 필요하다. 이들이 입주회사 등을 무단방문하여 물건을 강매하거나 파는 등 업무진행에 지장을 주는 행위는 출입자관리가 실패한 결과로서 입주회사의 항의로 연결되고, 결국은 다른 건물로 이전하는 결과를 가져와 경영목표관리에 마이너스 영향을 초래하게 된다.

따라서 건물에 있어서 출입자 관리는 건물의 이미지를 좋게 하거니와 도시에 건물의 이미지를 나쁘게 하는 이중성을 갖고 있다. 그러므로 출입자관리를 담당하는 보안 담당직원은 친절한 언어와 공손한 표정과 몸가짐으로 근무하되 불필요한 출입자를 통제함으로써 입주자를 도와주어야 할 것이다. 입주자의 특별한 요청이 있는 경우 그 대상은 적절히 출입, 봉쇄하여 원칙적으로 막아야 할 것이다.

경제사정의 변화로 쟁의가 발생하거나 외부로부터 집단 항의나 데모 등으로 동원된 인원이 현관 전체를 점유하여 농성하거나 연좌하는 경우, 건물 기능이 방해받게 되므로 관할 경찰관서에 유기적인 협조를 얻어 적절히 대응하여야 할 것이다.

라. 비상설비 점검

소화설비, 방화설비, 도난방지설비, 피난설비, 차량도난 방지기, CCTV 모니터, 카메라 등을 수시로 확인하여 항상 관리상태가 양호한지 살펴보고 문제점이 발견되는 즉시 필요한 조치를 취해야 할 것이다.

마. 파손고장부분 발견

주요 설비의 영선업무는 영선보수팀의 업무이나 단순조작으로 제기능을 할 수 있는 고장은 즉시 처리하고 관계부서에 통보해야 한다.

바. 도난 또는 유실물 발견

도난품이나 유실물 발견시에는 신속하게 처리해야 하며 필요한 경우 관할 경찰관서에 통보하여 처리에 협조한다. 유실물처리는 반드시 경비일지에 기록하고 처리결과도 기록유지한다.

사. 일지작성과 업무 인수인계

경비근무는 특별한 경우나 규모가 작은 건물을 제외하고는 통상 2교대 근무가 진행된다. 상번근무자(교대근무자)와 하번근무자(근무를 마치고 퇴근하는 근무자) 사이에는 반드시 그 날 근무시간에 있었던 경비관련 사항을 기록하고 이를 경비근무 일지와 함께 인수인계하여야 한다.

경비업무는 계속성의 원칙이 작용하는 업무분야이므로 인수인계는 대단히 중요한 업무이다.

아. 건물마스터키 및 보조열쇠 관리

건물화재 또는 비상시를 위하여 보관관리하고 있는 마스터키 또는 보조열쇠 등은 근무시 철저히 관리해야 하며 사용시 반드시 열쇠관리 대장에 기록하고 보고해야 하고 근무교대시 인수인계를 철저히 해야 한다.

4) 경비보안 근무자의 직무

경비근무는 평상시 근무시간에는 크게 중요한 것으로 보기 어려우나 비상사태가 발생하거나 사고가 발생한 경우 보안관리요원의 역할은 대단히 증대된다. 보안요원은 관리현장 보안에 관계된 문제, 즉 인명의 손실, 부상이나 재산의 불법적 이동, 중요시설물의 안전사고, 차량도난 등이 발생하지 않도록 경계하는 업무로서 인명을 보호하고 재산을 보호하는 업무를 담당한다.

따라서 평소에 인명과 재산 보호를 위한 비상대비 훈련이 필요하다. 이러한 업무를 담당하기 위해 정신과 육체가 건강한 자 중에서 관리요원이 선발되어야 하고, 정직성과 성실성을 유지하도록 정신교육이 필요한 직무분야라 하겠다. 근무자의 직무를 요약하면 다음과 같다.

- 출입자 및 출입차량 관리
- 비상용 설비 유지 관리
- 도난유실물 관리
- 비상대비 훈련
- 보안일지 작성 비치

5) 건물방범관리

(1) 방범관리의 의의

방범관리 업무는 넓은 의미에서 보안관리 업무에 포함되는 업무이다. 보안업무는 방범업무를 포함해서 관리현장에서 거주하고 있으나 상주인원에 대한 안전과 당해 관리대상건물과 이에 속한 재산과 상주인원에 속한 재산 등을 보호하는 업무이다. 이에 비하여 방범업무는 업무의 목적이 도난 예방과 범인의 검거에 있고, 이를 통해 입주자나 임차인 등 상주인원에 속한 재산과 건물에 속한 재산을 보호하는 기능을 담당하는 업무이다.

(2) 방범근무 내용

방범근무의 목적은 도난사고를 사전에 예방하는 데 있으며 이를 위한 업무는 주로 순찰을 통해 이루어진다. 순찰의 종류에는 정선순찰, 나선순찰, 요점순찰 등이 있다.

가. 정선순찰

특정한 사정을 고려하여 사전에 계획된 노선을 규칙적으로 순찰하는 방식으로 범죄자가 순찰노선을 예측할 수 있다는 단점이 있다.

나. 나선순찰

범죄발생 취약위치를 고려하여 불규칙적으로 순찰하는 방법이다.

다. 요점순찰

이미 선정되어 있는 취약지에 한하여 순찰자가 반드시 그 곳을 통과하도록 하는 방식이다. 그 외에는 순찰자가 임의로 순찰하는 방식으로 정선순찰과 나선순찰의 장점을 살리면서 단점을 보완한 순찰방법이다.

라. 방범요원의 복장과 장비

- 방범요원의 복장은 일반 입주자와 구별할 수 있는 복장이어야 한다.
- 입주자와 외부인에게 위압감을 주지 않는 복장이어야 한다.
- 방범 활동하는 데 편리한 복장이어야 한다.
- 야간에는 무전기, 호루라기, 곤봉, 전등을 휴대하는 것이 좋다.

마. 입주자와 방범

- 공동주택의 전유부분의 구분소유자나 임대건물의 임대평수 점유자는 1차 적 방범책임이 있다. 방범요원은 2차적 방범책임자임을 인식해야 한다.
- 공동주택의 경우 구분소유 주택 등에 대해서는 한 벌의 키만 존재하나 임대용 건물의 경우 보조키와 마스터키가 이중으로 된 두 벌의 키가 있다.

키의 관리는 공동주택의 경우 입주자 본인이 직접 관리하고 경비실에 보관시키거나 타인이 일시 관리하지 않도록 주의하여야 한다. 만일 외부 불손한 자가 침입하여 근무자가 방심한 틈을 타 열쇠를 복제하는 경우 짧은 시간에 복제가 이루어지므로 후일에 도난과 직결됨을 유의하여야 한다.

일반 건물의 경우에도 금고에 현금을 보관하거나 책상서랍 등에 현금이나 귀중품을 두지 말고 별도 보관하는 주의가 요망된다.

- 1층에 근무하는 경비요원은 4층에서 무슨 일이 일어나고 있는지 도저히 알 수가 없다는 점을 입주자에게 이해시켜 신고 등 협조를 구해야 한다.
- 건물경비요원은 사법권이 없는 관계로 의심이 간다고 무조건 검문할 수 없으므로 순찰 등 예방활동에 주력하는 입장을 이해시켜야 한다.
- 공동주택이나 임대건물의 경우 수인의 경비근무자가 있는 관계로 자연히 방

범이 잘 될 것으로 믿고 정작 본인은 등한시하는 경향이 있는데 입주자로 하여금 자체방범정신을 평소에 고취시키는 노력이 필요하다.

(3) 방범교육이수 및 범죄신고

공동주택경비근무자는 관할 경찰서장이 실시하는 방범교육을 이수해야 한다.

- 범죄사실 발견 즉시 경찰관서에 신고하고 수사업무에 협조해야 한다. 필요한 경우 범인을 체포·인도한다. 경범죄에 해당하는 것은 체포·인도할 수 없다.
- 범죄자라 할지라도 부상당한 경우 의료기관에 후송하거나 연고자에게 연락을 취하며 성범죄자인 경우 피해내용에 대해 비밀을 유지한다.
- 도난이나 유실물에 관한 민원이 있는 경우 관리사무소에 신고하고 필요한 경우 경찰관서에 신고한다.

8. 교회건물화재 소방관리

건물의 재난사고 중 가장 심각한 사고는 화재사고이다. 따라서 건물의 시설관리를 함에 있어서 화재사고 방지에 각별한 관심과 체계적인 소방관리가 요구된다.

화재에 대한 소방관리관계법령에는 소방기본법 외에 소방시설공사업법, 소방시설설치유지 및 안전관리에 관한 법률, 건축법, 공공기관의 방화관리규정 등이 있는바 건물관리자는 관리대상건물에 따라 해당되는 소방관리관계법령의 내용을 반드시 참고해야 한다.

특히 교회건물의 경우 다중이 집회하는 종교시설이므로 화재예방은 각별히 요구되므로 소방관계법에 따라 소방시설의 보완, 방염처리 대피로 확보, 실내 내연재 교체와 소방계획, 방화관리자 선임, 소방조직 소방 및 대피훈련 등이 시급히 요구된다.

왜냐하면 지금까지는 소방의 시각지대로 방치되어 왔으나 2007년 6월 1일부로 소방관계법령의 적용이 시작되며 그 어느 때 보다 고의에 의한 방화사고가 급증하고 있기 때문이다.

따라서 다음에서 개정된 소방시설 설치 유지 및 안전관리에 관한 법률에 따라 교회건물(특정 소방대상물)의 조치 내용과 화재사고의 발생원인과 예방대책 및 소방교육, 그리고 교회재난발생시 대처요령 등을 소개하여 교회시설안전에 일조하고자 한다.

2006년 5월 30일자로 개정된 '소방시설 설치 유지 및 안전관리에 관한 법률시행령'에 의하면 교회건물, 종교시설 등 특정 소방대상물의 관계인(소유자, 관리자, 점유자 등)은 2007년 5월 31일까지 다음과 같이 소방에 필요한 조치를 이행해야 하며, 이를 위반할시는 200만원 이하의 과태료와 시정명령이 내려지며, 시정명령 위반시에는 3년 이하의 징역 또는 1천 5백만원 이하의 벌금이 부과된다.

교회건물의 소방시설 조치내용은 다음과 같다.

① 바닥면적 300㎡(약 90평) 이상의 교회건물에는 커튼, 벽지 등을 방염처리해야 한다.
② 5층 이상의 교회건물에는 피난계단을 설치해야 한다.
③ 지하 교회건물의 바닥면적이 150㎡(약 45평) 이상인 경우에는 간이 스프링쿨러 시설을 갖추어야 한다.
④ 방염처리 완료 후에는 관할 소방서로부터 완비필증과 방염필증을 교부받아야 한다.
⑤ 기타 규모가 큰 교회건물에서는 소방시설 설치 유지 및 안전관리에 관한 법률과 시행령에 따라 조치해야 한다.

1) 화재사고의 발생원인과 예방대책

(1) 화재사고 발생원인

가. 화재의 의의

건물안전관리와 관련한 주된 사고에는 건물화재사고, 시설안전사고, 보안사고 등이 있으나 이 중에서 가장 위험하고 문제되는 안전사고는 건물화재사고이다. 건물의 화재사고란 사람들의 고의에 의하거나 의도에 반하여 건물에 발생하는 연소현상으로 소화를 필요로 하는 화재사고를 말한다.

또 연소의 의미는 다량의 열을 수반하는 발열 화학반응으로 반응에 의해 발생되는 활성화 성분이나 열에너지에 의해서 자발적으로 반응이 계속되는 현상을 의미한다.

연소반응은 대부분 가연성물질이 산소와 반응하여 빛과 열을 동반하는 급격한 산화반응이라고 볼 수 있다. 물질이 연소하기 위해서는 가연물과 산소공급원과 점화원 등 3가지 요소가 존재해야 한다. 이를 연소의 3요소라고도 하며, 보통 화재의 삼각형 도해로 설명되고 있다. 최근에는 화재의 3요소에 연쇄반응이라는 요소를 가미하여 화재 4요소로 설명하고 있으나 일반적으로 화재 3요소를 화재의 필수요소로 이해하고 있다.

나. 화재발생 요인

화재발생의 요인은 다음과 같다.

첫째, 화재발생요인에는 가연물의 존재를 필요로 한다. 건물의 가연물에는 ① 고체 가연물, ② 액체 가연물, ③ 기체 가연물 등 3종류가 있다.

둘째, 산소공급원이 필요하다. 산소공급원의 내용에는 ① 공기, ② 산화제, ③ 자기반응물질 등이 포함된다.

셋째, 마지막 화재발생 요인에는 점화원(점화 에너지)으로서 건물에는 다음과 같은 화재 점화원이 있다. ① 전기스파크 불꽃, ② 정전기 불꽃, ③ 마찰 및 충격의 불꽃, ④ 고열물체, ⑤ 단열압축에 의한 열, ⑥ 산화열, ⑦ 담뱃불, ⑧ 합선, ⑨ 누전으로 인한 고열 등이 있다.

넷째, 화재발생 요인에는 연쇄반응이다. 연소에 대한 종래의 견해는 ① 가연물, ② 산소공급원, ③ 점화원(점화 에너지) 등 3요소만 있는 경우 연소가 발생하여 화재로 이어진다는 설명이었으나, 관계 학자들의 꾸준한 연구결과 연소는 연소 3요소 외에 연쇄반응이라는 새로운 요소가 가미하여 화재의 내용을 이룬다고 정의하고 있다.

다시 말하면 연소과정에서 수소이온(H+)과 수산화이온(H-)을 발생하고 이것이 여러 단계를 거쳐 연쇄적으로 확대되어간다는 화재의 신이론이다.

다. 화재의 피해내용

건물화재의 피해를 대별하면 인명피해와 재산피해 두 종류로 나눌 수 있다.

인명피해란 화재사고로 인한 생명과 신체의 손상, 즉 사상자 발생을 의미한다. 재산피해는 부동산과 동산의 피해를 의미하며 그 정도는 소실된 연면적, 물건의 종류 등으로 표시되며, 피해정도는 액수로 나타난다. 피해액의 산정은 원칙적으로 행정자치부령의 피해액산정기준에 따라 물건의 현재가격을 기준으로 하여 산출된다.

이상에서 건물관리에 있어서 건물 내·외부로부터 여러 가지 화재요인에 의하여 화재가 발생되고 있는 현상과 연소요소 및 피해내용을 살펴보았다. 참고로 우리나라 1년간의 화재발생건수와 피해내용을 살펴보면 다음과 같다. 2001년도 행정자치부 화재통계연보에 의하면 2000년 한해동안 화재발생 건수는 34,844건에 531명 사망, 1,853명 부상, 재산피해액 1,519,972,000,000원에 달했으며, 건물소실 동수는 19,109동에 소실면적이 무려 1,373,108㎡(416,093평)에 달하였고 이재민 수는 4,794명을 기록하였다.

결론적으로 건물에는 화재위험이 항상 상존하고 있으며 매년마다 건물화재가 엄청난 규모로 발생하고 그 피해액 또한 엄청난 규모임을 알 수 있다.

라. 화재 종류별 발생원인

건물의 화재발생에 관한 통계에 따르면 전기에 의하여 발생되는 건물화재가 가장 큰 비중을 차지하고 있다. 건물화재의 발생원인을 살펴보면 주로 전기화재, 가연성가스화재, 유류화재, 담뱃불 화재, 방화화재, 실화화재, 난로화재, 불장난·불티화재 등으로 나타나고 있다.

① 전기화재

전기화재는 주로 전기선의 합선이나 전기기기 등의 구조적 결함과 취급부주의 및 취급소홀, 그리고 안전수칙 미준수 등이 그 원인이 되고 있다. 또한 과전류나 단락 및 누전과 전기불꽃, 그리고 전선의 접촉 불량, 벼락등에 의하여 전기화재가 발생하고 있다.

2000년도 화재발생 건수 34,844건 중 전기로 인한 화재건수는 11,796건으로 전체 화재건수 대비 33.9%를 점하여 담뱃불(12.3%), 방화(7.3%)보다 수위를 기록하고 있다. 2000년 한해에 발생한 전기화재 피해는 73명 사망에 389명의 부상자, 58,985,000,000원의 재산피해를 가져왔다.

2000년 1년간 발생한 건물화재를 분석해 보면 전체 화재건수 34,844건 중 전기화재 11,796건(33.9%), 담뱃불 4,303건(12.3%), 방화 2,559건(7.3%), 불티 2,179건(6.3%), 불장난 1,696건(4.9%), 가스 1,590건(4.6%), 아궁이 677건(1.9%) 난로 489건(1.4%), 유류 368건(1.1%), 성냥양초 288건(0.8%)로 나타나고 있다.

전기화재 원인은 다음과 같다.

- 스파크(spark) 방전에 의한 화재발생
- 누전에 의한 화재발생
- 접속 불량으로 인한 과열에 의한 화재발생
- 절연 손상에 의한 화재발생
- 과전류에 의한 화재발생
- 단락에 의한 화재발생

- 열의 축적에 의한 화재발생
- 지락에 의한 화재발생
- 벼락에 의한 화재발생
- 전기에 의한 화재발생

가) 누전에 의한 화재

누전의 의미는 전선 기타 전기기기의 노화, 기계적 손상 등으로 인한 파괴나 절연 등에 의하여 전류가 누설되는 현상을 의미한다. 누전되어 장시간 계속되면 발열이 되는데 이때, 주변에 있는 인화성물질에 착화원으로 작용하여 화재가 발생한다. 누전전류의 화재발생 최소치는 300~500mA이다.

나) 과전류에 의한 화재

전류가 전선에 흐르는 경우 그 전선에 비례하는 열이 발생하는데 그 전선이 막아낼 수 있는 방열보다 더욱 커지게 되면 과전류(과부하나 전선불량 규격미달의 전선 굵기에서 나타난다)로 인하여 허용용도를 초과하게 되어 직접 발화나 간접적으로 피복이 탈락·발화하여 착화원의 발화원이 되어 화재를 일으킨다.

다) 스파크에 의한 화재발생

전기회로나 스위치나 버튼 등으로 되어 있어 단속 또는 단락되는 경우에 스파크가 발생하게 되는데 특히 유도성회로의 단락이나 단속의 경우 스파크는 심하게 발생한다. 스파크가 발생되면 공기 중에 오존이 형성되어서 도전성을 띄게 되어 있다. 스파크와 가까이 있는 가연성가스, 고체, 증기 등이 있으면 폭발이나 직접적으로 인화를 유발하게 된다.

라) 단락에 의한 화재

전선이나 전기기계 등에 절연체가 전기 또는 기계적인 원인으로 파괴 혹은 노화로 인한 합선됨으로 인하여 발화할 때를 의미한다. 단락전류는 대체적으로 1000mA~1500mA이고 이로 인한 스파크로 주위 인화성물질에 착화되어 화재로 이어진다.

마) 접속불량에 의한 과열로 생기는 화재

전선과 전선, 전선과 단자 등의 접속상태가 불량할 경우 접속저항이 커져서 발열현상이 나타나게 되는데 그 부분에 산화열 팽창, 열수축 등을 유발시켜 발화원이 되어 화재발생의 원인이 되기도 한다.

바) 절연손상에 의한 화재

옥내배선이나 가구배선의 절연체 등은 오랜 시간이 경과하면 절연성이 노후화하여 누전회로를 구성하게 된다. 탄화가 점차 증가하여 고온에 이르게 되면 절연파괴가 발생하게 되어 단락, 스파크, 접속부과열 등을 일으켜 발화원을 형성하여 화재의 원인이 된다.

사) 열의 축적에 의한 화재

전기담요, 전기장판, 전기난로 등과 같은 열을 발생하는 전구 · 전등을 쉽게 탈 수 있는 가연물 주위에서 사용한다든가 열의 발산이 제대로 안 될 경우 열이 점차적으로 축적되어짐으로써 가연물을 발화시켜 화재를 유발한다.

아) 지락에 의한 화재

전주상의 고압애자가 파손시에 목재전주의 경우 전류가 흐름으로 인해 전주에 화재가 발생한다. 고압의 경우 직접적으로 대지와의 사이 금속물질이 없다 하여도 목재는 탈 수 있기 때문이다.

자) 정전기에 의한 화재

정전기는 이물질의 마찰 혹은 정전유도에 의해 발생되는 것으로 발생전계는 각 물질의 유전율 면적 · 습도 · 온도 등에 의해서 좌우되며 정전기에 의한 화재발생은 정전기 · 스파크에 의한 것이 대부분이다.

차) 벼락에 의한 화재

벼락에 의해 전기회로에 이상전압이 발생하여 절연물을 파괴시킬 뿐 아니라 이때 흐르는 대전류가 화재의 요인이 되어 화재를 발생시킨다.

전기화재의 발화원별 화재발생 비율을 보면 다음과 같다.

- 이동 전열기기 화재 : 35%
- 배선으로 인한 화재 : 27%
- 전기기기에 의한 화재 : 14%
- 전기장치에 의한 화재 : 9%
- 배선기구에 의한 화재 : 5%
- 고정전열기기에 의한 화재 : 5%
- 기타 원인 : 5%

② 담뱃불화재

건물내부에 모아둔 쓰레기더미에 무심코 던진 담뱃불이나 페인트 도색작업 중 신나 등을 사용(분무)하면 분진이 작업장 내에 머물게 되는데, 이때 담배에 불을 붙이는 순간 화재가 발생하게 된다. 담뱃불은 흡입시 무려 800℃ 이상의 고열을 지니고 있어 함부로 담배꽁초를 가연물질 위에 던지는 경우 화재로 직결되어 대형 화재로 이어진다. 담배는 피울 때보다 피우고 난 후 꽁초 처리에 특별한 주의가 필요하다.

③ 불장난화재

어린아이들의 불장난으로 성냥 · 라이터 · 양초 · 난롯불 · 모닥불 등에 의해 자주 발생한다.

④ 방화(放火)화재

사람의 고의에 의한 방화는 동시다발로 발생하여 인적 · 물적 손실을 가져오는 대형화재로 이어진다. 주로 원한관계나 정신적 질환에 의하여 저질러지므로 건물관리로 인하여 어떤 종류의 원한 문제가 생기지 않도록 주의해야 한다. 또 건물소유자의 원만한 대인관계도 화재예방에 도움이 된다. 방화는 주로 새벽이나 야간에 발생되며, 동시다발로 화재가 발생하므로 진화에 어려움이 뒤따른다.

⑤ 가스화재

가스화재는 가연성 가스에 의하여 발생하며, 주로 천연가스와 프로판가스(LPG라고도 한다)에 의하여 화재가 발생한다. 천연가스는 원유 생산시에 부산물로 생산되는 것이고 프로판가스는 원유를 휘발유 등으로 정제할 때에 생기는 가스이다. 특히 이들 가연성 가스는 인화점이 낮아 화재위험이 매우 높으며 폭발성이 강하여 위험하다. 건물화재가 가연성 가스로 나타나는 경우에는 대형 화재나 대형 참사가 될 위험성이 있다.

⑥ 유류화재

겨울철에 주로 발생하는 화재는 난방기기에 사용하는 유류의 취급부주의에서 나타나는 화재가 대부분을 차지하고 있다. 유류는 휘발성이 강한 휘발유 · 석유 · 등유 · 경유 등과 식물성 기름을 포함한다. 휘발성이 강한 기름에 의한 화재는 진화가 매우 힘들다. 왜냐하면 순식간에 화재가 번져 소방시설에 의한 진화속도가 미처 따라갈 수 없고, 소방차 등 소방장비가 도착하는 데 상당시간이 소요되기 때문이다.

유류취급은 유자격자가 취급해야 하고 취급시에는 특별한 주의를 기울여야 한다.

⑦ 건물의 화재 발생 증가이유

건물안전관리 업무 중에서 방화관리 업무가 가장 중요하고 위험한 업무이다. 그러므로 소방관계법에 따라 방화관리자 선임을 의무화하고 방화관리를 전담하도록 규정하고 있다. 그러나 앞서 지적한 바와 같이 건물화재 발생은 증가추세에 있어 방화관리에 큰 문제로 대두되고 있다.

따라서 건물화재 발생 증가원인을 고찰해보고 다음 장에서 설명하고자 하는 위험사고 방지대책의 자료로 삼고자 한다.

건물화재가 계속 증가 발생하는 이유는 대체로 다음과 같다.

- 건물내부에는 전기스파크나 정전기 불꽃, 마찰, 충격의 불꽃, 고열물체, 산화열, 단열·압축의 열, 담뱃불 등의 다양한 점화원이 존재하고 있다는 점이다. 이 밖에도 건물의 다양한 점화원으로는 전기 합선으로 인한 불꽃, 방전을 일으키는 정전기 불꽃, 누전으로 인한 고열, 합선으로 인한 전기스파크, 작업중 발생하는 불꽃, 디젤엔진의 전기 불꽃, 낙뢰 등이 있다. 이와 같이 다양한 점화원이 항상 건물에 존재하여 화재발생의 증가원인이 되고 있다.
- 건물 내외부에 가연물질이 다량으로 존재하고 있다는 점이다. 가연물질에는 전술한 바와 같이 액체 가연물, 고체 가연물, 기체 가연물이 있는데 건물에는 이상과 같은 3가지 가연물들이 모두 존재하고 있다. 특히 기체 가연물로는 냉·난방과 취사용으로 사용하는 천연가스와 프로판가스가 건물 여러 곳에 존재하며, 휘발성이 강한 액체 가연물에는 휘발유, 경유, 벙커C유, 신나 및 공업유, 식물용 기름 등이 있다. 그리고 고체 가연물에는 목재, 플라스틱, 섬유, 고무 등의 내외장재 자재들이 건물내부와 외부에 산재해 있다.

  이와 같은 가연물질이 다양한 점화원과 결합하고 산소가 공급되면 즉각 화재로 이어져 인명과 재산피해가 발생한다. 특히 고층 화재는 대형 참사의 가능성이 큰 경우이므로 방화관리에 철저를 기해야 한다.

- 건물에는 산소공급원이 함께 존재한다는 점이다. 산소공급원의 주된 내용은 산화제와 공기 및 자기 반응성 물질이 함께 포함된다.
- 화재에 관한 안전의식의 결여이다. 관리자나 기타 종사자들의 안전의식의 결여는 화재발생을 증가시키고 있다. 안전의식의 결여는 부주의·태만 그리고 부자연스러운 행동, 안전장치 소홀로 나타나 실수를 하게 되고, 그것이 화재로 이어지게 된다.
- 다수의 건물사용자가 건물의 전기용량을 무시한 채 전기기기의 이기적인 사용으로 전선에 과전류를 흐르게 하는 경향이 점증되고 있다는 점이다. 특히 집합건물의 경우 사용자의 전기기기 사용은 통제하기 어렵고, 관리자가 방심하거나 무시하는 경우 그 건물의 전기용량을 초과하게 되어 과전류를 만들게 된다. 이와 같이 과전류가 흐르게 되면 전선에 고열이 발생되어 스스로 타거나 인화물질에 접하여 화재로 돌변하게 된다.
- 사용자와 관리자의 방심이다. 무심코 던지는 담뱃불, 낡은 전기설비 부품의 미교체, 점검시기 상실 등의 방심이 화재위험사고의 증가원인이 된다.
- 형식적인 소방교육과 훈련이다. 심지어 방화관리자마저 실제로 임명하지 아니하고 서류로만 선임한 건물이 있는가 하면, 소방조직을 형식적으로 구성하거나 소방교육 훈련마저 형식적으로 실시하여 소방·방화 활동이 효과를 얻지 못하고 있다. 이와 같이 형식적인 방화조직, 교육, 훈련이 계속되는 한 건물화재사고는 계속 증가될 것으로 판단된다.

(2) 화재사고 예방대책

건물화재의 발생은 전술한 바와 같이 주로 다음의 원인에 의해 발생한다.

① 전기로 인한 화재
② 담뱃불로 인한 화재
③ 불장난으로 인한 화재
④ 방화에 의한 화재

이와 같은 발생원인에 의한 화재는 귀중한 인명을 앗아가고 막대한 재산을 잿더미로 사라지게 함으로써 최선을 다하여 방지 또는 예방하지 않으면 안된다. 건물화재는 주로 화재발생 원인에 의하여 발생되므로 원인별로 화재에 대한 방지대책을 살펴 이를 토대로 화재예방에 최선을 다해야 한다.

가. 전기화재 예방대책

전기화재 예방대책은 대체로 다음과 같다.

① 노화전선 등 교체
② 전기기기 수시점검
③ 인화성물질 특별관리
④ 과전류 · 누전 · 단락으로 인한 화재예방용 누전차단기 설치, 화재경보기 설치
⑤ 정전기 발생억제
⑥ 대전량 축적방지
⑦ 피뢰설비설치
⑧ 발화원 특별관리(특히 전기작업용접 불똥)
⑨ 전기안전수칙, 전기작업안전수칙 준수
⑩ 이동전기 전열기기 감시 철저

나. 담뱃불화재 예방대책

2000년도 화재원인을 분석해보면 담뱃불로 인한 화재는 전체 화재원인 중에서 무려 12.3%나 차지하고 있어 전기에 의한 화재(33.9%) 다음으로 화재빈도가 높은 화재이다.

담뱃불에 의한 화재는 주로 무심코(방심하고) 던진 담뱃불이 인화물질에 접촉되어 일어나고 있다. 따라서 담뱃불에 의한 화재 예방대책은 다음과 같다.

① 건물 내 인화물질 제거 또는 단속, 쓰레기 특별관리
② 건물 내 전체 공간을 담배 금연구역으로 설정, 입주자협조 요망
③ 사용자 금연 실시
④ 인화물질 중심으로 순찰강화
⑤ 방화구역제 실시

다. 가스화재 예방대책

가스에 의한 화재 예방대책은 다음과 같다.

① 가스누출방지
② 물분무에 의한 냉각(용기 등에 빠르게 살수한다)
③ 누출된 가스는 안전한 방법으로 확산
④ 점화원 차단(착화원 단속)
⑤ 누설원 차단
⑥ 누설시 신속히 가스안전공사에 신고
⑦ 환기실시(빗자루 등으로 쓸어낼 것)
⑧ 지속적인 감시와 순찰
⑨ 배관 · 용기 등은 안전기준에 맞는 것 사용(특히 지하매설물 부식방지 장치를 할 것), 건물내부의 매설배관은 스테인리스나 동관(내식성 재료)을 사용할 것
⑩ 가스누출 차단장치 및 누설경보기 설치
⑪ 가스안전수칙 준수
⑫ 가스취급 유자격자만 가스관리취급

라. 불티화재 예방대책

불티는 주로 작업현장에서 용접작업시 발생되므로 다음과 같이 조치해야 한다.

① 용접작업현장 내의 화재위험지역(인화물질 있는 장소)에는 용접작업시 매우 주의를 기울여야 하며, 감독관이 정위치하여 작업완료시까지 감시할 것
② 작업장 내에는 인화물질을 두지 말 것
③ 소화기를 비치하고 작업할 것
④ 작업불티 보호장치를 할 것
⑤ 작업안전수칙을 준수할 것

2) 방화관리자 선임 및 방화관리교육

(1) 방화관리자 선임

소방시설 · 설치 유지 및 안전관리에 관한 법률 제20조에서는 방화관리자를 두어야 할 소방대상물의 소유자 및 관리자는 자위소방대를 조직하여 방화관리자를 정하고, 소방계획을 작성하여 소방훈련을 실시하도록 규정하고 있다. 방화관리자를 선임할 때에는 14일 이내에 행정자치부령이 정하는 바에 의하여 소방본부장 또는 소방서장에게 신

고하여야 한다.

(2) 방화관리자의 자격

방화관리자의 자격은 다음과 같다.

① 소방시설 관리자 또는 소방설비기사 자격을 가진 자
② 산업안전기사 1급 이상 자격을 가진 사람으로 2년 이상 방화관리에 관한 실무 경력이 있는 자
③ 위험물취급 기능자 또는 위험물취급 기능사 자격을 가진 사람으로 위험물 안전관리자로 선임된 자
④ 고압가스안전관리법, 도시가스사업시행령에 의거 가스관계 안전관리 책임자로 선임된 사람
⑤ 소방공무원으로 5년 이상 근무경력이 있는 자
⑥ 전문대학 또는 동등 이상의 교육기관에서 소방안전관리학과를 전공하고 졸업한 사람으로 2년 이상 방화관리에 실무경력이 있는 자
⑦ 4년제 대학 이상의 교육기관에서 소방안전관련 과목을 12학점 이상 이수하고 졸업하였거나 소방안전학과를 졸업한 사람으로 3년 이상 실무경력이 있는 자
⑧ 일정한 자격의 해당자로서 행정자치부령이 정하는 강습을 수료하고 그 자격을 인정받은 자

(3) 방화관리자의 직무

① 소방계획의 작성
② 소방계획에 의한 소화 · 통보 · 피난 등의 훈련 및 교육
③ 자위소방대 조직
④ 화기취급의 감독
⑤ 소방시설 및 소방관련 시설의 유지관리
⑥ 기타 방화관리상 필요한 업무

(4) 소방계획

소방계획은 방화관리 업무를 충실히 수행하기 위하여 수립대상에 따라 그 관리현장에 적합하도록 수립되어야 하며, 다음 사항을 포함하여 수립해야 한다.

① 소방대상물의 화재예방을 위한 자체 검사계획
② 소방용 설비 등에 대한 점검 및 정비계획
③ 자위소방대의 조직과 조직원의 임무에 관한 사항
④ 피난통로, 피난구, 안전구획, 배면구획 및 기타 피난설비의 유지관리 계획
⑤ 방화구역, 제한구역, 방화내장, 방열, 그밖의 방화상의 구조 및 설비의 유지관리
⑥ 인원의 수용계획
⑦ 소방훈련 및 교육훈련 계획
⑧ 위험물의 저장취급에 관한 계획
⑨ 분임 방화관리에 관한 사항(동일구 내 특수장소가 두 곳 이상 있는 경우)
⑩ 공사장의 방화관리에 관한 사항
⑪ 기타 관할 소방서장이 명하는 사항

(5) 소방관리

가. 화재의 종류와 소화방법

소화의 원칙은 우선 가연물질을 제거하고 산소공급을 차단하며 연소물질을 냉각시켜야 한다.

① A급 화재(일반화재)

불이 타고난 후 재를 남기는 화재를 말한다. 소화방법으로는 연소하고 있는 물질을 인화점 이하로 냉각시키기 위하여 물 또는 물의 성질을 많이 함유한 포말소화기를 사용한다.

② B급 화재(유류화재)

액체나 기체에 화재가 발생하여 불이 타고난 후 아무것도 남기지 않는 화재를 말한다. 소화방법은 질식방법으로 산소제거 작용을 하는 포말 또는 분말소화기로 소화한다.

③ C급 화재(전기화재)

전기누전 등의 원인으로 인하여 발생되는 화재를 말한다. 소화방법은 부도체인 소화기를 사용하여야 한다.

나. 소화기의 종류와 사용방법

소화기의 종류는 다음과 같다.

- A급 화재용(백색 동그라미)
- B급 화재용(황색 동그라미)
- C급 화재용(청색 동그라미)

소화기 사용법은 다음과 같다.

① 포말소화기(A급 · B급 화재용)

포말소화기는 외통과 내통에 다른 액체를 넣어 소화기를 거꾸로 들 경우 두 가지 약재가 섞이면서 거품이 생겨 자체압력으로 방출된다.

② 분말소화기(B급 · C급 화재용)

분말소화기는 용기 속에 분말로 된 약재를 넣고 유사시 압력용기에서 가스 등을 분출하여 분말이 호스를 통해 나가도록 한 것이다. 사용할 때는 압력용기 안전핀을 빼고 압력용기를 눌러 압력을 가하는 동시에 손잡이 레버를 바로잡고, 화점 2~3m 지점에서 바로 쏘는 것처럼 방출된다. 약재가 피부에 닿지 않도록 주의한다. 소화기의 보관방법은 직사광선 · 습기제거, 약재가 굳어지는 것을 방지하기 위하여 수시로 흔들어서 보관하는 것이 좋다.

③ 안전장치

- 누전에 의한 화재발생시 전기분전반 스위치는 끈다.
- 화재는 초기 진압이 중요하므로 모래 · 물 · 소화기 등을 사용하여 최단 시간 내 소화하도록 한다.
- 진화가 불가능하다고 판단될 경우 기구나 신변잡기에 미련을 두지 말고 즉시 대피하여야 한다.
- 대피시 출입문이 뜨겁다든가 문틈 사이로 연기가 스며드는 경우 문을 열면

갑작스런 화염이나 유독가스에 피해를 당하게 되므로 문을 열지 말고 문틈을 젖은 수건으로 막은 후 다른 통로를 찾거나 구조 요청을 한다.

(6) 소화작업시 유의사항

소화요원은 화재현장 상황을 파악하고 작업의 우선순위를 정하여 진화에 임하되 절대로 우왕좌왕하여 작업에 지장을 초래하지 않도록 해야 한다.

① 대피하지 못한 사람이 있는 경우 먼저 사람부터 구한다.
② 화점에 접근할 때는 낮은 자세를 취한다.
③ 불꽃의 아랫부분을 먼저 끈 후에 윗부분을 끈다.
④ 불꽃을 잡지 못할 시는 단계적으로 후퇴한다.
⑤ 불꽃을 중심으로 포위하여 사방에 물을 끼얹는다.
⑥ 물에 적신 수건 등으로 입과 코를 막는다.
⑦ 물은 화점을 향하여 끼얹는다.
⑧ 소방시설이 있는 경우 최대 활용한다.
⑨ 건물 각 부분이 완전히 냉각될 때까지 불탄 자리를 감시해야 한다. 불에 타다만 것은 완전히 꺼야 하며, 반드시 문밖으로 운반해놓아야 한다.

(7) 대피활동과 인명구조법

가. 대피활동

① 당황하지 말고 침착하게 행동하도록 유도한다.
② 연기 속을 지날 때는 젖은 수건을 코와 입 가까이 가져간다.
③ 불이 타고 있는 곳을 판단하여 피난방향을 결정한다.
④ 화염에 싸였을 때는 침착하게 천이나 의류 등을 연결하여 창문을 통해 비상구 또는 이웃 건물 등으로 피난한다.
⑤ 당황하여 뛰어내리지 말고 옥상 등으로 대피하여야 한다.
⑥ 실내에 갇혀 있을 때에는 의복이나 기타 물건을 창밖으로 던져 사람이 있다는 것을 알리고 구조를 요청한다.

나. 인명구조법

① 인명탐색 중 사람을 발견했을 때는 생사여부를 확인한다.

② 부상자 발견시는 다친 상처에 유의하면서 신속히 안전한 곳으로 구출하여 즉시 병원으로 이송한다.

③ 인명구조를 위하여 옥내로 진입할 때는 로프 · 전지 · 갈고리 · 물수건 등을 휴대하고 계단 · 난간 · 벽체를 따라 진입하되 비상시 탈출구를 찾아놓아야 한다.

④ 고열유독가스 발생시는 함부로 들어가지 말고 창문 등을 부수어 공기를 소통시켜야 한다.

⑤ 막다른 곳이나 창문 근처, 화장실 계단입구 등에 중점을 두고 인명 색출을 해야 한다.

⑥ 구출된 환자는 응급조치 후 신속히 병원으로 후송한다.

⑦ 구조요원은 가급적 2인 1조로 활동한다.

3) 화재사고 등 비상상황 대처요령

화재사고, 정전, 단수, E/L 고장, 도난사고 등의 건물비상상황에 긴급히 대처하기 위해서는

첫째, 건물관리조직 내에 중앙방재실 같은 방재관리조직을 별도로 두고 24시간 감시하며,

둘째, 내부비상연락망 체계와 외부비상망체계를 [그림 3-3]과 [그림 3-4]와 같이 구축하고 신속히 대처한다.

셋째, 건물재난사고 유형별로 비상상황 대응 매뉴얼을 두고 교육 훈련하여 사고발생시 즉각 매뉴얼에 따라 대응한다.

(1) 내부 비상망 체계

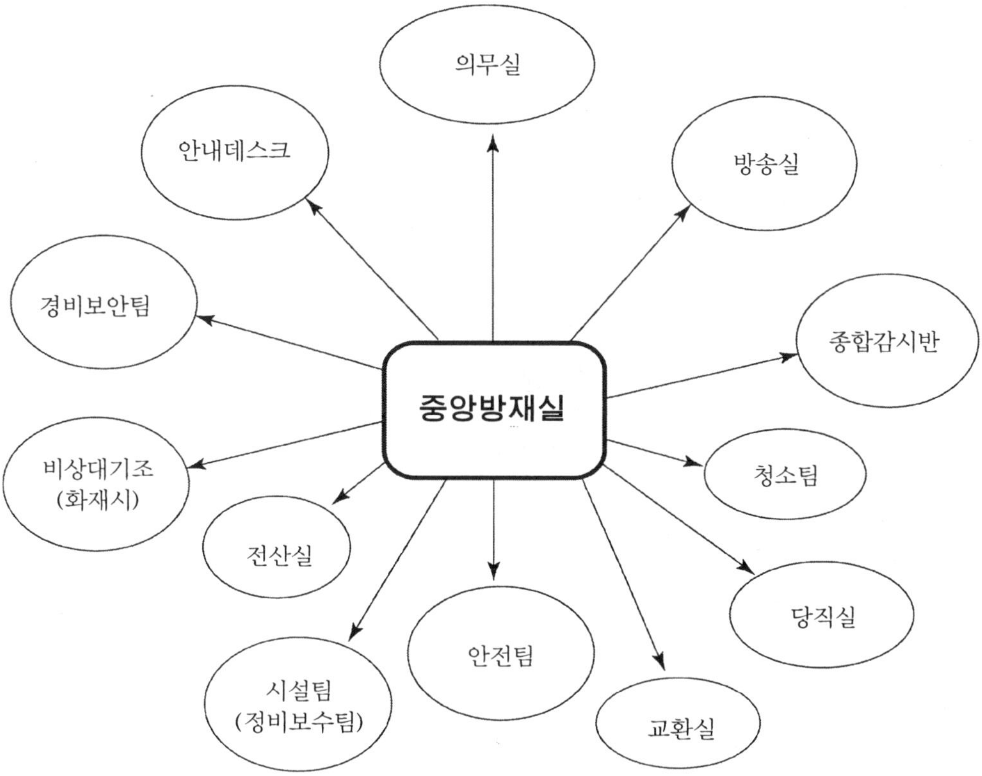

[그림 3-3] 내부 비상연락망 체계

(2) 외부 비상연락망체계

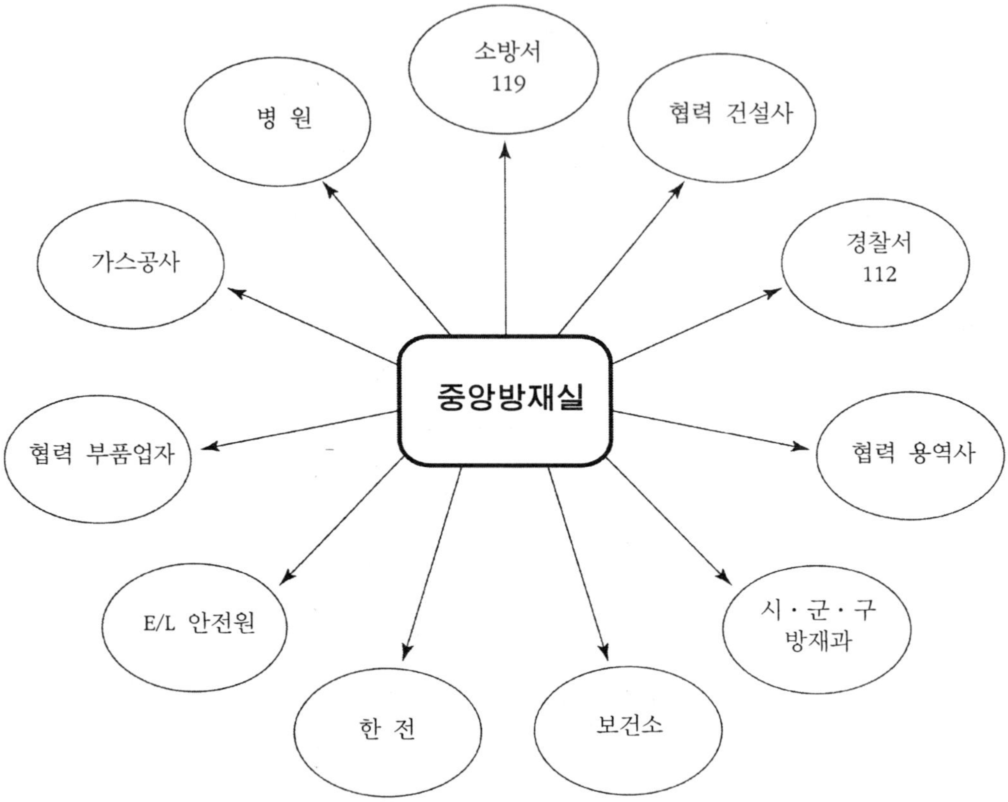

[그림 3-4] 외부 비상연락망체계

(3) 비상대처요령

가. 화재발생시

① 화재수신반, 경비 등 화재발견 : 화재경보발령

② 화재신고(소방서 119)

③ 비상대기조 투입 : 피난유도
화재초기진압
인명구조
도난방지
현장보존

④ 비상안내방송 : 전 재실자

⑤ 소방설비가동지원 : 초등진화
진화지원

나. 엘리베이터사고 발생시

① 탑승자 확인(비상인터폰 사용)
② 상황청취 및 안내방송 : 탑승자 안전유도
③ 지원부서 긴급호출 : 승객구조 및 긴급보수
④ 비상상황종료 : 현장 보존
⑤ 사고 원인조사 및 대책수립 : 최종보고

다. 전기정전시

① 정전확인 : 변전실 · 부하전력 제어조치
② 비상전원 on : 점등확인
③ 비상발전기 긴급가동
④ 정전방송 : 전 재실자
⑤ UPS 확인 : 전산전원 공급
⑥ 한전 정전비상연락 : 긴급보수
⑦ 원인분석 및 재발방지대책수립

라. 누수발생시

① 누수상태확인
② 보수팀 긴급투입
③ 기계실 긴급조치(해당구역 수도메인 벨브 차단)
④ 청소팀 협조 요청
⑤ 원인분석 대책 수립

마. 도난 발생시

① 도난확인 : 현장보존
② 출입자 · 출입차량 통제
③ 112(경찰)에 긴급신고
④ 경찰수사 협조
⑤ 원인분석 및 재발방지 대책 수립

제5절
건물시설관리의 지원활동

1. 건물시설관리 지원활동의 개념

건물시설관리는 건축공학적 건물실체시설의 보존·유지·개량과 건물시설의 기능과 성능의 유지·개량을 목적으로 하는 물리적 시설관리이므로 건물시설관리의 3대 관리업무인 건물의 시설 유지관리, 건물환경의 미화관리, 건물시설의 경비·보안관리가 주된 관리업무이나 건물시설관리의 3대 관리업무는 독립적, 개별적으로 관리가 이루어지지 아니하고 시설관리업무 수행을 위한 인사노무, 문서사무, 구매, 보험, 시설유지관리 관계법령관리 등의 지원이 필요하다.

이와 같이 건물시설관리 3대 관리업무의 효율적인 수행이 가능하도록 이를 측면에서 도와주는 성격의 관리활동을 건물시설관리 지원활동이라 한다.

건물시설관리의 3대 관리 업무를 위한 지원활동에는 건물시설관리종사자 사노무관리, 건물시설관리 사무문서관리, 건물시설관리관련 보험관리, 건물시설관리 관계법령관리, 건물시설관리 용품 및 용역 구매관리 등이 있다.

이를 분설하면 다음과 같다.

2. 건물시설관리종사 인사 노무관리

1) 인사관리

인사관리란 조직목표를 달성하기 위한 원동력이 되는 인간능력에 관한 과제들을 인식하고 조직의 장기 전망에 맞추어 이들을 연구하고 관리하는 분야라고 할 수 있다.

피고스(Paul Pigors)와 마이어스(Charles A Myers)는 "훌륭한 인사관리란 각자의 능력을 최대한으로 발휘시켜 개인이 그 자신의 직무에서 최대의 만족을 얻고, 집안의 일원으로 만족을 얻을 수 있도록 조력하는 것이다"라고 정의하였다.

인사관리의 의의를 좀 더 구체적으로 설명하면 "인사관리란 조직의 목표달성을 위한 인적 자원의 확보 · 개발 · 보상 · 통합 · 유지 · 이직에 관한 것을 환경조건(요소), 즉 조직목표 달성 능력에 영향을 비치고 있는 조직 내 · 외의 조건과 분위기, 예컨대 조직이 처해 있는 문화환경, 정치적 · 경제적 환경, 노동시장의 성격, 경영자와 종업원의 가치관 등과 관련하여 제정책을 계획 · 조직 · 지휘 · 조정 · 통제하는 관리체계"라고 정의할 수 있다. 다시 말하면 인사관리는 경영관리의 한 구성요소로서 조직의 목표달성에 이바지 할 수 있도록 관리되어야 한다.

조직에 참가하는 구성원들에게 가장 적합한 직무를 부여하고 종업원 스스로 자신의 직무에서 최대의 성과를 발휘할 수 있도록 인간적 만족도를 극대화시키고 다양한 환경 조건과 균형을 이루면서 생산성이 향상되도록 제반정책이 수행되어야 한다는 것이다.

따라서 인사관리자는 조직이 필요로 하는 인적 자원을 최적으로 확보 유지하고, 이를 활용하기 위하여 계획 → 실행 → 통제 → 조정의 과정을 피드백(feed-back)하는 일이 일상화되어야 한다.

한편 건물자산관리에 있어서 인사관리란 건물의 효율적인 관리를 위해 필요한 인적 설비의 지원을 선발 · 채용 · 교육 · 배치, 업무의 분장, 훈련 · 승진 · 포상 · 징계 · 퇴직 등 일련의 과제를 해결하기 위한 인사규범 체계를 의미한다.

건물자산관리 업무에 있어서 인사관리는 매우 중요한 관리분야이다. 왜냐하면 관리 업무는 선발된 인적 자원이 자격과 능력을 갖추었을 경우, 즉 양질의 유능한 인력인 경우관리업무는 성공적으로 진행될 것이나 반대로 선발된 인력이 우수하지 못한 무능한 인력인 경우 관리효과는 매우 불량한 결과만 나타내기 때문이다.

건물자산관리기술 업무를 담당하기 위해서는 관계법에 정한 기술자격증을 소지한 자로서 기술능력을 겸비하고 근무경력이 일정수준인 자를 선발대상으로 하여야 한다. 또한 건물관리행정 업무를 담당하기 위해서는 사무능력과 해당분야의 전문성을 가진 자로서 성실한 인력을 선발대상으로 하여야 한다.

건물자산관리 인력은 채용으로 끝나는 것이 아니가 미리 준비된 직무교안을 가지고 배치 전 일정기간 직무교육을 거친 후에 평가시험을 실시하여 일정수준에 도달한 자에 한하여 배치하고, 그렇지 못한 경우에는 재교육을 실시하여 일정수준까지 끌어올린 후에 배치해야 한다.

배치된 관리요원은 동기를 부여하고 적절한 대우와 사기를 높여 일의 성취감을 느낄 수 있도록 충분히 지원해주어야 한다. 이렇게 했을 때 인사관리의 문제점은 나타나지 않을 뿐 아니라 효율적이고 생산적인 인사관리가 될 수 있을 것이다.

특히 최근에는 인사의 관리방침이 변화하기 시작하였는데 그 대표적인 인사변화 경향은 다음과 같다.

첫째, 채용방법의 변화이다. 신규채용보다 경력자 채용 방식으로 변화되고 있다. 이는 조직환경과 사회 · 문화적 환경변화는 물론 제도적 변화에 탄력적 · 신축적으로 대응하기 위해서이다.

둘째, 소수 정예주의에 입각한 능력위주의 관리체제로의 전환이다.

셋째, 능력있는 인재의 조기발굴 육성이다.

넷째, 승진제도 개념의 변화이다. 즉 과거의 연공서열제도에서 능력위주의 승진제도로의 전환이다.

다섯째, 수평경영, 팀 운영제의 도입이다. 그 결과 권한위임 확대와 신속한 의사결정을 통한 경쟁력 확보를 추구하는 경향이다.

여섯째, 능력급 연봉제 등 능력과 실적에 따른 처우의 확대이다.

일곱째, 제안제도의 적극활용이다.

특히 이와 같은 인사의 관리방침이 변화될 수 있었던 요인으로는 정보화사회의 도래를 맞이하면서 인적 자원을 활용하면 할수록 잠재능력이 신장되어 그 사용가치가 증대된다는 사실과 그 개발여하에 따라 능력을 무한히 증대시킬 수 있다는 점을 고려하기 시작했다는 점들이다.

(1) 관리직원

건물의 관리직원은 기술직과 행정직으로 나누어 선발되어야 한다. 그리고 기술직은 다시 전기 기술직과 기계설비 기술직으로 나누어 선발하여야 한다. 기술관리직은 법규에 규정된 자격증을 소지한 자로서 기술능력이 있는 자이어야 하고, 반드시 동일직종에 상당기간 근무경력이 있는 자를 선발하는 것이 바람직한 인력 선발이라 할 수 있다.

관리직원 중 행정직원은 건물의 구조와 설비를 이해하고 기술직의 유고시 대체인력으로 쓸 수 있도록 훈련된 인원 중에서 사무관리 능력, 즉 회계 · 사무 · 경리 · 출납 · 문서 · 행정 · 구매 · 계약, 입주자 사후관리, 민원업무 · 대외업무 등을 감당할 수 있는 행정능력이 있는 자를 선발해야 한다.

특히 집합건물 관리의 경우 공동주택관리령에 따라 공동주택의 일정 규모 이상인 경우(의무관리대상) 반드시 주택관리사(보) 또는 주택관리사를 채용토록 강제하고 있음도 유의하여 행정관리직 분야에도 자격증 소지자가 채용되는 경우가 있음을 인식해야 한다.

관리직원 중 행정직과 기술직 직원의 업무를 요약하면 다음과 같다.

가. 행정직 업무

- 경영목표 수립 및 관리업무
- 조직관리 업무(관리사무소 관리업무총괄)
- 인사 · 노무 · 총무 · 서무 등에 관한 업무
- 세무 · 회계 · 출납 업무(경리업무)
- 자산관리 업무
- 구매업무
- 건물임대계약 업무
- 입주자 사후관리 업무
- 문서의 작성, 보고, 사무 · 문서 처리업무
- 관계법령 관련 업무
- 각종 민원처리 업무
- 유관업무
- 건물관련보험 관리업무
- 경영행정관리 교안의 작성 및 교육업무
- 청소경비관리 조경시설 주차관리 등 계약 · 지원 및 감독업무
- 기타 건물자산관리에 필요한 경영 · 행정 업무
- 건물자산관리회사가 용역사인 경우, 입찰제안서 견적 계약 등에 관한 업무

나. 기술직 업무

- 건축물의 유지보수 관리업무
- 냉난방설비, 급기배기설비, 급수배수설비, 전기설비, 전화통신설비, 이동설비 기타 부대설비의 운전 · 점검 · 감시 · 기록(관제업무) · 정비 · 통제 업무
- 방재시설에 대한 유지보수 업무
- 건물 영선 업무 및 기술적 위험물과 위험시설물 안전에 관한 업무
- 기술관리 교육훈련을 위한 교안의 작성 및 교육업무

- 기술용역회사나 기술용역 업무에 대한 감독업무
- 기술설비 등의 사용, 자재 · 원료 · 공구 · 기기 · 장비 등의 구매를 위한 사양서의 작성, 검수에 관한 업무
- 건축물 보전업무
- 기타 기술관련 사항과 관련된 업무

(2) 관리직원의 자격

가. 기술직 관리직원

일반건물이나 공동주택의 경우 건물의 규모나 건축설비 내용, 세대수에 따라 자격있는 기술직 관리자를 관련법규에 따라 각각 선임하고 감독 행정관서에 보고하여야 한다. 해임의 경우에도 역시 같다. 기술직 관리종사자들의 법정자격은 전술한 바와 같다.[20]

나. 행정직 관리직원

일반건물 관리를 위한 행정직 관리직원의 자격규정은 의무공동주택의 주택관리사(보)와 경비지도사에 관한 법정자격규정은 있으나 기타 행정분야에는 찾아볼 수 없다.

그러나 공동주택의 경우 주택법에 따라 ① 공동주택 500세대 미만 경우(중앙집중식 난방방식 또는 승강기가 설치된 경우 300세대 미만) 주택관리사 또는 주택관리사(보) 1인, ② 공동주택 500세대 이상 경우(중앙집중식 난방방식 또는 승강기가 설치된 경우 150세대 이상) 주택관리사 1인 이상을 현재 관련법규에 의하여 공동주택 관리를 위한 자격있는 주택관리사채용을 의무화하고 있으나 앞으로 일반건물에도 일정규모 이상인 경우(예 연건평 3,000평이상의 건물이나 10층 이상되는 단위건물)에는 건물관리사제도를 신설하여 일정기간 교육을 받고 국가시험을 경유하여 자격증을 주어 취업하게 하는 것이 건물관리현장의 관리문제를 합리적으로 처리할 수 있는 발전적 방안이라 사료된다. 현재 관계법에서 규정하고 있는 행정직 관리 종사자들의 법정자격은 〈표 3-7〉과 같다.

---

20) 기술직 관리종사자의 법정자격은 건물자산 관리수단의 인적 자원편을 참고하기 바란다.

〈표 3-7〉 건물자산관리 행정직 법정자격

관리영역	선임직종	관련분야	자격증	관련법규	관리처	세부내용
공동주택 관리분야	관리책임자 (소장)	공동주택 총괄관리	주택관리사 (보)	주택법	건설교통부	의무관리대상아파트
경비분야	경비지도사	경비지도 및 감독	경비지도사	경비업법	경찰청	경비원 200명까지 경비지도사 1인, 초과 100인당 1인씩 추가배치, 경비원배치 근무하고 있는 지방경찰청 관할구역별 1인

2) 노무관리

(1) 노무관리의 필요성

건물의 규모나 성격에 따라 건물관리자의 수가 수 명에서 수백 명에 이르는 규모이므로 다수가 근무하는 환경에서는 공공건물을 제외한 일반건물이나 공동주택을 관리하는 관리직원에 대하여 노사문제에 대한 대처 및 준비와 함께 노사관리 연구가 시급히 요청되고 있다.

수천 세대가 거주하고 있는 공동주택이나 국가보안상 또는 국익상 매우 중요한 국가시설이나 공항과 수백 명의 환자가 입원하고 있는 대형병원의 병동 등이 노사문제로 냉난방 설비운전이 중단되고 전기공급이 중단되거나 가스공급이 중단된다면 크나큰 사회문제가 아닐 수 없다.

따라서 이러한 사회문제가 발생되지 않도록 건물관리자는 노사문제를 철저히 관리하고 대비해야 하며, 건물관리업무 전반에 관련되는 사항을 유의하여 관리해야 한다.

다음에서 건물자산관리에 관계되는 노사관리에 대하여 주요개념과 관련 사항을 간략하게 설명하고자 한다.

(2) 근로계약

가. 근로계약의 의의

근로계약이라 함은 건물관리 업무에 종사하는 근로자가 사용자에게 건물관리에 관한 노무를 제공하고, 사용자는 이의 대가로 임금을 지급할 것을 목적으로 체결된 계약을 의미한다.

"근로자의 기본적 생활을 보장 · 향상시키며 균형 있는 국가 경제발전을 기함을 목적으로 한다"라고 규정하고[21], "사용자는 근로자의 남녀차별적 대우를 하지 못하며 국적 · 신앙 · 사회적 신분을 이유로 근로조건에 대한 차별적 대우는 하지 못한다"고 규정하고 있음을 볼 때 경제적 약자인 로자 보호를 위하여 국가가 노력하고 있음을 보여주고 있다.[22] 또한 근로계약의 체결은 사용자와 근로자간에 동등한 위치에서 자유의사에 의거하여 체결되어야 한다.

근로계약은 법률행위이므로 계약당사자의 의사능력이 필요하므로 금치산자나 한정치산자는 법정대리인의 동의 없이 계약을 체결할 수 없다. 다만 근로기준법에서 행위무능력자로 분류된 미성년자는 법정대리인의 동의 없이도 단독으로 의사능력이 있는 것을 전제로 근로계약을 체결하거나 임금을 청구할 수 있도록 규정하고 있다.[23]

나. 근로계약서의 내용

① 근로자와 사용자는 근로기준법 제22조 내지 동법 제24조의 규정에 따라 근로계약을 체결하도록 의무화하고 있으며, 의무를 위반할 시는 형사처벌을 받도록 되어 있다.

② 근로계약기간을 정함이 없는 것과 일정한 사업완료에 필요한 기간을 정한 것을 제외하고는 그 기간을 1년을 초과하지 못한다.

③ 근로조건에 명시될 내용은 다음과 같다.
- 임금은 반드시 기본금을 정함이 원칙이다.
- 근로시간은 반드시 기본근로시간으로 정함이 원칙이다.
- 취업의 장소나 종사해야 할 업무
- 기숙사에 기숙하는 경우 기숙사 규칙에 정한 사항
- 취업규칙에 정한 사항

④ 다음과 같은 근로계약 관계서류는 3년간 보존해야 한다.
- 근로계약서
- 근로자명부

---

21) 「근로기준법」 제1조.

22) 「근로기준법」 제5조.

23) 「근로기준법」 제65조 · 제66조.

- 임금대장
- 임금의 결정 · 지급 방법 및 임금계산의 기초서류
- 고용 · 해고 · 퇴직에 관한 서류
- 승급 · 감급에 관한 서류
- 휴가에 관한 서류
- 해고 등의 제한, 해고의 예고 등에 관한 적용 제외의 인정 · 승인 · 인가에 관한 서류
- 연소자 증명에 관한 서류
- 탄력적 · 선택적 근무시간에 관한 서면합의 서류

⑤ 근로계약 관계서류 중 하나인 근로자명부의 기재사항은 다음과 같다.

- 성명
- 성별
- 생년월일
- 주소
- 이력
- 종사하는 업무의 종류
- 고용 또는 갱신 연월일, 계약기간, 기타 고용에 관한 사항
- 해고 · 퇴직 또는 사망의 경우 그 연월일과 사유
- 기타 필요한 사항

⑥ 임금대장

근로기준법 제47조 및 동시행령 제22조에 의하여 사용자는 작업장별로 임금대장을 작성하고 임금지급과 수당지급의 기초가 되는 사항을 정하여 작성하고 3년간 보관하여야 한다. 임금대장 기재사항은 다음과 같다.

- 성명
- 고용 연월일
- 종사하는 업무
- 임금 및 가족수당의 계산기초
- 근무일수
- 근로시간수
- 연장근무 시간수, 휴일근무 시간수, 야간근무 시간수
- 기본급 수당 기타 임금의 종류 및 그 금액

⑦ 유급휴가

사용자는 1월에 대하여 개근한 자에게 1일을 유급휴가를 주어야 하고, 근로자의 자유의사에 따라 1년간에 한하여 유급휴가를 적치하여 사용하거나 분할하여 사용할 수 있다.

⑧ 퇴직금

근로기준법 제34조 규정에 따라 1년 이상 계속 근무한 퇴직자에게 1년에 대하여 30일분 이상의 평균임금을 지급한다. 평균임금이란 퇴직사유가 발생한 날 이전 3개월간에 그 근로자에게 지급한 임금총액을 그 기간의 일수로 나눈 금액을 퇴직금의 산정조건으로 상시근로자 5명 이상, 근로연수가 1년 이상이면퇴직금의 산정은 평균임금으로 하도록 되어 있다.

⑨ 취업규칙

근로기준법 제96조 규정에 따라 상시 10인 이상의 근로자를 사용하는 사용자는 취업규칙을 작성하여 노동부 장관에게 신고하여야 하며, 변경시에도 신고하여야 한다.

⑩ 취업규칙에 명시할 사항은 다음과 같다.

- 시각, 휴식시간, 휴일, 휴가 및 교대 근로에 관한 사항
- 임금의 결정, 계산, 지급방법, 임금의 산정기간, 지급시기 및 승급에 관할사항
- 가족수당의 계산, 지급방법에 관한 사항
- 근로자의 식비, 작업용품 등 부담에 관한 사항
- 퇴직에 관한 사항
- 근로자를 위한 교육시설에 관한 사항
- 안전과 보건에 관한 사항
- 업무상과 업무 외의 재해 부조에 관한 사항
- 표창과 제재에 관한 사항
- 기타 당해 사업 또는 사업장의 근로자 전체에 적용될 사항

⑪ 취업규칙 신고서류는 다음과 같다.

- 취업규칙(변경시 변경내용 기재서류)
- 근로자의 과반수를 대표하는 노동조합 또는 근로자 과반수의 동의를 얻었음을 입증하는 자료
- 근로자에게 불이익하게 변경되는 취업규칙의 근로자 과반수를 대표하는 노

동조합 또는 과반수의 의견을 들었음을 입증하는 자료

(3) 노무조합과 노사관계

노동조합이라 함은 근로자가 주체가 되어 자주적으로 단결하여 근로조건의 유지 · 개선, 기타 근로자의 경제적 · 사회적 지위의 향상을 도모함을 목적으로 조직하는 단체 또는 그 연합을 의미한다.

노동조합의 목적은 근로자의 자주적인 단결과 단체교섭권 · 단체행동권을 보장하며, 근로자의 근로조건을 유지 · 개선하고 근로자의 복지를 증진함으로써 경제적 지위향상과 국민경제 발전에 기여함을 그 목적으로 한다.

노동조합을 설립하고자 할 때에는 일정한 사항을 기재한 신고서에 규약을 첨부하여 연합단체인 노동조합과 2개 도(서울특별시 · 광역시 포함) 이상에 걸치는 단위노동조합을 노동부 장관에게, 그 이외의 노동조합은 서울특별시장 · 광역시장 · 도지사에게 제출해야 한다.

근로자는 자유로이 노동조합을 조직하거나 이에 가입할 수 있으며, 다만 공무원과 교원에 대해서는 따로 법률로 정하도록 되어 있다.

노동조합은 균등하게 그 노동조합의 모든 문제에 참여할 권리와 의무를 가지며, 조합비를 납부하지 않는 조합원은 규약으로서 그 권리를 제한할 수 있다.

단위노동조합은 매년 1회 이상, 연합단체인 노동조합은 3년마다 1회 이상 총회를 개최하여야 한다. 조합비는 쟁위비 · 기금 · 장학금 및 공제회비 등 명칭여하에 불문하고 징수하는 모든 금품을 포함하나 분회지부는 별도로 조합비를 징수할 수 없다.

노동조합의 해산은 다음과 같은 해산사유가 발생하면 해산하고, 그 대표자는 해산한 날로부터 15일 이내 행정관청에 이를 신고하여야 한다.

- 규약에 정한 해산사유 발생
- 합병 또는 분할로 인한 소멸
- 조합원 또는 대의원 3분의 2 이상의 출석과 출석한 조합원 또는 대의원 3분의 2 이상의 찬성으로 행한 총회 또는 대의원회의의 해산결의
- 노동조합에 임원이 없고 노동조합원으로서 2년 이상 활동을 하지 아니한 경우

사용자는 다음과 같은 부당노동행위를 할 수 없다.

- 근로자가 노동조합에 가입 또는 가입하려고 하였거나 노동조합을 조직하려고 하였거나 또는 노동조합 업무를 위한 정당한 행위를 한 것을 이유로 그 근로자를 해고하거나 그 근로자에게 불이익을 주는 행위
- 어느 노동조합에 가입하지 아니할 것 또는 탈퇴할 것을 고용조건으로 하거나 특정한 조합의 조합원이 될 것을 고용조건으로 하는 행위. 다만 노동조합이 당해 사업장에 종사하는 근로자의 3분의 2 이상을 대표하고 있을 때에는 근로자가 그 노동조합의 조합원이 될 것을 고용조건으로 하는 단체협약의 체결은 예외로 하며, 이 경우 사용자는 근로자가 당해 노동조합에서 제명된 것을 이유로 신분상 불이익한 행위를 할 수 없다.
- 노동조합의 대표자 또는 노동조합으로부터 위임을 받은 자와는 단체협약체결 기타 단체교섭을 정당한 이유 없이 거부하거나 해태하는 행위
- 근로자가 노동조합을 지배하거나 조직 또는 운영하는 것을 지배하거나 이에 개입하는 행위와 노동조합의 전임자에게 급여를 지원하거나 노동조합의 운영비로 원조하는 행위. 다만 근로자가 근로시간 중에 사용자와 협의 또는 교섭하는 것을 사용자가 허용하는 것은 무방하며, 근로자의 후생기금 또는 경제상의 불행, 기타 재해의 방지구제 등을 위한 기금의 기부와 최소한의 규모의 노동조합 사무실의 제공은 예외로 한다.
- 근로자가 정당한 단체행위에 참가한 것을 이유로 하거나 기타 행정관청에 증거를 제출한 것을 이유로 그 근로자를 해고하거나 그 근로자에게 불이익을 주는 행위 등은 부당노동행위로 법으로 금하게 되어 있다. 우리나라 전체 건물관리분야에서 아직은 노동조합의 출현이 나타나지 않고 있으나 불원장래에 노동조합 결성문제가 대두될 전망이다. 인천국제공항의 일부현장에서 일부 노동조합에 가입하는 사례가 발생하였다. 따라서 지금부터라도 사용자와 근로자는 노사문제와 노동조합 문제를 함께 연구해야 할 것이다.

(4) 직원의 모집과 선발

가. 채용의 목표와 수단

채용은 모집과 선발 두 과정을 거치게 된다. 이 두 과정을 거쳐 필요한 우수한 인재를 확보하게 되는데 조직 내에서 인재 제일의 경영원리가 정착하기 위해서 ① 우수한 직원을 채용, ② 채용된 직원을 교육·훈련을 잘 시켜 우수한 능력과

자질을 보유하도록 하며, ③ 우수하다고 인정되는 직원들이 그 직장을 떠나지 않도록 관리하는 것이다.

〈표 3-8〉 모집과 선발

채 용	목 표	수 단
모 집	• 합리적인 인력계획을 전제로 모집원천 파악 • 필요한 인재는 최대한 응모하도록 유인 • 최소의 비용	• 광고 • 인턴사원제 • 학교의 추천 • 회사장학생 • 교육훈련기관(직업훈련소) • 직원안내소 • 채용박람회 • 연중수시모집 • 종업원의 추천
선 발	• 필요한 인재의 정확한 선별 • 최소의 비용	• 서류심사(전공, 성적, 학교 생활기록부) • 시험(전공, 어학, 상식 등) • 적성, 흥미, 지능 검사 • 신체검사 • 면접

모집과 선발은 〈표 3-8〉에서 보는 바와 같이 각기 상이한 목표와 수단을 내포하고 있다.

나. 모집관리

① 모집의 의의

조직은 인력수급 계획에 의해서 인력을 가장 효과적인 방법에 의해서 조직 내·외에서 유능한 인재를 확보하고자 노력해야 한다.

이러한 과정에서 조직 내부의 충원은 승진 또는 재배치에 의해서, 조직 외부로부터의 충원은 모집·선발에 의해서 수행되어진다. 따라서 모집(recruitment)은 조직의 선발방침과 밀접하게 연관되어 있다. 즉 모집은 선발을 전제로 하여 양질의 인력을 조직으로 유인하는 과정이라고 할 수 있다.

② 모집방법

모집에는 크게 내부모집과 외부모집으로 나누어진다. 내부모집은 모집의 자원이 조직내부에 있는 내부원천을 대상으로 하고 있고, 외부모집은 모집의 자원이 조직외부에 있는 외부원천을 대상으로 하고 있다.

③ 내부모집

내부모집은 조직 내부에서 적격자를 찾는 방법으로 외부모집보다 간편하고, 기존 조직구성원의 인사기록 등을 보유하고 있어 이를 유용하게 활용하여 적합한 인물을 선발할 수 있으며, 구성원들의 사기에 좋은 영향을 미칠 수 있다는 장점을 가지고 있다. 그러나 모집범위가 제한되어 있고 사내승진과 같은 성격을 띠고 있어 승진을 위한 과다경쟁을 유발시킬 우려가 있다.

사내모집 우선의 경우 사내승진 형식으로 우선 인력이 충원되고, 그 다음에 빈자리는 사외모집을 통해서 채워진다. 내부모집은 주로 다음과 같은 방법이 채택된다.

가) 기술목록 또는 관리자목록의 사용

각종 기술목록 또는 관리자목록을 참고하여 적격자를 찾는 방법이다. 기술목록은 기능직에 적합하고, 관리자목록은 관리직에 적합하다. 컴퓨터에 입력된 목록을 활용하여 조직이 요구하는 기술과 능력 프로필을 중심으로 자격요건을 갖춘 내부인력을 빠짐없이 선정하고 모집에 응하도록 한다.

나) 내부추천

내부 구성원, 특히 부서장의 추천에 의해 유능한 인재를 확보한다. 이 경우 개인의 개입 또는 부서장의 압력으로 특정인물이 선정될 가능성이 있다.

다) 사내공개모집제도

사내 게시판에 공개적으로 모집공고를 내고 자격이 있고 관심이 있는 구성원으로 하여금 응모하게 하는 방법이다. 직무게시는 공석이 있음을 공개적으로 알리는 것이고, 직무응찰은 공석에 응모할 자격자로 하여금 응모를 허용하는 것을 말한다.

직무게시의 경우 공석에 대한 공고를 하고, 직무 타이틀과 직무번호, 급여수준, 기본직무 개요, 그리고 직무수행 자격요건 등을 명시한다. 공석에 대한 공개임용을 조직의 모든 구성원이 알도록 게시하거나 회람을 돌려 관심 있는 구성원으로 하여금 직접 인사담당부에 응모하도록 한다.

④ 외부모집

외부모집은 외부의 인력시장을 대상으로 공개모집 · 현장모집 · 광고 · 직업소개소 · 학교 · 단체 · 친지 등 다양한 방법을 사용한다. 외부원천들로서는 고등학교, 직업훈련소, 대학, 다른 기업, 자발적 응모자 등 다양하다. 일반적으로 고급기술인력이나 관리인력 일수록 관련 학교와 기능단체의 추천이 중요한 모집방법으로 사용되고 있으며, 하위계층의 인력일수록 광고와 직업소개소가 비교적 많이 사용된다.

외부모집은 모집범위가 넓고 외부의 유능한 인물을 확보할 수 있는 장점이 있지만 모집과 인력개발 비용이 들고 부적격자를 채용할 위험이 있으며, 기존 조직 구성원의 사기를 떨어뜨리는 단점이 있다. 외부모집의 방법은 다음과 같다.

가) 광 고

신문이나 잡지, TV 등에 광고를 하여 모집한다. 중앙일간지에 광고를 할 경우 미래의 잠재적 지원자들에게 조직 이미지를 부각시키는 효과가 있다. 우리나라 기업들은 사원모집 광고에 치중하는 반면 외국회사의 광고는 자격요건과 인센티브 등에 초점을 맞추고 있음은 주목해볼 필요가 있다.

나) 직업소개소

직업소개소는 모집에 있어서 조직을 돕는 기관으로 공공 직업소개소와 영리를 목적으로 하는 사설직업소개소가 있다. 사설직업소개소는 취업이 되었을 경우 급여에 따라 일정한 소개료를 받는다.

다) 전문모집요원조직에서 전문모집요원을 두어 대학원과 대학교, 그리고 고등학교 등을 대상으로 모집활동을 한다. 학교의 취업보도실의 도움을 얻어 회사자료의 배포 · 모집 · 면접을 하여 적임자를 모집한다. 교육기관은 다양한 교육수준과 기술능력을 갖춘 인력을 조직이 원하는 방향으로 모집할 수 있다는 장점이 있다.

라) 특별행사모집단일조직 또는 여러 조직들의 대표가 함께 특정 장소에서 일정기간 수많은 인터뷰 응모자들을 상대로 관심을 갖도록 한다. 모집직종에 대한 설명과 인터뷰 접수 등을 하는 잡페어(job fair)와 조직에 대한 일반공개, 그리고 조직체 방문 등의 방법을 주로 사용한다. 이 방법들은 응모자들을 한곳에 모을 수 있고, 그들 또한 여러 조직들의 모집사정을 한 곳에서 알아볼 수 있는 장점이 있다.

마) 실습제도현장경험이 없으나 잠재능력을 가진 학생들에게 여름 또는 정규수업 기간에 정시제로 직무수행 기회를 주어 학생 실습자로서 경험을 축적한 다음 자격이 되면 정식으로 채용하는 것을 말한다. 미국의 코압제도가 이 범주에 속한

다. 이 제도는 산학협동제도에 기반을 둔 것으로 산업체와 공고부문 등에서 많이 활용되고 있다. 코압제도에 따르면 직무를 수행하는 학생의 현장직무 성적이 학점에 반영된다. 이 학생을 가리켜 코압학생이라 부른다.

바) 고위직종 조사기업

기업은 경험이 있는 전문요원이나 최고관리층을 모집함에 있어서 다른 자원 충당방법으로는 충원이 어려울 경우 이러한 수준의 자격자들을 전문적으로 조사하고, 자원자료를 제공할 수 있는 고위직종 조사기업을 때로는 이용하기도 한다.

사) 전문기관

조직이 필요로 하는 산업공학자와 심리학자, 그리고 기능면허 소지자들의 인력확보를 위해 이를 해당 전문기간에 의뢰하는 방법이다. 수금의 불균형이 심한 과학·기술분야의 인력확보를 위해서는 주로 이 방법을 사용한다.

아) 노동조합

노동조합도 구성원의 공급원이 되고 있다. 노조는 노조원을 가지고 있을 뿐만 아니라 기업과 행정기관과의 연계를 가지고 있고, 전문기관과 전문가들의 지원이나 자문을 받고 있기 때문에 조직이 바라는 인사의 공급문제를 비교적 용이하게 해결해주고 있다. 노조를 통해 모집하는 경우 비용이 절감되고, 산업별 직업별 노조에 소속된 사람 가운데서 추천 또는 선발하므로 안정된 공급원을 갖는 이점이 있다.

자) 연고모집

현재의 구성원으로 하여금 자기의 친구나 소속집단 가운데서 적합한 인물을 추천하도록 하는 방법이다. 특정의 기능영역에서 인적 자원이 부족할 경우 이 방법은 효과를 거두고 있다. 그러나 이 방법은 구성원들의 사기와 공헌 의욕도를 높일 수는 있지만 조직안의 분위기에 따라서는 반대의 효과를 가져 올 수도 있다.

차) 개별 또는 수시모집

공식적 모집 이외에 개별적으로 찾아오거나 서신을 통하여 채용을 원하는 사람들을 대상으로 모집하는 것이다.

카) 연고자 등용

개인기업의 경우 불가피한 모집방법으로서 친인척을 채용하는 것을 말한다. 이것은 실력이나 공적이 채용기준이 되지는 않지만 기업에 대한 그들의 관심도와

충성심이 상대적으로 높다는 이점이 있다.

타) 리스계약 채용

단기적으로 인력이 필요한 경우 모집하는 것으로 특히 임시사무직 채용에 주로 이용되고 있다. 이들에게는 퇴직금과 연금, 각종 보험, 그리고 부가금 등을 고려할 필요가 없다. 이것은 주로 채용 이전의 대안책으로 활용되고 있다.

다. 관리직원의 선발

관리직원의 채용에 관하여 모집의 단계가 마무리될 즈음에는 직원을 선발할 차례이다.

선발방법에는 ① 시험에 의한 선발방법, ② 서류전형 및 면접에 의한 선발방법, ③ 앞의 ①과 ②의 방법을 혼용한 종합적 선발방법 등이 있다.

현장의 특성과 규모 · 시설 · 종류 등을 감안하여 위의 방법 중 한 가지를 선택하여 직원을 선발할 경우 관련법규에 명시된 규정에 준하여 선발하여야 한다(관련법규의 내용은 이 책의 각론인 「건물자산법률관리론」을 참조하기 바란다).

이 경우 자격과 능력은 물론 품성을 갖춘 자를 선발하기 위해서는 ① 서류전형, ② 시험, ③ 면접 등을 경유하여 선발하는 것이 바람직하다.

① 관리직원 선발 판단기준

- 직무분석에 따라 담당업무의 성격 · 자격 · 업무내용 등을 감당할 수 있는 경험과 경력 기술성 · 전문성 · 연령 등이 해당직종과 적합한지 여부
- 관련법규에 정한 자격증 소지여부
- 금치산자 · 한정치산자 등 관리직원으로서의 결격사항 존재여부
- 관리의 객체인 대상건물과 주요 설비 및 부대 시설물에 대한 관심의 정도와 이해 정도
- 행정 · 사무직종인 경우 사무처리 능력과 관련 직종의 관리수행 방법에 대한 지식의 정도
- 직무에 대한 애정과 사명감의 정도
- 성실성 · 책임감 · 근면성

② 관리직원이 될 수 없는 자

- 금치산자 · 한정치산자

- 파산자로서 복권되지 아니한 자
- 금고 이상의 형을 받고 그 집행이 종료되거나 집행되지 않기로 확정된 후 3년이 경과되지 아니한 자
- 금고 이상의 형을 받고 그 집행기간이 완료된 날로부터 1년이 경과되지 아니한 자
- 금고 이상의 형을 받고 선고유예 기간 중에 있는 자
- 징계 해직의 처분을 받고 2년이 경과되지 아니한 자
- 법에 의하여 공권력이 박탈되거나 정지된 자
- 병역의무를 기피한 자
- 의사능력이 없는 자
- 재정보증 · 신원보증을 할 수 없는 자

라. 관리직원 필요인원 산정기준

건물관리는 효율성 경제성이 강조되는 분야이므로 소수의 인원으로 많은 업무를 감당할 수 있어야 한다. 필요관리직의 산정기준은 학문적으로 입증된 기준은 없으나 관계기관의 입찰조건과 유력 발주처의 인력기준에 따라 산정하는 것이 바람직하다. 따라서 과학적 산정기준이 시급히 연구되어야 할 것으로 사료된다. 관리직원의 필요인원 수는 행정관리직, 기술관리직, 보안관리직, 청소미화 관리직 등을 포함한다.

(5) 인사배치

가. 배치의 의의와 방법

선발절차에 따라 유능한 인재가 선발되면 조직의 목적과 직무내용에 맞추어 인원을 배치하여야 한다. 즉 배치란 조직 활동에 필요한 직무를 담당하는 사람을 할당하는 것을 의미하며, 이 배치를 어떻게 합리적으로 행해야 할 것인가 하는 것이 배치의 내용이다.

한편 적정배치는 적재적소가 기초적인 원리라고 할 수 있다. 여기에서 적재는 곧 직무를 수행하여야 할 사람을 뜻하며, 적소는 적재가 수행하여야 할 직무를 의미한다. 그러므로 적재적소에 입각한 배치를 하려면 이 양자가 합치될 수 있는 점을 발견하기 위한 노력이 있어야 할 것이다.

① 직무요건

직무요건이란 직무를 올바르게 수행함에 있어서 근로자에게 요구되는 신체적·정신적 특징을 의미한다. 이를 구체적으로 살펴보면 다음과 같다.

- 직무가 요구하는 능력수준
- 직무가 요구하는 인격 특성
- 직무수행이 구체화될 직장환경
- 직무의 조직상의 지위

② 사람의 요건

사람의 요건이란 근로자가 맡은바 직무를 수행할 수 있는 신체적·인격적 특징을 파악하는 것이다. 이에 관해서 기셀리(E.E. Ghiselli)와 브라운(C.W. Brown)은 사람의 요건을 다음과 같이 제시하고 있다.

가) 신체적 특징

- 건강
- 역량과 내핍성
- 신체적 조건

나) 정신적 특성

- 감각과 정확성
- 기능이나 특수경력
- 기질·성격상의 특성

다) 배경

- 일반적 교육수준
- 경력
- 직무상의 훈련

한편 직무의 요건을 규명하기 위해서 발전된 기술로서는 직무분석·직무평가·시간 및 동작 연구 등의 직무를 중심으로 한 여러 연구가 있으며, 사람의 요건을 규명하기 위하여 발전된 기술로서는 인사고과·적성검사 등이 있다.

나. 부적격자의 조치

① 재교육훈련

현재 배치되어 있는 직무에 대해 검토하여 문제와 초점을 명백히 하여야 한다. 그런 다음에 의욕의 환기, 인식의 시정, 체력의 재훈련을 고려하여야 한다.

② 생활지도

부적격자 중에는 직무에 대한 불만족 혹은 불평, 상사·동료와의 인간관계가 좋지 않은 경우가 많다. 따라서 그 원인을 조사하여 적절한 보완조치를 취하는 것이 필요하다.

③ 직장환경의 개선

재교육훈련·생활지도 등의 방법 이외에 본인의 성격이나 신체상황에 의한 경우 또는 환경이 원인이 되는 경우가 있으므로 이것은 명암·온도·기계공구와 같은 것을 개선 조치하여 그 원인을 제거하는 방법이다.

④ 배치전환

업무의 내용을 변경하는 것과 업무내용은 같으면서 직장만을 변경하는 것이 있다. 이 경우 직무내용, 각 직무간의 공통성·연관성을 고려하여 당사자에 대한 납득·이해 혹은 주위의 사람에 대한 영향을 충분히 고려하여 실시하는 것이 중요하다.

다. 건물시설관리직원의 배치

직원의 배치는 선발된 인력을 배치하는 것이므로 관련 자격증을 토대로 한 서류로만 선임하는 서류의 배치는 삼가해야 한다.

오늘날 건물관리현장에는 특정직종(예 방화관리자)의 경우 아직도 서류로만 선임계를 관계기관에 제출하고 해당 직원이 실제는 현장에 배치되지 않는 경우가 있는데 앞으로는 더 이상 서류전형에 따른 형식적 인사배치 문제는 없어져야 할 현상이라고 판단된다.

선발된 직원을 배치할 때 또 한 가지 고려할 사항은 정실배치를 삼가야 한다는 점이다. 거듭 강조하거니와 건물관리 업무는 위험하고 인명과 재산을 보호하는 중요한 업무이므로 선발된 인원을 적재적소에 정실에 관계없이 임명함으로써 건물의 경영관리목표달성은 물론 건물의 안전에도 도움이 되리라 판단된다.

다시 말하면 고도의 기술성을 요하는 곳에 능력 있는 기술자를, 법에 정한 자격증이 필요로 하는 곳에는 자격증 소지자 중 전문가를 배치함으로써 성공적인 건물관리 업무가 이루어질 것으로 판단된다. 건물시설의 배치는 과학적으로 산출된 배치기준에 따라 배치해야 하나 아직도 학문적 연구에 의한 배치기준이 없는 형편이다. 여기에 소개하는 배치기준은 실무 경험치에 의하여 산출된 것임을 밝혀 둔다.

라. 배치기준

① 전기기술직

고압변전실수×1인×2교대(단, 보수기사는 규모에 따라 증감)

② 기계기술직

보일러수×2인×2교대(단, 기계보수기사는 기계 규모에 따라 증감)

③ 경비원

- 공동주택인 경우 단지 출입구 또는 고층인 경우 현관수 : 1인×2교대
- 공장 · 학교 · 공공건물 등 경비 사무실 또는 출입구 수위실 : 1인×2교대
- 일반건물인 경우 : 정문, 후문×1인×2교대
- 순찰경비원 : 10,000평×1인×2교대(야간일 경우 5000평×1인×2교대)

④ 환경미화원

1,000평×1인×1교대(단, 24시간 업무나 영업이 진행되는 곳은 2교대 또는 3교대)

⑤ 주차관리원

출입구+주차장층수+요금정산소×1인×1교대(단, 24시간 영업인 경우 2교대 또는 3교대, 주차장 규모, 주차기계, 자동식 · 수동식 주차요금 관리방식에 따라 증감)

⑥ 행정직

5000평×1인×1교대(단, 경리 · 전산 분야별도 산정)

이상에서 언급한 배치기준 등은 현재 공동주택이나 대형빌딩 등 건물관리현장

의 현실을 감안하여 산정된 기준이나 건물의 층수, 연건평, 특성, 설비의 종류와 관리업무의 난이도, 동수의 거리, 난방방법, 전기설비의 종류, 건물의 주된 사용용도, 사용시간 수(이용시간 수) 등을 복합적으로 검토하여 배치기준을 산정하여야 할 것이다. 공인기관에서 공식적으로 인정된 배치기준은 없으나 조속한 시일 내에 이와 같은 기준들이 학문적으로 연구되어 공식적으로 규정되어야 할 것으로 판단된다.

마. 교육훈련

① 교육훈련의 의의

선발된 직원이 배치된 후 직원들에 관하여 교육훈련의 기회가 주어져야 한다. 처음 선발된 직원을 대상으로 건물의 시설개요와 주요설비의 종류 및 작동방법과 주의할 점, 그리고 관련법과 관련 행정절차, 관리업무 지침, 경영목표, 그리고 건물의 준공도면, 보수공사 내역, 관리조직 구성원의 업무분장과 업무의 성격, 협조방법, 비상연락망 등 제반사항에 관하여 미리 작성된 교안을 가지고 일정기간 오리엔테이션 형식의 교육이 필요하다. 왜냐하면 처음 채용되는 경우 관리현장의 적응시간을 단축하고 관리효과를 단기간에 얻을 수 있게 하기 위해서이다.

배치 후에는 직원들에 대한 정기적인 교육과 훈련이 필요하다. 오늘날 건물의 설비종류와 기술수준은 첨단 그 자체이므로 첨단장비와 기기들을 작동하고 정비하기 위해서는 끊임없는 연구와 교육훈련이 필요하다.

또한 현재로서는 건물자산관리이론이나 연구 성과가 일천하고 초보단계에 있으나 향후 관계 전문가나 학자들에 의해 관리이론과 관리기술·관리기법이 획기적으로 발전할 수 있을 것으로 전망된다. 따라서 건물관리현장에 종사하는 근무자에게는 끊임없는 교육과 훈련에 도움이 될 것으로 판단된다.

관리직원에 대한 교육과 훈련은 관리직원에게 전문지식과 기술을 익히게 하여, 전문가·기술자로서의 관리능력을 보다 향상시킬 수 있을 것이다. 안전사고의 유형과 사고원인, 사고예방 방법, 사고처리 절차 등을 설명하고 안전사고가 얼마나 무섭고 위험한 것인가를 주지시킴으로써 사고를 미연에 방지하여 재산과 인명 보호에 만전을 기하도록 해야 할 것이다. 안전교육은 관리직원만을 대상으로 할 것이 아니라 모든 입주자나 이용자에게 정기적인 교육을 실시함으로써 건물의 전체적인 안전을 도모할 수 있을 것이다.

보수공사는 특수한 분야를 제외하고는 자체 기술인력으로 커버할 수 있도록 보수공사의 내용과 보수방법, 기자재의 선택요령 및 보수공사를 시작하기 전 준공도면 파악에 대한 요령 등을 교육을 통하여 익히게 함으로써 적은 비용으로 짧은 기간 내에 고장이나 훼손된 부분을 정상화하여 이용에 편리성을 다시 제공할 수 있을 것이다.

다음은 정신교육이다. 우리나라 사람들 중에는 내 집은 관리하나 내 집 밖의 관리에는 관심이 없는 경우가 종종 있다. 건물에 있어서 공공이 쓰는 서비스 면적이나 공유면적의 관리상태가 불량한 것은 내 집 밖이기 때문이다. 내 집, 내 차, 내 물건은 관리가 되나남의 것, 회사의 것, 공공의 것은 관리가 잘 되지 않는 것은 참으로 고쳐야 할 폐습이 아닌가 싶다.

관리현장의 건물의 소유자, 권한 있는 자, 관리조직의 전 구성원들은 건물관리는 위험할지라도 인명과 재산을 보호하는 보람 있고 중요한 일임을 스스로 확신하고 이에 자부심을 가져야 할 것이다.

붕괴사고나 안전사고 재해는 언제나 일어날 수 있으므로 이를 관리 · 예방하는 업무자체가 얼마나 보람 있고 사회나 국가에 봉사하는 일인지를 관리자 스스로 인식해야 하겠다. 이런 확신이야말로 성공적인 건물관리 업무를 창출할 수 있을 것이다. 이런 정신은 교육을 통하여 얻을 수 있는 경험이다.

② 교육과 훈련의 종류

가) 교육의 종류

- 건축설비 기술교육
- 건물자산관리 행정교육
- 건물안전교육
- 건물보안교육
- 건물환경 위생교육
- 관리종사자 정신교육
- 건물보수교육
- 컴퓨터 정보화교육

나) 훈련의 종류

- 소방방재훈련

- 안전사고 대응훈련
- 비상대피훈련

③ 교육훈련방법

교육훈련 방법에는 라인 중심의 OJT방법, 스태프 중심의 OFF JT방법, 본인 중심의 SD방법 등의 교육방법이 있다.

가) OJT교육방법

OJT(On Job Training)방식은 직장훈련, 직무상 훈련으로 직장에서 구체적인 직무에 관하여 직장상사가 부하직원에게 직접 개별지도하고 교육시키는 방법이다.

- 장 점
  - 교육훈련이 실제적이다.
  - 교육훈련이 용이하다.
  - 직원의 동기유발 효과가 있다.
  - 상사 · 동료직원 · 부하직원간 협조정신을 강화시킨다.
  - 저비용으로 교육시킬 수 있다.
  - 훈련과 근무를 병행할 수 있다.
- 단 점
  - 근무하면서 훈련을 병행하므로 양쪽 모두 완벽하게 효과가 나타나지 않는다.
  - 우수한 상사가 언제나 우수한 교사는 아니므로 교육훈련에 차질이 있을 수 있다.
  - 한꺼번에 많은 인원을 교육시킬 수 없다.
  - 체계적인 훈련을 할 수 없다.
  - 전문적인 고도의 지식과 기술을 가르칠 수 없다

나) OFF JT 교육방법

OFF JT(Off Job Training) 방식은 보통 직업 외 교육훈련을 말한다. 이는 현장의 작업과는 직접적인 관련이 없는 보편적인 내용과 일반적인 작업에 대한 사고방식이나 직업의 개선방식 및 인간관계, 정신교육 등을 교실에서 교육하는 데 적합하다. 현장작업과 관계없이 예정된 계획에 따라 훈련할 수 있는 장점이 있다. 그러나 그 결과를 현장에서 직접 활용하기 어렵다는 단점도 있다.

다) SD교육방법

SD(Self Developing) 방식은 자기 책임 하에 자기 이해와 평가에 의해서 자기 개발의 의욕을 가지고 자주적으로 자기 훈련을 하는 것을 의미한다.

자기개발 과정은 ① 문제의식 · 목표설정, ② 해결하고자 하는 의욕의 신장, ③ 부족한 능력 개발, ④ 문제해결, 목표달성 과정으로 진행된다.

우수한 관리효과를 기대하려면 우수한 관리조직이 필요하고 우수한 관리조직이 되기 위해서는 유능한 관리자가 있어야 하는데, 이러한 유능한 관리자가 되기 위해서는 조직 내에서 교육훈련이 필요하고, 스스로 자기개발의 노력도 필요하다.

바. 관리직원의 대우

관리현장에는 아직도 건물관리 업무는 아무나 할 수 있다는 안일한 생각과 건물관리의 위험성과 중요성을 인식하지 못하는 경향으로 인하여 관리자의 대우와 인식은 타직종에 비해 높지 않으며, 인식 또한 그리 좋은 편은 아니다. 관리직원의 대우에는 매월 지급되는 일정액의 급료와 자격수당 특근수당 · 가족수당 등의 수당과 상여금 · 후생복지비 형식의 물질적 보상과 정신적 대우가 있다.

이러한 대우수준이 위험하고 중요한 업무를 묵묵히 수행하는 관리자의 생활안정과 신분상의 긍지를 느낄 수 있는 충분한 보상이 될 때 근무자는 안심하고 그 직무를 감당할 수 있을 뿐 아니라 사기가 충만한 가운데 업무의 효율은 크게 향상될 것으로 판단된다.

물질적 보상은 보수수준의 결정원칙에 따라 사회적 균형원칙, 생계비 보장원칙, 기업지급능력의 원칙을 적용하되 타직종과 비교하여 관리직원의 대우를 우위에 두는 물질적 보상수준이 필요하다. 왜냐하면 관리업무는 건물에 상주하거나 출입하는 인원의 생명을 보호하고 책임지며, 그 건물의 재산을 보호하는 막중한 책임을 지고 있기 때문이다.

관리직원에 대한 또 다른 대우의 내용은 정신적 보상에 대한 대우이다. 관리자는 전문성과 기술성을 요하는 전문직종임에도 불구하고 현재의 건물이해관계자의 관리직원에 대한 인식은 관리자의 전문성과 기술성을 대단하게 평가하지 않고 있는 것이 현실이다. 즉 관리는 아무나 할 수 있다는 인식은 하루빨리 개선되지 않으면 안 된다.

관리자는 물질적 보상과 함께 정신적으로 관리자의 전문성과 기술성을 인정해주어야 한다. 전문직업인으로서 건물관리자의 사회적 봉사기능을 인정해줌으로써 관리자는 지금보다 높은 사기와 사명감으로 맡은바 임무에 더 충실해질 것이다.

사. 관리직원의 신분보장과 해직

① 관리직원의 신분보장

관리직원은 관리업무의 성격상 계속성과 전문성이 요구되므로 담당하고 있는 관리업무를 안심하고 안정적으로 계속해서 담당하지 않으면 안된다. 따라서 정당한 사유 없이 해고하거나 정직·휴직, 또는 전직 등 기타 불리한 대우를 받지 않도록 신분을 보장하여야 한다.

또 업무상 부상과 질병의 요양을 위한 휴업 보상과 여성의 경우 산전·산후 휴업기간과 그 후 30일간의 휴직은 금지됨을 지켜줘야 한다. 관리직원의 남녀차별 대우는 물론 금지되며, 국적·신앙 또는 사회적 신분을 이유로 근로조건에 대하여 차별적 대우를 하지 말아야 한다.

그러므로 관리직원은 공공건물 관리공무원에 대한 법으로 정한 공무원의 정년제도는 별도로 하고서라도 일반건물이나 공동주택에서 근무하는 관리자에게도 근무정년 제도를 도입하여 근무자로 하여금 업무나 건강에 잘못이나 질병이 없는 한 정년시까지 계속해서 안심하고 근무할 수 있도록 관계법규의 제정이나 사회적 인식이 필요한 것으로 판단된다.

관리소장 등 책임자의 정년은 만 65세로 하고, 기술직 행정직은 63세, 기타 일반용역 노무직은 만 65세를 정년으로 하는 것이 건물관리 특성상 바람직한 것으로 생각된다.

② 관리직원의 해직

관리자의 해직은 법에 정한 사유나 규약 또는 근로기준법에 위반하는 사유가 발생되는 경우를 제외하고는 정당한 이유 없이 해직하여서는 아니된다. 해직의 사유에는 다음과 같은 것이 있다.

- 본인의 사망이나 휴직기간 종료 후에 복직명령이 없을 때, 휴직자로서 허가 없이 타직종에 종사하였을 때의 자연해직
- 관리자가 일신상의 이유로 사직원을 제출하는 경우의 의원해직
- 관리자의 나이가 정년에 달하여 해직하는 정년해직

- 관리자의 채용상의 결격사유가 발생했거나 또는 발견되었을 때
- 징계처분으로 해직이 결정되었을 때
- 정신 또는 신체적으로 업무를 감당할 수 없을 때
- 근무성적이 아주 불량할 때
- 대기발령 3개월이 경과하여도 직위 또는 직무를 부여받지 못했을 때
- 무단결근이 월간 3회 이상일 때
- 시말서가 연간 3회 이상 제출되었을 때
- 관리사무소 또는 관리주체에 부득이한 사유가 발생되었을 때

이상과 같은 정당한 해고사유 외에는 어떤 형태로든 관리에게 불리한 해고나 대우를 해서는 아니된다.

아. 관리현장 관리직원의 인간관계

건물관리현장에는 관리업무를 위한 관리조직과 다수의 관리직원들이 존재한다. 관리직원은 조직상 수직관계를 유지하며 직무상 수평관계를 가진다. 이와 같은 직원간의 수직과 수평관계에서 관리책임자와 관리근무자, 관리감독자와 관리근무자, 감독자와 용역회사간 등 상호간의 관계에서 공식적인 계약이나 규정 또는 규약과 업무지침 등에 의하여 업무가 수행된다.

그러나 근무현장에는 공식적인 계약·규정보다 근무자 상호간에 눈에 보이지 않는 인간관계를 통하여 능률적인 업무협조·조화, 그리고 안전사고 예방업무의 신속한 처리 등이 이루어진다. 그러므로 수직간이든 수평간이든 근무자 상호 인간관계가 잘 유지되는 것이 매우 바람직한 관리현장의 모습이라 생각된다. 이러한 상호간에 좋은 인간관계는 업무능률을 높여주고 업무의 효율성을 제고시켜줄 뿐 아니라 양질의 관리서비스를 사용자 등에게 제공할 수 있기 때문에 근무자의 인간관계를 강조하지 않을 수 없다.

이러한 관리현장의 인간관계가 바람직한 방향으로 형성되려면 근무자 상호간에 다음과 같은 노력이 필요하다.

- 근무자 각자는 상대방의 직위와 직책 그리고 직무에 관하여 인정하고 상호 존중해야 한다.
- 상대방의 장점만을 표현하고 단점은 덮어주어야 한다.

- 유기적인 공식 · 비공식 커뮤니케이션을 통하여 원만한 인간관계를 유지한다.
- 나의 행위가 타인의 업무에 영향을 주어 업무가 중단되거나 잘못되는 일이 없어야 한다.
- 상대방을 고의적으로 음해하거나 상대방의 능력을 평가절하하는 어떤 형태의 표현이나 전달행위를 하여서는 안된다.
- 개인의 프라이버시를 공개하거나 악용하지 말아야 한다.
- 상호우호적으로 협력해야 한다.

이상에서 조직 내에서 근무자간의 원만한 인간관계를 위해 서로 지켜야 할 덕목이나 자제해야 할 것에 대하여 언급하였다. 이러한 인간관계를 강조하는 것은, 관리업무는 최종적으로 인간에 의하여 관리행위가 시작되고 완성되기 때문에 근무자간의 인간관계는 근무자의 정신자세와 함께 근무성과에 매우 중요한 영향을 주게 된다.

이러한 바람직한 인간관계 형성 위에 머슬로우의 5단계 욕구가 직원간에 충족된다면 더욱 좋은 인간관계가 이루어질 것으로 판단된다.

Maslow의 5단계 욕구의 내용은 다음과 같다.[24)]

- 생리적 욕구
- 안정과 안전에 대한 욕구
- 사회적 욕구
- 존경 욕구
- 자기실현 욕구

위와 같은 욕구가 충족되려면 상호간의 협조와 노력이 필요할 것으로 사료된다. 그리고 조직의 책임자는 근무자가 직무에 대한 성취감을 맛볼 수 있게 하고, 직무 성취에 대하여 인정해주어야 하며, 근무자가 관리업무를 통하여 일의 보람을 느낄 수 있도록 도와주어야 하며, 성공적인 업무수행을 하도록 협조하며 자기 성장과 발전을 이룰 수 있도록 상호간의 관심과 배려가 필요하다.

한 걸음 더 나아가 구성요원 상호간에 바람직한 인간관계 속에 보람과 자기발

---

24) 김종희, 「행정학원론」, (서울 : 범론사, 1996), pp.209~211.

전을 도모하면서 상호보완으로 브레인스토밍을 통한 근무조건에 관리능률을 위한 창안제도와 아이디어를 개발하고 상호 노력하여 무결점 또는 완전무결 운동을 업무 전반에 도출해야 할 것이다. 결론적으로 관리현장에서 업무능률과 효과를 극대화하는 길은 확고한 정신자세, 그리고 끊임없는 교육훈련과 함께 바람직한 인간관계의 수립으로 얻어지는 높은 사기와 명랑한 직장분위기임을 강조해두고자 한다.

자. 관리종사자의 입사서류

용역회사의 파견근무자나 공공건물의 관리자를 제외한 일반건물에 종사하는 관리종사자가 채용 전에 제출해야 할 공통적인 입사서류의 종류는 대체로 다음과 같다.

- 입사 또는 취업신청서
- 주민등록등본
- 신원증명서
- 건강진단서
- 사진 2매
- 근로계약서
- 인사기록카드

이상의 입사서류 등은 채용자 또는 채용회사의 사정에 따라 입사제출서류의 종류와 내용이 변경될 수 있음을 유의해야 한다.

3. 건물시설관리용품 및 용역의 구매관리

1) 의 의

건물시설관리란 물적 자원과 인적 자원을 가지고 건물의 시설과 설비 등을 관리, 사용자에게 건물의 기능성을 제공하여 건물시설의 사용목적을 달성하는 활동을 의미함으로 설비운전과 정비 및 시설물의 유지관리를 위하여 물적자원이 필요하다. 따라서 건물 유지관리를 위하여 필요로 하는 전기 · 유류 · 가스 등의 에너지 외에 약품 · 부품 · 기기 · 장비 · 재료 및 소요용품과 사무용품 등의 용품(물적 설비)과 일정한 용역이 필요하다.

그러므로 건물시설 유지관리에 소요되는 에너지와 약품 등 소요물품에 대하여 외부로부터 좋은 품질의 용품과 필요한 용역을 유리한 조건과 가격으로 필요한 시기에 사용할 수 있도록 구매하여 납품받아 소요 부서에 제공하여 사용할 수 있도록 물품과 용역을 구매하고 잔여물품을 재고관리하는 일련의 업무를 구매관리라 한다.

다시 말하면, 구매란 금전적인 대가를 지불하고 외부로부터 용품 또는 용역을 취득하는 것을 의미한다(아웃소싱 개념). 그런 점에서 조달의 개념과는 다소 다르나 자재관리의 유사개념도 함께 가지고 있다고 볼 수 있다.

건물시설관리에 있어서 소요에너지 및 용품과 용역의 획득은 제조회사와 같이 다양한 종류의 물품과 규격의 대량구매가 아닌 것이므로 대내의존 조달개념, 즉 대가 지불 없이도 소요용품이나 용역이 가능한 조달개념이나 재고자재 관리의 개념을 분리 · 정의하는 것은 현명하지 못하며, 오히려 구매조달 및 자재관리의 종합개념으로서 구매의 개념을 이해하는 것이 현명한 것으로 판단된다.

2) 구매의 종류

건물시설관리활동에 필요한 구매의 종류에는 용품과 용역이 있다. 전자는 건물시설관리활동에 사용되는 직접관리수단의 물적설비, 즉 부품 · 공구 · 약품 · 자재 · 장비 · 전기 · 유류 · 가스 · 수돗물 등과 경비 · 청소 · 관리를 위한 경비용품 · 청소용품과 이를 지원하기 위한 각종 사무용품들이 용품의 구매의 대상이 된다.

또한 후자에는 청소용역, 경비용역, 시설관리용역 등과 같은 관리용역과 보수공사 등의 공사용역, 기술검사, 안전검사 등의 기술용역 등이 구매의 대상이 된다.

3) 구매관리의 기능

구매관리의 기본개념은 건물관리에 소요되는 각종 에너지와 용품 및 용역을 구매함에 있어서 관리예산의 범위 내에서 원가를 절감하여 관리비의 흑자를 달성하는 데 있다.

구매의 기능으로서 인식되어야 하는 것은 구매계획의 수립, 구매방침의 결정, 시장조사, 거래처의 선정 및 신용평가, 계약 및 납기관기, 품질 · 수량의 검사, 구매기법 · 구매활동의 결과평가 등이다. 구매관리의 정상적인 기능을 유지하기 위해서는 규격제품의 구매, 적정한 양의 구매, 필요한 시기의 구매, 경제적인 가격의 구매, 신용과 능력 있는 구매처의 선택 등이 주요한 구매목표 설정의 내용이 되어야 한다.

4) 구매 기본계획 수립

건물시설관리에 있어서 구매행정 관리 담당자는 에너지 및 용품의 소요부서로부터 소요물품의 연간 사용량(수시발생물품 제외)을 미리 제출받아 최적의 구매계획을 수립하여야 한다. 가장 효율적인 구매를 위하여 기본 구매계획 수립은 다음과 같은 내용을 포함하여야 한다. 또 하나의 구매대상인 용역에 대해서는 다음 절에서 설명하기로 한다.

(1) 구매용품의 품명과 품질

건물 장작설비의 기계종류는 다양하고 제작회사가 각각 다를 수 있으므로 사용부품이나 자재의 규격·수치가 일정하지 아니하나 적어도 소요부서의 사양서에 의하여 품명·규격·수치·수량·성능·강도·생산자 등의 표시에 맞는 품질을 구매할 수 있도록 하여야 하고, 기술시방서에 맞는 제품으로서 사용목적에 합당해야 하며, 가장 경제적인 것이라야 한다.

(2) 구매용품의 수량

건물시설관리에 소요되는 용품은 에너지를 제외하고는 필요한 양만 구매하는 것이 원칙이므로 구매용품의 수량은 그리 큰 문제가 되지 아니한다.

그러나 비상시를 대비한 부속·부품(스페어파트) 등은 사전에 미리 구매하여 재고물품으로 보관하는 것이 현명하다.

계속적으로 소모되는 용품은 사용기간과 사용량을 계산하여 일시에 구매량을 정하는 것도 경제적인 방법이 될 수 있다. 구매용품의 수량문제는 가장 경제적인 주문량이 되도록 하거나 적정주문량이 되게 하여야 한다.

(3) 구매용품의 가격

구매용품의 가격에 관한 계획은 구매 기본계획에 있어서 매우 중요한 계획이다. 경험있는 관리자는 1년간 필요한 용품의 종류와 수량을 예측하고 관리예산서에 미리 반영하여 구매시점에 이를 근거로 구매가격을 산정하여야 한다. 구매품의 가격은 기술사양서에 맞는 제품을 시장에서 조사하여 경쟁가격으로 유리한 가격조건이 되도록 하여 구매하여야 한다. 구매가격의 가장 중요한 것은 관리예산서에 반영된 기준가격의 범위 내에서 이루어져야 한다는 점이다. 그러므로 기준가격 설정시 충분한 시장조사 및 생산자에 대한 가격조사 활동을 통하여 이루어져야 한다.

(4) 구매시기

일반 제조회사의 경우에는 재고품에 따라 구매시기가 달라질 수 있으나 건물시설관리현장의 경우 그때그때 필요한 시기에 긴급 구매하는 경향이 있다. 그러므로 구매시기는 납품서를 의뢰한 후, 즉시 또는 가장 짧은 시간 내에 관리현장에 도달하지 않으면 안 된다. 따라서 구매담당자는 당해 건물의 예상용품의 구입처나 구입용품에 대한 정보를 사전에 조사하여 충분한 정보를 미리 가지고 있어야 한다. 뿐만 아니라 인근 건물에서 긴급히 빌려 쓸 수 있는 공구 · 기기 · 부품 등이 있는지도 서로 정보를 교환해두었다가 유사시 긴급조달이 불가능한 경우 인근 건물에서 빌려 쓰고 후일 구매하여 돌려주는 지혜도 필요하다.

(5) 구매처 또는 거래처

유리한 구매를 위해서는 좋은 구매처나 거래처가 필요하다. 좋은 구매처란 신용있는 생산자나 물품공급처로서 용품의 품질 · 가격 · 납기 · 거래조건 · 사후서비스 등이 양호한 거래처를 의미한다.

다시 말하면 품질이 기술사양서에 맞고 가격이 가장 경제적이며, 납기를 잘 맞출 수 있으며, 고장시 사후서비스를 잘 할 수 있는 조건을 갖춘 거래처를 의미한다.

기존 거래처는 미리 좋은 거래처인지 아닌지를 알 수 있으나 최초 거래처는 신용상태 등을 알 수 없으므로 초기의 시험거래를 통하여 확인해두는 것이 현명하다.

(6) 거래조건

용품의 구매에는 거래조건에 따라 구매가격이 달라질 수 있고 납기일이 단축될 수 있다. 예를 들면 대금결재 방법이 현금으로 지급되는 경우 유리한 조건의 구매가 가능해지고 또 납기일도 단축된다. 거래조건의 주요 내용에는 대금지급 방법, 가격인하, 전도급 지급, 인도장소나 인도방법 · 인도시기 · 수송방법 등이 포함된다.

거래조건에 따라 경제적인 구매가 가능해지므로 상담시에 구매자는 가장 유리한 거래 조건을 확보해야 한다. 종전의 구매개념은 회사자금의 소비자로서 인식이 팽배했으나 현재의 구매개념은 회사 흑자경영에 지대한 영향을 주는 것으로 구매업무를 높이 평가하고 있다.

5) 시설관리용품 구매절차

건물시설관리에 있어서는 제조회사와 같은 복잡한 구매절차보다 단순한 구매절차만으로 물품이 구매가능하고 회계처리도 가능한 특징이 있다. 일반적인 구매절차는 ① 구입신청 → ② 구입신청서 검토 및 견적자료 배포 → ③ 구매결정 → ④ 주문서 발송 → ⑤ 납품 → ⑥ 대금지불 순으로 진행된다.

건물특성에 맞는 일반적인 구매절차를 설명하면 다음과 같다.

(1) 구입신청

건물시설관리 각 부서로부터 용품구입서를 작성하여 구매담당자에게 제출하여 소요용품 구입을 신청한다. 구입신청서에는 필요 용품의 품명 · 규격 · 수량 · 소요시기 · 용량 · 시험성적서 등과 사양 · 신청일자 · 신청부서명을 기록하여 신청서를 제출하되 구입시간을 충분히 고려하여 구입신청서 2부를 작성, 사용 1개월 전에 구입을 의뢰하여야 한다. 구입신청서 1부는 신청부서에서 보관하고, 1부는 구매담당자에게 제출한다.

(2) 구입신청서 검토 및 견적자료 배포

구매담당자는 구매신청서에 기록된 구매신청 용품의 내용, 납품조건, 지불조건, 규격, 수량, 단위, 종류, 납기일, 납기장소 등을 상세히 검토하고 납품가능 거래처나 생산자들에게 송부하여 2~3개 거래처 또는 납품업체로부터 샘플과 실험성적 데이터 및 브로슈어와 함께 견적서를 접수받는다.

(3) 구매결정

구매담당자는 접수된 견적서 등을 검토한 뒤 구매용품의 내용을 대비하여 구매의견을 첨부하여 구매결정의 권한이 있는 자의 승인을 받는다. 구매결정시에 반드시 최유리 구매가 될 수 있도록 사전에 납품업체와 협의하여 가격의 조정, 지불조건의 유리, 납기일이행보장 등을 분명히 하여야 한다.

(4) 주문서 발송

제조회사의 경우 주문서는 주문서 원안, 주문카드, 주문보고서, 주문서 발주통지서 등을 작성하여 주문서 원안과 주문카드는 구매담당과로, 주문보고서는 경리과나 회계과로 송부하여 회계처리 또는 대금납부 지불계획에 활용하도록 하고, 발주통지서는 구입신청자에게 송부하고, 주문서는 거래처나 거래업자에게 송부한다.

그러나 이러한 절차는 제조회사에서는 매우 좋은 절차이나 긴급을 요하는 건물관리 현장에서는 다소 맞지 않는 절차이므로 주문구매결정서(구매품의서)는 구매담당자가 보관하고 주문서는 거래업자에게 송부하며, 발주통지는 구입신청자에게, 구매결정서 사본은 경리과에 통보함으로써 구매신청자는 구매물품의 수령과 사용에 대비하게 하고 경리담당자는 구매물품의 대금지불을 준비하게 하는 것이 현명한 절차이다.

이러한 주문서 등의 서류는 가능한 한 행정업무 간소화에 맞추어 전산처리하거나 서류작성 시간 단축을 위하여 원 라이팅(one writing)에 의하여 작성되는 것이 바람직하다. 주문서 발급부서는 거래처의 납기를 관리하여 예정된 납기일에 납품되도록 사후 관리를 해야 한다.

(5) 용품의 납품

납품업자는 주문받은 물건의 현품과 지정납품서와 접수처, 검수서 원안을 용품에 첨부하여 납품하면 구매담당자는 지정납품서만 접수하고 물품과 납품서, 검수서, 검수서 원안을 구매신청자 및 창고담당자에게 보낸다.

구매의뢰자와 창고담당자는 납품서와 발주통지서를 확인하여 주문물품 여부, 수량의 부족이 없는지, 기술사양에 맞는 물품인지 확인하고, 납품서는 구매담당자에게, 물품수령서는 수령날인 후 납품업자에게 교부한다.

제조회사의 경우 창고담당자의 물품수령 후에 별도의 검수과정을 두어 창고담당자가 검사표, 구매표, 검수통지서, 구입보고서, 조달전표 등을 구입물품에 첨부하여 검사과에 보내고 이를 검사과에서 수령받아 검수하는 절차를 밟게 되나, 건물관리현장의 사정상 이러한 표준구매절차 이행이 쉽지 않다.

따라서 창고담당자와 물품구입 신청자는 함께 검수하고 수령하여 수령대장에 등재한 후 행정절차에 따라 사용하고 재고대장에 정리하도록 하여야 한다.

(6) 대금지불

구매담당자는 용품의 수령과 동시에 외상매입원장에 등재하고 지불기일 전에 지불청구서를 작성하여 경리과에 송부하고, 경리과는 지불청구서를 지불계획서와 확인하여 지정기일에 지불한다. 영수증을 받아두는 것은 물론이다.

경리과는 지불결과를 구매담당자에 통보하여 외상매입원장을 정리하게 하고, 경리과는 회계처리함으로써 구매절차는 모두 끝나게 된다.

6) 용품구매 서식과 계약기재사항

건물관리소요물품 중 약품구매에 관한 구매서식과 내용을 〈표 3-9〉와 같이 소개하는 바 물품구매에 참고용도로 활용하기 바란다.

〈표 3-9〉 용품구매계약서(예)

수처리 약품의 원활한 공급을 위하여 _____(이하 "갑" 이라 한다)와)____(이하 "을" 이라 한다) 간에 아래와 같이 용품구매계약을 체결하고, 이를 성실히 이행키로 한다.

제1조 "을"이 "갑"에게 공급하는 약품의 규격 및 공급량을 아래와 같이 정한다.

약품명	주성분	규격	단가	월사용량	금액	형상
염소제90%	유효염소90%	kg				정제(분말)
푼다 S	미생물효소	kg				분말

제2조 "을"은 "갑"에게 공급하는 약품의 품질을 보증하여야 하며, "갑"의 요구가 있을 시는 약품시험성적서를 제출하여야 한다.

제3조 "을"은 제1조의 공급수량 내에서 매월 "갑"의 청구서에 의하여 수량을 공급하여야 하며 "갑"은 물품입고와 동시에 검수를 실시하고 그 결과를 "을"이 제출한 거래명세서에 그 제품의 하자 여부를 서명하여야 한다. 만약 공급한 물품에 이상이 있을 시 "을"은 즉시 이상이 없는 새로운 물품으로 납품한다.

제4조 "을"은 "갑"에게 월 1회 이상 방문하여 정화조 상태를 점검하며 관리 및 기술 지원을 한다.

제5조 본 공급계약기간은 년 월 일부터 년 월 일까지로 하며 계약만료 1개월 전까지 쌍방이 별도 의사표시가 없을 경우에는 동일한 조건으로 1년간 자동연장한다.

제6조 월정 약품대금은 금 원정(부가세 별도)이며 익월 말일 현금 지급을 원칙으로 한다.

제7조 "갑"은 "을"의 약품공급의 성실성 여부, 수질측정 결과의 법정기준 합당 여부 등에 따라 본 계약을 언제라도 일방적으로 해지할 수 있다.

제8조 제1조의 공급량 중에서 오수처리장의 상태나 유입수량의 변동에 따라 약품의 증·가감이 필요

할 때는 "갑"과 "을"의 합의에 따라 "갑"의 승인 하에 증·가감할 수 있다.
제9조 본 계약서 각항에 대한 "갑"과 "을"의 해석이 일치하지 않을 때에는 상관례에 따른다.
제10조 "을"은 연 1회 이상 수질을 측정하여(국가공인기관) 그 결과를 "갑"에게 통보하여야 한다.

200 년 월 일

"갑" 상 호:		"을" 상 호:	
주 소:		주 소:	
사업자번호 :		사업자번호 :	
대표자성명 :	㊞	대표자성명 :	㊞

7) 건물시설 용역구매관리

(1) 용역의 의의

건물관리에는 전기·가스 등 에너지와 부품·공구 등의 소모품만이 필요한 것이 아니라 일정한 기능과 서비스를 제공하는 용역이 필요하다. 다시 말하면 건물관리에는 시설과 설비의 운전과 정비만 필요한 것이 아니라 시설물유지관리 청소·경비·주차관리, 조경시설물 관리·위생·소독 등 일정용도의 관리역할을 필요로 하는바 이를 내부에서 또는 외부로부터 그 기능을 담당할 용역을 필요로 한다.

특수관리 기능의 용역을 조달하는 경우 용역조달 계획을 수립하여 합리적으로 처리해야 하는바 이러한 용역조달 계획내용을 중심으로 이를 구체적으로 설명하면 다음과 같다.

용역이라 함은 물자의 형태를 취하지 아니하고 생산과 소비에 필요한 품을 제공하는 일로서 보통 서비스라고 용어사전에 표현하고 있다. 이러한 용역개념을 중심으로 건물관리용역이란 신개념이 1960년대 후반부터 출현하기 시작하였다.

특히 공동주택과 집합건물 및 주상복합건물 구분소유가 인정되는 오피스텔 등이 대거 출현되면서 시설의 대형화·집단화·고층화와 설비의 첨단화로 건물소유자 개인관리의 한계성을 느끼게 하여, 이러한 용역개념이 건물관리용역이라는 신개념으로 우리 사회에 나타나게 되었다.

건물관리용역이란 타인의 자산(토지 또는 건물)을 관리대행하고 그 대가를 받아 업으로서 영위하는 것을 의미한다. 종전의 용역개념은 단순한 노무제공만으로 위생청소 관리 등이 이루어지는 경우 건물관리업무가 완성되었다고 인식하였다. 즉 건물의 유지보수 업무가 관리의 전부로 인식되었을 당시만 해도 용역이란 개념은 크게 주목받지 못하였다. 그러나 오늘날 같이 대형화·첨단화된 건물에 대하여 단순노무나 단순기능관리만으로는 건물관리업무전체를 해결할 성질이 아니므로 마침내 전문성과 기술성을 함께 요구하는 관리용역의 시대가 도래하였다.

뿐만 아니라 구분소유권의 인정으로 사업자와 구분소유자간의 분쟁은 제3자의 입장에 있는 관리용역업자의 출현을 가속화시킨 계기가 되었다. 결론적으로 건물 소유관계의 변화와 건물소유의 다양화 및 대형화·첨단화를 가져온 건물의 기술발전은 자치관리의 시대를 벗어나 위탁관리(용역관리) 시대의 장을 열게 하였다.

(2) 관리방식선택과 용역사용 여부 결정

건물의 관리방식에는 전술한 바와 같이 직영관리·자치관리·위탁관리·혼합관리방식 등이 있다.

자치관리방식은 관리업무 전반을 소유주체의 책임과 비용으로 관리하므로 용역의 개념을 생각할 수 없으나, 관리업무 전체를 위탁하는 경우와 일부 관리종목만 위탁하는 혼합관리방식에서는 용역의 개념이 반드시 등장하기 마련이다.

따라서 소유주체는 관리방식의 선택과 함께 용역의 필요성 여부를 결정하여야 한다.

(3) 용역관리 범위

관리방식과 관리대상 시설의 종류 등에 따라 용역관리 범위가 결정된다.

다시 말하면 위탁관리방식의 경우 관리대상 전체 관리업무를 수탁관리 회사나 관리업자에게 맡기게 되며, 혼합관리방식에서는 인사·경리·회계·자산관리·임대 등 회사 기밀이나 금전에 관계되는 업무는 직영 또는 자치관리 형태를 취하여 관리하고 기술성을 요하는 전기·기계·소방·통신 등의 설비와 전문성을 요하는 보안·위생·주차장·관리 등을 전문용역업자에게 위탁관리하고 감독만 담당하는 업무를 하게 된다.

시설관리용역의 범위에는 다음과 같은 관리종목이 있다.

① 건물 시설유지관리 업무
② 환경위생 청소 관리업무

③ 방역소독 업무
④ 엘리베이터 유지보수 업무
⑤ 경비 · 보안업무
⑥ 소방 · 방재 시설검사 대행업무
⑦ 주차 관리업무
⑧ 조경시설물 관리업무
⑨ 폐기물처리 업무
⑩ 기타 용역이 필요한 임대 · 회계 · 세무 · 인사노무 · 영선 · 안전관리 등의 업무

(4) 용역의 특성

용역은 서비스이기 때문에 제조회사의 업무와 다른 특성이 있다. 이와 같은 용역의 특성을 간략히 설명하면 대체로 다음과 같다.

① 용역은 사람에 의하여 이루어진다.
② 주로 의뢰자의 신뢰관계로부터 출발한다.
③ 장기간 되풀이되는 업무이다.
④ 대부분의 용역업무가 특정 시간대의 작업구분이 분명하지 않다.
⑤ 타인의 자산과 생명 신체를 보호하는 분야이다.
⑥ 의뢰자는 용역자에게 기술성과 전문성 · 신뢰성을 함께 요구하는 특성이 있다.
⑦ 물자의 형태를 취하지 아니하므로 눈으로 볼 수 없는 서비스로 이루어진다.
⑧ 장기간 계약관계로 의뢰자와 용역업자 사이에 정적인 인간관계가 수립되고 이로 인한 안일한 관리가 있을 수 있는 분야이다.
⑨ 객관적으로 용역의 질을 측정하기가 쉽지 않다.

(5) 용역업자의 선정

용역을 제공하고 그 대가를 받아 업으로 영위하는 자가 용역업자임을 앞에 언급하였으나 1980년 후반부터 대단위 고층아파트의 출현과 집합건물 주상복합 등 구분소유권 대상건물들이 대거 출현함에 따라 창업하기 시작한 관리대행 용역업체는 엄청난 규모로 발전하였다.

이러한 용역업체의 용역업 구분을 살펴보면 다음과 같다.

① 공동주택 관리용역업
② 경비용역업
③ 청소용역업
④ 방역소독 용역업
⑤ 시설관리 용역업(엘리베이터 유지보수 · 냉난방설비 · 전기설비 · 소방시설 · 정화조 등)
⑥ 영선보수 용역업
⑦ 주차관리 용역업 등

또한 전문화하거나 관리업무 전체를 수주하여 종합관리 형태를 취하는 대형 용역 관리회사도 등장하고 있다. 그러나 건물관리회사의 현황을 보면 예외는 있으나 대부분 용역 관리회사의 경우 역사가 짧고, 기술성과 전문성이 축적이 되지 않고 있으며, 과잉 수주경쟁으로 수익성이 악화되어 재무상의 영세성을 가지고 있다. 그러므로 수주에 있어서 기술성 · 전문성 · 신뢰성으로 관리물량이 확보되는 것이 아니라 인적 연고나 기타 편법을 동원하여 수주한 후 경영의 채산성을 맞추려 하고 있는 경향도 엿보인다.

용역을 필요로 하는 관리주체는 먼저 관리방식을 결정하고 그 결정된 관리방식에 따라 용역관리 종목을 정한 다음, 용역회사 중 신뢰성과 기술성 · 전문성이 있는 2~3개회사를 지명하여 관계 필요서류를 제출받아 적격판정을 내린 다음, 관리대상과 내용을 제공하여 공개경쟁 입찰형식으로 입찰에 응하게 한 후 개별협의를 거쳐 이를 종합, 소유주체 즉 건물소유자 또는 건물관리에 권한 있는 자의 승인을 받아 관리용역 계약을 체결한 후, 계약조건에 따라 현장에 투입하고 사후 관리함으로써 용역의 선정업무가 종료된다.

용역업자 선정에 있어서 유의할 사항은 다음과 같다.

① 기술성 · 전문성 · 신뢰성
② 기술인력보유자 수 및 조달능력
③ 회사규모와 자본금, 경영재무상태
④ 관리회사 및 회사 대표(경영자)의 신용상태(신용정보회사 2개사)
⑤ 회사와 현장의 지리적 위치
⑥ 정실외압 등 변칙성 있는 수주추진 여부
⑦ 관리종목에 적합한 장비보유 유무와 기술인력 보유 현황

⑧ 관리종목과 유사한 관리경험과 관리실적
⑨ 관리회사의 타 관리업무 집행현장의 관리상태의 양호 여부
⑩ 관리책임자의 회사에 대한 인식도
⑪ 관리회사에 소속된 관리자에 대한 교육훈련 실적과 교육훈련 능력
⑫ 타 현장 관리시 사고 경력 및 전현장 관리주체의 평가
⑬ 노사안정성 여부
⑭ 업무처리능력
⑮ 창의성과 적극성
⑯ 연평균 이직률
⑰ 창의성과 적극성 및 책임성
⑱ 최근 5년간 연간 매출 및 매출총액
⑲ 현장지원조직 및 관리 시스템
⑳ 관리소장 예정자의 경력

(6) 용역계약

가. 의 의

용역계약이라 함은 용역 의뢰자와 용역자 사이에 일정한 노무나 기술 등을 제공하는 대가로 일정금액을 지불할 것을 약정하는 낙성·쌍무·유상·불요식 계약을 의미한다.

계약방법에는 수의계약 또는 경쟁입찰 계약 등의 방법이 있다. 용역업체의 현황을 볼 때 자격과 능력을 구비한 업자들이 참여할 수 있는 제한경쟁 입찰방식으로 하되 입찰자중 가장 유리한 조건을 제시한 용역업자를 선택하여 계약을 체결하는 것이 바람직하다. 제한경쟁입찰 계약방식을 취하는 경우 사전에 예상 참가업체에게 PQ(Pre-qualification)를 제출하게 하고, 이를 심사하여 기준에 합격한 업체만 입찰에 참여하게 하여야 한다.[25]

나. 용역계약서 기재사항

계약서에 필요한 기재사항은 용역의 종목에 따라 다소 차이가 있으나 이를 종합하여 공통적인 사항만 언급하면 다음과 같다.

---

25) P.Q는 Pre-qualification의 약자로서 사전자격심사원(서류)을 말한다.

- 계약의 명칭
- 계약당사자의 주소, 상호, 대표자 성명, 전화번호
- 용역관리대상의 범위 및 용역의 내용(과업지시서)
- 용역기간(계약기간)
- 용역금액과 지불방법 · 시기
- 의뢰자의 권리의무
- 용역자의 권리의무
- 해지 사유 및 방법
- 계약당사자의 면책내용
- 재판의 관할법원
- 손해배상의 사유와 범위 및 방법
- 계약체결일 등

3) 용역계약서식과 기재사항

건물자산관리를 위하여 필요한 여러 가지 용역에는 전술한 바와 같이 건물시설관리 용역, 청소용역, 경비용역, 주차관리용역, 소독용역 등이 있으나 본서에서는 예시 차원에서 청소용역계약과 경비용역계약만 수록하여 참고되게 하였다.

가. 청소용역계약서 서식과 기재사항

〈표 3-10〉 청소용역계약서(예)

____(이하 "갑"이라 한다)와 ____(이하 "을"이라 한다) 이상 양인은 청소용역도급계약을 아래와 같은 조건으로 체결하고 이를 성실히 이행키로 한다. 제1조(목적물의 표시) 1. 건물명칭 : 2. 소재지 : 3. 대지 : 4. 구조 및 연건평 : 제2조(청소용역의 범위) "을"은 청소업무에 필요한 기술과 인력 및 장비와 용품을 제공하여 본 계약서의 각 조항에 표시된 청소용역을 "갑"으로부터 도급받아 시행한다. 제3조(도급계약기간, 도급금액 및 지급방법) 1. 도급계약기간 : 2. 월 도급금액 :

3. 지급방법 : 익월 15일까지 현금지급. 단, 외벽 및 외부유리 세척은 "갑"의 요구에 의하여 실시하고 별도 대금 청구한다.

제4조(도급금액의 주요 대상) ① "을"이 수행할 도급용역범위의 주요 대상은 다음과 같으며, 도급용역의 상세한 범위와 요령은 본 계약서의 각 조항에 의한다.

② (도급용역의 중요 대상)

1. 빌딩의 바닥(복도, 계단 및 각종 시설설치실의 바닥 포함)
2. 건물 내의 고정물품
3. 벽체, 천장 및 빌딩의 옥상
4. 변기, 세면기, 음수기, 형광등, 루버, 디퓨져 등
5. 유리창 내부
6. 건물부지 내외의 정원관계
7. 건물부지 내 및 외곽주위

제5조(도급범위 및 계약조건 변경) ① "갑"의 사정에 의하여 전 제4조의 청소용역 주요대상 범위를 축소 또는 증가할 필요가 있을시 본 계약에 관계없이 축소 또는 증가할 수 있다.

② 전항의 경우 "갑"은 축소 또는 증가에 따른 비율에 대하여 "갑", "을" 쌍방간 협의에 의하여 용역금액을 감액 또는 증액할 수 있다.

③ "갑"은 "을"이 계획된 작업을 2주 이상 지연시킬 때에는 "갑"이 일방적으로 제3자에게 지명·대행시키고 그 업자에게 지불한 금액을 "을"의 용역대금에서 공제하고 그 차액을 지급한다.

제6조(청소장비의 확보 및 유지관리) ① "을"은 계약이행에 필요한 일체의 청소장비를 계약체결과 동시에 구비하여 업무수행에 지장이 없도록 하여야 한다.

② "을"은 구비한 청소장비를 수리 및 교체하기 위하여 빌딩 외로 반출하고자 할 때에는 "갑"의 승인을 얻어야 한다.

③ "을"은 반입된 기계·기구 명세를 작성하여 "갑"에게 제출하여야 하며 "갑"은 수시로 검사하고 검사결과 청소기계로서 적합하지 아니하다고 인정하여 교체를 요구할 때에는 "을"은 이를 즉시 교체하여야 한다.

④ 청소용 장비는 "갑"이 지정한 장소에 "을"의 책임 하에 보관한다.

제7조(청소용 제재료의 통제와 감독) ① "을"이 본 계약업무 수행을 위하여 필요한 약품 및 세제와 소모품 등은 "을"의 책임으로 구입·사용하되 "갑"의 입회 하에 전량 반입(1개월분 소요량이상)하고 "갑"의 검수 후 "갑"의 승인을 받아 적정한 용품과 적당한 양을 사용하여야 하며, 매월1회 이상 청소현황, 월 중 사용물자 현황을 제시하여야 한다.

② 청소용 제재료에 대하여 아래의 경우는 "갑"이 구입하고 "을"에게 매월 지급되는 청소대행료에서 공제하여도 이의를 제기할 수 없다.

1. 납기 내에 물품이 반입되지 아니한 때
2. "갑"의 검수에 불합격된 물품

제8조(창고 등 공급) "을"이 도급업탁 수행을 위하여 빌딩 내에서 사용하는 창고, 전력 및 용수 등은 "갑"이 제공한다.

제9조(근무성실의 의무) ① "을"은 빌딩 내외를 언제나 위생적으로 청결하게 유지하여야 한다.

② "을"은 빌딩 내외를 청소함에 있어 건물의 수명 등을 괴려하여 최선의 방법으로 업무의 수행은 물론 선량한 관리자로서의 주의의무를 다하여야 한다.

제10조(종업원 배치 및 인사기록 제출) ① "을"은 계약체결과 동시에 업무수행에 필요한 장소에 배치하여야 한다. 청소요원은 ㅇ명 이상(여자ㅇ, 남자ㅇ) 확보하여야 하며, 남자는 50세 이하로 하여야

한다. 특히, 각 작업현장별로 능력 있는 자를 책임자로 배치하여 청소작업을 시행하거나 감독하게 하며 "을"의 소속직원 중 감독요원을 주기적으로 파견하여 청소상태를 총괄적으로 점검·감독하도록 한다.

② 전항의 인원에 관하여는 사전에 배치계획서 및 인사기록을 당 건물관리 사무실에 제출하여 면접 후 "갑"의 동의를 얻어야 한다. 인원배치를 변경하고자 할 때에도 또한 같다.

③ "갑"은 "을"의 종업원 중 무자격 및 근무자 이탈, 근무시간 중 음주·취침, 빈번한 결근, 비위사실, 당사 품위를 손상 시키는 행위 등 부적당하다고 인정되는 자나 "갑"의 공신력을 저해하는 자에 대하여 "을"에게 그의 교체를 요구할 수 있으며 "을"은 3일 이내에 결원을 보충하여야 하며, 거부당한 "을"의 종업원은 "갑"의 지역에 출입을 금한다.

제11조(종업원에 대한 책임 및 건강진단) "을"은 전 종업원의 건강진단서를 계약 후 1개월 이내에 제출하여야 하며, 전 종업원의 건강, 신원, 위생, 풍기 및 작업규율의 유지 등에 관하여 일체의 책임을 진다(필요한 경우 신원증명서도 제출해야 한다).

제12조(결원시 용역비 공제) "갑"의 업무지역에 배치되어 근무 중인 종업원의 결원이 발생하였을 때에는 아래와 같이 월 용역비에서 공제한다. 단 예비군 훈련, 관혼상제를 포함하여 해당 월 총인원의 2%는 인정을 하고 그 이상의 결원이 발생하였을 때에는 월 평균 중 일급액의 300%에 해당하는 금액을 월 용역비에서 공제한다.

제13조(제복착용 및 친절의무) "을"은 종업원에게 "갑"이 정한 소정의 제복, 모자, 신발 및 스카프를 착용하여 항시 단정한 복장으로 작업에 임하여야 하며, 빌딩에 출입하는 고객에게 친절을 다하여야 한다.

제14조(청소상태의 기준) 당 빌딩의 청소상태 기준은 서울시내, 신축한 지 5년 이내의 일류 호텔의 청소상태 수준으로 한다.

제15조(근무규정 및 청소계획서 비치) ① "을"은 이 계약서에 의한 도급업무의 개시와 동시에 종업원의 근무규정과 각 작업현장별로 청소계획서를 2통씩 각성하여 1통은 "갑"에게 제출하고 1통은 현장사무실에 비치하여야 한다.

② "을"은 업무수행을 위한 임시작업 계획서 및 정기작업 계획서를 제출하여 "갑"의 승인을 받아야 하며, 이에 따라 업무를 수행한 후 결과를 검사받아야 한다.

③ "을"의 청소감독은 청소상태, 인원현황 및 근무일지를 "갑"이 승낙한 서식에 의거 매일 "갑"의 관계 부서장에게 제출하여야 한다.

제16조(청소원의 교육훈련 및 이동금지) "을"은 청소원의 빈번한 교체로 인하여 숙달된 요원의 부족으로 청소작업에 지장을 초래해서는 안 되며 항상 숙달되도록 청소요령, 예의범절, 화재예방 및 안전사고 예방에 대한 교육을 월1회 이상 실시하고 교육일지를 작성하여 "갑"에게 확인을 하여야 한다.

제17조(일반청소) "을"은 정기적인 작업계획에도 불구하고 "갑"의 빌딩 내에서 작업하는 종사원을 "갑"의 요청이 있을 때를 제외하고 다른 일에 사용할 수 없다.

② "을"은 갑의 요청시 빌딩 내에서 물품운반 등을 이행해야 한다.

제18조(특별청소) ① "을"은 정기적인 작업계획에도 불구하고 "갑"의 행사, 의식 등의 필요에 따라 요구시 특별청소를 실시하여야 한다.

② 일반청소를 실시하였다 하더라도 불량하다고 인정될 시는 재청소를 실시하여야 한다.

제19조(안전관리) ① "을" 업무수행 중 항상 안전관리에 최선을 다할 것이며, 만일 작업중 사고가 발생하면 민·형사상의 모든 책임을 전적으로 "을"이 부담하고 "갑"은 하등의 책임을 지지 않는다.

② "을"은 종업원이 업무상 재해를 당하였을 때를 대비하려 본 계약 체결일로부터 1주일 이내에

산재보험에 가입하고 가입필증을 "갑"에게 제출하여야 한다.

제20조(업무감독 및 금지사항) ① "을" 또는 그 종업원은 업무를 진행함에 있어 "갑"의 제 규칙을 준수함은 물론 "갑"이 위임한 빌딩관리인의 감독 · 지시사항에 순응하여야 하며, 지적사항을 즉각 시정하여야 한다.

② "을" 또는 그 종업원은 다음 각 호의 행위를 하여서는 안 된다.

1. 빌딩 내 근무자의 업무진행에 지장이나 불편을 초래하는 행위
2. 담당 아닌 업무분야를 간섭하는 행위
3. 사전허가 없이 출입금지구역에 출입하는 행위
4. 근무를 태만하는 행위
5. 빌딩 내에서 음주 및 소란한 행동을 하는 행위
6. 빌딩 내에서 습득한 문서 또는 물품에 대하여 "갑"에게 신고하지 않는 행위

제21조(계약해지) ① "갑", "을" 쌍방 중 어느 일방이 이 계약을 해지하고자 할 때에는 적어도 1개월 전에 상대방에게 그 사유를 통보하여야 한다.

② "을" 또는 그 종업원이 다음 각 호의 1에 해당하는 때에는 계약기간 만료전이라도 "갑"은 일방적으로 해지할 수 있으며 "갑"은 "을"에 대하여 일체의 배상책임을 지지 아니한다.

1. 본 빌딩 내(입주자 포함)의 기밀을 누설하였거나 공무처리를 지연케 하는 행위
2. 빌딩 내의 문서 또는 물품을 무단반출하거나 훼손하였을 때
3. "을" 또는 종업원이 청소를 소홀히 하거나 "갑"의 업무상 지시에 불복할 때
4. 고의 또는 과실로 선량한 관리자로서의 주의의무를 태만히 하여 빌딩설비를 손괴하였거나 중대한 사고를 야기하였을 때
5. 제17조의 금지규정을 위반하여 "갑"으로부터 경고를 받았음에도 불구하고 이를 시정하지 않았을 때
6. "을"이 계약조항을 위반 또는 불이행하거나 빌딩의 청소용역 도급업체로서 심히 부적당하다고 "갑"이 인정할 만한 사유가 발생하였을 때

③ "을"은 청소작업 불량 및 청소작업 계획서대로 철저히 이행하지 않을 시는 "을"에게 경고를 하고 본 경고가 월 3회까지 통보되었을 시는 본 청소용역 도급계약 위반으로 간주하고 자동적으로 해약되며 "을"은 이의 없이 즉시 철수한다.

④ 전항의 정에 의하여 계약이 해지되었거나 계약기간이 만료되었을 때에는 청소업무를 "갑" 또는 "갑"의 지정인에게 인계하여야 한다.

⑤ 전항의 인계가 완료될 때까지는 "갑"은 "을"의 소유물에 대한 반출을 제한할 수 있다.

제22조("을"의 배상책임) 다음 각 호의 1에 해당하는 경우에는 "을"은 이에 대하여 원상복구 또는 5일 이내에 배상의 책임을 진다.

1. "을" 또는 종업원의 귀책사유로 인하여 "갑"의 빌딩 또는 시설에 손실을 주었을 경우
2. "을" 또는 그 종업원이 귀책사유로 인하여 본 빌딩 내에 근무하는 직원 및 빌딩 내에 출입하는 자에게 손실을 주었을 때
3. "을" 또는 그 종업원이 "갑"의 물품 또는 "갑"으로부터 대여 받은 물품을 망실 또는 훼손하였을 때

제23조(계약조항의 해석) 이 계약 각 조항의 해석에 의문이 있을 때에는 "갑", "을" 상호협의에 의하여 정하고 협의가 성립되지 않을 때에는 "갑"의 해석하는 바에 의한다.

제24조(통고방식) 본 계약의 통지 및 승낙은 문서로 함을 원칙으로 한다. 다만, 즉시 해결이 가능한 경미한 사항에 대하여는 구두로 할 수 있다.

제25조(이행보증금) 본 계약을 성실히 이행하기 위하여 계약이행 보증금조로 도급금액의 10%의 상당하는 금액을 "을"은 "갑"에게 예치한다(이행보증 보험증권으로 대치할 수도 있다).
제26조(계약의 효력) 이 계약에 첨부한 시방서 등 부속문서는 계약서의 일부가 되며, 그 효력은 계약서와 동일하다.
제27조(소송자) "갑"과 "을"이 본 계약과 관련하여 발생하는 소송은 "갑"의 주소지를 관할하는 법원에 제소한다.
제28조(계약서의 보관) 이 계약을 증명하기 위하여 계약서 2통을 작성하여 "갑", "을"이 서명날인하고 각 1통씩 보관한다.

년 월 일

(갑)		(을)	
상 호 :		상 호 :	
주 소 :		주 소 :	
사업자번호 :		사업자번호 :	
대표자성명 :	㊞	대표자성명 :	㊞

나. 경비용역계약 서식과 기재사항

〈표 3-11〉 경비용역계약서(예)

서울시 구 동 번지대표____(이하"갑"이라 칭한다)와 서울시 구 동 대표______(이하 "을"이라 칭한다)는 빌딩의 경비용역에 대한 도급계약을 아래와 같은 조건으로 체결하고 이를 성실히 이행키로 한다.

제1조(목적) 본 계약은 "갑"의 관리빌딩 및 빌딩 내 재산의 경비업무를 효율적으로 집행하기 위하여 "을"에게 그 경비업무를 도급하고 "을"은 수급받아 그 용역을 제공하여 선량한 계약자로서의 주의의무를 다하여 본 계약서의 각 조항을 성실히 수행할 것을 목적으로 한다.

제2조(목적물의 표시)
1. 빌딩명칭 :
2. 소재지 :
3. 경비구역 :

제3조(용역금액 및 지불방법) ① 본 계약에 의한 1인당 월 용역비는 ____원으로 하며(부가세 별도) 월 용역비는 익월15일 지불키로 한다(중식대 포함/인당). 단, 본 계약 내용과 위배되는 사항이 발생할 시 시정될 때까지 수수료지불을 일시중지할 수 있다.
② "갑"의 별도요구에 의한 인원의 추가 또는 감소가 있을 시는 "갑", "을" 상호협의하여 월간용역비에서 가감정산 확정키로 한다.
③ 월 미만의 계산은 당해 월의 일수에 따라 일괄계산하여 지급한다.
④ "갑"의 업무지역에 배치되어 근무중인 경비원의 결원이 발생하였을 때는 결원기간의 3배수에 해당하는 금액을 월 용역비에서 공제한다.

제4조(계약기간) 본 계약의기간은 년 월 일부터 년 월 일까지로한다.

제5조(경비인원) 총 0명(반장포함)

제6조(경비원의 자격) 경비원의 자격은 다음 사항을 갖춘 자로 한다.

1. 신원보증과 재정보증을 갖춘 자로 한다.
2. 사상이 건전하고 품행이 단정한 자.
3. 만 45세 미만의 신체 건강한 자
4. 군복무를 필한 자
5. 신원조회 결과 신원과 사상이 건전하다고 회보된 자
6. 학력이 중졸 이상인 자
7 용역경비업법 제7조의 결격사유에 해당되지 않는 자

제7조(경비원의 인사) ① "을"은 "갑"의 경비지역에 배치할 경비원의 인사기록을 "갑"에게 제출하여 면접 후 동의를 얻어 채용하되 신원조회 결과를 확인할 수 있는 증빙서류를 요구하면 이에 응하여야 한다.

② "갑"이 불성실이나 근무태만, 비위사실 등 부적당하다고 인정하여 교체 요구시는 즉시 이행하며 변경하고자 할 때도 또한 같다.

③ 전항의 근무태만이라 함은 근무지 이탈, 근무 중 음주, 취침, 빈번한 결근, 기타 "갑" 또는"을"의 제 규정에 저촉되는 행위로서 경비업무수행에 지장을 초래함을 말한다.

④ "을"은 경비원이 결근시에는 교대인원을 배치해야 한다.

⑤ 경비원의 업무지시는 "을"이 하되 "갑"의 지시에 응해야 한다.

⑥ 경비원의 근무조건은 노동관계법규 등에 위배되지 않아야 하며 경비원의 업무상 재해 및 복리후생, 복무기간 등 그에 따르는 모든 책임은 "을"에 있다.

제8조(근무규정 및 경비요령) ① "갑"은 경비업무에 관하여 "을"에게 지시통제할 수 있는 권한을 가지고 "을"은 이를 존중하여야 하며 근무요령과 "갑"의 제반 규정 및 규칙을 준수하여야 한다.

② "을"의 경비책임자는 경비근무 현황 및 이상 유무를 "갑"의 서식에 의거 "을"의 관계부서장에게 제출하여야 한다.

③ 근무규정

㉠ 근무규정

ⓐ 경비원은 복장을 단정히 하여야 하며 엄정한 태도로 근무하여야 한다.

ⓑ 항상 청결한 몸가짐으로 고운말 쓰기 및 미소와 친절로 응대하여야 한다.

ⓒ 모든 출입자는 손님으로 평등하게 응대하며 절도 있고 예의를 갖추어 하여야 한다.

ⓓ 무뢰한 불순분자, 잡상인 등은 빌딩의 질서와 평온을 유지하기 위하여 단호히 출입금지 시킨다.

ⓔ 음료수 및 잡화물, 위험물, 중량물 등의 반출입은 사전 관리사무실에 승인을 득한후 반출입토록 한다.

ⓕ 항시 엘리베이터 운행상황을 파악하고 수용인원의 안전수송에 만전을 기한다.

ⓖ 빌딩의 출입문 개폐는 단순한 문단속보다도 빌딩의 개관 · 폐관을 표시하는 중요 작업이므로 정확을 기하여야 하고 출입문의 이상시에는 즉각 관리사무실에 보고하여야 한다.

㉡ 순찰근무규정

ⓐ 신속 · 정확한 기동력으로 빌딩 내외를 정기 또는 비정기적으로 순회점검 및 상황을 파악하여야 한다.

ⓑ 순찰자는 거점근무자와 긴밀한 연락 및 협조로 다음 사항을 신속 · 정확히 점검 예방한다.

- 소방 및 대피통로의 항시소통과 장애물 제거
- 수용인원의 파악 및 질서유지
- 도난 및 위험요소 제거 및 화기단속과 안전유지
- 출입인원 및 차량에 대한 통제 및 검색
- 사내시설 보안(통제 · 제한구역)
- 관리사무소의 지시에 따른 주차업무 보조

ⓒ 순찰자는 안전제일을 유념하여 위급 및 불안상태를 신속히 발견 현장에서 시정 조치하고 사후 "갑"의 관리사무실에 보고 승인을 득한다.

ⓓ 인화물질, 위험물, 폭발물 등의 반입 및 저장은 철저히 금지시켜 재해예방에 노력한다.

ⓔ 이유 없이 배회하는 자, 정신이상자, 불순분자, 무뢰한 잡상인 등은 철저히 단속하여 방화 · 방범에 주력하고 이상시 관리사무실에 즉각 보고한다.

제9조(인원교체의 제한) "갑"사에 배치한 후 6개월 내에 교체자가 5명 이상 발생시는 "갑"의 통지에 따라 자동 해지된다.

제10조(복장 및 장비) 경비원의 복장과 장비는 "을"의 부담으로 하며 경비용역법상의 제복을 착용한다.

제11조(배상책임) "을"은 다음의 각호에 해당하는 경우에는 이에 대하여 즉시 배상할 책임과 민 · 형사상의 책임을 진다.

1. "을" 또는 "을"이 고용한 경비원의 고의, 과실, 근무태만으로 계약에 명시된 임무를 다하지 못하여 "갑"이 빌딩 입주자에게 손실을 끼쳤을 때
2. "을"이 본 계약 수행중 제3자에게 손해를 가한 때
3. "을"은 원인 여하를 불문하고 경비원이 노동쟁의 및 기타 이에 준하는 단체행동 등으로 인한 경비업무의 차질로 "갑"이 손해를 입을 때
4. "갑"은 상기의 손해배상금을 "을"에게 지급할 용역비에서 우선적으로 공제할 수 있다.

제12조(배상금의 담보) "을"은 배상금의 담보를 위하여 용역경비업법 제14조에 정에 따라 이행보증 보험증권(10,000,000원 상당)을 본 계약 체결 후 1주 이내에 "갑"에게 제출하여야 한다.

제13조(양도금지) "을"은 계약상의 관리와 의무의 일부 또는 전부를 제3자에게 양도 또는 하청하거나 담보의 목적물로 할 수 없다.

제14조(계약의 해지) "갑"은 "을"이 다음 각 호의 사항에 해당하는 행위를 하였을 때에는 계약을 해지할 수 있다.

1. "갑"의 중요한 기밀을 누설하여 결정적인 손해가 발생하였을 때
2. "을"이 "갑"사에 순응하지 않고 경비업무용역을 불성실히 수행하였을 때
3. 빌딩 내의 문서 또는 물품을 무단반출하거나 훼손하였을 때
4. 제12조(배상책임)경우가 발생하여 "갑"이 필요하다고 인정할 때
5. "갑"과 "을"의 쌍방 중 어느 일방이 계약유효 기간 중에 계약을 해지하여야 할 사유가 발생할 때에는 1개월 전에 서면으로 해지의사를 표명한 때 또는 본 용역대금에 대한 압류 또는 가압류를 당했을 때

다만, 다음 각 호의 해당하는 경우 "갑"은 최고 없이 본 계약을 해지할 수 있다.

1) "을"이 파산선고를 당했거나 해산을 결의하였을 때
2) "을"이 본 계약 각 조항을 위반하였을 때

제15조(계약의 종료) 계약기간 종료시까지 "갑"의 서면에 의한 재계약 의사표시가 없을 시에는 계약기

간의 종료시 본 계약은 자동 해지한다.

제16조(계약내용의 변경) 본 계약 유효기간 중이라도 계약내용의 변경사유가 발생하였을 경우 "갑"과 "을"이 협의에 의하여 계약내용을 수정할 수 있다.

제17조(금지사항) "을" 또는 경비원은 다음 행위를 하여서는 안 된다.

1. 업무집행에 지장이나 불편을 초래하는 행위
2. 사전허가 없이 출입금지구역에 출입하는 행위
3. 담당업무 외의 분야에 간섭하는 행위
4. 기타 "갑"이 금지하는 행위

제18조(계약조항의 해석) 이 계약조항의 해석에 의문이 있을 때에는 "갑", "을"이 상호협의에 의하여 정하고 협의가 성립되지 않은 때에는 "갑의" 해석하는 바에 의한다.

제19조(통고방식) 본 계약의 작업지시 통지 및 승낙을 문서로 함을 원칙으로 한다. 다만 해결이 가능한 경미한 사항에 대하여는 구두로 할 수 있다. 이상의 약정사항을 증명하기 위하여 계약서2부를 작성하고 "갑"과 "을"이 서명날인하여 각 1부씩 보관한다.

년 월 일

(갑)		(을)	
상 호 :		상 호 :	
주 소 :		주 소 :	
사업자번호 :		사업자번호 :	
대표자성명 :	㉿	대표자성명 :	㉿

(7) 용역업체 사후관리

용역계약의 체결은 용역업무의 시작에 불과하다. 따라서 용역관리대장을 별도 유지하면서 용역업자의 현장투입과 관리업무 대행의 진행과 결과를 평가·기록하고 개선할 점은 개선 건의하고 시정조치하여 완전한 용역관리의 효과가 나타날 수 있도록 조정하는 업무가 용역관리의 사후관리 업무이다.

용역은 필요한 인력을 필요시기에 필요한 곳에 투입하여 기대하는 관리효과가 나타나도록 해야 한다.

사후관리의 대상이 되는 용역업체(협력업체)의 평가기준은 다음과 같다.

① 기술력
② 업무수행 능력
③ 인원동원 능력
④ 회사 신뢰도

⑤ 자금동원 능력
⑥ 협력지수
⑦ 사고율
⑧ 계약이행상태
⑨ 업무추진능력

4. 건물시설관리 관련 보험관리

1) 의 의

건물시설관리 관련 보험관리는 건물시설관리에 있어서 시설관리 목표를 달성하는 데 크게 기여하는 제도이다. 왜냐하면 건물시설관리 보험제도는 건물의 시설의 여러 가지 위험을 사전 관리하고 만약의 사고로 인하여 발생되는 인적·물적 손해를 보상해주어 건물 관리주체의 도산을 방지하고 원상회복하여 조기에 정상화시켜주기 때문이다.

건물자산관리에 있어서 건물시설관리관련보험(이하 건물보험)은 물적 피해보상을 담보하기 위하여 특수 건물의 특약부화재보험(의무적 가입)과 영업배상을 담보로 하는 시설소유(관리)자 배상책임보험, 주차장배상책임보험, 가스사고배상책임보험, 승강기배상책임보험, 초정(유리)배상책임보험, 기타 기계보험 등은 반드시 가입하고 사후 관리해야 한다.

또한 건물 타율성의 특성으로 인하여 건물관리에 종사하는 건물관리종사자를 위하여 4대 사회보험과 연금(산재보험, 국민건강보험, 고용보험, 국민연금)은 반드시 관리주체에서 의무적으로 가입하고 관리해야 한다.

이하에서 건물보험의 개요를 먼저 알아보고, 보험의 일반이론을 살펴본 후 먼저 물적 손해를 담보하는 화재보험, 시설소유(관리)자 배상책임보험, 주차장영업배상책임보험, 가스사고배상책임보험 등 영업배상책임보험 등을 고찰한 후 건물관리종사자를 위한 사회 4대 보험에 대하여 실무위주로 간략하게 살펴보고자 한다.

2) 건물보험의 개념

건물보험이란 건물소유주가 소유하고 있는 건물자산이 화재·폭발·비행물체나 차량 충돌, 태풍, 군중시위 등과 같은 각종 재해요소와 건물을 상대로 제기될 수 있는 소송으로부터 보호받기 위해 일정액의 보험료를 지불하고 재해위험(risk)을 보험회사에 전가시키는 제도이다. 이런 점에서 보험을 위험관리(risk management)라고 하기도 한다.

일반적으로 건물보험이라고 하면 건물구조(structure)에 대한 Coverage로만 이해되어지는 경우가 있으나, 해당건물 내의 건물에 영구적으로 부속되어 있는 시설물, 즉 냉난방시설, 전기시설, E/L 등 이동설비, 주차장 등과 같은 부속시설물 역시 보험 Coverage에 포함된다는 것을 인식하여야 한다.

건물보험의 보험료를 결정하는 요소에는

첫째, Building(화재)와 Liability(상해)의 Coverage(보상범위)를 얼마로 할 것인가
둘째, 가입하고자 하는 보험유형
셋째, 건물 용도의 위험도
넷째, 건물의 구조 급수 등이 있다.

결론적으로 건물보험은 건물 위에 존재하는 위험을 관리하여 인적·물적 피해를 최소화하는 매우 유용한 보상제도로서 건물시설관리 관련 보험에는 건물화재보험, 건물영업배상책임보험, 산업재해보상보험, 국민연금, 고용보험, 국민건강보험 등이 있다. 건물시설관리 관련 보험의 내용은 후술하기로 한다.

3) 보험의 일반개념

보험을 한마디로 정의하기란 쉽지 않다. 그러나 일반적으로 동일한 우발적인 사고와 같은 위험에 처해 있는 다수인이 사고(재해)로 인하여 발생되는 경제적인 수요를 충족하기 위하여 대수법칙에 따라 다수가 공동으로 각출한 공동준비재산에서 일정금액을 급여하는 제도를 의미한다. 즉 보험은 불확실성을 확실성으로 전환시켜 실제손실을 평균손실로 대체하여 위험으로부터 손실을 최소화하는 제도이다.

그러므로 건물관리에 있어서 보험은 매우 필요한 제도이다.

4) 보험의 필요성

보험은 다음과 같은 이유로 건물보험이 반드시 필요하다.

① 건물관리현장에는 기술위험·경영위험·법률위험·환경위험·보안위험 등

여러 가지 크고 작은 위험이 잠재되고 있거나 생성되고 있다.

② 이상과 같은 위험이 사고로 나타나고 사고로 인한 재해가 발생되므로 인적·물적으로 손실의 최소화와 이들 재해의 피해를 보상할 수단과 제도가 필요하다.

5) 보험의 기능

보험은 건물자산관리와 관련하여 본질적 기능과 부수적 기능을 나타내고 있다.

(1) 본질적 기능

① 잠재적 위험에 대한 불안제거 또는 경감
② 개인·사회·국가의 안정 도모

(2) 부수적 기능

① 신용보완적 기능
② 사회적 기능
③ 금융적 기능
④ 국제적 기능

6) 보험의 특성

보험은 다음과 같은 특성이 있다.

① 사고의 불확실성과 우연성
② 위험의 동질성
③ 위험의 다수성
④ 보험료 및 보험금의 산정

7) 보험법의 개요

(1) 의 의

보험법이란 넓은 의미로 보험에 관계되는 법규 전체를 의미한다.

우리나라의 보험법은 여러 개의 법으로 광범위하게 분류되고 구성되어 있다. 즉 산업재해보상법 군인보험법, 자동차손해배상보험법, 선원보험법으로 구성되어 있는데 이를 이원적으로 구분하면 다음과 같다.

① 보험공법(공보험, 보험사업규제, 감독)
② 보험사법(보험계약법, 보험기업의 주체)

(2) 보험법의 특성

좁은 의미의 보험법은 보험계약법을 의미한다. 보험법의 특성은 다음과 같다.

가. 단체성

같은 위험(동종의 위험)을 느끼는 다수의 사람이 위험단체를 구성, 보험료의 총액과 보험금의 총액이 균형을 이루어야 한다는 단체성의 특징을 가지고 있다.

나. 기술성

보험제도는 사람들이 우발적으로 특정의 사고위험을 당하는 다수인이 집단을 형성, 대수의 법칙(과학적 기초)에 의해 산출된 보험료를 징수 · 납부하게 함으로 인하여 위험을 분산함으로써 수리적(수학적) 계산에 의해서 산출된 것이다. 그러므로 기술적인 토대(구조)를 가지고 있다는 특성이 있다.

다. 상대적 강행 법규성

보험은 보험당사자가 그 내용을 임의로 정하나 특약에 의해서도 보험계약자나 피보험자 · 보험수익자들에게 불이익이 되도록 변경 · 수정하지 못하는 강행 법규성이 있다. 그러나 반(半)면적 강행 법규성이다.

라. 사회성과 공공성

보험제도는 산업사회의 필수적 이용제도로 사회성과 공공성을 가지고 있다.

(3) 보험계약

가. 의 의

보험계약이라 함은 계약당사자 중 일방이 계약내용상의 불확정한 사고를 당하였을 때 그로 인한 손해를 보상 또는 일정한 금액(약정 금액)을 지급하는 계약을 의미한다.

상법 제638조에서는 보험계약자는 당사자 일방이 보험금액을 지급하고 상대방이 재산 또는 생명, 신체에 관하여 불확정한 사고가 생길 경우에 일정한 보험금액 또는 기타 급여를 지급할 것을 약정함으로써 효력이 생긴다고 규정하고 있다.

나. 보험계약의 특성

보험계약은 다음과 같은 특성이 있다.

- 낙성 계약성
- 유상 계약성
- 쌍무 계약성
- 불요식 계약성
- 영업적 상위성
- 사행 계약성
- 선의 계약성
- 계속 계약성
- 부합 계약성
- 독립 계약성

다. 보험계약자

보험계약자의 다음과 같은 협의의 보험계약자와 광의의 보험계약자 두 가지 의미로 나누어진다.

① 협의의 보험계약자

- 보험자
- 보험계약자
- 피보험자와 보험수익자(보험계약 이해관계자)

② 광의의 보험계약자

- 보험목적물의 소유자
- 물상담보권자
- 보험중개인
- 보험대리점
- 보험의(醫)
- 보험금채권의 질권자
- 보험모집인

라. 보험사고

손해보험에 있어서 보험사고란 계약서상에 규정되어 있는 보상의무를 구체화한 사고를 의미한다.

보험사고에는 자연적 사고와 인위적 사고가 있다.

마. 보험의 요건

보험사고가 성립되려면 다음과 같은 요건이 충족되어야 한다.

- 우연성
- 불확실성
- 발생가능성
- 한정성
- 대상의 필요성

바. 보험의 목적

보험의 목적이라 함은 보험사고 발생의 객체를 의미한다.

즉, 사람의 생명·신체와 경제상의 재화를 보험의 목적이라 한다.

사. 보험료

보험료란 보험사고에 대하여 보험자가 책임을 부담하는데 대한 상대방의 보수를 의미한다.

아. 보험금액

보험금액이란 보험자가 보험사고 발생시에 피보험자 또는 보험수익자에게 지급하는 금액을 말한다.

자. 보험기간

보험금 지급인 일정한 기간 내에 발생한 보험사고에 대하여 지급하는데 이와 같은 일정한 기간을 보험기간 · 위험기간 · 책임기간이라 한다.

차. 보험료 기간

보험료를 산출하기 위하여 표준이 되는 기간을 의미한다.

카. 보험약관

보험약관이라 함은 보험계약 내용을 미리 정하고 보험계약의 내용을 이루는 것으로 표준적 · 보편적 · 일반적인 내용을 정형화한 계약조항을 의미한다.

특약이나 반대의사표시가 없는 한 그대로 계약내용은 유효하다.

보험약관에는 다음과 같은 것이 있다.

- 보통보험약관
- 특별보통보험약관(부가약관)
- 특별보험약관

타. 보험증권

보험증권이란 보험계약 성립 후 보험자가 보험계약 상대방(보험 계약자)의 청구에 따라 보험계약 내용을 증명하기 위하여 발행하는 증권을 말한다. 보험증권의 법적 성질은 다음과 같다.

- 증거증권성
- 면책증권성
- 불완전 유가증권성(일부 유가증권성)
- 유인증권성
- 상환증권성

8) 건물화재보험

(1) 의 의

화재보험이란 화재로 인하여 발생할 우려가 있는 인명피해와 재화의 손실 등 경제생활의 불안을 제거하거나 경감하기 위하여 각 개인의 재해위험을 합리적 계산에 의해 분담하여 단체적인 경제준비를 마련하는 보험을 말한다.

공동주택 일반임대용 건물, 오피스텔 등과 같은 다중이 모이는 곳에서는 항상 예기치 않은 갖가지 사고를 고려하여 보험에 대비하여야 한다.

이러한 보험가입은 화재·폭발, 기타 재해사고가 발생하였을 때 보험료를 배상받아 경제적 만족을 얻거나 또는 손해를 최소화할 수 있기 때문이다.

(2) 화재보험의 법적 근거

건물의 화재보험의 법적 근거는 상법 제4편 손해보험편과 화재로 인한 재해보상과 보험가입에 관한 법률에 있다.

(3) 특수건물 소유자 화재보험 의무가입

특수건물 소유자는 소유권 취득일로부터 30일 이내, 신축건물의 경우 사용승인일로부터 30일 이내에 손해보험회사에 의무적으로 신체상해배상특약부화재보험 가입을 강제하고 있다.

특수 건물의 범위는 다음과 같다.

① 국유건물
② 교육시설
③ 백화점
④ 시장
⑤ 의료시설
⑥ 흥행장
⑦ 숙박업소
⑧ 공장
⑨ 공동주택

⑩ 다수인이 근무하고 있거나 출입하는 건물로서 대통령령이 정한 건물

또한 특수건물 소유자는 매년 특약부 화재보험을 갱신해야 하고, 신규계약 체결시 또는 갱신할 때 반드시 한국화재협회로부터 안전점검을 의무적으로 받아야 한다.

(4) 화재보험의 특징

화재로 인한 재산손해를 담보하는 보험으로서 보험가입대상에는 빌딩, 구축물, 시설, 기계, 공구 · 기구, 자재, 집기비품, 차량, 재고자산 등이 있다.

(5) 가입대상

주택 · 사무실 · 상가 · 공장 등의 일반건물과 특수건물 및 이에 수용된 모든 건물 자산이 가입대상이 된다.

(6) 상품의 종류

화재보험의 상품에는 주택화재보험 · 일반화재보험 · 공장화재보험 등이 있다.

(7) 담보내용

화재보험 기본계약의 담보내용은 다음과 같다.

① 화재(벼락 포함)에 따른 손해
② 화재(벼락 포함)에 따른 소방손해
③ 화재(벼락 포함)에 따른 피난손해(피난지에서 5일 동안 생긴 화재 · 소방 손해)
④ 폭발 · 파열위험 : 주택화재는 보통약관에서 담보, 일반 및 공장화재에서는 특별약관으로 담보 가능
⑤ 특약으로 담보 가능한 손해 : 전기위험, 풍수재, 소요, 노동쟁의 등으로 인한 손해

(8) 보상 안 되는 손해

화재보험에 의하여 보상되지 않는 손해의 범위는 다음과 같다.

① 보험계약자 · 피보험자 등의 고의 및 중과실
② 피보험자와 세대를 같이하는 친족 및 고용인의 고의
③ 화재시의 도난 · 분실 · 폭발 · 자연발화 및 발효 등의 손해
④ 화재 당시 연기로 인한 손해
⑤ 완전히 타지 않았으나 그을린 손해
⑥ 피난 행위로 인한 손해
⑦ 화재진화 등으로 파손 및 유실손해
⑧ 타버린 물건

(9) 보험가입방법

① 건물 가입금액 확정(보통 평당 건축비의 시세로 결정)
② 보상받고자 하는 동산 등이 가입금액 확정(현금은 가입대상 제외)
③ 기본담보 이외의 추가위험이 있는지 추가위험담보 확정

(10) 보험료의 결정요인

화재보험료는 다음과 같은 보험료 결정요인에 의하여 결정된다.

① 보험료는 가입하고자 하는 목적물의 업종의 위험도에 따라 보험요율이 결정된다.
② 한 건물 내에 다수의 업종이 있으면 제일 위험한 업종으로 보험요율이 결정된다.
③ 건물의 구조급수에 따라 보험요율이 결정된다. 대체로 2층 이상의 콘크리트 슬래브 건물에는 1급요율이 적용되어 저렴하다.
④ 특수건물에는 특수건물 할인이 적용되어 보다 저렴하게 가입할 수 있다.

(11) 지급보험금의 결정

① 계약자가 결정한 가입금액과 계약자의 실제보험가액(건물가 · 동산가) 일치시

지급보험금 = 손해액×보험가입금액 / 보험가액

② 손해 발생시 지급보험금은 손해액에 대하여 보험가액에 대한 보험가입금액의 비율로 보상하는 비례보상원칙이 적용되므로 보험계약 체결시 보험가액의 정확한 평가와 더불어 이에 대응한 적절한 보험가입금액의 설정이 매우 중요하다.

(12) 보험료 부담

보험료 부담자는 건물의 종류나 성격에 따라 다음과 같이 부담한다.

① 분양공동주택 : 소유권자, 즉 입주자 부담
② 임대공동주택 : 소유권자, 즉 사업주체 부담
③ 일반건물 : 소유권자, 즉 소유주체 부담

(13) 보험금 지급청구

화재사고 발생 후 보험금 지급청구서를 손해보험회사에 청구해야 한다.
청구서의 기재사항은 다음과 같다.

① 청구자의 주소, 성명
② 사망자에 대한 청구는 청구자와 사망자의 관계
③ 피해자와 보험계약자의 주소, 성명
④ 사고발생 일시, 장소, 그 개요
⑤ 청구금액과 산출 기준
⑥ 진단서 · 검안서, 기타 증빙서류

(14) 보험금 지급

손해보험회사는 보험신청이 있는 경우 정당한 사유가 없을 때는 지체 없이 보험금을 지급해야 한다.

9) 건물영업배상 책임보험

(1) 건물영업배상 책임보험의 일반개념

가. 특 징

기업의 시설이나 업무수행과 관련한 사고로 인해 피보험자가 제3자에게 지게 되는 법률상의 배상책임을 담보하는 보험을 말한다.

나. 담보 내용

시설소유관리, 각종 공사, 생상물의 하자, 건설기계 운행 및 작업수행 등 각종 시설 및 업무에 따른 사고로 인한 배상책임을 담보한다.

다. 종 류

배상책임보험의 종류에는 다음과 같은 것이 있다.

- 시설소유(관리자) 배상책임보험
- 도급업자 배상책임보험
- 화재 및 임차자 배상책임보험
- 주차장 배상책임보험
- 차량정비업자 배상책임보험
- 곤도라운영자 배상책임보험
- 건설기계업자 배상책임보험
- 생산물 배상책임보험
- 창고업자 배상책임보험
- 선박수리업자 배상책임보험
- 경비업자 배상책임보험
- 가스사고 배상책임보험
- 도로운송업자 배상책임보험

- 체육시설업자 배상책임보험

라. 배상책임보험의 성질

- 임의 보험이다.
- 피보험자의 업종 및 위험에 따라 다양한 특별약관이 존재한다.

마. 주요 면책위험

배상책임보험의 주요 면책위험은 다음과 같다.

- 전쟁 · 지진 등의 불가항력과 원자력 위험
- 사고일로부터 1년 뒤에 발생하는 치료비 : 사고일로부터 계속 발생된 치료비는 1년간의 치료비를 한도로 보상하며, 사고발생일로부터 1년 뒤에 최초로 발생하기 시작한 치료비는 일체 보상하지 아니한다.
- 구내의 상주자가 입은 신체장해 : 구내치료비 추가특별약관은 구내를 일시적으로 방문하는 고객에 대한 신체장해를 담보하는 것이며, 예를 들어 피보험자의 임대용 빌딩에 입실하고 있는 사람들이 구내에서 입은 신체장해 손해는 담보대상이 아니다.
- 근로기준법 · 의료보험법 등에 의하여 보상되는 치료비
- 각종 운동경기 · 시험 또는 신체적 훈련 중 발생하는 신체장해
- 피보험자 자신이 치료하여 발생한 치료비

바. 교차배상책임 특별약관

보험증권상 피보험자가 2인 이상일 경우에 피보험자간에 입힌 손해에 대한 배상책임은 타인에게 입한 손해배상책임이 아니므로 담보되지 아니하나 각 피보험자 입장에서는 다름 피보험자에게 입힌 손해에 대한 배상책임도 담보할 필요가 있는바 교차배상책임 특별약관은 공동피보험자간에 손해배상책임이 발생한 경우 각 피보험자에게 증권이 각각 발생된 것으로 간주하여 공동피보험자 상호간의 손해배상책임을 담보하는 취지의 약관이다.

(2) 시설소유(관리)자 배상책임보험

가. 의의

시설소유(관리)자 배상책임연대보험이란 피보험자가 소유 · 사용 · 관리하는 시설 및 그 시설의 용도에 따른 사무활동으로 발생한 우연한 사고로 제3자의 신체적 · 물적 손해를 보았을 경우 법률상의 배상책임 손해를 보상해주는 보험을 말한다.

시설소유(관리)자 배상책임보험은 영업배상책임보험의 일종으로서 형식적으로 보면 영업배상책임보험의 특별약관으로서 첨부되는 보험이다.

나. 가입대상

가입대상에는 일반시설과 놀이시설이 있다.

① 일반시설

상점(백화점 · 도소매시장 등), 음식점, 병원, 약국, 한약방, 사무용 빌딩, 목욕탕, 안마시술소, 숙박시설, 예식장, 사설강습소, 운전학원, 극장, 영화관, 독서실, 도서관, 박물관, 전시장, 교회, 성당, 사찰, 노래방, 비디오방, 오락실, 이용원, 미장원, 사진관, 세탁소, 모델하우스, 광고판, 엘리베이터, 에스컬레이터, 자동보도, 케이블카, 자동세차기 등이 가입대상이 된다.

② 놀이시설

유아놀이시설, 낚시터, 주유소, 유원지, 스키장, 눈썰매장, 서울대공원 같은 위락시설 등 다양한 형태의 시설을 소유 또는 임차한 경우 시설소유(관리)자 배상책임보험의 가입대상이 된다.

다. 가입 필요성

시설소유(관리)자 배상책임보험의 가입의 필요성은 다음과 같다.

- 배상책임사고에 대한 경제적 위험전가
- 이미지 제고 효과
- 사고처리 관련시간 절약(보험자 소송대행)

라. 보상하는 손해

시설소유(관리)자 배상책임보험에 의하여 보상되는 손해의 범위는 다음과 같다.

- 손해배상금 : 한도액 내에서 피해자에게 지급한 법률상 배상금
- 손해방지비용 : 사고가 발생한 후 손해의 방지 또는 경감을 위하여 회사의 동의를 받아 지급한 필요 또는 유익하였던 비용, 단 사고시 인명피해에 대해 계약자가 취한 응급처리, 긴급후송비용
- 소송비용 : 사전 회사의 동의를 받아 지급한 소송비용, 변호사비용, 중재화해 또는 조정에 관한 비용
- 공탁보증료 보험 : 증권상 보상한도액 내의 금액에 대한 공탁보증보험료, 그러나 보증을 제공할 책임, 피보험자 협력비용

마. 보상하지 않는 손해

시설소유(관리)자 배상책임보험에 의하여 배상되지 않는 손해의 범위는 다음과 같다.

- 보험계약자 또는 피보험자의 고의로 생긴 손해에 대한 배상책임
- 보험계약자 또는 피보험자가 소유 · 점유 · 임차 · 사용하거나 보호 · 관리 · 통제하는 재물이 손해를 입음으로써 그 재물에 대하여 정당한 권리를 가지는 사람에 대한 손해배상책임(보관시설을 갖추고 고객으로부터 받은 수탁물건 또는 임차한 물건에 대한 손해는 특약으로 담보됨)
- 피보험자의 근로자가 피보험자의 업무에 종사 중 입은 신체장해에 대한 배상책임
- 시설의 수리 · 개조 · 신축 또는 철거공사로 생긴 손해에 대한 배상책임(단 통상적인 유지 · 보수작업으로 생긴 손해에 대한 배상책임은 보상한다)
- 피보험자가 소유 · 점유 · 임차 · 사용 또는 관리하는 자동차 · 항공기 · 선박으로 손해에 대한 배상책임(주차장 배상책임의 경우는 제외됨)

바. 가입시 필요 서면

가입신청시 필요한 서면은 소정의 신청서의 다음의 서면이 필요하다.

- 시설내용과 규모(면적, 영업시설, 개수, 좌석수, 매출액, 이용인원 수 등)

- 사업자등록증 사본
- 소정의 신청서식

(3) 주차장 배상책임보험

의의 및 담보범위는 다음과 같다.

가. 의의

피보험자가 소유·사용·관리하는 주차시설과 그 시설의 용도에 따른 주차업무의 수행 중 주차를 목적으로 수탁 받은 차량이나 타인에게 입힌 법률상 배상책임손해를 담보하는 보험이다.

나. 담보범위

- 주차장에 주차한 차량을 도난당한 경우
- 주차관리인이 주차차량을 정리하다 타 차량과 충돌하여 손해를 입힌 경우

(4) 가스사고 배상책임보험

가. 의 의

가스사고로 인한 제3자에게 지게 되는 배상책임을 담보하는 보험을 말한다.

나. 담보내용

담보내용은 가스폭발·파열·화재·누출로 일어난 사고로 인하여 발생한 신체장해, 재물손해

다. 성질

의무보험의 성질이 있다.

라. 다른 의무보험과의 관계

가스폭발로 인한 화재발생으로 상해사고 발생시 다른 의무보험인 화재보험으로 보상하고 초과손해에 대해서만 가스배상책임보험으로 보상한다. 그러나 사망의 경우는 타보험과 상관없이 전액 지급한다.

10) 산업재해보상보험

(1) 의 의

산업재해보상보험이라 함은 산업재해보상보험법에 의하여 사용자(관리주체)가 근로자의 업무재해에 대한 재해보상책임을 보험화한 것으로 보통 산재보험이라 한다. 관리주체는 근무자의 관리업무상 재해에 대하여 공정하고 신속한 보상을 위하여 산재보험에 가입해야 한다.

(2) 적용범위 및 보험가입

가. 적용범위

모든 사업 또는 모든 사업장을 적용범위로 한다(다만, 위험률 규모 및 사업장소 등을 참작하여 일정한 사업은 그러하지 아니한다).

나. 보험가입

① 당연가입

사업주는 당연히 산재보험의 가입자가 된다. 일정한 경우에는 사업의 사업주는 근로복지공단의 승인을 얻어 보험에 가입할 수 있다(동법 제2항).

② 의제가입

당연가입자가 되는 사업의 사업규모의 변동으로 인하여 일정한 사업에 해당하게 되는 경우에는 당해 사업주는 그 해당하게 된 날부터 근로복지공단의 승인을 얻어 보험에 가입한 것으로 본다.

다. 보험관계 성립과 소멸일

보험관계 성립일과 소멸일은 다음과 같다.

① 성립일

- 당연가입자, 당해 사업이 개시된 날
- 근로복지공단의 승인, 사업주가 승인을 얻은 다음날

② 소멸일

- 사업이 폐지된 날, 또는 종료된 날의 다음날
- 사업주가 보험계약을 해지한 경우에는 그 해지에 관하여 근로복지공단의 승인을 득한 날의 다음날
- 근로복지공단의 보험관계의 소멸을 결정 · 통지한 날

라. 보험관계 등의 신고

사업주는 보험의 가입자가 되거나 사업의 폐지 · 종료로 인하여 보험관계가 소멸한 때에는 각각 사업일 또는 보험관계 소멸일로부터 14일 이내에 이를 근로복지공단에 신고하여야 한다.

마. 보험료

① 보험료의 산정

산재 보험료는 사업주(관리주체)가 전담하여 사업의 임금총액을 동종사업에 적용되는 보험률을 곱한 금액으로 사정한다. 이때 보험요율은 각 사업종류별 재해율을 기초로 하여 노동부 장관이 정한다.

즉 보험료 = 임금총액 보험요율의 산식으로 보험료를 정한다. 이때 보험요율의 기초란 매년 9월 30일 현재 과거 3년간의 임금총액에 대한 보험급여총액의 비율을 의미한다.

② 계산보험료의 신고와 납부

보험가입자(관리주체)는 매 보험연도마다 1년간 사용할 모든 근로자에게 지급할 임금추정액에 보험요율을 곱하여 산정한 보험료를 보험연도 초일 또는 보험관계 성립일로부터 70일 이내에 공단에 신고 · 납부하여야 한다. 납부방법은 일시납부가 원칙이나 분할 납부도 가능하다.

③ 확정보험료 신고와 납부

- 보험가입자는 매 보험연도 말일, 또는 보험관계가 소멸하는 날까지 사용한 모든 근로자에게 지급한 임금총액에 보험요율을 곱하여 산정한 확정보험료를 대통령령이 정하는 바에 의하여 다음 보험연도 그날부터 70일 이내에 공단에 신고하여야 한다(소멸한 사업은 30일 이내).

- 계산보험료와 확정보험료의 금액간의 초과액은 반환하여야 하며, 부족액은 다음 연도 초일부터 70일 이내 납부하여야 한다.

④ 보험의 청구

근로자는 업무상 재해를 당하여 부상하거나 사망한 경우 보험급여를 받을 수 있는 수급권자가 보험급여를 청구하게 되면 노동부 장관은 이를 지급한다. 보험급여에는 요양급여 · 휴업급여 · 장애급여 · 유족급여 등이 있다.

⑤ 소멸시효

보험료를 징수하거나 그 반환받을 권리 및 보험급여를 받을 권리는 3년간 행사하지 아니하면 소멸시효가 완성된다(동법 제96조).

11). 국민연금

(1) 관계법령

국민연금에 관한 신고 등의 관계법령은 다음과 같다.

가. 회사설립신고

국민연금법 제8조 제1항 및 동법 시행규칙 제3조(회사설립 후 약 7일 이내)

나. 피보험자(직원) 자격취득신고

국민연금법 제11조 제1항 및 동법 시행규칙 제10조제1항(입사 후 7일 이내)

(2) 피보험자 자격취득신고절차

피보험자 자격취득신고 절차는 다음과 같다.
신고서제출(국민연금관리공단) → 신고서접수 및 확인(국민연금관리공단) → 신고서처리(국민연금관리공단) → 자격취득 및 확인통지(소속회사) → 수령(소속회사, 보험자)

(3) 필요서류

피보험자 자격취득신고서(국민연금관리공단 소정양식)

(4) 보험료 납부

총 월급(식대 중 50,000원 공제)×보험요율(회사 : 50% 부담, 보험자 : 50% 부담)

(5) 피보험자 자격상실신고

가. 관련법

국민연금법 제12조제1항 및 동법 시행규칙 제11조제1항

나. 필요서류

사업장 가입자 자격상실신고서(국민연금관리공단 소정양식)

다. 신고절차

취득신고절차와 동일하다.

12) 국민건강보험

(1) 관계법령

국민건강보험의 관계법령에는 국민건강보험법 시행규칙 제3조가 해당된다.

(2) 신고절차

신고서제출(국민연금관리공단) → 신고서접수 및 확인(국민연금관리공단) → 신고서처리(국민연금관리공단) → 자격취득 및 확인통지(소속회사) → 수령(소속회사, 보험자)

(3) 필요서류

피보험자 자격취득신고서(국민건강보험공단 소정양식)

(4) 보험료 납부

총 월급(식대 중 50,000원 공제)×보험요율(회사 : 50% 부담, 보험자 : 50% 부담)

(5) 피보험자 자격상실신고

가. 필요서류

직장가입자자격상실, 퇴직시 보수총액통보서(국민건강보험공단 소정양식)

나. 신고절차

취득신고절차와 동일하다.

13) 고용보험(실업급여, 고용안정, 직업능력개발, 임금채권부담금)

(1) 관계법령

고용보험의 신고에 관한 관계법령은 다음과 같다.

가. 회사설립신고

고용보험법시행령 제5조 및 동법시행규칙 제6조제1항 또는 동법시행령 제6조제1항 및 동법시행규칙 제7조제1항

나. 피보험자(직원) 자격취득신고

고용보험법시행령 제10조제1항 및 동법시행규칙 제12조제1항

(2) 신고절차

신고서제출(지방노동사무소장)→신고서접수 및 확인(지방노동사무소장)→신고서처리(지방노동사무소장 →자격취득 및 확인통지(소속회사)→수령(소속회사, 보험자)

(3) 필요서류

신고서(지방노동사무소 소정양식)

(4) 보험료 납부

가. 관계법령

- 고용보험법 제60조제2항, 제61조제1항, 동법시행령 제72조제1항, 동법시행규칙 제70조제1항, 제73조제1항

- 산업재해보상보험법 제65조제1항, 제2항, 제67조제1항(임금채권보장법 제14조)

나. 보험요율

- 보험자(직원) : 총 월급 × 보험요율
- 소속회사 : 연간 직원 총 급여 × 사업성격에 따른 요율 적용
  (매년 초 당해연도 보험료 개산 및 전년도 보험료 확정 신고)

(5) 피보험자 자격상실신고

가. 관계법령

고용보험법시행령 제10조제1항, 제2항 및 고용보험시행규칙 제12조제1항 또는 동법시행령 제10조제3항 및 동법시행규칙 제12조 제2항

나. 필요서류

고용보험 피보험자 자격상실(이직확인서) 신고서(지방노동사무소 소정양식)

다. 신고절차

취득신고절차와 동일하다.

5. 건물시설 관리관계법령관리

1) 의 의

건물의 관리에는 공동주택의 경우, 주택법을 비롯한 동시행령, 동시행규칙 외에 '집합건물소유 및 관리에 관한 법률' 등이 여러 가지 측면에서 법적 규제를 가하고 있다.

이와 같이 건물시설관리에 직접 관계되는 법령을 건물시설관리법령이라 한다.

그러므로 건물자산관리법령을 체계적으로 이해하고 이행, 보고, 승인, 허가, 해당법령의 준수사항을 이행함으로써 행정벌이나 형사 처벌을 면하도록 노력해야 한다.

2) 건물시설관리관계법령의 종류와 법령체계

(1) 건물시설관리관계법령의 종류

건물시설관리관계법령에는 대체로 다음과 같은 종류의 법령 등이 있다.

① 건축물유지관리관계법령
② 건축설비관리관계법령
③ 건물안전관리관계법령
④ 건물환경위생관리관계법령

(2) 건물시설관리관계법령체계

건물자산관리에 관한 유사법령의 묶음을 법령 체계라 하는바 이를 그림으로 나타내면 [그림 3-3]과 같다.

3) 건물시설관리관계법령상의 법적조치사항

상기와 같은 시설법령체계에 해당하는 법령의 종류는 수십종에 달하나 해당 법령의 내용을 요약하면 대체로 다음과 같은 내용인바 이들 법령별 주요 이행내용을 정리해두고 철저히 이행해야 한다.

주요 이행사항은 다음과 같다.

① 신고
② 보고
③ 허가
④ 관리기준준수
⑤ 의무선임
⑥ 제출
⑦ 의무배치
⑧ 점검, 진단, 검사
⑨ 필요조치
⑩ 보존, 비치

건물시설관리관계법령체계

- 건축물유지관리관계법령
  - 건축법
  - 주택법
  - 임대주택법
  - 국유재산법
  - 집합건물소유및 관리에 관한법률
  - 주차장법
  - 승강기제조 및 관리에 관한법률
  - 소방시설설치유지 및 안전관리에 관한법률
  - 시설물안전관리에 관한특별법
- 건축설비관리관계법령
  - 에너지이용합리화법
  - 건축법
  - 수도법
  - 수질환경보전법
  - 오수분뇨및축산폐수 처리에관한법률
  - 소방시설설치유지및 안전관리에관한법률
  - 도시가스사업법
  - 전기사업법
  - 건축물의설비기준 등에관한법칙
  - 고압가스안전관리법
- 건물시설안전관리관계법령
  - 소방기본법
  - 소방시설설치유지및 안전관리에 관한법률
  - 위험물안전관리법
  - 공공기관의 방화관리규정
  - 전기용품안전관리법
  - 시설물안전관리에 관한특별법
  - 산업안전보건법
  - 도시가스사업법
  - 고압가스안전관리법
  - 전기사업법
  - 액화석유가스의 안전관리및사업법
  - 화재로인한재해보상과 보험가입에관한법률
  - 경비업법
  - 주택법
  - 재난관리법
  - 산업재해보상보험법
  - 다중이용업소의 안전관리에 관한 특별법
- 건물환경위생관리관계법령
  - 환경정책기본법
  - 공중위생관리법
  - 폐기물관리법
  - 전염병예방법
  - 오수분뇨및축산폐수 처리에 관한법률
  - 수도법
  - 수도시설의위생관리에 관한법칙
  - 먹는물관리법
  - 대기환경보전법
  - 토양환경보전법
  - 다중이용시설등의 실내공기질관리법
  - 에너지이용합리화법
  - 자원의절약과재활용 에 관한법률
  - 소음진동규제법
  - 수질환경보전법
  - 하수도법
  - 악취방지법

[그림 3-5] 건물시설관리관계법령체계도

⑪ 준수
⑫ 교육이수
⑬ 금지, 제한
⑭ 이행
⑮ 대행
⑯ 위탁처리
⑰ 지정
⑱ 유지관리의무 등

4) 건물자산관리법정면허자 선임

(1) 법정면허자 개요

건물(빌딩)의 환경, 위생시설과 설비 및 위험물을 관리하기 위하여 관계법령에서 법정면허자 선임을 요구하고 있는 경우를 말하며 이에 따라 법정자격자(면허자)를 선임하고 선임결과를 해당관청에 보고해야 한다.

이와 같은 법정면허 선임은 관리대상건물의 시설의 종류와 규모, 설비의 종류와 용량 및 위험물의 종류에 따라 선임법정면허의 종류와 법정면허자의 수가 달라진다. 통상 단일건물 연면적이 약 3,000평 이상인 경우 법정면허자의 수는 6명 내지 9명 정도가 선임되어야 한다.

(2) 건물자산관리법정면허자 선임대상

건물자산관리(공동주택 포함)에 있어서 현행법상 선임을 요구하고 있는 공통적인 법정면허대상자를 살펴보면 대체로 〈표 3-12〉와 같다.

〈표 3-12〉 건물자산관리면허자 법정선임대상

관리 영역	선임 직종	관련 분야	자격증	관련법규	소관처	세부내용
공동주택관리 분야	관리 책임자 (소장)	공동주택 총괄관리	주택관리사(보)	주택법 시행령 제72조	건설 교통부	500세대 이상~주택관리사 1인 500세대 미만~주택관리사 또는 주택관리사보 1인

관리 영역	선임 직종	관련 분야	자격증	관련법규	소관처	세부내용
경비 분야	경비 지도사	경비지도 및 감독	경비지도사	경비업법 제12조	경찰청	경비원 200명까지 경비지도사 1인, 초과 100인당 1인씩 추가배치, 경비원배치 근무하고 있는 지방경찰청 관할구역별 1인
소방 안전 가스 분야	방화 관리자	소방 시설물	• 1급방화관리대상 소방시설관리사, 소방시설기사 2급 이상, 산업안전기사 1급	소방시설설치유지 및 안전관리에 관한 법률 제20호	소방서	1급대상 : 연면적 10,000㎡ 이상
			• 2급방화관리대상 1급대상 자격자, 건축기사, 전기기사, 방화관리자 강습과정 수료자			2급대상 : 연면적 2,000㎡ 이상 판매시설 : 1,000㎡ 이상 자탐시설 설치대상
	위험물 안전 관리자	유류설비 (탱크) 위험물 소비	위험물취급기능장 위험물취급기능사 2급 이상 위험물취급자	위험물 안전관리법제15조	소방서	• 위험물 취급주임 : 정수량의 10배 이상 • 위험물 취급자 : 지정수량의 10배 미만 난방용으로 사용시 수량에 관계없이 취급자로 선임 가능(호텔 제외) 각각의 지정수량을 더하여 지정수량 결정
소방 안전 가스 분야	안전 관리자	LPG사용 신고시설	• 가스기사 2급 이상 • 고압가스급기능사 2급 이상 • 고압가스기계기능사 2급 이상 • 고압가스화학기능사 2급 이상 • 안전관리원 양성교육자 이수자	액화석유가스의안전관리및사업법 제14조 동법시행령 제7조	구청 산업과	• 저장량 250kg 이상 안전관리총괄자 1인, 안전관리책임자 1인 • 저장량 250kg 미만, 안전관리총괄자 1인 – 총괄자 : 당해 사업운영의 최고 상급책임자 – 책임자 : 해당기술자격자 중 1인 선임
소방 안전 가스 분야	안전 관리자	도시가스 (LNG) (특정가스 사용시설)	• 가스기사 2급 이상 • 고압가스취급기능사 2급 이상 • 고압가스화학기능사 2급 이상 • 고압가스기계기능사 2급 이상 • 안전관리원 양성교육 이수자	도시가스사업법제29조 동법시행령 제5조, 제6조	구청 산업과	• 단일건물 4,000m/원 초과 안전관리총괄자 1인 안전관리책임자 1인 • 단일건물 4,000m/원 이하 안전관리총괄자 1인 – 총괄자 : 당해 사업운영의 최고상급책임자 – 책임자 : 해당기술자격자 중 1인 선임

관리 영역	선임 직종	관련 분야	자격증	관련법규	소관처	세부내용
에너지 분야	에너지 관리자	열분야	열관리기능사 2급 이상 보일러기능사 2급 이상	에너지용 합리화법 제2조 제④항	에너지 관리 공단 각 지부	열관리사 : 석유환산 250톤/년 이상 (사용량) 1인 선임 전기관리자 : 1백만 kW/년 이상(사용량) 1인 선임
		전기분야	전기기사 2급			
	검색대상 기기조종자	보일러 열교환기 압력용기 취급	열관리기능사 2급 이상 원동기취급기능사 1급 안전검사기기조종자	에너지이용합리화법제59조	에너지 관리 공단 각 지부	검사대상기기 : 강철 및 주철제 보일러 1,2종 압력기기, 안전검사대상기기 조장자로 선임 가능범위 • 관류보일러 : 전열면적 10㎡이하 • 증기보일러 : 7kg/㎠, 5㎡ 이하 • 보일러출력 : 50만kcal/h 미만 가스버너 부착시는 고압가스 자격 포함한 동일인이어야 함 −안전검사 : 연 1회 −성능검사 : 3년 경과 후 1년에 1회(난방용 5톤 이상) 해당기술자격증 1인 선임
냉동공조 분야	안전 관리자	냉동제조 고압가스 왕복동 냉동기	공기조화 및 냉동기계 기사 2급 이상 고압가스 냉동기계기능사2급 이상 안전관리원 양성교육이수자(프레온 100톤 이하 해당)	고압가스 안전관리법제15조 동법시행령 제12조, 제13조	구청산업과	냉동능력 50톤 이하 (프레온 100톤 이하) 안전관리책임자 : 1명 냉동능력 50~100톤 (프레온 100~250톤) 안전관리총괄자 : 1명 안전관리책임자 : 1명 안전관리원 : 1명 냉동능력 100~300톤 (프레온 200~600톤) 안전관리총괄자 : 1명 안전관리책임자 : 1명인 안전관리원 : 1명 자체검사 : 1회/6개월 정기검사 : 1회/2년 왕복동냉동기(R-22) 40R/T 이상 용량 냉동기 냉동안전관리 선임
환경 위생 분야	환경 기술인	대기분야	1종 : 환경기사 1급 2종 : 환경기사 2급 (실무 5년) 4,5종 : 업무종사자	대기환경 보전법 제24조	구청 산업과	• 1종사업장 : 고체환산연료 10,000톤/1년 • 2종사업장 : 고체환산연료 2000~10,000톤/1년

관리영역	선임직종	관련분야	자격증	관련법규	소관처	세부내용
						• 3종사업장 : 고체환산연료 1,000~3,000톤/1년 • 4종사업장 : 고체환산연료 200~1,000톤/1년
		수질분야(폐수)	1,2종 : 환경기사 1급 3종 : 환경기사 2급 이상 4,5종 : 업무종사자	수질환경보전법 제23조	구청 청소과	• 1종사업장 : 폐수배출량 3,000톤/일 이상 • 2종사업장 : 폐수매출량 1,000톤~3,000톤/일 • 3종사업장 : 폐수배출량 500~1,000톤/일 • 4종사업장 : 폐수배출량 50~500톤/일 1인
		소음진동분야	환경기사 2급 이상 업무종사자	소음, 진동규제법 제21조	구청 산업과	국토이용관리법상 공업지역 업무종사자, 도시계획법 규정의 일반 및 전용공업지역 : 업무종사자 상기내용 이외의 5,000HP 미만인 사업장 : 업무종사자 상기내용 이외의 5,000HP 이상인 사업장 : 환경기사 2급 이상
	공중위생감시원 명예공중위생감시원	공중이용시설	위생사, 위생시험사 환경기사 2급 이상, 화공기사 2급 이상, 수의학, 약학, 화학, 위생학 전공(대졸 및 전문대졸 경력 1년)	공중위생관리법 제15조 동법시행령제8조	구성 청소 행정과 건축 지도과	• 연면적 3,000㎡이상의 사무용건물 • 연면적 2,000㎡이상의 복합동건물 • 연면적 3,000㎡이상의 지하상가 ※ 해당 기술자격증 1인 선임
전기통신분야	전기안전관리자 (전기안전관리사) 전기안전관리보조원 (전기안전관리원)	수변전설비	수전용량 2,000kW 이상(안전관리사) • 기사 1급 취득 후 실무 3년 이상 • 기사 2급 취득 후 실무 5년 이상(안전관리원) • 전기기능사 2급 이상 수전용량2,000kW 미만(안전관리사) • 기사 취득 후 실무 2년 이상(안전관리원) 기능사 2급 이상	전기사업법제73조	전기 기사 협회 경유 구청 산업과 시 · 도 산업과	• 수전용량 50kW~2,000kW 미만 : 안전관리사 1명 2,000kW~1,000kW : 안전관리사 1명, 안전관리원 2명 10,000kW 이상 : 안전관리사 1명, 안전관리원 3명 • 수전 1,000kW 이상(발전기 포함) : 법정 선임자 상주 • 수전 1,000kW 미만 (반전 포함) : 선임대행 가능

관리 영역	선임 직종	관련 분야	자격증	관련법규	소관처	세부내용
	무선 종사자	무선설비	무선설비기사 2급 이상 전파통신기능사 2급 이상	전파법 제71조	정통부 무선국	무선설비의 통신조작 : 전파통신사 2급 이상
승강기 분야	승강기 안전분야		승강기안전교육이수자	승강기제조 및관리에관한 법률	승강기 안전 관리원	자체 선임
정화조 분야	정화조 관리자		수질환경산업기사 이상	폐기물 관리법	구청 청소 행정과	

5) 건물시설관리법정보고

(1) 법정보고 개요

건물법률관리에 있어서 건물관리법령에 관하여 법률관리항목별로 기술하였으나 법정보고는 법률실무상 정기적으로 빈번히 발생되는 업무이므로 이를 요약 정리하여 관리관계법령에서 규정하는 바대로 보고해야 한다.

(2) 법정보고 내용

건물시설관리에 대한 관계기관 법정보고의 내용은 대체로 〈표 3-13〉과 같다. 다음의 법정보고는 예시에 불과하므로 관리대상건물의 규모, 용도 성격에 따라 해당되는 관리관계법령을 참조하기 바란다.

〈표 3-13〉 건물시설관리 법정보고

순번	법정항목	관계법령	주기	소관청	실시시기
1	에너지사용신고	에너지이용 합리화법 제25조	매년	에너지사용 시설소재 시·도지사	매년 1월31일까지
2	검사대상기기검사	에너지이용 합리화법 제58조	수시	시·도지사	설치사용시, 개조사용시, 설치장소변경시 중지 후 재재사용시

순번	법정항목	관계법령	주기	소관청	실시시기
3	도시가스안전관리자 선임신고	도시가스사업법 제29조 제①항, 제②항	수시	시 · 도지사 시 · 군 · 구	선임시, 해임시 퇴임시
4	액화석유가스 안전관리자 선임보고	액화석유가스 안전관리및사업법 제14조	수시	허가관청	선임시, 해임시 퇴임시
5	자가용전기설비 정기검사	전기사업법 제65조	정기(산업자원부령)	산업자원부장관시 · 도지사	
6	공중위생업신고 위생관리용역업(청소용역업)	공중위생관리법 제3조	영업을 하고자 할 때	시장 · 군수 · 구청장	영업개시 전
7	건물철거신고	건축법시행규칙 제24조	철거시	시장 · 군수 · 구청장	철거 7일전
8	건축물재해멸실신고	건축법 시행규칙제24조	멸실시	시장 · 군수 · 구청장	멸실 후 15일 이내
9	옹벽 등 공작물 설치신고	건축법시행령 제118조	설치시	시장 · 군수 · 구청장	설치 전
10	공동주택 용도의 용도사용, 신축, 증축, 개축, 대수선 리모델링, 파손, 훼손, 철거등 신고 허가	주택법 제24조	사용공사하고자 할 때	시장 · 군수 · 구청장	사용 전, 공사 전
11	공동주택안전점검 결고보고	주택법 제50조 동시행규칙 제29조	사용 공사하고자 할 때	시장 · 군수 · 구청장	검사 후 즉시
12	1종, 2종시설문 정점검 및 보고	시특법 제6조 동시행령 제6조	반기별특별관리 대상 아파트 매월	시장 · 군수 · 구청장 한국시설안전기기술단	준공일 기준
13	1종시설물, 2종시설문정밀안전진단	시특법 제7조 동시행령 제9조	완공후1년 경과 매 5년	한국시설안전기술공단	완공 1년 경과일기준
14	1종시설물, 2종시설물 안전및 유지관리관계 수립보고	시특법 제4조 동시행령 제4조	매 5년	시장 · 군수 · 구청장	준공일 기준
15	방화관리자 선임보고	소방기본법 제20조	특정소방대상은관리착수전	소방본부장 소방서장	선임 14일 이내

순번	법정항목	관계법령	주기	소관청	실시시기
16	소방시설정밀검사	소방기본법 제25조	1회/년 하반기 법령 정기검사	소방본부장 소방서장	검사 즉시
17	위험물안전과리자 선임 해임 퇴임보고	위험물안전 관리법 제15조	선임시, 해임시, 퇴임시	소방본부장 소방서장	선임, 해임, 퇴임 14일 이내
18	고압가스 자체 안전교육실시 및 보고	고압가스안전관리법 제23조의2	사업개시시 1회/년	시장 · 군수 · 구청장	교육전
19	고압가스 안전관리자 서임 및 보고	고압가스안전관리법 제15조	특정고압가스 사용 전	시장 · 군수 · 구청장	선임, 해임, 퇴임 14일 이내
20	특정 고압가스 사용신고	고압가스안전관리법 제19조	특정고압가스 사용시	시장 · 군수 · 구청장	사용 전
21	산업안전보건책임자 선임 및 보고	산업안전보건법 제13조 동시행령 제9조	필요시	관할지방 노동관서의장	선임 7일 이내
22	신축공동주택 실내 공기질 측정 결과보고	다중이용시설 등의 실내공기질관리법	신축공동주택 완공시	시장 · 군수 · 구청장	완료 즉시
23	승강기정기검사	승강기 제조 및 관리에 관한 법률 제13조	1회/년	산업자원부장관	법정정기검사
24	물탱크청소	수도법 제21조	2회/년	시장 · 군수 · 구청장	상 · 하반기
25	건물소독	전염병예방법 제40조의 6	6회/년	시장 · 군수 · 구청장	매 2개월
26	오수정화조청소	오수분뇨의 처리에 관한법률 제18조	2회/년	시장 · 군수 · 구청장 환생위생과	상 · 하반기

6) 건물시설관리 법정점검

(1) 법정점검의 의의

건물시설관리를 함에 있어 시설관리법령에 의해서 점검해야 하는 것은 법정점검이라 한다.

(2) 법정점검의 내용

건물시설관리관계법령에 명시된 주요 법정점검 내용은 대체로 〈표 3-14〉과 같다.

〈표 3-14〉 건물시설 법정점검

구분	점검항목	관련법규	점검기관	점검내용	비고
기계설비	보일러계속사용 성능검사	에너지이용합리화법 제31조 시행규칙 제39조	에너지관리공단검사	1. 열효율측정 CO, CO_2, : 0.02 이하	5년 1회 (성능검사 이후에 연 1회실시)
	검사 대상기기 계속사용 안전점검	에너지이용합리화법 제31조 시행규칙 제39조	에너지관리공단검사	1. 수압시험 2. 각 부속기 상태 점검 3. 노내점검 및 연관점검 4. 수실부식정도 점검 등	연1회
	가스사용시설 정기 안전검사	도시가스사업법 제17조 제①항 및 제②항 등 시행규칙 제16조 제④항	에너지관리공단점검	1. 가스시설물 안전검사 -누설, 안전장치 기기작동 여부 등	연1회
	고압가스 냉동 제조시설	고압가스안전관리법 제16조 제①항 및 제②항	한국냉동협회 시·구청 관계자 점검	1. 각종 안전관리 규정 준수사항 및 법적 이수 등	연1회
	지하, 고가수조 청소	수도법 제21조 및 수도위생시설관리에 대한 규칙 제6조	시·군 수도사업소 및 상하수도과 보고	1. 물청소 및 약품 청소 2. 노후시설 보수(배관 바닥 등 도색)	연2회 (상, 하반기)
	오수처리 정화조 청소	오수, 분뇨 및 축산폐수의 처리에 관한 법률 제14조 제②항의 규정(제19조 오수정화시설 등의 관리기준 ③항)	시·구청 환경위생과 보고	오수 - 40ppm(20㎡ 이상) - 60ppm(100~200) - 80ppm(100㎡ 이상) - 폐수 : 100ppm 이하	연2회 (상, 하반기)
	오수처리 수질검사		시·구청 환경과 및 공공기관 보고	BOD, SS, Cr 등	연2회 (상, 하반기)
	실내환경 오염도 측정		시·구청 환경위생과 보고	실내분진, 소음 조도, CO 등	연2회 (6월, 12월)
	공조기 덕트 청소	제27조의 1호 규정	시·구청 환경위생과 보고	실내 환경관련 급배기 시설 청소	연1회 실시
	오수처리장, 수영장				수시검사
	냉각탑, 냉각수				6~9월

6. 건물시설관리의 유관기관업무관리

1) 유관기관의 의의

대외기관관리라 함은 효율적인 건물관리를 위하여 국가, 지방단체, 공공기관 등 건물관리와 직접·간접으로 관계되는 기관과 건물관리 업무수행을 위하여 보고하거나 신고함으로써 공적 서비스를 확보, 건물사용자가 불편 없이 생활하거나 이용하게 하기 위한 건물관리 관계기관을 의미한다.

또한 유관업무라 함은 관리주체가 당해 건물이나 공동주택을 관리함에 있어 직접 또는 간접으로 관계가 있는 유관기관과 협조해야 할 업무나 협조를 받아야 하는 업무를 말한다.

공동주택, 업무용 빌딩 등은 하나의 복합적인 성질을 가지고 있는 것으로서 관리의 종류도 다양하고 그 내용도 복잡하다. 따라서 건물관기와 관계되는 유관기관과의 업무협조에 따라 사용자의 불편사항이 감소하게 되고 이용이 편리해지는 것이므로 유관기관과의 업무협조는 대단히 중요하다.

이러한 건물관리와 관계있는 유관기관으로는 건설교통부의 도시환경기획관 산하 건축기획팀과 주거복지본부장 산하 공공주택팀 등과 지방자치단체인 시·군·구의 주택과 청소행정과, 환경과, 경찰서, 소방서, 한국전력공사, 수도사업소, 전기통신공사, 세무서, 등기소 등이며 협조업무의 종류도 다양하다.

앞에서 언급한 건물관리 관계법령에 의한 관리법규 설명을 참고하여 유관관계기관의 업무협조가 긴밀하게 진행되어야 할 것이다.

유관기관과 협조가 원활히 되지 않는 경우에는 공급중단, 사용제한, 사용중단, 이행의 강제, 벌과금이나 과태료, 오물수거의 불편 등 갖가지 불편사항이 거주주민이나 사용자 및 항시이용자 등에게 즉각적으로 나타나므로 대외업무의 유기적인 협조가 대단히 중요함을 알 수 있다.

관리주체는 대외업무 관리의 소극적인 대처로 인하여 입주자나 사용자 및 항시사용자의 정당한 이익이 권리가 침해받거나 훼손받지 않도록 노력해야 할 것이다. 다시 강조하거니와 유관업무의 최종목표는 입주자나 사용자의 정당한 권리나 이익을 보호하기 위하여 확보된 공적 서비스를 통하여 쾌적하고 편리한 생활이나 사용을 보장해야 하는 점이라는 것을 유의해야 할 것이다.

2) 유관기관의 종류와 업무내용

관리주체는 사용자의 이익과 편리를 위하여 관계기관과의 대외업무를 성실하게 추진해야 할 것이다. 대외 유관기관과의 업무협조는 곧바로 주민이나 사용자의 이익과 편리성으로 이어지므로 관리능력 평가의 기준이 될 수 있다.

그러므로 관리주체의 책임자는 사명감을 가지고 성실하게 임해야 할 것이다. 유관기관과의 업무에 대해서 살펴보면 다음과 같이 요약할 수 있다. 건물관리와 관련한 중앙행정기관과 지방행정기관 그리고 기타 기관으로 분류된다.

(1) 중앙행정기관

현재 우리나라 정부조직법상 주택 등 건물과의 관련 중앙기관으로는 건설교통부 국토균형 발전본부장 산하 도시환경기획관 소속 건축기획팀과 도시환경팀, 주거복지본부장 소속 주택정책팀과 공공주택팀 등이 있다. 관련업무로는 건축정책 유지관리 제도개선 지도, 통제, 조사, 연구 등의 업무가 있다.

(2) 지방행정기관

지방행정기관에는 서울특별시, 광역시, 도가 있는데 이러한 지방행정기구의 관련업무가 다시 하부 행정기관인 시, 군, 구로 하달되어 다시 관리주체인 관리사무소 등에 전달하게 하고 관리사무소 등에서 최종적으로 처리하게 되는 것이다. 하부 행정기관인 시, 군, 구의 건물관리 관계부서에는 환경과, 청소과, 민방위과, 주택과, 건축과, 수도사업소 등이 있다. 건물관리주체는 이들과의 건물관리나 입주자 및 사용자들에게 불편과 불이익을 주지 않도록 적극적인 유관기관업무 추진이 요망된다.

가. 시 · 군 · 구

공동주택 등 건물관리와 시, 군, 구청과의 유관업무는 행정청의 관리기관에 따라 다소 차이는 있으나 일반적으로 다음과 같다.

- 오물과 쓰레기 수거 기준 결정시 협조(청소과)
- 전염병 등 위생관계 협조(보건소)
- 공동주택 단지 청소환경 점검(청소행정과, 환경과)
- 급수와 단수(수도사업소)

- 건물 내 공동 수도요금 결산(수도사업소)
- 특별수선충당금 사용 신고(주택과)
- 건물의 용도변경(주택과 및 건축과)
- 장기 수선계획(주택과 및 건축과)
- 하수도관 등 연결협조(주택과)
- 상수도관 인입 및 수압조절 협조(수도사업소)
- 수해 및 재해 협조(민방위과)

나. 경찰서 · 파출소

- 방범활동에 협력
- 형사사고, 도난사고시 신고, 수사의뢰, 협조
- 건물이나 단지 내 인명사고시 신고, 수사협조
- 건물이나 단지 내 재해 · 화재 발생시 신고
- 단지 내 교통사고 신고
- 사용자 또는 입주자간 분쟁발생시 신고

다. 소방서

- 화재발생시 신고, 화재전화 협조 및 사후관리
- 소방시설의 정기점검과 보고
- 소방관계 시정 · 요구사항에 대한 조치, 보고
- 소방훈련시 자위소방대 교육훈련 참여

라. 기타 유관기관

- 세무서 : 각종 세금 납부
- 한국전력공사 : 단전사정 발생시 송전협조 요청
- 통신두절시 전화국 신고 및 협조
- 도시가스공사 : 가스공급 인입차단 및 사고시 신고
- 등기소 : 권리에 관한 등기 · 말소

3) 건물유관기관 업무처리 요령과 행정처리사항

(1) 유관기관 업무처리 요령

유관기관의 업무에 대한 처리는 대체로 다음과 같은 요령으로 처리하는 것이 현명하다.

① 유관기관업무관련 서류철 유지
② 정기적인 보고용 서식 준비
③ 유관기관 관계개선 : 담당행정청, 담당부서, 담당업무, 담당자, 전화번호 등 대외 관련기관 정보입수 · 담당자 인간관계 신뢰 구축 및 유지
④ 정기적인 방문으로 유대강화

(2) 유관기관 행정처리 사항

일반건물이나 공동주택을 효율적으로 관리하기 위하여 건물관리관계법령과 계약에 따라 관계 유관기관에 정기적인 보고를 해야 하며 유관기관은 이에 대한 행정처리를 한다. 신고 및 보고사항은 대체로 다음과 같다.

- 건물이나 공동주택 등의 용도 사용 등에 대한 허가신청 및 신고
- 공동주택인 경우 관리방법 신고
- 공동주택인 경우 자치관리 기구의 인가신청 및 회계관리 직원의 재정보증서 제출
- 방화관리자 선임 및 해임신고
- 안전관리자 선임 및 해임신고
- 소방훈련 계획서 신고, 소방시설 점검 및 보고 등
- 기타 신고, 보고, 허가 등 법적조치사항(제4장 건물자산관리관계법령 참조)

가. 용도의 사용 등에 대한 허가신청 및 신고

건물 등의 용도 사용 등에 대한 허가를 받거나 신고를 하고자 하는 허가 신청서 또는 신고서에 다음 서류를 첨부하여 관할 시장, 군수, 구청장을 경유하여 서울특별시장, 광역시장, 도지사에게 제출하여야 한다.

① 용도변경의 경우

- 변경하고자 하는 층의 변경 전과 후의 각 평면도
- 공동주택 단지의 배치도
- 주택법 등에 명시된 동의서

② 개축 · 재축 또는 대수선의 경우

- 주택법 등에 따른 동의서
- 건물의 종별에 따른 건축법 시행규칙 제2조 서류 및 도서

③ 신축 및 증축의 경우

- 해당 부분에 대한 사업계획 승인서 사본
- 주택법 등에 의한 동의서
- 건물종별에 따른 건축법 시행규칙 제6조의 서류 및 도서

④ 파손 또는 증축의 경우

- 사유서
- 주택법 등에 명시된 동의서
- 공동주택 단지의 배치도

나. 관리방법 신고

공동주택의 경우 입주자 대표회의가 공동주택 관리방법을 결정한 경우 주택관리업자를 선정하여 시장, 군수에게 신고해야 한다.

- 공동주택 단지의 명칭, 위치, 입주자 대표회의의 명칭과 소재지
- 입주자 대표회의의 구성 상황
- 공동주택 관리방법
- 관리규약
- 사업주체의 성명, 명칭, 주소, 사업승인 일자와 준공일자
- 주택관리업자 선정시 주택관리업자의 명칭, 주소 성명

다. 자치기구 인가신청

공동주택의 경우 입주자 대표회의가 자치기구의 인가를 받고자 할 때에는 공동주택단지의 명칭 · 위치와, 입주자 대표회의의 명칭 · 소재지 등을 기재한 인가신

청서와 기타 첨부서류를 첨부하여 시장, 군수에게 제출하여야 한다.

라. 회계직원 재정보증서 제출

입주자 대표회의의 감사는 입주자 대표회의 회장과 관리주체 및 회계직원으로부터 재정보증서 각 2부씩 교부받아 1부는 해당 시장 · 군수 · 구청장에게 제출하고 1부는 보관 · 처리한다.

마. 행정관청의 지휘 · 감독

① 공동주택 관리에 대한 감독

- 건설교통부 장관 및 도지사는 관리주체 또는 관리사(공동주택 관리사) 등에 대하여 감독상 필요할 때는 소속공무원으로 하여금 관리사무소 등에 출입하여 공동주택의 서류시설 장부 등을 조사 또는 검사하게 할 수 있다.
- 관리주체는 감독명령을 준수해야 하며 위반시 형사처벌 또는 과태료 등의 행정제재를 받게 된다.

② 공동주택 안전에 관한 교육

시장, 군수, 구청장은 공동주택 단지 안의 안전사고 예방을 위하여 경비 업무에 종사하는 자에 대한 교육을 실시할 수 있고, 필요한 경우 방범교육에 대한 사항은 관할 경찰서장에게 위탁할 수 있다.

③ 1종 시설물과 2종 시설물에 대한 안전관리감독

시설물의 안전관리에 관한 특별법에 따라 시 · 군 · 구에서는 안전점검, 정밀안전진단 등에 관한 감독을 하고 있다.

④ 소방대상물에 대한 감독

소방대상물에 대한 감독은 소방본부, 소방서 등에서 실시하고 있다.

7. 건물시설의 사무문서관리

1) 의 의

사무관리란 넓은 의미에서 보면 문서관리업무를 포함하여 행정관리 전반의 업무, 즉 인사·노무·회계·세무·법률·경영 등에 관계되는 업무처리를 의미한다. 사무에는 작업사무와 관리사무가 있다.

작업사무란 건물의 시설과 설비들의 유지보수·운전정비 등의 기술업무 지원을 위한 행정업무를 의미하며, 관리사무란 순수행정 관리업무를 진행하기 위한 인사·노무·회계·세무·법률계약 등의 범주에 속하는 업무처리를 의미한다. 사무관리는 건물관리행정 분야의 한 관리항목으로서 문서에 관련된 업무 또는 그 업무수행을 하는 행위를 말한다. 즉 문서를 통한 기록행위를 의미한다.

이러한 문서관리 이외에 관리직원의 선발·채용·교육·배치하는 인사관리, 관리사무소 등 조직관리, 대관업무 등의 사무가 있으나 본 절에서는 사무문서관리만을 설명키로 한다.

2) 사무관리의 목적

건물관리에 있어서 사무관리는 사용자나 입주자를 위하여 관리주체로 하여금 전문성과 능률성을 발휘하여 업무수행을 하게 하여 관리목표를 달성하는 데 있다. 관리의 책임을 지고 있는 관리주체의 장은 관리현장의 규모와 내용을 파악하여 적정의 업무수행 계획과 조직·예산·인사·회계 등 행정관리 업무를 수행하여야 하는데 이러한 업무수행 등이 주로 문서를 통하여 이루어지므로 사무관리의 주된 내용은 문서관리라 할 수 있다.

따라서 일반 임대건물이나 공동주택 관리업무를 위하여 필요한 문서를 정리하여 비치해야 하고, 필요에 따라 언제든지 활용할 수 있도록 하여야 한다. 한걸음 더 나아가 전산기기를 사용하여 문서를 전산처리하는 것도 매우 중요한 사무관리의 한 방법이자 연구과제이다.

3) 사무관리의 기능

사무관리의 기능은 대체로 다음과 같다.

① 회계업무의 근거자료 제공 : 건물관리 행정업무 중에서 예산회계 관계철, 관리비

관계철 등의 문서를 합리적으로 분류 · 보존함으로써 정확한 회계업무를 도모할 수 있게 된다.

② 관리업무의 전문성 · 효율성 제고

③ 관리업무의 계속성 · 일관성의 유지

④ 감사 및 감독의 근거자료 제공

4) 문서와 장표

관리 정보를 표현하는 수단과 방식으로서의 문서의 종류에는 보고서 · 기안서 · 조사서 · 계약서 · 증거서류 등이 있고, 장표에는 장부 · 전표 · 사무용지 등이 있다.

문서와 장표의 차이점은 다음과 같다.

① 장표는 일정한 양식이 특정되나 문서는 원칙적으로 특정되지 않는다.

② 장표는 기록방법이나 경로가 일정하나, 문서는 기록방법이나 경로가 일정하지 않다.

③ 장표는 목적이 규정되어 있으나 문서는 목적이 규정되지 않는다.

④ 장표는 계속 사용이 가능하나 문서는 필요할 때만 작성된다.

5) 사무용품 관리

일반건물과 공동주택 등의 관리업무를 능률화하기 위하여 관리현장에서 필요한 사무용 비품, 사무용품, 교육용 참고도서 등을 구매하여 보관하고 항상 필요시에 사용하여야 한다. 관리자는 선량한 관리자의 주의의무로서 사무용품을 구매 · 보관 · 관리 · 사용하여야 한다. 만일 물품의 상실 · 훼손시에는 원상복구를 해두어야 한다.

사무용품이란 사무용 소모품과 의자, 서류보관용 캐비닛, 기타 전산기기 물품들을 의미하며 소정의 관리대장(공구비품대장)에 품목별로 기록하여 관리해야 하고, 파손 · 훼손되지 않도록 관리해야 한다.

6) 문서 관리

(1) 의 의

문서관리란 관리활동을 문서상으로 기록하고 정리함으로써 일상의 관리를 일목요연하게 처리하는 활동을 의미한다.

건물관리에 필요한 문서의 종류에는 문서대장, 문서철, 각종일지, 각종 기록부 등이 있다.

(2) 문서관리의 원칙

문서관리의 원칙은 다음과 같다.

① 능률의 원칙
② 정확성의 원칙
③ 비용절감의 원칙
④ 집중처리 원칙
⑤ 표준화 원칙
⑥ 전담처리 원칙
⑦ 간소화 원칙
⑧ 처리의 전진원칙
⑨ 신속성의 원칙
⑩ 즉일처리 원칙

(3) 문서분류의 원칙

문서분류의 원칙은 다음과 같다.

가. 종합의 원칙

세분해서 나누는 것이 아니라 서로의 내용이나 성질이 비슷하고 처리상 편의도에 따라 같은 것끼리 묶는 것을 말한다.

나. 일관성의 원칙

분류의 종류에 따라 무엇에 구분할 것인가에 따라 명확하게 정한 다음 그 기준에 입각하여 통일성 있게 분류하는 것을 말한다.

다. 점진의 원칙

문서의 분류는 간단한 것에서부터 복잡한 것으로 묶어가는 방법을 말한다.

라. 상호배제의 원칙

문서를 분류할 때 애매한 것을 없애고 중복시키지 않으면서 어디에 서류를 넣어야 할 것인가를 분명하게 하는 것을 말한다.

마. 병치의 원칙

문서의 분류는 모든 단위를 포함하는 것으로 병치를 채용하는 방법을 말한다. 큰 범주에 종속된 부분이 없도록 문서를 병열하게 정리·비치함으로써 그 분류가 모든 문서를 대등하게 구분할 수 있어야 한다.

(4) 건물시설관리에 필요한 문서

건물시설을 효율적으로 관리하고 관리능률을 높이기 위하여 각종 문서대장(문서접수대장, 서류발송대장, 내부결재, 서류대장)과 필요문서를 비치하여 사무능률을 향상시켜야 한다. 건물시설관리에 필요한 문서와 대장 등은 대체로 다음과 같다. 참고사항은 관리대상 건물의 성격·업무내용·규모 등에 따라 필요한 문서의 종류와 내용이 다소 상이해질 수 있다는 점이다.

가. 필요문서

건물시설자산관리에 필요한 현장 비치, 필요문서는 대체로 다음과 같다.

- 서무관계철 : 일상적인 보고관계 공문
- 관리관계철 : 입주자나 입주회사 등의 민원사항·안내문·방송·원고 등 관리현장 관계문서
- 인사관계철 : 인사명령, 용원관계 서류 등
- 예산회계 관계철 : 예산 및 회계·세무관계 공문 등
- 예규철 : 주요지침, 규정화된 지침, 예산회계 예규
- 조정관계철 : 관리비 조정 관계문서 등
- 보수관계철 : 하자보수, 일반보수 관계문서 등
- 조달관계철 : 물품구매 등
- 용역관계철 : 소독·청소·경비 등 용역 계약서
- 감사관계철 : 감사자료·처리지시·전말서 등
- 급여관계철 : 급여 관계 서류

- 관리비관계철 : 관리비 청구 · 징수 · 현황 등
- 임대료관계철 : 임대료 청구 · 징수 · 현황 등
- 영수증철 : 각종 영수증, 입금표 등
- 부동산관계철 : 권리증, 부동산관계계약서
- 기타 필요한 서류철 등

나. 문서대장

건물시설관리현장에서 사용되는 문서대장은 대체로 다음과 같다.

- 문서접수부대장
- 문서발송부대장
- 내부결재 서류대장
- 자산관리대장
- 문서폐기대장
- 비품대장
- 입주자관리대장
- 특별수선금관리대장(집합건물 · 아파트 등)
- 인사기록대장
- 유가증권대장
- 고정자산대장
- 적립금대장
- 기타 대장 등

다. 각종 일지

건물시설관리현장에서 비치에 필요한 각종일지는 대체로 다음과 같다.

- 관리업무일지
- 경비일지
- 청소일지
- 전기점검일지
- 엘리베이터 점검일지
- 위생시설 점검일지

- 냉온수기 운전일지
- 비상발전기 운전일지
- 현장작업일지
- 순찰일지
- 방화관리 점검일지
- 소방훈련일지
- 저수조 점검일지
- 기계작업 및 점검일지
- 일일가스보일러운전일지
- 기타 필요일지 등

라. 각종 기록부

건물시설관리현장에서 사용, 비치해야 할 각종 기록부는 대체로 다음과 같다.

- 출근부
- 외출기록부
- 교통비 수불부
- 시간 외 근무명령
- 창고 · 입고 물품사용 기록부
- 공구 · 기구 비품대장
- 시간 외 근무 및 휴일근무 명령서
- 민원사무 처리부
- 비밀관리 기록부
- 검수대장
- 소화기 관리대장
- 고장자산 대장
- 수입 · 지출 기본대장
- 비품대장 및 인감사용 기록부
- 유가증권대장 및 적립금 대장
- 열쇠사용 기록부
- 원천과세 징수부

- 근로소득 징수부
- 부가가치세 원장
- 예금출납장
- 현금출납장
- 부가가치세 매출장
- 기타 필요기록부 등

(5) 문서 보존기간

문서 보존기간에는 영구보존, 30년 보존, 20년 보존, 10년 보존, 5년 보존, 3년 보존, 1년 보존 등의 보존 문서 종류가 있다. 건물자산관리의 관련문서 보존기간을 표시하면 다음과 같다.

가. 영구보존

- 예산안
- 결산보고서
- 위탁용역계약서
- 준공도면
- 부동산 권리 서류

나. 10년 보존

- 현금출납장
- 예금출납장
- 수입지출 기본대장
- 비품대장
- 고정자산 대장
- 유가증권 대장
- 적립금 대장
- 영수서
- 기타 필요한 서류

다. 5년 보존

- 수입전표
- 지출전표
- 전표의 부속서류
- 기타 필요하다고 인정되는 서류

라. 보유인장

보유인장에는 필수 보유인장과 기타 필요인장의 인장 종류가 있다.

① 필수 보유인장

- 직인 및 계인
- 은행거래인감
- 사용인
- 문서발송인 및 접수인
- 입금인 및 출금인 등

② 기타 필요인장

- 관리소인
- 결재인
- 소인 및 사본인
- 원본대조필인
- 인감대조필인
- 광고부착물 확인인 등

(6) 문서기안법

가. 문서기안의 의의

건물자산관리는 기술적 관리 외에 행정적 관리의 개념이 병행되어야 하므로 행정관리상에 필요한 문서의 작성은 필수적으로 요청된다.

문서의 작성이라 함은 관리주체가 관리객체를 관리하는 데 필요한 의사나 관리방침을 결정하기 위한 대비 외 용도의 문안을 작성하는 것을 의미하며, 기안용지를 사용하는 일반기안 · 일괄기안 · 공동기안과 기안용지를 사용하지 아니하는 수

정기안, 서식에 의한 처리 등이 있다.

문서의 작성은 의사를 결정하기 위한 것이므로 문서의 기안이라고 한다.

따라서 의사결정을 요소로 하지 아니하는 참고자료의 정리나 통계표나 성과를 나타내는 도표 등은 기안의 작성 또는 문서의 작성과는 차이가 있다. 특히 외부에 관련기안에 대하여 의사를 표시하거나 보고요청 · 건의 등 관리주체의 의사전달에 앞서 작성되는 외부발송용 기안은 신중하게 처리되지 않으면 안 된다.

나. 기안자

문서의 기안자라 함은 의사결정을 위한 최초의 문서작성자를 의미하며, 문서의 기안자의 범위에 대해서는 별다른 제한이 없다. 그러므로 관리조직의 분장표에 소속되어 있는 관리자는 관리를 위한 의사결정을 위하여 그 업무를 담당하는 자는 누구나 기안자가 될 수 있다. 대외기관으로부터 작성되고 접수된 문서내용을 처리하기 위하여 결재권자가 지정한 자도 문서의 기안자가 될 수 있다.

다. 기안의 발생요인

문서기안의 발생요인에는 접수된 대외문서를 처리하기 위한 경우와 상급자나 결재권자의 지시에 의한 경우, 분장 받은 업무의 개선이나 창안을 하기 위한 경우, 관계법령 기타 행정명령 · 처분규칙 등에 근거하여 작성되는 경우가 있다.

라. 문서기안 형식

문서기안 형식은 사무처리규정에 따르는 국가나 공공기관의 공문서인 경우 사무처규정 제14조에 따라 정기보고, 수시보고, 경미한 사항의 허가 · 인가 · 증명서 교부 등 기타 관례적인 사무에 관한 문서 등을 제외하고는 일정한 기안용지에 의하도록 하고 있다 그러나 일반기업에서 사용하고 있는 문서기안의 서식은 일반적으로 통일되어 있지 아니하고 각 회사의 규정에 따라 준비된 서식에 의하나, 주로 갑지와 을지로 된 서식에 따라 기안되고 품의되어 결재권자의 결재를 득한 후에 집행된다.

마. 기안의 준비

건물자산관리자는 기안에 앞서 다음 사항을 검토하여 문서기안을 준비하도록 해야 한다.

- 건물자산관리자와 관계되는 문서의 기안자는 기안에 앞서 안건에 관련된 내용을 완전히 숙지하고 회사의 관계규정이나 사례를 파악하고 있어야 한다.
- 문서를 기안하는 목적과 문제를 파악하고 참고자료를 수집 · 분석하여야 하며, 필요한 경우 관계자의 의견을 청취하거나 회의를 통하여 관계자의 의견을 수렵하여야 한다. 근무자의 업무개선을 위한 창안을 위한 경우에는 기안 전에 관계근무자의 의견을 청취하는 것이 중요하다.
- 복잡한 내용을 기안하는 경우 다른 용지에 가안 초안을 작성하여 논리의 일관성을 해치는 내용이나 빠지는 사항이 없도록 검토한 후에 기안지에 작성하도록 한다.
- 문서기안자는 당해 업무에 대한 책임의식을 가지고 문서를 기안하고 문서수신자의 관계 및 입장을 충분히 고려하여야 한다.

바. 기안문 작성시 유의사항

문서의 가안자는 기안문 작성에 있어서 다음 사항을 유의하여야 한다.

① 정확성

- 바른 용어를 사용하며 애매한 표현이나 과장된 표현을 피한다.
- 의문이 발생하지 않도록 6하 원칙에 의하여 작성한다.

② 신속성

- 이해가 빨리 가는 문자나 문장을 사용하여야 하며, 문장은 가능한 한 짧게 끊어서 개조식으로 쓴다.
- 가급적 먼저 결론을 강조하고 그 다음에 이유 또는 설명을 쓰도록 한다.

③ 용이성

- 쉬운 글을 사용하여 읽기 쉽고 알기 쉬운 말을 사용하여야 한다.
- 한자나 영어 등 어려운 전문용어는 가급적 피하도록 하고, 한자나 영어 및 전문용어를 부득이 사용해야 하는 경우에는 괄호( )를 통하여 한자나 영어를 쓰거나 전문용어에는 해설을 붙인다.
- 문서를 받는 수신자의 수준과 정도를 고려하여야 한다.
- 사안을 다루기 쉽도록 1건1매주의로 하는 것이 현명하다.

④ 경제성

- 서식을 통일하여 사용하도록 한다.
- 일상적으로 반복하여 일어나는 업무는 표준기안문을 활용한다. 업무분담자의 의견을 들은 후 검토 · 결재 등을 받도록 하여야 한다.
- 관리주체의 총괄책임자는 관리소장에 해당되는 부서장을 의미하며, 업무분담자는 기술과장 또는 관리과장을 의미한다.
- 기안문의 내용이 다른 부서 또는 보조부서나 보좌부서와 관련이 있을 때에는 그 부서의 협조를 받는다. 협조의 내용이 간단한 때에는 기안문의 협조란을 이용하고, 내용이 복잡하여 충분한 검토를 요하는 때에는 회사의 규정에 따른다. 건물관리주체의 편제와 업무분장이 각 회사마다 차이가 있는 관계로 일반적인 용지를 규격화한다.
- 문자를 부호화하거나 업무내용 표시를 기호화 한다.

사. 기안문의 검토 및 협조

① 일반사항

- 문서의 기안자는 기안문에 대한 형식 · 내용을 최종적으로 확인한 후 결재권자의 결재를 받기 전에 보조부서 또는 보좌부서의 검토를 받는다.
- 업무분장상 수개의 업무를 통괄하고 있는 자(이하 총괄책임자, 예 관리소장)가 있는 경우 그 소관업무를 분담하고 있는 자(이하 업무분담자, 예 기술과장, 관리과장)가 기안하였을 때에는 총괄책임자의 검토를 거치고, 총괄책임자가 기안하였을 경우 기안문의 검토 및 협조의 절차를 소개하면 다음과 같다.
- 관리조직의 편제상 기술과에서 관리과장의 협조를 미리 받은 경우 관리자의 업무담당자와 미리 협의 후 관리과장의 협조를 받는 것이 현명한 방법이다.

(기 안)		(협조)			(결재)
기안자		과장-소장	→		부사장, 사장
협 조	→	다른 과 담당		다른 과 과장	

② 다른 의견의 표시

- 기안문을 검토 또는 협조함에 있어서 그 내용과 다른 의견이 있을 때에는 당해 문서 또는 별지에 의견을 표시하여 결재권자가 결재할 때 참고하도록 하여야 한다.
- 검토 또는 협조과정에서 기안자 · 검토자 · 협조자 상호간에 의견이 다를 경우 가능한 방법을 동원하여 의견을 조정하여 합의되도록 하여야 하며, 합의되는 경우 수정하거나 재작성이 가능하므로 의견의 표시는 불필요하게 된다.
- 기안문을 결재함에 있어서 기안내용의 일부를 수정 또는 변경하고자 하는 때에는 그때마다 기안문서를 작성할 것이 아니라 원래의 기안문에 수정 · 변경사항을 기재하여 그대로 검토 · 결재를 함으로써 불필요하게 같은 문서를 재작성하지 않도록 한다.

아. 기안자 · 검토자 · 협조자의 표시

- 문서를 기안한 자는 기안문에 이름을 쓰고 서명하여야 한다.
- 기안문의 내용에 대하여 검토 또는 협조한 자는 기안문의 해당란에 직위를 쓰고 서명하되 다른 의견을 표시할 때에는 서명란에 의견첨부라 쓰고 의견을 표시한 곳에 서명한다. 총괄책임자 또는 업무분담자가 기안문에 검토 등을 한 때에는 그 기안문의 검토자의 서명란에 서명하되 그 내용과 다른 의견이 있을 때에는 기안문의 해당 직위 또는 직급 다음에 '의견 있음'이라고 표시하고 해당 서명란에 서명하여야 한다. 이 경우 그 의견을 당해 문서의 본문의 마지막에 표시하거나 별지에 표시하여야 한다.

자. 문서기안 검토사항

문서기안의 기안자는 문서를 기안함에 있어서 검토해야 할 사항은 형식면과 내용면으로 구분하여 검토하여야 하고, 내용면에 있어서는 법률적 검토, 행정적 검토, 경제적 검토 등 세분하여 검토하여야 한다. 문서기안 검토사항은 〈표 3-15〉와 같다.

차. 기안작성 방법

① 기안작성방법의 의의

일반기안이라 함은 하나의 안건을 처리하기 위하여 규정에 의하여 정해진 하나의 기안용지에 문안을 작성하는 것을 의미한다.

〈표 3-15〉 문서기안 검토사항

형식면의 검토사항	내용면의 검토사항
• 명령의 형식요건을 구비하고 있는지 여부 • 소관사항 여부 • 결재권자 표시의 적정 여부 • 협조부서의 합의 여부 • 사무절차의 정확성 여부 • 수신자 및 발신자의 표시정확성 여부	• 법률적 검토 －명령이나 회사의 규정·규칙 및 대표자의 지사 사항에 위반되지 않는지 여부 －회사의 의결기관의 의결사항이 아닌지 여부 －기안의 내용이 허가승인 등을 받기 위한 기안인 경우 법정요건을 충족하고 있는지 여부 • 행정적 검토 －행정적으로 권한 있는 업무의 기안인지 여부 －행정적인 관계나 선례는 어떻게 되어 있는지 여부 －처리가 지연되었는지의 여부 －필요사항 누락 여부 • 경제적 검토 －과다한 비용투입을 요하는 사항인지 여부 －예산의 범위 내 업무인지 여부 －경비절약 방안을 강구한 기안인지 여부

기안문을 간단하고 명료하게 작성하되 가능한 한 1면만으로 처리할 수 있도록 작성하여야 한다. 본문의 내용이 같거나 복잡한 사안으로 1면만으로 처리가 불가능할 경우에는 뒷면을 이용하거나 기안용지와 같은 규격 및 지질의 백지(을지)를 사용하여 문안을 완성해야 한다. 기안 작성 방법의 예는 〈표 3-16〉와 같으며, 기안 처리 요령은 개정된 사무관리 규정의 기안용지 작성 처리요령을 참조하기 바란다.

나. 기안 작성방법의 내용

- 안 작성방법은 개정 사무관리 규정에 의거 다음의 기안서식대로 활용하면 편리하다.

다. 기안용지 작성 처리요령

기안용지작성 요령은 다음과 같다.

- 기관명 : 그 문서를 기안한 부서가 속한 기관명을 기재한다.
- 수신자 (　　) : 수신자명 또는 수신자기호를 먼저 쓰고, 이어서 괄호 안에는 처리할 자(보조기관 또는 보좌기관을 말한다)의 직위를 쓰되, 처리할 자의 직

〈표 3-16〉 기안 작성방법(예)

(기 관 명)
수신자
(경유)
제 목

---

1. *(본문내용) ○○○---
--------------------(×는 2타(한글 1자), *는 1타(숫자1자)를 띄움.
가.*○○○ · --------------------- · ○..
1)*○○○--------------------- · ○..
(가)*○○○--------------------○.
(나)*○○○--------------------○.
2)*○○○---------------------○.
나.*○○○-------------------- · ○.
2.*○○○ · -- · · · · · · · · · · · ○

붙임× ○○○ · ○.×끝.

발 신 명 의 인

기안자(직위/직급) 서명 검토자(직위/직급) 서명
결재권자(직위/직급) 서명 협조자(직위/직급) 서명
시행 처리과명-일련번호(시행일자) 접수 처리과정-일련번호(접수일자)
우편번호 주소 / 홈페이지 주소
전화( ) 전송( ) / 기안자의 전자우편주소/공개구분

위가 분명하지 아니한 경우에는 ○○ 업무담당과장 등으로 쓰며, 수신자가 많아 본문의 내용을 기재할 난이 줄어들어 본문의 내용을 첫 장에서 파악하기 곤란한 경우는 두문의 수진자란에 ‘수신자참조’라고 쓰고, 결문의 발신명의 밑의 왼쪽 기본선에 맞추어 수신자란을 설치하여 수신자명 또는 수신자 기호를 표시한다.

- (경유) : 경유문서인 경우에 (경유)란에 “이문서는 경유기관의 장은 ○○○(또는 제1차 경유기관의 장은 ○○○, 제2차 경유기관의 장은 ○○○)이고, 최종

수신기관의 장은 ○○○입니다"라고 표시하고, 경유기관의 장은 제목란에 '경유문서의 이송'이라고 표시하여 순차적으로 이송하여야 한다.

- 제목 : 그 문서의 내용을 쉽게 알 수 있도록 간단하고, 명확하게 기재한다.
- 발신명의 : 합의제 행정기관 또는 행정기관의 장의 명의를 기재하고, 보조기관 또는 보좌기관 상호간에 발신하는 문서는 그 보조기관 또는 보조기관의 명의를 기재한다.
- 기안자 · 검토자 · 협조자 · 결재권자의 직위 · 직급 : 직위가 있는 경우에는 직위를 온전하게 쓰고, 직위가 없는 경우에는 직급을 온전하게 쓴다. 다만, 기관장과 부기관장의 직위는 간략하게 쓴다.
- 시행 처리과명-일련번호(시행일자) 접수 처리과명-일련번호(접수일자) : 처리과명(처리과가 없는 기관은 10자 이내의 기관명의 약칭)을 기재하고, 일련번호는 연도별 일련번호를 기재하며, 시행일자와 접수일자란에는 연월일을 각각 온점(.)을 찍어 숫자로 기재한다. 다만, 민원문서인 경우로서 필요한 경우에는 시행일자와 접수일자란에 시분까지 기재한다.
- 우편번호 · 주소 : 우편번호를 기재한 다음, 기관이 위치한 도로명 및 건물번호 다음에 괄호하여 주소를 기재하고, 사무실이 위치한 층수와 호수를 괄호 안에 기재한다(예 우110-034 서울특별시 종로구 효자로 39(창성동 117 2층 208호)).
- 홈페이지 주소 : 기관의 홈페이지 주소를 기재한다(예 : www.mogaha.go.kr).
- 전화 ( ) 전송 ( ) : 전화번호와 모사전송번호를 각각 기재하되, ( ) 안에는 지역번호를 기재한다. 기관 내부문서의 경우는 구내 전화번호를 기재한다.
- 기안자의 전자우편주소 : 행정기관에서 공무원에게 부여한 전자우편 주소를 기재한다.
- 공개구분 : 공개부분 공개비공개로 구분하여 표시한다.
- 직인생략 등 표시 : 발신명의의 오른쪽에 관인생략 또는 서명생략을 표시한다.
- 참고사항
  - 안자검토자 및 결재권자 (직위/직급) 서명 : '기안자검토자 및 결재권자'의 용어는 표시하지 아니하고, 기안자검토자 및 결재권자의 직위/직급을 쓰고 서명한다.
  - 협조자(직위 · 직급) 서명 : '협조자의 용어'를 표시한 다음, 이어서 직위/직급

을 쓰고 서명한다.

- 전결 및 서명표시 위치 : 결재권이 위임된 사항을 전결하는 경우에는 기관의 장의 결재란을 설치하지 아니하고 전결하는 자의 서명란에 '전결' 표시를 한 후 서명한다.
- 전결대결 및 서명표시 위치 : 위임전결사항을 대결하는 경우에는 기관의 장의 결재란을 설치하지 아니하고 전결하는 자의 서명란에 '전결' 표시를 한 후 대결하는 자의 서명란에 '대결' 표시를 하고 서명하며, 위임전결사항이 아닌 사항을 대결한 경우에는 기관의 장의 결재란을 설치하지 아니하고 대결하는 자의 서명란에 '대결' 표시를 하고 서명한다.
- 발의자, 보고자의 표시는 직위 또는 직급 앞 또는 위에 한다.
- '수신자'는 '받는자'로 사용할 수 있다.

제4장
교회건물의 재산관리활동

본 장의 교회건물 재산관리활동편에서는 건물의 시설성과 재산성 중 재산성 관리에 중심을 두고 재산성 관리에 직접 필요한 관리 내용들을 소개하고 있다.
건물재산성 관리의 핵심은 건물재산 경제가치의 유지와 제고 및 건물의 소유권과 임차권 등 건물 재산권의 보존유지 및 개량 등에 있다.
따라서 본 장에서는 건물의 재산관리에 직접 필요한 건물소유권 보존관리, 등기관리, 임대차관리, 계약관리, 세무관리, 회계관리, 건물재산 마케팅 등을 간략하게 소개하고 있다.

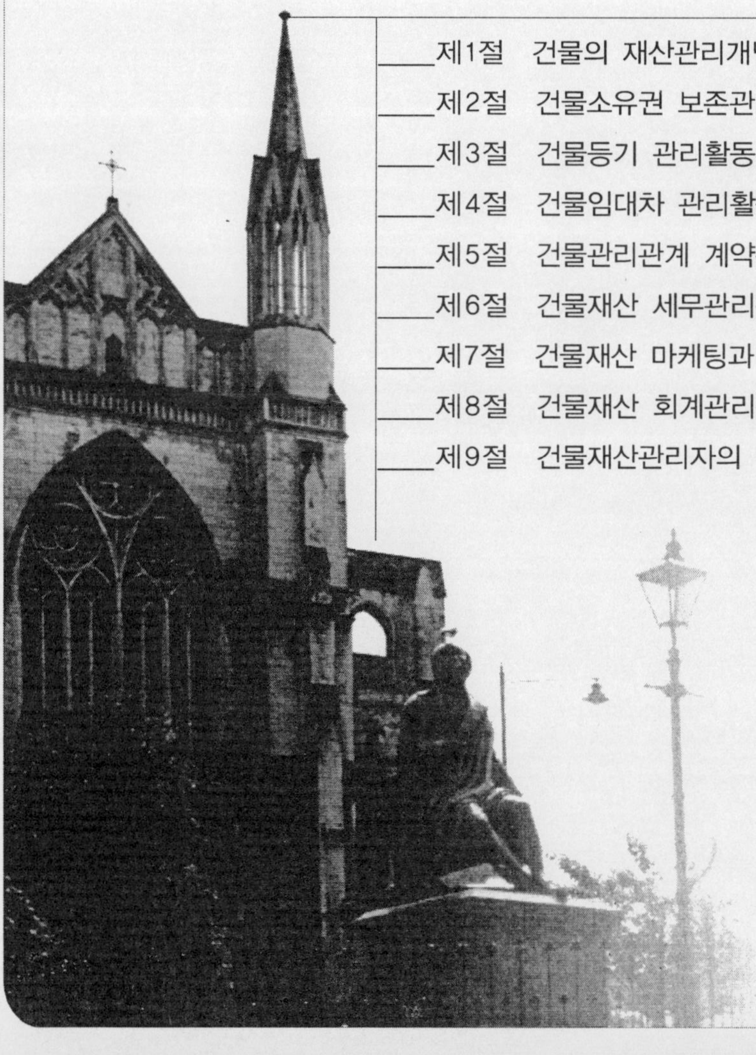

제1절
건물의 재산관리개념

1. 건물재산관리의 의의

건물의 재산관리란 건물의 시설관리와 함께 건물자산관리의 양대 측면의 관리개념으로 건물 성격의 하나인 재산성 측면에서 건물의 경제적 가치와 재화적 가치를 관리대상으로 상정하고 건물경제가치의 보존·유지·개량과 건물재화가치 극대화를 위한 법적경제관리활동을 의미한다.

건물은 자산의 일종인 동시에 경제적 가치가 있는 재산이다.

왜냐하면 자산이란 토지, 건물 등 경제적 가치가 있는 재산을 의미하며 재산 역시 개인이나 단체가 소유한 유형·무형의 경제적 가치가 있는 것의 총체이기 때문이다.

따라서 건물의 자산관리에 있어서 완전한 관리효과를 창출하려면 건물의 양대 성질인 시설성과 재산성 등 양측면의 관리 접근이 요구된다.

그러므로 건물의 자산관리는 건물의 시설관리와 건물의 재산관리 모두가 필요하다.

건물의 재산관리는 건물자산의 취득 후부터 철거 또는 멸실 전까지의 건물의 일생동안 건물재산의 경제적 가치와 건물재화의 수익극대화에 중심을 두고 있는 건물자산관리의 한 축으로서 건물자산관리의 중심관리 개념인 동시에 본질적 관리개념이다.

다시 말하면, 건물자산관리개념 중 건물의 시설관리활동은 건물의 재산관리를 위한 기초관리개념에 불과하며 건물의 재산관리활동을 통하여 건물의 자산관리 목적을 궁극적으로 달성하게 된다.

건물의 재산관리는 건물재산의 취득과 보유 및 양도를 통하여 건물재산의 증식이나 건물수익을 극대화하게 된다.

건물재산의 취득은 주로 건물재산의 매입과 건물의 신축으로 이루어지며 건물재산의 보유기간 동안의 운용은 주로 건물임대를 통하여 이루어진다. 그리고 건물재산의 마지막 단계인 건물재산의 양도는 주로 매각(매매)에 의하여 이루어지나 경우에 따라서 교환이나 신탁에 의해서도 양도가 이루어진다.

또한 건물의 재산관리 개념은 부동산관리 3대 측면의 AM(Asset Management)과 PM(Property Management)을 합한 투자관리와 경영관리 개념이라 할 수 있다.

따라서 건물자산관리개념은 부동산관리 3대 측면의 AM과 PM 및 FM 개념을 모두 포괄하는 광의의 관리개념이라 할 수 있다.

즉, 건물자산관리는 건물의 시설과 건물의 재산 측면에 관리개념을 접목함으로써 건물의 시설관리 개념과 건물의 재산관리 개념을 도출함으로써 부동산관리의 AM과 PM 그리고 FM(Facilities Management)의 관리개념을 통합적으로 수용하고 있다.

결론적으로 건물의 재산관리는 건물자산관리의 종심관리개념인 동시에 본질적 관리개념으로서 소유권의 보존과 건물의 경제적 가치의 보존 · 유지 · 개량 및 건물재화의 수익극대화에 필요한 건물재산의 법적경제활동이라 할 수 있다.

이상의 건물재산관리의 설명에서 알 수 있듯이 건물의 경제적 가치인 사용가치와 교환가치의 보존 · 유지 · 개량과 건물재화의 수익극대화를 위한 건물의 재산관리를 위해서는 건물재산의 경제적 가치와 건물재화의 수익극대화(임대수익극대화)에 관계되는 건물재산관리활동이 요구된다.

전술한 바와 같이 건물의 재산관리는 건물재산의 취득과 보유 및 운용(임대 또는 사용수익) 및 양도(주로 매각)에 관계되는 재산관리업무이므로 건물재산의 취득과 관계되는 건물소유권관리와 등기관리, 건물재산의 보유 및 운용과 관계되는 건물임대관리와 계약관리, 회계관리, 그리고 건물재산의 양도와 관계되는 마케팅관리와 세무관리 등의 활동이 필요하다.

건물의 재산관리에 요구되는 건물소유권관리와 등기관리, 건물임대관리와 계약관리 및 회계관리, 그리고 마케팅관리와 세무관리 등에 대하여 분설하면 다음과 같다.

2. 건물의 재산관리 내용

건물의 재산관리는 건물 성격의 양면성 중의 하나인 재화적 성격에 따라 건물재화에 대한 법적 경제가치를 주된 관리대상으로 상정하고 취득 · 보유 · 양도 전 과정을 건물의 재산관리과정으로 상정하고 있다.

1) 건물재산의 취득

건물재산의 취득이라 함은 당해 건물의 소유권과 물건의 취득을 의미하는 것으로서 건물의 소유권의 원시취득과 승계취득 및 소유권의 객체인 건물의 전면지배(점유)를 의미한다.

취득의 방법에는 일반적 취득방법으로서 매매 방법이 있으나 신축 건물의 경우와 같이 없던 소유권을 새로이 창설하여 원시취득하는 경우도 있다.

뿐만 아니라, 기타 증여, 교환, 상속, 수용, 점유취득, 경매, 이행판결 등의 원인에 의하여 건물재산의 소유권 취득과 물건(건물)의 전면지배와 점유가 성립될 수 있다.

건물재산의 취득 목적은 취득자의 목적에 따라 분류될 수 있다.

예컨대, 사용 목적의 건물재산 취득과 사용수익 목적의 건물재산 취득, 그리고 건물 사용 · 수익 · 처분 목적의 건물재산 취득의 경우가 있으며, 특정의 경우 임대 목적과 처분(양도) 목적의 건물재산 취득의 경우도 있다.

그러나 어떠한 건물재산의 취득 경우에도 건물재산의 최유효 사용 · 수익 · 처분의 원칙이 지배하여 건물재산의 경제성 · 법률성 · 기술성 등의 보존 · 유지 · 개량활동이 바람직하게 이루어져야 한다.

건물재산의 취득은 취득자의 취득 목적에 따라 사용재산, 수익재산, 처분재산 등으로 구분되며, 구분된 재산의 성격에 따라 적합한 관리활동이 전개되어야 한다.

그러나 건물재산의 성격상 건물재산관리를 건물재산의 온전한 소유권의 유지와 경제적 이익의 극대화에 초점이 맞추어 있다. 건물재산의 취득은 물건의 분석과 권리분석 및 시장분석을 통하여 취득의사를 결정해야 한다.

즉, 기술적 측면의 건물재산 공학적 하자분석, 경제적 측면의 건물재산 경제가치 분석 그리고 법률적 측면의 건물재산 권리분석을 통하여 취득가치가 경제적으로, 기술적으로 그리고 법률적으로 문제가 없을 때 비로소 취득의사결정과 취득행위가 이루어져야 한다.

건물재산의 취득은 취득과 동시에 건물의 소유권 이전은 물론 전면지배(명도)와 점유를 신속히 진행해야 하며 건물재산취득에 따른 조세와 각종 공과금의 납부는 물론 건물재산 이해관계자(예컨대, 입주자 · 관리업자 등)의 문제도 합리적으로 처리해야 한다.

또한 건물재산의 취득 후 보유기간의 재산운용은 가장 경제적 방법으로, 안전하게 그리고 효율적으로 수행하기 위하여 건물재산 운용계획, 운용예산, 하자보수계획, 운용조직과 구성원의 배치 및 업무분장, 감독체계 등을 면밀히 수립, 조치하고 경영과정을 통하여 경영개념으로 건물재산을 운용해야 한다.

2) 건물재산의 보유와 운용

건물재산의 보유는 건물재산의 취득과 양도 전까지의 사이에 건물의 소유권과 소유권의 객체인 건물을 전면지배 또는 점유 상태로 가지고 있는 것을 의미한다.

건물재산의 보유는 건물재산 취득자의 취득목적에 따라 사용목적으로 전면 사용되기도 하나 수익목적의 경우에는 건물재산의 임대를 통하여 재산수익을 극대화하게 되며, 양도목적의 건물재산 취득의 경우에는 양도차익의 극대화에 중심을 두고 경영관리하게 된다.

건물재산의 보유는 취득목적에 맞게 운용하려면 목적건물을 유지관리해야 하며 유지관리도 가장 경제적 방법으로, 안전하게 그리고 효율적으로 관리해야 한다.

즉, 가장 작은 비용으로 가장 큰 경제적 이익을 얻어야 하며, 1년 365일 건물의 안전사고 방지로 무재해를 기록해야 하며 유지관리에 투입되는 관리비용, 노력, 시간 등의 투입계수보다 산출되는 계수가 높게 나타나도록 최유효 관리법에 따라 유지관리해야 한다.

건물의 유지관리는 건물의 시설관리로서 건물재산관리를 위한 기초관리개념이므로 언제나 건물재산관리 목표가 성공적으로 달성되도록 최선을 다해 건물재산을 운용해야 한다.

특히 수익목적의 건물재산 취득의 경우에는 체계적인 임대활동을 통하여 임대소득을 극대화해야 한다.

그러므로 건물임대관리자는 건물임대의 개념과 방법 및 절차, 임대차계약과 사후관리 등을 체계적으로 연구하고 건물임차인에게 필요한 의사결정방법이나 설득, 안내, 관심, 결심, 행동 즉 AIDA 법칙에 대한 훈련을 스스로 해야 한다.

즉, 예상 임차인으로 하여금 임대목적물에 대한 주목(Attention), 흥미(Interest), 욕망 또는 의욕(Desire), 그리고 결심 또는 계약 행동(Action) 등이 가장 빠른 시간내에 이루어져 임대차계약이 채결되고 입주하여 임차목적물을 용법과 관리계약에 따라 사용·수익하도록 해야 한다.

건물재산의 운용방법에는 직접운용방식과 간접운용방식이 있으며, 위탁관리나 신탁관리 등은 후자에 해당되고 직영관리나 자치관리 등은 전자에 해당된다.

재산의 보유와 운용은 사용 · 수익의 극대화에 관리역량이 집중되어 있으나 건물재산의 최유효 양도를 위한 출구계획(出口計劃)에도 관심을 가지고 미리 준비해야 한다.

건물재산의 출구계획은 매각을 위한 준비계획을 의미하는 것으로 출구계획을 통하여 보유기간 동안 하자보수는 물론 리모델링, 완전한 임차인유치, 임대소득의 극대화, 재산가치의 제고, 편리한 시설 등의 작업과 매수자의 개발과 경쟁상황 연출 등의 환경조성을 해야 한다.

3) 건물재산의 양도

건물재산의 양도라 함은 양도목적물의 소유권의 이전과 함께 양도목적물의 점유이전을 의미한다.

양도목적물의 양도는 소유권과 임대목적물의 이전 외에 양도목적물의 소유권 위에 설정된 제한물권이나 기타 권리 등의 이전승계나 말소 등의 등기정리작업이 필요하며, 각종 공과금의 인수인계는 물론 양도목적물과 관계되는 소유권외의 서류, 예컨대, 건물의 준공도서, 사용설명서, 매뉴얼, 보수이력, 부품, 공구, 장비, 사용상의 문제점, 유의사항, 주의사항 등 일체의 관련 내용에 대하여 공식적으로 인수인계해야 한다.

건물재산의 양도는 건물재산 소유자의 의도나 목적 및 환경과 여건에 따라 이루어지나 어떠한 경우에도 전 소유자는 양도차익의 최대화를 위하여 의욕적이게 되며 신 소유자는 최소비용으로 건물재산의 매입을 희망하게 되므로 쉽게 이루어지지 않는 특징이 있으며 건물재산 매매목적물의 매도자와 매수자 사이에 은밀하게 매매계약이 이루어지는 특징이 있다.

다시 말하면, 건물재산의 양도에는 입찰이나 경공매를 제외한 일반매매의 경우 매도인의 최대가격 의욕과 매수인의 최소가격 희망의 충돌현상이 지배하며 은밀한 매매계약 체결이 이루어져 양도 · 양수되는 매매 비밀이 지배하고 있다.

그러나 건물의 재산관리자는 이와 같은 건물재산의 매매 특징을 이해하고 건물재산 매도자의 편에 소속되어 건물재산 매도자의 의욕대로 매매목적물이 양도되도록 노력해야 한다.

건물재산의 양도에는 매매목적물과 그 소유권 외에 당해 거래에서 발생되는 양도세를 사전에 검토하여 매매차익의 극대화에 문제가 없도록 해야 한다.

결론적으로 건물자산관리의 한 축인 건물재산관리는 건물재산의 경제가치와 재화적 가치를 극대화하고 최유효 사용 · 수익 · 처분이 이루어져 최유효 이용은 물론 재산적

소득이 효율적으로 산출되도록 건물재산의 경영관리개념으로서 건물재산의 취득에서부터 보유와 양도 전 과정을 관리대상으로 상정하고 있다.

따라서 건물재산관리의 주된 내용은 건물재산의 소유권의 보존관리와 건물재화의 경제가치의 보존 · 유지 · 제고에 있으며, 이를 위하여 건물재산 소유권 보존관리, 등기관리, 회계관리, 세무관리, 임대차관리, 취득과 양도의 매매계약관리, 마케팅관리 등이 필요하다.

제2절 건물소유권 보존관리활동

1. 소유권보존관리의 의의

소유권보존관리란 소유권을 보존하는데 필요한 활동을 말한다.

다시 말하면, 건물소유권관리란 소유권을 온전히 보존하고 건물보존에 유익한 권리는 계속 유지하고 무익하거나 유해한 권리는 방지, 말소, 피해를 최소화하는 법률적 관리 활동을 의미한다.

소유권보존관리는 건물법률관리의 대상(객체) 중 가장 중요한 관리객체로서 만일에 소유권보존관리에 실패하는 경우, 건물자산관리활동이 중단되거나 소유주체와 관리주체가 교체하게 된다. 그러므로 소유권보존관리는 건물자산관리활동에 있어서 매우 중요하게 취급되고 관리되어야 한다.

다음에서 소유권보존관리에 대한 관리내용에 관하여 간략하게 기술하고자 한다.

2. 소유권보존관리의 내용

건물자산관리업무는 단순히 건물의 시설과 설비만을 유지 · 관리하는 건물의 기술성만을 관리하는 시설관리 뿐만이 아니라 건물 위에 존재하는 법률성 · 경제성 · 행정성 · 위험성 · 환경성까지 모두 관리해야 하므로 건물의 법률성은 당연히 관리되어야 하며,

법률성 관리를 위해서는 온전한 소유권의 보존이 전제되어야 한다.

왜냐하면 건물의 소유권에는 그 건물의 사용・수익・처분의 권능이 있으므로 다음에 열거하는 제한물권, 기타 권리 등 소유권의 권능을 일시적으로 또는 잠정적으로 제한하는 원인이 법률적으로 발생하면 소유권이 허유권으로 변할 뿐 아니라 건물관리에 있어서 소유권의 온전한 존재를 해하게 되어 소유권 자체가 변동되거나 상실되어 건물의 임대차관리나, 회계관리, 건물경영관리가 중단하게 된다.

심한 경우에는 관리대상 자체가 이전되는 경우가 있는가 하면 소유권 변동이 일어나 소유주체의 변동이 생길 수 있으며, 관리업무의 계속성이 중단받게 된다. 따라서 건물자산관리활동이 정상적으로 계속되려면 그 건물의 소유권이 온전한 상태로 보존되어야 하는데 이를 '소유권보존관리'라 한다.

소유권보존은 건물자산관리활동에 있어서 전제가 되는 것이므로 건물자산 관리자는 기술관리활동 못지 않게 소유권보존관리 활동에 최선을 다해야 한다. 따라서 건물관리자는 기술연구와 함께 소유권을 위협하는 위험 발생을 미연에 방지하여 온전한 소유권 보존에 만전을 기하여야 할 것이다.

소유권보존 위협원인은 대부분 소유주체에 의하여 이루어지고 있으나 그 일부는 관리주체에 의하여 발생될 수 있으며, 소유주체에 의하여 발생되는 소유권상실 위험의 원인도 결국은 관리자의 관리 잘못에 기인하여 최종적으로 발생되는 사례가 있으므로 관리자는 완벽한 소유권보존관리에 최선을 다해야 한다.

3. 소유권 상실위험

소유권을 상실하게 하는 위험의 원인에는 대체로 다음과 같은 위험요인들이 있다.

1) 건물멸실

건물의 멸실이라 함은 인위적 철거 또는 재난이나 자연재해에 의하여 현존하고 있는 건물의 일부 또는 전부가 사라지는 상태를 의미한다. 일부가 없어지는 경우를 일부멸실이라 하고, 전체가 없어지는 경우를 전부멸실이라 한다. 건물이 멸실되면 건물은 건축물관리대장에서 삭제되고 등기부상 멸실등기되어 건물의 소유권이 소멸하게 되어 관리대상이 사라진다. 따라서 관리활동은 거의 대부분 중지되고, 멸실신고해야 되며 지적공부와 등기공부에도 삭제되고 멸실등기되며 멸실 처리된다. 따라서 관리대상 건물의 소유권이 없어지게 된다. 소유권 상실을 가져오는 건물멸실 원인에는 대체로 다음과 같은 원인이 있다.

(1) 건물화재

화재라 함은 사람의 고의에 의하거나 또는 사람의 의사나 의도에 반하여 발생되는 연소현상으로서 소화설비에 의하여 진화가 요구되는 불(연소현상)을 의미한다. 화재는 자연현상으로 발화되는 경우와 사람의 고의 또는 과실에 의하여 발생되는 경우가 있는데 이 모두가 화재에 포함된다.

건물에 화재가 자주 발생되는 원인은 건물에는 불에 잘 타는 가연물질과 점화원 및 산소가 함께 병존하고 있기 때문이다. 또한 건물에는 항상 산소가 존재하며, 점화원으로서 전기스파크 불꽃, 정전기 불꽃, 마찰 및 충격의 불꽃, 고열물체 단열압축에 의한 열, 산화열 외에 쓰레기더미의 담뱃불에 의한 화재, 가스누출 상태에서 담뱃불로 인한 인화, 고의에 의한 방화, 전기누전을 인한 화재 등 건물에는 화재발생 요인이 너무나 많다. 그러므로 빈번하게 화재가 발생하여 귀중한 건물을 멸실시키고 있다.

이와 같은 화재 원인 외에도 고의적 방화(放火)와 인접건물로부터의 실화(失火)의 경우도 있으므로 방화와 실화로 인한 화재 역시 건물의 멸실에 있어 상당부분을 차지하고 있다.

2001년 행정자치부 화재통계 연보에 의하면 2000년 한해 동안 무려 34,844건의 화재가 발생하여 521명 사망, 1,853명 부상의 인명피해와 1,519억원의 재산피해를 기록하고 있다. 또한 건물소실은 무려 19,109동에 달하였다.

(2) 건물붕괴

건물의 붕괴라 함은 완성된 건물이 설계, 시공, 관리의 잘못이나 건물인근의 무리한 심굴 또는 인재에 의한 재난과 자연재해에 의한 지진 · 홍수 · 폭풍 · 허리케인 등으로 허물어져 무너짐의 현상을 의미한다. 자연현상으로 인한 건물의 붕괴는 관리자의 관리영역을 떠난 문제이므로 논외로 하더라도, 건물관리주체의 잘못된 관리나 고의적 의도로 건물을 과도하게 증축 또는 개축하여 적재하중을 증대하여 자체 하중을 견디지 못하게 하거나 중심하중을 이동시켜 편하중을 심하게 받게하거나 이로 인한 위험징후를 오감으로 느끼면서도 정밀안전진단을 소홀히 하거나 안전진단 결과 행정당국의 명령(일시 사용중지 명령, 철거명령)을 제때에 이행하지 아니하여 붕괴되는 사례가 있다.

1995년에 발생된 서울특별시 서초구 소재 삼풍백화점 붕괴사고는 시공·관리상의 잘못으로 인하여 발생된 이른바 인재에 의한 건물붕괴 사고의 대표적 사례라 할 수 있다.

(3) 물리적 충격으로 인한 파괴나 폭발

건물이 계속해서 유지하는 것은 건물의 기초에서부터 건물의 중심을 잡아 균형을 유지하기 때문이다. 그러나 물체의 돌진이나 폭탄 폭발사고 등 물리적 충격에 의하여 건물의 중심이나 균형을 잃으면 그 힘에 의하여 건물이 붕괴하게 된다. 2001년 9월 11일 미국 세계무역센터 건물이 테러범에 의한 비행기 충돌로 붕괴된 사건은 물리적 충격에 의한 건물멸실의 예에 해당된다.

(4) 인위적 철거

재개발, 재건축 등의 원인의 인위적 철거는 또 하나의 건물멸실 원인이 된다.

2) 대책없는 제한물권 설정

건물은 물건(부동산)이므로 소유권이 존재하는 것은 물론이지만 소유권의 사용·수익·처분 권능을 일시적으로 제한하는 제한물권 설정 역시 가능하다. 교환가치를 갖는 제한 물권으로는 유치권, 질권, 저당권 등이 있으며, 사용가치를 갖는 제한물권에는 지상권·지역권·전세권 등이 있다.

건물은 부동산이므로 부동산 위에 존재하는 지상권·전세권·지역권·저당권 등이 설정되면 부동산(건물) 위에 존재하는 소유권의 권능 중에서 일시적으로 교환가치와 사용가치가 중지되거나 제한 받게 된다. 이와 같은 제한물권은 채권자와 채무자 또는 채권자와 물상보증인 사이에 설정계약을 체결하고 등기함으로써 제한물권이 새로이 창설된다.

창설되는 제한물권은 소유권의 권능을 일시 정지시킴으로써 관리활동에 부분적인 제약을 가져온다. 뿐만 아니라 채권자와 채무자 사이의 약속이행이 지켜지지 않을 경우 제한물권(저당권·전세권)을 가지고 경매를 신청하게 되고, 그 신청이 경매법원에 의하여 경매개시가 결정되면 경매가 조속히 진행되어 경락되는 경우 마침내 소유권 변동을 가져오게 된다.

이와 같은 경우에는 건물자산관리행위가 전면 중단되기도 하고, 어렵게 된다. 다만 새로운 소유주체나 관리주체에 의해서 관리활동이 다시 시작되고 관리의 계속성이 보장되는 경우도 있다.

그러므로 부득이한 경우가 아니면 제한물권을 대책 없이 과도하게 설정하는 것은 원칙적으로 금해야 하며, 설정되는 경우는 반드시 정한 기일 내에 말소대책을 수립 · 실천하여야 한다. 제한물권의 원인으로 경매에 의한 소유권 변동 사례는 경매법정에서 얼마든지 찾아볼 수 있으며, 경매가 진행되어 경락되는 경우 해당 건물의 관리상태는 최악이거나 중단되어 있음을 주변에서 얼마든지 발견할 수 있다. 이로 인한 소유권 변동은 건물 소유자는 말할 것도 없겠으나 입주자에게도 크나큰 피해를 주게 되고, 건물자산관리 종사자는 직장을 잃게 되는 요인이 있다.

3) 물상보증행위

물상보증이라 함은 주 채무자가 채무를 발생시킴에 있어서 채권자가 요구하는 담보물을 채무자가 제공할 수 없는 경우, 제3자가 채무자를 위하여 담보물을 제공함으로써 성립되는 물적 보증행위를 말한다.

이와 같은 경우 채무발생 당시 채무발생분만 보증하는 한정보증과 주 채무자 채무발생 당시 채무뿐 아니라 장래에 발생되는 채무까지 보증하는 포괄보증 등의 보증 종류가 있다. 후자인 포괄보증의 경우가 특히 소유권을 상실하게 하는 위험이 크다. 왜냐하면 주 채무자의 채무발생이 장래에 얼마나 발생될지 모르며, 발생되는 채무를 전액 보증하기 때문에 물상보증인이 채무를 전부 변제할 의무가 있다.

만약 주채무의 변제가 이행불능이 되면 지체 없이 물상보증인의 담보물에 경매신청이 진행되고, 경락자의 경락대금 지불 즉시 소유권 이전등기 없이도 소유권 변동이 일어나게 되어 소유권을 잃게 된다.

4) 압 류

건물은 부동산이므로 부동산에 부과된 세금은 기일 내에 납부해야 하며 이를 지체하거나 정한 기일 내에 납부하지 아니하면 국세청은 관련법에 의하여 일정한 절차를 거쳐 당해 건물을 압류하게 된다.

뿐만 아니라 관리의 잘못으로 행정당국에 의하여 고발되어 벌과금이 부과되는 경우 역시 벌과금을 이행하지 아니하면 압류처분을 받게 된다. 압류라 하면 당해 부동산의 처분을 금지하는 국가명령으로서 강제경매의 원인이 된다. 이를 채무명의 또는 집행명의라 한다.

압류가 되어 강제경매가 집행되면 임대차관리에 치명적인 차질이 오고, 임대료 및 관리비 수납에 크게 차질이 발생되어 건물자산경영관리가 순조롭지 못하게 된다. 뿐만 아니라 일정한 기일까지 강제경매 원인을 제거하지 아니하면 마침내 강제경매에 의하여 소유권 변동이 일어나게 된다. 또한 임의 경매에 있어서도 법원의 경매개시 허가에 의한 판사의 촉탁등기는 즉시 압류의 효과가 있으므로 주의해야 한다. 또한, 가압류에 의한 승소판결 역시 압류의 효과가 있음도 유의해야 한다.

5) 이행판결

건물소유주체와 이행 당사자간에 건물 소유권에 관한 법률적 분쟁으로 재판에 계류되면 사건의 내용에 따라 법원의 이행판결에 의하여 소유권 변동이 일어나게 된다. 재판 중 민사소송법상의 재판에는 증거제일주의가 채택되고 있으므로 이해 당사자의 소유권 변동 주장에 확실한 증거가 있는 경우 이해 당사자의 승소판결이 확실하게 된다. 따라서 소유주체나 관리주체는 관리대상건물이 소송의 원인이 되는 행위를 삼가는 것이 현명하다.

6) 가압류

가압류라 함은 임시 보전조치로서 채권보전을 위하여 채무자의 동산·부동산·채권·자동차·선박 등의 재산을 채무자로부터 일탈되지 않도록, 즉 처분을 일시적으로 금지시킴으로써 채권자의 채권을 보존하기 위해서 채무자 재산을 채무자로부터 일탈되지 않게 하는 제도이다.

하지만 가압류는 채무명의가 아니기 때문에 가압류 상태에서 경매를 신청할 수는 없다. 그러나 가압류 상태에서 채권회수가 되지 않을 경우 본안소송을 통하여 승소하면 가압류가 압류로 바뀌어 채무명의가 되므로, 강제집행을 통하여 채권의 회수가 가능해지고 건물의 소유권 변동이 일어나게 된다.

가압류의 종류에는 유채동산가압류, 동산가압류, 채권가압류, 등록동산가압류, 선박

가압류 외에 부동산가압류 등이 있다.

부동산가압류는 법원의 결정이 채무자 송달 없이 신속하게 이루어지고 등기되므로 수시로 건물자산관리자는 소유권 보존차원의 정기적인 등기부 열람은 필수적이라 할 수 있다.

특히 부동산가압류 상태에서 가압류 문제를 해결하지 못하는 경우 가압류를 원인으로 본안소송이 진행되어 건물소유주가 패소하게 되면 소유권이 채무명의에 의하여 강제경매되고, 따라서 소유권 변동이 일어나게 된다.

7) 경 매

건물의 소유권을 위협하는 또 하나의 요인으로는 경매요인이 있다.

경매의 본래 의미는 매도인이 다수의 매수 희망자에게 청약을 구두로 의사 표시하게 하고, 그 중에서 최고금액을 제시한 자에게 매도자의 매도승낙 의사표시를 함으로써 이루어지는 일종의 매매형식이다.

경매에는 개인의 주체가 되는 사경매와 국가기관이 주관이 되어서 실행하는 공경매가 있으며, 주로 법원이나 자산관리공사에서 실시하는 공매방식은 입찰방식을 취하고 있다. 또한 경매에는 임의경매가 있다. 임의 경매는 채권자가 채무자 또는 물상보증인이 제공한 담보물을 경매법원에 경매 신청하여 경매정차에 따라 환가하여 채권을 회수하는 방법이고, 후자인 강제경매는 채무명의 또는 집행명의에 의하여 국가가 강제적으로 경매절차를 진행하여 채권을 회수하게 하는 방법이다.

임의경매는 저당권 등의 담보물권을 위한 실행을 통해 이루어지며 강제경매의 채무명의에는 ① 확정된 이행 판결, ② 가집행 선고부 판결, ③확정된 지급명령, ④ 각종 조서, ⑤ 공증된 금전채권문서 등이 있다.

건물소유주체가 임의경매나 강제경매의 원인을 이해관계자에게 쉽게 제공하면 결국은 당해 건물은 경매의 대상이 되고, 임의경매나 강제경매의 원인이 되어 이해관계자의 신청과 법원의 집행에 의하여 경매절차가 진행되고 경락이 이루어지며, 경락대금 납부 즉시 소유권 변동이 일어나게 된다. 따라서 온전한 소유권 유지를 위해서는 불가피한 경우를 제외하고는 임의경매나 강제경매의 원인을 제공하지 말아야 한다.

8) 시효취득

부동산의 소유권은 소멸시효에는 걸리지 아니하나 취득시효에 의하여 취득된다.

따라서 건물의 경우에도 민법의 시효취득 규정에 따라 소유권이 변동될 수 있다. 민법 제245조 제1항과 제2항에서 점유로 인한 타인의 부동산취득과 등기취득을 규정하고 있다.

점유취득의 요건은 타인의 부동산을 20년간 소유의 의사로 평온, 공연하게 점유한 자는 등기함으로써 그 소유권을 취득하고 등기취득의 요건은 타인의 부동산을 등기하고 10년간 평온, 공연하게 선의, 무과실로 그 부동산을 점유한 때에는 부동산 소유권을 취득한다라고 규정하고 있다.

그러나 국가 또는 공공단체의 행정재산은 용도가 폐기되지 않는 한 시효취득 되지 아니한다.

따라서 토지건물 등 부동산의 재산관리에 있어서도 시효취득에 걸리지 않도록 관리되어야 한다.

4. 건물소유권 보존관리방법

앞에서 소유권 상실의 위험요인에 대하여 대체적으로 살펴보았다. 온전한 소유권의 존재는 건물자산관리의 기초이고, 소유권 없는 건물자산관리활동은 계속적인 관리 활동을 보장받지 못하기 때문에 온전한 건물소유권보존은 건물 소유주에게는 재산 보존차원에서 매우 중요하고, 건물관리주체에게도 건물관리의 원활한 관리활동을 보장해주는 역할을 하므로 소유권의 보존은 건물법률관리에 있어서 매우 중요한 관리의 대상이 된다.

건물자산의 소유권 보존방법은 대체로 다음과 같다.

1) 건물의 멸실 및 붕괴 원인제거

화재나 물리적 충격, 심굴 기타 붕괴원인을 제거하여 건물의 멸실을 사전에 방지하는 방법이다. 자연적 재해가 원인이 되는 홍수 · 지진 · 허리케인 · 태풍 등으로부터 건물이 멸실되지 않도록 사전에 대비하여 그 피해를 방지하거나 최소화하는 관리활동이 강구되어야 한다.

2) 대책없는 제한물권설정 원칙적 금지

건물자산관리상 임대차계약시 제시되는 임차인의 요구조건 중에서 전세권의 설정, 저당권의 설정, 임차권등기 등이 자주 요구되고 있으나 건물소유주체의 건물자산경영관리상 부득이한 경우를 제외하고는 제한물권의 설정을 원칙적으로 금지하여 후일의 보증금 반환이 이행되지 못함으로서 경매신청의 원인이 되지 않도록 세심한 주의가 필요하다.

3) 물상보증 금지

건물자산관리활동 과정에서 입주자나 기타 이해관계자가 관리대상 목적물을 물상보증 해줄 것을 요청하는 경우가 종종 있다. 이와 같이 물상보증행위 요청에 응하는 경우 대부분의 경우의 사례를 살펴보면 약속이 이행되지 않아 경매의 대상이 되어 마침내 소유권 변동이 일어나게 된다. 그러므로 물상보증행위는 절대적으로 금해야 한다.

4) 압류원인 제거

국세 또는 지방세 연체 및 관계법에 의한 행정과태료나 벌과금 등의 미납, 근로자의 임금체불 등의 원인으로 국가기관으로부터 압류 당하는 사례가 발생되지 않도록 압류원인을 사전에 제거해야 한다.

5) 소송원인 방지

건물관리활동이나 건물경영활동과정에서 관리대상 건물이 어떤 형태이든 간에 소송대상이나 원인이 되는 경우를 철저히 방지하여 소유권 보존의 위협원인을 제거하여야 한다.

6) 가압류 · 가처분 등의 원인 제거

가압류도 본안소송에서 승소하는 경우 채무명의가 되어 강제경매의 원인이 되므로 앞에서 설명한 바와 같이 가압류의 원인을 사전에 제거하여야 한다.

7) 경매대상 방지

임의경매이든 강제경매이든 간에 관리대상 건물이 경매대상이 되지 않도록 임의경매 원인과 강제경매 원인을 건물소유주체나 관리주체가 제공하지 말아야 하고, 부득이한 경우 경매원인이 발생되면 지체 없이 그 원인을 제거하고 소멸시켜야 한다.

8) 정기적 등기부 열람과 사후관리

건물자산관리자는 정기적으로 건물토지등기부를 열람하여 권리보존상태에 문제가 없는지 항상 확인해야 한다. 문제가 발견되는 경우 즉시 법적조치를 취해야 한다.

9) 건물자산 현장관리

건물 역시 부동산의 일종이므로 타인의 자주 의사에 의한 평온, 공연한 점유와 평온, 공연, 선의, 무과실의 경우 건물소유권이 취득됨으로 정기적인 타인의 무단점유를 방지해야 한다.

이상에서 소유권 보존 관리에 관하여 그 필요성과 소유권 보존의 개념 및 소유권 상실위험요인과 소유권 보존방법에 대하여 기술하였다.

종전의 협의 건물의 시설관리개념에서는 소유권보존 관리개념은 건물관리대상에서 제외되어 왔던 것도 사실이다. 그러나 앞서 지적한 바와 같이 소유권 없는 건물자산관리란 상상할 수 없으며, 건물소유권이 온전치 않을 경우 건물자산관리활동이 원활히 진행될 수 없다는 것은 그간의 건물자산관리 경험이었으므로 건물자산관리를 정상적으로 하려면 반드시 건물소유권이 온전한 상태로 존재해야 함을 건물자산관리자는 항상 유의해야 한다.

결국 건물 소유권에 대한 온전성의 흠결은 건물자산경영관리에 치명적인 영향을 미칠 뿐 아니라 그 건물의 규모나 정도에 따라 사회적으로 국가적으로 나쁜 영향을 줄 수 있음도 간과해서는 안 될 것이다. 따라서 관리주체도 항상 관리활동에 최선을 다하는 것 외에 건물경영에 치명적인 소유권보존 위협 요인을 사전에 제거하여 건물의 소유권이 온전히 유지되도록 해야 하며 또한 사후관리해야 한다. 따라서 정기적 건물등기부 열람 및 등기변동사항 확인, 소유권 위협 원인의 사전제거 등을 정기적으로 점검하고 문제가 있는 경우 즉시 개선하도록 노력해야 하며 사후관리해야 한다.

제3절
건물등기 관리활동

1. 부동산등기의 의의

우리나라 물권법은 물권의 득실변경은 물권적 합의로만 효력이 발생되지 아니하고 반드시 등기함으로써 물권변동의 효력이 발생하도록 되어 있다. 이른바 소유권·지상권·지역권·전세권 등은 물권적 합의와 등기함으로써 물권변동이 일어난다.

그러나 위의 물권 외에 기타 권리, 즉 가등기·가압류·가처분·예고등기(임의 경매 등)·별도등기 등이 신청과 법원 결정에 의하여 등기되어 건물 소유권에 직접 영향을 미치고 경우에 따라서는 건물자산관리에 악영향을 끼치게 된다. 따라서 건물 자산관리 종사자는 건물자산의 권리보존관리 등을 위해서 등기법의 내용을 체계적으로 연구하고 이해해야 한다.

부동산등기라 함은 등기공무원이 등기부에 부동산의 표시와 그 부동산에 관한 일정한 권리관계를 기재하는 것과 기재 그 자체를 의미한다. 즉 등기라 함은 권리 등을 기재된 공부와 권리관계를 기재하는 행위 등 두 가지 의미가 있다.

우리나라 물권법은 부동산 권리·득실 변경은 등기함으로써 효력을 인정하고 있어 공시의 원칙으로 등기를 채택하고 있다. 즉 등기는 부동산 물권변동의 공시제도이다. 부동산의 한 종류이나 농작물이나 임목, 수확기 이전의 과일 등은 관습법에 따라 명인방법에 의하여 공시된다.

물권변동은 법률행위와 법률의 규정에 의하여 변동되는데 후자는 등기할 필요 없이 소유권 변동이 일어난다. 예를 들면 경매시 경락자가 경락대금을 전부 납부했을 때 즉시 소유권 변동이 일어난다. 그러나 처분하기 위해서는 등기가 필요하다. 즉 처분요건이 된다. 또한 물권변동은 물권적 합의 외에 등기해야만 효력이 발생된다. 따라서 등기는 효력발생 요건이다.

그러나 우리나라 등기제도는 공시효력은 있으나 공신력이 없으므로 공시된 내용 그 자체를 신뢰하여 거래하더라도 그 기재 사실이 진실한 권리관계와 부합되지 않는 경우 소유권 변동이 일어나지 않는다. 우리나라 물권법 체계에서도 동산의 경우, 공시방법인 인도에 의해 공시효과와 공신력을 동시에 인정하고 있다.

2. 등기법의 내용

우리나라 등기법의 주요 내용을 정리하면 다음과 같다.

1) 입법주의

부동산 물권변동의 입법주의에는 물권변동에는 물권합의만 있으면 물권변동이 일어난다는 의사주의와, 물권변동에는 물권적 합의 외에 등기라는 형식이 결합될 때 비로소 권리변동이 발생한다는 형식주의가 있으나 우리나라 민법은 형식주의를 채택하고 있다. 그러나 모든 경우에 형식주의를 채택하고 있는 것은 아니다. 법률의 규정에 의하여 소유권변동이 일어나는 것, 이른바 판결 · 경매 · 상속 등은 형식주의를 취하지 않고 있다.

의사주의는 사적 자치에 부합하고 거래가 신속히 진행된다는 장점이 있으며, 형식주의는 거래 안전확보라는 장점이 있다.

2) 등기의 관장과 등기공무원

등기는 지방법원과 등기원, 그리고 등기소에서 관장하며 등기업무 담당은 등기공무를 집행하는 등기관만이 취급한다. 등기소 근무자 모두가 등기업무를 취급하는 것이 아니라 등기관으로 임명된 자만 등기업무를 취급한다. 등기공무원(등기관)은 접수된 등기서류에 대하여 실질적 심사권은 없으며, 형식적 심사권만 있다. 따라서 제출된 등기서류의 진실 여부를 판단하는 데 미흡한 점이 있다.

3) 등기신청

등기신청은 권리 당사자와 함께 신청하는 공동신청주의를 채택하고 있으며, 특약이 없는 한 등기내용은 수익자 부담원칙을 취하고 있다. 임대차계약에 대한 임차권 등기는 수익자 부담원칙에 따라 임차인이 부담하고, 전세권자가 등기비용을 부담한다.

4) 등기의 종류

등기의 종류에는 표제부에 하는 등기(사실의 등기)와 갑구란과 을구란에 소유권과 제한물권을 등기하는 등기(권리등기)가 있고, 미등기 부동산을 처음 등기하는 보존등기와 보존등기 후에 이루어지는 권리변동등기가 있다. 등기내용에 따라 ① 기입 등기, ② 정정 등기, ③ 변경등기, ④ 말소등기, ⑤ 회복등기, ⑥ 멸실등기로 분류되고, 등기 효력에 따라 ① 종국동기, ② 예비등기(가등기와 예고등기)로 분류된다.

5) 등기부의 구성

등기부는 등기번호란과 표제부, 그리고 갑구와 을구로 구성된다. 등기 번호란에는 각 토지 건물의 지번을 기재하며 표제부는 표시란과 표시번호로 구분된다. 표시란에는 목적물의 표시와 변경을 기재하고 건물은 소재지 · 종류 · 구조 · 건물평수를 기재하고 토지에는 소재지 · 지목 · 평수를 각각 기재한다.

표시 번호란에는 등기순서를 기재한다. 등기의 우선 효력은 같은 권리의 중복등기는 접수순으로 효력이 우선하고, 다른 물권은 등기일을 기준으로 우선적 효력이 있다.

갑구란에는 사항란과 순위 번호란이 있는데 사항란에는 소유권, 순위 번호란에는 각 사항란의 기재순서를 기재해야 한다. 소유권, 채권확보를 위한 압류 · 가압류 · 경매 · 가등기와 예고등기 등을 한다. 을구란에도 사항란과 순위 번호란이 있는데 사항란에는 소유권 이외의 권리 중 제한물권 등 등기할 수 있는 권리만 기재하고 순위 번호란에는 각 사항란의 기재 순서를 기록해야 한다. 저당권 · 근저당권 · 지상권 · 지역권 · 임차권 등을 등기한다.

6) 등기와 실체 권리 불일치

등기와 실체관계가 일치하지 않는 경우에는 원인행위의 무효 · 해제 · 해지 경우 물권적 청구권이 발생하며, 물권적 청구권에 의하여 비록 타인 명의로 등기되었다 하더라도 실체적 권리와 부합하지 않을 경우에는 물권적 청구권을 행사하여 실체적 권리와 부합하도록 주장할 수 있다.

7) 등기의 효력

등기의 효력에는 일반적으로 다음과 같은 효력을 가진다.

① 순위확정 효력
② 권리변동 효력
③ 대항적 효력
④ 형식적 효력
⑤ 추정적 효력
⑥ 점유적 효력

8) 우리나라 등기제도의 효력

공시효력만 있고 공신력은 없다. 그러나 미국 토랜스식 등기제도는 공시효력과 공신력 모두 인정된다.

9) 부동산등기 종류

우리나라 등기부는 토지등기부와 건물등기부 2종으로 구분되어 있다. 따라서 부동산 권리를 확인하려면 토지등기부와 건물 등기부 모두 발부받아 확인해야 한다.

10) 토지지목

도지 표제부에 기재된 지목의 종류는 총 28종이며 토지의 용도종류를 의미한다. 따라서 지목은 토지의 용도를 나타낸다. 토지지목의 종류는 다음과 같다(지적법 시행령 제6조)

① 전
② 목장용지
③ 답
④ 임야
⑤ 과수원
⑥ 광천지

⑦ 염전
⑧ 학교용지
⑨ 하천
⑩ 유지
⑪ 체육용지
⑫ 사적지
⑬ 대
⑭ 도로
⑮ 제방
⑯ 수도용지
⑰ 유원지
⑱ 묘지
⑲ 공장용지
⑳ 철도용지
㉑ 구거
㉒ 공원
㉓ 종교용지
㉔ 잡종지
㉕ 주차장
㉖ 주유소용지
㉗ 창고용지
㉘ 양어장

3. 등기권리의 종류

1) 소유권

소유권은 당해 부동산(건물 · 토지)의 사용 수익 처분을 할 수 있는 권리로서 물권법에서는 제한물권에 대칭하여 본권이라고도 한다. 교환가치와 사용가치를 동시에 가지는 절대권으로서 소멸시효에 걸리지 않는 권리이다. 그러나 소유권 위에 제한물권이 설정되면 제한물권이 말소될 때까지 일시적으로 사용 · 수익 · 처분권능이 위축되고 허유권이 된다. 소유권은 원시취득으로 창설되고 이전적 승계로 권리가 이전된다.

2) 지상권

건물 등 공작물이나 수목을 소유하기 위하여 타인의 토지를 이용하는 물권을 말한다. A가 B의 토지를 임차하여 건물을 신축하는 경우 B가 A의 토지 위에 가지는 권리이다. 지상권의 최단기간은 30년이다. 등기하면 지상권(물권)이 되고 등기하지 않으면 토지사용 승낙(채권)이 된다.

3) 지역권

A토지 이용권을 높이기 위하여 B토지를 이용하는 권리가 바로 지역권이다. 이 경우 A토지를 요역지라 하고 B토지를 승역지라 한다. 반드시 A토지 이용을 높이는 관계가 성립되어야 한다. 계약에 의하여 설정된다. 승역지 토지는 접할 필요는 없으나 인접해야 한다.

4) 전세권

전세금을 지급하고 타인의 부동산(건물포함)을 그 용도에 따라 사용 수익하는 권리이다. 종래 임대차계약을 물권화한 권리이다. 임차권의 채권이나 전세권은 물권이다. 전세권은 주인의 동의 없이 양도 · 담보 · 설정이 가능하고, 전세보증금을 기일 내에 지급치 않을 경우 전세권자는 법원에 경매를 신청하여 경락대금에서 보증금을 우선변제 받을 수 있는 물권이다.

5) 근저당권

은행과 상인 사이에 체결한 당좌대월계약이다. 상인 사이에 체결되는 약속어음 계약과 같이 계속적 거래관계에서 채무가 증감 · 변동하는 경우에 일정한 결산기에 변제되지 않는 금액(채권액)이나 약속의 미결대금액을 미리 담보하기 위해서 미리 설정한 저당권을 근저당이라 한다. 일반저당권의 특수 저당권이다.

6) 기등기

기등기라 함은 부동산 물권변동을 목적으로 하는 청구권을 보전하려고 할 때에 행해지는 등기이다. 매매예약 가등기와 담보예약 가등기가 있으며, 가등기를 원인으로 승소판결을 받으면 소유권 등기 순서에서 가등기 순서가 본등기 순서가 된다. 가등기는 예고등기와 함께 예비등기라 한다.

7) 가압류

가압류라 함은 금전채권이나 금전으로 환산할 수 있는 채권의 장래 집행을 보전하기 위해서 집행의 대상이 되는 목적 재산(부동산, 차량, 유제동산, 선박)에 관하여 채권의 한도액 범위 내에서 처분을 금지하고 현상유지를 꾀하는 제도이다.

8) 압 류

압류는 구가권력으로부터 채무자 재산권에 대한 처분금지 명령이다. 부동산 압류는 강제경매 개시결정 송달로 압류효력이 발생하며, 동산을 점유하거나 봉인함으로써 그 압류효력이 나타난다. 채권 · 재산권 압류는 채무자나 제3자에게 송달하여 시행된다.

9) 가처분

가처분에는 2가지 종류가 있다. 계쟁물의 가처분과 임시지위를 정하는 가처분이 그것이다. 계쟁물의 가처분은 금전채권이나 금전으로 환산할 수 없는 채권 이외의 특정물에 대한 채권의 집행을 보전하기 위한 제도이고, 임시지위를 정하는 가처분은 다툼이 있는 권리관계에 대하여 위험이나 불안을 제거하기 위하여 분쟁이 계속되어 방치해두면 더 큰 문제가 생길 수 있으므로 분쟁 해결시까지 잠정적인 조치를 취하는 것을 의미한다.

10) 경 매

매도인이 매수인을 모아서 구술로 매수를 최고하고 매수신청 가운데 최고가 신고인에게 승낙하여 매매하는 제도이다. 경매에는 사경매와 공경매(공매) 두 종류가 있다.

공매에는 국가기관 의하여 행하는 매매를 말하고, 공매는 자산관리공사에서 주로 사용되며, 법원에서는 입찰방식으로 진행된다.

11) 예고등기

등기원인의 무효 및 취소로 인한 취소 또는 회복의 소가 제기된 경우에 이 내용을 제3자에게 경고하기 위해서 수탁법원이 직권으로 등기소에 촉탁하여 행해지는 등기이다. 등기부상의 임의 경매 등기가 그 좋은 예이다.

4. 등기부 권리 분석

건물자산을 관리함에 있어서 또 하나의 유의사항은 건물관리객체의 소유권과 소유권을 제한하는 권리, 그리고 소유권의 사용 · 수익 · 처분에 영향을 미치는 가압류 · 가처분 · 가등기 · 예고등기 · 별도등기에 관하여 정확한 권리분석을 해야 한다는 점이다.

권리분석의 의미는 소유권을 제한하는 제한물권과 기타 권리가 소유권에 어떤 악영향을 끼치고 있는지에 대한 분명한 법률적 해석이다.

제한물권(전세권 · 저당권 · 지상권 · 지역권)이 설정되면 말소될 때까지 일시적이나마 소유권의 사용 · 수익 · 처분 권능을 부분적으로 제한하여 허유권화하므로 소유권과 다투는 경우 제한물권이 이기게 된다. 뿐만 아니라 기타 권리인 압류는 소유권의 처분권능을 정지시키며, 가압류 · 가처분 역시 처분금지의 임시보전 절차이긴 하나 수익권능까지 무력화시키는 역할을 하게 된다.

특히 매매예약 가등기는 본안 소송에서 승소하는 경우 건물의 소유권 변동이 일어나게 된다. 등기되는 권리 이외에 유치권과 점유권이 있는데 유치권 역시 유치권 전제의 채권이 해결되지 않는 경우 계속 유치권자가 관리대상 목적물을 유치하게(점유하게) 되므로 관리활동에 결정적인 제약을 가하게 된다. 점유권 역시 점유자의 점유상태의 계속은 관리활동에 지장을 주게 된다. 따라서 유치권이나 점유권이 건물자산소유권 행사에 지장이 없도록 적절한 관리대응이 필요하다.

5. 등기절차

등기절차는 공동신청주의를 채택하고 있으므로 원칙적으로 매도자와 매수자(매매의 경우)가 공동으로 법원 등기소에 신청하면 된다.

제4절
건물임대차 관리활동

1. 임대차 관계법률

임대차에 관한 규정은 민법전의 제3편 채권법에 명시하고 있다. 우리나라 법령의 체계상 건물·토지 등의 임대차에 관한 관계법률과 규정은 대체로 다음과 같다.

① 일반임대차는 민법전 중 제3편, 채권 제2장 계약규정과 제7절 임대차에 관한 관련조항(민법 제618조~제654조)에서 규정하고 있다.
② 주택임대차는 주택임대차보호법에서 규정하고 있다.
③ 상가건물임대차는 상가건물(해당되는 상가) 임대차보호법에서 규정하고 있다.
④ 농지 임대차는 농지법 제2절 농지임대차에 관한 관련 조항(제22조, 제29조)에서 규정하고 있다.

이상과 같은 임대차 관계법률 중 일반사법인 민법은 일반건물자산임대차 전반에 관하여 중심이 되는 관계법률이나 주택임대차보호법과 상가건물임대차보호법은 주택 임차인과 소규모 상가 입주자(해당 상가건물 임차인)만을 우선적으로 보호하기 위한 특례조항을 두고 있는 민사특별법이다.

일반법은 모든 사람, 모든 사항, 모든 장소에 일반적으로 적용되는 법률이나 특별법은 특정한 사람, 특정한 사항, 특정한 장소에만 적용되는 법률이다. 그러므로 주택임대차와 해당 상가임대차 계약에는 주택임대차보호법과 상가건물임대차보호법이 우선 적용된다.

이하 절을 통하여 임대차에 관한 일반법인 민법의 관련규정을 먼저 살펴본 후 순서에 따라 주택임대차보호법과 상가건물임대차 보호법의 순으로 법적 고찰을 해보고자 한다.

2. 일반 임대차

1) 임대차의 의의

일반건물임대차에 관한 관계법률은 전술한 바와 같이 민법전 중 제3편 채권법(계약법)이며, 관련조항은 채권법 제7절 제618조에서 제654조까지의 규정이다.

민법은 일반법으로서 임대차에 관하여 일반적으로 규정하고 있다. 민법에서 규정하고 있는 임대차란 임대차계약 당사자 일방이 상대방에게 임대목적물을 사용 수익하게 할 것을 약정하고 상대방은 이에 대하여 차임을 지급할 것을 약정함으로써 그 효력이 생기는 계약을 의미한다(민법 제618조).

또한 임대차란 임대인과 임차인 사이에 체결되는 채권계약으로서 임대인이 임차인에게 임대목적물을 사용 수익케 하고 그 대가로 임차료(차임 · 임대료)를 받기로 약정하는 계약을 의미한다. 따라서 같은 대차 개념의 사용대차와 소비대차와 차이가 있다.

그러므로 임대차는 채권법에서 규정하고 있는 소비대차와 사용대차와 같은 대차개념이나 상호 상이하다. 임대차 는 사용 수익의 대가를 받는다는 점에서 사용대차와 다르며, 임대기간 만료 후 인도한 동일 목적물을 반환받는다는 점에서 소비대차와 상이하다.

소비대차는 계약당사자 일방이 상대방에게 금전 · 쌀 · 보리 등 대차물의 소유권을 넘겨주고 상대방은 계약기간 만료시에 동일한 종류 · 품질 · 맛 · 수량으로 반환 할 것을 약정하는 계약이기 때문이다. 소비대차 중 금전소비대차가 가장 대표적인 소비대차계약이다.

다시 말하면 소비대차에 있어서 차주가 인수했거나 차용한 물건을 소비 사용하고, 그와 동일한 동종 · 동등 · 동량의 물건을 반환할 것을 약정하는 계약이므로 임대차에 있어서 임차한 물건을 사용수익만 하고 다시 반환하므로 소비대차와 상이하다.

2) 임대차의 법적 성질

임대차는 다음과 같은 법적 성질을 가지고 있다.

① 임대차는 채권계약이다.
② 임대차는 낙성계약이다.
③ 임대차는 유상계약이다.

④ 임대차는 쌍무계약이다.
⑤ 임대차는 불요식계약이다.

즉 임대차의 법적 성질에는 전술한 바와 같이 채권계약인 동시에 전형계약의 성질과 함께 낙성계약이고, 유상계약이며, 쌍무계약의 성질과 불요식계약의 성질도 가지고 있다.

채권계약이라 함은 계약체결 후 임대인은 임대료 청구권의 채권이, 임차인에게는 채권 성질의 임차권이 각각 발생하게 된다. 즉 채권은 특정인이 특정인에게만 어떤 행위를 주장할 수 있는(요구할 수 있는) 권리로서 물권과 함께 재산권의 일종이다.

그러나 물권과는 달리 원칙적으로 양도할 수 없으며, 특별한 공시를 요하지 않는 권리이다. 이와 같이 채권계약은 채권이 계약당사자에게 각각 발생한다. 따라서 임대차는 채권계약의 성질이 있다.

전형계약이란 우리나라 민법 중 채권법에서 규정하고 있는 14종의 계약을 의미하며, 다른 말로 유명계약이라고도 한다. 민법의 전형계약에는 증여 · 매매 · 교환 · 소비대차 · 임대차 · 사용대차 · 고용 · 도급 · 현상광고 · 위임 · 임치 · 조합 · 종신정기금 · 화해 등이 있다.

이밖에도 계약의 종류는 무수히 많이 있을 수 있으며, 민법이 규정하고 있지 않은 계약을 비전형계약 또는 무명계약이라 한다. 민법은 채권법에서 14종류의 유명계약 또는 전형계약의 일종으로 임대차를 규정하고 있으므로 임대차는 전형계약의 성질을 가지고 있다.

낙성계약이란 당사자 사이에 승낙과 청약의 의사표시가 합치하면 계약이 성립하고, 계약이 성립하기 위해서는 다른 절차나 형식을 요하지 않는 계약을 의미한다. 따라서 임대차는 낙성계약의 성질이 있다.

유상계약이란 계약당사자가 각각 대가적 의미의 출손(대금 · 차임 · 물건)을 부담하는 계약을 의미하고, 쌍무계약의 의미는 대가적 의미를 갖는 급부를 하는 계약을 의미하며, 일방의 급부에 대하여 타방의 반대급부의 부담을 지는 계약을 말한다.

따라서 임대차는 유상 · 쌍무계약의 성질을 함께 가지고 있다. 또한 임대차는 불요식계약의 성질을 가지고 있다. 임대차는 계약을 체결함에 있어서 특별한 방법이나 형식을 요하지 않는다. 따라서 불요식계약의 성질이 있다.

3) 계약당사자

전술한 바와 같이 임대차는 우리나라 민법이 규정하고 있는 14종의 전형계약(유명계약) 중 하나의 계약에 해당된다.

따라서 2개의 의사표시의 합치로 성립되는 법률행위(계약)이므로 복수의 당사자가 존재해야 비로소 성립된다. 따라서 계약당사자로서 임대인과 임차인의 복수계약 당사자가 존재하게 된다(복수계약자에는 자연인이나 법인 모두 해당된다).

임대인이란 계약당사자 중 한 사람으로서 임차목적물을 임차인에게 인도하고 차임청구권을 행사하는 자를 의미한다.

한편 임차인이란 임대차계약 당사자 중 한 사람으로서 임대목적물을 넘겨받아 사용수익하는 대가로 일정한 차임지급의 의무를 지는 자를 말한다. 임차권을 다시 제3자에게 양도할 때는 양도자가 되고, 전대할 경우에는 전대자가 된다(양도 · 전대는 원칙적으로 금지되나 임대인의 사전승인이나 사후동의가 있는 경우 또는 동의 없이 일부의 전대는 유효하다).

4) 차 임

차임이란 임대차계약에 있어서 임차인이 임차목적물을 사용 수익의 대가로 임대인에게 지급하는 금전 또는 유가물을 의미한다. 차임은 현금 · 곡물 또는 과일이나 유가물로 지급이 가능함을 현행 민법에서 규정하고 있으나 건물자산임대차의 차임은 임대관습상 현금지급을 원칙으로 하고 있다.

차임의 용어는 임대료 · 임료 · 월세 등과 동일 또는 유사하게 사용되며, 전세권제도나 채권적 전세(미등기전세)의 경우에는 지급치 아니한다. 차임지급은 원칙적으로 계약상의 차임지급 시기나 조건이 없는 경우 민법은 후불지급을 원칙으로 규정하고 있다.

차임은 임차인이 고의나 과실에 관계없이 2기(2번 이상) 지급하지 않을 경우에는 법정 해지의 사유가 되며, 임대인이 해지의사를 동지하고 도달하는 경우에는 즉시 임대차계약의 효력이 상실된다.

또한 임대료(차임)를 지급기일을 지키지 못하여 연체하는 경우에는 임대차계약서에 명시된 연체료율이 적용되고 연체료를 추가로 지급해야 한다. 또한 차임지금의 지연이나 불이행은 임차권의 행사나 임차인의 사용 수익에 직접 간접으로 영향을 미치며, 임대기간 연장에 장애요소가 된다. 뿐만 아니라 일반건물임대차나 주택임대차는 2기의 임대료 연체로 해지 사유가 되며, 상가건물임대차의 경우 3번의 차임지급 불이행은 일정조건하의 상가건물(서울특별시의 보증금[환산보증금 포함] 2억4천만원 이하 상가건물)의 임차인 5년 임대기간 보장권한에 제약요건이 된다.

5) 임대차목적물

임대차의 목적물이라 함은 임대차계약의 대상이 되는 물건을 의미한다. 따라서 동산이나 부동산 모두 임대차의 목적물이 될 수 있다. 또한 임대차의 목적물은 소유권이 있는 물건이든 타인의 물건이든 임대의 목적물이 될 수 있다. 그러나 임대의 목적물이 되기 위해서는 유체물이어야 하고, 내구성이 있어야 하며, 비인격성이여야 하고, 특정되고 관리가 가능하며, 그리고 확정할 수 있는 물건이어야 한다.

특히, 건물임대차의 목적물인 건물은 일정 토지 위에 정착된, 이동이 용이하지 않은 건물이어야 한다. 따라서 임시가설 건물이나 이동 또는 철거가 용이한 비닐하우스 등은 건물임대차의 목적물이 될 수 없다(주거에 공하는 건물은 예외임).

건물임대차의 대상인 건물(빌딩)은 토지 위에 정착된 고정성 있는 건축물로서 기초 · 기둥 · 벽 · 지붕이 있는 3차원의 공간을 의미하고, 건물로서 사용이 가능한 최소한의 기능이 있어야 한다. 뿐만 아니라 임차인이 사용 수익목적에 부합하는 용도가 있어야 하고, 행정적 제재의 대상이 아니어야 하며, 관계법령으로부터 사용 수익하는 데 자유로워야 한다. 결론적으로 건물은 기술적으로 하자(누수 · 고장)가 없어야 하며, 법률적으로는 권리상 문제가 없어야만 건물임대차의 온전한 목적물이 될 수 있다.

임대차목적물의 종류에는 부동산(토지 및 건물)과 동산 등이 있으며, 건물자산 임대대상에는 수익성 건물에 해당하는 주거용건물, 산업용건물(공업용건물 포함)과 업무용건물(오피스 건물) 및 특수용도건물(콘도미니엄, 오피스텔, 호텔) 등이 있다.

6) 임대차의 법률적 배경

임대차는 계약의 일종이므로 계약의 법적 배경과 계약은 법률행위의 일종이므로 법률행위의 법적 배경을 함께 가지고 있다.

이를 분석하면 다음과 같다.

(1) 임대차는 법률행위이다

법률행위의 의미는 법률효과 발생을 목적으로 하는 한 개, 두 개 또는 수 개의 의사표시를 불가결의 구성요소로 하는 법률요건을 의미한다. 법률행위에는 단독행위 · 계약 합동행위 등이 있다. 건물의 임대는 부동산건물의 임대차이므로 법률행위로서 계약에 해당한다.

한 개의 의사표시로 구성되는 법률요건을 단독행위라 하고, 단독행위는 상대방 있는 단독행위와 상대방 없는 단독행위로 분류된다.

두 개의 의사표시로 구성되는 법률요건을 계약이라 하고, 청약의 의사표시와 승낙의 의사표시의 합치로 주로 이루어진다. 우리나라 민법은 전술한 바와 같이 채권법에서 임대차를 포함하여 14종류의 전형계약(유명계약)을 규정하고 있다. 수 개의 의사표시를 구성요소로 하는 법률요건을 활동행위라 하고, 그 대표적인 예는 사단법인 설립행위가 이 범주에 해당된다.

임대차는 법률행위이므로 구체적인 내용은 전술한 법률행위에 관한 고찰을 참고하기 바란다.

(2) 임대차는 계약이다.

임대차는 계약에 속하는 전형계약의 일종이므로 계약의 의미를 이해하는 것이 필요하다. 계약이라 함은 반대되는 두 개의 의사표시가 마침내 한 방향으로 만나서 합치되는 것을 의미한다. 즉 청약의 의사표시와 승낙의 의사표시가 만나서 합치되는 것을 의미한다. 이와 같은 합치는 청약자에 대한 승낙자의 합치, 즉 사람에 대한 합치의 의미를 갖는 주관적 합치와 청약내용과 승낙내용의 합치, 즉 객관적 합치 등 모두의 합치를 필요로 한다.

건물의 임대차는 계약의 일종으로서 부동산 계약이므로 낙성 · 쌍무 · 유상 · 불요식계약의 성질이 있다. 낙성계약이라 함은 청약과 승낙의 의사표시가 합치하는 순간 계약의 효력이 발생되는 계약을 의미하며, 쌍무계약은 청약자와 승낙자 모두 일정 의무를 부담하는 계약이며, 유상계약은 청약자 · 승낙자 모두 일정한 대가를 부담하는 계약의 성질이 있는 계약을 의미하며, 불요식계약은 일정한 계약의 형식이 불필요한 계약으로 계약이후 또 다른 이행이 불필요한 계약을 의미한다.

임대차는 계약의 일종이므로 구체적인 내용은 전술한 계약에 관한 법적 고찰편을 참고하기 바란다.

7) 임대기간

임대차 존속기간을 의미한다. 본래 기간은 일정한 일시(시기)에서 일정한 시기(종기)까지 계속되는 시간적 간격을 의미한다. 민법은 임대기간에 관하여 최장기 20년(예외 있음)이며, 최단기에 관한 명문규정은 없다(다만 전세권의 경우 건물은 1년, 주택 임대차는 2년, 상가건물은 1년으로 규정하고 있다.).

민법이 규정하는 기간은 법령이나 재판상의 처분 또는 법률행위(계약)에 의하여 다르게 정한 바가 없으면 민법의 규정을 따르도록 규정하고 있다. 민법 제155조에서 제161조에 규정하고 있는 기간계산에 대하여 설명하면 다음과 같다

(1) 기간의 기산점과 만료점

- 기간을 시, 분. 초 로 정할 때는 즉시로부터 기산한다.
- 기간을 일, 주, 월, 년으로 정한 때는 기간의 초일을 산입하지 아니한다. 그러나 오전 영시로부터 시작하는 때에는 그러하지 아니한다.
- 연령은 초일을 산입한다.
- 기간을 일, 주, 월, 년으로 정한 때에는 기간 말일의 종료로 기간이 만료된다.

(2) 역의 의한 계산

- 기간을 주, 월, 년으로 정한 때에는 역에 의하여 계산한다.
- 주, 월, 년의 처음으로부터 기간을 기산하지 아니할 때는 최후의 주, 월 또는 년에서 그 기간의 기산일에 해당하는 날의 전일로 기간이 만료한다.
- 월 또는 년으로 정한 경우에 최종의 월에 해당일이 없을 때에는 그 월의 말일로 기간이 만료된다.

(3) 공휴일과 기간의 만료점

- 기간의 말일이 공휴일에 해당할 때에는 그 기간은 익일로 만료한다.
- 그러나 기간의 초일이 공휴일이라도 초일을 산입한다.

(4) 기간약정의 경우와 약정에 없는 임대기간

임대차의 계약 체결시에 기간을 약정하는 경우와 기간의 약정이 없는 경우가 있다.

가. 기간의 약정이 있는 경우

우리나라 민법은 계약당사자가 법률행위(계약)시에 기간을 정하는 경우에는 최

장기에 관하여 구정(제한)하고 있으나 최단기에 관하여 제한규정이 없다(다만 전세권의 경우 건물은 1년, 주택의 경우 2년으로 최단기를 규정하고 있다).

나. 기간의 약정이 없는 경우

기간의 약정이 없는 경우란 계약당초에 기간의 정함이 없는 경우와 법정 갱신(묵시의 갱신)의 경우가 이에 해당된다. 임대차기간의 약정이 없는 경우에는 언제든지 계약해지의 통고를 할 수 있고, 이 경우 상대방이 그 통지를 받은 날로부터 다음의 기간이 경과하면 해지의 효력이 생긴다(민법 제635조 제 1항, 제 2항).

다. 토지 · 건물 · 기타 공작물임대차

- 임대인 해지 통고 : 6월
- 임차인 해지 통고 : 1월
- 동산임대차 : 5일

라. 민법 제635조

민법 제635조 (기간약정 없는 임대차의 해지통고)는 강행규정이므로 이에 위반하여 임차인에게 불리한 것은 무효이다(민법 제652조).

마. 민법 제635조의 규정

민법 제635조의 규정은 임대차에 있어서 일방 또는 쌍방이 해지권을 보유한 때에도 준용된다(민법 제636조).

(5) 임대차기간의 갱신

계약에 의하여 임대차기간을 약정하는 경우 계약당사자는 그 기간을 갱신할 수 있다. 계약기간의 갱신방법은 다음과 같다.

- 합의(계약)에 의한 갱신방법
- 묵시의 갱신(법정갱신) 방법

가. 합의(계약)에 의한 갱신

임대차 갱신방법 중 합의에 의한 갱신이 가장 바람직한 방법이다. 임대차 기간의 합의 갱신은 계약당사자의 합의로 계약을 갱신하는 것으로 그 기간은 갱신하는 날로부터 10년을 넘지 못하도록 규정하고 있다(민법 제651조 제2항). 그러나 최장기의 제한을 받지 않는 토지임대차는 갱신할 경우 10년 이상으로 갱신할 수 있다.

갱신의 횟수는 제한이 없으며, 여러 번의 갱신이 가능하다.

임차인에게 계약갱신권 · 청구권이 인정되는 경우가 있는데 건물 기타 공작물의 소유 또는 식물이나 채염 · 목축을 위한 토지임대차는 그 기간이 만료될 경우 건물 · 수목 · 기타 지상시설이 존재할 때에는 임차인은 임대인에게 계약기간 갱신을 청구할 수 있다(민법 제643조). 이와 같은 임차인의 청구는 계약기간 갱신의 구속력은 없으며, 임대인은 이를 거절할 수 있다.

나. 묵시의 갱신

묵시의 갱신이란 임대차기간이 만료한 후 임차인이 임차물의 사용 수익을 계속하는 경우에 임대인이 상당하는 기간 내에 이의를 하지 아니할 때에는 전 임대차와 동일한 조건으로 다시 임차한 것으로 인정하는 갱신을 의미한다(민법 제639조). 다만 계약기간의 정함이 없는 계약으로 갱신된 것으로 본다. 그러나 계약당사자는 이와 같은 경우 각각 해지할 수 있다(민법 제635조). 이와 같은 해지통고 시 전 임대차에 대하여 제3자가 제공한 담보는 기간의 만료로 인하여 소멸된다. 그러나 당사자가 제공한 담보는 계속 유효하다. 묵시의 갱신을 법정갱신이라고 하며, 그 내용을 구체적으로 살펴보면 다음과 같다.

- 임대차기간 만료 후에도 임차인이 임차물의 사용 수익을 계속하는 경우에 임대인이 6월 또는 1월 기간 내에 이의를 제기하지 않을 때는 전 임대차와 동일한 조건으로 임대차한 것으로 본다(민법 제639조 제1항).
- 이와 같은 경우 존속기간은 종전 임대차와 동일한 것으로 되지 아니하며, 기간의 약정이 없는 계약이 된다. 따라서 계약당사자는 언제든지 상대방에게 해지통고할 수 있고, 다음과 같은 기일경과도 해지효력이 생긴다.
- 토지 · 건물 기타 공작물

  임대인 해지통고 : 6월, 임차인 해지통고 : 1월
- 동산임대차

  임대인 · 임차인 해지통고 : 5일

(6) 단기임대차의 존속기간

처분의 능력이나 권한이 없는 자가 임대차를 하는 경우 그 임대차는 다음의 기간을 넘지 못한다(민법 제619조). 만약 초과하는 경우 다음 기간 내로 단축한다.

- 식목, 채염 또는 석조, 석회조, 연와조, 및 이와 유사한 건축을 목적으로 한 토지임대차 : 10년
- 기타 토지 임대차 : 5년
- 건물, 기타 공작물 임대차 : 3년
- 동산임대차 : 6월

단기 임대차는 당사자의 합의(계약)로 그 기간을 갱신할 수 있다. 다만 계약기간만료 전 다음의 기간 내에 해야 하며, 그 이전에는 갱신할 수 없다(민법 제620조).

- 토지임대차 : 1년
- 건물, 기타 공작물의 임대차 : 3월
- 동산 임대차 : 1월

또한 단기임대차를 갱신하는 경우 다음의 법정기간을 넘지 못한다.

- 동산임대차 : 6월
- 건물, 기타 공작물 임대차 : 3년
- 식목, 채염 또는 석조, 석회조, 연와조, 이와 유사한 건축, 목축, 토지임대차 : 10년
- 기타 토지임대차 : 5년

8) 임대인과 임차인의 권리와 의무

(1) 임대인의 권리와 의무

가. 임대인의 권리

임대차계약 체결 후 임대인은 다음과 같은 권리를 취득한다.

① 차임지급청구권과 차임증액청구권

임대인은 임대차의 권리로써 차임지급청구권과 차임증액청구권을 향유하게 된

다. 차임청구권은 임대차계약 체결시에 특별한 제한규정을 두거나 임차목적물이 주택임대차보호법이나 상가건물임대차보호법의 대상인 경우는 해당 법의 범위 내에서 차임증액이 가능하다. 차임지급청구권은 임대인에게 있어서 가장 중요한 권리이다.

② 법정 담보물권

임대인은 일정한 경우에 법정 담보물권을 다음과 같이 취득하게 된다.

- 건물, 기타 공작물의 임대인이 임대차에 관한 채권에 기하여 그 물건이나 공작물에 부속한 임차인 소유동산을 압류할 때는 법정질권을 취득한다(민법 제650조 및 제653조).
- 토지임대인이 임대차에 관한 채권에 의해서 임대지(임대목적물)에 부속 또는 그 사용의 편익에 공용한 임차인 소유의 동산 및 그 토지의 과실을 압류할 때에는 법정질권을 취득하게 된다(민법 제648조 및 제653조).
- 토지임대인이 변제기를 경과한 최후 2년의 차임채권에 의하여 그 토지에 있는 임차인 소유의 건물을 압류하면 법정저당권을 취득하게 된다(민법 제649조).

나. 임대인의 의무

임대인은 임대차계약 체결의 결과 다음과 같은 법적 구속을 당하게 된다.

① 목적물 인도의무

임대인은 임대차계약 체결 후 일정한 보증금 또는 선불로 임대료를 수수하는 경우 임차인이 임차목적물을 사용 수익하도록 할 의무와 함께 이를 위해서 그 목적물을 임차인에게 인도해야 한다(민법 제623조).

② 목적물 상태 유지의무

임대인은 임대차계약 기간이 존속하는 도안 임차인이 사용 수익에 적합한 상태로 유지해야 할 의무를 지며, 이를 위하여 다음과 같은 목적물의 수선의무와 방해제거 의무를 부담한다.

가) 목적물 수선의무

임대인은 임대존속 기간 중 임대목적물이 사용 수익하기에 부적합하게 된 경우

수선할 의무를 부담한다. 이와 같은 수선의무는 거래관념상 수선이 필요하고, 또 가능한 경우에만 수선하면 된다.

수선의 필요성이 천재지변이나 기타 불가항력으로 생긴 경우에도 임대인은 수선의무를 지며, 그 상태가 임차인의 책임으로 발생된 경우의 수선의무에는 학설의 대립이 있다. 이와 같은 경우에도 학설은 임대인에게 수선의무가 있음을 인정하는 것이 통설이다.

임대목적물의 수선의무는 임대인과 임차인의 협의나 특약으로 면제 또는 의무자가 변경될 수 있다. 그러나 구조 부분의 수선의무는 당연히 임대인이 지게 된다.

나) 방해배제의 의무

임차인이 임차목적물을 사용 수익함에 있어서 제3자가 목적물의 침탈 또는 방해하는 경우에 임대인은 방해원인, 방해상태를 제거해야 할 의무가 있다. 이와 같은 방해제거 의무는 임차인의 임차권에 의한 대항력이 있는 경우에 가지는 방해배제청구권, 점유보호청구권에 의해 스스로 제거할 수 있는 것과는 별도로 임대인에게 부과되는 의무 등이다.

다) 비용상환의 의무

임차인이 임대존속기간 중에 필요비나 유익비를 지출할 때는 이를 상환해야 한다(민법 제626조). 이를 위한 임차인은 비용상환청구권이 있다.

라) 임대인의 담보책임

임대차는 유상계약이므로 매매에 관한 규정이 준용되며, 따라서 임대인은 임대목적물에 대하여 매도인과 같은 담보책임을 부담한다.

(2) 임차인의 권리와 의무

가. 임차인의 권리

임차인은 본래의 용도 임대차계약에 기하여 임차권(사용수익권), 비용상환청구권 및 부속물매수청구권과 철거권 등을 향유하게 된다.

① 임차권

임차권이란 임대차계약 체결 결과 임차인이 갖는 권리 중 가장 중요한 권리로서 임차목적물에 대한 사용권 · 수익권을 의미한다. 그러나 임차권의 행사는 임대차계약이나 임차목적물의 성질과 관계법령에 정해진 용법이나 용도대로 사용 수익할 때 보장 된다.

이와 같은 범위를 벗어난 사용 수익은 해지의 원인이 되며, 임차권을 제한 할 뿐 아니라 채무불이행이 된다. 이와 같은 임차권은 임대인에 대하여 대항력이 있으며, 임차권의 주장은 가능하다. 권리의 본질이 채권이므로 제3자에 대하여 대항할 수 없다. 예컨대 제3자가 이마목적물의 소유권을 갖는 경우 제3자의 반환청구에 응해야 한다.

왜냐하면 매매는 원칙적으로 임대차를 깨뜨리기 때문이다. 이와 같은 경우 당초 체결되었던 임대차는 종료하고 효력을 상실하게 된다. 그러나 민법은 다음과 같은 경우에 부동산 임대차계약의 임차권에 대하여 제3자에게 대항력을 인정하고 있다.

- 부동산임대차를 등기하는 경우(민법 제621조)
  - 임차계약상 반대특약이 없는 경우 임차인에게 등기청구권이 있고, 임대인에게는 등기협력 의무가 있다. 임차권을 등기하면 물권의 대우를 받게 된다.
- 건물대지임대차(건물소유 목적 토지임대차)는 등기에 관계없이 그 지상권을 등기하는 경우(민법 제622조 제1항)
  - 이와 같은 경우의 예는 임차인이 토지를 임차하고 그 지상에 건물을 신축보전등기하는 경와 토지임차권과 그 지상물을 양도받아 이전등기를 하는 경우가 있다. 특이한 것은 위와 같은 경우 제3자에 대항력을 갖게 되나 지상건물이 임대차기간 만료 전에 멸실되거나 붕괴 · 철거 · 후폐한 때에는 토지임대차는 대항력을 상실하게 된다(민법 제622조 제2항).
- 그러나 건물임대차 중 주택임대차와 상가건물임대차보호법의 보호대상건물(상가)은 등기하지 아니하고 일정한 조건을 갖추는 경우 제3자에게 대항력을 갖게 된다(주택의 경우 임대차 계약+점유(이사)+전입신고).

② 비용상환청구권

임차인이 임차기간 동안 임차목적물에 관하여 비용을 지출한 경우에는 구별에 따라 필요비와 유익비를 청구할 수 있다.

가) 필요비

임차물의 보존에 지출된 비용을 필요비라 하며, 임대차 종료와 관계없이 지출 즉시 상환을 청구할 수 있다(민법 제626조 제1항).

필요비의 범위는 임차목적물의 원상유지, 원상회복, 통상용도에 적합한 상태 보존에 사용된 비용은 필요비로 인정한다. 필요비에 관한 규정은 임의 규정이므로 계약당사자의 협의로 지출의무를 바꿀 수 있거나 포기케 할 수 있다. 그러나 대수선의 경우 필요비의 상환을 청구할 수 있다.

민법의 규정에 따르면 일반건물임대차의 수리의무는 임대인이, 전세권의 경우 임차인(전세권자)이 부담하도록 규정하고 있으며, 건축물 골조부위는 언제나 임대인이 수리의무를 부담하도록 규정하고 있다.

나) 유익비

유익비란 임차인이 임차기간 중 임차목적물의 객관적 가치증대를 위하여 또는 개량을 위하여 지출한 비용으로서 임대차기간 종료 후 개량한 가액의 증가가 현존할 때, 그리고 현존한 범위 내에서 상환을 청구할 수 있다(민법 제626조 제2항).

상환금액은 실제 지출비용이나 증가액 중 임대인의 선택한 선택채권에 따라 정해진다.

임대차의 유익비는 임차목적물의 목적 그 자체의 가치를 증가시키는 것이 아니므로 건물 내부에 신발장, 주방 인테리어 설치에 사용된 비용은 유익비로 볼 수 없으며 임차건물에 사용하기 위한 도로의 포장공사비는 유익비에 해당된다.

유익비와 필요비는 6월의 제척기간이 적용된다. 임대인이 목적물을 반환받은 날부터 6월 내에 행사하여야 한다(민법 제654조). 다시 말하면 6월 이내에 소(訴)를 제기해야 한다.

중요한 것은 임차인의 비용상환청구권에 관하여는 유치권이 발생한다. 다만 법원이 상환기간을 허여한 경우와 임대차 종료 후 불법점유하면서 지출한 비용에 대해서는 유치권이 없다.

③ 건물임차인의 부속물매수청구권과 지상물매수청구권 및 부속물철거권

가) 부속물매수청구권

건물, 기타 공작물의 소유 또는 식목 · 채염 · 목축을 목적으로 한 토지임대차의 기간이 만료한 경우에 건물 · 수목 · 기타 지상시설물이 현존하는 때에는 임차인은 부속물의 매수청구권을 갖는다.

또한 임차인은 건물, 기타 공작물의 임차인이 그 사용의 편익을 위하여 임대인의 동의를 얻어 이에 부속한 물건이 있을 때에는 임대차의 종료시에 임대인에 대하여 그 부속물의 매수를 청구할 수 있다.

다시 말하면 민법은 관련규정을 두고 임차인이 임차물에 투자한 자본의 회수를 쉽게 하도록 임차물과 임차부속물에 대한 사회경제적 가치를 유지하도록 임대 종료시에 임차물매수청구권과 부속물매수청구권을 임차인에게 인정한다. 임차물매수청구권과 부속물매수청구권이 임차인에 발생되는 경우는 다음과 같다.

건물, 기타 공작물의 임차인의 사용편익을 위하여 임대인의 동의를 얻어 그에 부속시킨 물건 또는 임대인으로부터 매수한 부속물이 있을 때 부속물매수청구권이 인정된다.

나) 지상물매수청구권

토지임대차에 있어서 그 지상에 건물·수목, 기타 지상시설이 현존하여 임대계약 갱신을 청구하였으나 거절당했을 때 지상물매수청구권이 발생한다(민법 제643조).

이와 같은 부속물매수청구권은 형성권이므로 임차인의 단독의사표시로 상대방에 도달하면 즉시 효력이 발생한다. 또한 매수청구권이 예상되는 대금은 매수청구권을 행사할 때 시가에 의한다.

부속물매수청구권은 강행규정이므로 임차인에게 불리한 것은 무효이다(민법 제652조). 그러나 일시사영을 위한 임대차에는 부속물매수청구권은 인정되지 않는다.

이상에서 설명한 지상물매수청구권은 강행규정으로서 토지 임대차에서만 인정되고, 부속물매수청구권 역시 강행규정으로서 건물이나 공작물임대차에서만 인정된다.

다) 부속물철거권

임대인의 사전동의 없이 임차물에 부속시킨 물건에 대해서는 부속물매수청구권이 발생되지 아니하고 철거권만 인정된다.

또한 임차인은 임대차 종료시 그 임차권에 기초하여 부속시킨 물건은 철거할 수 있다(민법 제654조).

비용상환청구권과 부속물매수청구권을 비교하면 다음과 같다.

구 분	비용상환청구권	부속물매수청구권
목적물	독립한 물건	건물의 구성부분
권리행사 경우와 조건	임대인의 동의 받고 부속 또는 임대인으로부터 매수 경우	비용발행 경우
법적 성질	강행규정	임의규정

나. 임차인의 의무

임차인의 의무란 임대차에 있어서 임차인이 지켜야 할 법적 구속을 의미하는 것으로 민법 제633조(차임지급 의무), 민법 제634조(임차인의 통지의무), 민법 제640조(차임연체와 해지), 민법 제641조 등의 규정에서 임차인의 의무를 규정하고 있다.

임차인의 중요한 의무를 크게 분류하면 다음과 같다.

- 차임지급의무
- 임차물 보관의무
- 임차물 반환의무

임차물 보관의무를 다시 세분하면 다음과 같다.

- 선관의무(선량한 관리자의 주의의무)
- 통지의무
- 인용의무

임대차의 임차인 의무를 분설하면 대체로 다음과 같다.

① 차임지급 의무

차임이란 임차인이 임차물에 대한 사용 수익 대가로 지급되는 금전 또는 유가물을 의미하는 것으로 임차인은 차임지급 의무를 일차적으로 부담한다. 임차인의 의무 중 가장 기본적 의무인 동시에 중요한 의무이기도 하다. 또한 차임지급은 임대차계약의 요소이다. 차임은 금전, 기타 곡물, 기타 대체물로 지급이 가능하나 금액이나 종류에 대해서 민법상 일체의 제한은 없다. 차임의무는 복수의 다수인이 임차한 경우에는 그 수인의 임차인 모두가 연대하여 차임지급 의무를 진다. 차임 지급시기는 원칙적으로 약정한 날에 지급해야 한다. 다만 계약서상 특별한 규정이 없는 경우 다음과 같이 지급하면 된다. 또한 민법은 지급시기에 대하여 후불을 원칙으로 하고 있다.

- 동산, 또는 건물, 대지는 매월 말
- 기타 토지임대차는 매년 말
- 수확기 있는 것은 수확 후 즉시 지급해야 한다(민법 제633조).

② 차임증감청구권

임대인과 임차인은 다음 경우에 해당될 때는 상호 임차료의 증감을 청구할 수 있다. 즉 사정변경에 의하여 차임의 증감을 청구할 수 있다.

- 차임약정시와 증감청구시 경제사정에 변동이 있을 것
- 일시사용 임대차가 아닐 것
- 증액청구의 금지약정이 없을 것
- 증감청구시 종래 약정된 차임이 상당하지 않을 것

또한 임차물의 일부 멸실에 따라서도 임차료의 증감을 청구할 수 있다(민법 제627조 제1항). 즉 임차물의 일부가 임차인의 과실 없이 멸실, 기타 사유로 사용 수익할 수 없게 된 때에는 임차인은 멸실된 부분의 비율에 따라 차임의 감액을 청구할 수 있다.

다시 말하면 천재지변, 불가항력에 의하여 임차물의 일부가 멸실 훼손되거나 토지수용 등 당사자 쌍방이 책임 없는 사유로 일부 사용 수익불능, 임대인의 수선의무 불이행 등 임대인의 귀책사유로 인한 일부 사용 수익 불능시 민법 제627조 제1항(일부멸실 차임증감청구)을 적용한다.

다만 잔존 부분만으로 임차목적을 달성할 수 없을 때는 계약을 해지할 수 있다(민법 제627조 제2항).

- 차임증감청구권의 행사방법은 차임청구권은 형성권이므로 재판 외에서는 상대방에 대한 의사표시로 한다.
- 차임증감청구권의 효력은 청구의 의사가 도달한 때부터 차임은 객관적으로 증감된다. 사정변경에 의한 증감은 장래에 대한 차임이 증감된다.

• 차임채권 확보방법 :

일정한 경우 토지 건물 임대인에게 법정담보물권(법정질권, 법정저당권)을 인정한다(민법 제648조~제650조, 제653조).

③ 차임연체와 해지

가) 건물, 기타 공작물임대차

건물이나 공작물이대차시 임차인의 차임연체액이 2기분에 도달할 때 임대인은 계약을 해지할 수 있다. 2기 연체의 의미는 연속 2기는 물론 연체총액이 2기분에 달한 경우도 해당된다. 일시임대차에는 적용되지 아니하며 강행규정이다. 임차인에게 불리한 것은 무효이다(민법 제652조).

나) 토지임대차

건물, 기타 공작물 소유 또는 식목·채염·목축을 목적으로 하는 토지 임대차 역시 2기 임차료를 연체하는 경우 임대인은 해지할 수 있다. 그러나 토지 지상에 건물, 기타 공작물이 저당권의 목적이 되어 있을 때는 그 저당권자에게 통지 후 상당기간 경과해야 해지의 효력이 생긴다(민법 제642조).

④ 임차물 보관의무

임차인을 임차물을 반환할 때까지 선량한 관리자의 주의의무로 임차물을 보관하고, 임차물에 대하여 권리를 주장하는 자가 있을 경우 지체없이 임대인에게 통지해야 하며, 임대인이 임차물에 보존행위를 하고자 할 때 인용의무가 있다. 즉 임차물 보관과 관련하여 다음과 같은 의무가 있다.

- 선관의무
- 통지의무
- 인용의무

⑤ 임차물 반환의무

임차인은 임대차기간이 종료하면 임차물을 원상회복하여 임대인에게 반환해야 한다. 그리고 부속물은 임대인이 원하지 않을 경우 철거해야 한다.

9) 임차권의 양도와 전대

(1) 양도와 전대의 의의

임차권의 양도란 임차인이 향유하고 있는 임차권의 동일성을 유지하면서 새로운 양수인에게 이전하는 것을 의미한다. 낙성 · 불요식 계약으로서 양도인과 양수인 사이에 합의만으로 유효하게 성립한다.

이와 같은 양도에 대하여 우리나라 민법은 제한주의를 채택하고 있으므로 원칙적으로 임대인의 동의(사전 · 사후 동의)없이는 양도하지 못한다(민법 제629조 제1항). 양도를 계약으로 보지 아니하고 계약인수(임대인 · 임차인 · 양수인 3자 합의)로 보는 설이 있으나 소수설에 불과하다.

임대차의 전대란 임차인이 임차권의 대상인 임차물을 전차인(제3자)에게 사용 수익시킬 목적으로 임차권을 임차인이 유지하면서 전대인의 자격으로 전차인에게 임차물에 대한 계약을 말한다. 전대차계약 체결만으로 전대차는 유효하게 성립한다.

(2) 양도와 전대의 차이점

양도는 임차인의 임차권은 소멸하고 새로운 양수인에게 귀속하나 전대는 임차인의 임차권은 그대로 유지하고 전차인은 새로운 임차권을 취득한다.

(3) 대항요건

- 임대차의 양도나 전대는 임대인의 동의 없이도 유효하나 임대인 기타 제3자에게 대항하려면 임대인의 동의가 필요하다.
- 동의를 구하는 자는 양수인 · 전차인 등 누구라도 개별적으로 또는 일반적으로 사전, 사후에도 할 수 있다.
- 동의방식 또는 시기에는 제한이 없다. 양도 · 전대 전에 하는 것이 좋다. 동의의 상대방 역시 그 중 누구든 상관없다.
- 동의사실 입증책임은 양수인이나 전차인이 진다.

(4) 합법적 양도 · 전대의 효과

임대인의 동의를 받고 행한 양도 또한 전대를 의미한다.

가. 합법적 양도

- 임차권은 동일성을 유지하면서 양수인에게 확정적으로 이전된다.
- 임차인의 임차권은 상실되고 임차관계에 완전히 자유롭게 된다.
- 양수인이 임차권을 승계하고 임차인으로서 권리와 의무를 진다.
- 임차권의 권리의무는 장래에 향한 것이며, 양수·양도 계약 전의 연체차임 채무, 기타 손해배상채무, 공과금 등 특약이 없는 한 양수인에게 이전되지 아니한다.

나. 합법적 전대

① 임대인과 전대인 관계

전차인은 임대인과의 임대차관계가 성립되지 않으나 임대인에 대하여 차임지급의무 등 직접의무를 부담한다. 기존 임차인의 의무범위 내에서 체결된 전대차계약에 의하여 그 내용이 정해진다.

② 임대인과 임차인 관계

임대인과 임차인 사이의 임대차에 의한 권리의무는 그대로 유지된다. 임차인은 보관의무가 있으므로 전차인의 과실에 책임을 진다(불진정 연대 채무부담).

③ 임차인(전대인)과 전차인 관계

- 전대차계약에 따라 새로운 법률관계가 발생한다. 원래의 계약내용과 다르게 작성 체결되어도 상관없다.
- 전차인은 전대인에게 직접의무를 부담하므로 그 범위 내에서 임차인(전대인)에 대하여 차임채무를 면하게 된다.

(5) 전대차의 존속기간

전대차의 존속기간은 원칙적으로 본래의 임대차가 종료되는 경우, 즉 기간만료되는 경우 또는 기타 이유로 인하여 종료되면 전대차는 종료된다. 그러나 예외적으로 민법은 전대차의 존속보장을 위하여 특칙을 두고 있다.

이와 같은 민법의 특칙의 내용을 설명하면 다음과 같다.

- 전대차의 기초가 되는 임대차계약이 해지 통고로 인하여 종료되는 경우 이를

전차인에게 통지해야 하며, 만약 통지를 하지 않을 경우 임대인은 해지로서 전차인에게 대항하지 못한다. 전차인이 이와 같은 통지의 효력은 부동산임대차의 경우 6월, 동산임대차의 경우 5일이 경과해야 해지의 효력이 생긴다. (민법 제638조 제2항, 민법 제635조 제2항).

- 임대인과 임차인 합의로 본래의 임대차계약을 종료한 경우라도 전차인의 권리는 소멸하지 아니한다(민법 제631조).
- 임차인이 그의 임차권을 포기한 경우에도 권리는 소멸하지 않는다.
- 일정한 경우 전차인은 매수청구권이나 임대청구권을 가진다. 건물, 기타 공작물의 소유나 식목 · 채염 · 목축을 목적으로 토지임차인이 적법하게 그 토지를 전대한 경우, 임대차와 전대차 기간이 동시에 만료되고 지상시설이 현존할 때에는 전차인은 임대인에 대하여 전 임대차와 동일한 조건을 임대할 것을 청구할 수 있다(민법 제644조 제1항).

(6) 불법양도와 불법전대

임대인의 동의 없이 임차인이 임차물을 양수인 또는 전차인에게 임차권의 전부 또는 일부를 양도하거나 전대하는 경우 불법양도 또는 불법전대라 한다.

- 그러나 임대인의 동의는 전대나 양도의 유효요건이 아니므로 불법양도나 불법전대도 양도나 전대의 당사자간에는 유효하다. 다만 임대인에게는 대항할 수 없다. 다시 말하면 임대인에게 임차권의 취득을 주장할 수 없으며, 임대인이 소유권에 의한 물권적 청구권을 행사하여 방해배제를 청구할 경우 양수인이나 전차인은 이에 응해야 한다.
- 그러나 임대인과 임차인 사이에 체결한 임대차계약을 해지하지 않는 한 양수인과 전차인이 직접 임대인에게 임차물의 반환을 청구할 수 없고 임차인에게 반환을 청구할 수 있다.
- 임차인이 무단전대나 무단양도시 임대인은 해지할 수 있다. 그러나 임차인이 임차물의 일부를 전대하는 경우에는 임대인의 해지권은 행사하지 못한다(민법 제632조). 그러나 이와 같은 규정은 임의규정에 불과하다.
- 임차인은 보관의무가 그대로 존재하며 임차물에 파손 · 멸실 등의 손해가 발생하면 임차인은 양수인과 전차인이 불진정연대 손해배상 책임을 진다. 왜냐

하면 양수인과 전차인은 인차인의 이행보조자 지위에 있기 때문이다.

10) 보증금

(1) 보증금의 의의

토지나 건물임대차(부동산임대차)에 있어서 채무(차임채무, 손해보상채무 등)를 담보하기 위하여 임차인 또는 제 3자가 임대인에게 교부하는 금전 기타 유가물을 의미한다. 우리나라 민법에는 이에 관한 특별한 규정은 없으나 임대차 관습에 의하여 오래 전부터 실시되고 있다.

보증금은 월세보증금, 전세보증금 등으로 구분할 수 있으나 무보증금부 월세제도(방식)이나 단기 하우징 렌털 임대방식 또는 임대료 선납제 임대방식 등에는 보증금의 개념은 없다.

보증금은 정지조건부 반환채무를 수반하는 금전소유권의 이전이라는 법적 성질이 있다.

(2) 보증금의 기능

우리나라 임대제도는 미국이나 일본 등의 임대제도와는 달이 임대보증금은 다음과 같은 기능을 하고 있다.

- 손해배상채무 담보기능
- 차임충당금 기능(차임 연체시)
- 차임의 변칙적 지불기능(채권적 전세, 전세권)
- 차임의 보충적 기능(월세보증금)

전술한 바와 같이 일반적으로 전세라 호칭하는 채권적 전세(미등기전세, 일반적으로 관습상 전세라 호칭하는 임대제도)의 경우나 전세권의 경우 교부되는 다액의 전세금의 이자를 통하여 임대료 지불의 변칙적 기능을 하고 있다.

또한 월임대료(차임)의 경우 교부되는 보증금 역시 이자수입을 통하여 차임의 보충기능을 수행하고 있다.

(3) 보증금계약

보증금은 보증금 계약시에 수수되는 금전으로서 그 기능은 전술한 바와 가타. 보증금

계약은 임대차 계약과는 별개의 계약이나 체결하고자 하는 임대차계약에 종된 계약이다. 따라서 계약금계약은 후속적으로 이어지는 임대차계약이 체결되고 유효하게 성립될 때 비로소 보증금계약도 유효하게 성립된다.

보증금계약은 요물계약으로 통상 이루어진다. 왜냐하면 계약체결 후 보증금의 수수를 수반해야 하기 때문이다. 그러나 낙성계약으로도 가능하다.

보증금계약은 임대차계약과 동시에 체결될 필요는 없다. 또한 보증금계약의 당사자는 임차인이나 제3자도 될 수 있다.

보증계약시의 보증금의 금액에 관해서는 우리 민법에 아무런 규정이 없다. 다만 관습상 행해지고 있을 뿐이다.

결론적으로 보증금계약은 임대계약 체결시 수수되는 보증금이 아니라 별도로 체결되는 보증계약으로서 후속적으로 이루어지는 임대차계약이 이루어질 때 비로소 유효하게 이루어지는 종된 계약의 성질밖에 없다.

(4) 보증금의 효력

보증금은 임대료(차임)의 미지급시 임차물의 손괴 · 멸실 · 훼손 · 파손 · 고장 등에 대한 손해배상이나 위약금 등 임대차 관계에서 발생되는 모든 임차인채무를 담보하며, 임대기간 만료시 임차인 책임의 임차인 책임의 임차인 채무금액만큼 공제하고 반환하게 된다. 따라서 임대인은 임차인채무를 우선 변제받는 효과가 있다.

묵시의 갱신(법정갱신)의 경우에는 종전의 임차보증금은 그대로 존속되나 제3자가 제공한 임차보증금은 소멸되므로 임대인은 종전의 보증금을 납부하도록 청구해야 한다.

임대인의 변경의 경우에는 보증금이 승계되는 경우와 승계되지 않는 경우가 있다. 주택임대차보호법이나 상가건물임대차보호법의 보호대상 주택과 상가건물의 임차보증금은 대항력에 의하여 당연히 법적으로 승계되어 신소유자가 보증금에 대하여 책임지게 된다.

그러나 일반건물의 임대차의 경우 임차인에게는 대항력이 없으므로 신소유자와 임차인은 신규 임대차계약을 다시 체결해야 한다.

(5) 보증금의 반환과 반환청구권

보증금은 정지조건부 반환채무를 수반하는 금전소유권의 이전이라고 보는 견해(통설)에 따라 보증금 반환청구권의 발생은 임대차 종료시 임차물 반환 때 임차인의 채무가 없는 것을 정지조건으로 발생한다고 주장하고 있다. 그러나 대법원 판례와 소수설의 견해는 보증금 반환청구권은 임대 종료시 임대인의 반환채권의 존재를 해제조건으로 발생된다고 주장하고 있다.

이상과 같이 보증금 반환청구권은 통설의 정지조건이나 판례와 소수설의 해제조건이 건간에 보증금 반환은 임차물 반환과 동시이행 관계에 있다. 동시이행 관계의 청산범위는 보증금 중에서 연체료, 미납관리비, 기타 비영 모두를 공제한 잔여보증금과 임차물 반환시(명도시) 동시이행으로 반환하게 된다.

11) 권리금

권리금이란 도시 상업지역에서 부동산, 특히 건물임대차시에 유형적 재산 가치(영업시설 비품, 유형물)와 무형의 재산적 가치[영업의 노하우, 점포위치, 상권, 거래처 신용, 상호(브랜드의 가치)]의 이전과 그 부동산이 가지는 장소적 이익의 대가나 기존 상업권에 대한 보상 및 기존 시설에 대한 대가 등의 명목으로 양도인(임차인)과 양수인, 전대인(임차인)과 전차인 사이에 수수되는 금전을 의미한다.

특수한 경우이기는 하나 임대인이 임차인에게 임대차시 수수되는 경우도 있다. 이와 같은 경우에는 임대차 종료시 임대인은 임차인이 그에 상응하는 권리금을 새로운 임차인(양수인)에게 수수하더라도 인용해야 한다.

권리금은 건물임대에 관한 관행의 산물이며, 민법 등 다른 법률에서 이에 관한 제한이나 명문규정이 없다. 권리금 역시 보증금의 경우와 같이 권리금계약에 의하여 수수되며, 이에 해당되는 양도양수계약(새로운 임대차계약)의 유효한 성립시에만 권리금 수수도 유효하다.

권리금에 대하여 임대인은 하등의 법적 책임이 없으며, 임대차계약 체결시 비록 임대인이 임차인에게 권리금의 인정을 서면으로 약속했다고 해서 임차인은 임대차 종료시 이를 임대인에게 주장할 수 없다. 다만 임대인이 권리금 수수를 용인한 후 임대인이 임차인의 권리금 회수를 방해할 목적으로 정당한 사유 없이 임차물의 반환을 요구하는 경우에는 임대인이 권리금의 지급의무가 있다(대법원 판례, 2000.4.1, 2000다4517 및 4524).

12) 임대차의 종료

임대차의 종료란 임대차 종료 원인에 의하여 임대차계약의 효력정지를 의미하는 것으로 종료 원인은 다음과 같다.

- 임대기간 만료(존속기간 만료)
- 해지통고
- 해지(합의해지와 법정해지)

(1) 임대기간의 만료

임대차계약서에 임대기간의 약정을 명기한 경우(존속기간의 약정이 있는 경우)는 임대기간이 만료되면 임대차는 종료하게 된다. 다만 법정갱신(묵시의 갱신)의 경우에 예외적 규정이 있다.

(2) 해지통고

가. 기간의 약정이 없는 임대차(법정갱신 포함)

계약당사자는 언제든지 계약해지 통고를 할 수 있다. 해지통고의 효력은 상대방이 통고받는 날로부터 다음 기간이 경과되었을 때 해지의 효력이 발생한다.

① 토지 · 건물, 기타 공작물임대차(민법 적용대상)

- 임대인 해지통고 : 6월
- 임차인 해지통고 : 1월

② 동산임대차(민법 적용대상)

- 임대인 · 임차인 공히 해지통고 : 5일

③ 주택임대차(주택임대차보호법 적용대상)

- 임대인 해지통고 못함
- 임차인 해지통고 : 3월

④ 상가건물임대차(상가건물임대차보호법 적용대상)

- 임대인 해지통고 못함
- 임차인 해지통고 : 3월

나. 임대차기간의 약정이 있는 임대차에 있어서 약정해지권 유보 경우

계약 당사자 쌍방 또는 일방이 해지권리를 가지는 경우(유보하는 경우) 해지 권리자는 상대방에게 해지통고를 할 수 있고, 그 효력은 민법의 규정(법 제636조)에 따라 묵시적 갱신의 해지통고시와 같은 효력을 갖는다.

다. 임차인 파산선고의 경우

임대인 또는 파산관재인은 해지통고할 수 있다(민법 제637조 제1항). 통고 후 일정기간이 경과 후 임대차는 종료된다. 즉 민법 제 635조에 의하여 약정 없는 임대차의 해지통고와 같이 통고 후 해지의 효력이 생긴다.

(3) 법정해지

약정해지와 관계없이 다음의 경우 법정해지에 해당되어 일정기간의 경과를 기다리지 아니하고 즉시 임대차 종료의 효력이 발생한다. 다시 말하면 법정해지권자에 의한 해지의 의사표시가 상대방에게 도달할 때 임대종료의 효과가 발생한다.

가. 임대인의 법정해지권

- 임차인이 임대인 동의 없이 임차권을 불법 양도 또는 전대한 때(민법 제929조)
- 부동산임대차에 있어서 임차인이 2기분 이상의 차임을 연체한 때(민법 제640조 및 제641조)
- 임차인이 보증금지 의무를 이행하지 않은 때

나. 임차인의 법정해지권

- 임차인의 과실 없이 임차물 일부가 멸실되어 임차의 목적을 달성할 수 없을 때(민법 제627조)
- 임대인이 임차인 의사에 반하여 보존행위를 함으로써 임차의 목적(사용 수익)을 달성할 수 없을 때(민법 제625조)

13) 임차권의 비교

건물토지(부동산) 임대차를 규정하고 있는 민법의 임대차의 임차권과 특별법인 주택임대차보호법상 주택임차권 및 상가 건물임대차보호법의 상가건물임차권 및 권세권을 상호 비교하면 〈표 4-1〉과 같다.

〈표 4-1〉 임차권과 전세권의 비교

구분	일반임차권	주택임차권	상가건물임차권	전세권
대항력	없음 단 임차권 등기하면 있음(민법 제621조)	있음(대항요건 충족시) • 주택인도 • 주민등록(전입신고 익일)	있음(대항요건 충족시) 건물인도 관계법(부가가치세법, 소득세법, 법인세법)에 의한 사업자 등록신청	있음
성질	채권 등기하면 물권	채권	채권	물권
존속기간	최장기 20년 (예외 있음) 최단기규정 없음	최장기 20년 최단기 2년	최장기 20년 최단기 1년	최장기 10년 최단기 1년(건물)
사용대가	차임	차임	차임	전세금
양도	임대인 동의	임대인 동의	임대인 동의	임의양도(양도자유)
갱신	가능	가능	가능 임차인 하자 없는 경우 5년 보장	가능
수리비	임대인 부담	임대인 부담	임대인 부담	전세권자 부담 (임차인 부담)
우선변제권	없음	있음 (대항력+확정일자)	있음(대항력+확정일자)	있음
권리승계	불인정	인정	인정	인정
증감청구	명문규정 없음	인정 1년1회 (약정차임 또는 보증금의 20분의 1의 금액 범위 내)	인정 1년 1회 (당시의 차임, 보증금의 100분의 12의 금액 범위 내)	명문규정 없음
부속물매수청구권	있음	있음	있음	있음

3. 주택임대차

1) 주택임대차의 관계 법률

주택임대차에 관한 관계 법률에는 주택임대차보호법이 있다. 주택임대차보호법은 주거용건물(주택)에 관하여 국민의 주거생활 안정을 목적으로 민법에 대한 특례를 인정하고 있다.

주택임대차보호법은 무주택 서민(주택임차인)을 적극 보호함으로써 서민 주거생활의 안정을 목적으로 하고 있는 사회법 성격의 법률로서 전 13조로 구성되어 있으며, 본업 외에 시행령을 두고 있다.

즉 주택임대차보호법은 주택임대차에 관하여

- 민법의 특례를 규정하고 있으며
- 임차인을 위한 강행규정이고
- 주택임차인의 주거생활 안정에 목적을 두고 제정되었다.

2) 적용범위

- 주택임대차보호법은 주거용건물의 전부 또는 일부의 주택임대차에 관하여 적용한다(법 제2조).
- 또한 주거용건물의 일부가 주거 외의 목적으로 사용되는 경우에도 적용된다.
- 뿐만 아니라 미등기전세(채권적 전세)에도 적용된다. 이와 같은 전세금은 임대차의 보증금으로 본다(법 제12조).
- 그러나 일시사용을 위한 임대차에는 본법은 적용되지 않는다(법 제11조)

3) 주택임대차의 개념과 임대차 대상 주택

① 주택임대차는 임대인(당사자의 일방)이 임차인에게 주택을 사용 수익케 하고, 그 대가로 일정한 차임을 받기로 한 계약을 말한다. 따라서 건물(주택)의 임대차에만 적용되고 사용대차에는 적용되지 아니한다.

② 주택임대차는 주거용건물, 즉 주택에 대해서만 적용된다.

- 주거용건물의 판단기준은 등기공부나 행정공부에 의하여 판단할 것이 아니라 건물사용의 현황, 실제용도 등으로 보아서 현실적으로 주거용도로 쓰이는 있는지 여부에 따라 실질적으로 판단해야 한다.
- 따라서 실질적으로 사람이 주거용도로 살고 있는 건물(주택 포함)인 경우 등기 여부, 준공 여부(사용가 여부), 건축허가 여부와 관계없이 주택으로 본다. 주거용건물의 판정시기는 주택임대차 계약시를 기준으로 해서 판단해야 한다.
- 그러므로 비주거용건물을 임차하여 주거용건물로 개조한 경우에는 본법의 적

용에서 제외된다. 그러나 임대차계약 당시 임대인과 임차인이 합의에 따라 주거용도로 개조하여 주거로 사용하고 있는 건물에는 주택임대차보호법이 적용된다.

- 주거용건물에 해당되는 건물의 전부나 일부의 임대차 모두 본법의 적용을 받는다.
- 법인은 주택임대차보호법의 보호대상이 아니다. 주택임대차보호법은 자연인 중 무주택 서민을 보호할 목적으로 제정된 법률이므로 법인에게는 적용되지 않는다.
- 주택임대차 보호법의 적용을 받는 구분소유건물의 경우(아파트, 연립주택, 다세대주택)에는 지번 외에 동, 층수, 호수까지 전입신고해야 하며, 단독 주택이나 다가구주택 같이 비구분 소유건물은 지번만 기재하여도 임대차의 공시방법으로 유효하다.
- 겸용주택(주거용도+다용도 건물주택)의 경우 주용도가 주거이고 타용도가 종인 경우(예컨대, 6평 주거, 5평 점포 경우) 에도 건물 전체가 주택임대차보호법의 대상이 된다.
- 주거용건물일지라도 일시적으로 사용하는 건물은 본법의 적용대상이 아니다. 일시적 사용기준은 기간의 장 · 단기, 목적, 동기 등 여러 사정을 종합해서 판단해야 한다.

4) 대항력

(1) 대항력의 의의와 요건

주택임대차에 있어서 대항력이라 함은 주택임대차에 관한 등기가 없는 경우라도 임차인이 주택임대차계약을 체결하고 주택의 인도(이사)와 주민등록 전입신고를 하는 경우 다음날(익일)부터 제3자에 대하여 대항력을 갖는다.

이와 같은 대항력의 의미는 임차물 주택이 매매나 경매된 경우에도 매수인 또는 경락인에게 임차인은 임차권을 행사할 수 있는 권리를 의미한다. 이와 같은 경우는 매매는 임대차를 깨뜨리지 못한다.

주택임대차보호법은 제3조 제2항에서 "임차주택의 양수인은 임대인의 지위를 승계한 것으로 본다"라고 규정함으로써 매수인이나 경락자는 당연히 임대인의 권리와 의무까지 포괄승계한 것으로 해석해야 한다.

(2) 대항력의 내용

가. 임대인의 지위승계

지위의 승계 개념은 임대차 관계뿐 아니라 보증금의 권리의무도 승계하는 것을 의미하며, 따라서 영도인(전 임대인)은 임차인에 대하여 보증금 채무는 소멸하고 양수인(매수인)이 임대보증금 채무변제 의무를 부담하게 된다.

나. 주민등록

- 임차인의 자녀(공동생활 가족)가 전입신고한 경우에도 주택임대차보호법의 대항요건의 하나의 주민등록을 마친 것으로 볼 수 있다(대법원 판결 19886. 14.87 다카3093 및 3094).
- 일시적으로 주소를 이전하는 경우는 대항력을 상실하게 된다. 왜냐하면 대항력의 요건인 주민등록 주소는 계속 유지하고 있어야 하기 때문이다.
- 주소는 주민등록부상의 주소를 기재해야만 대항력을 갖게 된다. 그러나 공무원의 실수로 주민등록이 잘못 기재된 경우에는 주택임대차보호법의 보호를 받을 수 있다.

다. 임차인의 지위

임차인이 선순위저당권이 설정된 주택에 주택임대차계약을 체결하고 이사(점유이전, 주택인도), 전입신고 및 확정일자를 받아 2순위의 지위에 있을 때 후순위인 2번 저당권자의 경우 경매신청에 의하여 임차물이 경매되는 경우 주택임차인의 지위는 불안하게 된다.

왜냐하면 1번 저당권자(선순위) 기준으로 우선배당의 지위가 결정되므로 1번 저당권의 배당(변제)이 이루어진 후 잔여 배당금이 있을 때 우선보호대상이 되고, 소액 임차보증금은 최우선 보호를 받는다. 이와 같은 경우 1번 저당권에 대하여 대위변제하는 경우 임차권은 소멸하지 아니하고 대항력을 갖게 된다.

임차인의 지위는 대항력 요건 외에 확정일자를 받음으로써 임차인의 지위와 순위가 확정된다. 따라서 임차물의 입주시 반드시 확정일자를 받아두는 것이 임차인에게 유리하다.

라. 담보책임

대항력이 있는 주택임차권의 목적이 된 주택이 매매 또는 경매된 경우 임대인은 매수인에 대하여 담보의 책임을 져야 한다(법 제3조).

5) 주택임대차 보증금

주택임대차 보증금은 주택이대차보호법의 규정에 따라 일정한 요건을 충족하는 경우 등기하지 아니한 상태에서 ① 보증금의 우선보호제도, ② 소액 임차보증금 최우선보호제도를 통하여 강력히 보호된다.

구체적인 내용을 설명하면 다음과 같다.

가. 보증금 우선보호제도

주택임대차 보증금은 주택임대차보호법의 규정에 따라 일정한 요건을 충족하는 경우 담보물권과 같은 효력이 인정되어 후순위건이나 일반채권자보다 우선보호대상이 된다.

다시 말하면 주택임차인이 주택임차계약을 체결하고, 주택을 인도받아 이사하고 주민등록 전입신고를 경료한 경우 익일부터 대항력이 생긴다. 이와 같은 대항력을 가지고 있는 주택임차인이 주택임대차계약서를 공중인, 또는 법원 서기로부터 확정일자를 받는 경우 보증금 우선보호 요건을 충족하게 되며, 민사집행상의 경매, 또는 국세징수법상의 공매시 임차주택(건물)의 환가대금(배당금)에서 후순위 권리자나 기타 채권자보다 우선하여 보증금을 변제받을 권리가 있다(법 제3조 제2항).

확정일자의 의미는 그날 그 시간(그날 현재)에 그 문서(주택임대차계약서)가 존재하고 있었음을 증명하기 위하여 공중인, 동사무소, 또는 법원 서기가 임대차계약서상에 확정일자부의 번호를 기입하거나 일자인을 찍는 것을 말한다.

확정일자는 대항력을 갖춘 주택임차인의 우선보호 대상의 순위를 결정짓는 기능을 하게 되며, 공매나 경매시 후순위 기타 채권자(보통순위 해당 채권자)보다 우선하여 배당금으로부터 보호를 받을 수 있게 된다.

확정일자는 원본의 계약서를 지참하고 전입신고시 또는 그 이후에 해야 하며, 임대차계약서상에 공란이 없어야 하며, 일정한 수수료를 납부해야 한다. 본인은 물론 대리인도 신청이 가능하며, 분실하면 재발급이 안 된다. 임대인의 동의가 필요 없으며, 공증사무소의 공증을 받는 경우 확정일자를 받을 필요가 없다.

또한 대항력만을 갖춘 경우에도 임차주택의 양수인에게 임대보증금을 반환청구할 수 있으며, 다만 임대기간의 만료 후와 임차물의 인도와 동시에 청구할 수 있다.

왜냐하면 임차보증금과 임차물의 반환은 동시이행 관계에 있기 때문이다.

확정일자와 관련하여 주의할 사항은 대항력과 확정일자를 모두 갖춘 최종시점과 저당권의 등기일이 동일한 경우에는 저당권이 우선한다는 점이다. 왜냐하면 주택대항력의 요건인 최종 전입신고(주택 인도 역시 같은 개념임) 다음날(익일)부터 효력이 주어지기 때문이다.

또한 특기할 사항은 주택이 신축되어 보존등기가 경료된 후 하등의 제한물권의 설정이 없는 상태에서 주택임차의 대항력(확정일자 관계없이)의 요건을 충족하는 경우 임차인이 선택적 권리자가 되어 경매나 공매시 최우선 보호대상이 되고 , 공매나 경매시 임차기간이 6월 이상 잔여기간이 남아 있는 경우에는 임차기간 만료 후 경락인에게 보증금의 청구도 가능하다는 점이다. 다만 순위보존을 위하여 확정일자를 받아두는 것이 현명하다.

임대차 보증금의 우선보호대상에 해당되어 우선배당을 받는 경우 이의가 있는 이해관계자는 경매법원 또는 체납처분청에 이의를 신청할 수 있으나 이해관계자의 이의신청 후 7일 이내 임차인을 상대로 소(訴)를 제기하는 경우에만 보증금 배당을 유보하고 판결의 결과(소송의 결과)에 따라 임차보증금을 지급하게 된다.

나. 소액 임차보증금 최우선 보호제도

주택임대차보호법은 제8조에서 보증금 중 일정액(소액보증금)을 다른 담보물권자보다 우선하여 변제받을 권리가 있음을 명기하고 있다. 그러나 이와 같은 소액 임차보증금에 대한 최우선 보호를 받으려면 다음과 같은 요건을 충족해야 한다.

① 경매신청권 대항요건 구비

주택임차인은 당해주택에 대한 경매신청에 있어서 경매개시 등기(보통 등기부 갑구에 '임의경매'로 촉탁등기됨) 전에 대항요건 (주택인도+전입신고)을 갖추어야 한다. 다만 이 경우 확정일자는 받을 필요가 없다.

② 주택 소액 임차보증금 보호대상에 해당

소액 임차보증금을 보호받으려면 다음과 같이 각 권역마다 임차보증금이 보호대상에 해당되어야 한다.

가) 수도권 등 과밀억제지역
보증금 4천만원 이하

- 서울특별시
- 인천광역시(강화군, 옹진군, 중구 운남동, 운북동, 운서동, 남북동, 덕교동, 을왕동, 무의동, 서구 대곡동, 금곡동, 오류동, 마전동, 왕길동, 당하동, 원당동, 연수구 송도매립지, 남동유치지역은 제외)
- 의정부시
- 구리시
- 남양주시(호평동, 평내동, 금곡동, 일패동, 이패동, 삼패동, 가운동, 지금동 및 도농동에 한함)
- 하남시, 고양시, 수원시, 성남시, 안양시, 부천시, 광명시
- 과천시, 의왕시, 군포시, 시흥시(반월 특수지역은 제외함)

나) 광역시(인천광역시 제외)
보증금 3천5백만원 이하

다) 그 밖의 지역
보증금 3천만원 이하

주의할 점은 하나의 주택에 2인 이상의 임차인의 주거하는 경우 가정 공동생활자인 경우 이들을 1인의 임차인으로 보아 이들의 보증금을 합산하여 일정 보호금액을 초과하는 경우 보호대상에서 제외된다는 점이다.

③ 권리신고

이상과 같이 주택 대항력 요건을 경매개시 전에 갖추고 임차보증금이 각권역마다 보호대상에 해당되는 경우라 할지라도(권리자라 할지라도) 경매진행과정 중 일정한 시기에 담당계에 소액 임차보증금에 대한 권리신고를 해야 한다. 일정한 시기란 경매를 실시하고 7일 이내 경매허가 법정이 열리기 전까지 경매사건 집행계에 서류를 갖추어 권리신고를 필해야 한다.

이상과 같이 소액 임차보증금의 보호요건을 충족하는 경우 각 권역마다 다음과 같은 일정금액은 다른 물권보다 최우선 보호를 받아 최우선적으로 경매집행 법원

으로부터 변제받게 된다.

가) 수도권 중 과밀억제권역

1천6백만원 이하

나) 광역시(인천관역시 제외)

1천4백만원 이하

다) 그밖의 지역

1천2백만원 이하

이와 같은 소액 임차보증금의 최우선 보호조건은 최우선 보호금액이 주택가액의 1/2를 초과하는 경우에는 주택가액의 1/2 범위 내에서 우선변제된다.

다. 주택임차보증금의 보증내용에 대한 요약

이상에서 설명한 임차인 보증금에 대한 우선변제에 관하여 정리하면 다음과 같다.

- 소액 임차보증금의 우선변제 요건은 주민등록(전입신고 익일)+ 주택 인도(이사)이고, 우선순위는 선순위 담보채권자보다 우선한다.
  소액 주택임차보증금의 범위는
  - 수도권 중 과밀억제권역은 4천만원 이하
  - 광역시(인천광역시 제외)는 3천5백만원 이하
  - 그 밖의 지역은 3천만원 이하이다.

  최우선 보호대상 금액은
  - 수도권 중 과밀억제권역은 1천6백만원 이하
  - 광역시(인천광역시 제외)는 1천4백만원 이하
  - 그 밖의 지역은 1천2백만원 이하이다.
- 일반주택 보증금의 우선변제 요건은 주민등록(전입신고 익일)+주택 인도 +확정일자이며, 우선순위는 후순위 담보권자보다 우선한다.
- 주택임차인 보호제도에 있어서 확정일자를 갖춘 임차인의 보호내용은 다음과 같다.

- 임차보증금에 대한 금액제한은 없다.
- 대항요건의 구비시기는 확정일자 익일이다.
- 우선변제권의 범위는 후순위권자에게 대항할 수 있으나 선순위 권리자에게 대항하지 못한다.
- 주택가액의 범위는 제한이 없다. 이 경우 대지가액을 포함한다.

• 임차인 보호제도에 있어서 소액임차인의 보호내용을 정리하면 다음과 같다.

- 소액임차인의 보증금과 보호대상 금액(괄호 안의 금액)은 해당지역에 따라 4천만원(1천6백만원), 3천5백만원(1천4백만원), 3천만원(1천2백만원) 등이며
- 대항요건의 구비시기는 경매개시 등기 전까지 해야 하며
- 우선변제권의 범위는 후순위는 물론, 선순위 담보권자에게 대항이 가능 하며
- 주택가액의 범위는 배당금 중 토지가액을 제외한 주택가액의 1/2 범위 내에서 최우선 보호된다.

6) 주택임차권등기 명령제도

가. 의 의

주택임대차의 임대기간은 임차주택의 소재지를 관할하는 지방법원, 지방법원 지원 또는 시·군 법원에 임차등기 명령을 신청할 수 있다.

나. 신청요건

• 임대차 종료 후에 신청
• 보증금을 반환받지 못하는 주택임차인이 신청
• 소재지 관할 지방법원, 지방법원 지원, 시·군 법원에 신청해야 한다.

다. 신청서 기재 사항

• 신청의 취지 및 이유
• 임대차 목적인 주택(주택의 일부 경우 도면 첨부)
• 임차권등기의 원인된 사실

라. 임차권등기의 효력

• 대항력 및 우선변제권을 취득한다.

– 즉 임차권등기를 함으로써 이마 취득한 대항력, 우선변제권은 상실되지 아니한다.
– 등기가 경료된 주택은 등기 후에 임차권을 취득하여도 우선보호 효력이 없다.
– 임차권등기 소요비용은 임대인에게 청구할 수 있다.

- 민법 규정에 의한 임차권등기의 경우에도 우선변제적 효력을 인정한다.
- 임차권은 일반적으로 민사집행법에 의한 경매시에 소멸한다. 그러나 보증금의 전액이 변제되지 아니한 대항력 있는 임차권은 소멸되지 아니한다.

7) 임차권의 존속기간과 법정갱신

가. 존속기간

임대차에 있어서 존속기간이라 함은 계약 또는 법률적으로 구속되는 기간을 말한다. 주택임대차의 존속기간은 계약서상 기간의 정함이 있는 경우에는 약정에 따르나 기간의 정함이 없거나 2년 미만으로 정한 경우 2년 기간에 대하여 유효함을 주장할 수 있다.

주택임대차보호법에는 최장기에 대한 기간의 명시는 없으나 민법의 정신에 따라 최장기는 20년으로 추정된다. 다시 말하면 임대주택 기간의 최단기는 2년이며, 2년 이상의 경우 약정에 따르고, 기간 약정이 없는 경우는 2년으로 본다. 다만 임차인은 2년 미만의 약정시 이를 주장할 수 있다.

그러나 임대차기간의 종료 후 보증금 반환시까지는 임대기간이 존속한 것으로 본다(법 제4조 제2항).

나. 법정갱신

임대인이 기간 만료 6개월부터 1월까지 임차인에게 갱신 거절의 통지 또는 조건 변경에 대한 갱신의 뜻을 통지하지 아니한 경우에는 그 기간이 만료된 때에 전 임대차와 동일한 조건으로 다시 임대한 것으로 보며, 임차인이 임대기간 만료 1월 전까지 통지하지 아니한 때에도 역시 법정갱신(묵시의 갱신)이 된다.

이와 같은 경우 존속기간의 정함이 없는 계약이 되어 임차인은 언제든지 해지통고할 수 있고, 임대인이 통고받은 날로부터 3월이 경과하면 효력이 생긴다. 그러나 임대인은 해지할 수 없다.

또한 2기 차임액에 달하도록 차임을 연체하거나 기타 임차인의 의무를 현저히 위반시에는 임차인에 대해서 법정갱신이 인정되지 않는다(법 제6조 제2항).

8) 보증금 및 차임증감청구권

약정한 차임이나 보증금이 조세 기타 공과금 부담의 증감이나 경제사정의 변동으로 상당하지 아니한 때 당사자는 장래에 대하여 그 증감을 청구할 수 있다(법 제7조).

증액 청구범위는 약정차임 또는 보증금의 1/20의 금액을 초과하지 못한다. 임대차계약 또는 약정한 차임보증금 증액이 있는 후 1년 이내에 다시 이를 초과하지 못한다(법 제7조).

그리고 월차임 전환시의 산정률의 제한내용은 보증금의 전부 또는 일부를 차임으로 전환되는 금액에 은행법에 의한 금융기관에서 적용하는 대출금리 및 당해지역의 경제여건 등을 감안하여 대통령령이 정한 비율을 곱한 월차임의 비율을 초과할 수 없다(법 제7조의 2). 그 비율은 주택임대차보호법 시행령 제2조의 2에서 규정하고 있다.

4. 상가건물임대차

1) 의 의

상가건물임대차에 관한 관계법에는 상가건물임대차보호법이 있다. 상가건물임대차보호법은 상가건물임대차에 있어서 일반적으로 경제적·사회적 약자인 상가임차인을 보호함으로써 임차인들의 경제생활 안정을 위하여 임대차에 대한 민법의 특례를 인정한 법률이다.

상가건물임대차보호법은 전18조로 구성되어 있는 법률로서 2001년 12월 29일 제정되었다. 상가건물임대차보호법은 임차인에게 불리한 것은 효력이 없는 이른바 편면적 강행규정이라 할 수 있다.

2) 적용대상

- 영업용으로 사용되는 상가건물로서 사업자등록의 대상이 되는 상가건물이 본 업의 보호대상이 되고 적용된다.

- 그러나 상가건물이라도 대통령령이 정하는 보증금액(환산보증금 포함)을 초과하는 상가임대차에 관해서는 본법은 적용되지 않는다(법 제2조제1항). 본법의 적용대상 상가건물의 보증금 한도는 다음과 같다.

  - 서울특별시 : 2억4천만원 이하
  - 수도권정비계획법에 의한 과밀억제권역 : 1억9천만원 이하
  - 광역시(군지역과 인천광역시 제외) : 1억5천만원 이하
  - 기타 지역 : 1억4천만원 이하

환산보증금은 보증금 외 차임(월세)이 있는 경우 월세차임에 100을 곱하여 보증금에 환산한 금액을 말한다.

- 일시사용을 위한 상가임대차에는 본법은 적용되지 않는다.
- 본법은 미등기전세 계약에도 적용된다. 전세금은 보증금으로 본다.

3) 상가임대차의 대항력

- 상가건물임대차보호법 제3조 제1항에 의하면 본법의 보호대상이 되는 상가건물임대차는 상가건물의 인도(임대차계약 체결과 이사, 입주, 점유)와 소득세법 제168조, 부가가치세법 제5조, 법인세법 제111조에 의한 사업자등록을 신청한 때에는 익일(그 다음날)부터 제 3자에 대하여 대항력이 생긴다. 즉 경매시 배당금으로부터 변제되는 보호순위는 후순위권자보다 우선하여 배당을 받을 수 있을 뿐만 아니라 제3자에게 대항할 수 있다. 즉 임차권의 주장과 임대보증금에 대하여 우선보호를 받을 수 있다.
- 또한 새로운 임차건물의 양수인(매수인, 임차권리 승계자)은 임대인의 지위를 승계한 것으로 인정되므로 임차인의 보증금 및 임대인의 책임과 의무를 부담해야 한다.

4) 보증금의 보호제도

상가건물의 임대차에 있어서 일정한 요건을 갖춘 경우에는 우선변제권과 최우선 변제권이 있다.

가. 우선변제권

- 대항요건+확정일자(관할 세무서장)를 받은 경우, 임차인은 민사집행법에 의한 경매, 국세징수법에 의한 공매시 환가대금(배당금)에서 후순위 권리자나 그 밖의 채권자보다 우선하여 보증금을 변제 받을 권리가 있다(법 제5조제2항).
- 임차건물을 양수인에게 인도하지 아니하면 임차인은 보증금을 수령할 수 없다.

나. 최우선 변제권

- 경매신청등기 전 대항요건 구비
- 상한액을 임대건물 가액의 1/3 의 범위 내에서 당해지역의 경제여건, 보증금과 차임 등을 고려하여 정한다.
- 하나의 상가건물에 임차인이 2인 이상인 경우(초과하는 경우) 각 보증금의 합산액에 대한 각 임차인의 일정액의 비율로 상가건물 가액의 1/3에 해당하는 금액을 각 임차인의 보증금 중 일정액으로 본다(시행령 제7조 제3항).
- 최우선 변제대상과 최우선 변제보증금의 범위(괄호 안 금액)은 다음과 같다.

  - 서울특별시 : 4천5백만원 이하(1천3백5십만원 이하)
  - 수도권 정비계획법에 의한 수도권 중 과밀억제권역 : 3천9백만원 이하(1천1백7십만원 이하)
  - 광역시(인천광역시와 군지역 제외) : 3천만원 이하(9백만원 이하)
  - 기타 지역 : 2천5백만원 이하(7백5십만원 이하)

5) 상가건물임차권등기 명령제도

임대차 종료 후 임차보증금을 받지 못한 임차인은 임차건물의 소재지 관할 지방 법원, 지방법원의 지원, 시·군 법원에 임차권등기 명령을 신청할 수 있다.

기각의 경우 임차인은 항고할 수 있다.

임차권 등기 소요비용은 임대인에게 청구할 수 있다.

6) 상가건물 임대기간(존속기간)

- 약정이 없거나 1년 미만 임대차는 1년으로 본다(법 제9조 제1항). 그러나 임차인은 1년 미만의 주장이 가능하다.

- 종료 후 보증금 반환시까지 임대차 관계가 존속한다(법 제9조 제2항)
- 계약갱신 : 만료 전 6월부터 1월 사이에 임차인의 갱신요구에 대하여 정당한 사유 없이 임대인은 거절하지 못한다(법 제10조 제1항).
- 임대인의 갱신거절 사유는 다음과 같다.

  - 3기 차임 연체
  - 거짓 부정한 방법으로 임차
  - 쌍방합의로 상당한 보상을 한 경우
  - 동의 없이 일부 또는 전부 전대나 양도
  - 고의 중대한 과실, 파손
  - 임차목적물 멸실로 임대목적 달성 불능
  - 전부, 대부분 철거 또는 재건축을 위하여 점유회복 필요
  - 임차인의 의무 현저한 위반, 임대 존속하기 어려운 중대한 사유 발생

- 갱신요구권 : 임차인은 임대기간 포함 5년을 초과하지 않는 범위 내에서 요구가 가능하다.
- 갱신된 임대차는 전 임대차와 동일한 계약으로 인정되나 차임과 보증금의 증감청구는 가능하다.
- 묵시적 갱신 : 임대인이 임대기간 만료 갱신요구 기간에 갱신거절이 통지, 조건변경 통지를 아니하는 경우 그 기간이 만료시에 전 임대차와 동일한 조건으로 재임대한 것으로 인정된다. 다만 기간의 정함이 없는 것으로 보이며, 이를 상가건물임대차의 묵시적 갱신이라 한다. 묵시적 갱신의 경우 임차임은 언제든지 임대인에 대하여 계약해지를 통고할 수 있으며, 통고 후 3개월이 경과하면 해지효력이 발생한다. 임대인은 해지할 수 없다.

7) 차임증감 청구

계약당사자는 임차건물의 조세, 공과금, 그 밖의 부담의 증감이나 경제사정 변동으로 차임이 상당하지 아니한 때에는 장래에 대하여 그 증감을 청구할 수 있다.

차임증감 범위는 청구 당시의 차임 또는 보증금의 12/100의 범위를 초과하지 못한다. 약정차임의 증액, 임대차계약 후 1년 이내에는 증액을 청구하지 못한다(법 제11조 제2항).

5. 농지임대차

농지임대차는 건물의 임대차의 범주는 아니나 임대차에 관한 특별한 연구대상이므로 이를 간략하게 소개하고자 한다.

농지임대차는 농지법 제2절 제22조에서 제29조에 결쳐(제24조와 제25조는 1999.3.31일 자로 삭제됨) 간략하게 규정하고 있다.

이를 설명하면 다음과 같다.

1) 농지임대차 대상

농지 임대차 대상은 다음과 같다.

- 농지법 제6조제1호, 제3호 내지 제9호 해당농지
  - 국가 또는 지방자치단체가 농지를 소유하는 경우 초·중등교육법 및 고등교육법에 의한 학교, 농림부령이 정하는 공공단체, 농업연구기관, 농업생활자단체 또는 종묘 기타 농업기자재를 생산하는 자가 시험·연구·실습지 또는 종묘생산농지로 농림부령이 정하는 바에 의하여 농지를 취득하여 소유하는 경우
  - 상속(상속인에게 한 유증을 포함한다. 이하 같다)에 의하여 농지를 취득하여 소유하는 경우
  - 대통령령이 정하는 기간 이상 농업경영을 하던 자가 이농하는 경우. 이농당시 소유하고 있던 농지를 계속 소유하는 경우
  - 제12조 제1항의 규정에 의하여 담보농지를 취득하여 소유하는 경우(자산유동화에 관한 법률 제3조의 규정에 유동화 전문회사 등이 제12조 제1항 내지 제4호의 규정에 의한 저당권자로부터 농지를 취득하는 경우를 포함한다.)
  - 제6조 제1항의 규정에 의한 농지전용허가(다른 법률에 의하여 농지전용 허기가 의제되는 인가·허가·승인 등을 포함한다)를 받거나 제37조 또는 제45조의 규정에 의한 농지전용신고를 한 자가 당해농지를 소유하는 경우
  - 제36조 제2항의 규정에 의한 농지전용협의를 완료한 농지를 소유하는 경우
  - 농업기반공사 및 농지관리기금법 제24조 제2항의 규정에 의한 농지의 개발사업지구 안에 소재하는 농지로서 대통령령이 정하는 1천5백제곱미터 미만의 농지 또는 농촌정비법 제83조 제4항의 규정에 의한 농지를 취득하여 소유하는 경우

- 농지이용 증진사업 시행계획에 의한 농지
- 병원, 징집, 취학, 선거에 의한 공직 취임, 기타 대통령령이 정하는 부득이한 사유로 일시적으로 농업경영에 종사하지 아니하게 된 자의 소유농지
- 60세 이상의 고령으로 더 이상 농업에 종사하자 못하게 된 자의 소유농지
- 소유하고 있는 농지를 주말체험 영농을 하고자 하는 자에게 임대 사용케 하는 농지

2) 임대방법

- 임대차나 사용대차는 원칙적으로 농업을 경영하는 자에게 한한다.
- 계약은 서면으로 하는 것을 원칙으로 한다.

3) 임대기간 갱신

임대인이 임대차기간 만료 3월 전까지 그 계약의 갱신 또는 거절의 의사표시를 하지 아니한 때에는 그 기간이 만료된 때에 종전의 임대차와 동일한 조건으로 재임대한 것으로 본다.

즉 묵시의 갱신이 된 것으로 본다.

4) 지위승계

농지임차물을 양수한 자는 임대인의 지위를 승계한 것으로 본다. 따라서 임대인의 권리와 의무를 승계한 것으로 본다.

5) 국 · 공유지 농지에 대한 특례

국유재산법, 지방재정법에 의한 국유농지와 공유재산 농지에 관해서는 임대차방법(제23조)과 묵시의 갱신(제26조), 임대인의 지위승계(제28조)는 적용되지 않는다.

6. 집합건물임대차

1) 구분소유건물의 의의

구분소유건물이라 함은 1동의 건물 중 구조상 또는 기능상 구분된 수개의 부분이 독립한 건물로서 사용할 수 있는 건물을 말한다. 독립한 부분은 구분소유권의 대상이 되며, 독립한 건물권리필증을 갖게 된다.

특히 상가건물의 구분소유 개념은 구분점포의 용도가 판매 및 영업시설이고, 1동의 건물 중 구분점포를 포함한 판매 및 영업시설 용도에 해당되는 바닥면적의 합계가 1천평방미터 이상이면서 경계를 명확히 식별할 수 있는 표지 중 견고히 설치하고, 표지판을 견고하게 부착한 구분점포(그 건물 부분)는 구분소유권의 목적이 되며, 이를 상가집합건물이라 한다.

집합건물에는 상가건물, 오피스텔, 연립주택, 아파트, 다세대주택, 주상복합건물 등이 있으며, 수개의 건물이 이용상 구분된 경우에 그 구분은 구분소유권의 목적이 되고, 구분소유 부분이 독립적으로 사용되는 건물을 집합건물이라 한다. 특히 상가 건물의 이용상 구분된 부분을 구분점포라 한다.

2) 집합건물임대차의 법적 근거와 배경

집합건물임대차에 관하여 일반법인 민법의 적용을 받는 외에 특별법으로 규정된 법령은 없으나 집합건물에 대한 소유 및 관리에 관한 법률에서 구분소유자 전원에 의하여 관리단을 반드시 구성해야 하고, 구분소유자가 10인 이상인 경우 관리인을 반드시 선임해야 하며, 관리규약을 제정하고 이를 해당건물의 건물 부분을 소유하거나(소유자) 관리자, 권리승계자, 임차인 등 모두가 준수해야 한다.

그러므로 일반건물의 임대차와 같이 민법의 적용으로 임대차의 효력이 확정되는 것이 아니라 집합건물의 구분소유자 전원에 의해서 승인된 규약에서 임대차에 대한 업종 · 권리 · 의무 등을 엄격히 규제하고 있으므로 임차권을 원하는 임차인이나 임대인은 이를 충분히 숙지하고 준수해야 한다.

뿐만 아니라 이를 개정하고자 하는 경우 구분송자 지분의 과반수 이상의 동의가 있어야 하므로 임대차관리에 여러 가지 제약이 가해지고 있다.

집합건물임대차에 대한 법적 근거는 물론 민법이 되겠으나 집합건물의 소유 및 관리에 관한법률에서 규정하고 있는 관리규약이 구분점포가 있는 상가건물의 집합건물의 임대차에 심대한 제약과 영향을 미치고 있다. 왜냐하면 집합건물의 소유 및 관리에 관한법률 제5조(구분소유자의 권리의무)에서 구분소유자는 건물의 보존에 해로운 행위, 기타 건물의 사용관리에 관하여 구분소유자는 구분소유자의 공동의 이익에 반하는 행위를 하지 못하도록 규정하고 있기 때문이다.

집합건물임대차에 규제와 영향을 끼치는 집합건물의 소유 및 관리에 관한 법률은 1984년 4월 10일에 제정된 법률로서 구분소유건물의 소유 및 관리에 관한 근거법의 역할과 기능을 하고 있다.

제5절 건물관리관계 계약관리활동

1. 건물관리관계 계약의 의의

건물관리관계 계약이라 함은 건물재산관리에 직접 관련이 있는 계약으로서 체결되었거나 체결이 불가피한 계약들을 의미한다. 이에는 건물임대차계약, 건물관리용역계약, 건물보수공사도급계약, 구매계약, 건물보험계약 등이 있다.

계약관리는 법률관리이고 법률행위의 관리이기 때문에 법률관리상에 문제가 발생하면 재산의 손실발생은 물론 시간상 또는 건물경영상 여러 가지 문제점이 나타나게 된다. 그러므로 관리자는 계약관리를 함에 있어서 체계적으로 그리고 전문적으로 관리하여 건물관리 관련계약상의 문제가 발생되지 않도록 주의해야 한다.

2. 건물관리관계 계약의 종류

건물관리관계 계약의 종류는 관리대상 건물의 성격·규모·용도 등에 따라 다소 달라지나 업무용 임대수익성 대형건물(빌딩)을 대상으로 전개되는 건물의 재산관리와 시설관리 중심으로 기술하면 건물재산관리관련 계약의 종류는 대체로 다음과 같다.

① 건물매매계약
② 건물임대차계약
③ 건물시설관리(대행)계약
④ 주차장사용계약
⑤ 청소용역계약
⑥ 경비용역계약
⑦ 건물위탁관리계약
⑧ 물품공급(구매)계약
⑨ 저당권 설정계약
⑩ 전세권설정계약
⑪ 건물관리종사자 근로계약
⑫ 건물화재보험, 영업배상책임보험 등 건물관리 관련보험계약
⑬ 에너지 장기공급 계약
⑭ 시설물관리용역계약
⑮ E/L 안전점검 및 유지보수계약
⑯ 보수공사도급계약
⑰ 시설물검사 대행계약, 정말안전진단계약 등의 기타 계약

건물재산과 시설 등을 관리하기 위해서 필요로 하는 계약의 종류는 앞에서 대체로 살펴보았으나 열거한 모든 계약의 종류가 모든 건물에 공통적으로 적용되지 않는다는 점을 유의해야 한다. 앞에서 열거한 계약의 종류는 주로 대형 임대용 수익성 건물의 재산관리과 시설관리시에 적용되며, 건물의 용도 · 규모, 관리의 성격 설비의 종류, 관리조직과 구성원의 상태에 따라 다소 차이가 있다.

또한 후술하는 각 계약의 내용 중에도 건물의 주된 용도 · 규모 · 성격 등에 따라 적용의 정도에 차별성이 있으므로 관리자는 이를 참고하여 관리대상건물에 해당되는 것만 적용하는 것이 현명하다.

3. 계약관리 유의 사항

건물자산법률관리의 담당자는 건물관리관계 계약서 작성과 취급 및 사후관리 등 계약관리에 있어서 다음과 같은 점을 주의하거나 유의해야 한다.

1) 계약서 작성원칙

계약은 법률행위이므로 청약과 승낙의 의사표시가 합치하는 즉시 책임을 져야 하므로 관리자는 각종 계약 체결시 다음과 같은 계약서 작성원칙을 준수하여 정확하게 계약을 체결해야 한다.

① 확실성의 원칙
② 투명성의 원칙
③ 간결성의 원칙
④ 용이성의 원칙
⑤ 자유의사의 원칙

즉 계약은 확실하게 투명하게 그리고 간결하면서도 알아보기 쉽게 작성되어야 하며, 서로 자유의사에 의하여 계약의 체결되어야 한다.

2) 계약용어

계약용어는 반드시 법률용어만을 사용할 필요는 없으나 계약체결 후에 사용용어에 대한 해석상의 분쟁이 생길 수 있으므로 표현상 다른 해석의 여지가 없는 명료한 용어, 명확한 용어, 확실한 용어를 사용하되 외국어나 한문 등 난해한 용어 사용은 가급적 삼가해야 한다.

3) 계약문자

이해하기가 용이한 쉬운 한글로 표기하되 외국 문자는 가급적 삼가야 한다. 상대방이 이해할 수 없는 경우가 있기 때문에 금액을 나타내는 숫자의 표기는 위조 또는 변조를 방지하기 위하여 로마숫자는 피하고 한자의 壹, 貳, 參이나 한글의 일, 이, 삼과 같이 한자와 한글로 표기하는 것이 현명하다.

4) 계약내용

계약은 거래당사자의 의사표시의 합치(주관적 합치와 객관적 합치)이므로 계약내용상의 모든 부분에 걸쳐 주관적 합치(사람에 대한 합치)와 객관적 합치(내용상의 합치)가 되어야 한다. 뿐만 아니라 계약은 계약 당사자의 자유의사에 의하여 합치되어야 한다(자유의사의 원칙)

따라서 강박 · 사기 또는 착오나 통정허위표시(계약당사자가 서로 짜고 하는 법률행위)에 의하여 계약 내용이 작성되어서는 원칙적으로 계약의 효력이 부인되거나 취소의 사유가 된다.

5) 계약의 서면화와 작성 통수

계약은 법률행위이므로 후일 법적 분쟁시 물적 증거로 채택될 수 있으므로 반드시 서면화하고 계약 당사자가 이를 대비하여 보관해야 하므로 계약당사자가 2명인 경우 2통 작성하여 당사자가 각 1통씩 보관하는 것이 현명하다.

부동산 매매의 경우는 계약 당사자용, 중개사 보관용과 검인용 등 5통의 계약서 작성이 요구된다. 통상 표준계약서나 미리 인쇄된 계약서식을 사용하는 경우가 있으나 반드시 읽어보고 삭제 또는 첨언하거나 특약사항이 있는 경우 이를 명기해야 한다.

6) 삭제, 첨언 및 수정

작성된 (또는 미리 인쇄된 계약 서식)계약서 위에 다시 계약당사자의 합의로 첨언하거나 삭제하는 경우 반드시 삭제부분에는 두 줄로 긋고 계약당사자가 공동으로 날인해야 한다. 삭제, 첨언하는 경우 계약서 좌우여백에 몇 자 삭제, 몇 자 첨언이라 기재하고 날인해야 한다.

7) 서명날인

서명날인은 권리자가 직접 서명해야 하며 날인하는 것이 바람직하고 유효하다. 권리자가 아닌 경우에는 반드시 권리자의 위임장이 첨부되어야 한다.

8) 확정일자, 검인 또는 공증

서명 날인된 계약서가 관계법령 또는 계약 내용에 의하여 필요한 경우 확정일자, 검인(예 : 부동산 매매 계약서 검인)이나 공증법률사무소에서 공증받아 두어야 한다.

9) 수입인지의 첨부

체결된 계약은 인지세법에 따라 적절한 인지를 각각 첨부해야 한다. 인지첨부는 계약서 효력에는 전혀 관계가 없다. 다만 인지세법에 따라 해당되는 계약서(예 : 전세권 설정계약)에만 첨부하면 된다.

10) 필기도구와 글씨의 색상

필기도구는 연필과 같이 쉽게 지워지는 것을 사용하지 말아야 한다. 글씨의 모양은 쉽게 알아볼 수 있는 서체이여야 하고, 쓰거나 타이핑을 하는 것은 무방하나 원본과 사본이 동일해야 한다. 색상은 검정색이 무난하다.

11) 여백의 표시

계약서는 작성 후 여백이 있는 경우 반드시 여백 표시를 하여 작성 후에 위조 또는 내용이 변조되는 것을 방지해야 한다.

12) 계약서 서식 및 규격

계약서 서식은 반드시 표준계약서만을 사용하거나 고집할 필요는 없다. 계약자유원칙의 하나인 계약방식의 자유에 따라 계약서식은 자유롭게 작성해도 무방하다. 계약서 규격은 A4용지 크기로 하되 세로보기로 하는 것이 좋다.

13) 계약서 보관

계약체결 후 서명 날인한 계약서는 후일 재사용될 경우가 있으므로 주의하여 보관해 두어야 한다. 부동산 계약서류 등은 영원히 보존해야 한다.

14) 필요적 기재사항

필요적 기재사항이라 함은 계약서 작성시 계약내용에 반드시 포함되어야 할 내용으로서 생략하는 경우 계약내용에 흠결이 생기게 하는 조항을 말한다.

모든 종류의 계약서에는 각각 필요적 기재사항이 동일하지 아니하다. 그러나 건물자산관리상에 등장하는 계약의 종류를 크게 나누면 주로 건물 입주계약, 용역계약, 구매(납품)계약, 근로계약, 권리설정계약, 보수공사 도급계약 등으로 분류된다.

따라서 건물자산관리관계 계약에 필요한 공통적인 필요적 기재사항을 기술하면 다음과 같다.

① 계약명칭
② 거래 목적물(물건 또는 용역)의 표시
③ 거래대금의 총액과 지급시기 및 장소와 방법
④ 목적물(물건 또는 용역)의 인도와 장소 및 시기
⑤ 계약기간(시기와 종기)
⑥ 권리이전 또는 용역제공의 내용
⑦ 해지 또는 해제 사유
⑧ 권리와 의무
⑨ 손해배상 또는 위약금
⑩ 거래당사자의 면책의 범위와 담보책임
⑪ 계약체결일
⑫ 계약당사자의 인적사항

4. 건물매매계약

1) 서 설

건물재산관리에 있어서 매매계약은 시설관리(FM : Facilities Management) 개념에서는 찾아볼 수 없으나 PM(Property Management)개념의 건물재산관리에서는 당연히 등장하게 된다. 왜냐하면 PM개념의 재산관리개념은 건물을 자산으로 상정하고 경영을 접목하여 수익극대화를 추구하기 때문에 수익극대화의 목표를 달성하기 위한 임대차계약과 함께 건물의 매각(매매), 또는 매도에 대한 매매계약이 자연스럽게 등장하게 된다.

그러나 협의 관리개념이나 유지관리개념, 기술관리개념, 또는 시설관리개념의 FM 측면에서는 건물의 매각이란 상상도 할 수 없다. 왜냐하면 FM관리개념은 시설관리개념으로 건물시설들을 보존 · 이용 · 개량의 개념이기 때문이다.

건물자산관리학이 추구하는 학문적 목표는 건물을 재산과 시설로 보고 건물재산에 대해서는 경영개념을 접목하고, 이를 통해서 건물경영목표와 수익극대화의 목표를 달성하며, 한편 건물을 시설로 보고 건물시설에 대해서는 관리개념을 접목하여 건물시설의 보존 · 이용 · 개량의 목표를 달성하고자 함에 있다.

따라서 건물자산관리학은 건물재산을 경영 측면에서 경영개념을 접목함과 동시에 PM개념을 함께 접목, 재산관리목표를 달성할 수 있도록 이론과 기법과 원칙을 제공하고 있다.

그러므로 건물재산경영 측면에서 필연적으로 등장하는 건물매매에 대한 계약이론을 체계적으로 연구하고 이해하는 것이 바람직하다.

2) 매매계약의 의의

매매라 함은 매매당사자 일방이 재산권을 상대방에게 이전할 것을 약정하고, 상대방이 그 대금을 지급할 것을 약정함으로써 효력이 생기게 하는 계약을 의미한다. 즉 재산권을 이전하는 사람(매도인)과 대금을 지급하는 사람(매수인)은 동시에 재산권 이전과 대금지급을 이행해야 한다. 또한 매도인은 재산권(목적물과 소유권)을 함께 이전해야 한다.

이와 같은 매매를 보다 구체적으로 설명하면 다음과 같다.

① 매매는 민법전 중 제3편 채권법에서 규정하고 있는 전형계약(유명계약)이다. 채권법은 14가지의 전형계약을 명시하고 있는바 매매는 그 중 하나인 전형계약에 해당한다.

② 또한 매매는 낙성계약이고 유상계약이며, 쌍무계약인 동시에 불요식계약이다.

③ 매매는 재산권 이전계약이다. 그러므로 매매의 목적물은 성질상 또는 법률적으로 처분이 가능해야 하나 매매의 목적물이 현존하지 않아도 되고, 매도인에게 귀속하지 않아도 된다. 그러므로 생산 전의 물품 또는 건물도 매매의 대상이 된다.

④ 또한 매매는 대금(금전)의 지급을 요소로 한다. 즉 재산 이전의 급부에 대한

반대급부로 대금을 현금으로 지급해야 한다. 그것도 동시이행으로 지급해야 하며, 반드시 금전으로 급부해야 한다. 왜냐하면 금전 이외의 재산 또는 권리의 이전의 약정은 매매가 아니라 교환이 되기 때문이다.

3) 매매의 목적물

매매의 목적물이란 매매의 대상물을 의미한다. 매매의 대상에는 동산의 부동산도 해당되며, 부동산 중 토지와 건물이 주된 매매의 대상물들이다. 그러나 매매의 목적물이 되기 위해서는 경제적 가치가 있는 물건이어야 하고, 이 물건은 관리가 가능해야 하고, 확정할 수 있어야 하며, 특정된 물건이어야 한다. 또한 이 물건은 사용 · 수익 · 처분에 문제가 없어야 한다. 또한 매매의 목적물은 법률상 또는 성질상 처분이 가능한 것이어야 한다.

4) 매매계약의 성립

매매계약은 낙성계약이고 불요식계약이므로 매도인과 매수인 사이에 재산권 이전과 그 대금의 지급을 약정하는 경우 유효하게 성립된다. 그러나 민법에서는 이와 같이 유효하게 성립하는 매매의 계약 성립에 3가지 예외적인 특칙을 두고 있다.

즉 ① 일방예약은 상대방이 매매예약 완결의사를 표시할 때 계약이 성립한다. ② 일방예약의 완결 의사표시 기간을 표시하지 아니한 때는 예약자는 상당기간 정하여 매매완결 여부를 최고할 수 있다. ③ 예약자가 상당기간 내에 확답을 얻지 못하면 예약은 효력을 상실한다.

5) 계약금

(1) 계약금의 의의

계약이라 함은 계약을 체결할 때 계약당사자 중 일방이 계약상대방에게 교부되는 금전 또는 물건을 의미한다.

계약금 교부는 일종의 하나의 계약이며 요물계약으로서 계약에 부수해서 이행되는 종된 계약이다. 그러나 주된 계약과 동시에 성립할 필요가 없다.

(2) 계약금의 종류

계약금의 종류는 다음과 같은 3가지 종류가 있다.

가. 증약금

증약금의 계약금은 계약체결의 단순한 증거의 의미를 갖는 계약금을 의미한다.

나. 위약금

계약을 위반하는 경우 몰수할 것을 약정한 계약금을 의미한다. 위약금은 계약 불이행에 대한 손해배상액의 예정으로 약정되는 경우에 손해배상을 계약금으로 배상된다. 계약서상에 계약 불이행에 대한 계약금 포기 또는 배액변상 기재는 이와 같은 손해배상액의 예정일이 측정되고 있다.

그러나 이와 같은 경우 위약금이 과다할 경우 손해배상소송을 통하여 법원이 적당한 범위 내에서 감액이 가능하다.

다. 해약금

해약금이란 계약의 해제권을 보류하는 작용을 하는 계약금을 의미한다. 우리 민법은 계약금을 매매와 같은 유상계약에 있어서 해약금으로 추정하고 있다(민법 제565조).

즉 해약금(계약금)이 상호 교부된 경우 계약이행의 착수 전(중도금 지불 전)까지 교부자는 계약금을 포기하고, 계약금 수령자는 배액에 상당 금액을 상환함으로써 체결된 계약을 해제할 수 있다. 즉 일정한 해약금이 교부되면 이에 관한 다른 의사표시가 없더라도 계약해제권이 보류된 것으로 인정하고, 일정한 금전적 손실을 전제로 계약당사자에게 계약해제의 자유를 민법은 인정하고 있다.

이와 같은 해약금에 의한 계약해제는 일반적인 다른 해제와 달리 원상회복의 의무가 생기지 아니하며, 손해배상청구권도 발생되지 않는다.

6) 매매의 효력

매매계약이 성립되면 매매의 효력이 발생한다. 매매계약의 효력은 주된 효력(권리의무)과 부수적 효력으로 나타난다.

(1) 매매의 주된 효력

- 매도인의 재산권(소유권)의 이전과 목적물의 인도의무
- 매수인의 매매대금 지급의무

(2) 매매의 부수적 효력

- 매도인의 매매목적의 보존의무(인도 전까지)
- 매도인의 재산권 이전시 권리이전에 관계서류 이전의무
- 종물 또는 종된 권리도 함께 이전 의무(특약이 있는 경우 예외임)

7) 매매효력(권리와 의무) 이행방법

매매가 체결되면 전술한 바와 같이 매도자나 매수인 모두에게 각각 권리와 의무(주된 의무와 종된 의무)가 발생한다. 이와 같은 권리의무 중 재산권 이전과 대금 지급은 동시 이행하여야 한다. 즉 매도인의 매매목적물과 재산권 이전서류는 대금지급과 동시이행 관계에 서게 된다.

8) 매도인과 매수인의 의무

(1) 매도인의 의무

매도인은 매매가 성립되면 다음과 같은 의무를 부담한다.

- 재산권 완전이전 의무
- 목적물 인도의무
- 매도인 담보책임
- 목적물 인도 전 보존의무

(2) 매수인의 의무

- 대금지급의 의무
- 목적물 수령의 의무

9) 매도인의 담보책임

매도인의 담보책임이란 매매목적물인 물건이나 권리상에 하자나 흠결 또는 불완전한 것이 존재할 때에 매수인에 대하여 부담하는 책임을 의미한다. 매도인의 담보 책임은 법정책임인 동시에 무과실책임이다. 매도인의 담보책임은 물건과 권리 모두에 해당된다.

(1) 물건의 흠집에 대한 매도인의 담보책임

매매한 물건에 흠집이 있는 경우 일반적으로 매수자의 다음과 같은 주장에 대한 책임을 져야 한다.

가. 계약해제

매매목적물에 흠집의 정도가 심하여 계약목적을 달성할 수 없는 경우 매수자가 계약해제를 주장하는 경우 해제에 대한 책임을 져야 한다.

나. 손해배상

물건의 하자로 상대방(매수자)에게 손해가 발생하면 손해를 변상해야 한다.

다. 대금감액

매매목적물에 수량이나 하자가 있는 경우 매수자가 대금감액을 청구하는 경우 그에 상응하는 대금을 감액해주어야 한다.

라. 완전물급부

매매목적물인 물건에 하자가 있어 매수자가 완전물을 요구하는 경우 매도자는 완전물은 급부해야 한다.

마. 수리 또는 보완

매수자가 수리 또는 보완을 요청하는 경우 수리 보완해주어야 한다.

바. 목적물 반품

매수자가 매수한 물건에 하자가 너무 심하여 매수목적을 달성할 수 없는 경우 매수 즉시, 또는 일정한 기일 내에 반품을 요구하는 경우 목적물 반품에 응해야 한다.

(2) 권리하자에 대한 매도인의 담보책임

권리하자는 권리의 전부가 타인의 권리인 경우와 권리의 일부가 타인의 권리인 경우가 있다.

가. 권리의 전부가 타인의 권리인 경우

- 매수인은 선의·악의와 상관없이 계약해제권이 있다.
- 매수인이 타인 소유임을 몰랐던 것에 대한 선의이면 계약해제권 외에 손해배상청구권을 갖는다.

나. 권리의 일부가 타인의 권리인 경우

- 매수인은 선의·악의와 관계없이 대금감액청구권이 있다. 선의의 매수인은 손해배상청구권을 갖게 된다.
- 이전 가능 부분만으로 계약목적을 달성이 불능한 경우 계약 전부에 대하여 계약을 해제할 수 있다. 선의의 매수인은 손해배상청구권도 행사할 수 있다.

10) 부동산 매매계약의 필요적 기재내용과 서식

(1) 필요적 기재내용

매매계약은 매매계약의 특성상 다음과 같은 필요적 기재사항이 있다.

- 매매목적물의 표시
- 매매당사자(매도인과 매수인)
- 매매대금의 지급과 목적물의 인도시기
- 매매대금 지급시기 및 장소
- 매매계약 체결일
- 매매당사자의 기명날인

(2) 서 식

부동산 매매계약은 불요식 계약이므로 일정하게 법으로 정형화된 계약서식은 없다. 그러나 필요적 기재사항 전부를 명시한 계약서식이라야 한다.

부동산 중개업을 하거나 일정한 다수의 건물(특히 공동주택)을 계속적으로 분양하는 경우에는 매매계약서 역시 정형화하여 미리 인쇄한 계약약관을 사용하고 있으나 1회용도의 부동산매매는 매도자가 매수자와 협의하여 일정한 부동산 매매계약서를 작성하고, 이를 바탕으로 매매계약을 체결하면 된다.

참고로 부동산중개업에서 사용되는 부동산매매계약서(안)와 매도자와 매수자가 협의하여 작성한 매매계약서를 참고로 살펴보고자 한다.

가. 협의작성 부동산 매매계약서

매도자와 매수자가 상호협의하여 합의한 내용을 바탕으로 부동산 매매계약서를 작성하면 대체로 〈표 4-2〉와 같이 작성된다.

〈표 4-2〉 협의작성 부동산 매매계약서(안)

부동산 매매계약서

매매목적물의 표시

(1) 건　물
　주　소 : 서울시 강남구 역삼동 00번지
　구조 및 면적 :
　용　도 :
　건물명 :

(2) 토　지
　주　소 : 상동
　지　목 : 대지
　지　적 :

상기 매매목적물에 관하여 매도인 OO회사를 갑(甲)이라 하고 매수인 홍길동을 을(乙)로 하여 갑과 을 간에 아래와 같은 조건으로 부동산 매매계약을 체결하고 신의와 성실로 이행키로 한다.

제1조(매매목적) 갑과 을은 상기 매매목적물에 대하여 다음의 조항에 따라 매매계약을 체결하고 매도인을 매매목적물과 재산권 이전서류를 그의 매매대금 지급과 동시이행으로 인도 및 이전키로 한다.

제2조(매매대금) 매매대금은 다음과 같다.
　① 토지 : 금　　　원정
　② 건물 : 금　　　원정
　③ 합계 : 금　　　원정

제3조(매매대금 지급방법) 매수인은 매도인에게 다음과 같은 조건으로 지급한다.
　① 계약체결일 계약금 00원
　② 계약체결일부터 30일 이내 소유권이전등기 신청시

③ 매매목적물 인도시

제4조(소유권이전 및 매매목적물인도) 매도인은 다음의 조건으로 소유권이전 및 매매목적물을 매수인에게 인도한다.

① 중도금 지급과 동시에 매수인의 명의로 소유권이전등기를 신청한다.

② 잔금지급과 동시이행으로 매매목적물을 인도한다.

③ 소유권이전에 소요되는 일체의 비용을 을이 부담하고 제한물권의 말소 비용은 갑이 부담한다.

제5조(임대차승계와 제한물권의 소멸)

① 을은 갑이 체결한 임대차계약을 승계하기로 하고 매매대금 중 임차보증금을 공제키로 한다.

② 상기 임차권을 제외한 저당권 · 전세권 등을 갑의 책임과 비용으로 잔금지급일 이전까지 말소하여 소멸키로 한다.

제6조(계약해제)

① 을이 중도금 지급일까지 중도금을 지급치 않는 경우 갑은 해제하며 계약금은 갑에게 귀속된다.

② 갑이 을의 중도금 지급일까지 소유권이전등기 신청을 하지 아니하는 경우 해제의 사유가 되며 계약금 매액을 변상하고 해제한다.

제7조(손해배상) 매매계약 체결 후 갑과 을의 고의 또는 과실이나 책임없는 사유로 매매목적물이 전부 멸실 또는 일부 멸실되는 경우 발생되는 손해는 갑의 부담으로 한다.

제8조(비용부담) 매매목적물에 부과된 제세공과금은 매매목적물의 인도일을 기준으로 이전 것은매도인의 부담으로 하고, 그 이후에는 매수인의 부담으로 한다.

제9조(과실의 귀속) 매매목적물에 발생되는 수익금은 인도일 기준으로 귀속되며, 인도일 이전까지는 갑에 귀속하고 그 후에는 을에게 귀속된다.

제10조(매매비용) 매매에 소요되는 비용은 갑과 을이 공동으로 부담키로 한다.

제11조(분쟁발생 기타문제) 매매계약에 대한 분쟁이나 문제가 있는 경우 상호협의에 의하여 해결키로 한다. 이와 같이 매매계약을 체결하고 그 증거로 계약서를 2통 작성, 갑과 을이 기명날인한 후 각각 1통씩 보관키로 한다.

2007. 02. 15

매도인 갑 주　　소 : 서울시 ㅇㅇ구 ㅇㅇ동 ㅇㅇ번지
상　　호 : ㅇㅇ주식회사
대표이사 : ㅇㅇㅇ　(인)
매도인 을 주소 : 서울시 ㅇㅇ구 ㅇㅇ동 ㅇㅇ번지
성　　명 : 홍 길 동 (인)

나. 부동산중개업소 사용 부동산 매매계약서(안)

부동산 중개사무소 등에서는 부동산 매매계약이 번번이 일어나므로 일일이 협의하여 계약서를 그때그때 협의계약서를 작성하기 어려운 점이 있다. 그러므로 다음과 같이 약관형식의 부동산 매매계약 서식을 미리 인쇄해 작성해두고 계약시에 이를 사용하고 있다.

〈표 4-3〉 부동산 중개업소 사용 부동산 매매계약서(안)

부 동 산 매 매 계 약 서

부동산의 표시

건 물 소 재 지				
면 적	대 지		건물구조 및 용도	
	건 물			

제1조 위 부동산매매에 대하여 매수자는 다음과 같은 지불방법으로 매도자에게 대금을 지불키로 한다.

대 금 총 액	일금 원정 (₩)
계 약 금	원정을 계약당시 지불
중 도 금	원정을 20 년 월 일 지불
잔 액 금	원정을 20 년 월 일 지불

제2조 매도자는 잔금수령시 매수자에게 소유권이전(등기)에 필요한 수속서류를 잔금과 상환하여야 한다.

제3조 본 계약을 매도자가 위약하였을 때는 계약금의 배액을 매수자에게 배상하고 매수자가 위약하였을 때는 본 계약은

제4조 무효로 하며 계약금 반환청구를 할 수 없다.

위 각 조항을 엄수키 위하여 본 계약서를 4통 복사 작성하여 매매당사자용, 매매신고용, 업소보관용으로 각각 사용하기로 하고 매수인 정정은 이를 불허함.

20 년 월 일

매도인	주 소					
	주민등록번호		성 명	㊞	전 화	
매수인	주 소					
	주민등록번호		성 명	㊞	전 화	
중개인	주 소		상 호		신고번호	제 호
	주민등록번호		성 명	㊞	전 화	

5. 건물재산 임대차계약

1) 임대차계약의 의의

임대차계약이란 물건의 임대와 임차계약을 의미하며 임대인이 일정한 임대목적물을 임차인에게 사용수익을 약정하고 이의 대가로 일정한 차임(임대료)을 지급하기로 약정한 계약을 말한다.

2) 임대차의 목적

임대목적물의 이용 효율을 증대시키고 임대 목적물인 자산을 효과적으로 운용하여 임대수입을 발생시킴으로써 부동산 임대수익을 극대화하는데 1차적 목적이 있다. 또한 임대계약 후 불이행 등 법률적 분쟁을 방지하거나 물적 증거로 활용하는데 2차적 목적이 있다.

3) 임대계약서 작성시 확인사항

임대계약서 작성시 임대관리자는 다음 사항에 유의하여 확인한 후 작성해야 한다.

① 임대료가 임대 사업계획과 맞는지의 여부, 특히 임대료는 보증금과 임대료를 합산하여 경제성이 있는지의 여부와 함께 관리비가 관리예산에 비추어 타당성이 있는지에 대한 평가를 해야 한다.
② 임대면적(전용면적+공용면적=임대면적)의 정확성 : 임대면적은 준공도면을 중심으로 합리적으로 계산하고 실측을 해서 평수가 잘못 기재되지 않도록 임대면적을 사전에 확인해두어야 한다.
③ 임대면적의 용도를 확인하고 기재해야 한다.
④ 임대차계약기간을 확정하고 반드시 기입해야 한다.
⑤ 임대차계약시 특약사항이 있는 경우 반드시 기록해야 한다.
⑥ 계약당사자의 신원을 서로 확인하고 계약당사자가 직접 서명 날인해야 한다.
⑦ 다방이나 식당 등 점포의 임대에 관해서는 임대기간 만료시 임대목적물의 명단, 계약서에 반드시 기재하고 사후 관리해야 한다.
⑧ 임대차계약시에 임차목적물에 전세권·저당권 등의 권리설정 여부를 미리

확정하여 계약서에 기재하고 사후 관리한다.

4) 임차인 적격 판단

임대계약 체결 전에 임차인 선정을 하게 되는데 후일 계약 불이행 등의 계약사고 방지를 위하여 반드시 다음 사항을 면밀히 검토하고 임차인 적격 여부를 판단해야 한다.

① 임차인의 신용상태 및 신뢰성
② 임차인의 계약 이행에 대한 확실성 여부
③ 임대차계약 후 사용자수 급증 여부
④ 임차목적이 건물 이미지와 맞는지 여부
⑤ 건물용도와 임차인 업종의 적합성 여부
⑥ 임차인의 건물 사용에 하중 문제 등 무리가 없는지 여부
⑦ 건물사용시 임차인 업무의 위험성 여부
⑧ 건물임차인의 방문자 및 출입자량의 급증 여부
⑨ 건물임대차 기간 만료시 명도 가능 여부
⑩ 임대료 · 관리비 등 지불능력 여부 등

5) 임대차계약서의 필요적 기재사항

임대계약 체결시 서면상에 다음과 같은 사항을 반드시 기재하는 것이 현명하다.

① 임대차 계약서의 명칭
② 임대차 목적물의 표시
③ 계약기간 및 목적물 인도와 명도시기
④ 임대보증금 및 계약금, 중도금, 잔금 지급시기 및 장소와 방법
⑤ 월 임대료의 지급시기와 지급장소 및 연체료율
⑥ 관리비의 지급시기와 지급장소 및 연체료율
⑦ 무단양도 무단전대 금지조항
⑧ 임대인 면책조항
⑨ 임차인의 의무조항
⑩ 특약사항이 있는 경우 특약사항(화해조서, 제한물권 설정 등)

⑪ 명도시 원상복구 조항
⑫ 계약 해제 · 해지 조항
⑬ 손해배상 조항
⑭ 선량한 관리자 주의의무 조항
⑮ 계약체결일
⑯ 계약 당사자의 인적 사항
⑰ 기타 필요 사항

6) 전세권 · 저당권 설정

건물자산임대에 있어서 임차인이 금융기관이나 정부기관인 경우 부득이 전세권이나 저당권 설정을 강요받게 되는데 소유권 보존을 위해서 권리설정은 원칙적으로 금하되 임대관리상 불가피한 경우, 또는 임대차보증금에 대한 보증요구를 수용하여 전세권 또는 저당권 등을 설정해야 하나 지급보증, 약속어음, 보증보험으로 대체하는 방법도 연구해야 한다.

전세권 및 저당권 설정시 필요서류는 다음과 같다.

(1) 임대인 준비서류

- 임대목적물의 건물등기권리증
- 임대인의 인감 및 등기위임장
- 임대목적물의 등기부등본
- 권리설정계약서

(2) 임차인의 준비서류

- 임차인의 도장 및 등기 위임장
- 임차인의 주민등록등본 또는 법인인 경우 법인등기부 등본

7) 화해조서 작성과 공증

화해조서라 함은 식당이나 다방 등 점포 명도 또는 권리금에 관한 분쟁을 사전 해소하는 것을 목적으로 공증법률사무소에서 미리 받아두는 법원 판결공증을 말한다.

화해조서 작성 이유는 임차인이 임대차 계약기간 만료시에 임차인이 명도를 쉽게 하지 않을 경우 매우 복잡한 법률적 문제가 생기고, 이를 해결하기 위해서는 시간과 경비가 많이 소요되므로 사전에 합의하여 법원의 판결을 미리 받아 명도시에 문제가 있는 경우 강제 집행하여 명도를 손쉽게 처리하기 위함이다.

화해조서는 제소 전 화해조서를 의미하며 작성시에는 임대목적물과 계약기간, 임대료 액수와 지급일자, 양도 또는 전대금지, 명도시 유익비 및 권리금 지급은 불능함을 반드시 기재해야 한다. 화해조서 작성 장소는 공증법률사무소에서 임차인과 임대인이 함께 출석하여 신청하게 되며, 그 비용은 임대인 · 임차인이 각각 부담하게 된다. 화해조서 작성시 필요서류는 다음과 같다.

(1) 임차인

- 인감증명서
- 인감도장
- 주민등록증

(2) 임대인

- 임대계약서
- 임대사무실 또는 점포 도면
- 건물등기부등본
- 소송 위임장
- 법인인 경우 법인등기부등본 또는 개인의 경우 주민등록등본

8) 건물자산임대차 계약 서식과 기재 내용

임대차 계약서 작성의 예를 다음과 같이 예시하여 업무에 참고하게 하였으나 건물자산관리자는 관리대상 건물의 용도 · 성격 · 위치 · 시설 등의 종류에 따라 기술한 임대차 계약 내용을 참고하여 가감 수정 또는 보정하는 것이 필요하며, 건물임대관리의 사정과 실정에 따라 이를 활용하되 변호사의 자문을 받아 미리 임대차계약서를 인쇄하여 준비해두고 사용하는 것이 현명하다.

임대차계약을 체결하는 경우 임대차의 내용 중에 관리세칙(입주자관리규칙 또는 입

주자시설사용 규칙 등)이 포함되는 경우와 관리계약(관리대행계약)을 포함하거나 별도로 작성 관리(대행) 계약을 체결하는 경우도 있다.

관리세칙은 관리(대행) 계약과 함께 별도로 작성 · 계약하는 것이 관리활동상 편리하다.

건물임대차계약서는 대체로 다음의 건물임대차계약서 기재내용과 같이 작성하면 된다.

〈표 4-4〉 건물임대차계약서(안)

건물임대차계약서

〈임대차목적물의 표시〉

건 물 명		주 소		
임대차면적	층수 (호실)	전용면적	공유면적	임대면적
용 도	건물 의 용도		사용용도	

상기 표시부동산을 임대차함에 있어서 임대인 (이하 "갑"이라 칭함)과 임차인 (이하 "을"이라 칭함)은 아래와 같은 조건으로 임대차계약을 체결하고 이를 성실히 이행키로 한다.

제1조(계약기간) ① 임대차 계약기간은 년 월 일부터 년 월 일까지로 한다.

② "갑" 또는 "을"이 계약기간 만료 1개월 전까지 서면으로 본 계약의 해지 또는 조건변경 등의 의사 표시를 하지 아니할 때에는 본 계약과 동일한 조건으로 임대차 기간이 1년간 자동 연장된다.

③ 임대차보증금의 조정 등 계약의 갱신을 요구할 경우에는 계약 만료 1개월 전까지 그 의사를 서면으로 상대방에게 통지하여야 하며, 만일 계약기간 만료일 후에 협의가 성립되어 갱신계약이 체결될 경우에는 전 계약기간 만료일을 갱신계약 기산일로 본다.

제2조(임대차보증금) ① 임대차보증금(이하 "보증금"이라 칭함)은 다음과 같으며 임대차 기간 중 무이자로 예치하여야 한다. 단, 최초 계약기간 중에서 보증금을 변경할 수 없으며 계약 갱신시에는 "갑"과 "을"이 협의하여 조정한다.

② 임대차 보증금에 대한 부가가치세는 "갑"의 부담으로 한다.

제3조(월 임대료) ① 월 임대료는 일금 정(₩)으로 한다(VAT별도).

② 임대료는 매월 말일을 기준으로 마감 청구하며 "을"은 "갑"의 고지에 따라 익월 20일까지 "갑"이 지정하는 장소에 납부하여야 하며 이를 연체하였을 경우에는 그 일수에 대하여 일반 시중은행 연체금리를 적용 · 가산한다.

③ 월 임대료에 대한 부가가치세는 "을"의 부담으로 하며 월 임대료 납부시 합산하여 납부하여야 한다.

④ 임대차 계약이 월 중에 개시 또는 종료된 경우에는 일수에 따라 계산한다.

제4조(보증금의 지급방법) ① 보증금의 지급방법은 다음과 같이 한다.

1. 계약금 : 계약체결시 (금₩)

2. 중도금 : 정한 일자 (금₩)
3. 잔 금 : 입주시 (금₩)

보증금 총액	一金 整(₩)

② 제①항의 보증금 납부가 연체될 때에는 지체된 금액에 연체금리 연 %의 연체료를 부담하여야 하며 1개월 이상 연체될 때에는 본 계약이 자동 해지된 것으로 본다. 또한 잔금을 납부하지 않고 입점 또는 입주를 할 수 없다.

제5조(계약기간 내의 중도해지) ① "갑" 또는 "을"은 법령이나 천재지변 등 불가항력의 경우 외에는 제1조 제①항에 표시된 계약기간 내에는 원칙적으로 본 계약을 중도해지할 수 없다.

② 임대차면적의 일부 해약은 할 수 없다.

제6조(보증금의 반환) ① 계약기간이 만료되거나 중도해지된 경우에는 "갑"은 "을"의 임대차목적물의 명도와 동시에 보증금 전부를 "을"에게 반환하여야 한다. 단, 계약기간 중 체납된 임대차 목적물의 관리유지비 또는 "을"이 부담할 기타 비용이 있을 경우에는 "갑"은 이를 보증금에서 공제하고 그 잔액만을 반환한다.

② "갑"이 동조 제①항의 임대차보증금 반환을 지체할 때에는 명도한 익일부터 완제일까지 그 일수에 대하여 연체이율 연 17%를 적용하여 산출한 지연손해금을 "을"에게 지급하여야 한다.

③ "을"이 동조 제①항 및 제②항을 위반하였을 시는 "갑"은 본 계약을 일방적으로 해지할 수 있으며 "을"은 이에 대한 어떠한 이의를 제기할 수 없다.

제7조(권리양도, 전대 등의 금지) ① "을"은 제3자에게 이 계약상의 권리를 양도하거나 임대물건의 전부나 일부를 전대할 수 없다. 단, "갑"이 제6조 제①항, 제②항을 이행하지 않을 경우에는 그러하지 않다.

② 임대물건의 전부나 일부를 어떠한 경우라도 "을"의 채무에 대한 담보로 할 수 없다.

③ "을"이 동조 제①항 및 제②항을 위반하였을 시는 "갑"은 본 계약을 일방적으로 해지할 수 있으며 "을"은 이에 대한 어떠한 이의를 제기할 수 없다.

제8조("갑"의 면책사유) "을"의 재산에 대한 안전관리는 "을"의 단독책임이며 "갑"의 책임에 속하지 아니하는 "을"의 여하한 안전사고에 대하여 "갑"은 민·형사상의 어떠한 책임도 지지 않는다.

제9조(시설물의 설치 및 유지관리) ①"갑"은 건물의 골격 및 주요시설(벽체, 전기, 위생, 배관 및 상하수도 시설 등)의 공용 또는 고유 부분을 항상 완벽하게 유지·보전하여 "을"의 사용에 불편이 없도록 하여야 한다.

②"을"이 "을"의 사용목적을 위하여 설치하는 시설물은 "을"의 비용으로 설치 및 관리유지하여야 한다.

제10조(건물유지관리비) 임대차목적물의 유지관리에 필요한 전기, 상하수도, 냉난방, 청소, 경비 등에 필요한 제반관리유지비는 "갑"과 "을"이 별도 체결한 관리계약에 의거, 해당 금액을 납부하여야 한다.

제11조(계약해지 사유) ① "을"이 다음 각 호에 해당하는 행위를 하였을 때에는 "갑"은 최고 없이 계약을 즉시 해지할 수 있다.

1. "을"이 이 본 계약에 따른 임대료, 관리비 및 제비용을 2개월 이상 체납했을 때
2. "을"이 파산, 지급불능에 빠지거나 그의 채권자에 대한 채무변제를 목적으로 하는 재산양도 또는 화해계약을 할 경우, 또는 "을"에 대하여 회사정리 절차의 신청이 있을 때
3. 기타 이 계약의 각 조항에 위배되는 행위가 있을 때

제12조(목적물의 명도 및 원상복구) "을"은 계약기간의 만료 또는 중도해지로 계약이 종료되었을 경우

에는 임대차목적물을 "갑"에게 명도하여야 하며 이 경우 "을"의 필요에 의해 설치한 설비, 칸막이 기타 구조상의 변조시설물 등 제반 시설물은 "을"의 비용으로 철거하여야 하고 계약체결 당시의 원상으로 복구하여야 한다. 단 "갑"과 "을"이 합의서를 작성하여 합의한 시설물에 대하여는 원상 복구의 의무를 면제한다.

제13조(강제명도) 이 계약이 종료된 때에는 "을"은 종료일 이전에 "을"의 소유물 및 재산을 반출하여야 하며, "갑"에게 열쇠 및 "갑"의 소유재산을 반환하고 임대차물건 전부를 명도하지 않을 경우에는 "갑"은 "을"소유의 물건을 적절한 장소로 철거 · 이전할 수 있다. 이 경우 발생되는 모든 비용은 "을"의 부담으로 하며보증금의 반환은 당연히 임대차물건의 완전 명도시까지 유예한다.

제14조(관리계약체결) ①"을"은 건물관리사무소와 관리계약을 체결한 후에 입점 또는 입주할 수 있다.
② "갑"은 이 계약에 의거 "갑"의 재산보전과 임대차물건의 원활한 관리를 위하여 관리계약과 별도로 관리규정 및 세칙을 제정 · 시행할 수 있으며, 이 경우 관리규정 및 세칙을 관리계약의 일부로 간주한다.

제15조(계약의 해석) 본 계약 각 조항에서 규정하고 있지 않은 사항 및 규정의 해석상 이의가 있을 경우에는 "갑"과 "을"이 협의하여 결정하되 협의가 이루어지지 않을 때에는 관계법령 및 일반 임대차 관습에 따른다.

제16조(관할법원) 본 계약에 관한 소송의 관할법원은 임대차목적물의 주소지를 관할하는 법원으로 한다.

본 계약을 증명하기 위하여 계약서를 2통 작성, "갑"과 "을"이 각 1통씩 보관한다.

년 월 일

"갑"		"을"	
주 소 :		주 소 :	
상 호 :		상 호 :	
대표자 성명 :		대표자 성명 :	
사업자번호 :		사업자번호 :	

6. 건물시설관리계약

1) 건물시설관리(대행)계약의 의의

건물시설관리(대행)계약이란 건물관리 관리주체 또는 관리사무소 소장이 소유자나 점유자(임차인)를 대신하여 건물을 관리하는 데 필요한 기술 · 용역(서비스)을 제공하는 대가의 반대급부로 사용자가 일정한 금원을 제공하기로 약정한 계약을 의미한다. 또한 관리계약은 건물임대인과 소유자와 임차인(사용자) 사이에 체결되는 계약으로서 소유자 또는 임대인이 관리를 대행하는 계약이므로 건물시설용역관리계약과는 상이하다.

관리계약은 관리대행계약이라고도 하며, 건물의 시설과 설비관리, 청소관리, 경비보안관리, 주차관리 등 건물 종합관리의 용역 경우와 청소관리, 경비보안관리 등 부분관리의 용역관리계약의 경우와 상이하다. 그러나 관리계약의 일반적 의미는 기술적 관리대상전체의 기능과 성능을 유지하여 사용자가 건물사용에 문제점이 없도록 입주자나 소유자(구분소유자 포함) 점유자들을 대행하여 관리주체 또는 관리사무소 소장이 기술적 · 행정적 서비스를 제공하는 관리활동에 대한 계약을 의미한다.

다시 말하면 건물관리계약이란 입주자 계약 중 한 부분의 계약으로서 공동주택의 경우 관리주체와 입주자 사이에 체결되는 관리대행계약을 의미하며, 일반 임대건물에 있어서는 소유주체나 소유자가 관리업무를 위임한 관리주체와 임차인(또는 사용자)사이에 체결되는 관리대행 약정을 건물관리계약이라 한다. 또한 관리계약은 구분소유자와 입주자 대표회의가 구성한 자치관리기구와 작성되는 경우와 관리단이 선임한 관리인과 구분 소유자 사이에 작성되는 경우는 소유권을 전제로 하나 임대건물에 있어서는 임대차계약을 전제로 함을 유의하여야 한다.

사용자(입주자)가 스스로 건물 전체의 관리업무를 감당할 수 없는 관계로 관리주체에 위임하여 유지 관리하도록 하는데, 이 때 소요되는 유지관리비를 부담하는 관리계약을 입주 전에 체결한 후 입주하도록 규정되어 있다. 관리비의 성격을 공동주택의 경우는 실제 소요되는 비용만 징수하고 정산하여 보고하는데 이를 실비정산제관리비 또는 실미관리비라 한다.

반면에 일반 임대건물에 있어서는 연간 예상관리비 산정을 미리 하고 그 사용액을 전체평수(임대평수)로 나누어서 관리비를 정한 다음 다시 사용 임대평수로 곱한 금액을 사용자에게 월간관리비를 부담하게 하여 징수하게 하는데 이를 정액제관리비 또는 고정관리비라 한다.

정액제관리비의 경우, 유류의 가격앙등이나 기타 관리에 사용되는 원료나 자재 가격, 기타 인건비가 상승하여 관리비가 부족한 경우에도 원칙적으로 관리주체가 그 책임을 져야 하는 바 현재 서울의 경우 관리비 수준을 기준으로 한다면 단일건물 연건평 3000평 이상의 건물인 경우 관리비 부족 현상은 없는 것으로 조사되고 있어 정액제관리비라 할지라도 크게 문제점이 없을 것으로 판단된다. 정액제관리비의 경우 관리주체는 관리비 절감노력을 크게 강조하는 경향이 있는 반면 실비정산제인 경우에는 관리비 절감 노력이 다소 미흡하다는 지적도 있다.

2) 건물자산관리계약서의 필요적 기재사항

관리계약서의 필요적 기재사항은 대체로 다음과 같다.

(1) 계약서의 명칭(건물관리계약, 주택관리대행계약 등)

(2) 관리대상 목적물의 표시

① 건물의 명칭
② 소재지
③ 면 적　　평
공용면적　　평
전유면적　　평(예 : 빌딩의 경우 전용면적)
관리면적　　평

(3) 관리위임조항

(4) 관리범위 : 범위에서 제외된 범위는 분명히 표기(예 : 전용부분, 청소, 경비 제외)

(5) 관리비

- 관리비 총액
- 관리비 내역
- 금액(공동주택일 경우 구분소유자의 전유부분, 임대건물의 경우 임대평수)
- 관리비 납부일
- 관리비 납부장소
- 연체관리비, 연체율
- 계속 연체시 시설사용 금지 및 법적 조치 내용
- 관리 기간이 월 중에 개시 또는 종료되는 경우 일수 계산 조항
- 관리비 적용기간과 조정기준

(6) 기타 관리계약 조건

- “을”의 고의과실에 따른 손해배상 의무

- 작업의 협조 의무
- 입주자의 금지사항
- 사용자의 권리
- 관리자의 계약해지권
- 관리자의 면책사유
- 전체관리에 필요한 사항에 대한 공동참여와 협조
- 관리규정 준수의무

(7) 특약사항이 있는 경우 특약조항

(8) 계약체결일

(9) 계약당사자 인적 사항

3) 건물자산관리계약서 서식과 기재내용

일반건물 관리계약서의 필요적 기재내용을 서식으로 표시하면 〈표 4-5〉와 같이 작성된다. 참고하기 위한 관리계약서식(안)이므로 관리현장의 사정과 실정에 맞게 변경될 수 있음은 물론이다.

〈표 4-5〉 일반건물자산관리계약서(안)

ㅇㅇ건물관리계약서

(이하"갑"이라 한다)와 (이하"을"이라 한다) 사이에 체결한 부동산임대차 계약과 관련하여 아래와 같이 관리계약을 체결하고 이를 성실히 이행키로 한다.

제1조(관리목적물)
　건물의 명칭 :
　소재지 :
　면 적 :
　용 도 :
제2조(관리위임 및 관리자의 의무) "을"은 상기 목적물의 공용부분과 부대복리 시설의 관리를 "갑"에게 위임하고 "갑"은 건물관리자로서의 관리의무를 진다.
제3조(관리범위) "갑"의 관리범위는 다음 각 호와 같다.

1. 건물의 공용부분과 부대시설의 유지관리
2. 건물의 공용부분과 부대시설의 경비("을"의 전용부분 및 전용물은 제외)
3. 건물 및 부대시설의 청소 및 쓰레기수거
4. 부대시설 및 복리시설의 운영
5. 대지 및 녹지대의 유지관리
6. "갑"은 "을"의 관리대상 목적물의 공용부분에 대한 일상 청소를 하며 매월 1회 대청소를 실시한다.
7. 관리대상 목적물의 전기, 수도, 냉·난방 등의 공급 및 유지보수
8. 건물의 전용부분에 대한 관리는 "을"이 하여야 하며 "갑"에게 위임한 업무수행을 하는데 필요한 협조를 하여야 한다.

제4조(관리비) ① "갑"은 건물관리에 소용되는 관리운영비, 수도광열비, 수선유지비, 기타 관리에 필요한 모든 비용(이하'관리비'라 한다)에 대하여 관리 대상 면적 평당 금__________원정, 월 금_____원정(VAT별도)을 매월 말일 마감청구하며 "을"은 "갑"의 고지에 따라 익월까지 "갑"이 지정하는 장소에 납부하여야 한다. 다만, 납기일이 공휴일인 경우에는 그 익일까지 납부할 수 있다.

② "을"이 관리비 등을 제①항에 정한 기간 내에 납부하지 아니하였을 때에는 시중은행 일반대출 연체금리를 적용한 연체료를 가산하여 납부하여야 한다. 단 2개월 이상 연체시에는 단전·단수 조치 등 건물 사용을 금지하며 기타 법적인 조치를 하여도 이의를 제기치 못한다.

③ 관리기간이 월 중에 개시 또는 종료되는 경우에는 일수에 따라 계산한다.

제5조(관리비 적용기간 및 조정) ① 제4조에 의한 월 관리비 적용기간은 년 월 일 부터 년 월 일까지로 한다.

② "갑"은 제세공과금의 증가, 물가상승 등 경제사정의 변경에 따라 관리비인상 요인이 발생할 때는 "을"과 협의 후 관리비를 조정할 수 있다. 이 때 "갑"이 적용기간 1개월 전까지 "을"에게 서면 통지하지 아니할 때는 본 약정을 조정할 의사가 없는 것으로 간주한다.

제6조(작업협조) "을"은 "갑"이 건물관리 업무수행을 위한 사무실 및 점포의 출입이나 시설보수에 수반되는 소음, 분진 등을 인용하여야 한다.

제7조(손해배상 의무) "을" 또는 사용인이 고의 또는 과실로 인하여 건물의 공용부분 또는 부대시설 및 복리시설을 파손하였거나 제3자에게 손해를 끼쳤을 경우에 "을"은 원상을 회복하거나 보수에 필요한 비용을 배상하여야 한다.

제8조(입주자의 금지사항) "을"은 건물 내에 다음 각 호의 행위를 하여서는 안된다.

1. 건물 및 부대시설과 복리시설을 임의로 원형을 변형하거나 계약된 목적 이외의 용도로 이를 사용하는 행위
2. 건물의 공용부분 및 부대시설과 복리시설을 임의로 개축·증축 또는 신축하는 행위 및 무단으로 점유하거나 파손하는 행위
3. 건물 외벽 및 내부에 관리자의 동의 없이 광고물을 부착하여 경관을 저해하는 행위
4. 입주 장소 또는 건물 내 기타 장소에 폭발물, 인화물질, 위험성이 있는 물품, 기타 인체에 유해하고 불쾌감을 주거나 또는 재산을 파손할 염려가 있는 물품을 안전 예방책을 강구하지 않은 채 반입 또는 보관하는 행위
5. 건물 내에서 취사, 숙식 및 기타 음식물의 조리를 하는 행위
6. 관리자의 승인 없이 기설치 이외의 강·약 전력, 동력의 부설 또는 기계·가구·비품 등의 설치사용 등 구조 또는 환경 등을 변경하는 행위
7. 기타 유지 관리를 방해하는 일체의 행위

제9조(목적물의 조작, 설비의 신설 및 수선) "을"은 "갑"의 사전 동의를 얻어 "을"의 비용으로 다음 행위를 할 수 있다. 단 건물의 통일성을 기하기 위하여 시공에 대한 지휘 및 감독은 "갑"이 행한다.

① 임대차 물건 내의 조작, 칸막이, 창호 등의 신설 또는 변경 행위

② 전등, 전원의 신설 및 이전, 통신시설, 급배수 가스설비의 신설 · 증설 · 이전 또는 변경 행위

③ "을"은 전항에 의거하여 "을"이 부담한 제반 비용에 대하여 "갑"에게 유익비나 부속물 매수 청구를 할 수 없다.

④ 자연적으로 마모 · 퇴색된 임대차물건의 벽, 천장, 바닥, 전기, 전화시설, 냉 · 난방시설 등 비용은 "갑"의 부담으로 하며 그 이외의 수선비용은 "을"의 부담으로 한다. 이 때, "을"이 부담한 제반 필요비의 상환을 "갑"에게 청구할 수 없다.⑤"을"이 전항의 수선처소를 발견했을 때에는 "갑"에게 즉시 통지하고 "을"이 수선할 경우에는 "갑"과 사전 협의하여야 한다.

제10조(관리자의 계약해지권) ① "을"이 다음 각 호에 해당하는 행위를 하였을 때에는 "갑"은 최고 없이 이 계약을 즉시 해지할 수 있다.

1. "을"이 이 계약에 따른 관리비 및 제 비용을 2개월 이상 체납하였을 때
2. "을"이 파산 · 지급 불능에 빠지거나 그의 채권자가 채무변제를 목적으로 하는 재산 양도 또는 화해계약을 할 경우 또는 "을"에 대하여 화의정리 절차의 신청이 있을 때
3. 기타 이 계약의 각 조항에 위배되는 행위가 있을 때

② 전 제①항의 경우 "갑"은 언제든지 이 계약을 해지하고 관리대상물건을 명도 받을 수 있으며 필요한 법적절차를 취할 수 있다.

제11조("갑"의 면책사항) "갑"은 천재지변 등 불가항력의 사고나 호실 내에서 화재 · 도난 등으로 인한 "을"의 피해에 대해서는 책임을 지지 아니하며 "을"은 "을"의 귀책사유로 인하여 각종 사고를 유발시켰을 경우 이에 대한 민 · 형사상의 책임을 진다.

제12조(공동참여) "을"은 건물관리상 공동실시하는 단체활동(방역, 소독, 민방위훈련, 청소) 및 규격통일(안내판 및 부설물 등) 사항에 적극적으로 협조하여야 하며 "을"이 원하지 않을 경우에도 협조와 지원으로 공동참여하여야 한다.

제13조(관리규정) "갑"은 이 계약에 의거 관리대상 물건의 재산보전과 원활한 관리를 위하여 관리 규정 및 세칙을 제정 · 시행할 수 있으며 이와 같은 관리규정 또는 관리세칙은 이 계약의 일부로 간주한다.

제14조(조문해석) 본 약정 각 조항에서 규정하고 있지 않은 사항 및 자구의 해석상 이의가 있을 경우에는 관계법령 및 일반 상관습과 건물관리 관습에 따라 "갑"과 "을"이 합의하여 처리한다.

제15조(주차장사용)"갑"은 관리대상 목적물의 부속주차장 사용 및 기타 시설물에 대한 "을"("을"의 고객 포함)의 이용에 있어 최대한 편의를 제공하며 임대면적 평당1대의 비율로 건물 부설 주차장을 무상으로 제공한다(단, 별도 주차관리약정이 있는 경우에는 그 약정에 의한다).

본 약정을 증명하기 위하여 약정서 2통을 작성, 쌍방이 기명날인하여 각 1통씩 보관한다.

년 월 일

"갑" 주 소 :		"을" 주 소 :
상 호 :		상 호 :
성 명 :		성 명 :
사업자번호 :		사업자번호 :
또는 주민등록번호 :		또는 주민등록번호 :

7. 건물주차장 사용계약

1) 주차장 사용계약의 의의

공동주택의 경우 특별한 경우를 제외하고는 주차관리 약정이나 계약은 체결되지 않는다. 그러나 일반임대건물에 있어서는 종전의 경우 주차장 사용을 관리비나 임대료 등에 포함하여 무료로 사용하도록 하였으나 오늘날에는 사용평수(임대평수)가 일정규모 이상인 경우 일정차량에 대해서만 무료로 주차장을 사용하게 하고 나머지 부분은 유료화하여 주차장 사용자와 관리주체 사이에 주차장 사용에 대한 사용료와 사용 조건 등에 대해서 당사자간에 약정을 하게 된다. 이러한 약정을 '주차장 사용계약'이라 한다.

주차장 사용은 통상 관리계약서상에 포함되나 주차장 관리, 주체가 다르거나 임대건물의 사정에 따라 별도 주차장 사용계약을 체결하기도 한다. 주차장 사용계약에 의하여 징수되는 주차사용료(외부차량 주차 포함)는 입주자 관리비의 일부로 정산처리된다.

2) 필요적 기재사항

주차장 사용계약체결시 계약내용에는 다음과 같은 조항이 표시되어야 한다.

- 계약서의 명칭
- 계약의 목적
- 관리범위
- 주차장 운영시간
- 주차사용료
    - 관리기준 시간당 사용료(또는 분당 사용료)
    - 납부일
    - 납부장소
    - 연체금리
    - 적용기간
    - 조정사유
- 무료주차대상
- 주차 위치

- 주차거부 조건
- 출고거부 조건
- 사용자 의무사항
- 손해배상조항
- 관리주체 면책사유
- 분쟁해결준칙
- 계약체결일
- 계약당사자 인적 사항

3) 주차장사용계약서 서식과 기재내용

주차장사용계약서식은 〈표 4-6〉과 같다.

〈표 4-6〉 주차장사용계약서〈안〉

주차장사용계약서

(이하 "갑"이라 한다)와 (이하 "을"이라 한다) 사이에 ○○빌딩주차장사용과 관련하여 다음과 같이 약정하고 이를 성실히 이행키로 한다.

제1조(목적) 이 약정은 "갑"이 관리하는 주차장의 원활한 운영을 도모하는 것을 목적으로 한다.
제2조(관리범위) "갑"의 관리범위는 다음과 같다.
1. 입주자 차량 및 방문객 차량 입·출관리 및 요금 징수
2. 주차관리 시설 보수 및 수선 유지
3. 주차요원관리
4. 기타 제반차량 안전관리

제3조(운영시간) 운영시간은 24시간 운영함을 원칙으로 하되 주차타워 시설 사용은 당일까지로 한다.
제4조(주차사용료) ① "갑"은 주차관리에 소요되는 관리운영비, 수선유지비, 기타 관리에 필요한 모든 비용(이하 '주차사용료'라 한다)에 대하여 기본 무료주차 시간 경과 후 매30분당 원씩을 부과하고 매월 말일 기준으로 익월일 청구하며 "을"은 "갑"의 고지에 따라 동월일까지 "갑"이 지정하는 장소에 납부하여야 한다(세부내역 별첨참조). 다만, 납기일이 공휴일인 경우에는 그 익일까지 납부할 수 있다.
② "을"이 주차사용료를 제①항에 정한 기간 내에 납부하지 아니하였을 때에는 시중 은행 일반대출 연체금리를 적용한 연체료를 가산납부하여야 한다. 단 1개월 이상 연체할 경우에는 관련 차량의 출입을 거부할 수 있다.
③ 주차시설 이용이 월 중에 개시 또는 종료되는 경우에는 일수에 따라 주차관리비를 계산한다.
제5조(적용기간 및 조정) ① 제4조에 의거 월관리비 적용기간은 년 월 일부터 년 월 일까지로

한다.

② "갑"은 관리운영비의 증가, 물가상승, 정부시책 등 제반 여건의 변경시 "을"과 협의후 주차사용료를 조정할 수 있다. 이때 "갑"이 적용기간 1개월 전까지 "을"에게 서면통지하지 아니할 때에는 본 약정을 조정할 의사가 없는 것으로 간주한다.

제6조(무료주차) 다음 각 호에 해당하는 차량에 대해서는 주차관리비를 받지 아니한다.

1. 건물임대계약서상 인정된 차량
   - 관리사무소에 신고 되어 무료주차권을 인수 · 소지한 차량
   - 국가기관 등 "갑"이 특히 필요하다고 인정하는 경우
2. 무료주차권은 입주자의 사용유무에 관계없이 배정주차권의 전 양을 일괄배부한다(정산처리 불가).
3. 무료주차권은 지정차량 외에는 사용할 수 없다.

제7조(주차위치) ① 주차는 원칙적으로 주차장에 표시된 벽선 및 주차타워에서만 주차하여야 한다.

② "갑"은 출입차량의 순번에 따라 적절한 위치에 주차시켜야 하며 "을"은 "갑"의 요청에 협조하여야 한다(고정주차 불가).

제8조(주차거부 등의 조치)"갑"은 다음 각 호에 해당하는 차량에 대해서는 주차를 거부하거나 퇴거시킬 수 있다.

1. 주차장의 시설 · 기물 또는 타차량 등을 멸실, 훼손 또는 오손하거나 그 우려가 있을 때
2. 인화물, 폭발물, 위험물 및 시설 전체에 위해를 가할 우려가 있는 물건을 적재하였을 때
3. 주차관리비를 1개월 이상 연체하였을 때
4. "갑"의 주차관리상 지장이 있다고 인정하였을 때

제9조(출고거부) "갑"은 다음 각 호에 해당하는 차량에 대하여 출고를 거부할 수 있다.

1. 정당한 사유 없이 주차권을 반납하지 않을 때
2. 소정의 주차사용료를 납부하지 않을 때
3. 주차장에서 교통사고를 일으켰거나 주차장의 시설 · 기물 또는 타차량 등을 멸실, 훼손 또는 오손했을 때

제10조(준수사항) ① "을"은 본 약정을 엄수하여야 한다.

② "을"은 무료주차 시간과 관련하여 동일차량의 출고 및 재입고를 임의로 하여서는 안된다.

③ "을"은 주차관리 직원 요청에 협조하여야 한다.

제11조(손해배상) ① 주차시설 이용 중 고의 또는 과실로 인하여 손해가 발생하였을 경우 이용자는 그 손해를 원상복구하거나 배상하여야 한다.

② 배상액 산정은 해당 업체의 견적에 의한다.

제12조(면책) ① "갑"은 주차장에 주차하는 차량의 적재물에 관하여 "갑"이 책임질 수 있는 사항 이외에는 일체의 배상책임을 지지 아니한다.

② "갑"은 다음 각 호에 해당하는 사유로 발생하는 차량의 멸실, 훼손, 출고지연 등의 손해에 대해서는 일체의 배상을 지지 아니한다.

1. 천재지변, 기타 불가항력에 의한 사고
2. 주차장 내의 사고, 돌출, 긴급조치 발생시
3. 법령에 의한 명령 또는 강제집행

제13조(준용) 본 약정에 명시되지 아니한 사항은 "갑"의 운영방안에 준하며, 분쟁이 있을 경우 주차장법 또는 판례에 의한다.

본 약정의 체결을 증명하기 위하여 약정서식 2통을 작성, 쌍방이 기명날인하여 각 1통씩 보관한다.

년 월 일

"갑" 주 소 :
상 호 :
성 명 :
사업자번호 :
또는 주민등록번호 :

"을" 주 소 :
상 호 :
성 명 :
사업자번호 :
또는 주민등록번호 :

〈주차명세내역〉

구분	내 용	정산방법
무료주차	( )대	스티커부착 무료주차권 제시
유료주차	최초 ( )분까지 무료, 이후 초과시 30분당 원씩 부과	

8. 건물청소용역계약

1) 건물청소용역계약의 의의

건물청소용역계약이라 함은 건물 내·외부의 먼지·오물·쓰레기 제거 등 청결상태 유지를 위하여 일정한 용역을 제공하는 대가로 일정금액을 지불할 것을 약정하는 용역도급계약을 말한다.

2) 건물청소용역계약서의 필요적 기재사항

건물청소용역계약서의 필요적 기재사항은 대체로 다음과 같다.

- 계약서의 명칭
- 청소용역의 범위
- 청소용역 시간
- 청소용역업자의 의무
- 청소에 사용되는 기자재의 종류와 자재명

- 청소용역에 대한 검사
- 용역업자의 주의사항
- 청소용역업자의 배상책임과 범위
- 용역비
  - 총액
  - 지불일시
  - 지불방법
  - 지불수단
- 관리주체의 면책사유
- 관리주체의 계약해지 사유와 해지방법
- 계약체결일
- 계약당사자의 인적사항

3) 건물청소용역계약 서식과 기재내용

청소용역계약서의 기재내용을 서식을 표시하면 다음과 같이 작성된다. 청소용역계약서는 하나의 '안'으로서 건물의 용도 · 성격 · 규모 그리고 당사자의 사정에 따라 변경될 수 있다.

〈표 4-7〉 건물청소용역계약서(안)

ㅇㅇ건물청소용역계약서

(이하"갑"이라 한다)와 (이하"을"이라 한다) 이상 양인은 ㅇㅇ빌딩청소요역도급계약을 아래와 같은 조건으로 체결하고 이를 성실히 이행키로 한다.

제1조(목적물의 표시)
1. 건물명칭 :
2. 소재지 :
3. 대 지 :
4. 구조 및 연건평 :

제2조(청소용역의 범위) "을"은 청소업무에 필요한 기술과 인력 및 장비와 용품을 제공하여 본 계약서의 각 조항에 표시된 청소용역을 "갑"으로부터 도급받아 시행한다.

제3조(도급계약기간, 도급금액 및 지급방법)

1. 도급계약기간 :
2. 월 도급금액 :
3. 지급 방법 : 익월 15일까지 현금지급. 단, 외벽 및 외부유리 세척은 "갑"의 요구에 의하여 실시하고 별도 대금 청구한다.

제4조(도급금액의 주요 대상) ① "을"이 수행할 도급용역범위의 주요 대상은 다음과 같으며, 도급용역의 상세한 범위와 요령은 본 계약서의 각 조항에 의한다.

② (도급용역의 중요 대상)

1. 빌딩의 바닥(복도, 계단 및 각종 시설설치실의 바닥 포함)
2. 건물 내의 고정물품
3. 벽체, 천장 및 빌딩의 옥상
4. 변기, 세면기, 음수기, 형광등, 루버, 디퓨져 등
5. 유리창 내부
6. 건물부지 내외의 정원관계
7. 건물부지 내 및 외곽 주위

제5조(도급범위 및 계약조건 변경) ① "갑"의 사정에 의하여 전 제4조의 청소용역 주요대상 범위를 축소 또는 증가할 필요가 있을시 본 계약에 관계없이 축소 또는 증가할 수 있다.

② 전항의 경우 "갑"은 축소 또는 증가에 따른 비율에 대하여 "갑", "을" 쌍방간 합의에 의하여 용역금액을 감액 또는 증액할 수 있다.

③ "갑"은 "을"이 계획된 작업을 2주 이상 지연시킬 때에는 "갑"이 일방적으로 제3자에게 지명·대행시키고 그 업자에게 지불한 금액을 "을"의 용역대금에서 공제하고 그 차액을 지급한다.

제6조(청소장비의 확보 및 유지관리) ① "을"은 계약이행에 필요한 일체의 청소장비를 계약체결과 동시에 구비하여 업무수행에 지장이 없도록 하여야 한다.

② "을"은 구비한 청소장비를 수리 및 교체하기 위하여 빌딩 외로 반출하고자 할 때에는 "갑"의 승인을 얻어야 한다.

③ "을"은 반입된 기계·기구 명세를 작성하여 "갑"에게 제출하여야 하며 "갑"은 수시로 검사하고 검사결과 청소기계로서 적합하지 아니하다고 인정하여 교체를 요구할 때에는 "을"은 이를 즉시 교체하여야 한다.

④ 청소용 장비는 "갑"이 지정한 장소에 "을"의 책임 하에 보관한다.

제7조(청소용 제재료의 통제와 감독) ① "을"이 본 계약업무 수행을 위하여 필요한 약품 및 세제와 소모품 등은 "을"의 책임으로 구입·사용하되 "갑"의 입회 하에 전량반입(1개월분 소요량 이상)하고, "갑"의 검수 후 "갑"의 승인을 받아 적정한 용품과 적당한 양을 사용하여야 하며, 매월 1회 이상 청소현황, 월 중 사용 물자 현황을 제시하여야 한다.

② 청소용 제재료에 대하여 아래의 경우는 "갑"이 구입하고, "을"에게 매월 지급되는 청소대행료에서 공제하여도 이의를 제기할 수 없다.

1. 납기 내에 물품이 반입되지 아니한 때
2. "갑"의 검수에 불합격된 물품

제8조(창고 등 공급) "을"이 도급업무 수행을 위하여 빌딩 내에서 사용하는 창고, 전력 및 용수 등은 "갑"이 제공한다.

제9조(근무성실의 의무) ① "을"은 빌딩 내외를 언제나 위생적으로 청결하게 유지하여야 한다.

② "을"은 빌딩 내외를 청소함에 있어 건물의 수명 등을 고려하여 최선의 방법으로 업무의 수행은

물론 선량한 관리자로서의 주의 의무를 다하여야 한다.

제10조(종업원 배치 및 인사기록 제출) ①"을"은 계약체결과 동시에 업무수행에 필요한 장소에 배치하여야 한다. 청소요원은 총 ㅇ명 이상(여자 ㅇ, 남자 ㅇ)확보하여야하며, 남자는 50세 이하로 하여야 한다. 특히, 각 작업현장별로 능력 있는 자를 책임자로 배치하여 청소작업을 시행하거나 감독하게 하며 "을"의 소속 직원 중 감독요원을 주기적으로 파견하여 청소 상태를 총괄적으로 점검 · 감독하도록 한다.

② 전항의 인원에 관하여는 사전에 배치계획서 및 인사기록을 당 건물관리 사무실에 제출하여 면접 후 "갑"의 동의를 얻어야 한다. 인원배치를 변경하고자 할 때에도 또한 같다.

③ "갑"은 "을"의 종업원 중 무자격 및 근무자 이탈, 근무시간 중 음주 · 취침, 빈번한 결근, 비위사실, 당사 품위를 손상시키는 행위 등 부적당하다고 인정되는 자나 "갑"의 공신력을 저해하는 자에 대하여 "을"에게 그의 교체를 요구할 수 있으며 "을"은 3일 이내에 결원을 보충하여야 하며, 거부당한 "을"의 종업원은 "갑"의 지역에 출입을 금한다.

제11조(종업원에 대한 책임 및 건강진단) "을"은 전 종업원의 건강진단서를 계약 후 1개월 이내에 제출하여야 하며, 전 종업원의 건강, 신원, 위행, 풍기 등 작업규율의 유지 등에 관하여 일체의 책임을 진다(필요한 경우 신원증명서도 제출하여야 한다).

제12조(결원시 용역비 공제) "갑"의 업무지역에 배치되어 근무 중인 종업원의 결원이 발생하였을 때에는 아래와 같이 월 용역비에서 공제한다. 단 예비군 훈련, 관혼상제를 포함하여 해당 월 총인원의 2%는 인정을 하고, 그 이상의 결원이 발생하였을 때에는 월 평균 중 일급액의 300%에 해당하는 금액을 월 용역비에서 공제한다.

제13조(제복착용 및 친절의무) "을"은 종업원에게 "갑"이 정한 소정의 제복, 모자, 신발 및 스카프를 착용하여 항시 단정한 복장으로 작업에 임하여야 하며, 빌딩에 출입하는 고객에게 친절을 다하여야 한다.

제14조(청소상태의 기준) 당 빌딩의 청소상태 기준은 서울시내, 신축한 지 5년 이내의 일류 호텔의 청소상태 수준으로 한다.

제15조(근무규정 및 청소계획서 비치) ① "을"은 이 계약서에 의한 도급업무의 개시와 동시에 종업원의 근무규정과 각 작업현장별로 청소계획서를 2통씩 작성하여 1통은 "갑"에게 제출하고 1통은 현장사무실에 비치하여야 한다.

② "을"은 업무수행을 위한 임시작업 계획서 및 정기작업 계획서를 제출하여 "갑"의 승인을 받아야 하며, 이에 따라 업무를 수행한 후 결과를 검사받아야 한다.

③ "을"의 청소감독은 청소상태, 인원현황 및 근무일지를 "갑"이 승낙한 서식에 의거 매일 "갑"의 관계 부서장에게 제출하여야 한다.

제16조(청소원의 교육훈련 및 이동금지) "을"은 청소원의 빈번한 교체로 인하여 숙달된 요원의 부족으로 청소작업에 지장을 초래해서는 안되며 항상 숙달되도록 청소요령, 예의범절, 화재예방 및 안전사고 예방에 대한 교육을 월1회 이상 실시하고 교육일지를 작성하여 "갑"에게 확인을 하여야 한다.

제17조(일반청소) ① "을"은 정기적인 작업계획에도 불구하고 "갑"의 빌딩 내에서 작업하는 종사원을 "갑"의 요청이 있을 때를 제외하고 다른 일에 사용할 수 없다.

② "을"은 갑의 요청시 빌딩 내에서 물품 운반 등을 이행하여야 한다.

제18조(특별청소) ①"을"은 정기적인 작업계획에도 불구하고 "갑"의 행사, 의식 등의 필요에 따라 요구시 특별청소를 실시하여야 한다.

② 일반청소를 실시하였다 하더라도 불량하다고 인정될 시는 재청소를 실시하여야 한다.

제19조(안전관리) ① "을"은 업무수행 중 항상 안전관리에 최선을 다할 것이며, 만일 작업 중 사고가 발생하면 민 · 형사상의 모든 책임을 전적으로 "을"이 부담하고 "갑"은 하등의 책임을 지지 않는다.

② "을"은 종업원이 업무상 재해를 당하였을 때를 대비하여 본 계약 체결일로부터 1주일 이내에 산재보험에 가입하고 가입필증을 "갑"에게 제출하여야 한다.

제20조(업무감독 및 금지사항) ① "을" 또는 그 종업원은 업무를 진행함에 있어 "갑"의 제규칙을 준수함은 물론 "갑"위임한 빌딩관리인의 감독 · 지시 사항에 순응하여야 하며, 지적 사항을 즉시 시정하여야 한다.

② "을" 또는 그 종업원은 다음 각 호의 행위를 해서는 안된다.

1. 빌딩 내 근무자의 업무진행에 지장이나 불편을 초래하는 행위
2. 담당 아닌 업무 분야를 간섭하는 행위
3. 사전허가 없이 출입금지구역에 출입하는 행위
4. 근무를 태만히 하는 행위
5. 빌딩 내에서 음주 및 소란한 행동을 하는 행위
6. 빌딩 내에서 습득한 문서 또는 물품에 대하여 "갑"에게 신고하지 않는 행위

제21조(계약해지) ① "갑", "을" 쌍방 중 어느 일방이 이 계약을 해지하고자 할 때에는 적어도 1개월 전에 상대방에게 그 사유를 통보하여야 한다.

② "을" 또는 그 종업원이 다음 각 호의 1에 해당하는 때에는 계약기간 만료전이라도 "갑"은 일방적으로 해지할 수 있으며 "갑"은 "을"에 대하여 일체의 배상책임을 지지 아니한다.

1. 본 빌딩 내(입주자 포함)의 기밀을 누설하였거나 공무처리를 지연케 하는 행위
2. 빌딩 내의 문서 또는 물품을 무단반출하거나 훼손하였을 때
3. "을" 또는 종업원이 청소를 소홀히 하거나 "갑"의 업무상 지시에 불복할 때
4. 고의 또는 과실로 선량한 관리자로서의 주의의무를 태만히 하여 빌딩설비를 손괴하였거나 중대한 사고를 야기하였을 때
5. 제17조의 금지규정을 위반하여 "갑"으로부터 경고를 받았음에도 불구하고 이를 시정하지 않았을 때
6. "을"이 계약조항을 위반 또는 불이행하거나 빌딩의 청소용역 도급업체로서 심히 부적당하다고 "갑"이 인정할 만한 사유가 발생하였을 때

③ "을"은 청소작업 불량 및 청소작업 계획서대로 철저히 이행하지 않을 시는 "을"에게 경고를 하고 본 경고가 월 3회까지 통보되었을 시는 본 청소용역 도급계약 위반으로 간주하고 자동적으로 해약되며 "을"은 이의 없이 즉시 철수한다.

④ 전항의 규정에 의하여 계약이 해지되었거나 계약기간이 만료되었을 때에는 청소업무를 "갑" 또는 "갑"의 지정인에게 인계하여야 한다.

⑤ 전항의 인계가 완료될 때까지는 "갑"은 "을"의 소유물에 대한 반출을 제한할 수 있다.

제22조("을"의 배상책임) 다음 각 호의 1에 해당하는 경우에는 "을"은 이에 대하여 원상복구 또는 5일 이내에 배상의 책임을 진다.

1. "을" 또는 종업원의 귀책사유로 인하여 "갑"의 빌딩 또는 시설에 손실을 주었을 경우
2. "을" 또는 그 종업원이 귀책사유로 인해 본 빌딩 내에 근무하는 직원 및 빌딩내에 출입하는 자에게 손실을 주었을 때
3. "을" 또는 그 종업원이 "갑"의 물품 또는 "갑"으로부터 대여받은 물품을 망실 또는 훼손하였을 때

제23조(계약조항의 해석) 이 계약 각 조항의 해석에 의문이 있을 때에는 "갑", "을" 상호협의에 의하여 정하고 협의가 성립되지 않을 때에는 "갑"의 해석하는 바에 의한다.
제24조(통고방식) 본 계약의 통지 및 승낙은 문서로 함을 원칙으로 한다. 다만, 즉시 해결이 가능한 경미한 사항에 대하여는 구두로 할 수 있다.
제25조(이행보증금) 본 계약을 성실히 이행하기 위해 계약이행 보증금조로 도급금액의 10%에 상당하는 금액을 "을"은 "갑"에게 예치한다(이행보증금 보험 증권으로 대치할 수도 있다).
제26조(계약의 효력) 이 계약에 첨부한 시방서 등 부속문서는 계약서의 일부가 되며, 그 효력은 계약서와 동일하다.
제27조(소송자) "갑"과 "을"이 본 계약과 관련하여 발생하는 소송은 "갑"의 주소지를 관할하는 법원에 제소한다.
제28조(계약서의 보관) 이 계약을 증명하기 위하여 계약서 2통을 작성하여 "갑", "을"이 서명날인하고 각 1통씩 보관한다.

년 월 일

	"갑"		"을"
주 소 :		주 소 :	
상 호 :		상 호 :	
대표자성명 :		대표자성명 :	
사업자번호 :		사업자번호 :	

9. 건물시설경비용역계약

1) 건물시설경비용역계약의 의의

건물시설경비용역계약이라 함은 건물의 소유자 또는 관리자와 경비용역업자 사이에 관리목적건물 내·외부의 시설경비보안 업무에 관한 용역을 제공하는 대가로 일정 금액을 받기로 약정하는 용역도급계약을 말한다.

2) 건물시설경비용역계약서의 필요적 기재사항

경비용역계약의 필요적 기재사항은 대체로 다음과 같다. 다만, 경비용역의 성격·내용·방법·범위·규모 등에 따라 다소 차이가 있을 수 있다.

- 계약서의 명칭
- 계약의 목적

- 용역 목적물의 표시
- 용역 금액 및 지불 방법
- 계약기간
- 경비원의 자격
- 근무 규정 및 경비 요령
- 인원교체의 제한
- 복장 및 장비
- 배상 책임
- 배상금의 담보
- 계약의 해지 사유
- 양도 금지
- 금지사항
- 계약체결일
- 특약이 있는 경우 특약사항
- 계약당사자 인적사항

3) 건물시설경비용역계약 서식과 기재내용

경비용역계약서에 필요한 기재사항을 서식으로 표시하면 다음의 〈표 4-8〉과 같이 작성된다.

〈표 4-8〉 건물시설경비용역계약서(안)

ㅇㅇ건물시설경비용역계약서

서울시 구 동 번지 ㅇㅇ빌딩대표 (이하 "갑"이라 칭한다)와 서울시 구 동 ㅇㅇ회사대표 (이하 "을"이라 칭한다)는 ㅇㅇ건물시설 경비용역에 대한 도급계약을 아래와 같은 조건으로 체결하고 이를 성실히 이행키로 한다.

제1조(목적) 본 계약은 "갑"의 관리건물 및 건물 내 재산의 경비업무를 효율적으로 집행하기 위하여 "을"에게 그 경비업무를 도급하고 "을"은 수급 받아 그 용역을 제공하여 선량한 계약자로서의 주의의무를 다하여 본 계약서의 각 조항을 성실히 수행할 것을 목적으로 한다.

제2조(목적물의 표시)

1. 건물 명칭 :

2. 소재지 :

3. 경비 구역 :

제3조(용역금지 및 지불방법) ① 본 계약에 의한 1인당 월 용역비는 원으로 하며(부가세 별도) 월 용역비는 익월 15일 지불키로 한다(중식대 포함/인당). 단, 본 계약내용과 위배되는 사항이 발생할 시 시정될 때까지 수수료지불을 일시중지할 수 있다.

② "갑"의 별도 요구에 의한 인원의 추가 또는 감소가 있을 시는 "갑", "을" 상호협의하여 월간 용역비에서 가감정산 확정키로 한다.

③ 월 미만의 계산은 당해 월의 일수에 따라 일괄계산하여 지급한다.

④ "갑"의 업무지역에 배치되어 근무 중인 경비원의 결원이 발생하였을 때는 결원기간의 3배수에 해당하는 금액을 월 용역비에서 공제한다.

제4조(계약기간) 본 계약의 기간은 년 월 일부터 년 월 일까지로 한다.

제5조(경비인원) 총 ㅇ 명(반장 포함)

제6조(경비원의 자격) 경비원의 자격은 다음 사항을 갖춘 자로 한다.

1. 신원보증과 재정보증을 갖춘 자로 한다.
2. 사상이 건전하고 품행이 단정한 자
3. 만 45세 미만의 신체 건강한 자
4. 군복무를 필한 자
5. 신원조회 결과 신원과 사상이 건전하다고 회보된 자
6. 학력이 중졸 이상인 자
7. 용역경비업법 제7조의 결격사유에 해당되지 않는 자

제7조(경비원의 인사) ①"을"은 "갑"의 경비지역에 배치할 경비원의 인사기록을 "갑"에게 제출하여 면접 후 동의를 얻어 채용하되 신원조회 결과를 확인할 수 있는 증빙서류를 요구하면 이에 응하여야 한다.

② "갑"이 불성실이나 근무태만, 비위사실 등 부적당하다고 인정하여 교체 요구시에는 즉시 이행하며 변경하고자 할 때도 또한 같다.

③ 전항의 근무태만이라 함은 근무지 이탈, 근무 중 음주, 취침, 빈번한 결근, 기타 "갑"또는 "을"의 제규정에 저촉되는 행위로서 경비업무수행에 지장을 초래함을 말한다.

④"을"은 경비원이 결근시에는 교대인원을 배치하여야 한다.

⑤ 경비원의 업무지시는 "을"이 하되 "갑"의 지시에 응해야 한다.

⑥ 경비원의 근무조건은 노동관계법류 등에 위배되지 않아야 하며 경배원의 업무상재해 및 복리후생, 복무기간 등 그에 따르는 모든 책임은 "을"에 있다.

제8조(근무규정 및 경비요령) ① "갑"은 경비업무에 관하여 "을"에게 지시통제할 수 있는 권한을 가지고 "을"은 이를 존중하여야 하며 근무요령과 "갑"의 제반 규정 및 규칙을 준수하여야 한다.

② "을"의 경비책임자는 경비근무 현황 및 이상 유무를 "갑"의 서식에 의거 "을"의 관계부서장에게 제출하여야 한다.

③ 근무규정

㉠ 근무규정

ⓐ 경비원은 복장을 단정히 하여야 하며 엄정한 태도로 근무하여야 한다.

ⓑ 항상 청결한 몸가짐으로 고운말쓰기 및 미소와 친절로 응대하여야 한다.

ⓒ 모든 출입자는 손님으로 평등하게 응대하며 절도 있게 예의를 갖추어야 한다.

ⓓ 무뢰한 불순분자, 잡상인 등은 빌딩의 질서와 평온을 유지하기 위하여 단호히 출입을

금지시킨다.

ⓔ 음료수 및 잡화물, 위험물, 중량물 등의 반출입은 사전 관리사무실에 승인을 득한 후 반출입토록 한다.

ⓕ 항시 엘리베이터 운행 상황을 파악하고 수용인원의 안전수송에 만전을 기한다.

ⓖ 빌딩의 출입문 개폐는 단순한 문단속보다도 빌딩의 개관 · 폐관을 표시하는 중요 작업이므로 정확을 기하여야 하고 출입문의 이상시에는 즉각 관리사무실에 보고하여야 한다.

㉡ 순찰근무규정

ⓐ 신속 · 정확한 기동력으로 빌딩 내외를 정기 또는 비정기적으로 순회점검 및 상황을 파악하여야 한다.

ⓑ 순찰자는 거점근무자와 긴밀한 연락 및 협조로 다음 사항을 신속 · 정확히 점검 예방한다.

- 소방 및 대피통로의 항시 소통과 장애물 제거
- 수용인원의 파악 및 질서 유지
- 도난 및 위험 요소 제거 및 화기단속과 안전 유지
- 출입인원 및 차량에 대한 통제 및 검색
- 사내시설 보안(통제 · 제한 구역)
- 관리사무소의 지시에 따른 주차업무 보조

순찰자는 안전제일을 유념하여 위급 및 불안상태를 신속히 발견 현장에서 시정 조치하고 사후 "갑"의 관리사무실에 보고 승인을 득한다.

ⓓ 인화물질, 위험물, 폭발물 등의 반입 및 저장은 철저히 금지시켜 재해예방 에 노력한다.

ⓔ 이유 없이 배회하는 자, 정신이상자, 불순분자, 무뢰한 잡상인 등은 철저히 단속하여 방화 · 방범에 주력하고 이상시 관리사무실에 즉각 보고한다.

제9조(인원교체의 제한) "갑"사에 배치한 후 6개월 내에 교체자가 5명 이상 발생시는 "갑"의 통지에 따라 자동 해지된다.

제10조(복장 및 장비) 경비원의 복장과 장비는 "을"의 부담으로 하며 경비용역법상의제복을 착용한다.

제11조(배상책임) "을"은 다음의 각 호에 해당하는 경우에는 이에 대하여 즉시 배상할 책임과 민 · 형사상의 책임을 진다.

1. "을" 또는 "을"이 고용한 경비원의 고의, 과실, 근무태만으로 계약에 명시된 임무를 다하지 못하여 "갑"이 빌딩 입주자에게 손실을 끼쳤을 때
2. "을"이 본 계약 수행 중 제3자에게 손해를 가한 때
3. "을"은 원인 여하를 불문하고 경비원이 노동쟁의 및 기타 이에 준하는 단체 행동 등으로 인한 경비업무의 차질로 "갑"이 손해를 입을 때
4. "갑"은 상기의 손해배상금을 "을"에게 지급할 용역비에서 우선적으로 공제할 수 있다.

제12조(배상금의 담보) "을"은 배상금의 담보를 위하여 용역경비업법 규정에 따라 이행보증 보험증권(10,000,000원 상당)을 본 계약 체결 후 1주 이내에 "갑"에게 제출하여야 한다.

제13조(양도금지) "을"은 계약상의 관리와 의무의 일부 또는 전부를 제3자에게 양도 또는 하청하거나 담보의 목적물로 할 수 없다.

제14조(계약의 해지) "갑"은 "을"이 다음 각 호의 사항에 해당하는 행위를 하였을 때에는 계약을 해지할 수 있다.

1. "갑"의 중요한 기밀을 누설하여 결정적인 손해가 발생하였을 때

2. "을"이 "갑"사에 순응하지 않고 경비업무용역을 불성실히 수행하였을 때
3. 빌딩 내의 문서 또는 물품을 무단반출하거나 훼손하였을 때
4. 제12조(배상책임)경우가 발생하여 "갑"이 필요하다고 인정할 때
5. "갑"과 "을"의 쌍방 중 어느 일방이 계약유효 기간 중에 계약을 해지하여야 할 사유가 발생할 때에는 1개월 전에 서면으로 해지의사를 표명한 때 또는 본 용역대금에 대한 압류 또는 가압류를 당했을 때

다만, 다음 각 호에 해당하는 경우 "갑"은 최고 없이 본 계약을 해지할 수 있다.

1) "을"이 파산선고를 당했거나 해산을 결의하였을 때
2) "을"이 본 계약 각 조항을 위반하였을 때

제15조(계약의 종료) 계약기간 종료시까지 "갑"의 서면에 의한 재계약 의사표시가 없을 시에는 계약 기간의 종료시 본 계약은 자동 해지한다.

제16조(계약 내용의 변경) 본 계약 유효기간 중이라도 계약내용의 변경사유가 발생하였을 경우 "갑"과 "을"이 협의에 의하여 계약 내용을 수정할 수 있다.

제17조(금지사항) "을" 또는 경비원은 다음 행위를 하여서는 안된다.

1. 업무집행에 지장이나 불편을 초래하는 행위
2. 사전허가 없이 출입금지구역에 출입하는 행위
3. 담당업무 외의 분야에 간섭하는 행위
4. 기타 "갑"이 금지하는 행위

제18조(계약조항의 해석) 이 계약조항의 해석에 의문이 있을 때에는 "갑", "을"이 상호협의에 의하여 정하고 협의가 성립되지 않은 때에는 "갑"의 해석하는 바에 의한다.

제19조(통고방식) 본 계약의 작업지시 통지 및 승낙을 문서로 함을 원칙으로 한다. 다만, 해결이 가능한 경미한 사항에 대하여는 구두로 할 수 있다. 이상의 약정 사항을 증명하기 위하여 계약서 2부를 작성하고 "갑"과 "을"이 서명날인하여 각 1부씩 보관한다.

년 월 일

"갑"	주 소 :	"을"	주 소 :
	상 호 :		상 호 :
	대표자성명 :		대표자성명 :
	사업자번호 :		사업자번호 :

10. 건물재산위탁관리계약

1) 건물재산위탁관리계약의 의의

건물재산의 위탁관리계약이란 건물소유자 또는 부동산투자회사나 소유자로부터 관리

권을 위임받은 AM사가 관리객체를 관리함에 있어서 관리업무 전체의 업무를 타인이나 또는 전문관리 회사에 위탁하여 관리를 대행케 하는 용역계약으로서, 관리위탁자와 수탁자 사이에 관리용역을 제공하기로 하는 대가로 일정 용역대금 또는 관리수수료 지급을 조건으로 체결되는 관리용역계약을 의미한다.

혼합방식에는 경비나 청소 · 소독 등의 일부 관리업무만 개별용역 계약하여 관리하게 되나 공동주택이나 집합건물 관리의 경우, 위탁관리 방식을 채택하는 경우에 전문성을 요하는 특수 건물의 관리업무 전체를 위탁하여 관리하게 되는 바 이를 위탁관리라 하고, 이 때 체결되는 계약을 '건물자산위탁관리계약'이라 한다. 관리용역을 제공하는 점에서는 개별용역과 동일하나 위탁관리의 경우 관리권한을 위임받는다는 점에서 개별용역과 차이가 있다.

2) 건물재산위탁관리계약의 필요적 기재사항

건물재산위탁관리계약의 필요적 기재사항은 대체로 다음과 같다.

- 계약서의 명칭
- 관리목적물 표시
- 계약체결 목적
- 관리권의 범위
- 관리 기간
- 관리자의 의무
- 관리기구와 인원
- 승인사항과 보고사항
- 관리비 등 징수조항
- 관리수수료
- 관리비 수납 및 보관조항
- 선수금 조항
- 감사조항
- 계약기간
- 계약의 해지조항
- 계약해석의 준거법규 조항

- 계약체결일
- 계약당사자 인적사항

3) 건물재산위탁관리계약 서식과 기재내용

다음의 서식은 공동주택 위탁계약용이므로 일반 건물의 경우 이를 참고하기 바란다.

〈표 4-9〉 ○○아파트 관리업무 위 · 수탁 계약서(안)

○○아파트 관리업무 위 · 수탁 계약서

주택법 제42조(공동주택관리) 의거 (이하 "갑"이라 한다)와 (이하 "을"이라 한다)간에 아래 표시 공동주택과 그 부대시설과 복리시설 등의 관리업무(이하 '관리업무'라 한다)에 관하여 다음과 같이 위 · 수탁 계약을 체결하고 이를 성실히 이행키로 한다.

공동주택표시
- 명칭 :
- 소재지 :
- 동 수 :
- 세대수 :
- 관리평수 :
- 건물구조 :
- 부대시설 :

제1조(목적) 본 계약은 "갑"이 관리업무를 "을"에게 위탁하고 "을"이 이를 수탁관리함에 있어 그 운영에 필요한 사항을 규정함을 목적으로 한다.

제2조(관리권 위탁) ① "갑"은 아파트의 관리업무 일체를 본 계약서의 내용과 같이 "갑"의 의무 관리기간 동안 위탁한다.

②"을"은 본 계약에 의한 권리 또는 의무를 제3자에게 양도 · 승계할 수 없으며 대여 또는 담보목적으로 할 수 없다.

제3조(관리업무의 내용) "을"이 "갑"으로부터 수탁한 관리업무 범위는 다음 각 호와 같다.

1. 공동주택의 공용부분, 입주자의 공동소유인 부대시설 및 복리시설의 유지, 보수, 보건, 정비, 가동, 수선과 안전관리
2. 공동주택 단지 내의 경비, 청소, 쓰레기 수거 및 소독, 물탱크 청소, 방역, 엘리베이터 정기안전검사, 대상기기 계속사용 안전 검사, 정화조청소, 환경미화에 관한 사항
3. 관리비 및 사용료의 징수와 공과금의 납부대행
4. 관리업무 홍보 및 공동시설물의 사용방법에 관한 지도 · 계몽
5. 입주자의 공동사용에 제공되는 단지내의 토지에 대한 무단점유 및 시설물 신 · 개축방지
6. 단지내의 질서 문란 행위 등을 방지하기 위한 조치의 강구
7. 단지내에서 발생한 안전 사고 및 강력 사고 등에 대한 적절한 대응조치 강구

8. 공동주택 관리 규약 및 입주자 대표회의에서 결정한 사항 집행
9. 입주자의 공동 이익에 관한 사항 및 "갑"이 필요하다고 인정하는 사항
10. 기타 주택법 및 동시행령과 동시행 규칙 등에서 정한 사항

제4조(관리자의 의무 · 책임) ① "을"은 관리계약의 체결 및 관리 업무의 인계 등에 관한 사항을 "갑"을 대리하여 수행하여야 한다.

② "을"은 매월별로 관리비 및 사용료의 징수, 사용 및 예치 등에 관한 장부를 작성하여 이를 그 증빙자료와 함께 보관하고, 공동주택의 입주자 등의 요구가 있을 경우에는 이를 열람할 수 있도록 하여야 한다.

③ "을"은 당해 공동주택의 관리에 필요한 기술 인력 및 장비를 주택법령에 의거 확보하여 단지내에 두어야 한다.

④ "을"은 주택법 제49조 규정에 의한 안전관리계획을 수립하여 시설의 안전도 및 이상유무를 "을"의 기술진에 의하여 수시 및 정기적으로 점검하여야 하며, 그 점검 결과서를 작성하여 1부는 보관하고 1부는 "갑"에게 제출하여야 한다.

⑤ "을"은 본 계약에 규정한 관리 부분에 대한 업무를 수행함에 있어 아래 각 호에 대하여 민 · 형사상의 책임을 진다(단, 천재지변, 기타 불가항력적인 일이나 입주자의 귀책으로 판명될 때에는 그러하지 아니하다).

1. "을" 또는 "을"의 고용인의 과실 · 고의로 인하여 건물 또는 시설물의 손해를 입혔을 때
2. "을" 또는 "을"의 고용인의 과실 · 고의 또는 안전관리 소홀로 인하여 입주자 또는 제3자에게 손실을 입혔을 때
3. "을" 또는 "을"의 고용인의 과실 · 고의로 인하여 발생한 안전사고나 금전사고로 손실을 당했을 때
4. 기타 "을" 또는 "을"의 고용인의 사고 및 손실로 인정되는 경우

제5조(관리기구 및 인원구성) ① "을"은 관리업무를 수행하기 위한 관리사무소 기구 및 인원을 "갑"과 사전 협의한다.

② 인원채용 결정은 "을"이 수행하되 채용한 직원이 관리업무에 부적합하다고 "갑"이 판단될 시는 "갑"은 "을"에게 해당 직원의 교체를 요구할 수 있으며, "을"은 정당한 사유가 없는 한 요청 기일 내에 이에 응하여야 한다.

제6조("갑"의 승인 및 보고 사항) 1. 관리계약서 및 관리 규약의 내용에 관한 사항

2. 관리비 예산 및 집행
3. "을"의 직원의 급여 및 복리후생 등의 조정에 관한 사항
4. 예산 이외의 집행에 관한 사항
5. 관리비의 부과 및 징수에 관한 사항
6. 기타 업무 수행상 "갑"의 승인이 필요하다고 인정되는 사항

제7조(관리비 부과 및 징수) ① 관리비의 부과 징수는 "갑"과 "을"이 협의 · 조정한 매월의 관리비를 실비 정산제를 부과 징수하고, 관리비의 비목은 공동주택관리령 제15조에 의한다.

② 관리비의 산출은 월 단위로 하고 산출금액은 산출 기간 종료일로부터 입주자에게 개별통지하고 입주자는 통지일로부터 7일 이내에 지정한 장소에 납입하여야 한다.

제8조(연체료 부과) 입주자는 고지된 관리비를 지정한 기일 내에 납입하지 아니할 경우 해당 관리비 총액에 대하여 관리규약에 정한 연체료를 가산하여 부과한다.

제9조(직원의 급여지급) 관리소 직원에 대한 급여(봉급, 제수당, 퇴직금, 상여금 등)는 "갑"과 "을"이 사전 정책한 금액을 공동주택관리령 제15조 제①항에 의거 일반관리비 내에 포함시켜 입주자에게

징수하여 관리소장이 각 개인에게 지급한다.

제10조(관리수수료) "갑"은 "을"에게 관리면적에 대하여 평당 원(부과세 별도)씩의 관리수수료를 매월 단위로 매월말 청구 익월 15일까지 지급한다. 단, 본 계약내용과 위배되는 사항이 발생할 시 시정될 때까지 수수료 지불을 일시 중지할 수 있다.

제11조(관리비수납 및 보관) ① 관리비의 수납은 현금 안전관리를 위하여 지정한 시중 은행에 납부토록 한다.

② 자금의 공정한 관리를 위하여 거래 은행 통장은 "을"의 명의로 개설하되 통장은 관리소장이 보관하고, 인장은 입주자 대표회의 회장이 보관하며 모든 자금의 사용은 입주자 대표회의 회장의 승인을 받아 집행한다.

제12조(선수금) ① "을"은 모든 입주자들로부터 평당 원씩의 선수금을 받아 관리비 부과이전 노임 등의 제비용으로 제증빙서류를 첨부하여 사용한다.

② 선수금의 사용 또는 전용시에는 체납관리비를 조기 회수하여 충당하여야 한다.

③ 모든 입주자의 선수금은 퇴거시 반환한다.

제13조(업무감사) "갑"은 필요하다고 인정될 때 "을"의 관리사무소 업무 전반(회계업무 포함)에 대하여 감사할 수 있다(단, "갑"은 감사실시일 1주일 전에 "을"에게 감사계획을 준비토록 한다).

제14조(계약기간) 본 계약의 기간은 년 월 일부터 년 월 일까지로 한다.

제15조(계약의 해지) 아래 각 호의 사유가 발생하였을 경우 "갑"은 본 계약을 해지할 수 있으며, 이 경우에 "을"은 관리권을 현상태로 "갑"에게 증빙을 첨부한 문서로서 인계하여야 하며 이로 인하여 발생한 손해의 배상 등은 "갑"에게 청구하지 못한다.

1. 관리비 등에 관련하여 입주자 등과 중대한 마찰 및 민원을 야기하였을 경우
2. 관리 업무 수행에 따른 민·형사상 사건 사고가 발생하였을 경우
3. 기타 "갑"의 판단 결과 중대한 계약 해지 사유가 발생하였을 경우

제16조(준거 사항) ① 본 계약에 명시되지 아니한 사항은 주택법령과 민법상 위임규정 공동주택관리규약 및 일반관례에 따라 "갑"과 "을"은 성의를 가지고 협의하여 시행한다.

② 본 계약을 증명하기 위하여 계약서 2통을 작성하여 "갑"과 "을"이 날인 후 각각 1통씩 보관한다.

년 월 일

"갑"	주 소 :	"을"	주 소 :
	상 호 :		상 호 :
	대표자성명 :		대표자성명 :
	사업자번호 :		사업자번호 :

11. 건물관리용품공급계약

1) 건물관리용품공급계약의 의의

건물의 운전과 유지 및 개량을 위하여 전기나 수돗물, 가스 등의 에너지와 여러 종류의 자재·품이나 부품과 물품의 공급이 필요하다.

건물의 시설이나 장착된 설비의 운용과 유지보수에 필요한 각종 원료나 부품을 공급하는 데 있어서 관리주체와 납품자 사이에 체결되는 계약을 건물관리용품공급계약이라 한다.

전기·수도·가스 등 국가 공공기관이 공급하는 에너지나 계속적 공급계약의 성질을 갖는 물품의 공급계약은 관계법령이나 공급자의 공급규정에 의하여 공급된다. 따라서 공급자가 스스로 정한 조건에 따라 사용자가 공급받게 되므로 사용자는 매우 불리한 조건을 감수하지 않으면 안된다.

왜냐하면 국가의 정책에 따라 국가공공기관이 단독으로 독점 공급하도록 관계법규에 명시되어 있기 때문이다.

이 밖에 지하수에 첨가되는 화공약품이나 정화조, 쿨링타워에 사용하는 약품 및 각종 설비에 사용되는 부품이나 재료 등은 일반 납품업자에 의하여 공급되므로 관리주체와 납품업자간의 약정된 조건에 따라 물품을 공급받게 되므로 다소 유리한 조건으로 제공받을 수 있다.

2) 건물관리용품공급계약의 필요적 기재사항

건물관리용품공급계약서 상의 필요적 기재사항은 대체로 다음과 같다.

- 계약서의 명칭
- 구매물품의 품명, 규격, 종류, 수량, 등급, 생산자의 상호, 물품의 고유번호
- 단가·가격·지불방법
- 현장도착일(공급일자)
- 검수조건과 반품조건
- 해지사유 및 손해배상규정
- 계약유효기간
- 계약체결일

- 약품(또는 물품)의 경우 시험성적서
- 공인기관 약품투여 결과 및 통보대행 조항(약품의 경우)
- 계약당사자의 인적사항

3) 건물관리용품공급계약 서식과 기재내용

건물관리용품공급계약의 표시내용을 서식에 기재하면 다음과 같은 공급계약서가 작성된다(다음 계약서는 건물수처리약품의 공급계약 서식임).

〈표 4-10〉 건물수처리약품공급계약서(안)

건물수처리약품공급계약서

수처리 약품의 원활한 공급을 위하여 (이하 "갑"이라 한다)와 (이하"을"이라 한다)간에 아래와 같이 물품공급계약을 체결하고, 이를 성실히 이행키로 한다.

제1조 "을"이 "갑"에게 공급하는 약품의 규격 및 공급량을 아래와 같이 정한다.

약품명	주성분	규격	단가	월사용량	금액	형상
염소제90%	유효염소90%	kg				정제(분말)
푼다 S	미생물효소	kg				분말

제2조 "을"은 "갑"에게 공급하는 약품의 품질을 보증하여야 하며, "갑"의 요구가 있을 시는 약품시험 성적서를 제출하여야 한다.

제3조 "을"은 제1조의 공급수량 내에서 매월 "갑"의 청구서에 의하여 수량을 공급하여야 하며 "갑"은 물품입고와 동시에 검수를 실시하고 그 결과를 "을"이 제출한 거래명세서에 그 제품의 하자 여부를 서명하여야 한다. 만약 공급한 물품에 이상이 있을 시 "을"은 즉시 이상이 없는 새로운 물품으로 납품한다.

제4조 "을"은 "갑"에게 월1회 이상 방문하여 정화조 상태를 점검하며 관리 및 기술 지원을 한다.

제5조 본 공급계약 기간은 년 월 일부터 년 월 일까지로 하며 계약 만료 1개월 전까지 쌍방이 별도 의사표시가 없을 경우에는 동일한 조건으로 1년간 자동연장한다.

제6조 월정 약품대금은 금 원정(부가세 별도)이며 익월 말일 현금 지급을 원칙으로 한다.

제7조 "갑"은 "을"의 약품공급의 성실성 여부, 수질측정 결과의 법정기준 합당 여부 등에 따라 본 계약을 언제라도 일방적으로 해지할 수 있다.

제8조 제1조의 공급량 중에서 오수처리장의 상태나 유입수량의 변동에 따라 약품의 증·가감이 필요할 때는 "갑"과 "을"의 합의에 따라 "갑"의 승인 하에 증·가감할 수 있다.

제9조 본 계약서 각 항에 대한 "갑"과 "을"의 해석이 일치하지 않을 때에는 상관례에 따른다.

제10조 "을"은 연 1회 이상 수질을 측정하여(국가공인기관) 그 결과를 "갑"에게 통보하여야 한다.

년 월 일

"갑"	주 소 :	"을"	주 소 :
	상 호 :		상 호 :
	대표자성명 :		대표자성명 :
	사업자번호 :		사업자번호 :

12. 근저당권설정계약

1) 근저당권설정계약의 의의

건물자산관리에 있어서 건물운용자금의 대출시 또는 임대차계약 체결시 임차인의 요구로 근저당 설정계약이 체결되고 등기되는 경우가 있다.

근저당이라 함은 계속적인 거래로부터 발생하고 소멸하는 불특정다수의 장래 채권을 담보하는 특수저당권을 말한다. 이것은 결산기에 계산하여 잔존하는 채무를 일정한 한도액 범위 내에서 담보하는 저당권으로서 일반저당권에 비해 특수저당권에 속하는 저당권이다.

근저당은 장래의 특정 채무를 담보하는 것이 아니라 장래 증감, 변동하는 불특정채무를 담보한다. 근저당계약의 기초가 되는 것은 채권관계로부터 발생한다.

2) 근저당권 성립

근저당은 설정계약과 등기에 의하여 성립한다. 설정계약의 당사자는 채권자와 담보제공자이다. 설정계약에는 담보할 채권의 최고액과 피담보채권의 범위를 결정하는 기준이 정해져야 한다.

설정등기에는 설정계약이란 뜻과 채권최고금액, 채무자를 기재하여야 한다. 이자는 등기할 필요가 없다.

3) 근저당권의 효력

피담보채권의범위는 원칙적으로 채권 최고금액 범위 내에서 설정계약서에 정해진 피담보채권을 담보한다. 일반저당권에서 1년분의 지연배상만 담보되는 내용은 근저당권에는 해당이 없다. 따라서 비용은 최고금액에 포함되지 않고 별도 우선변제받는다. 피담보채권의 확정은 결산기의 도래, 기간만료, 해지나 해제 등으로 확정되고 그 이후의 채권은 담보되지 못한다. 피담보채권의 확정으로 근저당권은 일반저당권으로 전환된다.

근저당의 실행으로 피담보채권을 우선변제받는다.

4) 근저당의 변경

당사자는 계약에 의해서 최고액, 존속 기간 등을 변경할 수 있고 변경등기해야 한다. 채무자가 사망하면 기본계약에 기한 권리의무는 상속인에게 상속되고 거래관계도 승계된다.

피담보채권이 양도되면 근저당권도 함께 이전된다.

5) 근저당권의 소멸

기본계약 해지 등에 의하여 피담보채권이 확정되고 담보권을 실행하여 경락대금이 지급되거나 기본계약을 갱신하지 아니하면, 또 피담보채권을 전액 변제하면 소멸한다.

6) 담보제공자 숙지사항

(1) 저당권의 위험

저당권은 채무자가 기일에 채무를 상환하지 않으면 채권자는 설정자가 제공한 담보를 처분하여 우선적으로 변제받는 권리이다.

따라서 자기소유의 부동산에 타인을 위하여 저당권을 설정하는 것은 타인의 채무불이행으로 인하여 자기 재산을 잃게 될 수 있는 위험을 부담하는 행위이다.

(2) 담보종류에 따른 책임범위

'특정채무담보'는 채무자가 채권자에 대하여 부담하는 특정된 채무만을 담보하는 것으로, 그 채무가 연장·재취급 또는 다른 여신으로 대환된 때에는 담보하지 않는다.

'근담보'는 채무자와 채권자 사이에 이미 맺어져 있거나 앞으로 맺게 될 거래계약으로부터 현재 발생되어 있거나 앞으로 발생할 채무를 채권최고액의범위 내에서 담보하게 되는 것으로 세 가지 유형이 있으며, 각 유형에 따른 책임범위는 다음과 같다.

가. 특정근담보

특정된 거래계약(예 : 년 월 일자 여신거래 약정서)으로부터 계속적으로 발생하는 채무를 담보하며, 그 채무가 기한 연장된 때에도 담보한다. 그러나 재취급 또는 다른 여신으로 대환된 때에는 담보하지 않는다.

나. 한정근담보

특정한 종류의 거래(예 : 당좌대출거래)에 대하여 이미 맺어져 있거나 앞으로 맺게 될 거래계약으로부터 현재 발생되어 있거나 앞으로 발생하게 될 채무를 모두 담보하며, 그 채무의 연장이나 재취급은 물론 같은 종류로 대환된 때에도 담보한다. 그러나 다른 종류의 여신으로 대환된 때에는 담보하지 않는다.

다. 포괄근담보

채무자가 채권자에게 부담하는 현재 및 장래의 모든 채무(여신거래로 인한 채무뿐만 아니라 기타 다른 형태의 채무를 포함한다)를 담보하여 그 책임범위가 아주 광범위하므로 포괄근담보를 선택할 경우 다시 한 번 신중히 생각한 후에 결정해야 한다.

(3) 담보제공자 연대보증 책임범위

담보제공자가 연대보증을 별도로 서는 경우에는 채권자는 담보제공한 부동산 외에 담보제공자의 다른 일반 재산에 대하여도 집행할 수 있다.

(4) 은행여신 기본약관과 설정계약서 확인

은행여신 기본약관과 설정계약서 사본에 대하여 중요 사항은 직접 확인해야 한다.

(5) 담보제공 포기기간

설정자가 타인을 위하여 주택을 담보로 제공하는 경우에는 계약서 작성일로부터 3일 이내에 담보제공을 철회할 수 있다.

철회권을 미리 포기하고 설정계약을 작성한 것인지에 대하여 반드시 확인해야 한다.

(6) 채권최고금액의 확인

(7) 근저당 결산기 확정 확인

가. 지정형

지정된 날 확정된다.

나. 자동확정형

계약일로부터 3년이 경과하면 서면통지에 의하여 근저당권 결산기를 지정할 수 있되 그 결산기는 통지가 도달한 날로부터 14일이 되어야 한다.

다. 장래지정형

계약일로부터 3년 경과 후 서면통지에 의하여 결산기를 지정한다.

7) 근저당권 설정계약과 필요적 기재사항

(1) 근저당권 설정시 필요서류

가. 근저당권자

- 법인등기부등본 또는 주민등록등본
- 법인도장
- 설정계약서
- 위임장

나. 근저당권 설정자

- 등기권리필증
- 인감증명서
- 인감도장
- 설정계약서
- 위임장

(2) 필요적 기재사항

근저당설정계약서의 필요적 기재사항은 다음과 같다.

- 계약서의 명칭
- 채권자별 근저당권과 주소 · 성명
- 채무자 주소 · 성명
- 근저당 설정자(담보제공자) 주소 · 성명
- 설정의 목적
- 피담보채무의 범위
- 채권최고금액
- 설정순위번호
- 근저당권 장래결산기
- 담보가치 유지의무
- 보험계약 조항
- 지상권 · 전세권 · 임차권 조항
- 근저당물건의 처분과 관리조항
- 절차이행과 내용부담 조항
- 담보의 변경 해지나 해제 조항
- 특약이 있는 경우 특약조항
- 담보물의 표시
- 계약일
- 채무자 기한 이익포기 조항
- 장래 대출중지에 대한 채권자면책 조항
- 보증인 연대채무 사항
- 소송 관할법원
- 채권자 · 채무자 · 설정자 서명날인조항

8) 근저당권 설정계약 서식과 기재내용

근저당권 설정계약 서식과 기재내용은 다음의 〈표 4-11〉과 같다.

〈표 4-11〉 근저당권설정계약서(안)

근저당권설정계약서

년 월 일

채권자 겸 근저당권자 (인) 주 소

채무자 (인) 주 소

근저당권 설 정 자 (인) 주 소

위 당사자 사이에 아래와 같이 근저당권 설정계약을 맺는다.

제1조(근저당권의 설정) 근저당권 설정자(이하 "설정자"라 한다)는 은행 여신거래 기본약관을 승인하고, 이 계약서 끝부분 "근저당권 물건목록"(이하 "근저당물건"이라 한다)에 다음 내용으로 근저당권을 설정한다.

1. 피담보채무의 범위
   채권자는 피담보채무의 범위를 달리하는 다음의 세 유형 가운데 어느 하나를 설정자가 선택할 수 있음을 설명하였고, 설정자는 그 가운데에서 정한 채무(이자, 지연 배상금, 기타 부대채무를 포함한다)를 담보하기로 한다.
2. 채권최고액
   가. 금 원
   나. 설정비용의 절감 등을 위하여 채권최고액을 최초 채권액을 기준 삼아 정하였어도 이를 이유로 이 계약을 특정채무담보 저당권 설정계약으로 해석하지 않기로 한다.
3. 근저당권 결산기
   채권자는 근저당권 결산기를 정하는 다음의 세 유형 가운데 어느 하나를 설정자가 선택할 수 있음을 설명하였고, 설정자는 에서 정한 날을 결산키로 한다.

제2조(공부와 실제의 불일치 등) ① 근저당물건의 실제가 계약서 끝부분 목록란의 기재나 공부상 기재와 맞지 아니한 부분이 있더라도 이 근저당권은 실제 물건 위에 그 효력이 미치며, 채권자가 채권보전상의 필요에 따라 청구하는 때에는 설정자는 곧 변경등기나 경정등기 및 기타 필요한 절차를 밟는다.

② 근저당 토지상에 미등기 건물이 있는 경우 또는 장래 건물을 신축할 경우에 채권자가 채권 보

전상 필요에 따라 청구하는 때에는, 설정자는 지체없이 그 보존등기를 하는 동시에 그 건물에 제1조에 의한 근저당권을 추가 설정한다.

제3조(담보가치의 유지 등) ① 설정자가 근저당물건에 대하여 멸실·훼손 등 채권자의 채권 보전에 지장을 초래할 현상변경 행위를 하고자 하는 때에는 미리 채권자의 승낙을 얻어야 한다.

② 설정자는 근저당물건의 멸실·훼손·공용징수 기타의 사고 또는 현저한 가격의 하락이 있거나 그럴 염려가 있는 때에는 곧 이를 채권자에 통지한다.

③ 제②항의 경우 설정자가 제3자로부터 수행할 배상금·보상금 등의 채권이 발생한 때에는, 설정자는 그 채권을 채권자에게 양도하고 이에 필요한 절차를 밟아야 하며, 채권자는 그 수령금으로 다른 담보물의 제공 등 상당한 사유가 없는 한, 피담보채무의 기한도래 전일지라도 은행 여신거래 기본약관 제12조에 준하여 채무와 변제에 충당할 수 있기로 한다.

제4조(보험계약) ① 설정자는 근저당물건에 대하여 채권보전에 필요한 범위 내에서 채권자가 지정하는 종류와 금액으로 보험계약을 맺고, 그 보험계약에 따른 권리 위에 채권자를 위하여 질권을 설정하여 그 보험증권의 채권자에게 교부하고, 이 계약에 정한 피담보채무가 존재하는 동안 이를 계속 유지한다.

② 설정자가 전항에 의한 보험계약 외에 근저당물건에 대하여 따로 보험계약을 맺은 때에는 이를 곧 채권자에게 통지하며, 채권자가 채권보전상의 필요에 따라 청구하는 때에는 그 보험계약에 따른 권리에 대하여도 전항과 같은 절차를 밟는다.

③ 설정자가 제①항, 제②항에 정하는 바에 따르지 아니함으로써 채권보전상 필요한 보험계약을 설정자를 대신하여 맺거나 계속하고, 그 보험료를 지급한 때에는 채무자와 설정자는 연대하여 채권자가 지급한 보험료 기타의 제비용에 대하여 은행 여신거래 기본약관 제4조에 준하여 곧 갚는다.

④ 제①항 내지 제③항에 의한 보험계약에 터잡아 채권자가 보험금을 수령한 때에는 다른 담보물의 제공 등 상당한 사유가 없는 한 피담보채무의 기한도래 전일지라도 채권자는 그 수령금으로 은행 여신거래 기본약관 제12조에 준하여 채무의 변제에 충당할 수 있다.

제5조(지상권·전세권·임차권) ① 설정자는 근저당물건이 건물만인 경우, 그 대지에 지상권 또는 전세권이 설정되어 있는 때에는 그 기간이 만료한 때 곧 그 설정계약 계속의 절차를 밟기로 한다.

② 제①항의 경우 그 대지에 관한 권리가 임차권인 때에도 설정자는 임차기간이 만료한 때에는 곧 임대차계약 계속의 절차를 밟고, 또 토지소유자의 변경이 있는 때에는 곧 임차권의 내용 변경이 생길 경우, 미리 채권자에게 통지하기로 한다.

③ 설정자는 제①항의 지상권·전세권이나 제②항의 임차권에 관하여 해지 기타 그 권리의 소멸 또는 변경을 초래할 염려가 있는 행위를 아니하며, 또 그러한 염려가 있는 때에는 그 권리의 보전에 필요한 절차를 밟겠으며 건물이 멸실한 경우라도 채건자의 도움 없이 그 권리의 임의처분을 아니하기로 한다.

④ 근저당물건이 화재 기타의 원인으로 멸실하고 보험금 등으로 충당하고도 채무가 남은 경우에 설정자가 곧 건물을 신축하지 아니할 때에는, 지상권·전세권 또는 임차권의 처분은 채권자의 동의를 얻어 하기로 하고, 채권자는 그 처분대금으로 제3조 제③항에 준하여 나머지 채무의 변제에 충당할 수 있기로 한다.

제6조(근저당물건의 처분·관리 등) ① 근저당물건의 처분은 법정절차에 의함을 원칙으로 하되 설정자가 동의할 때에는, 채권자는 적당하다고 인정되는 방법, 시기, 가격 등에 의하여 처분하고 그 취득금에서 제비용을 뺀 잔액을 은행 여신거래 기본약관 제12조에 준하여 충당할 수 있다.

② 제①항의 처분방법 외에 채권자는 설정자를 위하여 근저당물건을 관리하고 그 수익금으로 제

①항에 준하여 채무 변제에 충당할 수 있다.

③ 설정자가 행방을 감추거나 기타의 사유로 말미암아 근저당물건이 정상적으로 관리 · 유지되지 아니하고 멸실 · 훼손 · 분실 등의 우려가 있는 때에는, 채권자는 근저당물건을 점유하여 관리할 수 있다.

④ 제①항 내지 제③항의 경우 설정자는 지체 없이 채권자의 처분 또는 관리에 필요한 협력을 다한다.

제7조(회보와 조사) 설정자는 근저당물건의 상황에 관하여 채권자로부터 청구가 있는 때에는 그에 따라 곧 회보하거나 조사에 필요한 협조를 한다.

제8조(제 절차이행과 비용부담) ① 설정자는 이 근저당권의 설정, 변경, 경정, 이전, 이관, 항소 등에 관한 등기 · 등록을 하여야 할 때에는 채권자의 처우가 있는 대로 곧 필요한 절차를 밟는다.

② 전항의 절차에 드는 비용이나 저당물건의 조사, 점유, 관리, 처분 등에 관한 비용은 채무자와 설장자가 연대하여 부담하고, 채권자가 대신 지급한 때에는 은행 여신거래 기본약관 제4조에 준하여 이를 곧 갚는다.

제9조(다른 담보 · 보증약정과의 관계) ① 설정자가 채무자의 채권자에 대한 동일 피담보채무에 관하여 따로 담보를 제공하고 있거나 보증을 하고 있는 경우에는 별도의 약정이 없는 한 그 담보나 보증은 이 계약에 의하여 변경되지 아니하며, 이계약에 의한 담보책임과 별개의 것으로 누적적으로 적용된다.

② 담보가치의 하락 등을 대비한 채권자의 청구에 의하여 설정자가 같은 피담보채무에 관하여 담보제공과 동시에 동일 금액으로 연대보증을 한 경우, 그 중 어느 하나의 일보 또는 전부를 이행한 때에는 전항에 불구하고 그 이행한 범위 내에서 다른 책임도 면한다.

제10조(담보 등의 변경 · 해지 · 해제) 설정자가 동의를 했거나, 동등한 가치 이상의 담보대체, 동등한 자격 이상의 보증인 교체, 또는 일부 변제액에 비례한 담보나 보증의 해지 · 해제 등 설정자가 대위변제할 경우의 구상실현에 불리한 영향이 없다고 판단될 때에는 거래상 필요에 따라 채권자는 다른 담보나 보증을 변경 또는 해지 · 해제할 수 있기로 한다.

제11조(특약사항)

근저당물건 목록 설정자 : (인)

대상목적물의 표시	순위

13. 전세권설정계약

1) 전세권의 의의

전세권이란 전세금을 지급하고 타인의 부동산을 그 용도에 좇아 사용수익하며 그 부동산 전부에 대하여 후순위권자, 기타 채권자보다 우선 변제를 받을 수 있는 용익물권이다. 또한 전세권은 용익물권이면서 동시에 담보물권의 성질도 함께 가지고 있다.

전세권제도는 종래 관습적으로 행해져오던 제도를 우리 민법이 물권으로 규정하여 탄생된 것으로 우리나라에만 존재하고 있는 특수한 물권이다. 전세권은 우선변제권과 경매청구권이 있다.

2) 전세권의 법적 성질

전세권은 법적으로 다음과 같은 성질을 가지고 있다.

① 전세권은 타인의 부동산에 대한 권리로서 전세권의 목적물은 토지와 건물이지만, 토지 중 농경지는 원칙적으로 전세권의 목적이 될 수 없다.
② 전세권은 사용수익권이다.
③ 전세권은 전세금을 요소로 한다. 전세금의 지급 없이는 전세권이 성립되지 않는다. 지급하지 않는다는 특약을 하여도 전세권은 성립되지 않는다. 전세금은 보증금의 성질을 갖는다.
④ 전세권은 용익물권이면서 동시에 담보물권의 성질을 갖는다. 따라서 경매청구 권과 우선변제권이 있다. 그리고 전세권은 물권으로서 부종성·수반성·불가분성·물상대위성이 있다.

3) 전세권의 취득

전세권은 설정계약과 등기로 이루어진다. 전세권은 상속이나 양도로 취득할 수 있고, 또한 취득시효에 의해서도 취득될 수 있다.

4) 전세권의 약정기간

전세권의 존속기간은 계약당사자 임의로 약정이 가능하며, 최장기간을 10년으로 한다. 건물에 대한 최단기간을 1년으로 하고, 토지에는 최단기간의 명문규정이 없다.

5) 전세권 존속기간 갱신

존속기간의 갱신은 가능하나 다시 갱신한 날로부터 10년을 넘지 못한다. 건물의 전세권 설정자가 전세권의 존속기간 만료 전 6월부터 1월까지 사이에 전세권자에게 갱신거절의 토지 또는 조건변경의 의사표시를 하지 아니하면 종전의 전세권과 동일한 내용으로 다시 전세권을 설정한 것으로 본다. 이 경우 전세권의 존속기간은 정함이 없는 것으로 본다.

전세권의 존속기간을 약정하지 아니한 때에는 각 당사자는 언제든지 상대방에 대하여 전세권의 소멸을 통고할 수 있고, 상대방은 이 통고를 받은 날로부터 6월이 경과되면 전세권은 소멸한다. 그러나 건물의 경우는 민법이 최단 기간을 1년으로 규정한 취지에서 볼 때 최하 1년은 보장되어야 한다. 건물전세권 설정자는 최소한 6월이 경과하여야 전세권자에게 전세권 소멸 통지를 할 수 있다.

6) 전세권의 효력

타인이 토지 위에 건물의 전세권을 설정할 때에는 전세권의 효력은 그 건물의 소유를 목적으로 하는 토지에 대한 지상권 또는 토지임차권에 미친다. 따라서 전세권 설정자는 전세권자의 동의없이 지상권 또는 토지임차권을 소멸하게 하는 행위를 하지 못한다.

대지와 건물이 동일한 소유자에게 속한 경우 전세권을 설정할 때 토지 소유권의 변동이 있는 경우 토지 소유자는 건물에 대하여 지상권을 설정한 것으로 본다.

7) 전세권자의 권리와 의무

(1) 전세권자의 권리

전세권자의 권리는 다음과 같다.

① 목적부동산 사용수익권
② 경매청구권, 우선변제권
③ 물권적 청구권
④ 목적물의 전대 · 전전세 · 임대 · 양도 · 담보제공권

⑤ 전세보증금 감액청구권
⑥ 부속물매수 청구권
⑦ 유익비 상환청구권

(2) 전세권자의 의무

전세권자의 의무는 다음과 같다.

① 원상회복의무
② 손해배상의무(손해발생시)
③ 현상유지의무
④ 수선의무
⑤ 보증금지급의무

8) 전세권 소멸사유

전세권의 소멸사유는 다음과 같다.

① 존속기간의 만료
② 혼동
③ 소멸시효의 완성
④ 전세권의 포기
⑤ 약정소멸 사유의 발생
⑥ 전세권에 우선하는 저당권 침해에 의한 경매
⑦ 토지수용
⑧ 전세권자의 소멸청구
⑨ 전세권의 소멸통고
⑩ 목적물 멸실

9) 전세권설정 계약서작성

(1) 필요적 기재사항

전세권설정계약서의 필요적 기재사항은 다음과 같다.

① 전세권계약의 명칭
② 전세권 설정 목적물의 표시
③ 전세금
④ 설정순위의 표시
⑤ 설정목적
⑥ 전세금의 반환시기
⑦ 전세권의 존속기간
⑧ 전세권자의 의무
⑨ 전세권 소멸사유
⑩ 전세권자 원상복구 손해배상 의무
⑪ 설정계약일
⑫ 전세권설정자의 성명 · 주소 · 기명날인
⑬ 전세권자의 성명 · 주소 · 기명날인

(2) 전세권 설정시 필요서류

전세권 설정시 설정자와 권리자의 제출서류는 다음과 같다.

1) 설정자

① 등기권리증 1부
② 설정계약서 1부
③ 설정용인감 1부
④ 위임장 인감도장 날인

2) 권리자

① 주민등록등본
② 설정계약서(설정자와 동일)
③ 도장날인
④ 소정 설정 수수료

(3) 소요기간

접수일로부터 통상 3일이 소요된다.

(4) 관할등기소

목적부동산주소를 관할하는 등기소가 관할등기소가 된다.

(5) 전세권설정 계약서식과 기재내용

전세권설정계약서의 서식과 기재내용은 다음의 〈표 4-12〉와 같다.

〈표 4-12〉 전세권설정계약서(안)

전세권설정계약서

금 원정

전세권 설정자는 위 전세금을 오늘 틀림없이 받고 전세권자의 사용수익을 위하여 본인 소유인 다음의 부동산에 순위 제 번의 전세권 설정계약을 체결하고 다음 조항을 약정한다.

제1조 끝에 쓴 부동산의 를 전세권의 목적으로 한다.
제2조 전세권자는 이 부동산을 이외의 목적으로 쓰지 못한다.
제3조 전세금의 반환기는 서기 년 월 일까지로 한다.
제4조 전세권의 존속기간은 서기 년 월 일까지로 한다.
제5조 전세권자는 전세목적물의 현상을 유지하고 보통관리에 따른 수리를 하여야 한다.
제6조 전세권자가 전세목적물의 원형을 전세권설정자의 승낙 없이 변경하여 그 가치가 현저하게 떨어졌을 경우에는 전세권설정자는 전세권의 소멸을 청구할 수 있다.
제7조 전세권자는 그 사용수익을 위하여 현상을 변경하였을 경우에는 존속기간이 끝난 후 즉시 원상복구하여 전세권설정자에게 인도하여야 하며 또한 목적물의 손해가 났을 경우에는 이를 배상하여야 한다.

위 계약을 확실히 하기 위하여 이 증서를 작성하고 다음에 기명날인한다.

년 월 일

전세권 설정자

전세권자

부동산의 표시

14. 건물관리종사자 근로계약

1) 근로계약의 의의

근로계약이라 함은 근로자가 사용자에게 노무를 제공하고, 사용자는 이에 대하여 임금지급을 목적으로 체결된 계약을 말한다. 근로계약은 근로기준법 제22조 내지 제24조 규정에 의하여 반드시 근로계약을 체결하도록 명시되어 있으며, 이 의무규정을 위반할 때에는 형사처벌을 받게 된다.

계약기간은 기간의 정함이 없는 것과 일정한 사업에 필요한 기간을 정한 것을 제외하고는 그 기간은 1년을 초과하지 못한다.

근로계약서에 명시해야 할 근로조건 사항은 다음과 같다.

① 임금은 반드시 기본급으로 정해야 한다.
② 근로시간은 반드시 기본근로 시간으로 정함이 원칙이다.
③ 취업장소와 종사할 업무
④ 취업규칙에 정한 사항
⑤ 기숙사 이용 경우 기숙사 규칙에 정한 사항
⑥ 서명날인(근로자가 직접해야 함)

2) 필요적 기재사항

근로계약서의 필요적 기재사항은 다음과 같다.

① 계약서의 명칭
② 계약체결 목적
③ 계약기간

④ 근로장소 및 직종
⑤ 임금
⑥ 근로시간
⑦ 휴식시간
⑧ 안전관리조항
⑨ 재해보상
⑩ 퇴직금
⑪ 손해배상
⑫ 해고사유
⑬ 근로기준법 적용 조항
⑭ 작성 연월일
⑮ 사용자 주소 · 상호 · 성명
⑯ 근로자 주소 · 성명 · 주민등록번호

3) 근로계약서 서식과 기재내용

근로계약서식과 그 기재내용은 대체로 다음과 같다.

〈표 4-13〉 근로계약서(안)

근로계약서

(이하 "갑"이라 칭함)과 (이하 "을"이라 칭함)은 노동관계법령과 본 근로계약을 성실히 준수할 것을 서약하고 다음과 같이 근로계약을 체결한다.

제1조(계약기간) 본 근로계약은 년 월 일부터 년 월 일까지로 한다. 단, 공사의 완공, 부분준공으로 인하여 계속작업이 불가능한 경우에는 자동으로 해약된다.

제2조(장소 및 직종) "을"의 직업장소는 현장으로 한다. 직종은 직으로 하며 사정에 따라 합의하여 직종을 변경할 수 있다. 단, 이 경우에도 제3조에 약정된 임금은 하회할 수 없다.

제3조(임금) 1. 임금은 월 통상근로(주차포함 226시간)와 제수당(연장근로수당, 휴일근로수당, 월차수당)이 포함된 금액 월 로 하여 매월말에 지급한다. 단, 결근, 지각, 조퇴 등으로 취업하지 아니한 시간에 대하여는 지급하지 아니한다.

2. 임금은 시급 ₩ 원(일급 ₩ 원)으로 한다.

(가) 일급제는 기본 8시간, 연장근로 2시간, 주휴수당, 휴일근로수당, 월차수당을 포함한 금액이며, 제4조 제①항에 의한 연장근로 시간은 법정수당을 지급하고 야간근로로 발생하는

수당은 별도 가산지급한다.

(나) 일급 : ① 기본급 : 원(기본 8시간에 대한 임금)

② 연장근로수당 :

③ 주휴수당 :

④ 휴일근로수당 :

⑤ 월차수당 :

계 원

3. "갑"은 "을"의 임금에서 소득세 등 법에 의한 세금을 원천징수한다.

제4조(근로시간) ① 1일 기본근로시간 8시간(토요일 4시간), 연장 2시간(실작업시간 10시간)의 근로를 원칙으로 한다. 다만 "갑"과 "을"의 쌍방합의 하에 근로시간을 연장할 수 있다.

② 출·퇴근에 소요되는 시간과 교대 및 휴식시간은 근로시간에 포함되지 아니한다.

제5조(휴식시간) 1일 근로시간 8시간의 경우 1시간 이상의 휴게시간을 근로시간 중간에 갖는다.

제6조(안전관리) ① "갑"은 안전작업에 필요한 안전장구를 구비해야 한다. 단, 안전화는 "을"의 비용으로 구입·사용한다.

② "을"은 현장 안전수칙과 안전관리자 및 안전담당자의 지시를 준수하여야 하며, 제반 안전 수칙을 이행하지 않음으로 인해 발생하는 재해는 "을"의 귀책사유로 본다.

제7조(재해보상) ① "갑"은 "을"이 업무상 재해가 발생하면 근로기준법과 산업재해보상법에 따라 보상한다.

② 업무상 재해 여부에 대해 그 한계가 불분명할 때에는 주무부처의 결정에 따른다.

제8조(퇴직금) "갑"은 "을"의 계속근로 연수 1년에 대하여 평균임금의 30일분을 퇴직금으로 지급한다. 다만, 계속근로 연수가 1년 미만인 경우에는 지급하지 아니한다.

제9조(포상) "갑"은 "을"이 근면·성실하여 타의 모범이 되고 회사에 대한 공로가 인정될 경우 포상할 수 있다.

제10조(손해배상) "을"이 중대한 과실로 "갑"에게 손해를 끼쳤을 때에는 "을"은 이를 배상하여야 한다.

제11조(해고사항) "을"이 다음 각 호의 1에 해당할 경우에는 해고할 수 있다.

1. 부정한 방법으로 채용되었음이 발견된 때
2. 업무상 기밀을 누설하여 현장에 손해를 끼친 때
3. 고의 또는 중대한 과실로 현장의 시설, 기계, 기물 등을 훼손 또는 분실한 때
4. 퇴직하지 아니하고 타사업장에 이중취업할 때
5. 정당한 사유없이 상사의 작업지시에 불복한 때
6. 고의 또는 과실로 안전사고를 초래하여 인명 또는 회사(현장)의 재산을 손실케 한 때
7. 도박 및 풍기문제로 현장규율을 문란케 한 때
8. 폭행, 파괴, 태업을 선동하거나 모의한 때
9. 무단결근 4일 이상이거나 월 누계 5일 이상인 때
10. 형사상 유죄판결을 받았을 때
11. 신체상 장애로 근무를 계속할 수 없다고 인정될 때
12. 근무성적이 불량하여 직무를 충실히 수행하지 못하거나 "갑"이 정한 제반규정을 위반하였을 때

제12조(근로기준법 등의 적용) 이 계약서에 명시되지 않은 사항은 근로기준법, 관계법규 및 주무부처의 해석에 따른다.

본 계약을 증명하기 위하여 계약서 3통을 한글로 작성, 서명날인하여 그 중 1통은 "을"이 보관하고

2통은 "갑"이 보관한다.

"갑" (인)
"을" 주소
주민등록번호
성명 우수무인

15. 건물보수공사도급계약

1) 건물보수공사도급계약의 의의

건물기술관리의 주된 관리활동은 I · O · 2M · 2R 활동이라 할 수 있다. 즉 설비 또는 시설의 Inspection(점검) 활동, Operation(운전 · 조작) 활동, 시설물의 보전 활동인 Maintain 활동, 설비의 정비활동인 Maintenance 활동 그리고 보수, 갱신활동인 Repairing과 Renovation(Remodelling) 활동이 기술관리(유지관리, 협의의 건물관리)에 있어서 가장 중요한 활동이라 할 수 있다.

기술활동 중에서 경미한 Repairing 활동과 Maintenance는 기술관리종사자(영선담당자 포함)가 정비 · 보수할 수 있으나 고도의 기술을 요하는 정비 · 보수와 갱신은 반드시 전문건설업자에게 의뢰하여 보수 · 정비 · 갱신 공사를 수행해야 한다.

따라서 보수공사 등의 표준 발주절차에 의하여 공사도급공사계약과 작업으로 시설과 설비를 원상회복하여 시설과 설비의 정상적 기능과 성능을 나타내도록 해야 한다.

다음에서 기술을 요하는 보수 정비공사의 발주절차와 갱신공사(대수선공사) 발주절차에 대하여 구체적으로 살펴보고, 표준공사도급계약서(안)을 예시하여 관련업무에 참고되게 하였다. 인용한 공사도급계약서는 국가기관에서 사용하는 표준계약서임을 부기해둔다. 따라서 일반공사에도 크게 참고될 것으로 판단된다.

2) 건물보수공사 발주절차

(1) 정비 · 보수공사 간이발주절차

경미한 정비보수공사는 간이발주절차를 통하여 처리된다.

① 설계 및 내역서 작성 → ② 내부품의(품신) → ③ 내부승인 → ④ 계약의뢰(담당부서) → ⑤ 공사입찰공고 → ⑥ 현장설명 → ⑦ 입찰실시 → ⑧ 공사도급계약 → ⑨ 착공 → ⑩ 완공 → ⑪ 준공검사 → ⑫ 완공보고 → ⑬ 대금지급(하자보증서 접수 후) → ⑭ 공사사후관리

(2) 갱신공사(대수선공사) 표준발주절차

대수선과 같은 규모 있는 갱신공사는 표준발주절차를 거쳐 체계적으로 발주처리해야 한다.

① 추진계획수립 → ② 자료수집 및 타당성, 기술성, 경제성 관계 법령, 검토 → ③ 관계부서협의 → ④ 기본계획수립 → ⑤ 내부품의 및 승인 → ⑥ 기본계획확정 → ⑦ 기본 설계 및 내역서 시방서 등 확정 → ⑧ 실시설계확정 → ⑨ 허가신청 및 허가 → ⑩ 입찰공고 → ⑪ 현장설명 → ⑫ 입찰 → ⑬ 입찰조건 검토 및 입찰자 확정(네고 후) → ⑭ 계약 → ⑮ 착공 → ⑯ 완공 → ⑰ 준공검사(커미셔닝 포함) → ⑱ 완공보고 → ⑲ 대금지급(하자보증서 접수 후) → ⑳ 공사 사후관리

3) 건물보수공사도급계약의 필요적 기재사항

기술을 요하는 정비·보수공사 및 갱신공사의 공사도급표준계약서(안)와 그 기재내용은 다음과 같다.

① 계약명칭
② 계약번호
③ 공고번호
④ 발주처
⑤ 계약상대자 인적 사항
⑥ 연대보증인 인적 사항
⑦ 공사명
⑧ 계약금액
⑨ 총공사부기금액
⑩ 계약보증금
⑪ 현장(현장명 현장주소 등)

⑫ 지체상금률
⑬ 물가변동 계약금액 조정방법
⑭ 기성지급방법 및 지체상금(율)
⑮ 착공 연월일과 준공 연월일
⑯ 하자담보책임
⑰ 붙임서류

- 공사입찰유의서
- 공사계약 일반조건
- 공사계약 특수조건
- 설계서
- 산출내역서

⑱ 관서의 장 또는 계약 담당 공무원
⑲ 계약상대자
⑳ 연대보증인
㉑ 공사계약 일반조건

4) 건물보수공사도급표준계약 서식과 기재내용

공사도급표준계약서(안)의 서식과 기재내용은 다음의 〈표 4-14〉와 같다. 공사도급계약은 공사도급계약서와 함께 공사입찰유의서, 공사계약일반조건, 공사계약특수조건, 설계서, 산출내역서 등이 하나의 공사도급계약서를 구성하고 도급계약의 효력을 갖는다.

〈표 4-14〉 공사도급표준계약서(안)

<table>
<tr><td colspan="3" rowspan="2">공사도급표준계약서</td><td>계약번호 제 호</td></tr>
<tr><td>공고번호 제 호</td></tr>
<tr><td rowspan="3">계약자</td><td>발 주 처</td><td colspan="2"></td></tr>
<tr><td>계약대상자</td><td colspan="2">• 상호 또는 법인명칭 : • 법인등록번호 :
• 주 소 :
• 대표자 :</td></tr>
<tr><td>연대보증인</td><td colspan="2">• 상호 또는 법인명칭 : • 법인등록번호 :
• 주 소 :
• 대표자 :</td></tr>
<tr><td rowspan="9">계약내용</td><td>공 사 명</td><td colspan="2"></td></tr>
<tr><td>계 약 금 액</td><td colspan="2">금 원정(₩)</td></tr>
<tr><td>총 공 사 부 기 금 액</td><td colspan="2">금 원정(₩)</td></tr>
<tr><td>계 약 보 증 금</td><td colspan="2">금 원정(₩)</td></tr>
<tr><td>현 장</td><td colspan="2"></td></tr>
<tr><td>지 체 상 금 률</td><td colspan="2"></td></tr>
<tr><td>물가변동계약금액조정방법</td><td colspan="2"></td></tr>
<tr><td>착 공 연 월 일</td><td colspan="2"></td></tr>
<tr><td>기 타 사 항</td><td colspan="2"></td></tr>
</table>

하자담보책임(복합공종의 경우 공종별 구분 기재)

공 종	공종별 계약금액	하자보수보증금률(%) 및 금액	하자담보책임기간
		( )% 금 원정	년
		( )% 금 원정	
		( )% 금 원정	

중앙관서의 장(계약담당공무원)과 계약상대자는 상호 대등한 입장에서 붙임의 계약문서에 의하여 위의 공사에 대한 도급계약을 체결하고 신의에 따라 성실히 계약상의 의무를 이행할 것을 확인시 계약서를 작성하여 당사자 기명 날인한 후 각각 1통씩 보관한다.

붙임서류 : 1. 공사입찰유의서 1부
2. 공사계약 일반조건 1부
3. 공사계약 특수조건 1부
4. 설계서 1부
5. 산출내역서 1부

관서의 장 또는
계약담당공무원

계 약 상 대 자
연 대 보 증 인

5) 건물보수공사계약 일반조건

공사계약의 조항이 되는 일반조건의 내용은 다음과 같다.

건물보수공사계약 일반조건

제1조(총칙) 계약담당공무원과 계약상대자는 공사도급표준계약서(이하 "계약서"라 한다)에 기재한 공사의 도급계약에 관하여 제3조의 규정에 의한 계약문서에서 정하는 바에 따라 신의와 성실의 원칙에 입각하여 이를 이행한다.

제2조(정의) 이 조건에서 사용하는 용어의 정의는 다음과 같다.

1. "계약담당공무원"이라 함은 국가를당사자로하는계약에관한법률시행규칙(이하"시행규칙"이라 한다) 제2조의 규정에 의한 공무원을 말한다. 이 경우 각 중앙관서의 장이 계약에 관한 사무를 그 소속공무원에게 위임하지 아니하고 직접 처리하는 경우에는 이를 계약담당공무원으로 본다.
2. "계약상대자"라 함은 정부와 공사계약을 체결한 자연인 또는 법인을 말한다.
3. "공사감독관"이라 함은 제16조에 규정된 임무를 수행하기 위하여 정부가 임명한 기술직원 또는 그의 대리인을 말한다. 다만, 건설기술관리법 제27조의 규정에 의하여 책임감리를 하는 공사에 있어서는 당해 공사의 감리를 수행하는 감리원을 말한다.
4. "설계서"라 함은 공사시방서, 설계도면 및 현장설명서를 말한다. 다만, 공사추정가격이 1억원 이상인 공사(제19조 제②항 제2호 및 제3호에 규정한 공사는 제외)에 있어서는 공종별 목적물 물량(가설물의 설치에 소요되는 물량포함. 이하같다)이 표시된 내역서를 포함한다.
5. "공종별 목적물 물량내역서"라 함은 공종별 목적물을 구성하는 품목 또는 비목과 동 품목 또는 비목의 규격 · 수량 · 단위 등이 표시되고, 시행령 제14조 제①항 및 제②항의 규정에 의하여 입찰공고 후 또는 낙찰자 결정 후 입찰에 참가하고자 하는 자 또는 낙찰자에게 교부된 내역서(이하 "물량내역서"라 한다)를 말한다.
6. "산출내역서"라 함은 시행령 제14조 제⑥항 및 제⑦항의 규정에 의하여 발주기관이 교부한 물량내역서에 입찰자 또는 계약상대자가 단가를 기재하여 제출한 내역서와 시행령 제85조 제②항 내지 제④항의 규정에 의하여 제출한 내역서 및 수의계약으로 체결된 공사의 경우 착공신고서 제출시까지 제출한 내역서를 말한다.
7. 이 조건에서 따로 정하는 경우를 제외하고는 국가를당사자로하는계약에관한법률시행령, 특정조달을위한국가를당사자로하는계약에관한법률시행령특례규정(이하 각각 "시행령", "특정 규정"이라 한다), 시행규칙 및 회계예규 공사입찰유의서(이하 "유의서"라 한다)에 정하는 바에 의한다.

제3조(계약문서) ① 계약문서는 계약서, 설계서, 유의서, 공사계약일반조건, 공사계약특수조건 및 산출내역서로 구성되며 상호보안의 효력을 가진다. 다만 제19조 제②항의 규정에 정한 공사에 있어서의 산출내역서는 이 조건에서 규정하는 계약금액의 조정 및 기성부분에 대한 대가의 지급시에 적용할 기준으로서 계약문서의 효력을 가진다.

② 계약담당공무원은 제①항에 규정된 공사계약특수조건을 정함에 있어서는 국가를당사자로하는계약에관한법령에서 정한 계약사항과 관련법령에 규정된 계약상대자의 계약상 이익을 부당하게

제한하지 않는 범위내에서 당해 공사계약의 특성상 필요하다고 인정되는 사항에 한하여 명시할 수 있다.

③ 이 조건이 정하는 바에 의하여 계약당사자간에 행한 통지문서 등은 계약문서로서의 효력을 가진다.

제4조(사용언어) ① 계약을 이행함에 있어서 사용하는 언어는 한국어로 함을 원칙으로 한다.

② 계약담당공무원은 계약체결시 제①항의 규정에도 불구하고 필요하다고 인정하는 경우에는 계약이행과 관련하여 계약상대자가 외국어를 사용하거나 외국어와 한국어를 병행하여 사용할 수 있도록 필요한 조치를 할 수 있다.

③ 제②항의 규정에 의하여 외국어와 한국어를 병행하여 사용한 경우 외국어로 기재된 사항이 한국어와 상이할 때에는 한국어로 기재한 사항이 우선한다.

제5조(통지 등) ① 구두에 의한 통지 · 신청 · 청구 · 요구 · 회신 · 승인 또는 지시 등(이하 "통지 등"이라 한다)은 문서로 보완되어야 효력이 있다.

② 통지 등의 장소는 계약서에 기재된 주소로 하며, 주소를 변경하는 경우에는 이를 즉시 계약당사자에게 통지하여야 한다.

③ 통지 등의 효력은 계약 문서에 따로 정하는 경우를 제외하고는 계약당사자에게 도달한 날부터 발생한다. 이 경우 도달일이 공휴일인 경우에는 그 익일부터 효력이 발생한다.

④ 계약당사자는 계약이행중 이 조건 및 관계법령 등에서 정한 바에 따라 서면으로 정당한 요구를 받은 경우에는 이를 성실히 검토하여 회신하여야 한다.

제6조(채권양도) ① 계약상대자는 이 공사의 이행을 위한 목적 외에는 이 계약에 의하여 발생한 채권(공사대금 청구권)을 제3자에게 양도하지 못한다.

② 계약상대자가 채권양도를 하고자 하는 경우에는 미리 연대보증인 또는 공사이행보증서 발급기관(이하 "보증기관"이라 한다)의 동의를 얻어 발주기관의 서면승인을 받아야 한다.

③ 계약담당 공무원은 제②항의 규정에 의한 계약상대자의 채권양도 서면승인 요청에 대하여 계약이행을 위한 목적에 해당되지 않음을 이유로 승인을 하지 않는 경우에는 그 사유를 서면으로 계약상대자와 그 채권을 양수하고자 하는 자에게 통보하여야 한다.

제7조(계약보증금) ① 계약을 체결하고자 하는 자는 계약체결일까지 시행령 제50조의 규정에 정한 바에 따라 시행령 제37조 제②항에 규정된 현금 또는 보증서 등으로 계약보증금을 납부하여야 한다.

② 계약보증금의 전부 또는 일부의 납부를 면제받은 경우에는 제8조 제①항 및 제②항의 규정에 의하여 국고귀속사유가 발생할 때에 계약보증금에 해당하는 금액을 현금으로 납입할 것을 보장하기 위하여 그 지급을 확약하는 내용의 문서(이하 "계약보증금지급각서"라 한다)를 제출하여야 한다.

③ 계약상대자는 이 조건의 규정에 의하여 계약금액이 증액된 경우에는 이에 상응하는 금액의 계약보증금을 시행령 제50조 및 제52조에 정한 바에 따라 추가로 납부하여야 하며 계약금액이 감액된 경우에는 이에 상응하는 금액의 계약보증금을 반환청구할 수 있다.

④ 계약담당공무원은 시행령 제37조 제②항 제2호의 규정에 의한 유가증권이나 현금으로 납부된 계약보증금을 계약상대자가 특별한 사유로 시행령 제37조 제②항 제1호 내지 제5호에 규정된 보증서 등으로 대체납부할 것을 요청한 때에는 동가치 상당액 이상으로 대체납부하게 할 수 있다.

제8조(계약보증금의 처리) ① 계약상대자가 정당한 이유 없이 계약의 의무를 이행하지 아니한 때에는 계약보증금을 국고에 귀속한다.

② 제①항의 규정은 시행령 제69조의 규정에 의한 장기계속공사계약에 있어서 계약상대자가 2차 이후의 공사계약을 체결하지 아니한 경우에 이를 준용한다.

③ 시행령 제50조 제⑩항의 규정에 의하여 계약보증금지급각서를 제출한 경우로서 계약보증금의 국고귀속사유가 발생하여 계약담당공무원의 납입요청이 있을 때에는 계약상대자는 당해 계약보증금을 지체 없이 현금으로 납부하여야 한다.

④ 제①항 및 제②항의 규정에 의하여 계약보증금을 국고에 귀속함에 있어서 그 계약보증금은 이를 기성부분에 대한 미지급액과 상계 처리할 수 없다.

⑤ 계약상대자가 납부한 계약보증금은 계약이 이행된 후 계약상대자에게 지체 없이 반환한다.

제9조(공사계약에 있어서의 이행보증) ① 계약상대자는 계약 체결시 다음 각 호의 방법 중 하나를 선택하여 계약이행보증을 하여야 한다.

1. 시행령 제50조제①항 내지 제③항의 규정에 의한 계약보증금을 납부하고 당해 공사의 계약상의 시공의무이행(하자보수이행을 포함하며, 장기계속공사인 경우에는 부기한 총공사의 이행을 말한다)을 보증하는 1인 이상의 연대보증인을 세우는 방법
2. 제1호의 규정에 의한 연대보증인을 세우지 아니하고 계약보증금을 계약금액의 100분의 20 이상으로 납부하는 방법
3. 시행령 제50조 제①항 내지 제③항의 규정에 의한 계약보증금을 납부하지 아니하고 공사이행보증서(당해공사의 계약상의 의무를 이행할 것을 보증한 기관이 계약상대자를 대신하여 계약상의 의무를 이행하지 아니하는 경우에는 계약금액의 100분의 30이상을 납부할 것을 보증하는 것이어야 한다)를 제출하는 방법

② 시행령 제52조의 규정에 의한 연대보증인 및 보증이행업체는 다음 각 호에 해당하는 자격을 갖추고 있어야 하며, 계약담당공무원은 연대보증인 및 보증이행업체의 적격여부를 심사하기 위하여 계약상대자에게 관련 자료의 제출을 요구할 수 있다.

1. 독점규제및공정거래에관한법률에 의한 계열회사가 아닌 자
2. 시행령 제76조의 규정에 의한 입찰참가자격 제한을 받고 그 제한기간 중에 있지 아니한 자
3. 시행령 제36조의 규정에 의한 입찰공고 등에서 정한 입찰참가자격과 동등이상의 자격을 갖춘 자
4. 시행령 제13조의 규정에 의한 입찰의 경우에는 입찰참가자격 사전 심사기준에 따른 입찰참가에 필요한 종합평점이상이 되는 자

③ 계약담당공무원은 제①항의 규정에 의하여 연대보증인 및 보증이행업체로 된 자가 부적격하다고 인정되는 때에는 계약상대자에게 연대보증인 및 보증이행업체의 변경을 요구할 수 있다.

④ 시행령 제52조 제①항 제3호의 규정에 의한 공사이행보증서의 제출 등에 대하여는 제①항 및 제②항 외에 회계예규 공사이행보증제도운용요령(이하"보증제도운용요령"이라 한다)에 정한 바에 의한다.

제10조(손해보험) ① 계약상대자는 당해 계약의 목적물 등에 대하여 손해보험에 가입할 수 있으며, 시행령 제78조 및 시행규칙 제23조 제①항에 규정된 공사에 대하여는 특별한 사유가 없는 한 계약목적물 및 제3자 배상책임을 담보할 수 있는 손해보험에 가입하여야 한다.

② 계약상대자는 제①항의 규정에 의한 보험가입시 발주기관, 계약상대자, 하수급인 및 당해공사의 이해관계인을 피보험자로 하여야 하며, 보험사고 발생으로 발주기관 이외의 자가 보험금을 수령하게 될 경우에는 발주지관의 장의 사전동의를 받아야 한다.

③ 계약목적물에 대한 보험가입금액은 공사의 보험가입 대상부분의 순계약금액(계약금액에서 부가가치세와 손해보험료를 제외한 금액을 말하며, 관급자재가 있을 경우에는 이를 포함한다. 이하 같다)을 기준으로 한다.

④ 제①항의 규정에 의한 보험가입은 공사착공일 이전까지 하고 그 증서를 착공신고서 제출시 발

주기관에 제출하여야 하며, 보험기간은 당해공사 착공시부터 발주기관의 인수시(시운전이 필요한 공사인 경우에는 시운전 시기까지 포함한다)까지로 하여야 한다.

⑤ 계약상대자는 손해보험가입시 제48조의 규정에 의하여 연대보증이 또는 보증기관이 시공하게 될 경우 계약상대자의 보험계약상의 권리와 의무가 연대보증인 또는 보증기관에 승계될 수 있도록 하여야 하며 제44조 내지 제46조의 규정에 의하여 계약이 해제 또는 해지된 후 새로운 계약상대자가 선정될 경우에도 계약상대자의 보험계약상의 권리와 의무가 새로운 계약상대자에게 승계될 수 있도록 하여야 한다.

⑥ 계약상대자는 발주기관이 작성한 예정가격조서상의 보험료 또는 계약상대자가 제출한 입찰금액 산출내역서상의 보험료와 계약상대자가 손해보험회사에 실제 납입한 보험료간의 차액 발생을 이유로 보험가입을 거절하거나 동 차액의 정산을 요구하여서는 안된다.

⑦ 계약상대자는 보험가입 목적물의 보험사고로 보험금이 지급되는 경우 동 보험금을 당해 공사의 복구에 우선 사용하여야 하며, 보험금 지급이 지연되거나 부족하게 지급되는 경우에도 이를 이유로 피해복구를 지연하거나 거절하여서는 안된다.

⑧ 제①항 내지 제⑦항에 규정한 사항이외에 손해보험과 관련된 기타 계약조건은 회계예규"공사손해보험 가입업무 집행요령"에 정한 바에 의한다.

제11조(공사용지의 확보) ① 발주기관은 계약문서에 따로 정한 경우를 제외하고는 계약상대자가 공사의 수행에 필요로 하는 날까지 공사용지를 확보하여 계약상대자에게 인도하여야 한다.

② 계약상대자는 현장에 인력, 장비 또는 자재를 투입하기 전에 공사용지의 확보여부를 계약담당공무원으로부터 확인을 받아야 한다.

제12조(공사자재의 검사) ① 공사에 사용할 자재는 신품이어야 하며 품질·규격 등은 반드시 설계서와 일치되어야 한다. 그러나 설계서에 명확히 규정되지 않은 것은 표준품 이상으로서 계약의 목적을 달성하는 데에 가장 적합한 것이어야 한다.

② 계약상대자는 공사자재를 사용하기 전에 공사감독관의 검사를 받아야 하며, 불합격된 자재는 즉시 대체하여 다시 검사를 받아야 한다.

③ 제②항의 규정에 의한 검사에 이의가 있을 경우 계약상대자는 계약담당공무원에게 재검사를 청구할 수 있으며, 재검사가 필요하다고 인정되는 경우 계약담당공무원은 지체없이 재검사하도록 조치하여야 한다.

④ 계약담당공무원은 계약상대자로부터 공사에 사용할 자재의 검사를 요청받거나 제 ③항의 규정에 의한 재검사의 요청을 받은 때에는 정당한 이유 없이 검사를 지체할 수 없다.

⑤ 계약상대자가 불합격된 자재를 즉시 이송하지 않거나 대체하지 않은 경우에는 계약담당공무원이 일방적으로 불합격 자재를 제거하거나 대체시킬 수 있다.

⑥ 계약상대자는 시험 또는 조합을 요하는 자재가 있는 경우 공사감독관의 참여하에 그 시험 또는 조합을 하여야 한다.

⑦ 수중 또는 지하에 매몰하는 공작물 기타 준공 후 외부로부터 검사할 수 없는 공작물의 공사는 공사감독관의 참여하에 시공하여야 한다.

⑧ 계약상대자가 제①항 내지 제⑦항에 정한 조건에 위배하거나 또는 설계서에 합치되지 않는 시공을 하였을 때에는 계약담당공무원은 공작물의 대체 또는 개조를 명할 수 있다.

⑨ 제②항 내지 제⑧항의 경우 계약금액을 증감하거나 계약기간을 연장할 수 없다. 다만, 제③항의 규정에 의하여 재검사 결과 적합한 자재인 것으로 판명될 경우에는 재검사에 소요된 기간에 대하여는 계약기간을 연장할 수 있다.

제13조(관급자재 및 대여품) ① 발주기관은 공사의 수행에 필요한 특정자재 또는 기계·기구 등을 계약

상대자에게 공급하거나 대여할 수 있으며, 이 경우 관급자재등(관급자재 및 대여품을 말한다. 이하같다)은 설계서에 명시하여야 한다.

② 관급자재 등은 제17조 제①항 제2호의 공사공정예정표에 따라 적기에 공급되어야 하며, 인도 일시 및 장소는 계약당사자간에 협의하여 결정한다.

③ 관급자재 등의 소유권은 발주기관에 있으며, 잉여분이 있을 경우 계약상대자는 이를 발주 기관에 통지하여 계약담당공무원의 지시에 따라 이를 반환하여야 한다.

④ 제②항의 규정에 의한 인도 후의 관급자재 등에 대한 관리상의 책임은 계약상대자에게 있으며, 이를 멸실 또는 훼손하였을 경우에는 발주기관에 변상하여야 한다.

⑤ 계약상대자는 관급자재 등을 계약의 수행 외의 목적으로 사용할 수 없으며, 공사감독관의 서면 승인 없이는 현장외부로 반출하여서는 안된다.

⑥ 계약상대자는 관급자재 등의 공급이 지체되어 공사가 상당기간 지연될 것이 예상될 때에는 계약담당공무원의 승인을 얻어 자기보유의 자재 등을 대체사용할 수 있다. 이 경우 계약담당공무원은 대체 사용한 자재 등을 계약상대자와 합의된 일시 및 장소에서 현품으로 반환하거나 대체사용 당시의 가격에 의하여 그 대가를 제40조의 규정에 의한 준공대가에 합산하여 지급하여야 한다.

⑦ 계약상대자는 관급자재 등을 인수할 때에는 이를 검수하여야 하며 그 품질 또는 규격이 시공에 적당하지 않다고 인정될 경우에는 즉시 계약담당공무원에게 이를 통지하여 이의 대체를 요구하여야 한다.

⑧ 계약담당공무원은 필요하다고 인정할 경우에는 관급자재 등의 수량 · 품질 · 규격 · 인도시기 · 인도 장소 등을 변경할 수 있다. 이 경우에는 제20조 및 제23조의 규정을 적용한다.

제14조(공사현장대리인) ① 계약상대자는 계약된 공사에 적격한 공사현장대리인(국가기술자격취득자 또는 건설기술관리법 등 관계법령에 의하여 기술자로 인정하고 있는 자를 말한다. 이하같다)을 지명하여 계약담당공무원에게 통지하여야 한다.

② 공사현장대리인은 공사현장에 상주하여 계약문서와 공사감독관의 지시에 따라 공사현장의 단속 및 공사에 관한 모든 사항을 처리하여야 한다.

제15조(공사현장 근로자) ① 계약상대자는 당해계약의 시공 또는 관리에 필요한 기술과 경험을 가진 근로자를 채용하여야 하며 근로자의 행위에 대하여 모든 책임을 져야 한다.

② 계약상대자는 계약담당공무원이 계약상대자가 채용한 근로자에 대하여 당해계약의 시공 또는 관리상 적당하지 아니하다고 인정하여 이의 교체를 요구한 때에는 즉시 교체하여야 하며 계약담당공무원의 승인 없이는 교체된 근로자를 당해계약의 시공 또는 관리를 위하여 다시 채용할 수 없다.

제16조(공사감독관) ① 공사감독관은 계약된 공사의 수행과 품질의 확보 및 향상을 위하여 건설기술관리법 제35조의 규정 및 이 조건에서 규정한 업무를 행한다.

② 공사감독관은 계약담당공무원의 승인 없이 계약상대자의 의무와 책임을 면제시키거나 증감시킬 수 없다.

③ 계약상대자는 공사감독관의 지시 또는 결정이 이 조건에서 정한 사항에 위반되거나 계약의 이행에 적합하지 않다고 인정될 경우에는 즉시 계약담당공무원에게 이의 시정을 요구하여야 한다.

④ 계약담당공무원은 제③항의 규정에 의한 시정요구를 받은 날부터 7일 이내에 필요한 조치를 하여야 한다.

⑤ 계약상대자는 그가 발주기관에 제출하는 모든 문서에 대하여 그 사본을 공사감독관에게 제출하여야 한다.

제17조(착공 및 공정보고) ① 계약상대자는 계약문서에 정하는 바에 따라 착공하여야 하며 착공시에는

다음 각 호의 서류가 포함된 착공신고서를 발주기관에 제출하여야 한다.

1. 건설기술관리법령 등 관련법령의 규정에 의한 현장기술자지정신고서
2. 공사공정예정표
3. 안전 · 환경 및 품질관리계획서
4. 공정별인력 및 장비투입계획서
5. 착공 전 현장사진
6. 기타 계약담당공무원이 지정한 사항

② 계약상대자는 계약의 이행 중에 설계변경 또는 기타 계약내용의 변경으로 인하여 제①항의 규정에 의하여 제출한 서류의 변경이 필요한 때에는 관련서류를 변경하여 제출하여야 한다.

③ 계약담당공무원은 제①항 및 제②항의 규정에 의하여 제출된 서류의 내용을 조정할 필요가 있다고 인정하는 경우에는 계약상대자에게 이의 조정을 요구할 수 있다.

④ 계약담당공무원은 계약상대자로 하여금 월별로 수행한 공사에 대하여 다음 각 호의 사항을 명백히 하여 익월 14일까지 발주기관에 제출하게 할 수 있으며, 이 경우 계약상대자는 이에 응하여야 한다.

1. 월별공정률 및 수행공사금액
2. 인력 · 장비 및 자재현황
3. 계약사항의 변경 및 계약 금액의 조정내용
4. 공정상황을 나타내는 현장사진

⑤ 계약담당공무원은 공정이 지체되어 소정기한 내에 공사가 준공될 수 없다고 인정할 경우에는 제④항의 규정에 의한 월별 현황과는 별도로 주간공정현황의 제출 등 공사추진에 필요한 조치를 계약상대자에게 지시할 수 있다.

제18조(휴일 및 야간작업) ① 계약상대자는 계약문서에서 별도로 규정하고 있지 아니하는 한 계약담당공무원의 필요에 의한 경우를 제외하고는 계약담당공무원의 승인없이 휴일 또는 야간작업을 할 수 없다.

② 계약상대자는 제①항의 규정에 의하여 계약담당공무원의 승인을 얻어 휴일 또는 야간작업을 하는 경우에는 추가비용을 청구할 수 없다. 다만, 계약담당공무원의 공기단축지시 및 발주기관의 부득이한 사유로 인하여 휴일 또는 야간작업을 지시하였을 때에는 그렇지 않다.

③ 제23조의 규정은 제②항 단서의 경우에 이를 준용한다.

제19조(설계변경 등) ① 설계변경은 다음 각 호의 1에 해당하는 경우에 한다.

1. 설계서의 내용이 불분명하거나 누락 · 오류 또는 상호모순되는 점이 있을 경우
2. 지질, 용수 등 공사현장의 상태가 설계서와 다를 경우
3. 새로운 기술 · 공법사용으로 공사비의 절감 및 시공기간의 단축 등의 효과가 현저할 경우
4. 기타 발주기관이 설계서를 변경할 필요가 있다고 인정할 경우 등

② 제①항의 규정에 의한 설계변경을 함에 있어서 다음 각 호의 1의 사항은 설계서에 포함하지 않는다.

1. 추정가격이 1억원 미만인 공사로서 입찰을 실시하여 체결한 공사의 산출내역서
2. 수의계약으로 체결한 공사의 산출내역서
3. 시행령 제78조의 규정에 의한 일괄입찰 실시설계 · 시공입찰에 의한 공사 및 대안입찰에 있어 대안이 채택된 공종의 공사에 있어서의 산출내역서

③ 제①항의 규정에 의한 설계변경은 그 설계변경이 필요한 부분의 시공 전에 완료하여야 한다. 다만, 계약담당공무원은 공정이행의 지연으로 품질저하가 우려되는 등 긴급하게 공사를 수행할 필

요가 있는 때에는 계약상대자와 협의하여 설계변경의 시기 등을 명확히 정하고, 설계변경을 완료하기 전에 우선시공을 하게 할 수 있다.

제19조의2(설계서의 불분명 · 누락 · 오류 및 설계서간의 상호모순 등에 의한 설계변경) ① 계약상대자는 공사계약의 이행중 설계서의 내용이 불분명하거나 설계서에 누락 · 오류 및 설계서간에 상호모순 등이 있는 사실을 발견하였을 때에는 설계변경이 필요한 부분의 이행 전에 당해사항을 분명히 한 서류를 작성하여 공사감독관을 경유하여 계약담당공무원에게 이를 통지하여야 한다.

② 계약담당공무원은 제①항의 규정에 의한 통지를 받은 즉시 공사가 적절히 이행될 수 있도록 다음 각 호의 1의 방법으로 설계변경 등 필요한 조치를 하여야 한다.

1. 설계서의 내용이 불분명한 경우(설계서만으로는 시공방법, 투입자재 등을 확정할 수 없는 경우)에는 설계자의 의견 및 발주기관이 작성한 단가산출서 또는 수량산출서 등의 검토를 통하여 당초 설계서에 의한 시공방법 · 투입자재 등을 확인하고 이를 기준으로 설계변경 여부를 결정
2. 설계서에 누락 · 오류가 있는 경우에는 그 사실을 조사 확인하고 계약목적물의 기능 및 안전을 확보할 수 있도록 설계서를 보완
3. 설계도면과 공사시방서는 서로 일치하나 물량내역서와 상이한 경우에는 설계도면 및 공사시방서에 물량내역서를 일치시킴.
4. 설계도면과 공사시방서가 상이한 경우로서 물량내역서가 설계도면과 상이하거나 공사시방서와 상이한 경우에는 설계도면과 공사시방서 중 최선의 공사시공을 위하여 우선되어야 할 내용으로 설계도면 또는 공사시방서를 확정한 후 그 확정된 내용에 따라 물량내역서를 일치시킴.

③ 제②항 제3호 및 제4호의 규정은 제19조 제②항의 규정에 정한 공사의 경우에는 적용되지 않는다. 다만, 제19조 제②항의 규정에 정한 공사의 경우로서 설계도면과 공사시방서가 상호모순되는 경우에는 관련 법령 및 입찰에 관한 서류 등에 정한 내용에 따라 우선 여부를 결정하여야 한다.

제19조의3(현장상태와 설계서의 상이로 인한 설계변경) ① 계약상대자는 공사의 이행 중 지질, 용수, 지하매설물 등 공사현장의 상태가 설계서와 다른 사실을 발견하였을 때에는 지체없이 설계서에 명시된 현장상태와 상이하게 나타난 현장상태를 기재한 서류를 작성하여 공사감독관을 경유하여 계약담당공무원에게 이를 통지하여야 한다.

② 계약담당공무원은 제①항의 통지를 받은 즉시 현장을 확인하고 현장상태에 따라 설계서를 변경하여야 한다.

제19조의4(신기술 및 신공법에 의한 설계변경) ① 계약상대자는 새로운 기술 · 공법(발주기관의 설계와 동등이상의 기능 · 효과를 가진 기술 · 공법 및 기자재 등을 포함한다. 이하 같 다)을 사용함으로써 공사비의 절감 및 시공기간의 단축 등에 효과가 현저할 것으로 인정하는 경우에는 다음 각 호의 서류를 첨부하여 공사감독관을 경유하여 계약담당공무원에게 서면으로 설계변경을 요청할 수 있다.

1. 제안사항에 대한 구체적인 설명서
2. 제안사항에 대한 산출내역서
3. 제17조 제①항 제2호에 대한 수정공정예정표
4. 공사비의 절감 및 시공기간의 단축효과
5. 기타 참고사항

② 계약담당공무원은 제①항의 규정에 의하여 설계변경을 요청받은 경우에는 이를 검토하여 그 결과를 계약상대자에게 통지하여야 한다. 이 경우 새로운 기술 · 공법 등의 범위와 한계에 대하여

이의가 있을 때에는 건설기술관리법 시행령 제38조의 7의 규정에 의한 설계자문위원회(이하 "설계자문위원회"라 한다)에 청구하여 심의를 받아야 한다. 다만, 설계자문위원회가 설치되어 있지 아니한 경우는 건설기술관리법 시행령 제39조의 규정에 정한 바에 따라 심의를 청구하여야 한다.

③ 계약상대자는 제①항의 규정에 의한 요청이 승인되었을 경우에는 지체없이 새로운 기술 · 공법으로 수행할 공사에 대한 시공상세도면을 공사감독관을 경유하여 계약담당공무원에게 제출하여야 한다.

④ 계약상대자는 제②항의 규정에 의한 계약담당공무원의 결정에 대하여 이의를 제기할 수 없으며, 또한 새로운 기술 · 공법의 개발에 소요된 비용 및 새로운 기술 · 공법에 의한 설계변경 후 동 기술 · 공법에 의한 시공이 불가능한 것으로 판명된 경우 시공에 소요된 비용을 발주기관에 청구할 수 없다.

제19조의5(발주기관의 필요에 의한 설계변경) ① 계약담당공무원은 다음 각 호의 1의 사유로 인하여 설계서를 변경할 필요가 있다고 인정할 경우에는 계약상대자에게 이를 서면으로 통보할 수 있다.

1. 당해공사의 일부변경이 수반되는 추가공사의 발생
2. 특정공종의 삭제
3. 공정계획의 변경
4. 시공방법의 변경
5. 기타 공사의 적정한 이행을 위한 변경

② 계약담당공무원은 제①항의 규정에 의한 설계변경 통보시에는 다음 각 호의 서류를 첨부하여야 한다. 다만, 발주기관이 설계서를 변경 작성할 수 없을 경우에는 설계변경 개요서만을 첨부하여 설계변경을 통보할 수 있다.

1. 설계변경개요서
2. 수정설계도면 및 공사시방서
3. 기타 필요한 서류

③ 계약상대자는 제①항의 규정에 의한 통보를 받은 즉시 공사이행상황 및 자재수급 상황 등을 검토하여 설계변경 통보내용의 이행가능 여부(이행이 불가능하다고 판단될 경우에는 그 사유와 근거자료를 첨부)를 공사감독관을 경유하여 계약담당공무원에게 이를 서면으로 통지하여야 한다.

제19조의6(소요자재의 수급방법 변경) ① 계약담당공무원은 발주기관의 사정으로 인하여 당초 관급자재로 정한 품목을 계약상대자와 협의하여 계약상대자가 직접 구입하여 투입하는 자재(이하"사급자재"라 한다)로 변경하고자 하는 경우 또는 제13조 제⑥항의 규정에 의하여 계약상대자가 대체사용 승인을 신청한 경우로서 이를 승인한 경우에는 이를 서면으로 계약상대자에게 통보하여야 한다.

② 계약담당공무원은 공사의 이행 중 설계변경 등으로 인하여 당초 관급자재의 수량이 증가되는 경우로서 증가되는 수량을 적기에 지급할 수 없어 공사의 이행이 지연될 것으로 예상되는 등 필요하다고 인정되는 때에는 계약상대자와 협의한 후 증가되는 수량을 계약상대자가 직접 구입하여 투입하도록 이를 서면으로 계약상대자에게 통보할 수 있다.

③ 제①항의 규정에 의하여 자재의 수급방법을 변경한 경우에는 통보당시의 가격에 의하여 그 대가를 제40조의 규정에 의한 준공대가에 합산하여 지급하여야 한다. 다만, 계약상대자의 대체사용 승인신청에 따라 자재를 대체사용한 경우에는 계약상대자와 합의된 장소 및 일시에 현품으로 반환할 수도 있다.

④ 계약담당공무원은 당초계약시의 사급자재를 관급자재로 변경할 수 없다. 다만, 사급자재를 관급자재로 변경하지 않으면 계약목적을 이행할 수 없다고 인정되는 때에는 계약당사자간의 협의에

의하여 변경할 수 있다.

⑤ 제②항 및 제④항의 규정에 의하여 추가되는 관급자재를 사급자재로 변경하거나 사급자재를 관급자재로 변경한 경우에는 제20조의 규정에 정한 바에 따라 계약금액을 조정하여야 하며, 제③항 본문의 규정에 의하여 대가를 지급하는 경우에는 제20조 제④항의 규정을 준용한다.

제19조의7(설계변경에 따른 추가조치 등) ① 계약담당공무원은 제19조 제①항의 규정에 의하여 설계변경을 하는 경우 그 변경사항이 목적물의 구조변경 등으로 인하여 안전과 관련이 있는 때에는 하자발생시 책임한계를 명확하게 하기 위하여 당초 설계자의 의견을 들어야 한다.

② 계약담당공무원은 제19조의 3 및 제19조의 5의 규정에 의하여 설계변경을 하는 경우 계약상대자로 하여금 다음 각 호의 사항을 공사감독관을 경유하여 제출하게 할 수 있으며, 이 경우 계약상대자는 이에 응해야 한다.

1. 당해공종의 수정공정예정표
2. 당해공종의 수정도면 및 수정상세도면
3. 조정이 요구되는 계약금액 및 기간
4. 여타의 공정에 미치는 영향

③ 계약담당공무원은 제②항 제2호의 규정에 의하여 당초의 설계도면 및 시공상세도면을 계약상대자가 수정하여 제출하는 경우에는 그 수정에 소요된 비용을 제23조의 규정에 의하여 계약상대자에게 지급하여야 한다.

제20조(설계변경으로 인한 계약금액의 조정) ① 계약담당공무원은 설계변경으로 시공방법의 변경, 투입자재의 변경 등 공사량의 증감이 발생하는 경우에는 다음 각 호의 1의 기준에 의하여 계약금액을 조정하여야 한다.

1. 증감된 공사량의 단가는 계약단가로 한다. 다만, 계약단가가 예정가격단가보다 높은 경우로서 물량이 증가하게 되는 경우 그 증가된 물량에 대한 적용단가는 예정가격단가로 한다.
2. 산출내역서에 없는 품목 또는 비목(동일한 품목이라도 성능, 규격 등이 다른 경우를 포함한다. 이하 "신규비목"이라 한다)의 단가는 설계변경 당시(설계도면의 변경을 요하는 경우에는 변경도면을 발주기관이 확정된 때, 설계도면의 변경을 요하지 않는 경우에는 계약당사자 간에 설계변경을 문서에 의하여 합의한 때를 말한다. 이하 같다)를 기준으로 산정한 단가에 낙찰률(예정가격에 대한 낙찰금액 또는 계약금액의 비율을 말한다. 이하 같다)을 곱한 금액으로 한다.

② 발주기관이 설계변경을 요구한 경우(계약상대자의 책임 없는 사유로 인한 경우를 포함한다. 이하 같다)에는 제①항의 규정에도 불구하고 증가된 물량 또는 신규비목의 단가는 설계변경당시를 기준으로 하여 산정한 단가와 동 단가에 낙찰률을 곱한 금액의 범위안에서 발주기관과 계약상대자가 상호 협의하여 결정한다.

③ 제19조의 4의 규정에 의한 설계변경의 경우에는 당해절감액의 100분의 50에 해당하는 금액은 이를 감액하지 아니한다.

④ 제①항 및 제②항의 규정에 의한 계약금액의 증가분에 대한 간접노무비, 산재보험료 및 안전관리비 등 승률비용과 일반관리비 및 이윤은 산출내역서상의 간접노무비율, 산재보험료율 및 안전관리비율 등의 승률비율과 일반관리비율 및 이윤율에 의하되 관계법령 및 재정경제원 장관이 정한 율을 초과할 수 없다.

⑤ 계약담당공무원은 예정가격의 100분의 88미만으로 낙찰된 공사계약의 계약금액을 제①항의 규정에 의하여 증액 조정하고자 하는 경우로서 당해 증액조정금액이 당초 계약금액의 100분의 10 이상인 경우에는 소속중앙관서의 장의 승인을 얻어야 한다.

⑥ 일부 공종의 단가가 세부공종별로 분류되어 작성되지 아니하고 총계방식으로 작성(이하 "1식

단가"라 한다)되어 있는 경우에도 설계도면 또는 공사시방서가 변경되어 1식단가의 구성내용이 변경되는 때에는 제①항 내지 제⑤항의 규정에 의하여 계약금액을 조정하여야 한다.

⑦ 발주기관은 제①항 내지 제⑥항의 규정에 의하여 계약금액을 조정하는 경우에는 계약상대자의 계약금액조정 청구를 받은 날부터 30일 이내에 계약금액을 조정하여야 한다. 이 경우 예산배정의 지연 등 불가피한 경우에는 계약상대자와 협의하여 그 조정기한을 연장할 수 있으며, 계약금액을 조정할 수 있는 예산이 없는 때에는 공사량 등을 조정하여 그 대가를 지급할 수 있다.

⑧ 계약담당공무원은 제⑦항의 규정에 의한 계약상대자의 계약금액조정 청구 내용이 부당함을 발견한 때에는 지체 없이 필요한 보완요구 등의 조치를 하여야 한다. 이 경우 계약상대자가 보완요구 등의 조치를 통보받은 날부터 발주기관이 그 보완을 완료한 사실을 통지받은 날까지의 기간은 제⑦항의 규정에 의한 기간에 산입하지 아니한다.

제21조(대형공사의 설계변경 등) ① 시행령 제78조의 규정에 의한 일괄입찰, 실시설계·시공입찰 및 대안입찰(대안이 채택된 공종에 한함)을 실시하여 체결된 공사계약에 있어서는 설계변경으로 계약내용을 변경하는 경우에도 정부에 책임 있는 사유 또는 천재·지변 등 불가항력의 사유로 인한 경우를 제외하고는 그 계약 금액을 증액할 수 없다.

② 제①항의 경우에 계약금액을 조정하고자 할 때에는 다음 각 호의 기준에 의한다.

1. 감소된 공사량의 단가 : 시행령 제85조 제②항 내지 제④항의 규정에 의하여 제출한 산출내역서상의 단가
2. 증가된 공사량의 단가 : 설계변경당시를 기준으로 산정한 단가와 제1호의 규정에 의한 산출내역서상의 단가의 범위 안에서 계약당사자간에 협의하여 결정한 단가
3. 제1호의 규정에 의한 산출내역서상에 없는 신규비목의 단가 : 설계변경당시를 기준으로 산정한 단가

③ 제①항에 정한 정부의 책임 있는 사유 또는 불가항력의 사유란 다음 각 호의 1의 경우를 말한다. 다만, 설계시 공사관련법령 등에 정한 바에 따라 설계서가 작성된 경우에 한한다.

1. 사업계획 변경 등 발주기관의 필요에 의한 경우
2. 발주기관 외에 당해공사와 관련된 인허가기관 등의 요구가 있어 이를 발주기관이 수용하는 경우
3. 공사관련법령(표준시방서, 전문시방서, 설계기준 및 지침 등 포함)의 제·개정으로 인한 경우
4. 공사관련법령에 정한 바에 따라 시공하였음에도 불구하고 발생되는 민원에 의한 경우
5. 발주기관 또는 공사 관련기관이 교부한 지하매설 지장물 도면과 현장 상태가 상이하거나 계약 이후 신규로 매설된 지장물에 의한 경우
6. 토지·건물소유자의 반대, 지장물의 존치, 관련기관의 인허가 불허 등으로 지질조사가 불가능했던 부분의 경우
7. 제32조의 규정에 정한 사항 등 계약당사자 누구의 책임에도 속하지 않는 사유에 의한 경우

④ 제②항의 규정에 의하여 계약금액을 증액하고자 하는 경우 증가되는 공사물량은 수정전의 설계도면과 수정 후의 설계도면을 비교하여 산출한다.

⑤ 제③항의 각 호의 1에 정한 사유에 해당되지 않는 경우로서 현장상태와 설계서의 상이 등으로 인하여 설계변경을 하는 경우 세부공종(단일사유로 계약금액 조정이 동시에 발생되는 관련공종이 있는 경우에는 동 공종을 포함한다. 이하 같다)에서 감액되는 금액과 증액되는 금액이 동시에 발생되는 때에는 세부 공종단위로 증·감되는 금액을 합산하여 계약금액을 조정하되, 세부공종 단위별 계약금액을 증액할 수는 없다.

⑥ 제①항 내지 제⑤항의 규정에 의한 계약금액조정의 경우에는 제20조 제⑦항 및 제⑧항의 규

정을 준용한다.

제22조(물가변동으로 인한 계약금액의 조정) ① 물가변동으로 인한 계약금액의 조정은 시행령 제64조 및 시행규칙 제74조의 규정에 정한 바에 의한다.

② 동일한 계약에 대한 계약금액의 조정시 품목조정률 및 지수조정률을 동시에 적용하여서는 아니되며, 계약체결시 계약상대자와 협의하여 품목조정률 또는 지수조정률 중 하나의 방법을 택하여 계약서에 명시하여야 한다.

③ 제①항의 규정에 의하여 계약금액을 증액하는 경우에는 상대자의 청구에 의하여야 하며, 조정된 계약금액은 직전의 물가변동으로 인하여 계약금액조정기준일로부터 60일 이내에 이를 다시 조정할 수 없다.

④ 계약상대자는 제③항의 규정에 의하여 계약금액의 증액을 청구하는 경우에는 계약금액조정 내역서를 첨부하여야 한다.

⑤ 발주기관은 제①항 내지 제④항의 규정에 의하여 계약금액을 증액하는 경우에는 계약상대자의 청구를 받은 날로부터 30일 이내에 계약금액을 조정하여야 한다. 이 경우 예산배정의 지연 등 불가피한 경우에는 계약상대자와 협의하여 그 조정기한을 연기할 수 있으며, 계약금액을 증액할 수 있는 예산이 없는 때에는 공사량 등을 조정하여 그 대가를 지급할 수 있다.

⑥ 계약담당공무원은 제④항 및 제⑤항의 규정에 의한 계약상대자의 계약금액조정청구 내용이 부당함을 발견한 때에는 지체 없이 필요한 보완요구 등의 조치를 하여야 한다. 이 경우 계약상대자가 보완요구 등의 조치를 통보받은 날부터 발주기관이 그 보완을 완료한 사실을 통지받은 날까지의 기간은 제⑤항의 규정에 의한 기간에 산입하지 아니한다.

제23조(기타 계약내용의 변경으로 인한 계약금액의 조정) ① 계약담당공무원은 공사계약에 있어서 제20조 및 제22조의 규정에 의한 경우 외에 공사기간·운반거리의 변경 등 계약내용의 변경으로 계약금액을 조정하여야 할 필요가 있는 경우에는 그 변경된 내용에 따라 실비를 초과하지 아니하는 범위 안에서 이를 조정한다.

② 제①항의 규정에 의한 계약내용의 변경은 변경되는 부분의 이행에 착수하기 전에 완료하여야 한다. 다만 계약담당공무원은 계약이행의 지연으로 품질저하가 우려되는 등 긴급하게 계약을 이행하게 할 필요가 있는 때에는 계약상대자와 협의하여 계약내용 변경의 시기 등을 명확히 정하고, 계약내용을 변경하기 전에 계약을 이행하게 할 수 있다.

③ 제①항의 경우에는 제20조 제④항을 준용한다.

④ 제①항의 경우 계약금액이 증액될 때에는 계약상대자의 신청에 의거 조정하여야 한다.

⑤ 제①항 내지 제④항의 규정에 의한 계약금액조정의 경우에는 제20조 제⑦항·제⑧항의 규정을 준용한다.

제24조(응급조치) ① 계약상대자는 시공기간 중 재해방지를 위하여 필요하다고 인정할 때에는 미리 공사감독관의 의견을 들어 필요한 조치를 취하여야 한다.

② 공사감독관은 재해방지 기타 시공상 부득이할 때에는 계약상대자에게 필요한 응급조치를 취할 것을 구두 또는 서면으로 요구할 수 있다. 이 경우 구두로 응급조치를 요구한 때에는 추후 서면으로 이를 보완하여야 한다.

③ 계약상대자는 제②항의 규정에 의한 요구를 받은 때에는 즉시 이에 응하여야 한다. 다만, 계약상대자가 요구에 응하지 아니할 때에는 계약담당공무원은 일방적으로 계약상대자 부담으로 제3자로 하여금 응급조치하게 할 수 있다.

④ 제①항 내지 제③항의 조치에 소요된 경비 중에서 계약상대자가 계약금액의 범위 내에서 부담하는 것이 부당하다고 인정되는 때에는 제23조의 규정에 의하여 실비의 범위 안에서 계약금액을

조정할 수 있다.

제25조(지체상금) ① 계약상대자는 계약서에 정한 준공기한(계약서상 준공신고서 제출기일을 말한다. 이하 같다)내에 공사를 완성하지 아니한 때에는 매 지체일수마다 계약서에 정한 지체상금률을 계약금액에 곱하여 산출한 금액(이하 "지체상금"이라 한다)을 현금으로 납부하여야 한다.

② 계약담당공무원은 제①항의 경우에 제29조의 규정에 의하여 기성부분을 인수(인수하지 아니하고 관리 · 사용하고 있는 경우를 포함한다. 이하 이조에서 같다)한 때에는 그 부분에 상당하는 금액을 계약금액에서 공제한다. 이 경우 기성부분의 인수는 그 성질상 분할할 수 있는 공사에 대한 완성부분으로 인수하는 것에 한한다.

③ 계약담당공무원은 다음 각 호의 1에 해당되어 공사가 지체되었다고 인정할 때에는 그 해당일수를 제①항의 지체일수에 산입하지 아니한다.

1. 제23조에서 규정한 불가항력의 사유에 의한 경우
2. 계약상대자가 대체 사용할 수 없는 중요관급자재 등의 공급이 지연되어 공사의 진행이 불가능하였을 경우
3. 발주기관의 책임으로 착공이 지연되거나 시공이 중단되었을 경우
4. 계약상대자의 부도 등으로 연대보증인이 보증시공을 할 경우
5. 계약상대자의 부도 등으로 보증기관이 보증이행업체를 지정하여 보증 시공할 경우
6. 제19조의 규정에 의한 설계변경으로 인하여 준공 기한 내에 계약을 이행할 수 없을 경우
7. 기타 계약상대자의 책임에 속하지 아니하는 사유로 인하여 지체된 경우

④ 제③항 제4호의 규정에 의하여 지체일수에 산입하지 아니하는 기간은 부도 등이 확정된 날부터 보증시공을 지시한 날까지이며, 제③항 제5호의 규정에 의하여 지체일수에 산입하지 아니하는 기간은 발주기관으로부터 보증채무 이행청구서를 접수한 날부터 보증이행 개시일 전일까지(단, 30일 이내에 한한다)로 한다.

⑤ 계약담당공무원은 제①항의 규정에 의한 지체일수를 다음 각 호에 따라 산정하여야 한다.

1. 준공 기한 내에 준공신고서를 제출한 때에는 제27조의 규정에 의한 준공검사에 소요된 기간은 지체일수에 산입하지 아니한다. 다만, 준공기한 이후에 제27조 3항의 규정에 의한 시정조치를 한 때에는 시정조치를 한 날로부터 최종준공검사에 합격한 날까지의 기간(검사기간이 제27조의 규정에 정한 기간을 초과하는 경우에는 동조에 정한 기간을 말한다. 이하 같다)을 지체일수에 산입한다.
2. 준공기한을 경과하여 준공신고서를 제출한 때에는 준공기한 익일부터 준공검사(시정조치를 한 때에는 최종준공검사)에 합격한 날까지의 기간을 지체일수에 산입한다.

⑥ 계약담당공무원은 제①항 내지 제③항의 규정에 의한 지체상금은 계약상대자에게 지급될 대가, 대가지급지연에 대한 이자 또는 기타 예치금 등과 상계할 수 있다.

제26조(계약기간의 연장) ① 계약상대자는 제25조 제③항 각 호의 1의 사유가 계약기간 내에 발생한 경우에는 지체 없이 제17조 제①항 제2호에 대한 수정공정표를 첨부하여 공사감독관을 경유하여 계약담당공무원에게 서면으로 계약기간의 연장을 청구하여야 한다.

② 계약담당공무원은 제①항의 규정에 의한 계약기간 연장 신청이 접수된 때에는 즉시 그 사실을 조사확인하고 공사가 적절히 이행될 수 있도록 계약기간의 연장 등 필요한 조치를 하여야 한다.

③ 계약담당공무원은 제①항에서 규정한 연장청구를 승인하였을 경우 동연장기간에 대하여는 제25조의 규정에 의한 지체상금을 부과하여서는 아니된다.

④ 제②항의 규정에 의하여 계약기간을 연장한 경우에는 제23조의 규정에 의하여 그 변경된 내용에 따라 실비를 초과하지 아니하는 범위 안에서 계약금액을 조정한다. 다만, 제25조 제③항 제4

호 및 제5호의 사유에 의한 경우에는 그러하지 아니한다.

⑤ 계약담당공무원은 제①항 내지 제④항의 규정에도 불구하고 계약상대자의 의무 불이행으로 인하여 발생한 지체상금이 시행령 제50조 제①항의 규정에 의한 계약보증금상당액에 달한 경우로서 계약목적물이 국가정책사업 대상이거나 계약의 이행이 노사분규 등 불가피한 사유로 인하여 지연된 때에는 계약기간을 연장할 수 있다.

⑥ 제⑤항의 규정에 의한 계약기간의 연장은 지체상금이 계약보증금 상당액에 달한 때에 하여야 하며, 연장된 계약기간에 대하여는 제25조의 규정에 불구하고 지체상금을 부과하여서는 아니된다.

제27조(검사) ① 계약상대자는 공사를 완성하였을 때에는 그 사실을 준공신고서 등 서면으로 계약담당공무원(건설기술관리법 제27조의 규정에 의하여 책임 감리를 하는 공사에 있어서는 당해 공사의 감리전문회사를 말한다. 이하 이조 제②항, 제③항 및 제⑥항에서 같다)에게 통지하고 필요한 검사를 받아야 한다.

② 계약담당공무원은 제①항의 통지를 받은 때에는 계약서, 설계서, 준공신고서, 기타 관계서류에 의하여 그 날로부터 14일 이내에 계약상대자의 입회하에 그 이행을 확인하기 위한 검사를 하여야 한다. 다만, 천재지변 등 불가항력적인 사유로 인하여 검사를 완료하지 못한 경우에는 당해 사유가 존속되는 기간과 당해 사유가 소멸된 날로부터 3일까지는 이를 연장할 수 있으며, 공사 계약금액(관급자재가 있는 경우에는 관급자재 대가를 포함한다)이 100억 원 이상이거나 기술적 특수성 등으로 인하여 14일 이내에 검사를 완료할 수 없는 특별한 사유가 있는 경우에는 7일 범위 내에서 검사 기간을 연장할 수 있다.

③ 계약담당공무원은 제②항의 검사에 있어서 계약상대자의 계약이행 내용의 전부 또는 일부가 계약에 위반되거나 부당함을 발견한 때에는 필요한 시정조치를 하여야 한다. 이 경우에는 계약상대자로부터 그 시정을 완료한 사실을 통지받은 날로부터 제②항의 기간을 계산한다.

④ 제③항의 경우에 계약이행기간이 연장될 때에는 계약담당공무원은 제25조의 규정에 의한 지체상금을 부과하여야 한다.

⑤ 계약상대자는 제②항의 규정에 의한 검사에 입회 · 협력하여야 한다. 계약상대자가 입회를 거부하거나 검사에 협력하지 아니함으로써 발생하는 지체에 대하여는 제③항 및 제④항의 규정을 준용한다.

⑥ 계약담당공무원은 검사를 완료한 때에는 그 결과를 지체 없이 계약상대자에게 통지하여야 한다. 이 경우 계약상대자는 검사에 대한 이의가 있을 때에는 재검사를 요청할 수 있으며, 계약담당공무원은 필요한 조치를 하여야 한다.

⑦ 계약상대자는 제⑥항의 규정에 의한 검사완료통지를 받은 때에는 모든 공사 시설, 잉여 자재, 폐기물 및 가설물을 공사장으로부터 즉시 철거반출하여야 하며 공사장을 정돈하여야 한다.

⑧ 제39조의 규정에 의한 기성대가 지급시의 기성 검사는 공사감독관이 작성한 감독조서의 확인으로 갈음할 수 있다.

⑨ 제⑧항의 규정에 의한 기성검사시 검사에 합격된 자재라도 단순히 공사현장에 반입된 것만으로는 기성부분으로 인정할 수 없다. 다만, 계약상대자가 직접 또는 제3자에게 위탁하여 가공 · 조리 또는 제작된 자재인 때에는 당해 자재의 특성, 용도 및 시장 거래 상황 등을 고려하여 반입(당해 자재를 계약목적물에 투입하는 과정의 특수성으로 인하여 가공 · 조리 또는 제작하는 공장에서 기성검사를 실시, 동검사에 합격한 경우를 포함)된 자재의 100분의 50 범위 내에서 기성부분으로 인정할 수 있다.

제28조(인수) ① 계약담당공무원은 제27조 제⑥항의 규정에 의하여 검사완료 통지를 한 후, 계약상대자가 서면으로 인수를 요청하였을 때에는 즉시 현장인수증명서를 발급하고 당해 공사목적물을 인수

하여야 한다.

② 계약담당공무원은 제①항의 규정에 의하여 인수를 요청할 경우 공사규모 등을 고려하여 필요하다고 인정할 때에는 계약상대자로 하여금 다음 각 호의 사항이 첨부된 준공명세서를 제출하게 하여야 한다.

1. 완성된 공사목적물의 전면 · 후면 · 측면 사진(10″×15″) 각 5매 및 필름
2. 제27조의 주요검사과정을 촬영한 비디오테이프(VHS) 5본
3. 착공에서 준공까지의 행정처리 과정, 참여기술자, 관련참여업체 등의 내용을 포함하는 건설기술관리법시행령 제38조의 9의 규정에 의한 준공보고서

③ 계약담당공무원은 계약상대자가 검사완료 통지를 받은 날부터 7일 이내에 제①항의 규정에 의한 인수요청을 아니할 때에는 계약상대자에게 현장 인수 증명서를 발급하고, 당해 공사목적물을 인수할 수 있다. 이 경우 계약상대자는 지체없이 제②항의 규정에 의한 준공명세서를 제출하여야 한다.

④ 계약담당공무원은 공사목적물을 인수한 때에는 다음 사항을 기재한 표찰을 부착하여 공시하여야 한다.

1. 공사명 및 발주기관(관리청)
2. 착공 및 준공년월일
3. 공사 금액
4. 계약상대자
5. 공사감독관 및 검사관
6. 하자발생시 신고처
7. 기타 필요한 사항

⑤ 발주관서는 제③항의 규정에 의하여 인수된 공사목적물을 계약상대자에게 유지관리를 요구하는 경우에는 이에 필요한 비용을 지급하여야 한다.

제29조(기성부분의 인수) ① 계약담당공무원은 전체공사목적물이 아닌 기성부분(성질상 분할할 수 있는 공사에 대한 완성부분에 한한다)에 대하여 이를 인수할 수 있다.

② 제28조의 규정은 제①항의 경우에 이를 준용한다.

제30조(부분사용 및 부가공사) ① 발주기관은 계약목적물이 인수전에 기성부분이나 미완성부분을 사용할 수 있으며 동부분에 대하여는 당해 구조물안전에 지장을 주지 아니하는 부가공사를 할 수 있다.

② 제①항의 경우 계약상대자와 부가공사에 대한 계약상대자는 계약담당공무원의 지시에 따라 공사를 진행하여야 한다.

③ 계약담당공무원은 제①항의 규정에 의한 부분사용 또는 부가공사로 인하여 계약상대자에게 손해가 발생한 경우 또는 추가 공사비가 필요한 경우로서 계약상대자의 청구가 있는 때에는 제23조의 규정에 의하여 설비의 범위 안에서 보상하거나 계약금액을 조정하여야 한다.

제31조(일반적 손해) ① 계약상대자는 계약의 이행 중 공사 목적물, 관급자재, 대여품 및 제3자에 대한 손해를 부담하여야 한다. 다만, 계약상대자의 책임 없는 사유로 인하여 발생한 경우에는 발주기관의 부담으로 한다.

② 제10조의 규정에 의하여 손해보험에 가입한 공사의 경우 제①항의 규정에 의한 계약상대자 및 발주기관의 부담은 보험에 의하여 보전되는 금액을 초과하는 부분으로 한다.

③ 제28조 및 제29조의 규정에 의하여 인수한 공사목적물에 대한 손해는 발주기관이 부담하여야 한다.

제32조(불가항력) ① 불가항력이라 함은 태풍, 홍수, 기타 악천우, 전쟁 또는 사변, 지진, 화재, 전염병, 폭동 기타 계약상대자의 통제범위를 초월하는 사태의 발생 등의 사유(이하 "불가항력의 사유"라 한다)로 인하여 계약당사자 누구의 책임에도 속하지 아니하는 경우를 말한다. 다만, 이는 대한민국 국내에서 발생하여 공사이행에 직접적인 영향을 미친 경우에 한한다.

② 제①항에서 규정한 불가항력의 사유로 인하여 다음 각 호에 발생한 손해는 발주기관이 부담하여야 한다.

1. 제27조의 규정에 의하여 검사를 피한 기성부분
2. 검사를 피하지 아니한 부분 중 객관적인 자료(감독일지, 사진 또는 비디오테이프 등)에 의하여 이미 시공되었음이 판명된 부분
3. 제31조 제①항 단서 및 동조 제③항의 규정에 의한 손해

③ 계약대상자는 제②항의 손해가 발생하였을 때에는 지체 없이 그 사실을 계약담당공무원에게 통지하여야 하며, 계약담당공무원은 통지를 받았을 때에는 즉시 그 사실을 조사하고 그 손해의 상황을 확인한 후 그 결과를 계약상대자에게 통지하여야 한다. 이 경우 공사감독관의 의견을 참작할 수 있다.

④ 계약담당공무원은 제③항의 규정에 의하여 손해의 상황을 확인하였을 때에는 별도의 약정이 없는 한 공사금액의 변경 또는 손해액의 부담 등 필요한 조치를 계약상대자와 협의하여 이를 결정한다. 다만, 협의가 성립되지 않을 때에는 제51조의 규정에 의해서 처리한다.

제33조(하자보수) ① 계약상대자는 전체 목적물을 인수한 날과 준공검사를 완료한 날 중에서 먼저 도래한 날부터 시행령 제60조의 규정에 의하여 계약서에 정한 기간(이하 "하자담보책임기간"이라 한다)동안 공사목적물의 하자에 대한 보수책임이 있다.

② 공사책임자는 하자보수 통지를 받은 때에는 즉시 보수작업을 하여야 하며 당해 하자의 발생원인 및 기타 조치 사항을 명시하여 발주기관에 제출하여야 한다.

제34조(하자보수 보증금) ① 계약상대자는 공사의 하자보수를 보증하기 위하여 계약서에서 정한 하자보수보증금률을 계약금액(당초 계약금액이 조정된 경우에는 조정된 계약금액을 말한다)에 곱하여 산출한 금액(이하 "하자보수보증금"이라 한다)을 시행령 제62조 및 시행규칙 제72조의 규정에 정한 바에 따라 납부하여야 한다.

② 계약상대자가 제33조 제①항의 규정에 의한 하자담보책임기간 중 계약담당공무원으로부터 하자보수요구를 받고 이에 불응한 경우에는 제①항의 규정에 의한 하자보수보증금을 국고에 귀속한다.

③ 계약담당공무원은 제35조 제②항의 규정에 의한 하자보수완료확인서의 발급일까지 하자보수보증금을 계약상대자에게 반환하여야 한다. 다만, 하자담보책임기간이 서로 다른 공종이 복합된 건설공사에 있어서는 시행규칙 제70조의 규정에 의한 공종별하자담보책임기간이 만료되어 보증목적이 달성된 공종의 하자보수보증금은 계약상대자의 요청이 있을 경우 즉시 반환하여야 한다.

제35조(하자검사) ① 계약담당공무원은 제33조 제①항에서 규정한 하자담보책임기간 중 연 2회 이상 정기적으로 하자를 검사하여야 한다.

② 계약담당공무원은 하자담보책임기간의 만료일부터 14일 이내에 따로 최종검사를 하여야 하며, 최종검사를 완료하였을 때에는 즉시 하자보수완료확인서를 계약상대자발급하여야 한다. 이 경우 최종검사에서 발견되는 하자사항은 이 확인서가 발급되기 전까지 계약상대자가 자신의 부담으로 보수하여야 한다.

③ 계약상대자는 제①항 및 제②항의 검사에 입회하여야 한다. 다만, 계약상대자가 입회를 거부하는 경우에는 계약담당공무원은 일방적으로 검사를 할 수 있으며 검사결과에 대하여 계약상대자

가 동의한 것으로 간주한다.

④ 계약상대자의 책임과 의무는 제②항의 규정에 의한 하자보수완료확인서의 발급일부터 소멸한다.

제36조(특별책임) 계약담당공무원은 제35조제②항의 규정에 의한 하자보수완료확인서의 발급에 불구하고 당해공사의 특성 및 관련법령에서 정한 바에 따라 필요하다고 인정하는 경우 제27조 및 제35조의 규정에 의한 검사과정에서 발견되지 아니한 시공상의 하자에 대하여는 계약상대자의 책임으로 하는 특약을 정할 수 있다.

제37조(특허권의 사용) 공사의 이행에 특허권 기타 제3자의 권리의 대상으로 되어 있는 시공방법을 사용할 때에는 계약상대자는 그 사용에 관한 일체의 책임을 져야 한다. 그러나 발주기관이 계약서에 시공방법을 지정하지 아니하고 그 시공을 요구할 때에는 계약상대자에 대하여 제반 편의를 제공·알선하거나 소요된 비용을 지급할 수 있다.

제38조(발굴물의 처리) ① 공사현장에서 발견한 모든 가치 있는 화석·금전·보물 기타 지질학 및 고고학상의 유물 또는 물품은 관계법규에서 정하는 바에 의하여 처리한다.

② 계약상대자는 제①항의 물품이나 유물을 발견하였을 때에는 즉시 계약담당공무원에게 통지하고 그 지시에 따라야 하며 이를 취급할 때에는 파손이 없도록 적절한 예방조치를 하여야 한다.

제39조(기성대가의 지급) ① 계약상대자는 적어도 30일마다 제27조 제⑧항에 의한 검사를 완료하는 날까지 기성부분에 대한 대가지급청구서를 공사감독관을 경유하여 발주기관에 제출할 수 있다.

② 계약담당공무원은 검사완료일로부터 7일 이내에 검사된 내용에 따라 기성대가를 확정하여 계약상대자에게 지급하여야 한다. 다만, 계약상대자가 검사완료일 후에 대가의 지급을 청구한 때에는 그 청구를 받은 날부터 7일 이내에 지급하여야 한다.

③ 계약담당공무원은 제27조 제⑨항 단서의 규정에 의한 자재에 대하여 기성대가를 지급하는 경우에는 계약상대자로 하여금 그 지급 대가에 상당하는 보증서(시행령 제37조 제②항의 규정된 증권 또는 보증서 등을 말한다)를 제출하게 하여야 한다.

④ 계약담당공무원은 제①항의 규정에 의한 청구서의 기재 사항이 검사된 내용과 일치하지 아니할 때에는 그 사유를 명시하여 계약상대자에게 이의 시정을 요구하여야 한다. 이 경우 시정에 소요되는 기간은 제②항에서 규정한 기간에 산입하지 아니한다.

⑤ 기성대가는 계약단가에 의하여 산정·지급한다. 다만, 계약단가가 없을 경우에는 제20조 제①항 제2호 및 제②항의 규정에 의하여 산정된 단가에 의한다.

⑥ 제40조 제③항의 규정은 기성대가 지급의 경우에 이를 준용한다.

제39조의2(계약금액조정전의 기성대가지급) ① 계약담당공무원은 물가변동, 설계변경 및 기타계약내용의 변경으로 인하여 계약금액이 당초 계약금액보다 증감될 것이 예상되는 경우로서 기성대가를 지급하고자 하는 경우에는 예산회계법 시행령 제57조 제①항 제7호 및 회계예규 "정부회계의 수입·지출·보고 등에 관한 기준" 제27조의 규정에 의하여 당초 산출내역서를 기준으로 산출한 기성대가를 개산급으로 지급할 수 있다. 다만, 감액이 예상되는 경우에는 예상되는 감액금액을 제외하고 지급하여야 한다.

② 계약상대자는 제①항의 규정에 의하여 기성대가를 개산급으로 지급받고자 하는 경우에는 기성대가신청시 개산급신청사유를 서면으로 작성하여 첨부하여야 한다.

제40조(준공대가의 지급) ① 계약상대자는 공사를 완성한 후 제27조의 규정에 의한 검사에 합격한 때에는 소정절차에 따라 대가지급을 청구할 수 있다.

② 계약담당공무원은 제①항의 청구를 받은 때에는 그 청구를 받은 날로부터 14일 이내에 그 대가를 지급한다. 이 경우 계약상대자와의 합의에 의하여 14일을 초과하지 아니하는 범위 안에서

대가의 지급기간을 연장할 수 있는 특약을 정할 수 있다.

③ 천재지변 등 불가항력의 사유로 인하여 대가를 지급할 수 없게 된 경우에는 당해사유가 존속되는 기간과 당해사유가 소멸된 날로부터 3일까지는 대가의 지급을 연장할 수 있다.

④ 계약담당공무원은 제①항의 청구를 받은 후 그 청구내용의 전부 또는 일부가 부당함을 발견한 때에는 그 사유를 명시하여 계약상대자에게 당해 청구서를 반송할 수 있다. 이 경우에는 반송한 날로부터 재청구를 받은 날까지의 기간은 제②항의 지급기간에 이를 산입하지 아니한다.

제41조(대가지급지연에 대한 이자) ① 계약담당공무원은 대가지급청구를 받은 경우에 제39조 및 제40조의 규정에 의한 대가지급기한(국고채무부담행위에 의한 계약의 경우에는 다음 회계연도 개시 후 예산회계법에 의하여 당해 예산이 배정된 날부터 20일)까지 대가를 지급하지 못하는 경우에는 지급기한의 다음날부터 지급하는 날까지의 일수(이하 "대가지급지연일수"라 한다)에 당해 미지급 금액에 대하여 은행의 일반자금대출시 적용되는 연체이자율을 곱하여 산출한 금액을 이자로 지급하여야 한다.

② 천재지변 등 불가항력적인 사유로 인하여 검사 또는 대가지급이 지연된 경우에 제27조 제②항 단서 및 제40조 제③항의 규정에 의한 연장기간은 대가지급 지연일수에 산입하지 아니한다.

제42조(하도급의 승인 등) 계약상대자가 계약된 공사의 일부를 제3자에게 하도급하고자 하는 경우에는 건설산업기본법 등 관련법령에 정한 바에 의하여야 한다.

제43조(하도급대가의 직접지급 등) ④ 계약담당공무원은 계약상대자가 다음 각 호의 1에 해당하는 경우 건설산업기본법 등 관련법령의 규정에 의하여 체결한 하도급계약 중 하수급인이 시공한 부분에 상당하는 금액에 대하여는 계약상대자가 하수급인에게 제39조 및 제40조의 규정에 의한 대가지급을 의뢰한 것으로 보아 당해 하수급인에게 직접 지급하여야 한다.

1. 하수급인이 계약상대자를 상대로 하여 받은 판결로서 그가 시공한 분에 대한 하도급대금지급을 명하는 확정판결이 있는 경우
2. 계약상대자가 파산, 부도, 영업정지 및 면허취소 등으로 하도급대금을 하수급인에게 지급할 수 없게 된 경우
3. 하도급거래공정화에관한법률 또는 건설산업기본법에 규정한 내용에 따라 계약상대자가 하수급인에 대한 하도급대금 지급보증서를 제출하여야 할 대상 중 그 지급보증서를 제출하지 아니한 경우

② 계약담당공무원은 제①항의 규정에 불구하고 하수급인이 당해 하도급계약과 관련하여 노임, 중기사용료, 자재대 등을 체불한 사실을 계약상대자가 객관적으로 입증할 수 있는 서류를 첨부하여 당해 하도급대가의 직접 지급 중지를 요청한 때에는 당해 하도급대가를 직접 지급하지 아니할 수 있다.

③ 계약상대자는 제27조 제⑩항의 규정에 의한 준공신고 또는 제39조의 규정에 의한 기성대가의 지급청구를 위한 검사를 신청하고자 할 경우에는 하수급인이 시공한 부분에 대한 내역을 구분하여 신청하여야 하며, 제39조 및 제40조의 규정에 의하여 제①항의 하도급대가가 포함된 대가지급을 청구할 때에는 당해 하도급대가를 분리하여 청구하여야 한다.

④ 제①항의 경우에는 회계예규 정부회계의 수입 · 지출 · 보고 등에 관한 기준 제24조의 규정 중 하수급인을 채권자가 지명하는 자로 본다.

제44조(계약상대자의 책임 있는 사유로 인한 계약의 해제 또는 해지) ① 계약담당공무원은 계약상대자가 다음 각 호의 1에 해당하는 경우에는 당해 계약의 전부 또는 일부를 해제 또는 해지할 수 있다. 다만, 제3호의 경우에는 해제 또는 해지하여야 한다.

1. 정당한 이유 없이 약정한 착공시일을 경과하고도 공사에 착수하지 아니할 경우

2. 계약상대자의 책임 있는 사유로 인하여 준공기한까지 공사를 완성하지 못하거나 완성할 가능성이 없다고 인정될 경우
3. 제25조 제①항의 규정에 의한 지체상금이 시행령 제50조 제①항의 규정에 의한 당해 계약(장기계속공사계약인 경우에는 차수별 계약)의 계약보증금상당액(계약금액의 100분의 10이상)에 달한 경우로서 계약기간을 연장하여도 공사를 완공할 가능성이 없다고 판단되는 경우
4. 장기계속공사의 계약에 있어서 제2차공사이후의 계약을 체결하지 아니하는 경우
5. 계약의 수행 중 뇌물수수 또는 정상적인 계약관리를 방해하는 불법·부정행위가 있는 경우
6. 기타 계약조건을 위반하고 그 위반으로 인하여 계약의 목적을 달성할 수 없다고 인정될 경우

② 계약담당공무원은 제①항의 규정에 의하여 계약을 해제 또는 해지한 때에는 그 사실을 계약상대자 및 제42조의 규정에 의한 하수급자에게 통지하여야 한다.

③ 제②항의 규정에 의한 통지를 받은 계약상대자는 다음 각 호의 사항을 준수하여야 한다.
1. 당해공사를 즉시 중지하고 모든 공사자재 및 기구 등을 공사장으로부터 철거하여야 한다.
2. 제13조의 규정에 의한 대여품이 있을 때에는 지체없이 발주기관에 반환하여야 한다. 이 경우 당해 대여품이 계약상대자의 고의 또는 과실로 인하여 멸실 도는 파손되었을 때에는 원상회복 또는 그 손해배상을 하여야 한다.
3. 제13조의 규정에 의한 관급재료 중 공사의 기성부분으로서 인수된 부분에 사용한 것을 제외한 잔여재료는 발주관서에 반환하여야 한다. 이 경우 당해 재료가 계약상대자의 고의 또는 과실로 인하여 멸실 또는 파손되었을 때, 또는 공사의 기성부분으로서 인수되지 아니하는 부분에 사용된 때에는 원상회복 또는 그 손해배상을 하여야 한다.
4. 발주기관이 요구하는 공사장의 모든 재료, 정보 및 편의를 발주기관에 제공하여야 한다.

④ 계약담당공무원은 제①항의 규정에 의하여 계약을 해제 또는 해지한 경우 및 제48조의 규정에 의하여 연대보증인 또는 보증기관이 보증이행을 하는 경우에 기성부분을 검사하여 인수한 때에는 당해 부분에 상당하는 대가를 계약상대자에게 지급하여야 한다. ⑤ 제①항의 규정에 의하여 계약이 해제 또는 해지된 경우 계약상대자는 지급받은 선금에 대하여 미정산잔액이 있는 경우에는 그 잔액에 대한 약정이자상당액을 가산하여 발주기관에 상환하여야 한다. 이 경우 계약담당공무원은 상환할 금액과 기성부분의 대가를 상계할 수 있다. 다만, 제43조 제①항의 규정에 의하여 하도급대가를 직접 지급하는 경우 하도급대가 지급 후 잔액이 있을 때에는 이와 상계할 수 있다.

제45조(사정변경에 의한 계약의 해제 또는 해지) ① 발주기관은 제44조 제①항 각 호의 경우 외에 객관적으로 명백한 발주기관의 불가피한 사정이 발생한 때에는 계약을 해제 또는 해지할 수 있다.

② 제44조 제②항 본문 및 제③항의 규정은 제①항의 규정에 의하여 계약을 해제 또는 해지하는 경우에 이를 준용한다.

③ 발주기관은 제①항의 규정에 의하여 계약을 해제 또는 해지하는 경우에는 다음 각 호에 해당하는 금액을 제44조 제③항 각 호의 수행을 완료한 날부터 14일 이내에 계약상대자에게 지급하여야 한다. 이 경우 제7조의 규정에 의한 계약보증금을 동시에 반환하여야 한다.
1. 제32조 제②항 제1호 및 제2호에 해당하는 시공부분의 대가 중 지급하지 아니한 금액
2. 전체공사의 완성을 위하여 계약의 해제 또는 해지일 이전에 투입된 계약상대자의 인력·자재 및 장비의 철수 비용

④ 계약상대자는 선금에 대한 미정산잔액이 있는 경우에는 이를 발주기관에 상환하여야 한다. 이 경우 미정산잔액에 대한 이자는 가산하지 아니한다.

제46조(계약상대자에 의한 계약의 해제 또는 해지) ① 계약상대자는 다음 각 호의 1에 해당하는 사유가 발생한 경우에는 당해계약을 해제 또는 해지할 수 있다.

1. 제19조의 규정에 의하여 공사내용을 변경함으로써 계약금액이 100분의 40이상 감소되었을 때
2. 제47조의 규정에 의한 공사정지기간이 공기의 100분의 50을 초과하였을 경우

② 제45조 제②항 내지 제④항의 규정은 제①항의 규정에 의하여 계약이 해제 또는 해지되었을 경우에 이를 준용한다.

제47조(공사의 일시정지) ① 공사감독관은 다음 각 호의 경우에는 공사의 전부 또는 일부의 이행을 정지시킬 수 있다. 이 경우 계약상대자는 정지기간 중 선량한 관리자의 주의의무를 해태하여서는 아니된다.

1. 공사의 이행이 계약내용과 일치하지 아니하는 경우
2. 공사의 전부 또는 일부의 안전을 위하여 공사의 정지가 필요한 경우
3. 제24조의 규정에 의한 응급조치의 경우
4. 기타 발주기관의 필요에 의하여 계약담당공무원이 지시한 경우

② 공사감독관은 제①항의 규정에 의하여 공사를 정지시킨 경우에는 지체 없이 계약상대자 및 계약담당공무원에게 계약사유 및 정기 기간을 통지하여야 한다.

③ 제①항의 규정에 의하여 공사를 정지시킨 경우 계약상대자는 계약기간의 연장 또는 추가 금액을 청구할 수 없다. 다만, 계약상대자의 책임 있는 사유로 인한 정지가 아닌 때에는 그러하지 아니하다.

④ 발주기관의 책임 있는 사유에 의한 공사 정지 기간이 60일을 초과한 경우 발주기관은 그 초과된 기간에 대하여 잔여계약금액에 초과일수 매 1일마다 시중은행 일반자금 대출 금리를 곱하여 산출한 금액을 준공대가지급시 계약상대자에게 지급하여야 한다.

제47조의2(계약상대자의 공사정지 등) ① 계약상대자는 발주기관이 국가를당사자로하는계약에관한법령과 계약문서 등에서 정하고 있는 계약상의 의무를 이행하지 아니하는 때에는 발주기관에 계약상의 의무 이행을 서면으로 요청할 수 있다.

② 계약담당공무원은 계약상대자로부터 제①항의 규정에 의한 요청을 받은 날부터 14일 이내에 이행계획을 서면으로 계약상대자에게 통지하여야 한다.

③ 계약상대자는 계약담당공무원이 제②항에 규정한 기한 내에 통지를 하지 아니하거나 계약상의 의무 이행을 거부하는 때에는 당해기간이 경과한 날 또는 의무 이행을 거부한 날부터 공사의 전부 또는 일부의 시공을 정지할 수 있다.

④ 계약담당공무원은 제③항의 규정에 의하여 정지된 기간에 대하여는 제26조의 규정에 의하여 공사기간을 연장하여야 한다.

제48조(공사계약의 이행보증) ① 계약담당공무원은 계약상대자가 제44조 제①항 각 호의 1에 해당하는 경우에는 제9조의 규정에 의한 연대보증인 또는 보증기관에 대하여 공사를 완성할 것을 청구하여야 한다.

② 제①항의 청구가 있을 때에는 연대보증인 또는 보증기관은 지체 없이 그 보증의무를 이행하여야 한다. 이 경우 보증의무를 이행한 연대보증인 또는 보증기관은 계속공사에 있어서 계약상대자가 가지는 계약체결상의 이익을 가진다. 다만, 보증기관은 보증이행업체를 지정하여 보증의무를 이행하는 대신 공사이행보증서에 정한 금액을 현금으로 발주기관에 납부함으로써 보증의무 이행에 갈음할 수 있다.

③ 제②항의 규정에 의하여 당해 계약을 이행하는 연대보증인 또는 보증기관은 계약금액 중 보증이행부분에 상당하는 금액을 발주관서에 직접 청구할 수 있는 권리를 가지며 계약상대자는 연대보증인 또는 보증기관의 보증이행 부분에 상당하는 금액을 청구할 수 있는 권리를 상실한다.

④ 계약담당공무원은 연대보증인이 제①항의 청구를 받고 보증의무를 이행하지 아니한 경우에는

계약상대자와 동일한 제재조치를 하여야 하며, 연대보증인이 제33조의 규정에 의한 하자보수 의무를 이행하지 아니하는 경우에도 이와 같다.

⑤ 제①항 내지 제③항의 규정 외에 공사이행보증서 제출에 따른 보증의무이행에 대하여는 보증제도운용요령에 정한 바에 의한다.

第49조(부정당업자의 입찰참가자격제한) ① 계약상대자(연대보증인을 포함한다. 이하 이조에서 같다)가 시행령 제76조의 규정에 해당하는 경우에는 해당중앙관서의 장으로부터 일정기간동안 입찰참가자격 제한조치를 받게 된다.

② 계약상대자는 지방자치단체 또는 정부투자기관에서 입찰참가자격제한을 받은 경우 시행령 제76조 제⑧항의 규정에 의하여 그 제한사유가 시행령 제76조 제①항 제1호 내지 제5호, 제7호 내지 제8호에 의한 것은 반드시 그 제한을 받게 된다.

第50조(기술지식의 이용 및 비밀엄수 의무) ① 발주기관은 계약서상의 규정에 의하여 계약상대자가 제출하는 각종 보고서, 정보 기타 자료 및 이에 의하여 얻은 기술지식의 전부 또는 일부를 계약상대자의 승인을 얻어 발주기관의 이익을 위하여 복사·이용 또는 공개할 수 있다.

② 계약상대자는 당해 계약을 통하여 얻은 정보 또는 국가의 비밀 사항을 계약이행의 전후를 막론하고 외부에 누설할 수 없다.

第51조(분쟁의 해결) ① 계약의 수행 중 계약당사자 간에 발생하는 분쟁은 협의에 의하여 해결한다.

② 제①항의 규정에 의한 협의가 이루어지지 아니할 때에는 다음 각 호에 정한 바에 의한다.

1. 중재법에 의한 중재기관의 중재
2. 국가를당사자로하는계약에관한법률(이하 "국가계약법"이라 한다) 제4조의 규정에 의한 국제입찰의 경우에는 국가계약법 제28조 내지 제31조에 규정한 절차[신설 2001. 2. 10]
3. 발주기관의 소재지를 관할하는 법원의 판결

③ 계약상대자는 제①항 및 제②항의 규정에 의한 분쟁처리절차수행기간 중 공사의 수행을 중지하여서는 아니된다.

第52조(공사관련 자료의 제출) 계약담당공무원은 필요하다고 인정할 경우 계약상대자에게 산출내역서의 기초가 되는 단가산출서 또는 일위대가표의 제출을 요구할 수 있으며 이 경우 계약상대자는 이에 응하여야 한다.

第53조(적격심사관련사항 이행) ① 시행령 제42조 제①항 본문의 규정에 의한 공사를 수행함에 있어 계약상대자는 회계예규 적격심사기준 별표의 심사항목에 규정된 사항에 대하여 적격심사 당시 제출한 내용대로 철저하게 이행하여야 한다.

② 계약담당공무원은 제①항에 규정한 이행상황을 수시로 확인하여야 하며, 제출된 내용대로 이행이 되지 않고 있을 때에는 즉시 시정토록 조치하여야 한다.

15. 건물관리관계 계약사후관리

1) 계약사후관리의 의의

전술한 바와 같이 계약은 법률행위이므로 권리와 의무가 발생한다. 따라서 건물자산관리와 관련된 모든 계약행위가 이루어지면 권리자와 의무자 사이의 이행행위가 원만히 이루어지도록 하여야 하고 불이행시 처리해야 하는 사후처리 업무를 총칭하여 '계약사후관리'라 한다.

2) 계약사후관리의 범위

건물자산관리와 관련된 계약의 종류로는 전술한 바와 같이 건물임대차계약, 건물관리계약, 주차장사용계약과 같은 입주자계약, 용역계약, 물품공급계약, 권리설정계약, 근로계약, 보수공사 도급계약 등으로 분류되는데 이러한 계약체결과 함께 각 조항에 따른 의무이행의 문제가 계약사후관리의 범위에 해당된다.

(1) 계약서에 명시된 의무이행의 문제

의무이행의 문제는 권리자와 의무자는 물론 일반건물의 임차인에게만 발생되는 것이 아니라 임대인에게도 존재하므로 갑과 을, 즉 계약당사자 사이에 각각 발생하게 된다. 공동주택의 경우에도 건물관리계약과 관련하여 계약당사자 사이에 권리와 의무가 동시에 발생되는 것도 유의하여야 한다. 따라서 계약에 따른 의무이행 문제는 사후관리 범주에 해당되는 관리업무이다.

(2) 계약조항 불이행의 문제

계약당사자 사이에 체결된 모든 계약은 곧바로 이행되어야 함이 타당하다하겠으나 당사자 일방의 사정변경이나 조건변경 등으로 인하여 일방적 해제 또는 해지를 요청하는 의사표시를 하는 경우, 계약당사자 본래의 의도대로 법률효과는 발생되지 아니한다. 즉 불이행에 따른 법률효과는 손해배상이나 원상회복 등의 모습으로 나타나게 된다. 그러므로 계약 불이행에 따른 제반 문제점도 해결하거나 수습하는 업무가 사후관리의 범주에 해당한다.

(3) 입주자관리

임대차계약의 경우 잔금지급과 동시에 입주문제가 발생하고 입주자의 입주절차 업무가 곧바로 진행되게 된다. 다시 말하면 일반건물의 임대차계약과 이행행위가 완성되면 입주문제가 발생되고, 공동주택의 경우 구분소유권자와 관리주체 사이에 주택관리 약정이 체결되면 입주절차를 진행하게 된다.

이러한 입주자와 임차인 등의 목적주택이나 건물에 이전하거나 입주하는 데 관련된 일련의 업무가 입주자 관리업무이다. 따라서 계약 사후관리 업무 중 입주자 관리업무 내용을 잘 이해하는 것이 건물관리에 도움이 된다. 입주자관리는 매우 중요한 계약사후 관리대상이므로 다음에서 구체적으로 설명하고자 한다.

3) 입주자계약과 사후관리

(1) 의 의

입주자 계약의 종류에는 임대차계약과 관리계약 및 주차장 사용계약 등 3가지가 있으나 공동주택의 경우 분양계약과 주택관리 계약이 이 범주에 해당된다. 일반건물인 경우 특별한 경우를 제외하고는 대부분의 경우 건물을 임차하여 건물을 사용하게 되나, 공동주택의 경우에는 구분소유자가 본인의 소유권에 의하여 입주하게 되므로 본인이 관리주체와 일부이나 관리대행 관리사무소와 관리약정만 체결하면 다른 용도의 계약체결은 불필요하기 때문이다. 입주자 계약을 체결하면 임대인과 임차인 사이에 그리고 관리주체와 구분 소유자 사이에 각각 의무이행의 문제와 입주에 따른 문제가 발생하는 바 그 구체적 내용을 기술하면 다음과 같다.

(2) 입주자 계약의 이행과 불이행

가. 입주자계약 이행

입주자계약의 경우 임대인과 임차인의 이행사항은 다음과 같다.

① 임차인 이행사항

- 임대차계약 체결
- 계약금과 임대보증금의 잔금지불

② 임대인 이행사항

- 임대차계약 체결
- 영수증 교부

나. 입주자계약 불이행

입주자계약 불이행시의 책임은 다음과 같다.

- 임차인계약 불이행 : 계약금 포기
- 임대인계약 불이행 : 계약금의 2배 배상

4) 입주자 관리

(1) 입주자관리의 의의

입주자란 일반건물인 경우 건물을 사용하고 있는 소유자나 임차인 또는 전차인을 의미하고, 공동주택의 경우 공동주택을 분양 또는 임대받아 거주하고 있는 입주자 · 사용자를 의미하며, 구분소유자 및 임차인이 이 범주에 해당된다. 주택법에 의하면 단순히 구분소유자만을 의미하는 것이 아니라 그 소유자를 대리하는 배우자나 직계비속을 포함하여 거주자 개념으로 정의하고 있다. 여기에서 입주자관리라 함은 입주계약을 체결하고 그 권원에 의하여 목적물을 인도받아 이전 전후에 발생되는 제문제를 해결하는 관리주체와 입주자 또는 사용자와의 관계에서, 입주자와 사용자를 대상으로 이들의 요구와 희망사항이나 민원사항을 접수하고 청취하여 원만히 문제를 해결해 주며, 상호 의무를 정상적으로 이행하게 허간 거주하거나 건물의 사용함에 있어 불편을 없게 하는 일련의 업무를 입주자 관리라 한다.

일반건물이나 공동주택의 경우 각 입주자나 사용자(임차인)는 각 계층의 사람들이 모여서 공동생활을 하거나 또는 건물을 공동사용 또는 개별적으로 사용하는 것이므로, 전부분이나 임대목적물에 대해서는 관리가 자체 관리능력으로 유지되나, 공유부분이나 공동시설의 이용과 사용에 대해서는 입주자간의 이해가 대립되기도 하고 여러 가지 문제점이 발생되기도 한다. 따라서 전체적인 관리업무의 효율성을 위하여 관리주체는 사용자나 회사 · 단체 그리고 공동주택의 경우 단지 내의 부녀회 · 노인회 · 동대표 · 입주자대표자회의 등과 유기적인 협조가 조성되도록 노력해야 할 것이다.

(2) 입주자관리 목표

일반건물이나 공동주택의 경우 전용면적이나 전유부분의 관리는 각 임차인이나 소유자가 관리상태를 유지하나 공용부분과 공동부대시설의 관리는 매우 미흡하다. 그러므로 관리주체를 선임하여 그 관리를 담당하게 하고 있으나 입주자·사용자의 상호간 이해대립 등 관리상 문제점이 자주 발생되므로 입주자관리의 목표를 달성하기가 쉽지 않다.

공동주택의 관리는 정부의 주택정책이나 지방행정기관의 감독하에 자치적으로 관리하거나 전문관리 회사에 위탁하여 관리하게 되는데, 관리자는 관리업무를 성실하게 하고자 하여도 입주자의 협조 없이는 효율적 관리가 불가능하므로 관계조직을 통하여 입주자의 협조를 얻어야 한다.

결론적으로 일반건물의 경우 관리목표는 사용자로 하여금 편리성과 쾌적성을 얻도록 하여 그 사용목적을 달성하는 데 있고, 공동주택의 경우 원만한 공동주거 생활을 영위하도록 유지관리하는 데 그 목적이 있다.

(3) 입주자관리 업무

입주자관리 업무에는 대체로 다음과 같은 내용이 포함된다.

① 입주 협조
② 입주자 현황 파악 및 대처
③ 입주자 민원사항 접수 및 해결
④ 관리업무 협조 유도
⑤ 임대료·관리비 등의 징수 및 수납관리

(4) 수납협조

입주계약 후 입주자나 임차인에게 목적물을 이전하게 되는데 이에 필요한 지원업무가 입주협조 업무이다. 이에 관련된 내용을 설명하면 다음과 같다.

가. 입주계획 및 입주절차 통보

사업주체나 소유주체 또는 관리주체는 입주자와 사용자에게 미리 입주일정의 기본계획을 수립하고, 세부계획으로서 입주안내 지원반의 편성과 협조지원 체제를 수립하고 생활 편의시설의 점검 및 사용시설의 사전점검을 실시해야 하며, 시설의 하자나 고장 등 불편사항 발생시 신속한 처리와 지원을 위한 전담창구의 설치도 미리 준비되어야 한다.

입주통보 사항은 대체로 다음과 같다.

- 입주일정
- 절차(잔금납부, 열쇠인수 등)
- 주민등록이나 사업의 이전할 주소(일반 건물의 경우)
- 공동주택의 경우 주택취득에 따른 제세공과금의 납부 장소 및 구비 서류
- 주차계약 체결의 경우 주차위치와 준수사항

나. 시설의 점검과 보완

- 급수시설 확인 점검 · 보완
- 전기시설 확인 점검 · 보완
- 가스시설 확인 점검 · 보완
- 주차시설 확인 점검 · 보완
- 이동시설 확인 점검 · 보완
- 통신시설 확인 점검 · 보완
- 기타 편의시설 확인 점검 · 보완

다. 입주 당일 조치사항

- 관리요원을 입주지원 체제로 전환 · 편성
- 친절한 안내
- 입주당일 신속하게 이삿짐이나 집기 · 비품의 이동이 가능하도록 협조
- 관련사무 처리와 열쇠인수인계
- 관리주체와 입주자 및 사용자에 한하여 시설계량기 점검 및 기록확인
- 인계시설물 인계 후 인수인계시 서명날인
- 고장사항 발견시 즉시 고장 수리 보수
- 입주 후 정리청소 실시
- 다음 전달사항 벽보로 게시(입주자나 사용자 모두 잘 보이는 곳에) 또는 통보
  - 이삿짐 운반 중 파손시 변상 책임
  - 전열콘센트 사용에 관한 사항(220V 또는 110V)
  - 쓰레기 처리에 관한 사항
  - 방문자 신분 확인(도난방지책의 일환)

- 관리사무소 위치, 전화번호 및 지원담당자 성명
- 이용시설 대상과 사용방법과 절차

(5) 입주자 현황파악 및 대처

가. 입주자 관리 기본자료 카드작성 비치

일반건물이나 공동주택에 있어서 단일건물 내에 적게는 수십 명에서 많게는 수백·수천명의 사용자나 입주자가 상주하므로 각각의 입장과 이해가 상충하여 건물의 공동사용이나 입주안정에 많은 문제점이 제기된다. 이러한 이해상충이나 문제점의 해결을 위하여 입주자 관계를 강화해야 하는데, 이 때 필요한 입주자나 사용자의 인적사항이나 특기사항 및 전화번호 등을 입주자 카드에 기록하고 변동이 있을 때마다 입주자 카드 내용을 보완하여 완전한 입주자 카드 작성과 비치가 필요하다.

다시 말하면 입주자 카드를 중심으로 입주자의 현황을 파악하여 관리업무에 참고하여 관리업무에 협조를 도출하도록 한다. 일반 건물의 경우 임대차계약이 관리계약서에 입주자카드 작성이 용이하나 공동주택의 경우 임대차계약이 없거나 있다 하더라도 구분소유자와 임차인 사이에 이루어지므로 관리자 카드 작성의 기회가 원칙적으로 배제된다. 따라서 동대표를 활용하거나 부녀회를 동원하여 작성하는 것이 현명하다. 입주자카드는 입주자와 관리주체간의 대화에 도움이 될 뿐만 아니라 일반 건물의 경우 입주자 의무 불이행시 목적물 반환 소송이나 명도소송 등에 활용되기도 한다.

나. 입주카드 기록사항

입주카드의 기재사항은 입주자의 사생활을 침해하지 않는 범위 내에서 그리고 입주회사나 거주자 개인의 업무를 침해하지 않는 범위 내에서 오직 건물 관리를 위한 공적 목적으로만 사용되어야 한다. 이에 필요한 사항을 일반 임대건물과 공동주택으로 구반하여 기재하면 다음과 같다.

① 일반 임대건물 입주카드 기록사항

- 관리번호
- 임차인 상호, 주소, 대표자 성명, 사내 관리책임자 성명과 전화번호, 화재책임

자 성명

- 계약일 : 만기일
- 계약평수
- 계약의 종류(예 : 임대차계약, 관리계약, 주차장사용계약)
- 입주일
- 임대보증금 합계액, 관리비 합계액, 주차장 사용 합계액
- 보유차량 번호와 차종, 소유자
- 직원의 수
- 사업자 번호와 사업업태와 업종
- 층수와 호수

② 공동주택 입주카드 기록사항

- 관리고유번호
- 동 · 호수
- 입주형태(자가 · 전세 · 월세) 및 세대주의 월소득 수준
- 소유권자 연락처(자가가 아닌 경우)
- 세대주 성명, 생년월일, 전화번호
- 본적 및 전 주소
- 입주일
- 직장 및 직위, 직장 전화번호
- 병역
- 차종 및 차량 번호
- 소화기 수
- 국적, 입국일자 및 출국일자, 여권, 비자번호(외국인 경우에만 적용)
- 가족사항 및 동거인 사항

(6) 입주자 민원사항 접수 및 해결

가. 민원사항의 의의

주택의 입주자, 건물의 입주자인 경우 입주 후의 불편사항이나 불만사항 · 건의사항 · 요구사항 · 희망사항 등 사용자의 민원업무가 시와 장소에 따라 차이가 있

긴 하나 자주 발생되고 있다. 이러한 입주자의 민원사항을 담당자가 친절하게 접수하여 성실하게 해 결해줌으로써 입주자의 만족을 통한 신뢰구축으로 자연히 관리업무에 협조하게 되며, 임대건물인 경우 장기 임대하거나 관리비 · 임대료 등 조정시 자동 협조하게 되는 등 경영목표 관리에도 크게 도움이 된다.

따라서 입주자의 민원사항은 임차인 공동의 이해나 이익에 크게 배치되거나 상충되지 않는 범위 내라면 성실하게 처리되어야 할 성질의 입주자관리 업무이다.

나. 민원사항의내용

입주자의 주된 민원의 내용은 다음과 같다.

- 관리비 과다징수 내용확인 요청
- 잡상인 출입통제 요청
- 주차장 사용 불편사항
- 주차장 도난방지 대책 요청
- 고장수리 요청에 대한 협조 독촉
- 쓰레기 수거 지연에 대한 냄새 · 오염방지 요청
- 관리자(경비청소 업무, 보수, 기타)의 불친절 해소 요청
- 외부인 주차장사용 통제
- 외부상인 고성 또는 마이크 사용으로 인한 소음공해 방지와 질서유지 요청
- 어린이놀이터 · 노인정 등 공동시설 고장수리 요청(공동주택의 경우)
- 청소상태 불량 해결 요청
- 물탱크 청소요청 및 소독요청
- 엘리베이터의 잦은 고장에 대한 대책 요청
- 불법광고물의 전달 · 부착 등에 대한 방지 요청
- 공유시설이나 공유면적의 일방적 사용에 대한 제재 요청
- 구분소유자의 고성방가나 동물사육에 따른 소음공해 · 냄새공해에 대한 해결 요청(공동주택의 경우)
- 타사용자나 입주자의 미풍양속을 해하는 행위에 대한 금지
- 공동생활에 불편을 주는 사항 시정 요청
- 관리규약 개정 · 수정 · 보완 · 삭제 등에 대한 요청
- 기타 불만사항이나 불편사항 등

다. 민원사항의 해결

민원자로부터 민원사항이 구두나 전화, 서면으로 관리사무소에 접수되는 경우 관리담당자는 민원업무 처리부에 등재 · 접수하고, 접수된 민원의 요구내용을 정확히 파악 · 판단하여 민원제기 근본이유를 확인한 후 그 해결방안을 강구 · 결정하고, 민원의 내용과 해결방안을 함께 책임자에게 보고하고 지침과 허락을 받아 관계부서의 협조를 얻어 해결 · 처리한다. 그리고 그 결과를 신속하게 민원인과 관리책임자에게 함께 보고함으로써 민원업무를 종결하고 그 처리 결과를 민원처리부에 기록하여 유지한다.

만일 접수된 민원이 부당한 내용을 요구하거나 불법내용을 요구하는 경우, 특히 공동의 이익과 배치되는 경우나 불가능한 것을 요구하는 경우는 정중하고 친절하게 접수된 민원의 해결이 불가함을 기재하여 신속하게 민원인에게 서면으로 통지하여야 한다. 그렇게 함으로써 부당한 민원제기를 방지함과 동시에 민원인의 불평과 불만을 사전에 해소하여 공동생활의 명랑화를 기할 수 있을 것이다.

민원사항 가운데 단지 내의 관리 주체에서 해결할 수 없는 성질의 것은 입주자대표회의에 상정하여 의결을 거치게 하거나 외부 행정당국의 협조를 요청하는 노력도 필요하다. 일반 임대건물의 경우에도 앞에서 언급한 바와 같이 민원접수에 대한 신속한 처리와 성실한 대처가 함께 요청된다 하겠다.

5) 건물관리업무에 대한 협조 유도

앞에서도 언급한 바와 같이 건물에는 그 주된 용도가 공동주택이거나 대형 임대업무용인 경우, 단일건물에 입주한 입주자나 사용자의 수가 많을 뿐만 아니라 입주자의 직업과 성격 등이 다양하고 이해관계가 상충되는 점이 있는 관계로 관리주체의 일방적인 관리노력만으로는 소기의 관리목표를 달성할 수 없다.

따라서 입주자의 자발적인 업무 협조 의지를 도출하지 않으면 안된다. 업무용의 건물인 경우 입주한 회사에는 자체관리팀과 책임담당자가 있고, 화기책임자도 별도로 정해져 있으므로 일반 건물인 경우, 이와 관리나 화기책임자와 관리계통을 세우고 인간관계를 유지하여 대화함으로써 동일업무의 고충을 이해하고 상호협조 분위기를 이끌어낼 수 있을 것이다. 민원사항이 제기되면 특별하게 관심을 가지고 성실하고 신속하게 해결한다면 이 또한 관리업무에 협조를 유도할 수 있을 것이다.

따라서 관리업무는 입주자의 협조가 이루어질 때 관리업무의 효율성을 높일 수 있으므로 적극적인 노력으로 입주자의 자진협조 등도 유도해야 한다.

입주자의 협조를 유도하기 위한 방법은 대체로 다음과 같다.

① 입주자(입주회사)와 관리계통을 세우고 인간관계와 대화 관계 수립
② 정기 · 부정기적인 방문
③ 신속한 민원사항 접수처리 및 통보
④ 친절한 관리서비스 제공
⑤ 정직하고 공정한 업무 처리
⑥ 관리근무자의 공손한 언행과 몸가짐

제6절 건물재산 세무관리활동

건물재산관리는 부동산관리이므로 부동산의 취득 · 보유 · 양도에 관계되는 세금과 임대시 납부해야 하는 조세(세금)가 있으므로 이를 경시하거나 간과할 수 없다. 다시 말하면 건물임대 관련 세금을 이해하고 체계적으로 관리(납부)를 하지 않을 경우 건물재산이 압류될 수 있으며, 강제경매가 될 수 있다.

따라서 건물재산관리자는 건물재산 관련 조세(세금)에 관하여 체계적인 접근이 필요하다.

이하 절에서 건물조세에 관한 일반적인 내용을 설명하여 건물재산관리활동에 일조하고자 한다.

1. 건물재산관리와 세무

1) 세무관리의 범위

일반임대용 건물인 경우 관리대상 건물과 토지에 대해 취득하거나, 보유 · 양도하는 경우 취득세 · 등록세 · 재산세 · 소득세 · 양도세 등은 물론 임대관리주체의 사업자 등록

이나 관리업무를 담당하는 직원, 일용근무자, 용역제공자의 근로소득에 대한 보수에서 소득세를 원천징수하고 납부를 대행하는 업무 등이 건물세무관리 범위에 해당한다.

2) 사업자 등록

일반임대건물의 경우 건물소유자가 개인이거나 법인인 경우 개인이나 법인의 이름으로 임대사업자 등록을 해야 한다.

공동주택 관리사무소인 경우에는 부가가치세법 제5조에 의거하여 관리사무소는 구분소유자로 구성되는 입주자 대표회의 회장 명의로 관할 세무서에 사업자 등록을 필하고 사업자 등록증을 교부받아야 하며, 매년 1월과 7월에 관할세무서에 신청하여 사업자 등록을 검열받아야 한다.

2. 공동주택 재산관리와 조세

1) 갑종 근로소득세

(1) 의 의

근로소득이란 근로를 제공하고 받는 대가로서 봉급(급료) · 보수 · 임금 · 상여 · 수당 등 명칭이나 형식에 불구하고 모든 근로제공의 대가를 포함하여 현금이 아닌 현물급여도 원칙적으로 근로소득에 포함된다. 그리고 근로소득은 지급자에 따라 갑종 근로소득과 을종 근로소독으로 구분된다. 이 중에서 갑종 근로소득은 다음과 같은 경우에 해당된다.

- 근로의 제공으로 인하여 받는 봉급 · 급료 · 보수 · 세비 · 임금 · 상여 · 수당과 이와 유사한 성질의 급여
- 법인의 주주총회, 사원총회 또는 이에 준하는 의결기관의 결의에 의하여 상여로 받는 소득
- 법인세법에 의하여 상여로 처분된 금액
- 퇴직으로 인하여 받는 소득으로서 퇴직소득에 속하지 아니하는 소득

근로소득의 징수방법은 다음과 같다.

- 근로소득
  - 갑종근로소득
    - 일반급여 : 매월 급여지급시 원천징수를 하게 되며 연말정산을 하여야 한다.
    - 일반근로자의 급여 : 분리과세 원천징수로서 납세가 종결된다.
  - 을종근로소득 — 원천징수를 하지 않고 종합과세를 하게 된다.

(2) 갑종 근로소득세의 범위

갑종 근로소득세의 범위는 다음과 같다.

- 당해 연도에 발생한 근로소득으로서 원천징수의 대상이 되는 소득이다.
- 근로의 제공으로 인하여 받는 봉급 · 급료 · 보수 · 세비 · 임금 · 상여수당과 이와 유사한 성질의 급여
- 법인세법에 의하여 상여로 처분된 금액
- 퇴직금으로 인하여 지급받은 소득으로서 이대 국민연금법 제75조의 규정에 의하여 사용자가 국민연금기금에 납부하는 종업원의 퇴직전환금은 퇴직급여에 포함되는 것으로 본다.

(3) 갑종 근로소득 금액의 계산

- 일반급여는 급여액에서 보험료 · 의료비 · 교육비 · 근로소득 등을 공제한 금액
- 일용근로자가 일급 또는 시간급으로 받은 급여, 일 급여에서 근로소득 공제(1일 50,000원)를 제한 금액

(4) 소득세 징수 및 납부대행

- 관리사무소에서는 관리직원 등에 대한 다음의 소득금액 또는 수입금액을 지급하는 경우 그 관리직원에 대한 소득세를 원천징수하여야 한다(소득세법 제142조).
- 대통령령이 정하는 자유직업에서 발생하는 사업소득에 대한 수입금액
- 갑종에 속하는 근로소득 금액
- 갑종에 속하는 퇴직소득 금액

(5) 원천징수 납부시기

근로소득에 대한 원천징수 시기는 원천징수 의무자가 매월분의 급여를 지급하는 때이다.

다만 관할 세무서장에게 직전 연도의 1월 1일부터 12월 31일까지 신청하여 다음 연도 1월 31일까지 분기별 납부승인을 얻는 자는 종업원의 근로소득에 대한 원천징수 세액을 매 분기별로 분기의 마지막 달의 다음달 10일까지 납부할 수 있다.

2) 부가가치세

부가가치세는 재화(상품 등)의 거래나 서비스(용역)의 모든 유통과정에서 나타난 부가가치(매출액－매입액)에 대하여 과세되는 간접세의 대표적인 세금이다.

우리나라에서는 1977년 7월 1일부터 시행되어온 세금이다.

(1) 납세의무자

납세의무자는 사업자이다. 사업자는 일반 과세자와 간이 과세자, 과세특례자로 구분한다.

(2) 과세기간

부가가치세의 과세기간은 6개월이다.

- 1기 : 1.1 ~ 6.30
- 2기 : 7.1 ~ 12.31

(3) 과세대상

우리의 일상생활 중에는 여러 가지 경제적인 거래가 이루어지는데, 그 중에서 부가가치세가 과세되는 거래는 크게 재화의 공급, 용역의 공급, 그리고 재화의 수입으로 나누어볼 수 있다.

이 경우 재화와 용역의 공급은 반드시 사업상의 공급이 되는 것이어야 하나, 재화의 수입은 사업유무에 불구하고 외국으로부터 수입되는 재화는 모두 과세대상이 된다.

- 재화 : 재산적 가치가 있는 유체물 및 무체물
  - 유체물 : 상품 · 기계 등
  - 무체물 : 전기 · 동력 · 열 · 광업권 등
- 용역 : 재화 이외의 재산적 가치가 있는 서비스를 제공하거나 시설물 또는 권리를 사용하게 하는 것

3) 주민세

주민세란 지방자치단체가 당해 시 · 군 내에 주소를 군 개인이나 사무소 또는 사업소를 둔 법인에게 부과하는 조세로서 소득 유무에 관계없이 균일하게 부과하는 주민세와 소득세 · 법인세 · 농지세 등을 과세표준으로 하여 부과하는 소득할 주민세 등 두 가지 종류가 있다.

3. 일반임대건물 조세

일반임대건물의 관련조세는 대체로 다음과 같으나 구체적인 내용을 후술하는 〈부동산 관련조세〉편에서 상세히 설명하고자 한다.

1) 종합토지세

일반적으로 부동산을 보유하는 기간 중 토지에 대해서는 종합토지세를 부담하여야 하고, 주택과 같은 건물에 대해서는 재산세를 부담하여야 한다.

종합토지세는 개인이나 법인이 가지고 있는 전국의 모든 토지를 소유자별로 합산하여 그 토지가액에 따라 누진세율을 적용하여 과세하는 지방세이다.

종합토지세는 원칙적으로 모든 토지를 합산하여 과세하여야 하나, 과세대상 토지를 종합합산 과세대상, 별도합산 과세대상, 분리 과세대상의 3가지로 나누어 각각 별도의 과세표준과 세율을 적용하고 있다.

이것은 이용형태가 다양한 전국의 3,200만 필지에 대하여 하나의 세금체계 속으로 획일적으로 과세한다는 것이 현실적으로 어려움을 나타내어 주고 있다.

2) 재산세

재산세는 건물·선박·항공기 등 등록된 재산에 대하여 부과되는 세금이다.

재산세의 납세의무자는 5월 1일(과세기준일) 현재 재산세 과세대장에 재산의 소유자로 등재된 재산명의자가 된다. 다만 권리의 양도, 도시계획사업의 시행, 또는 기타 사유로 인하여 재산세 과세대장에 등재된 자의 권리에 변동이 생겼거나 재산세 과세대장에 등재가 되지 아니하였을 때에는 사실상의 소유자가 재산세를 납부할 의무를 가진다. 또한 소유권의 귀속이 분명하지 아니하여 소유권을 알 수 없을 때에는 그 사용자가 재산세를 납부할 의무를 진다.

3) 취득세 및 등록세

지방세법상 부동산의 취득에 관련된 주요한 세금으로 취득세와 등록세가 있다.

취득세의 과세대상은 토지·건물뿐만 아니라 골프회원권·콘도회원권·차량·중기·항공기를 취득하였을 때에도 취득세가 부과된다. 또한 매매·신축·상속·증여·교환 등 일체의 방법에 의하여 유·무상으로 부동산을 취득하였을 경우에도 해당된다.

등록세는 재산권 및 기타 권리의 취득·이전·변경 등에 관한 사항을 공부에 등기·등록하는 경우에 부과되는 세금이다.

4) 사업소득세

사업을 하는 경우에는 원칙적으로 부가가치세를 내어야 하며 , 모든 사업자는 소득세 납세의가 있다. 또한 특별소비세를 내야 하는 업종도 있다.

(1) 사업을 하는 경우 원칙적으로 부가가치세를 내야 한다

그러나 다음과 같이 생활필수품의 판매나 의료·교육관련 용역의 제공 또는 신문·도서출판 판매의 경우에는 부가가치세를 내지 않는다.

- 곡물·과실·육류·생선 등 가공되자 아니한 식료품 판매
- 연탄·무연탄·담배·복권의 판매
- 병·의원의 의료보건용역업
- 허가받은 학원·강습소·교습소 등 교육용역업

• 도서 · 신문 · 잡지 발간

(2) 모든 사업자는 소득세 납세의무가 있다

사업을 해서 얻는 소득에 대해서는 소득세를 내야 한다. 그러나 소득세는 여러 가지 공제제도가 있어 영세 사업자는 다음해 5월 중 소득세 확정신고를 하는 경우 공제 혜택을 받아 소득세를 내지 않는 때가 있다.

사업을 위하여 종업원을 채용하여 급여를 지급할 경우 급여액에 따라 근로소득을 원천징수하여 납부하여야 한다.

(3) 소득할 주민세를 신고 납부하여야 한다

소득세를 확정신고 납부한 후 이에 따른 소득할 주민세(소득세액의 7.5%)도 6월 30일까지 관할 시 · 군 · 구청에 신고하여야 한다.

(4) 특별소비세를 내야 하는 업종도 있다

사업을 하는 사업자는 부가가치세와 소득세의 특별소비세를 다음과 같은 경우에는 납부하여야 한다.

• 카바레 · 나이트클럽 · 요정 · 사롱 · 디스코클럽 등 과세유흥장소
• 귀금속 · 고급기구 · 모피의복 등의 제조

특별 소비세의 신고는 부가가치세 신고와 별도로 매월 신고를 하여야 한다.

5) 부가가치세 · 주민세 · 갑종 근로소득세

• 공동주택관리에 관련된 조세 참조

6) 기타 지방세

(1) 도 세

등록세 · 취득세 · 면허세이다.

(2) 시군세

- 보통세 · 주민세 · 재산세 · 자동차세 · 농지세
- 목적세 · 도시계획세 · 소방공동시설세 · 사업조세

(3) 재산세

- 재산세에는 개인이 소유하는 재산순액이 아니라 재산총액(순재산액 + 그 재산에 포함된 부채액)을 과세표준으로 하여 그 소유자의 조세부담 능력에 관계없이 부과하는 물세이다.
- 과세대상 및 과세표준
- 재산세의 과세대상은 토지 · 건물 · 선박이고, 과세표준도 재산가액이다.

4. 환경개선 부담금

1) 과세대상

- 연면적 1000㎡ 이상의 시설물(관리사무소의 경우 임대상가가 과세대상)
- 경유 사용 자동차
- 면제대상 : 사회복지시설 · 주택, 분할 또는 공동소유로서 1인 기준 50㎡ 미만인 시설물

2) 납세의무자

과세대상 소유자(소유자가 불분명할 때에는 점유자)

(1) 대기오염물질 배출

연료사용량 × 단위당 부과금액 × 연료계수 × 지역계수

(2) 수질오염물질 배출

용수사용량 × 단위당 부과금액 × 오염우발계수 × 지역계수

(3) 자동차부담료

20,250원 × 오염유발계수 × 차량계수 × 지역계수

3) 납세방법

(1) 부과기준일

- 상반기 : 6월 30일
- 하반기 : 12월 31일

(2) 부과기간

- 상반기 : 1월 1일 ~ 6월 30일
- 하반기 : 7월 11일 ~ 12월 31일

(3) 납 기

- 상반기 : 9월 16일 ~ 9월 30일
- 하반기 : 3월 16일 ~ 3월 30일

5. 세무처리 실무

1) 세금예입

징수된 갑종 근로소득세, 주민세는 예수금 과목을 공제당일 은행에 예입한다.

2) 세금 납부

- 납부기한 : 익월 19일한
- 국세 : 국고금 또는 지정납입처에 납부한다
- 지방세 : 시금고 또는 지정납입처에 납입한다.

3) 비치장부 및 서류

임대관련 조세업무 처리를 위한 필요장부와 서류 등은 다음과 같다.

- 원천과세징수부
- 소득자별 근로소득 원천징수부
- 부가가치세 원장
- 부가가치세 매출장
- 기타 연말정산에 필요한 서류 등

6. 부동산 관련 조세

1) 부동산 관련 조세 분류

부동산의 취득 · 보유 · 양도에 관련한 조세를 분류하면 다음과 같다.

(1) 부동산의 취득(권리의 취득)

가) 국 세

- 직접세 : 상속세, 증여세
- 간접세 : 부가가치세, 인지세

나) 지방세

- 간접세 : 취득세, 등록세, 면허세

(2) 부동산의 보유(권리의 보유 및 변경)

가) 국 세

- 직접세 : 소득세(개인부동산 소득), 법인세(법인 부동산 소득), 종합부동산세
- 간접세 : 부가가치세(부동산 임대업), 인지세

나) 지방세

재산세, 도시계획세, 공통시설세, 농업소득세, 주민세

(3) 부동산의 양도(권리의 상실)

가) 국 세

- 직접세 : 양도세(양도 및 사업소득), 법인세
- 간접세 : 부가가치세(부동산 매매업), 인지세

나) 지방세

- 직접세 : 주민세

2) 부동산관련 주요조세의 내용

(1) 취득세

취득세란 간접세 성격의 지방세로 부동산 기타 일정한 재산의 취득행위에 담세력을 인정하고 취득자에게 부과하는 세금이다.

취득세는 행위세, 유통세, 대물세, 실질과세 성격의 지방세이다.

가) 과세권자와 납세자

과세권자는 취득당시 물건 소재지의 특별시장, 광역시장, 도지사가 부과하고 납세자는 사실상의 취득자와 간주 취득자가 된다.

나) 과세물건

과세물건에는 토지 · 건축물과 기타 부동산에 준하는 물건 또는 광업권 · 어업권 등이 있다.

다) 비과세 대상

취득세의 비과세 대상은 다음과 같다.

- 국가, 지방자치단체, 외국정부의 취득이나 국가 · 지방자치단체 기부체납시
- 비영리사업자가 공익목적의 부동산 취득
- 천재 기타 불가항력으로 인한 대체취득
- 토지수용으로 인한 취득
- 형식적인 소유권의 취득(재산신탁, 환매권, 상속, 법인합병, 건축물의 이전 등)

라) 취득시기

유상승계취득의 취득시기는 사실상의 잔금지급일, 계약상 잔급지급일 또는 계약일로부터 30일 경과되는 날, 등기일 또는 등록일 사실상의 연부금 지급일이고 무상승계 취득일은 상속개시일, 계약일이다.

그러나 원시취득의 경우에는 허가받은 건축물은 사용승인서 교부일 또는 사실상의 사용일 또는 임시사용 승인일을 취득시기로 보고 허가받지 아니한 건축물은 사실상의 사용일이 취득시기가 된다.

또한 토지의 경우에는 매립 · 간척 등은 공사준공인가일을 취득시기로 본다.

마) 과세표준

취득당시 가액으로 한다.

그러나 원칙적으로 취득신고자가 신고한 가액으로 하나 예외적으로 신고가 없거나 신고가액의 표시가 없거나 신고가액이 시가표준액에 미달하는 경우 시가표준액으로 한다.

바) 세 율

표준세율은 취득물건의 가액의 1000분의 20으로 한다. 그러나 별장 골프장 또는 고급주택을 취득할 경우에는 표준세율의 5배(10%) 중과하고 과밀억제권역의 사업용 부동산 취득이나 과밀억제권역의 공장신설, 증설 목적의 과세물건 취득 등에는 표준세율의 3배(6%)가 중과된다.

사) 부과징수

원칙적으로 취득일로부터 30일 이내 신고 납부해야 하며 상속의 경우에는 상속개시일로부터 6월로 한다. 부과징수절차는 취득자가 신고하면 물건소재지의 관할 시장이 신고접수증과 OCR 납부서를 교부하게 되고 신고자가 물건소재지의 시·군 금고에 납부하면 된다.

(2) 등록세

등록세란 재산권·기타 권리의 취득이나 이전 변경 또는 소멸에 대한 등기등록시 부과되는 지방세를 말한다.

등록세는 행위세, 유통세, 응능과세 명의자 과세 원칙성격 및 수수료적 성격의 조세이다.

가) 과세권자와 납세의무자

과세권자는 등기일 또는 등록일 현재 재산의 소재지나 등기 또는 등록권자의 주소지를 관할하는 도에서 부과하나 납세의무자는 등기·등록을 받는 자가 된다.

나) 과세물건과 납세지

과세물건은 재산권 기타 권리의 취득, 이전, 변경, 소멸에 관한 사항을 공부에 등기 또는 등록하는 경우에 그 등기 등록행위를 과세의 객체로 하고 부동산의 납세지는 부동산 소재지로 한다.

다) 과세표준

원칙적으로 신고한 가액이 과세표준이 되나 신고가 없거나 시가표준액에 미달하는 경우 시가표준액이 예외적으로 과세표준이 된다.

라) 부동산 등기의 세율

① 소유권

- 상속의 경우 부동산가액의 1000분의 8
- 유상취득의 경우 과세표준인 부동산가액의 1000분의 20
- 소유권 보존의 경우 1000분의 8

② 소유권 이외의 물권과 임차권의 설정 및 이전

- 지상권, 가등기의 경우 부동산가액의 1000분의 2
- 지역권의 경우 요역지가액의 1000분의 2
- 전세권의 경우 전세금액의 1000분의 2
- 임차권의 경우 월임대차금액의 1000분의 2
- 저당권, 경매신청, 가압류, 가처분의 경우 채권금액의 1000분의 2
- 위 이외의 등기의 경우 매 1건당 3,000원

마) 부과징수

원칙적으로 등기 또는 등록을 하고자 하는 자가 납세지관할 지방자치단체장에게 신고하고 등기 또는 등록일 이전까지 납부해야 한다.

(3) 재산세

재산세라 함은 토지 · 건축물 · 주택이나 선박 · 항공기 등의 소유에 대하여 그 소유자에게 부과하는 지방세를 말한다.

재산세는 재산보유세의 성격과 대인세의 성격 및 수익세적 성격의 지방세이다.

가) 과세권자

- 토지 : 토지 소재지 관할 시 · 군 · 구
- 건축물 : 건축물 소재지 관할 시 · 군 · 구
- 주택 : 주택 소재지 관할 시 · 군 · 구

나) 납세의무자

재산세 과세일(6월 1일) 현재 사실상 재산소유자가 납세의무자가 된다.

그러나 예외적으로 공부상의 소유자 또는 주된 상속자가 납세의무자가 된다.

다) 과세대상

토지 · 건축물 · 주택 · 선박 · 항공기인 재산이 과세대상이 된다.

라) 과세표준

토지 · 건축물, 주택에 대한 재산세의 과세표준은 시가표준액으로 한다.

마) 과세표준

① 종합합산과세 대상토지

납세자가 소유하고 있는 당해 시·군·구에 소재하는 종합과세대상 토지의 가액을 합한 금액의 0.2%~0.5% 3단계 누진세율 적용

② 별도합산과세 대상

납세의무자가 당해 시·군·구 안에 소재하는 별도 합산과세대상 토지가액을 합한 금액을 과세표준으로 하여 0.2%~0.4% 3단계 초과 누진율 적용

③ 재산세 과세표준 적용 특례

2006년부터 2007년까지의 과세표준은 시가표준액에 일정 적용비율을 곱하여 적용함으로써 지방세법부칙 제5조를 반드시 참고해야 한다.

④ 건축물의 세율

건축물의 세율은 다음과 같다.

- 골프장·고급오락용 건축물 : 과세표준액의 1000분의 40
- 특별시·광역시 안 등의 공장 : 과세표준액의 1000분의 5

⑤ 주택세율

- 4,000만원 이하 : 1000분의 1.5
- 4,000만원 이상~1억원 이하 : 6만원+4,000만원 초과 금액의 1000분의 3
- 1억원 초과 : 24만원+1억원 초과 금액의 1000분의 5

바) 부과징수

납세기준일은 매년 6월 1일로 한다.
납기는 다음과 같다.

- 토지 : 매년 9월 16일부터 9월 30일까지
- 건축물 : 매년 7월 16일부터 7월 31일까지
- 주택 : 산출세액의 2분의 1은 매년 7월 16일부터 7월 31일까지, 나머지 2분의 1은 매년 9월 16일부터 9월 31일까지로 한다.

징수방법은 관할 시장·군수가 세액을 산정하여 보통 징수방법에 의하여 징수한다.

재산세에 부가세(지방교육세)와 병기세(도시계획세와 공동시설세)는 재산세와 함께 부과징수할 수 있다.

(4) 기타 지방세

재산취득 관련한 지방세에는 부가세인 농어촌특별세, 지방교육세와 목적세인 도시계획세와 공동시설세 등이 있다.

(5) 종합부동산세

종합부동산세라 함은 재산세가 1차적으로 부과된 부동산 중 일정한 고액의 부동산소유자에게 2차적으로 재산세보다 더 높은 누진세율을 부과하는 국세로서 재산보유세의 성격과 응능과세 성격 당해 재산에 부과되는 국세를 의미한다.

가) 과세권자

과세권자는 납세지를 관할하는 세무서장이 된다.

나) 납세의무자와 납세지

개인 또는 법인으로 보지 아니하는 단체는 소득법상의 납세지인 주소지가 납세지가 되고 법인 또는 법인으로 보는 단체는 법인세법상 납세지인 본점이나 주된 사무소 소재지가 납세지가 된다.

다) 과세구분 및 세액

- 주택부동산 세액과 토지종합부동산세액을 합한 종합부동산 세액은 주택토지 세액을 합한 금액을 그 세액으로 한다.
- 토지에 대한 종합부동산세의 세액은 토지분 종합합산세액과 토지분 별도합산 세액을 합한 금액으로 한다.
- 건축물의 경우에는 1차 재산세 납부 후 주택공시가격이 6억원을 초과하는 경우 주택분 종합부동산세를 납부해야 한다.
- 일반건축물의 경우는 건물분재산세만 납부하면 된다.
- 토지의 경우 토지분재산세 납부 후 토지공시지가가 40억원을 초과시 별도 합

산 과세와 공시지가 3억원 초과의 종합합산과세를 합하여 토지분종합부동산세가 부과되는 2단계 종합부동산세가 된다.

라) 납세의무자

납세기준일 현재 재산세의 납세의무자로서 국내 재산과세대상인 주택의 공시가격을 합한 금액이 주택분 과세금액인 6억원(개인은 세대별 합산)을 초과하는 자는 당해 주택에 대한 종합부동산세(종부세)를 납부할 의무가 있다.

마) 과세표준

주택분 종합부동산세의 과세표준은 주택의 공시가격 합계액에서 6억원을 제한 금액이 과세표준이 된다.

그러나 2006년도부터 2008년까지 납세의무가 성립하는 주택분 종합부동산세는 과세표준은 연도별롤 2006년 70%, 2007년 80%, 그리고 2008년에는 90% 적용하고 2009년에 100%가 달성되도록 구성하고 있다.

바) 세액과 세율

주택분 종합부동산세액은 (과세표준×2006년~2008년 연도별 적용비율×종합부동산세율)－주택분 과세기준 금액 초과분에 대한 주택분 재산세 부과금액으로 한다.

주택분 종합부동산세의 세율은 다음과 같다.

- 3억원 이하 : 1000분의 10
- 3억원 초과 14억원 이하 : 1000분의 15
- 14억원 초과 94억원 이하 : 1000분의 20
- 94억원 초과 : 1000분의 30

사) 신고납부

과세기준일은 매년 6월 1일로 한다.

납세의무자는 12월 1일부터 12월 15일까지 관할 세무서장에게 신고해야 한다.

납부기한은 12월 1일~12월 15일 사이에 납부하여야 한다.

(6) 양도소득세

개인이 당해연도에 일정한 양도를 하여 발생한 소득을 과세대상으로 하여 부과하는 소득세를 말한다.

즉 자본이득세 성격과 대중세 성격, 실질과세 성격, 응능과세 성격을 가진 국세이다.

가) 과세권자와 납세지

과세권자는 납세지를 관할하는 세무서장이고 납세지는 원칙적으로 양도자의 주소지이다.

나) 납세의무자

양도세의 납세의무자는 개인인 거주자와 비거주자이다.

다) 과세대상

양도소득세의 과세대상에는 토지, 건물, 부동산권리, 기타 자산이 과세대상이 된다.

라) 비과세 대상

파산선고에 의한 처분, 일정한 농지의 교환 또는 분할, 1세대 1주택과 2주택 부수토지 등은 양도세의 비과세 대상이 된다.

마) 양도소득세의 세율

- 토지 · 건물 · 부동산권리 : 9~36% 4단계 누진세율
- 기타 자산 : 9~36% 4단계 누진세율
- 보유기간이 1년 이상 2년 미만인 부동산의 경우(토지 · 건물) : 40%
- 보유기간이 1년 미만인 경우 : 50%
- 1세대 3주택의 경우 : 60%
- 1세대 2주택의 경우 : 50%
- 1세대+1조합원 입주권의 경우 : 50%
- 비사업용 토지 : 60%
- 미등기 양도자산 : 70%

바) 양도소득신고

1월 1일부터 12월 31일까지는 예정신고하고 5월 1일부터 5월 31일까지 확정신고해야 한다.

양도신고의무자는 양도이익이나 양도차손의 경우에도 자산양도거주자가 신고해야 한다. 신고기한 내에 양도소득과세표준예정신고서 및 자진납부계산서를 첨부하여 납세지관할세무서에 신고하여야 한다.

제7절 건물재산 마케팅과 광고활동

1. 건물재산 마케팅 활동

1) 건물임대 마케팅의 의의

건물의 재산관리는 건물재산 경영관리이므로 마케팅 이론이 필요하다. 왜냐하면 수익성건물의 공간이나 평수가 임대목적물이고 언젠가는 매각하는 상품이기 때문이다. 특히 오늘날 공급되는 임대평수나 공간의 공급이 수요(임차요구 평수)보다 월등히 많은데다 경제수준과 하고 있는 업종의 고급화로 보다 깨끗하고 자동사무 시설화 설비가 설치된 IBS건물을 선호하고 있기 때문에 임대대상건물의 상품화와 함께 임대를 위한 광고와 임대마케팅 활동이 요구된다.

또한 인근지역의 경쟁관계에 있는 경쟁건물의 존재는 언제든지 공신률을 높이는 요인이 되고 있다. 따라서 수익성건물의 임대활동이나 매각에 있어서 현대적 의미의 마케팅 이론과 이에 근거한 마케팅 개념에 대한 정의는 한마디로 정의하기란 쉽지 아니하나 관계 학자들의 견해와 미국 마케팅협회의 정의를 참고하여 정의하면 다음과 같다.

"마케팅이란 개인과 조직의 목적을 충족시켜주는 교환을 창출하기 위해 아이디어 제품 및 서비스개발, 가격결정, 촉진 및 유통을 계획하고 실행하는 과정으로 정의할 수 있다."

이와 같은 경우는 마케팅을 4P's(1960, McCarthy 주장)의 Product(제품), Price(가격),

Place(유통), Promotion(촉진) 개념, 이른바 교환을 창출하는 하나의 행위를 마케팅이라 보고 있다. 특히 사회적 과정을 지지하는 학자들은 마케팅 개념을 "개인과 집단들이 제품과 서비스를 창출하고 제공하며 자유롭게 교환하면서 그들이 필요로 하고 원하고 있는 것을 얻는 사회적 과정" 이라고 정의하고 있다.

또한 관리적 과정을 지지라는 입장에 서고 있는 학자들의 주장은 마케팅을 제품을 판매라는 기술로 이해하고 있다.

건물자산관리 측면에서 임대마케팅이라 함은 수익성건물의 공간이나 잔여 평수를 원하는 사람에게 필요하도록 아이디어나 서비스를 개발하고 가격조건 등을 결정하며, 유통을 계획·촉진하고 실행하는 과정이라 정의할 수 있다.

2) 건물임대마케팅의 대상

건물임대마케팅의 대상은 건물경영관리 대상건물의 공간이나 건물평수이다. 즉 임대대상건물을 의미한다.

이와 같은 임대대상을 쓸모 있는 공간을 전제로 하므로 언제나 깨끗하고 편리하며 쾌적한 공간으로 유지해야 한다. 일반적으로 건물경영관리 측면에서 마케팅 범위는 건물임대마케팅이므로 수익성건물이어야 하고, 이에는 주거용건물, 상업용건물, 산업용건물(공업용건물 포함), 그리고 특수용도건물 중 수익성건물에 국한된다.

3) 건물임대마케팅의 종류

건물임대마케팅의 종류는 마케팅 대상건물에 따라 다음과 같이 분류된다.

- 주택 임대마케팅
- 상업용건물(빌딩, 소매점 상가 등) 임대마케팅
- 산업용건물 임대마케팅
- 기타 특수용도건물 임대마케팅

4) 마케팅의 기본 개념의 이해

마케팅을 성공적으로 추진하기 위해서는 마케팅의 기본 개념을 이해하여야 한다. 마케팅의 기본 개념은 욕구·수요·제품·가치·만족·교환·시장 등이다.

5) 건물임대마케팅 관리

건물임대마케팅의 개념은 건물경영관리조직이 선정한 표적시장을 정한 후 표적시장의 욕망이나 욕구를 확인하고 만족시킬 수 있는 수단을 통합하고 효과적으로 추진하여 경장사보다 우위의 경쟁력을 확보하는 개념이다.

특히 건물재산관리 측면에서 성공하기 위해서는 건물임대마케팅이 효과적으로 수행되어야 하는데 이와 같은 효과적인 마케팅이 되려면 마케팅의 변수인 제품 · 가격 · 유통촉진 등의 4P의 조합, 즉 마케팅 믹스를 유리하게 개발하고 표적시장 중에서 관리대상건물의 임대마케팅에 가장 욕구를 가지고 있는 세분시장을 정확히 선정해야 한다.

이와 같은 개념의 가정 하에 건물임대마케팅의 목적을 성공적으로 달성하려면 적어도 마케팅 믹스의 설계와 실행과 관리를 해야 한다.

건물재산마케팅 관리절차는 대체로 다음과 같다.

건물임대를 촉진한고 임대마케팅목표를 달성하려면 현대적인 마케팅 이론을 도입라고 활용해야 한다. 이를 위해서 마케팅 관리과정을 이해하고 이를 적절히 활용해야 한다.

다시 말하면 임대표적시장을 선정하고 전체 임대시장을 파악, 세분시장으로 세분화하여 세분시장에서 예상임차인의 욕구를 충족시키는데 집중적인 마케팅 활동을 구사해야 한다.

특히 임대마케팅의 변수인 4P's, 즉 마케팅 믹스를 구사하고 마케팅 관리과정을 적절히 구사해야 한다.

다시 말하면 성공적인 임대목표를 달성하려면 ① 표적임차인을 선정하고 이를 임대시장을 세분화, 표적시장 선정, 시장 포지셔닝한 후, ② 마케팅 믹스를 개발하고 마케팅 활동을 관리해야 한다.

마케팅 관리활동은

- 마케팅 환경 분석
- 마케팅 계획수립
- 마케팅 계획의 집행
- 마케팅 통제 등의

방법으로 관리된다. 이를 분석하면 다음과 같다.

(1) 마케팅 환경 분석

환경 분석을 통하여 위험요소를 피하고 임대시장을 조사·분석하여 임대사업이 성장·발전할 수 있는 기회를 찾아야 한다. 임대대상건물을 분석하여 임대대상건물의 공간의 장점과 단점을 찾아 장점은 유지하고 단점은 보완해야 한다.

(2) 건물임대마케팅 계획과 전략 수립

임대대상건물의 공간의 전반적이고 세부적인 임대전략을 수립해야 한다.

(3) 건물임대마케팅 계획 실행

건물임대마케팅은 계획에 따라 통합적으로 실행해야 한다. 조직과 구성원이 통합되고 체계적으로 마케팅 계획을 실천해야 한다.

(4) 마케팅 통제

건물임대 성공을 위하여 추진하고 있는 마케팅 계획에 편차나 환경변화 여건, 조건의 변화가 있을 경우 적절히 수정 및 보완과 대응을 해야 한다.

6) 건물임대마케팅 활동절차

건물임대마케팅이란 전술한 바와 같이 부동산 마케팅의 종류(공급마케팅, 서비스 마케팅, 임대마케팅) 중 하나로서 업무용건물, 주거용건물, 상업용건물, 등에 대한 수요를 예측하고 임대를 촉진하여 임대인이나 임차인 모두를 만족시켜주는 과정이라 할 수 있다. 다시 말하면 임대주체의 경제적 생존과 성장을 위하여 임차인을 만족시키는 임대상품(임대목적물)의 개발, 경쟁적인 임대가격의 결정과 광고 등을 통한 홍보를 효과적인 유통을 통하여 임대계약을 촉진하는 임대활동을 계획(plan)하고 실천(action)하는 경영관리과정을 의미한다.

일종의 임대인과 임차인 모두의 만족을 얻기 위한 비즈니스 활동이라 볼 수 있다.

따라서 이와 같은 목적을 달성하기 위하여 건물임대마케팅 활동은 다음과 같은 절차로 구체적으로 진행된다.

(1) 건물임대 전략 수립

일반적으로 전략이라 함은 어떤 목적 달성을 위한 준비 · 계획 · 동원 등에 대한 방책 또는 전반적 세부적 방책을 의미한다.

특히 임대주체(고용임대관리자 또는 제3임대관리자)의 임대마케팅 계획 전에 임대주체가 외부위험 환경을 극복하고 임대주체의 임대기술과 자원을 효과적으로 활용하여 위험을 기회로 만들어 임대주체에게 유리하게 외부환경을 변화시키는 방책을 의미한다.

이와 같은 전략은 임대관리자 소속회사(임대주체)의 임대전략과 임대관리자의 임대전략 그리고 임대상품의 임대전략 등으로 전략이 수립되어야 한다. 또한 이와 같은 전략은 마케팅 계획에 반영되어야 한다.

(2) 마케팅 정보조사

마케팅 정보조사는 마케팅 조사와 임대수요 예측에 대한 정보조사이다.

마케팅 정보조사는 임대의사 결정, 임대정책 결정을 하기 위하여 필요로 하는 자료와 정보를 수집 · 조사 · 분석하는 활동을 의미한다.

임대마케팅 정보조사는 임대추진의 문제점과 장애요인, 조사대상, 추진방형과 방법과 절차, 분석방법의 기중, 조사일정과 필요예산 수립, 평가방법의 제시 등을 설계해야 한다.

이와 같은 마케팅 정보 조사 설계에 따라 필요한 자료와 정보를 수집하고 분석하고 판단 해석하여 마케팅 정보 조사보고서를 작성하고, 임대주체에 보고하여 임대의사 결정이나 임대정책 결정에 활용해야 한다.

또한 마케팅 정보 조사과정을 통하여 임대수요를 예측하고 잠재임차인의 수를 파악하고 부족현상이 있는 경우 임대개발의 여지까지 예측하는 지혜가 필요하다.

임차수요 예측은 공산품(제조품)의 경우와 같지 아니하여 구매력지수, 연쇄비율법 등과 같은 측정방법을 상용할 수 없다.

그러므로 국내경기와 관련하여 표준산업의 분표나 국세청(관할세무서 포함)의 업체분포 조사표 등을 활용하여 지역분포와 증감을 예측하는 방향으로 임차수요 예측을 해야 한다.

(3) 임대상황 분석

임대마케팅 계획을 수립하는 전제로서 마케팅 관리과정 중 하나의 요소인 임대상황은 임대주체나 임대관리자가 직접 통제할 수 없는 외부적 요인들을 의미하는 거시환경과 임대시장, 임대경쟁자, 임차인 행동 등에 관한 분석을 의미한다.

거시환경에는 정치적 요인, 법률행정적 요인, 사회경제적 요인, 자연환경 요인, 기술적 요인이나 인구의 증감 요인 등이 있으며, 이와 같은 요인을 임대와 관련지어 위험요인을 사전에 발견하고 이에 적절히 대응하는 방법을 찾아 임대마케팅 계획에 반영해야 한다.

또한 임대시장의 조사분석을 통하여 임대시장의 규모, 임대시장 구조, 임대시장 요인 등을 면밀히 조사하고 분석해야 한다. 경쟁자분석은 임대목적물의 4km 이내 동일 생활권지역 내의 경쟁관계에 있는 유사임대목적물에 대하여 장점과 단점, 편리성, 임대가격, 임대조건 등을 면밀히 조사분석하고 이를 임대마케팅 계획에 반영해야 한다.

또한 예상임차인의 임차행동에 관해서도 객관적인 분석이 필요하다.

(4) 임대표적마케팅 전략 수립

임대마케팅의 목표를 효과적으로 달성하려면 마케팅 계획설계를 철저히 해야 한다. 이와 같은 계획은 표적시장의 설정이 전제되어야 하며, 표적시장의 인구분표, 업종, 성향, 소득수준, 직업, 연령, 성별 등을 면밀히 검토하고 이를 집중적으로 임대를 촉진하도록 마케팅 활동 전략을 수립해야 한다.

(5) 마케팅 믹스 개발

임대주체가 임대표적시장을 포지셔닝하면 임대표적시장을 대상으로 마케팅 활동을 실시해야 한다. 다시 말하면 임대관리자가 임대표적시장에서의 마케팅 목표를 얻으려면 마케팅의 변수인 4P, 즉 Product(제품), Price(가격), place(유통), Promotion(촉진)을 조합해야 한다.

즉 임대상품은 임대표적시장의 예상임차인이 만족하도록 편리한 시설과 미관을 갖추는 외에 임대상품(건물)의 장점(selling point)을 개발하고 광고를 통하여 홍보해야 한다.

또한 유통(place) 과정을 통하여 임차인이 임대대상건물에 쉽게 접근케 하고, 이를 위하여 공격적인 광고활동을 펼쳐야 한다.

임대가격 역시 경쟁임대건물과 비교하여 경쟁우위에 있도록 적정 임대가를 책정하고 유지해야 한다. 특히 임대촉진을 위하여 예상임차인이 임대목적물을 임차하도록 광고, 홍보, 인적 판매 등의 다양한 채널을 동원하는 촉진 믹스를 구사해야 한다.

특히 광고는 임대마케팅에 있어서 대단히 중요하므로 이 과의 후반부에 별도의 장을 두고 설명하고자 한다.

(6) 임대마케팅 계획 수립

임대전략이 수립되면 임대마케팅 계획을 수립해야 한다. 마케팅 계획의 수립은 임대주체의 임대상품 마케팅 절차와 과정을 설계하거나 계획하는 작업을 의미한다. 다시 말하면 임대마케팅 관리과정 전체를 설계하는 것을 임대마케팅이라 한다.

임대마케팅 계획은 마케팅 목표, 마케팅 관리과정[마케팅 정보분석, 임대상황 분석, 표적시장 마케팅 전략, 4P`s Mix(마케팅 믹스), 마케팅 활동의 통제와 조정과정 등]과 마케팅 예산과 재무적 준비 등으로 구성된다.

임대마케팅 계획의 실무적인 주요 업무는 ① 임대시장의 상황분석, ② 마케팅 목표 수립, ③ 임대마케팅 예산 수립, ④ 통제와 조정절차, ⑤ 임대주체의 임대정책 결정 자료 · 정보 · 보고 등으로 요약된다.

(7) 임대마케팅 계획 집행

임대마케팅 계획이 수립되면 임대관리주체는 물론 임대와 관련이 있는 모든 부서가 총동원되어 통합적으로 집행되어야 한다.

(8) 마케팅 통제와 조정

임대마케팅 계획이 집행되는 과정에서 편차가 발견되거나 수정보완이 필요한 경우 즉시 재검토하고 수정보완해야 한다. 즉 변화하는 환경에 적절히 대응하여 마케팅의 목표를 달성하도록 지속적으로 통제하고 조정해야 한다.

2. 건물재산 광고

1) 건물재산 광고의 필요성

건물은 부동산상품이므로 일정한 장소에 고정 위치하여 토지에 정착되어 있으므로 일반상품과 같이 유통시키거나 완전시장에 출품 또는 전시하기가 불가능하다. 그러므로 부동산거래는 언제나 불완전시장에서 정보에 의하여 거래되는 특징이 있다.

따라서 임대나 매각 촉진을 위하여 불특정다수에게 마케팅과 광고활동을 통하여 가장 빠른 시간 안에 경제적인 방법으로 알려주고 의사결정을 하도록 설득하는 작업, 즉 건물임대광고가 필요하다. 그러나 건물임대광고는 부동산광고나 이반상품광고와는 차이가 있다.

부동산광고는 살 사람과 팔사람(수요자와 공급자) 모두를 대상으로 하며, 상품광고는 불특정 수요자만을 대상으로 하는 광고이기 때문이다(그러나 임대광고는 특정 수요자만 대상으로 한다).

결론적으로 광고는 임대목적물 또는 매각목적물을 유리한 조건으로 가장 빠른 시간 안에 예상 임차인에게 알려주어 접근하게 하고 관심을 갖도록 유도하여 임대가 촉진될 수 있도록 기여하고 도와주는 활동이므로 광고는 임대마케팅과 밀접한 관계가 있다. 따라서 광고는 절대적으로 필요한 임대촉진 활동이다.

그러므로 이하 절에서 광고에 대한 일반적인 이론을 살펴보고, 임대촉진을 위한 효과적인 임대마케팅과 관계되는 광고방법을 소개하고자 한다.

2) 건물광고의 의의

건물광고란 건물임대나 매각을 촉진하기 위하여 임대목적물 또는 매각목적물을 불특정다수에게 일정한 광고수단이나 광고매체를 통하여 가장 빠른 시간 내에 알려주고, 임차의사 결정을 도와주는 설득활동을 의미한다.

다시 말하면 건물광고란 건물 마케팅 과정에서 임대목적물 또는 매각목적물을 소개하고 임차인을 유인하여 주목하게 하고, 관심을 갖도록 하며, 마침내 임차 또는 매입 욕망을 자극하여 임차의사나 매수를 결정케 하는 활동을 의미한다.

3) 광고의 기능

광고의 기능을 대체로 다음과 같다.

- 상품을 시장에 소개한다.
- 판매방법을 강구한다.
- 고객의 주의를 집중하게 한다.
- 고객의 홍미를 끈다.
- 고객의 욕망을 자극시킨다.

- 고객의 구매의사를 결정하게 한다.
- 상품을 조기에 판매 또는 임대하게 한다.

4) 광고의 종류와 기능

광고의 종류는 광고 분류기준에 따라 여러 가지 종류의 광고종류가 있으나 광고 매체에 따라 광고를 분류하면 다음과 같다.

(1) 신문광고

일반적으로 가장 많이 활용되는 광고매체는 신문이다. 그러므로 광고주는 신문을 통하여 광고활동을 실시함으로써 광고의 효과를 창출하고 있다.

임대광고는 신문을 통하여 광고가 가능한 부동산광고의 일종으로서 부동산광고의 일종인 안내광고와 전시광고 중 안내광고에 해당된다. 안내광고란 건물임대, 공장임대 등의 분류로 동종의 광고를 여러 가지 한데 모은 광고로서 짧은 것은 몇 행으로 처리되는 광고이다.

그러나 건물의 분양이나 매각의 경우에는 전시광고 방법을 주로 사용하게 된다. 신문광고는 일간신문광고(상업용건물, 산업용건물 임대시)와 지역신문광고(벼룩신문 포함) 등이 있다. 주거용 건물이나 저가건물은 지역신문을 이용하는 것이 바람직하다.

(2) DM광고

Direct Mail 광고라 한다. 우편을 활용하여 광고물을 우송함으로써 직접 광고하는 것을 말한다.

광고주가 희망하는 고객에게 선별적으로 광고할 수 있는 광고방법으로서 특정 임차인 대상이 설정되어 있는 경우 이 광고방법이 매우 유효한 광고방법이 된다. 신문광고가 불특정다수를 상대로 광고하는 것과는 달리 특정 소수인에게 광고하는 것이 DM광고의 특징이다.

DM 광고물은 작은 엽서에서 큰 책자까지 우송이 가능하나 광고효과 측정이 매우 어렵다는 단점도 있다.

미국이나 일본 등의 국가에서 많이 활용되고 있으나 우리나라의 경우 임대광고로는 널리 활용되지 못하고 있으며, 신문에 임대안내 정도의 간지광고 정도로만 활용되고 있다.

(3) 출판물 광고

출판물 광고란 관련업계에 관계되는 잡지나 홍보물을 통하여 광고하는 방법이다. 일반적으로 광고효과는 크지 않은 것으로 알려져 있으나 임대관련 전문잡지인 경우 효과가 큰 것으로 판단된다.

우리나라의 경우 건물관리 전문잡지가 활발하지 않으나 두 회사에서 발행되고 있다. 이와 같은 전문잡지를 이용하는 경우 임대광고 효과가 있을 것으로 판단된다.

(4) 라디오 광고와 TV광고

라디오와 TV 매체를 통하여 광고하는 방법이다. 짧은 시간 안에 많은 고객을 상대로 광고할 수 있으나 광고비가 비싸다는 단점이 있다. 그러나 TV는 가장 효과적이며 강력한 광고매체이다.

(5) 교통 광고

전철이나 버스 등 이동수단의 차내 광고나 역 · 정류장 내외에 광고하는 방법이다. 교통 이용자를 주로 상대하는 광고이다.

(6) 노벨티 광고

가정 또는 개인이 이용하는 실용적이고 편리한 작은 물건을 광고매체로 하는 광고를 말한다. 영어로 'Novelty ads.'라 하는 것으로 장래 임대고객을 확보하는 데 도움이 되는 광고이다.

노벨티 선정시 고려해야 할 점은 건물임대 광고의 경우 건물임대와 관계있는 물건을 선정해야 한다는 점이다.

(7) 현수막 광고

현수막이나 입간판을 제작하고, 임대층수, 임대면적, 상담전화(연락처)만 표시하여 임대목적물 전면이나 출입현관 이구에 부착하는 광고 방법이다. 경제적이면서 실제로 임대효과가 큰 광고이다.

(8) 인터넷광고

인터넷 사이트를 통한 광고를 의미한다.
인터넷 광고의 효과는 광고 비용에 비하면 효과가 매우 큰 장점이 있다.

(9) 전단지 광고와 간지 광고

전단지를 배포하거나 신문배달시 광고지를 신문에 삽입하여 개별광고하는 방법이다.

5) 효과적인 광고방법

효과적인 광고방법은 대체로 다음과 같다.

- 계속해서 광고한다.
- 경기가 나쁠 때 집중광고하고, 경기가 좋을 때 광고회수를 줄인다.
- 신문광고는 주목률이 높은 날을 선택하여 광고한다.
- 신문광고는 영향력 있는 신문을 선택해야 한다.
- TV 광고는 효과적인 요일과 시간대를 선택해야 한다.
- 광고비 조성은 월별로 검토한다.
- 광고매체는 광고대상에 따라 효과적인 광고매체를 선택해야 한다.
- 가장 좋은 안내광고 문안을 작성해야 한다.

효과적인 광고문안 작성기준은 다음과 같다.

- 주위를 끄는 머리글
- 고객요구에 부응하는 광고문안
- 목표고객에 맞는 광고문안
- 광고대상의 최고장점(selling point)을 강조하는 광고문안
- 홍미를 끄는 광고문안
- 생동감 넘치는 광고문안
- 목표고객이 원하는 점을 부각하는 광고문안

6) 임대광고 전략수립

임대목적물의 조사와 분석 및 임대계획이 수립되면 임대광고를 실시해야 한다. 따라서 임대전략을 수립하고, 이에 따라 광고를 실시해야 한다. 광고전략은 다음과 같은 순서로 수립되고 진행된다.

(1) 광고기획

광고기획은 광고전략상 첫 단계에 해당하는 것으로 어떤 광고매체를 선택하며, 광고문안, 광고예산, 광고 목적, 광고실시, 광고효과 측정방법 등에 대하여 계획해야 한다.

(2) 광고매체의 선택

임대대상물에 따라, 그리고 임대계획에 따라 광고매체를 결정해야 한다. 신문, 잡지, 라디오, TV, 현수막, 입간판, 교통, DM, 신문간지 팸플릿, 노벨티 중에서 임대 대상물의 규모 · 성격 · 광고예산 등에 따라 하나 또는 복수의 광고매체를 선정한다.

(3) 광고문안 작성 및 광고 제작

광고매체가 선정되면 그에 합당한 광고문안 작성 등 적절한 광고물을 제작해야 한다.

(4) 광고 실시

제작된 광고물을 가지고 효과적으로 광고를 실시한다.

(5) 광고효과 측정

실시한 광고효과(광고반응)에 대하여 객관적 방법으로 측정하고, 효과가 부족할 경우 이를 분석한 후 광고매체 교체나 광고방법 변화, 계속광고 여부를 결정한다.

제8절
건물재산 회계관리활동

1. 회계실무 이해의 필요성

건물재산관리는 건물임대의 경우 보증금 · 임대료(월차임) · 관리비 · 사용료 등 일정한 수익이 발생하며, 동시에 일반관리비 · 용역비 · 재료비 · 장비비 · 소모품비 등 일정한 지출이 발생되는 현장이다. 그러므로 회계업무는 일일업무 · 월말업무 · 연말업무 형태로 발생하므로 이에 관한 회계처리가 불가피하다.

특히 임대료와 관리비의 징수수납업무, 급료지급이나 퇴직금 정산, 세금처리 등 그 업무가 매우 다양한 회계업무이므로 이에 관한 체계적 연구와 이해가 필요하다.

따라서 임대관리자는 임대업무의 체계적인 관리를 위하여 임대에 관한 회계실무를 구체적으로 연구하고 체계적으로 이해해야 한다.

이하 절에서 건물임대에 관계되는 임대실무에 대하여 개괄적으로 소개하고, 이를 통하여 건물임대 회계업무에 도움이 되기를 기대해 마지않는다.

회계실무에 대한 체계적 이해를 위하여 일일회계업무, 월말회계업무, 연말회계업무로 나누어 설명하고자 한다.

2. 일일회계업무

1) 일일업무

회계실무의 최종 산출물은 재무제표를 작성하는 것이지만, 기말에 재무제표를 작성할 수 있기 위해서는 매일매일 발생하는 거래에 대한 처리가 명확히 이루어지고 매일매일의 장부가 일치하여야 한다.

일상적으로 발생하는 매일업무의 처리과정은 [그림 4-1]과 같다.

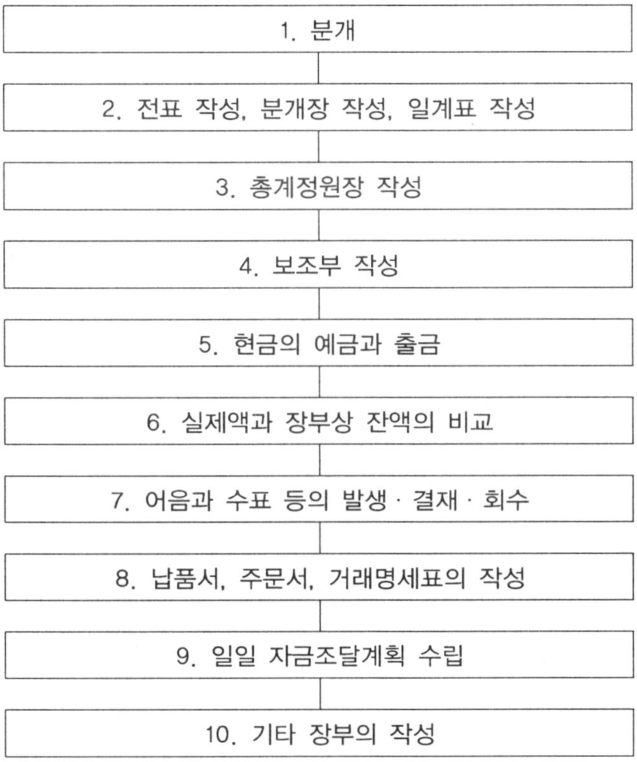

[그림 4-1] 일일회계업무 흐름도

2) 현금의 관리와 회계처리 실무

현금은 일상 임대활동 중에서 입 · 출입이 빈번하여 도난의 위험이 매우 높은 자산이므로 현금에 대한 내부통제는 매우 중요한 부분이다.

현금의 관리를 위한 내부통제 기법으로 다음과 같은 방법들이 있다.

(1) 현금 · 예금 등의 금고보관

현금 · 수표 · 예금통장증서 등은 안전한 금고에 보관하고, 금고의 접근을 통제하고, 열쇠는 출납담당자에 의해 적절하게 보관해야 한다. 또한 은행에 신고된 인장은 수표나 예금통장 등과는 별도로 보관해야 수표의 부정발행을 예방할 수 있다.

(2) 현금과 관련된 업무의 분장

현금수취 담당자는 현금수입자의 기록과 같은 회계기록업무를 담당하지 않도록 한다.

또한 현금지출 담당자는 현금지출장과 같은 회계장부의 기록업무를 담당해서는 안 된다.

(3) 대금지급시 그 정당성 및 적법성의 확인

대금의 지급은 반드시 승인절차를 거친 정당한 금액만이 지출되어야 한다.

(4) 매일의 장부확인

현금출납 담당자는 매일 업무마감 후 실물을 계산하여 장부잔고와의 일치여부를 확인해야 한다. 현금과 장부잔액이 일치하지 않으면 차이의 내용을 명확히 밝혀야 한다. 수시감사로 현금출납 담당자 이외의 사람에 의해 예고 없이 현금과 장부잔액에 대한 감사를 하면 현금출납 담당자의 부정이나 실수를 방지할 수 있다.

(5) 임대관리자가 수취하는 모든 현금의 당일 내 은행예입

현금을 사무실 내 보유하면 도난과 분실의 위험이 존재하므로 현금을 보관하지 않고 은행에 예치하도록 해야 한다.

(6) 수표를 이용한 대금의 지급

현금의 지급을 되도록 자제하고 수표를 통해 대금을 지급하도록 하여 현금지출에 대한 증거를 확보하도록 한다.

(7) 정기적으로 은행계정 조정표 작성

기업의 예금잔액원장과 은행측의 은행계정 명세서 잔액의 일치여부를 확인하기 위한 은행계정 조정표를 정기적으로 작성하여 차이를 조정해야 한다.

(8) 소액현금

관리주체나 임대관리조직에는 일상적인 업무를 수행하는 과정에서 소액의 현금지출을 필요로 하는 경우가 빈번히 발생한다. 이와 같은 적은 금액의 현금을 소액현금이라 하며, 이 소액현금을 관리하는 장부를 소액현금출납장이라고 한다. 경리 담당부서에서 각 용도계의 소액현금 담당자와 필요한 소액현금을 설정하고 미리 지급하면 소액현금을 지급받는 담당자는 필요시 지출을 하고, 월말에 영수증과 함께 경리과에 보고한다. 그리고 경리과에서는 보고받은 지출금액 중 부족분을 다시 소액현금 담당자에게 지급한다.

(9) 현금에 과부족이 있는 경우

현금출납장을 마감한 후에 실제 현금과 장부상의 잔액이 맞지 않는 경우가 있다. 이 경우 현금과부족이라는 계정과목을 만들어 현금과부족의 원인이 밝혀질 때까지 처리한다.

〈사례〉

현금의 금고가액은 ₩150,000이나 장부상의 잔액은 ₩200,000인 경우 회계상의 처리는 일단 장부가액을 현금실재액에 맞춘다.

(차) 현금과부족 50,000 (대) 현금 50,000

그 후 현금과부족의 원인이 소모품을 현금으로 구입하고 이를 장부에 누락시킨 것을 발견했다.

(차) 소모품비 50,000 (대) 현금과부족 50,000

만약 현금과부족의 원인을 결산시까지 발견하지 못한 경우는 이를 잡손실 또는 잡이익으로 처리한다.

3) 수표 · 어음의 관리

(1) 수표의 발행

수표를 발행하기 위해서는 먼저 거래은행에 당좌예금 계좌를 개설해야 한다. 이 때 기업이 현금이나 타인이 발행한 수표를 예입시키면 당좌예금계정이 증가하게 되고, 대금을 결제하기 위해 수표를 발행하면 당좌예금계정이 감소하게 된다.

발행인은 수표용지에 액면금액 · 발행일 · 발행지를 기재하고, 발행인이 기명날인하여 수취인에게 교부한다.

당좌예금의 주된 사용목적은 수표와 어음의 발행이다. 수표와 어음을 발행한 후 만기일이 되어도 당좌예금에 잔액이 없으면 부도처리되며, 1년에 3회 이상 부도를 내게 되면 은행과 거래정지처분을 당한다.

단, 미리 은행과 당좌차월약정을 맺어 예금잔액이 부족해도 차월 한도액 이내에서 발행한 수표와 어음은 지급이 가능하게 할 수 있다.

(2) 수표관련 용어

수표관련 용어의 의미는 다음과 같다.

가. 횡선수표

횡선수표는 수표의 표면에 두 줄의 평행선을 긋고 그 사이에 은행 또는 이와 동일한 의미가 있는 문자를 기재한 수표를 말한다. 이를 은행에 제시하면 은행에서는 직접 현금으로 지급하지 않고 제시한 사람의 은행계좌에 입금시키므로 지급처가 명확하게 되고, 도난의 위험도 방지할 수 있다. 특정 횡선수표를 받은 경우 그 은행에 계좌가 없으면 지급을 받을 수 없게 된다.

나. 선일자수표

선일자수표는 은행과 어음거래 약정을 맺지 못한 영세업자들이 주로 사용하는 방법으로 수표를 발행할 때 실제로 발행하는 날짜를 기입하지 않고 장래의 날짜를 발행일로 기입하는 수표이다. 실제 발행한 날짜에 지급제시를 하면 결제할 능력이 없으므로 미래의 지정한 날짜를 발행일로 하여 그날에 지급 제시하면 결제하겠다는 뜻이나, 수표법에서는 은행이 선일자수표 소지인에게 지급을 청구받더라도 지급을 하도록 되어 있기 때문에 선일자수표를 발행할 경우에는 상대방의 신용도를 잘 판단해야 한다.

(3) 어음의 발행

일반적으로 많이 사용되는 어음은 약속어음인데 은행을 지급장소로 하는 어음을 발행할 때에는 수표의 경우와 마찬가지로 당좌예금계좌를 개설할 필요가 있다. 그러나 어음의 발행은 수표의 발행과 달리 은행에 한정되지 않고 신용금고나 신용조합 등의 금융기관에서도 취급하고 있다.

가. 어음의 결제

어음의 만기일에 어음이 현금화되는 것을 어음의 결제라고 한다.

나. 어음의 개서

어음의 만기일을 연장하고 싶은 경우 수취인의 양해를 얻어 새롭게 어음을 발행하고 이전 어음과 교환할 수 있는데, 이를 어음의 개서라고 한다. 개서할 경우에는 연기한 날짜분 만큼의 이자를 수취인에게 지급한다.

다. 어음기입장

어음거래가 빈번한 경우에는 총계정원장만으로는 상세한 내용을 알기 어려우므로, 상세한 내용을 기입해서 관리할 장부가 필요하다. 이런 어음의 명세를 기입하는 장부를 어음기입장이라고 한다. 어음 발생시 지급어음기입장에, 수취시 받을어음기입장에 기입한다.

4) 일일자금운용

건물임대 현장에서 자금운용, 가수금, 거래내역은 〈표 4-15〉 일일자금운용표와 같이 처리하면 된다.

5) 자주 발생되는 비용의 회계처리

(1) 복리후생비

복리후생비는 종업원의 복리를 증진하거나 건강관리를 촉진하기 위한 경비로서, 법정복리비와 회사가 독자적으로 실시하고 있는 복리후생시설, 사내의 각종 행사 · 의료 · 보건 · 소모품 · 음식 · 교양 등을 위한 비용으로 나눈다. 법정복리비는 근로기준법에 의해 의료보험이나 산재보험 등에 소요되는 비용이다.

(2) 통근비 · 여비교통비 · 출장비

통근비는 회사에 근무하는 사람이 통근하기 위해 소요되는 비용이다. 이를 회사에 따라서는 여비교통비로서 일괄적으로 처리하기도 한다.

반면, 회사의 업무상 교통수단을 이용해서 이동한다거나 출장을 가는 경의 교통비나 숙박비 등을 여비교통비라고 한다. 여비교통비에는 전철 · 버스 · 택시의 운임, 고속도로 · 유료도로의 통행요금, 주차비, 여관이나 호텔의 숙박비, 출장수당 등이 포함된다.

〈표 4-15〉 일일자금운용표

2007년 2월 15일 현재

결재	담당	대리	과장	부장	대표이사

1. 자금운용

구 분		전일잔액	증가액	감소액	금일잔액	비고
현 금						
예금	정기예금					
	정기적금					
	신탁형저축					
	보통예금					
	계					
미수금	보험료					
	가산금					
	징수금					
	가산금					
	수입이자					
	계					

2. 가수금(본인부담 환급금)

구 분	전일잔액	증가액	감소액	금일잔액	비고
현 금					
보통예금					
계					

3. 거래내역

입 금		출 금	
적 요	금 액	적 요	금 액

출장이 장기인 경우 미리 출장비 견적을 내서 출장 전에 회사로부터 그 비용을 지급받는데, 이를 가지급금으로 회계 처리한다. 가지급금은 출장에서 돌아온 단계에서 정산하고, 여비교통비로 대체된다.

(3) 소모품비

소모품이란 사용함에 따라 소멸된다거나 마모되는 자산으로 이 소모품 구입에 드는 비용을 소모품비로 처리한다. 소모품비는 표류 · 장부류 · 노트 · 용지 · 필기구 · 스탬프 · 도장 · 전자계산기 · 근무시간기록표 등 사무에 사용하는 소모품의 소비액인 사무용품비와 소모성 공구 · 기구 · 비품비 등으로 나누어진다.

소모품의 구입시 소모품비로 처리한 후 결산이 재고가 남아 있는 경우 미사용분을 소모품비로부터 소모품 또는 저장품 과목으로 대체하고 당기 사용분만을 손익계산서에 소모품비로 계상한다.

(4) 수선비

수선비란 건물 · 집기 · 기계 · 자동차 등의 고장이나 성능저하를 원래상태로 복구하거나 현상태를 유지하도록 보수하기 위한 비용을 말한다.

예를 들면 벽을 새로 칠한다거나, 옥상의 수리 · 해체에 드는 비용이나 비품의 칠과 부품 교환, 자동차의 칠과 부품 교환, 기계의 부품 교환, 정기점검 , 이동에 필요한 비용 등이 있다. 또, 가라앉은 지반을 다시 평평하게 하는 데 드는 비용, 배수가 잘 되도록 노면에 모래를 까는 데 드는 비용 등도 수선비에 포함한다. 이를 수익적 지출로 인식하여 당기의 비용으로 계상한다.

(5) 관리비 자주 발생되는 비용 중에는 건물관리비가 있다.

공동주택의 관리비 세부내역은〈표 4-16〉와 같다.

〈표 4-16〉 공동주택관리비의 세부내역(주택법시행령 제58조 제1항 관련)

비 목	구 성 내 용
1. 일반관리비	• 인건비 : 급여 · 제수당 · 상여금 · 퇴직금 및 산재보험료 · 고용보험료 · 국민연금 · 의료보험료 · 식대 등 복리후생비 • 제사무비 : 일반 사무용품비, 도서인쇄비, 교통통신비 등 관리사무에 직접 소요되는 비용 • 제세공과금 : 관리기구가 사용한 전기료 · 전화료 · 우편료 및 관리기구에 부과되는 세금 등 • 피복비 • 교육훈련비 • 차량유지비 : 연료비 · 수리비 및 보험료 등 차량유지에 직접 소요되는 비용 • 그밖의 부대비용 : 관리용품구입비, 회계감사비, 그밖의 관리업무에 소요되는 비용
2. 청소비	용역시에는 용역금액, 직영시에는 청소원 인건비 · 피복비 및 청소용품비 등 청소에 직접 소요된 비용
3. 경비비	용역시에는 용역금액, 직영시에는 경비원 인건비 · 피복비 등 경비에 직접 소요된 비용
4. 소독비	용역시에는 용역금약, 직영시에는 소독용품비 등 소독에 직접 소요된비용
5. 승강기 유지비	용역시에는 용역금액, 직영시에는 제부대비 및 자재비 등. 다만, 전기료는 공동으로 사용되는 시설의 전기료에 포함한다.
6. 난방비	난방 및 급탕에 소요된 원가(유류대 · 동력전기료 · 난방 및 급탕용수비)에서 급탕비를 뺀 금액
7. 급탕비	급탕용 유류대 · 동력전기료 및 급탕용수비
8. 수선유지비	• 보수용역시에는 용역금액으로 하고, 직영시에는 자재 및 인건비 • 정화청소비 · 냉난방시설의 청소비 · 소화기충약비 · 옥상방수공사비 · 외부도장비 등 공동으로 이용하는 시설의 보수유지비 및 제반 검사비

6) 일일업무의 회계처리 예시

매일매일 발생하는 회계상의 업무를 일일업무라 하며, 회계처리하면 〈표 4-17〉과 같다.

〈표 4-17〉 일일업무의 회계처리 예시

거 래	차 변		대 변	
9/1 청소비 ₩200,000을 현금으로 지급하다.	청소비	200,000	현금	200,000
9/1 1305호로부터 9월분 관리비 ₩135,000를 미리 받다.	현금	135,000	선수관리비	135,000
9/1 현금 ₩100,000을 통장에 예입하다.	제예금	100,000	현금	100,000
9/1 502호가 이사를 가서 전에 선수하였던 관리비 ₩80,000을 예금통장에서 인출하여 환불하다.	현금 선수관리비	80,000 80,000	제예금 현금	80,000 80,000
9/1 B/C유를 입고하고 대금 ₩2,000,000은 나중에 지급하기로 하다.	저장품	2,000,000	미지급금	2,000,000
9/1 1년간의 화재보험료 ₩1,200,000을 현금으로 지급하다.	선급보험료	1,200,000	현금	1,200,000
9/1 종업원이 9월분 급여일부인 ₩500,000을 가불하다.	가지급금	500,000	현금	500,000
9/1 전화설치비와 관련설비비 ₩200,000과 설치비 ₩200,000과 수수료 ₩3,000을 현금지급하다.	전신전화가 입권통신비	200,000 23,000	현금	223,000
9/1 공구 ₩2,000,000과 비품 ₩500,000을 예금통장에서 인출하여 구입하다.	현금 비품	2,500,000 2,500,000	제예금 현금	2,500,000 2,500,000
9/1 테니스장을 1년간 임대하기로 하고 임대 보증금 ₩10,000,000을 정기예금하다.	제예금	10,000,000	임대보증금	10,000,00 0
9/1 종업원 김갑돌에게 교통비 ₩1,500을 현금지급하다.	교통비	1,500	현금	1,500
9/1 8월분 전화요금 ₩80,000을 현금납부하다.	통신비	80,000	현금	80,000
9/1 8월분 일지 인쇄비 ₩200,000을 현금으로 지급하다.	도서인쇄비	200,000	현금	200,000
9/1 회계장부 ₩10,000을 현금구입하다.	사무용품비	6,000	현금	6,000
9/1 종업원의 회식비 ₩150,000을 현금으로 지급하다.	복리후생비	150,000	현금	150,000
9/1 목장갑 ₩5,000을 현금으로 구입하다.	소모품비	5,000	현금	5,000
9/1 위탁관리협회의 정기교육참가비 ₩50,000을 현금지급하다.	교육훈련비	50,000	현금	50,000
9/1 곤도라사용료 ₩30,000을 현금으로 받다.	현금	30,000	곤도라 사용수익	30,000

3. 월말회계업무

회계기간이 1년을 기준으로 이루어지지만 실무에서는 월단위로 장부를 마감하고 각 장부의 합계와 잔액을 산출하는 작업을 하게 된다. 또한 건물관리직원에게 월단위로 급여를 지급하므로 급여의 지급은 가장 대표적인 월말업무 중 하나이다. 월말결산과 함께 차월의 예산수립도 중요한 업무이다. 월말업무를 도식화하면 [그림 4-2]와 같다.

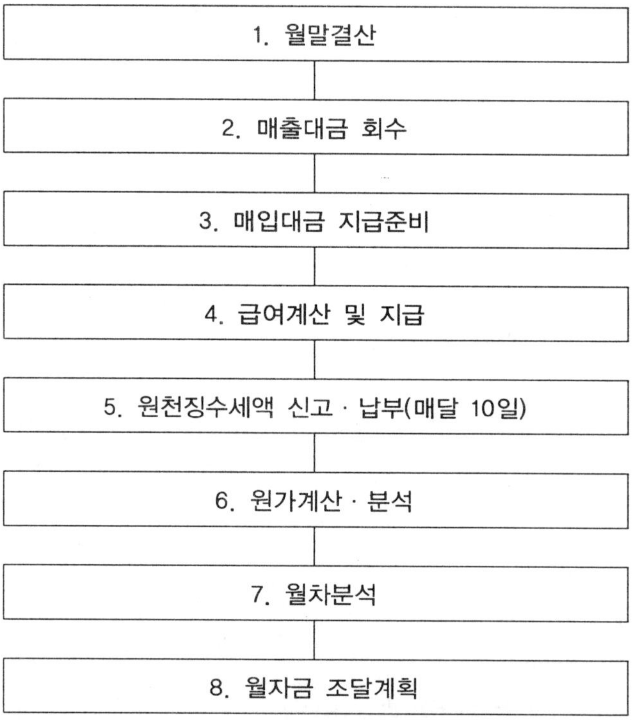

[그림 4-2] 월말회계업무

1) 급여계산 및 회계처리

(1) 급여의 종류

일반회사에서 임원에게 지급하는 것을 임원보수라 하고, 직원에게 지급하는 것을 급여라고 한다. 급여에는 크게 나누어 임금 · 급료 · 제수당 · 상여금 · 퇴직금 등이 있다. 임금은 제조활동과 관련된 종업원에게 지급하는 것으로 제조원가에 계산되고 급료는 사무직이나 영업직에게 지급하는 것으로 복리후생비 · 접대비 등과 함께 판매비와 관리비의 한 계정과목이 된다.

(2) 급여처리 및 원장

가. 급여처리원장에는 여러 가지 종류가 있는데 급여명세서와 원천징수부 첨부용지를 같이 사용한다. 계산순서는 다음과 같다.

① 급여는 먼저 기본급에 가족수당, 통근수당, 잔업수당, 정근수당 등의 각종 수당을 가산해서 급여총액을 계산
② 급여총액에서 비과세액을 빼고 과세분 급여액을 산출
③ 과세분 급여액에서 의료보험료 등의 차감
④ 원천징수 세액표를 근거로 과세분 급여액에서 사회보험료를 뺀 금액에 대한 소득세 산출
⑤ 소득세와 주민세 차감 후 실제 현금지급액 산출

나. 원천징수 세액의 납부

- 원청징수한 세액은 다음날 10일까지 은행 · 우체국 등 가까운 금융기관에 납부하고, 원천징수 이행상황 신고서는 세무서에 제출한다.
- 반기별 납부 승인을 받은 자는 상반기 원천징수한 세액은 7.10까지, 하반기 원천징수한 세액은 다음해 1.10까지 납부한다. 원천징수 이행상황 신고서도 반기별로 제출한다.
- 원천징수할 세액은 간이세액표에 의하여 계산한다.

다. 일용근로자의 경우에 원천징수할 세액

원천징수할 세액 = (하루 급여액 − 5만원) × 9%(세율)
× 55%(근로소득세액 공제를 감안한 비율)

근로소득의 경우에는 매월 급여 지급시에는 간이세액표에 의하여 원천징수하고, 다음 연도 1월 급여 지급시에는 1년간의 근로소득에 대하여 연말정산을 하여야 한다.

월급여액은 비과세 소득만 제외한 급여액이므로 국민건강보험료 등을 차감하지 아니하고 과세대상금액 전액에 대하여 해당란에 간이세액표를 참고하여 세액을 적용한다.

공제대상 가족의 수는 기본공제 대상자의 본인 · 배우자 · 부양가족의 수로 계산한 것이므로 경로우대 또는 장애자공제 등의 추가인원은 공제대상 가족의 수 계산시 추가로

반영하지 아니한다. 간이세액의 내용은 〈표 4-18〉과 같다.

〈표 4-18〉 간이세액표

월급여액(비과세소득은 제외)		가족의 수(본인 · 배우자를 각각 1인으로 봄)										
		1	2	3	4	5	6	7	8	9	10	11
천원이상	천원미만											
1,480	1,485	22,520	17,930	17,930	13,350	8,770	4180	0	0	0	0	0
1,485	1,490	22,770	18,180	18,18	13,600	9,020	4430	0	0	0	0	0
1,490	1,495	23,040	18,430	18,430	13,850	9,260	4680	100	0	0	0	0
1,495	1,500	23,360	18,680	18,680	14,090	9,510	4930	340	0	0	0	0
1,500	1,510	23,830	19,050	19,050	14,470	9,880	5300	720	0	0	0	0
1,510	1,520	24,460	19,540	19,540	10,460	10,380	5790	1,210	0	0	0	0
1,520	1,530	24,950	19,930	19,930	15,040	10,760	6180	1,590	0	0	0	0
1,530	1,540	25,580	20,420	20,420	15,840	11,260	6670	2,090	0	0	0	0
1,540	1,550	26,210	20,920	20,920	16,330	11,750	7170	2,580	0	0	0	0
1,550	1,560	26,840	21,410	21,410	16,830	12,250	7660	3,080	0	0	0	0
1,560	1,570	27,470	21,910	21,910	17,320	12,740	8160	3,570	0	0	0	0
1,570	1,580	28,100	22,400	22,400	17,820	13,240	8650	4,070	0	0	0	0
1,580	1,590	28,730	22,900	22,900	18,310	13,730	9150	4,560	0	0	0	0
1,590	1,600	29,360	23,520	23,520	18,810	14,230	9640	5,060	480	0	0	0
1,600	1,610	29,990	24,150	24,150	19,300	14,720	10140	5,550	970	0	0	0
1,610	1,620	30,460	24,630	24,630	19,670	15,090	10510	5,920	1,340	0	0	0
1,620	1,630	31,090	25,260	25,260	20,170	15,590	11000	6,420	1,840	0	0	0
1,630	1,640	31,720	25,890	25,890	20,660	16,080	11500	6,910	2,330	0	0	0
1,640	1,650	32,350	26,520	26,520	21,160	16,580	11990	7,410	2,830	0	0	0
1,650	1,660	32,980	27,150	27,150	21,650	17,070	12490	7,900	3,320	0	0	0

월급여액이 155만 원이고, 공제대상 가족이 4인(본인 포함)이면 원천징수할 세액은 14,470원이 된다.

라. 기본급

직책에 따라 설정된 기본급이 달라진다.

마. 충당금

① 상여충당금

상여금 지급을 위해 적립하는 금액. 1개월을 넘는 기간마다 정기 또는 임시로 근로자의 근무성적 등을 감안하여 지급되고 있는 상여금은 근로계약에 의해 달라질 수 있다. 예를 들어 300%의 충당금을 설정한 경우, 통산 '기본급×300% ÷ 12월' 로 계산한다.

바. 기본급 및 충당금 등 급여산정

건물관리종사자의 급여산정 방법은 〈표 4-19〉와 같다.

〈표 4-19〉 건물관리종사자 급여산정 방법

비 목		세부내역
기본급		관리직 ○명 ○월분 기본급(급여)
		전기직 ○명 ○월분 기본급
		설비직 ○명 ○월분 기본급
		경비직 ○명 ○월분 기본급(용역인 경우 제외)
충당금		상여충당금 : 기본급×300% ÷ 12월
		연차충당금 : 일급(日給)통상임금×10일÷12월 ={(기본급+자격수당+직책수당+출납수당+식대보조비)÷226×8}×10일÷ 12월
		퇴직충당금 : (1년 두의 퇴직금 - 현재 적립한 충당금 총액)÷ 12월
제수당	법정수당	월차수당 : 일급통상임금 생리수당 : 일급통상임금 연차수당 : 연차충당임금으로 지급(별도부과 안 됨) 야간근로수당 : 시간급 통상임금×야간근로시간×1.5 휴일근로수당 : 시간급 통상임금×휴일근로시간×1.5(감시단속직 승인을 받은 경우 제외) 연장근로수당 : 시간급 통상임금×연장근로시간×1.5(감시단속직 승인를 받은 경우 제외)
	법정외수당	자격수당: 주택관리사, 방화관리사, 전기기능사, 전기산업기사 출납수당 직책수당

* 자료원 : 부산지역 공동주택 관리비 부과내역서* 표준화 - 아파트를 중심으로(보고서)

① 연차충당금

근로기준법에 의한 연차휴가는 1년간 개근한 근로자에게는 10일, 9할 이상 출근한 근로자에게는 8일의 연차유급휴가를 부여하며, 근속연수가 늘어남에 따라 1년당 1일의 연차휴가가 늘어난다.

근로기준법에 따라 계산하면 다음과 같다.

일급통상임금 × 10일 ÷ 12월 일급통상임금 = 월급통상임 ÷ 226(월평균 법정근로시간) × 8(1일 법정근로시간)

② 통상임금

통상임금이란 근로자에게 정기적 · 일률적으로 소정근로 또는 총근로에 대하여 지급하기로 정하여진 시간급 · 일급 · 주급 · 월급금액 또는 도급금액을 말하는 것(근로기준법시행령 제31조 제1항)으로 관리사무소 종사근로자들의 월급(月給)통상임금은 기본급+자격수당+직책수당+출납수당+식대보조비가 포함되며, 법정수당인 연장(시간외)근로수당, 휴일근로수당, 야간근로수당, 월차수당, 연차수당, 생리수당 등은 제외된다.

이에 따라 월급통상임금은 다음과 같다.

월급통상임금(기본급 + 자격수당 + 직책수당 + 출납수당 + 식대보조비) ÷ 226 × 8

그리고 직원들의 근속연수에 따라 연차휴가일수도 다양할 수 있으나 일률적으로 10일로 계산한 것은 연차휴가 지급시기가 직원별로 다르므로 충당금이 부족한 일은 별로 없기 때문에 직원별로 세분화함에 따른 불편을 없애기 위함이다.

③ 퇴직충당금

근로기준법상 계속근로연수가 1년 이상된 근로자가 퇴사하는 경우 퇴직금을 지급하도록 되어 있는바, 아파트에서는 직원들의 퇴사에 대비하여 퇴직금을 매월 일정액씩 부과하여 적립하고 있다. 근로기준법상 기준에 따르면 퇴직금은 근속연수 1년에 대하여 평균임금 30일분 이상을 지급하게 되어 있는데 보통 아파트는 그 기준에 따라 평균임금 30일분을 지급하고 있으며, 누진제를 시행하는 단지는 거의 없다.

여기서 평균임금의 개념을 살펴보면 다음과 같다.

평균임금 = 이전 3개월간의 임금총액 / 이전 3개월간의 총일수

평균임금이란 산정하여야 할 사유가 발생한 날 이전 3개월 간에 당해 근로자에게 지급된 임금의 총액을 그 기간의 총 일수로 나누어 산정한 금액을 말한다. 평균임금은 통상의 생활임금을 있는 그대로 산정하려는 의도에서 산정하여야 할 사유가 발생한 날 이전 3개월간에 그 근로자에 대하여 지급한 임금의 총액을 그 기간의 총일수로 나눈 금액을 말하며, 취업 후 3개월 미만도 이에 준하게 된다고 규정하고 있다(근로기준법 제19조 제1항). 또 통상임금보다 저액일 때는 근로자의 보호를 위해 그 통상임금을 평균임금으로 하게 되는데 그 산식은 다음과 같다.

평균임금에서의 임금총액에 해당하는 항목은 기본급+연차수당+월차수당+생리수당+연장근로수당+야간근로수당+휴일근로수당+직책수당+출납수당+자격수당+당직수당(당직 인 경우 해당)+식대보조비+상여금+업무 추진비(관리소장의 경우에 해당) 드이 포함되며, 체력단련비 등은 제외된다.

월급평균임금 = 기본급 + 제수당(연차수당 + 월차수당 + 생리수당 + 연장근로수당 + 야간근로수당 + 휴일근로수당 + 직책수당 + 출납수당 + 자격수당) + 식대보조비 + 1개월치 상여금

* 제수당에 당직수당이나 업무추진비(관리소장인 경우) 등이 포함될 수 있다.

그런데 많은 아파트에서 적립하고 있는 퇴직급여충당금의 계산방법이 잘못되어 있어 과다징수한 단지가 있는 반면 과소부과하여 직원 퇴사시 퇴직금이 부족하여 어려움을 겪는 단지도 있다.

기본급 + 제수당(연차수당 + 월차수당 + 생리수당 + 연장근로수당 + 야간근로수당 + 휴일근로수당 + 직책수당 + 출납수당 + 자격수당) + 식대보조비 + 1개월치 상여금) ÷ 12 = 월적립금

일반적으로 사용되고 있는 아파트의 퇴직급여충당금 계산방법을 보면 다음과 같다.

위 식과 같이 개략적인 1개월치 평균임금을 12로 나누어 매년 같은 방식으로 적립하는데 재직중에 임금에 변동이 없었다면 별 문제가 없겠으나 만약 임금이 인상되었다면 퇴직급여충당금이 부족하게 된다. 그 이유는 퇴직금 산정의 기준이 되는 평균임금은 퇴직하는 날 이전 3개월간의 임금을 기준으로 계산되기 때문이다. 구체적인 사례를 들어 설명해보면 다음과 같다.

〈사례〉

한 직원의 아파트 입사 첫 회의 30일분 평균임금이 100만 원이었고, 매년 10만 원씩 인상되었다. 이 아파트에서 10년 근속한 직원의 퇴직급여충당금 적립액을 계산한다고 하면 1,900만원이나 현재의 방법으로는 1,4500만 원이므로 450만 원이 부족한 결과가 나타난다.

즉, 매년 임금인상이 있었다면 퇴직금 계산은 퇴직금 산정 시점의 평균임금을 기준으로 하므로 인상되기 전 평균임금으로 산정하여 적립한 충당금은 그만큼 부족할 수밖에 없다.

반대로 남은 경우도 있는데 이 경우는 1년이 채 지나지 않아 퇴사한 직원들이 있을 경우 이미 부과하여 적립되어 있는 충당금만큼 남게 된다.

결론적으로 말하자면 임금 인상폭이 크고 인원이 많을수록, 또 장기근속자가 많을수록 종전의 방법대로 할 경우 부족액은 많아지게 된다. 이 경우 많은 인원이 한꺼번에 퇴직할 때에는 충당금이 부족하여 퇴직금 지급이 곤란하게 된다. 현재 퇴직급여충당금 계산방법은 〈표 4-20〉과 같다.

〈표 4-20〉 현재 퇴직급여충당금 계산방법의 예

(단위 : 만원)

근속연수	평균임금30일분	현재의 방법		실제지급해야 할 퇴직금	부족금액
		연 적립액	누계액		
1	100	100	100	100	0
2	110	110	210	220	10
3	120	120	330	360	30
4	130	130	460	520	60
5	140	140	600	700	100
6	150	150	750	900	150
7	160	160	910	1,120	210
8	170	170	1,080	1,360	280
9	180	180	1,260	1,620	360
10	190	190	1,450	1,900	450

따라서 이런 사태를 예방하기 위해서는 퇴직급여충당금 적립금 산정 시점에서 1년 뒤 전직원이 동시에 퇴사한다고 가정하고 퇴직금 총액을 계산한 뒤 현재 적립되어 있

는 퇴직급여충당금을 뺀 나머지 금액을 12개월로 나누어 매월 적립하면 된다.

(1년 뒤의 퇴직금 총액-현재 적립한 충당금)÷12
=매월 퇴직급여충당금 부과액

이런 방법을 매년 반복하면 퇴직급여충당금이 남거나 부족한 일이 발생되지 않을 것이다. 부족액이 너무 많다면 1년 만에 모두 메우기에는 무리가 따르므로 몇 년에 걸쳐 조금씩 채워나가면 좋을 것이다.

1년 뒤의 퇴직금 총액 계산방식의 예를 들어보자.

한 아파트 단지에 3명의 직원이 있고, 1년 뒤 전 직원이 동시에 퇴직한다고 가정하여, 1년 뒤의 퇴직금 총액 계산방법은 다음과 같다.

㉣ 퇴직금 총액 계산방법(A)

1일 평균임금×총근무일수/365×30일=직원의 1년 뒤 퇴직금 예상 총액

- 직원 A : 39,710×1,167/365×30일=3,808,896원 (A의 1년 뒤 퇴직금 예상 총액)
- 직원 B : 42,310×930/365×30일=3,234,107원 (B의 1년 뒤 퇴직금 예상 총액)
- 직원 C : 52,310×1,050/365×30일=4,514,425원 (C의 1년 뒤 퇴직금 예상 총액)계
  11,557,428원 : 전직원의 1년 뒤 퇴직금 예상 총액

㉤ 퇴직금 총액 계산방법 (B)

(전직원 1일평균임금 합계/직원수)×(전직원 근속일수 합계/365)×30

(39,710+42,310+52,310)/3×(1,167+930+1,050)/365×30=11,581,908원

〈방법 A〉와 〈방법 B〉는 거의 비슷한 총액이 제시된다. 이를 통해 공식을 세운다면 다음과 같다.

전직원 1년 뒤 예상 퇴직금 총액=전직원 1일 평균임금의 평균
× 전직원 평균 근속연수 × 30

이를 다시 풀면 다음과 같다.

1년 뒤의 예상 퇴직금 총액=(전직원 1일 평균임금 합계/직원수)
× (전직원 근속일수 합계/365) × 30

1년 뒤의 퇴직금 총액 계산방법은 〈표 4-21〉과 같다.

〈표 4-21〉 1년 뒤의 퇴직금 총액 계산방식의 예

<table>
<tr><td colspan="2">* 퇴직금 산출을 위한 기본 조건</td></tr>
<tr><td colspan="2">- 기본급 : 월급 800,000원
- 제수당 : 직책수당 월 100,000원 식대 월 50,000원
- 상여금 : 연 300%(기본급 기준)
- 임금지급일 : 매월 말일 당월 임금을 지급함
- 연차휴가수당 12일분 403,540원을 2001년 10월 31일에 지급할 예정
- 입사일 : 1998년 10월 4일 - 산정시점 : 2000년 1월
- 퇴직일 : 2001년 12월 15일자로 사직 - 총근무일수 : 1,167일</td></tr>
<tr><td colspan="2">• 계산식</td></tr>
<tr><td colspan="2">- 퇴직금 총액 = 일일 평균임금 × 30일 × 근속연수
- 일일 평균임금 = 과거 3개월간의 임금총액 ÷ 과거 3개월간의 역(曆)일수
- 근속연수 = 총근무일수 ÷ 365일</td></tr>
<tr><td colspan="2">• 산출방법</td></tr>
<tr><td>가. 산정기간(임금계산 기간)</td><td>나. 평균임금계산기간</td></tr>
<tr><td>- 200년 12월 퇴직급여충당금 부과를 위해 매월 충당금 액수를 정할 필요가 발생
- 98년 10월 4일 입사한 직원 홍길동이 2001.12.15 퇴사한다고 가정하면 총근무일수 1,167일이 됨</td><td>2001.9.15 - 9. 30 : 16일
2001.10.1 - 10. 31 : 31일
2001.11.1 - 11. 30 : 30일
2001.12.1 - 12. 14 : 14일 계: 91일</td></tr>
<tr><td colspan="2">• 임금내역</td></tr>
<tr><td>(1) 기본급
9월 800,000×16일/30일 = 426,667원
10월 : 800,000원
11월 800,000원
12월 : 800,000×14일/31 = 361,290원</td><td>(2) 직책수당 등
계산방법이 동일하므로 합쳐서 계산하여도 가함.
직책수당 월 100,00원, 식대 월 50,000원
계 150,000원
9월 150,000×16/30 = 80,000원
10월 : 150,000원
11월 : 150,000원
12월 150,000×14일/31 = 67,742원
계 447,742원</td></tr>
<tr><td>(3) 연차휴가수당
연차유급휴가는 3년되는 시점인 2001년 10년 3일이면 12일(개근할 것으로 가정) 발생하여 403,540원을 지급받을 수 있으며, 이를 12로 나누어 3개월치만 계산하면 100,885원이 됨</td><td>(4) 월차휴가수당
매월 개근하여 월 31,600원 정도의 월차휴가수당을 수령하였다면 이도 평균임금 산정에 포함시켜야 한다. 다만 퇴사하는 12월은 개근하지 못하였으므로 월차수당이 없음.
9월 : 31,600원×16일/30 = 16,853원
10월 : 31,600원
11월 : 61,600원 계 80,053원</td></tr>
<tr><td colspan="2">(5) 상여금
연간 지급총액을 월말 계산 후 당해 월액만을 산입함.
월분할액=기본급 800,000원 × 3배/12월=200,000원
9월 : 200,000×16/30 = 106,667원
10월 : 200,000원 11월 : 200,000원
12월 : 200,000원×14/31 = 90,323원 계 596,990원</td></tr>
<tr><td colspan="2">• 평균임금 계산</td></tr>
<tr><td colspan="2">3개월 간 임금총액=2,387,957 + 447,742 + 100,885 + 80,053 + 596,990원 = 3,613,627
일일 평균임금=3,613,627원/총일수 91일=39,710원
퇴직금 총액=일일 평균임금 × 총근무일수/365일×30일 = 39,710 × 1167/365 × 30 = 3,808,896원</td></tr>
<tr><td colspan="2">이상과 같은 방법으로 홍길동 외 전직원에 대하여도 퇴직금을 계산해야 한다.
각 직원들의 퇴직금을 계산하여 합계한 금액이 1년 뒤의 퇴직금 총액이 된다.</td></tr>
</table>

⑦ 제수당

법정수당과 법정외수당으로 구분한다. 법정수당으로는 월차수당 · 생리수당 · 연차수당 · 야간근로수당 · 휴일근로수당 · 연장근로수당이 있고, 법정외수당에는 자격수당 · 출납수당 · 직책수당 등이 있다.

경기원과 같이 감시업무에 종사하는 근로자와 야간당직기사 등과 같이 근로가 단속(斷續)적으로 행하여지는 근로자를 합쳐 감시단속직 근로자라 한다. 감시단속직으로 노동부 장관의 승인을 받은 경우 근로기준법의 제4장과 제5장에서 규정하는 근로시간 · 휴게시간 · 일에 관한 규정의 적용이 제외되기 때문에 연장근로수당 · 휴일근로수당이 지급되지 않을 수 있다. 또한 판례는 월차수당도 적용이 되지 않는다고 해석하고 있다. 그러나 행정해석에 의할 경우 이러한 감시단속직으로 노동부 장관의 승인을 받더라도 야간근로에 대한 수당과 연 · 월차수당, 생리수당은 지급되어야 한다고 하므로 이의 절충이 필요하다.

급여총액에 제수당을 포함하기로 하는 포괄임금제 근로계약을 체결한 경우 급여 총액에 제수당이 이미 포함되어 지급이 되는 것으로 해석하여 따로 수당을 구분하여 지급할 필요가 없다. 이러한 포괄임금제 근로계약이 유효하기 위해서는 근로시간과 포함되는 수당의 범위를 명시하여야 한다.

㉮ 법정수당

㉠ 근로기준법에 의한 월차휴가는 1개월 동안 개근하였을 때 1일의 유급휴가를 부여하는 제도로서 1년간에 한하여 적치하여 사용하거나 분할하여 사용할 수 있다. 그러므로 이미 발생한 월차유급휴가를 1년간 사용하지 않고 근로하였을 때에는 그에 대한 대가로 월차휴가 근무수당(통상 월차수당이라고도 함)을 통상임금으로 환산하여 지급하는 것이다. '월차수당=일급통상임금'

㉡ 생리수단

여직원에게 지급하는 수당이다. '생리수당= 일급통상임금'

㉢ 연차수당

연차수당을 지급하기 위하여 연차충당금을 부과하고 있으므로 별도 부과가 이루어지지 않는다.

㉣ **야간근로수당**

밤 10시~새벽 6시 사이에 근무할 경우 지급되는 수당이다.

야간근로수당 = 시간급 통상임금 × 야간근로시간 × 1.5

㉤ **휴일근로수당**

휴일근로수당 = 시간급 통상임금 × 휴일근로시간 × 1.5

법정휴일(주휴일, 근로자의 날)에 근무할 경우 시간수에 따라 지급되는 수당이다(감시단속직 승인을 받을 경우 제외).

㉥ **연장근로수당(=시간외 근무수당)**

법정근로시간을 초과하여 근무하는 경우 지급되는 수당이다.

연장근로수당 = 시간급통상임금 × 연장근로수당 × 1.5

(감시단속직 승인을 받을 경우 제외)

㉯ 법정외수당

㉠ **자격수당**

일반적으로 아파트 단지 규모에 따라 다르게 지급되고 있는 실정이다. 주택관리사·방화관리자·전기산업기사·전기기능사 등이 자격수당을 받고 있다.

㉡ **출납수당**

회계업무를 담당하는 경리직원에게 지급되는 수당이다.

㉢ **직책수당**

소장 또는 중간관리자의 직책에 따라 지급되는 수당이다.

[예] 경기반장·미화반장·소장 등에게 지급되는 수당

2) 월말 중 회계처리

월말 주요회계 처리는 〈표 4-22〉와 같다.

〈표 4-22〉 월말 주요 회계처리

거 래	차 변		대 변	
9/30. 9월장부를 마감하여 관리비부과자료를 작성한 결과 비용계정과목의 금액합계 ₩40,000,000이었다.	미부과관리비	40,000,000	제과(비용)	40,000,000
'미부과관리비'란 아직 고지되지 아니한 관리비를 의미하며, 전산처리 과정에서 발생하는 오차(부과차이)를 정리하고 부과하고자 하는 비용계정별 금액을 각각의 계정 대변에 정리함으로써 장부상 발생된 만큼 정확히 부과하였는가를 확인 · 정검하기 위하여 설정한 '임시계정과목'이다.				
9/30. 곤도라 사용료 ₩30,000을 현금으로 받다.	현 금	30,000	곤도라사용 수익	30,000
9/30. 1월 1일부터 1월 31일까지의 B/C유와 경유 사용량을 선입선출법에 의하여 산출한 금액 ₩900,000을 관리비로 부과하기로 하다.	유류비 미부과관리비	900,000 900,000	저장품 유류비	900,000 900,000
9/30. 1년분 선급한 보험료 ₩1,200,000을 12개월로 균등분할하여 부과하다.	화재보험 미부과관리비	100,000 100,000	선금보험료	100,000 100,000
9/30. 특별수선충당금 전입액 ₩2,500,000을 부과하다.	특별수선충당 금전입액 미부과관리비	2,500,000 2,500,000	특별수선충당금 특별수선충담금 전입액	2,500,000 2,500,000
9/30. 9월분 급여 ₩20,000,000에서 근로자 부담의 갑근세 ₩200,000, 주민세 ₩10,000, 의료보험료 ₩50,000, 국민연금 ₩30,000을 공제한 금액을 현금인출 지급하다.	급여	20,000,000	예수금 현금	290,000 19,710,000
9/30. 원천징수한 갑근세와 주민세를 현금 납부하다.	예수금	110,000	현금	110,000
9/30. 근로자 부담의 의료보험료 ₩50,000과 사업자부담의 의료보험료 ₩50,000을 현금납부하다.	예수금 복리후생비	50,000 50,000	현금	100,000
9/30. 9월 1일부터 9월 30일까지의 소모품비 ₩40,000을 관리비로 부과하다.	미부과관리비	40,000	소모품비	40,000
9/30. 9월 30일 전기료 부과를 위하여 세대 및 공동사용량을 점검 · 산출한 요금 ₩22,000,000을 부과하다.	전기료 미부과관리비	22,000,000 22,000,000	미지급금 전기료	22,000,000 22,000,000
9/30. 사용 검사 후 1년이 경과하여 특별수선충당금 ₩2,000,000을 관리비로 부과하다.	특별수선충당금전입액 미부과관리비	2,000,000 2,000,000	특별수선충당금 특별수선충당금전입액	2,000,000 2,000,000

4. 연말회계업무

기업은 결산을 하기 위해 정해진 사업연도를 정하는데, 사업연도의 개시일과 결산일은 각 회사마다 자유로이 정할 수 있지만, 상법의 규정의 따라 매년 1회 이상 결산을 해야 하므로 사업연도의기간이 1년 초과할 수는 없다.

결산서를 작성할 때에는 1년분 총계정원장의 계정과목을 모두 집계하고, 연간 합계를 내어야 할 뿐만 아니라 결산을 위한 감가상각 등과 같은 특별 회계처리도 해야만 한다. 감가상각이란 고정자산의 사용에 따른 가치의 감소 상당분을 고정자산의 사용기간 중 각 기간에 비용으로서 배분하는 절차를 말하며, 결산서에는 감가상각의 내용을 빠짐없이 정리해서 회사의 재무상태와 경영성적을 표시해야 한다.

결산서 작성은 다음 [그림 4-3] 같다.

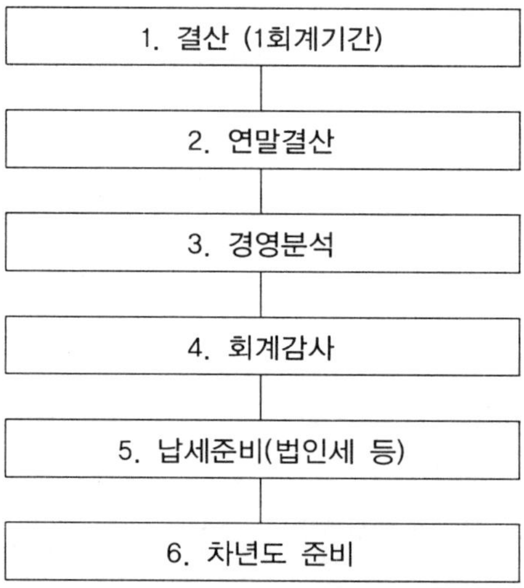

[그림 4-3] 결산서 작성

1) 유형자산의 회계처리

(1) 유형자산의 취득을

유형자산의 취득시의 원가는 원칙적으로 매입대금에다 부대비용을 가산한 가격으로 가장한다.

① 구 입

구입대금 이외에 매입수수료 · 소개료 · 등기료 · 취득세 · 인수비 · 하역비 · 시운전비 등의 부대비용이 포함된다.

② 자가제작 · 건설

적정한 원가계산 방법에 의해 계산된 제조원가를 취득원가로 한다.

③ 현물출자

주식을 발행하여 고정자산을 취득한 경우에는 주식 발행가액을 취득원가로 한다.

④ 교환에 의하여 취득한 경우

교환에 의해 제공되고, 제공받은 자산의 공정한 평가액을 취득원가로 한다.

⑤ 증여에 의한 경우

외부로부터 구입한 것으로 가정하여 공정시장가치로 평가하여 자산의 취득원가로 한다.

(2) 유형자산의 감가상각

유형자산은 취득의 가격과 사용 후 처분시의 가격과는 차이가 생긴다. 그 이유는 유형자산을 영업활동에 사용함으로 해서 가치의 감소가 생기는 것이라 인식하고, 그 가치의 감소를 수익을 창출하기 위해 희생된 비용으로 보아 비용 처리한다. 이를 감가상각이라 한다.

감가상각비는 해당자산의 사용용도에 따라서 제조과정에 사용된 유형자산의 감가상각비는 제조원가로 계상하고, 일반관리용 유형자산의 감가상각비는 판매비와 관리비로 계상된다.

(3) 감가상각자산의 내용연수

내용연수란 감가상각자산을 취득하여 폐기할 때까지의 사용 가능한 연수(年數)를 말한다.

내용연수의 종류에는 물리적 내용연수, 경제적 내용연수, 법정 내용연수가 있다. 물리적 내용연수는 물리적으로 마멸될 때까지의 사용연수이고, 경제적 내용연수는 기술혁신 등에 의해 물리적으로 사용할 수 있지만 효익이 존재하지 않으므로 해서 더 이상 사용할 수 없게 될 때까지의 내용연수이다

고정자산의 내용연수는 〈표 4-23〉과 같다.

〈표 4-23〉 고정자신의 내용연수(법인세법시행규칙 제15조)

구 분	재 질	내용연수(년)
공구	금속제	6
	기타	3
시험 · 측정기기		3
과학기기		3
음향기기		3
사용책상, 캐비닛	금속제	10
	기타	5
사무용의자, 사무기기		5
금고, 양수지		5
전화기		6
냉장고		6
침구류		3
난방기기		6
응접세트		8
주방용품	유리, 자기	2
	기타	5
알루미늄사다리, 시계		3

법정 내용연수는 세법상 규정된 내용연수를 말한다. 회계실무에서는 주로 법정 내용연수를 기준으로 회계처리한다.

(4) 감가상각의 잔존가액

잔존가액은 감가상각자산이 내용연수가 끝난 시점에서 폐가될 때 기대되는 추정처분액이다. 감가상각 방법에는 정액법, 정률법, 연수합계법, 비례법 등이 있으며, 회계에서

는 이 중 회사의 특성 및 유형자산의 특성에 맞게 어떤 것을 사용하여도 상관없다. 세법에서는 유형자산의 잔존가액을 없는 것으로 하되 정률법에 의한 상각률 계산시 취득원가에 5%로 하고, 동 잔존가액은 감가상각이 종료하는 연도에 전액 상각해야 한다.

또한 무형자산의 잔존가액도 0이다. 즉 취득가액 전부를 비용으로 상각할 수 있는 것이다. 세법에서는 건축물은 정약법, 건축물 이외의 유형자산은 정률법 또는 생산량비례법으로 하도록 정하고 있다.

감가상각비 = (취득원가－잔존가액) / 내용연수

① 정액법

정액법은 매기간 균등한 금액을 상각하는 방법으로서, 취득원가에서 잔존가액을 뺀 금액을 내용연수로 나누어 감가상각비를 산출한다.

② 정률법

감가상각비 = 장부가액 × 정률

감가상각자산의 정부가약에 정률을 곱해서 계산하는 방법이다. 여기서 장부가액이란 취득원가에서 감가상각누계액을 차감한 금액을 말하며, 각각의 정률은 세법에 의해 정해져 있다.

③ 연수합계법

감가상각비가 감가상각 첫해는 많이 발생하고 점차 감소하는 방법이다.

감가상각비=(취득원가－잔존가액)×(내용연수를 역으로 표시한 수/내용연수합계)

④ 비례법

비례법에는 생산량 비례법과 작업시간 비례법이 있다. 광산의 채굴권, 산림의 채벌권 등의 상각에는 생산량 비례법, 특수한 기계 · 자동차 · 항공기 등의 상각에는 작업시간 비례법이 이용된다.

〈생산량 비례법〉
감가상각비=(취득원가－잔존가액) × (당기 실제생산량/총추정 생산량)

〈작업시간 비례법〉
감가상각비=(취득원가－잔존가액) × (당기 실제작업시간/총추정 작업시간)

⑤ 유형자산의 감가상각 회계처리

컴퓨터를 1,000,000원을 주고 구입한 경우 내용연수 10년, 잔존가치를 0으로 하여 정액법으로 첫해 연도에 감가상각을 하게 되면 다음과 같이 분개한다.

(차) 감가상각비	100,000	(대) 감가상각누계액	100

이때 감가상각누계액은 자산의 평가계정으로 대차대조표에 각 자산의 금액 밑에 기록되어 자산의 가액을 차감하는 형식으로 기재한다.

B/S

비 품	1,000,000	
감가상각누계액	△100,000	

⑥ 처 분

유형자산의 처분시 유형자산의 장부가액이 처분가액보다 큰 경우에는 유형자산처분손실이 발생하고, 유형자산의 장부가액이 처분가액보다 작은 경우에는 유형자산처분이익이 발생한다.

〈사례〉

취득원가가 ₩1,000,000이고 감가상각누계액인 ₩300,000인 컴퓨터를 ₩400,000에 처분한 경우 다음과 같이 기록된다.

(차) 현 금	400,000	(대) 비 품	1,000,000
비품감가상각누계액	300,000		
유현자산처분손실	300,000		

2) 충당금 설정

충당금에는 부채로 계상되는 부채성충당금과 대손충당금처럼 해당 계정과목을 평가하는 평가성충당금의 두 종류가 있다.

(1) 부채성충당금

① 퇴직급여충당금

앞으로 종업원이 일시에 퇴직할 것에 대비해 기말에 퇴직급여로 인식하고 이를 퇴직급여충당금으로 전입하는 것을 말한다. 상여충당금과 마찬가지로 종업원이 대상이므로 임원은 포함되지 않는다.

〈예〉	(차) 퇴직급여	×××	(대) 퇴직급여충당금	×××

② 제품보증충당금

판매한 제품에 결함이 있는 경우 판매 후 일정기간 내에 무료로 수리하는 등의 서비스에 드는 비용을 미리 예상해놓은 충당금이다.

〈예〉	(차) 판매보증비	×××	(대) 판매보증충당금	×××

③ 기타의 부채성충당금

그밖에도 건설공사에 있어서 공사상의 하자나 보수공사에서 발생하는 채무에 대비한 공사보증충당금, 또는 회사가 판매한 제품에 대해 1년 이상의 장기 품질보증으로 인한 손해배상이나 각종 환경오염으로 인한 손해배상 등에 대비한 손해배상충당금 등이 있다.

〈표 4-24〉 특별수선충당금 징수대상 및 구성내역(주택법시행규칙 제 30조)

비 목	구 성 내 역
특별수선 충당금	• 적립대상 : 300세대 이상의 공동주택, 승강기가 설치된 공동주택, 중앙집중식 난방방식의 공동주택 • 사업주체가 공용부분과 부대시설 및 복리시설에 대하 수립한 장기수선계획에서 정한대로 공동주택의 사용검사 후 1년이 결과한 날로부터 매월 적립하여 장기수선계획에 의해 사용함. • 장기수선계획이 수립되지 않은 공동주택의 경우에는 승강기유지비, 난방비, 급탕비, 수선유지비의 월별 금액을 합한 금액의 3~20%로 함. • 월간세대별 장기수선 충당금 산정방법은 다음과 같다. $\text{월간세대별 장기수선 충당금} = \frac{\text{장기수선계획 기간중의 수선비 총액}}{\text{총공급면적} \times 12 \times \text{계획기간(년)}} \times \text{세대당 주택공용면적}$

④ 특별수선충당금

몇 년에 한번 비율로 많은 금액의 비용이 드는 수선에는 특별수선충당금으로 수선한다.

공동주택 특별수선충당금의 대상 및 구성내역은 〈표 4-24〉과 같다.

(2) 대손충당금

매출처의 도산 등으로 받을 어음 · 외상매출금 또는 대여금 등의 수취채권을 회수할 수 없을 경우를 인식하여 기말의 미회수액을 대해서 일정 대손추정률에 따라 대손예상액을 인식한다.

이 대손충당금은 해당계정 아래 차감하는 형식으로 표시한다.

3) 연말정산

일용근로자 제외한 소득자별 모든 근로소득자에 대하여 매과세연도마다 소득자별로 근로소득원천징수부를 1매씩을 작성하여 비치한다. 근로소득원천징수부에는 근로소득자에 대한 인적 사항, 가족사항, 세액공제 요건, 각 월별 근로소득 지급명세, 연말정산 등 일체의 모든 상황을 기록한다.

매월 급여에서 공제되는 원천징수세액은 1년간의 부담세액을 예상납부하는 것이므로, 매년 12월에는 1년간 산출된 소득세액과 지금까지 원천징수해온 세액과 비교하여 많으면 환급받고, 부족하면 추가로 납부하는 업무를 하게 된다.

연말정산은 일반적으로는 12월분의 급여를 지급하는 시기에 한다. 단, 부득이한 사정으로 연말정산을 하지 못하는 경우에는 다음해 1월분 급여를 지급한 날까지 의무적으로 연말정산을 해야 한다.

이때에는 12월분 급여에 대한 세액을 간이세액표에 의하여 징수하여 다음달 10일까지 납부해야 한다. 12월분 급여를 다음해 1월 31일까지 지급하지 못한 경우에도 1월 31일에 지급한 것으로 보아 연말정산을 해야 하며, 세액은 다음 연도 2월 10일까지 납부해야 한다.

또한 당해 연도 중도에 퇴직한 자의 연말정산은 퇴직한 달의 급여를 지급하는 때에 한다. 참고로 근로자 급여 및 지출사항을 예시하면 〈표 4-25〉, 〈표 4-26〉, 〈표 4-27〉 등과 같다.

4) 경영분석

경영분석이란 회사의 재무활동 · 생산 · 판매 · 관리 등 경영활동 전반에 대한 분석으로 기업의 안정성 · 수익성 · 생산성 · 비용효율 등을 다루고, 재무상태나 경영 성적을 비교 분석한다.

1) 회사의 재무능력 분석

① 유동비율

유동비율은 기업의 채무능력을 알 수 있는 비율이다. 기업의 신용도 평가에 가장 많이 영향을 미치는 비율로서 지급어음 · 외상매입금 등 이러한 채무에 대한 지급능력이 어느 정도인가를 평가하는 데 있어 사용되는 비율이 유동비율이다.

유동비율(%) = 유동자산/유동부채×100

유동비율이 클수록 그 회사의 지급능력이 안정되어 있다고 말할 수 있다.

〈표 4-25〉 2001년 근로자 급여 및 지출사항

- 근로자 : 홍길동(621104-1138027. 서울시 종로구 낙원동 100)
- 근무처 : 세계(주) 김대표(211-81-21542. 서울시 강북구 수유동 123)

1. 급여상황
   ① 월급여액(5월~12월) : 월 200만 원
   ② 전 근무처[우리(주).108-81-00021] 급여액 : 500만 원
   ③ 현근무처 상여금 연 300%(6, 9, 12월)과 특별상여금 100% (12월)
   ④ 월차 · 연차수당은 12월에 60만 원을 일괄 지급받음
   ⑤ 현근무처에서 매월 식대 10만 원 지급받음(식사제공 없음)
   ⑥ 이미 납부한 원천징수 소득세액 50만 원, 주민세액 5만 원
2. 가족사항
   배우자, 20세 이하 자녀 2명, 모(만 66세), 본인 외의 가족은 소득이 없음
3. 지출비용
   ① 보험료 지출
      · 국민건강보험 : 연 30만 원
      · 보장성 보험 : 생명보험료 연 30만 원, 자동차 보험 : 연 50만 원
   ② 병원치료비
      · 배우자와 자녀 병원치료비 200만 원
      · 어머니 입원치료비 100만 원, 약품구입비 40만 원, 한약(보약) 30만 원
   ③ 교육비 지출
      · 6세 이하 자녀 : 유치원비 연 50만 원, 태권도도장비 연 36만 원
      · 중학생 등록금 : 연 100만 원, 책 구입비 연 20만 원
   ④ 기부금 지출
      · 수재의연금 50만 원
   ⑤ 국민연금보험료
      · 납부액 : 연 100만 원
4. 저축금액
   ① 근로자주택마련저축 불입액 : 연 100만 원
   ② 장기주택저당차입금 이자상환액 : 연 100만 원
   ③ 개인연금저축(2000년 10월 가입) 불입액 : 연 100만 원
5. 신용카드 사용액
   ① 병원진료비 중 200만 원을 신용카드로 결제
   ② 2001년 11월 가전제품 구입 200만 원(1년 할부)
   ③ 기타 잡화 등 구입비 600만 원
   ④ 2001년 9 월 현금서비스 50만 원 받음

* 국세청 제공 종합사례(http://www.nts.go.kr)

〈표 4-26〉 항목별 계산금액

1. 총급여(3.000만 원)
   ① 주(현)근무처 급여 총액 : 1.700만 원
      -급여액 1.600만 원(200만 원×8개월)+월 · 연차수당 60만 원+식대 40만 원(월 5만 원까지 비과세. 5만 원×8개월)
   ② 주(현)근무처 상여총액 : 800만 원 (200만 원×400%)
   ③ 종(전)근무처 급여총액 : 500만 원
   ※ 비과세급여 : 40만 원
2. 근로소득공제(1.050만 원)
   -900만 원+(3.000만 원_1.500만 원)×10%=1.050만 원
3. 기본공제 및 추가공제(550만 원)
   ① 가본공제 : 500만 원(본인, 배우자, 부양가족 3명)
   ② 추가공제 : 50만 원(경로우대자 1명)
4. 특별공제(690만 원)
   ① 보험료공제 : 100만 원
      -국민건강보험료(의료보험료) : 30만 원(전액)
      -보장성보험 : 70만 원(일반보장성보험 지출액 80만 원이나 한도 70만 원)
   ② 의료비공제 : 250만 원
      -공제대상의료비는 의료비총액 340만 원(보약값 제외)에서 총급여액의 3%(90만원)를 차감한 250만 원으로 공제한도 300만 원 이내
   ③ 교육비공제 : 150만 원
      -6세 이하 자녀 유치원비 50만 원, 중학생 등록금 100만 원
      *태권도장비와 책 구입비는 공제대상이 아님
   ④ 주택자금공제 : 140만 원
      -근로자주택마련저축 불입액의 40%(40만원)와 장기주택저당차입금 이자상환액(100만 원)의 합계액(140만 원)으로 공제한도 300만 원 이내
   ⑤ 기부금공제 : 50만 원
      -수재의연금 50만 원(전액)
5. 연금보험료공제(50만 원)
   -납부보험료 등의 50%(100만 원×50%)
6. 기타 소득공제(180만 원)
   ① 개인연금저축 소득공제 : 40만 원[불입액의 40%(40만 원)]
   ② 신용카드 등 소득공제 : 140만 원
      -공제대상 사용액(1,000만 원) 중 총급여액의 10%(300만 원)를 초과하는 금액 700만 원의 20%(140만 원)를 공제[500만 원과 총급여의 20%(600만 원)중 적은 금액 한도
      * 현금서비스 사용액은 공제대상이 아님
7. 세액공제(21만6천 원)
   ① 근로소득 세액공제 : 21만6천 원[산출세액(48만 원)×45%]

〈표 4-27〉 소득공제신고서

☑ 근로소득자 소득공제신고서
☐ 소득공제신고서

구분	항목	내용	항목	내용
소득자	① 성명	홍길동	② 주민등록번호	621104-1138027
	③ 주소	서울시 종로구 낙원동 100		
근무처	④ 명칭	세계(주)	⑤ 대표자 성명	김대표
	⑥ 사업자등록번호	210-81-21542	⑦ 소재지	서울시 강북구 수유동 123

소득공제명세(2001년)

공제대상	구분	⑧관계	⑨성명	⑩자산합산대상 소득외의 소득	⑪주민등록번호	⑫주소	⑬공제액
기본공제	본인	본인	홍길동		6211041138027	종로구낙원동 100	1,000,000
	배우자	배우자	김○○		6401011234567	〃	1,000,000
	부양가족	자	홍○○		8705051234678	〃	1,000,000
	〃	자	홍○○		9611122345892	〃	1,000,000
	〃	모	이○○		3510102356895	〃	1,000,000
	〃						
	〃						
추가공제	경로우대	모	이○○		3510102356895	〃	50,000
	〃						
	장애자						
	부녀자						
	자녀양육비						
	〃						
소수공제자추가공제							
특별공제	보험료	본인	홍길동				1,000,000
	의료비	모외	이○○외				2,500,000
	교육비	자	홍○○외				1,500,000
	주택자금	본인	홍길동				1,400,000
	기부금	본인	홍길동				500,000
	계						6,900,000
	표준공제						
연금저축	2001.1.1이후 가입분						
	2000.12.31 이전가입분	본인	홍길동				400,000
투자조합출자공제							
신용카드소득공제		본인외	홍길동외				1,400,000
공제액계							14,200,000

※ 참고사항(세액공제명세)

공제종류	공제대상(저축)금액	공제율	세액공제액	공제한도액

2001년 12월 일

신고인 홍길동 (서명 또는 인)

세계(주) 귀하

② 당좌비율

당좌비율은 유동자산 중 비화폐성 자산을 제외한 당좌자산과 유동부채의 비율로 계산한 비율이다. 이는 유동비율보다 재무상환능력을 더욱 명확하게 나타내는 실질적인 비율이다.

당좌비율(%) = 당좌자산/유동부채 × 100

③ 고정비율

고정비율(%) = 고정자산/자기자본 × 100

고정비율이란 설비투자와 자금의 균형 상태를 알 수 있는 비율로 고정자산을 자기자본으로 얼마만큼 충당했는가를 나타내는 비율을 말한다. 고정자산은 장기에 걸쳐서 운용되는 자산이기 때문에 이에 투하된 자본은 원칙적으로 장기간 이용이 가능한 자기자본으로 조달하는 것이 건전하다. 고정비율은 통상 100% 이하인 것이 바람직하다고 본다. 고정비율이 너무 높아지면 안정성 있는 회사라고 말할 수 없게 된다.

④ 고정장기적합률

고정자산에의 자본의 비중을 타인자본과 자기자본을 합쳐 분석한 비율이다. 타인자본 중 장기 차입금·사채 등의 고정부채는 장기에 걸쳐 상환하는 것이므로 안정된 자본이라 할 수 있으므로, 이에 자기자본을 더해서 고정자산과의 비율을 산출한 것이다.

고정장기적합률(%) = 고정자산/(자기자본+고정부채) × 100

⑤ 이자보상비율

이자보상비율은 회사의 영업이익으로 회사가 지급하는 이자비용을 감당할 수 있는가를 측정하는 비율이다.

이자보상비율 = (세전순이익+금융비용)/금융비용 × 100

(2) 회사의 수익력 분석

① 총자본순이익률

총자본순이익률(%) = 당기순이익/자기자본 × 100

회사에 수익력을 알 수 있는 비율로 투자한 자본에 대해서 얼마만큼의 이익을 얻을 수 있는가로 판단한다.

② 자기자본순이익률

자기자본순이익률(%)= 당기순이익/자기자본 × 100

이는 자기자본이 올린 이익률을 알아보는 것으로 당기순이익을 자기자본으로 나눈 비율을 말한다.

③ 총자본경상이익률

자기자본순이익률(%) = 당기순이익/자기자본 × 100

총자본경상이익률은 총자본에 대한 경상이익의 비율로서, 투하자본에 대한 회사 본래의 수익력을 표시한다. 따라서 총자본경상력이 안정되었다는 것을 알 수 있게 해준다.

5) 회계감사

(1) 주식회사의 외부 감사에 관한 법률

주식회사의 외부 감사에 관한 법률은 간단히 '외감법'이라고도 하는데 주식회사가 독립된 외부의 감사인으로 하여금 해당 회사에 대하여 회계감사를 실시하여 회계처리의 적정성에 대한 의견을 표명하게 함으로써 이해관계자를 보호하기 위해 제정되었다.

이 법에 의하면 직전사업연도 말 자산총액 70억 원 이상인 회사는 반드시 외부감사예약을 체결하고 외부감사를 받도록 하고 있으며, 감사계약 체결사실을 증권선물위원회에 보고하도록 하고 있다. 또한 회사는 정기주주총회 이후 2주 이내 증권선물위원회에 감사보고서를 제출하여야 한다.

(2) 공동주택관리업무의 회계감사

관리주체는 공인회계사 등에 의한 감사실시 여부를 사전에 입주자 대표회의와 협의하여 결정한다. 또한 관리주체는 공인회계사 등에 검사를 받은 경우 그 결과를 입주자 대표회의에 보고하고, 감사보고서를 비치하여 입주자 또는 이해관계인이 열람할 수 있도록 해야 한다.

(3) 납세준비

결산 후에 법인이 내야 할 세금은 법인세, 법인세할주민세, 농어촌특별세, 사업소세 등이 있다.

① 법인세

기업회계 기준에 따라서 작성된 재무제표의 이익 또는 손실은 법인세법의 규정에 따라 이를 수정하는 세무조정을 한다. 여기서 세무조정이란 기업회계기준에 의한 기간손익이 세법의 규정과 비교하여 과소계상되어 있는 부분을 가산하고, 반대로 과대계상되어 있는 부분은 차감하는 절차를 말한다.

납세의무가 있는 모든 회사는 결산확정일로부터 15일(외부조정 계산서 첨부시는 30일) 이내에 과세표준과 세액을 서면으로 세무서에 신고해야 한다. 여기서 결산확정일이란 주주총회에서 당해 사업연도의 결산과 잉여금 처분을 확정한 날을 말한다.

신고서의 제출은 관할세무서 접수처에 직접 가지고 가서 접수도장을 받아 후일의 증거로 남기는 것이 원칙이다.

세금의 납부는 은행에서도 가능하며, 법인세의 납부기한은 사업연도 종료일로부터 3월 이내에 과세표준과 세액을 관할세무서장에게 신고납부하여야 한다. 따라서 정해진 기한 내에 자진납부를 하지 않으면 가산세를 내게 한다.

법인세의 중간예납이란 법인세의 사업연도 종료 후 세액을 확정하여 신고납부하게 되어 있는데, 법인들의 사업연도가 대부분 비슷한 시기에 있어 세액의 납부가 일정기간에 집중적으로 행해지고 있다. 따라서 이러한 집중납세현상을 해소하기 위해 중간예납이라는 제도를 두고 있다. 이는 사업연도가 6개월을 초과한 법인데 대해서 중간예납기간(사업연도 개시일에서 6개월간)을 두어 그 기간의 법인세액을 중간예납기간이 경과한 날로부터 60일 이내에 신고납부하도록 하는 제도이다.

② 주민세

회사는 소재지인 시나 군에 주민세를 납부하고 지방 재정에 공헌하는 것이 의무로 되어 있다.

회사에 부과되는 주민세에는 균등할과 법인세할이 있다. 균등할은 회사의 자본금이나 종업원수에 의해서 세액이 결정되며, 이것은 회사의 손익과는 관계없이 일률적으로 부과된다. 반면 법인세할은 당해 사업연도의 법인세액을 토대로 부과되며, 법인세액이 많을수록 세액이 증가한다.

법인이 두 군데 이상의 시나 군에 사무소를 두고 있는 경우의 법인세할은 법인세액을 사업소 종업원수들의 기준으로 나눈 후 주된 사무소, 또는 본점 소재지의 관할 시나 군에 균등할을 첨가하여 납부해야 한다.

③ 사업소세

사업소세는 도시 등의 환경개선과 정비에 필요한 비용에 충당하기 위하여, 특정지역 내에 사업소를 두고 사업을 경영하는 사업주에게 부과되는 목적세이다. 사업소세에는 재산할과 종업원할이 있다.

재산할의 과세표준은 납기개시일 현재의 사업소의 연면적이며, 종업원할의 과세표준은 매월 말일 지급한 종업원의 급여총액으로 한다.

제9절 건물재산관리자의 직업윤리

1. 윤리의 의의

일반적으로 윤리라 함은 사람이 지켜야 할 도리나 규범을 의미한다. 또한 윤리의 다은 의미는 옳은 행동과 옳지 않은 행동의 기준이라 할 수 있다. 건물재산관리는 타인의 재산에 대한 관리이므로 고도의 윤리성이 요구되는 직종이다. 따라서 건물재산관리자는 이와 같은 고도의 윤리성을 갖추고 건물재산관리에 임해야 한다. 즉 건물재산관리자는 재산관리자 이전에 사람으로서 지켜야 할 도리나 규범을 반드시 지켜야 한다.

건물재산관리 대상물은 고가의 부동산이므로 재산관리자는 물론 임대인과 임차인 또는 매도인과 매수인에게도 윤리성이 요구된다. 재산 관리자가 준수해야 할 윤리를 건물재산관리자 직업윤리라 하며, 평가사에게는 평가사윤리, 중개업자에게는 중개업자윤리가 있다.

건물재산관리자에게 고도의 재산관리자윤리가 강조되는 것은 건물재산관리는 부동산관리의 일종으로서 사회성과 공공성이 크게 요구되기 때문이다. 뿐만 아니라 건물재산관리자는 전문직업인이므로 전문직업인으로서의 지켜야 할 규범이나 도리까지 준수해야 한다.

2. 건물재산관리자의 윤리내용

건물재산관리자의 윤리라 함은 전술한 바와 같이 재산관리자가 지켜야 할 도리나 규범을 의미한다.

전문직업인이나 전문직업에도 그 직종이나 직업수행에 있어서 마땅히 지켜야 할 도리나 규범체계가 있다.

특히 건물재산관리자는 타인의 재산을 관리하는 활동을 하는 자이므로 어떤 직종보다 윤리성이 크게 강조되는 직업이라 할 수 있다. 재산관리업무는 결국 재산관리자라는 사람이 하므로 재산관리자의 직업에 대한 윤리에 앞서 품성(사람다운 사람의 조건)을 갖추고 도리를 다하는 행동을 하는 것이 무엇보다 중요하다. 왜냐하면 건물재산관리활동은 재산관리자라는 사람에 의하여 행하여지므로 사람의 특성을 갖추고 사람의 도리를 다하는 경우 스스로 직업인으로서의 윤리는 지켜질 것이기 때문이다.

그렇다면 재산관리자가 갖추어야 할 윤리조건이 무엇인가에 대하여 생각해보기로 하자.

한마디로 재산관리자의 윤리조건에 대하여 설명하기란 쉬운 문제는 아닌 것으로 보여지나 공자의 제자들이 저술한 〈논어〉에 나타나는 사람의 조건을 살펴보면 건물재산관리자의 사람의 도리나 윤리의 조건에 대하여 쉽게 이해할 수 있다.

다시 말하면 〈논어〉에서는 사람다운 사람의 도리나 윤리조건을 다음과 같은 6가지로 요약설명하고 있다.

첫째, 약속행인(約束行人)의 도리를 지켜야 한다. 약속하면 반드시 지키는 사람을 의미한다. 건물자산임대관리는 건물의 소유자 관계에서나 임차인과의 관계에서도 신뢰관계가 성립되어야 하므로 약속을 하는 경우 반드시 이행해야 한다.

임대계약 역시 약속이므로 임대계약을 체결하면 반드시 지켜져야 하며, 약속이행이 되지 못하는 경우 법적 문제가 발생한다. 따라서 임대환리자는 약속행인이어야 한다.

둘째, 은혜행인(恩惠行人)의 도리를 지켜야 한다. 은혜를 입으면 반드시 갚는 사람이 되어야 한다는 의미이다. 은혜를 배신으로 갚는 사람은 타인의 건물자산을 임대하거나 관리할 자격이 없다. 은혜를 은혜로 갚는 사람이 임대관리자의 입장에서 일할 때 감사하는 마음으로 임대활동을 할 수 있는 사람이다. 따라서 건물 임대관리자는 은혜행인이어야 한다.

셋째, 의리행인(義理行人) 의 도리를 지켜야 한다. 불의하지 아니하고 의리를 지키는 사람을 의미한다. 자산은 임대를 하는 경우 업무상 타인의 비밀을 알게 되고, 이를 미끼로 타인을 협박·공갈하는 불의한 사례를 상정할 때 임대관리자는 의리있는 사람만이 할 수 있는 직업으로 판단된다. 남을 속이거나 업무상 지득한 비밀을 함부로 누설하거나 이용하여 타인에게 손해를 끼치는 불의한 행동은 타인의 건물재산을 관리하는 자에게 있어서 절대로 용납되지 않는 처사이다. 따라서 임대관리자는 의리행인이어야 한다.

넷째, 축하행인(祝賀行人)의 도리를 지켜야 한다. 남이 잘되면 축하할 줄 아는 사람을 의미한다. 세상을 긍정적으로 바라보고 언제나 즐거운 마음으로 자기 직업에 충실할 때 비로소 맡은 일을 성공적으로 처리할 수 있게 된다. 축하할 줄 아는 사람은 마음이 넓고 긍정적인 사고체계를 가지고 있으므로 임대활동에도 매우 적합한 성격의 소유자라 판단된다.

다섯째, 문상행인(問喪行人)의 도리를 지켜야 한다. 남이 슬픔을 당하면 애도하고 위로할 줄 아는 사람을 말한다.

여섯째, 재산정용행인(財産正用行人)의 도리를 지켜야 한다. 자기재산이나 타인의 재산을 바르게 쓰고, 바르게 관리할 줄 아는 사람을 의미한다. 건물임대는 타인의 귀중한 재산을 임대관리하는 자이므로 정직한 마음으로 바르게 관리해주어야 한다.

건물소유자에게 언제나 유익되게 재산을 관리해야 한다.

3. 건물재산 관리자의 직업윤리정신

재산관리자는 타인의 재산을 관리하는 사람이므로 전문직업인으로서 지켜야 할 도리나 규범을 성실히 이행하여야 한다.

건물재산관리자가 지켜야 할 직업상의 윤리는 대체로 다음과 같다.

① 성실하고 정직하게 재산관리 업무에 충실해야 한다.

건물재산관리는 타인의 재산관리이므로 건물소유자의 관리지침에 따라 성실한 태도와 정직한 마음으로 재산관리업무에 임해야 한다. 재산관리자가 임대에 관한 직무수행에 있어서 자기를 위한 업무집행이 되지 않도록 해야 하며, 감독자가 있을 때만 성실하게 업무를 수행하다가 감독관리자가 사라지면 불성실한 태도로 변하는 업무자세는 지양되어야 할 직업인의 자세라 판단된다.

다시 말하면 재산관리자는 전문직업인으로서 건물의 소유자를 속이거나 기만하지 말아야 하며 건물소유자의 유익을 위하여 자기 직업에 언제나 충실해야 한다.

② 업무상 지득한 기밀이나 정보를 절대 외부에 누설하지 말아야 한다.

건물재산과 같은 재산관리를 함에 있어서 업무상의 비밀을 알게 되는 경우에 재산관리자는 업무상 지득한 회사기밀을 어떠한 경우에도 누설하거나 악용해서는 안 된다. 임대관리자는 한 사람의 전문직업인으로서 의리가 있어야 하고, 불의하지 말아야 하기 때문이다.

③ 회사의 자산과 금전을 자신을 위하여 사용하지 말아야 한다.

재산관리자가 자기의 직책과 업무를 이용하여 사리사욕을 채우거나 회사의 자산이나 금전을 사적인 용도로 활용하거나 이용하는 것은 직업인으로서의 윤리에 반하는 행동이다. 직업윤리는 전문직업인으로서 지켜야 할 도리의 의미와 함께 옳은 행동과 잘못된 행동에 대한 도덕적 기준이기 때문에 회사의 자산이나 금전은 회사를 위하여 사용되어야 하고, 개인을 위하여 유용하는 것은 옳지 않은 행동이기 때문이다. 그러므로 건물재산관리자는 어떠한 경우라도 회사의 자산과 금전을 개인적 용도로 사용하거나 사취하지 말아야 한다.

④ 회사의 규칙이나 지침에 따라 옳지 않는 행동을 삼가야 한다.

하나의 직업인은 직업을 수행하는 조직의 구성원이므로 소속된 조직의 규칙이나 지침에 순응하는 태도를 견지해야 한다.

회사가 제정한 구정이나 지침 등에서 요구하고 있는 것이 비록 사소한 것이라 하더라도 하나의 질서유지와 발전을 위해서, 그리고 경비절약을 위해서 반드시 따라야 하고, 요구하고 있는 규정을 실천하고 금지사항을 부작위함으써 조직구성원으로서의 책임을 다해야 한다.

예컨대 회사의 규정에서 요구하고 있는 내용 중 정시간 출·퇴근, 지각조퇴 금지, 점심시간 엄수, 잦은 핑계로 결근하지 말 것 등은 반드시 지켜야 하며, 근무시간 중 개인적인 용무를 본다든지, 또는 회사전화를 개인적으로 사용하는 행동이나 회사비품을 집으로 가져가는 행위, 그리고 개인적인 식대나 경비를 회사비용으로 처리한 다든지, 출장 후 허위로 경비를 청구하는 행위 등도 마땅히 삼가야 할 비윤리적인 행동이라 판단된다.

비윤리적인 행동은 윤리의 기준으로 볼 때 옳지 않은 행위 등의 기준에 해당되므로 건물임대관리자는 윤리적인 행동(옳은 행동)만을 행해야 한다.

⑤ 고객으로부터 선물과 향응으로 인하여 회사의 정보를 제공하거나 누를 끼치지 말아야 한다.

건물재산관리자는 회사에 소속되어 회사를 위하여 회사업무를 담당하고 있으므로 언제나 회사의 이익을 위하여 노력하여야 한다.

거래 고객으로부터 선물을 받거나 고객이 베푸는 향응에 응하여 회사에 손해나 누를 끼치는 행위는 지극히 옳지 않은 행동에 해당되므로 매우 조심하고 삼가야 할 행위이다. 특히 건물재산관리자는 거물소유자와 임차인 사이에서 임차인 또는 매수인으로부터 여러 가지 형태로 유혹을 받는 경우가 있을 수 있으므로 언제나 건물소유자를 위하여 유혹에 넘어가지 않도록 마음가짐을 바르게 해야 한다.

⑥ 재산관리자는 신뢰받는 대리인으로 행동해야 한다.

재산관리자는 건물소유자를 대신해서 건물재산을 관리하고 있으므로 주인의 입장에 서서 공정하고 정직하며 성실하게 임대업무를 처리함으로써 신뢰성 있는 언행과 모습을 견지해야 한다. 재산관리자가 건물이해관계자로부터 신뢰를 잃으면 더 이상 재산관리자가 될 수 없기 때문이다.

⑦ 재간관리자는 건물재산을 관리함에 있어서 전문적인 지식과 경험을 최대로 활용하고 문제를 스스로 해결하여 재산관리목적이 조기에 경제적인 방법으로 달성되도록 최선의 노력을 다해야 한다.

참고문헌

- 길동민, 「건물자산기술관리론」, 남두도서, 2006
- 김규식 외, 「건물기술관리론」, 평단문화사, 2001
- 김영진, 「부동산학총론」, 법론사, 1992
- 김일효 외, 「건물자산경영관리론」, 남두도서, 2006
- 김원규, 「사무관리」, 남두도서, 2000
- 김원규 외, 「건물관리행정론」, 평단문화사, 2001
- 김일효, 「건물자산관리학총론」, 남두도서, 2005
- 김일효, 「건물자산법률관리론」, 남두도서, 2006
- 김일효, 「건물관리학원론」, 평단문화사, 2001
- 김일효 외, 「건물법률관리실무」, 평단문화사, 2001
- 김일효 외, 「건물안전관리실무」, 평단문화사, 2001
- 김재명, 「경영학원론」, 박영사, 2001
- 김종희, 「행정학원론」, 범론사, 1996
- 목진호, 「건물환경관리론」, 남두도서, 2004
- 문영기 외, 「공동주택관리론」, 법론사, 1999
- 방경식, 「부동산학개론」, 범론사, 1997
- 삼성에버랜드 기술아카데미, 「현장소장양성과정」, 삼성에버랜드, 2000
- 신쌍식, 「노동법해설 법률지식」, 청림출판, 2003
- 신현길 외, 「밀레니엄회계원리」, 탐진, 2003
- 유동근, 「교회의 모습과 교회의 청사진」, 빌라델비아, 2001
- 중앙신학원, 「신학특강」, 2006
- 최영길 외, 「환경과 인간」, 교학사, 1999
- 추암대, 「보험모집조직관리」, 보험감독원, 보험연수원, 1991
- 한국건축물관리교육원, 「건물관리소장양성과정(Ⅰ)」, 평단문화사, 2001
- 한국건축물관리교육원, 「건물관리소장양성과정(Ⅱ)」, 평단문화사, 2001
- 한국건축물관리교육원, 「건물관리소장양성과정(Ⅲ)」, 평단문화사, 2001
- 한국생산성본부, 「자산관리실무」, 한국생산성본부, 2001
- 황재성 외, 「부동산세법」, 경록, 2003
- (사)한국위생관리협회, 「위생교육실무교재」, (사)한국위생관리협회, 2001
- (사)한국방역협회, 「소독업무종사자교재」, (사)한국방역협회, 1999
- (사)한국소방안전협회, 「방화관리자실무교본」, (사)한국소방안전협회, 2001
- (사)한국산업안전협회, 「관리감독자안전관리」, (사)한국산업안전협회, 1999

저자 소개

• 김일효

〈약　력〉

- 건국대학교 법경대학 법학과 졸업(법학사/법학전공)
- 건국대학교 행정대학원 부동산학과 졸업(행정학 석사/부동산경영 전공)
- 극동대학교 대학원 졸업(경영학 박사/빌딩경영학 전공)
- 풍림산업(주) 사우디안부 건축현장소장 역임
- 풍림빌딩 사옥관리부장 역임
- 건국대학교 기성회장 역임
- 한국건물관리연구원 이사장(현)
- 사단법인 한국건물관리학회 회장(현)
- 한양대학교, 경원대학교, 경민대학 강사 역임
- 극동대학교 부설 건물관리연구소 수석연구위원(현)
- 극동대학교 경영학부 교수 / 건물자산관리학(현)

〈저서 및 논문〉

- 《건물자산관리학총론》(남두도서, 2005)
- 《건물자산경영관리론》(남두도서, 2006)
- 《건물자산법률관리론》(남두도서, 2006)
- 《건물자산위험관리론》(남두도서, 2006)
- 《건물관리실무용어》(남두도서, 2004)
- 《건물자산임대관리론》(남두도서, 2005) 외
- 집합건물관리기본법의 문제점과 개선대책에 관한 연구
- 건물자산관리제도 개선방안에 관한 연구 외

• 양준석

〈약　력〉

- 한국외국어대학교 상경대학 경영학과 졸업(경영학사)
- 극동대학교 경영행정대학원 건물자산관리학 석사과정
- 늘푸른오스카빌 상가건물 관리사무소 소장 역임
- 사단법인 한국건물관리학회 회원
- 극동대학교 부설 건물관리연구소 책임연구원

교회건물관리론

1판 1쇄 발행　2007년 4월 20일

저　자　김 일 효·양 준 석
발행인　남　승　우

발행처　남두도서

서울특별시 동작구 사당3동 220-43
TEL : (02)595-1692~4
FAX : (02)595-1394
E-mail : namdoo6@unitel.co.kr
신고 : 5-76호 (1998. 11. 4)

정가 40,000원

ISBN 978-89-5780-077-5　13320

※ 이 책의 저작권은 저자에게 있으며, 저자의 동의 없이 복사·인용·복제·전재를 금합니다.